现代物理基础教程

（上册）

Fundamentals of Modern Physics

Xiandai Wuli Jichu Jiaocheng

主编　霍裕平

编者（以章节先后为序）

范中和　张　林　曹义刚　金　涛

郭芳侠　李永放　王杰芳　杨德林

赵维娟　梁二军　贾　瑜　苏金瑞

高等教育出版社·北京

内容摘要

本书由中国科学院院士霍裕平主编。本书以现代物理的观点和现代技术发展对人才培养的要求出发，对物理类专业的传统基础物理课程结构和教学内容作了较大的改革。全书分为上下两册，上册包括以现代物理观点阐述的经典力学、热学、电磁学、电磁波及信息传输、狭义相对论等；下册包括量子物理、原子物理、原子核物理、光子物理、分子物理和固体物理等。本书凝炼和浓缩了上述学科的主要内容，试图使学生在有限的学时内比较全面地掌握现代基础物理学的概念与要义，了解各重要领域的基本过程与规律及其与当前迅速发展的高新技术的联系。

本书可作为高等院校物理类专业本科生的教材或参考书，也可供物理教师、科技工作者、研究生参考。

图书在版编目（CIP）数据

现代物理基础教程. 上册 / 霍裕平主编. -- 北京 : 高等教育出版社，2015.10（2024.1重印）
ISBN 978-7-04-043743-0

Ⅰ. ①现… Ⅱ. ①霍… Ⅲ. ①物理学-高等学校-教材 Ⅳ. ①O4

中国版本图书馆CIP数据核字(2015)第191791号

策划编辑	缪可可	责任编辑	缪可可	封面设计	张志奇	版式设计	杜微言
插图绘制	杜晓丹	责任校对	陈旭颖	责任印制	田 甜		

出版发行	高等教育出版社	咨询电话	400-810-0598
社　　址	北京市西城区德外大街4号	网　　址	http://www.hep.edu.cn
邮政编码	100120		http://www.hep.com.cn
印　　刷	涿州市京南印刷厂	网上订购	http://www.landraco.com
开　　本	787 mm×1092 mm 1/16		http://www.landraco.com.cn
印　　张	26.25	版　　次	2015年10月第1版
字　　数	640千字	印　　次	2024年1月第2次印刷
购书热线	010-58581118	定　　价	45.90元

物 料 号　43743-00

序言

物理学是人类生产与社会发展的重要科学基础，是近代高新技术快速发展的直接科学支撑。能够比较全面地理解物理学的基本概念、基本理论、过程及规律，认识自然界各类重要物质的特性及可能的变化，是科学工作者和工程技术人员所必需的素质，对他们创新能力的提高至关重要，对物理类专业毕业生及物理教师，更是必要的专业和职业素质要求。按照子学科分类，物理学内容可归于经典物理学（主要指19世纪末以前建立和完善的宏观物理理论）和近代物理学（主要指20世纪初以后以相对论和量子论为基础发展起来的物理学理论）两大类。近代物理学已成为现代高新技术的重要科学基础，熟悉经典物理与近代物理在概念及规律上的联系对深入理解宏观运动规律至关重要。

总的说来，长时间以来我国基础物理教学内容比较陈旧、偏狭，缺少与当代高新技术的联系，从而影响了对未来大批科学和技术人才创新能力的培养。我们认为，对基础物理教育而言，当前的首要任务是改革基础物理教学内容，使得广大物理系（或接受物理教育）的学生能正确接受“现代物理学”的基本概念及基本规律。然而，教材是教学的载体，只有有了适合新时代要求的教材，先进的教学手段才能取得更有效的成果。

基于上述理念，我们编写这部现代物理基础教材的基本目标、原则及特色是：

1. 作为物理系的基础物理教材应该包括核心子学科的主要基础知识、基本规律，及有关物质的基本特性及变化行为。由于现代物理学涉及面很广，难以凝聚成篇幅较为有限的教材。近年来，国内外大多数物理教材改革偏重于一些重点课题的讲解。我们认为，这有可能会不利于学生对物理学基础的认识，不利于学生走出大学校门后在各种领域中灵活地应用各方面的物理知识。根据我们的认识及吸取一些同志的意见，本书选择了11个子学科，即经典力学、热学、电磁学、电磁波及信息传输、狭义相对论、量子物理、原子物理、原子核物理、光子物理、分子物理、固体物理。作为全书导引，还在前面增加了一章“物质结构”。由于考虑到距离大多数人关心的问题过于遥远，以及部分学者认为学科基础尚在论证发展中，我们没有考虑“基本粒子与量子场”“宇宙论”“广义相对论”三部分内容。“流体物理”应该也是基础物理中的一部分，但我们的确无能力将其作为完整学科加以凝聚。

2. 我国传统的物理系物理专业课程基本上可分为三个课程群，即基础物理课程群（普通物理类，两学年约300多学时），理论物理课程群（包括“四大力学”“数学物理方法”“计算物理”等）以及专业课程群。

理论物理课程群是可以一门课一门课近独立地讲授的。尽管对改革内容现已有很多争议，如数学物理方法是否应该包含“非线性数学”“泛函分析”等，但涉及范围比较小，个人或少数人合作还是可以开展改革的。

基础物理教材涉及范围很广，它与社会发展及高新技术联系非常密切，不能有原则性的偏差。因此，在当前急功近利的气氛较重的情况下，很难有对现代物理有一定水平的群体愿意全力投入此项“吃力不讨好”的编写工作。为此，作为已“淡出江湖”的老人，我在此序言中要对参加本教材编写的郑州大学和陕西师范大学的12位中青年教师忘我的工作表示敬意。根据我们对现代物理学的认识，六年前开始编写本书时就已确定，除了包括以现代物理观点理解的力学、热学、电磁学、光学与信息传输等传统子学科章节外，还包括量子物理、原子物理、分子物理、原子核物理、光子物理及固体物理的要义。本书力图凝炼和浓缩上述学科的主要内容，使得大多数物理类专业本科生在老师的教导下，就能在当前教育制度允许的课时内（限制在300学时多一点）真正比较全面地掌握现代物理学的要义，真正有益于今后在各方面的工作。亦即，无论是经典物理还是近代物理，每章或每个子学科都只能“分配”到至多30多个学时，只是原传统基础物理篇幅的一半。

经过20世纪的迅速发展，“现代物理学”与传统“经典物理学”从内容到结构上都有极大的不同。相对于传统的教材，不仅增加了过半的微观物理的章节，而且诸如力学、热学、光学等学科也因引入了宏观物理量的微观含义而改造了相当部分的学科体系。我们看到，在本书中一些宏观物理量如果从微观基础概念出发去理解，就有可能大大消除原宏观定义的含混。比如，在第三章热学中，只要认识到均匀气体的“热力学状态”就是气体分子的“能量均分”平衡态，则热力学过程都是外界对气体做功或传热的结果。由热力学第一定律及气体物态方程就可直接、完整地讨论热力学过程及热力学循环，无需引入各种令人不易接受的热力学函数（如熵、焓等）。热力学第二定律只是“非平衡态热力学”的基础，只有在讨论输运过程中，才真正需要引入“熵”。本书中的热力学就成为比较容易理解和应用的学科。又如，相对传统学科内容变化最大的是电磁波及光学，也就是本书第五章电磁波与信息传输。近年来，通过电磁波的异地传输及处理信息过程变得越来越重要。如何描述分布在有限空间中不同点光源发射的电磁波及其在空间传播就成为光学中比较核心的问题。可以发现，基于平面波和傅里叶定律的经典光学（或几何光学）存在不少矛盾，应该在“球面波”基础上重新讨论如何将光源与光的传播结合；统一讨论几何光学与衍射的关系，分析光学器械的作用……构造“球面波与信息光学”。经过再三思考与试写，我们还是决定从本教程就开始初步按现代物理的基本要求改造光学及信息传输章节的内容。

综合其他方面较小的改动，在原经典物理内容的前五章中，也有约50%以上的内容根据现代物理学的观点作了较根本的或者可以称之为“创新”的改造。

3. 涉及近代物理学的后六章，每个子学科及章节的篇幅只能是可作为参考的专业基础教材的1/3左右。因此，需要编写者深入了解该子学科比较综合的内容，从而凝聚学科的基本知识、基本概念、相应物质的基本特性及变化过程、学科的基本规律以及与重要高新技术的联系，使得本科学生最终能真正理解教材内容并在今后能主动将这些内容与自己面临的有关工作联系起来。我们认为，在当前情况下，教师能深入理解相应子学科的核心认识是大多数学生能学好现代物理基础知识的关键。我们还要强调，近代物理学的整体性、各子学科的联系也较强。在编写每章子学科时，应该比较多地从现代物理整体来核定单章内容。例如，本书在分子物理学科的叙述中强调了物理学界长期忽视分子结构的形成及与各类物性的关系。实际上，在自然界中，微观有序结构自发形成是非常普遍的现象，自然界有非常多的重要物质，它们的特性、物态变化过程、物理现象等都与其分子结构密切联系。扩展一些，也许晶体物理、高分子物理、液体结构、生物物理等的进展也都与人类对这类“微观有序结构自发形成”理解的深化有关。在本书中，我们只在分子物理一章中叙述了分子结构和化学键及杂化理论，并在固体物理中提及晶体结构与化学键的关系。我们希望，今后会有更多的物理学家和物理教师能重视分子结构及其与物性的关系，从物理学角度与化学家合作，填补分子物理中这一大块领地。

4. 根据现代物理的特点，以及当前社会上对现代物理的初步认识，现代物理基础教育应以教师讲授、学生理解和讨论为主，不宜过分强调"启发学生自主认识"，而是强调学生树立正确的基本物理概念和认识。我们不主张"通过习题来加深对物理的理解"，而是让学生了解现代物理与数学的接口处，在今后高年级课程或实际工作中有目的地深入到所需的数学领域。因此，我们才能在有限的篇幅内讲授现代物理的主要内容。我们认为，编写现代物理基础教材与科普作品的写作目标是完全不同的。学生通过学习要系统地了解基本物理现象、物理概念、物理规律，而不是对某些吸引人的现象或领域作出人们能接受的理解。近年来，国外同行曾出版过不少"改革"的物理教材，但主要都是围绕凝炼出的一些重要的现代物理概念或重大课题进行比较综合性地讲解。我们采取的是对现代物理比较全面的基础教育途径，以适应今后学生可能要应对的物理要求。对绝大多数学生来说，也许这样做更合适一些。

5. 为了使得学生对现代物理与社会发展及技术进步的联系有比较深刻的认识，强调现代基础物理学是当代高新技术主要的（有一些更是直接的）科学基础，这是本书的另一重要要求。为此，我们改写了光学及信息传输、分子结构、统计热力学，增加了激光、核能等内容。当然，这方面的实际内容太多，如何进一步概括和改进，更是我们及有志于现代物理教育改革的同事们今后的努力方向之一。

从提出编写现代物理基础教材，明确教材的基本目标及要求，到开始组织十几位教师讨论编写，迄今已六年有余。历经数次逐章的审查和修改，印刷了一次试用教材，在两校组织两轮完整的教改试用，并多次征求了一些在科研与教学方面有经验人士的意见，我们认为教材初步达到了可以出版的程度。由于该书包含了相当多的新内容，加之作者们水平有限，书中肯定还存在不少可以（或者必须）修改的内容，希望在今后得到有志之士的批评指正。但是，我们可以负责任地说，在编写本书的整个过程中，我们追求前面所列的"目标"和"原则"的意愿是真诚的。

我是本书的主编。本书总的结构、每一章（子学科）的"主旨和要义"经过讨论，最终由我个人根据自己的认识来决策。具体内容由分工各章节的同事负责起草，分工编写情况为：

范中和（第 1 章　物质结构）
张林、范中和（第 2 章　经典力学）
曹义刚、金涛（第 3 章　热学）
郭芳侠（第 4 章　电磁学）
李永放（第 5 章　电磁波及信息传输）
张林（第 6 章　狭义相对论）
王杰芳（第 7 章　量子物理）
杨德林（第 8 章　原子物理）
赵维娟（第 9 章　原子核物理）
梁二军（第 10 章　光的量子性及光与物质相互作用基础）
贾瑜（第 11 章　分子物理）
苏金瑞（第 12 章　固体物理）

除一些必要的统筹外，每个子学科基本保持原编著者的风格。对于初版的教材，我们认为也许这种方式更合适一些，也可保持今后执教的教师根据自己的认识有一定的自由度。

从某种意义上讲，本书的取材是与编写者对现代物理的认识分不开的，我们希望本书的出版能起到“抛砖引玉”的作用。今后一定会有不同认识的读者，展开负责任的讨论，甚至争论，从而可大大推进现代基础物理学的教育改革。

霍裕平

2015年6月

目录

第1章 物质结构

人们生活在五彩缤纷的物质世界里，构成这个世界的物质是多种多样的，比如我们的周围的空气、水、花草、树木、宝石、金属……这些物体都是比较大、能直接观测到的，被称为宏观物体.描述宏观物体运动规律的理论称为经典物理学.尺度在 10^{-10} m 以下的微小物体（比如原子、电子等）被称为微观物体.描述微观物体运动规律的理论称为量子物理学.

自然界的物质千姿百态.在一定条件下，自然界的物质处在相对稳定的状态，按照传统的观点，人们将日常生活中所接触的宏观物质分为三种状态：固态、液态和气态.由于组成物体的原子或分子相互作用力的约束，当原子或分子只能围绕各自的平衡位置作微小振动时，表现为固态；当分子或原子运动得比较剧烈，使其没有固定的平衡位置，但还不致分散远离时，表现为液态；如果分子或原子失去了固定的平衡位置，而且能在空间作自由运动，能够互相分散远离时，就表现为气态.在一定条件下，物体的三种状态是可以相互转化的.

目前，在元素周期表上列出的元素中，只有 92 种是天然存在于自然界的.尽管在我们周围存在着不计其数的物质，而且具有各种不同的形态与特性，巨大的或微小的，坚硬的或柔软的，有形的或无形的，有生命的或无生命的……但它们都是由这 92 种不同元素的原子组成的.自然界存在着的一切宏观物体可以由一种元素的原子组成，也可以由多种元素的原子组成.不同物质性质各异，鲜花绿叶中有能治疗疾病的良药，也有可危及生命的毒草；同样都是由碳原子构成的石墨和金刚石，石墨很柔软，它是制作铅笔芯的原料，而金刚石却很坚硬，能切割玻璃.为什么会如此呢？这需要从组成物质的原子和由原子构成的分子说起.

§1.1 原子和分子

原子是物质结构的一个层次,是参与化学反应的最小粒子.分子是物质保持其化学性质的最小单位.

费曼曾经说过:“假如在一次大灾难中所有的科学知识都丢失了,只剩下一句话留给下一代,怎样才能用最短的语句包含最多的信息呢?我相信这句话是原子假设,即一切物体都是由原子组成的,这些原子是一些很小的粒子,它们始终不停地运动着,当彼此略微离开时相互吸引,当彼此过于靠近时又相互排斥.”为什么呢?自然界种类繁多、形态各异的万物的共性在哪里?这些需要在微观层次中去寻找.

1 原子结构

1.1 认识原子

自然界形形色色的物质是由什么构成的呢?这个自然科学中最根本的问题,在古代就引起了人们的注意.公元前4世纪,古希腊哲学家德谟克里特提出了一个朴素的概念——“原子”,原子(atom)一词来源于希腊文(ατομος),意思是“不可分割”的.德谟克里特认为,千千万万种物质都是由最微小、最坚硬、不可入、也不可再分的“原子”构成,他还认为,不同数目、不同形状的原子以不同的形式排列并连接起来就构成了宇宙间的万物.然而,这只是一种创造性的大胆想象和猜测,没有任何实验和事实依据.尽管当时生产技术和科学水平很低下,人们对物质结构的探索仅仅停留在直观和推测上,缺乏科学的证明.然而作为人类探索物质结构的最初阶段,这些见解和猜测一直影响着后人.

18世纪末叶以后,工业的发展促进了包括化学在内的自然科学的发展,在积累了大量化学知识的基础上,英国化学家道尔顿于1803年提出了原子论.他在分析某些化合物的组成时发现,元素的量只能以某一最小量的整数倍变化,于是把某元素参加化学变化的最小单元称为该元素的原子.他认为,一切物质都是由极小微粒的原子组成的,原子是不可见和不可分割的,它们既不能创造也不能消灭,在化学变化中原子保持其本性不变;同一元素的原子,其形状、质量和各种性质都相同,而不同元素的原子的大小、质量和单位体积内的数目各不相同;当两种元素化合时,甲元素的每一个原子总是和乙元素的一个或几个(整数)原子结合在一起的.道尔顿的原子论是最先在科学事实基础上建立的理论.

那么,原子是什么模样,我们是否可以观察到呢?由于原子很小,我们凭肉眼是看不见的,但是可以借助仪器观察到它.假设让你观察一块平整干净的纯铁板,无论你怎样非常贴近地、仔细地、认真地观察,也只能看见光滑的连续的铁板.即使利用最好的光学显微镜(最大放大倍率约为2 000)进行观察,仍然只能看见光滑的连续的铁板.如果改用放大倍率为数十万倍的电子显微镜进行观察,所看见的铁板表面就不再是光滑连续的了,而能够观察到类似于从远处观看到的体育场上挤满的人群一样的景象.如果想进一步了解这挤满的是什么及它们的真实面目,可以用扫描隧穿显微镜(STM)进行观察,这时能够清楚地观察到各个原子在物质表面的排列状态.图1-1-1是通过扫描隧穿显微镜观察到的硅表面原子排列的照片.现在,人们不仅可以将STM当成“眼睛”

来观察材料表面原子的细微结构,而且可以将 STM 的探针当成“手”来操纵摆弄单个原子,用它的探针尖吸住一个孤立原子,然后把该原子放到另一个位置.图 1-1-2 的照片是 IBM 公司的科学家于 1993 年在 4 K 的温度下,用扫描隧穿显微镜的针尖把 48 个铁原子一个一个地栽到了一块精制的铜表面上,围成一个圆圈,圈内就形成了一个势阱,人们称为“量子围栏”.

图 1-1-1 硅表面的 STM 照片

图 1-1-2 “量子围栏”

原子有多大呢?为了能让同学们对原子的大小有一个粗略的印象,我们可以想象,如果把一个苹果放大到地球那样大,苹果中的一个原子差不多就有原来的苹果那么大了.氢原子是所有原子中最小的,它在元素周期表中排在第一位.如果将 1 亿个氢原子一个挨一个地排成一串,其长度也只有 1 cm(厘米).若将原子视为圆球形,其直径只有 10^{-10} m 数量级.10^{-10} m 称为埃(Å,1 Å = 1×10^{-10} m).

1.2 原子的内部结构

原子有没有内部结构呢?在道尔顿提出原子论以后的一百多年时间里,人们一直把原子当成不可再分的、没有结构的质点来看待.但是从 19 世纪末以后,这种观点受到了一系列科学发现的巨大冲击.1897 年,汤姆孙在研究气体放电管阴极射线实验时发现了电子,通过进一步更精确的实验证实:电子是构成原子的一部分.电子是一种比原子更小、存在于原子中并带有负电荷的粒子.实验测得一个电子所带的电荷量为 $-1.602\ 176\ 487\times10^{-19}$ C(库仑).常用符号“e”表示电子.电子的发现揭示了原子也是有复杂内部结构的.1898 年,居里夫妇发现了具有放射性的元素,研究指出,这些放射性元素的原子内部不断地有物质粒子自发地抛射出来,在其周围形成了射线.电子和元素放射性的发现表明了一个不容否定的客观事实:在原子的内部还存在着更小的粒子,从而打破了“原子不可分割”的神话,这是人类对原子结构认识的又一重大突破.

原子的内部构造是什么样呢?探讨并确定原子内部的结构就成为当时科学研究的一个重要前沿.科学家们认为,既然电子存在于原子的内部,电子是构成原子的一部分,而原子都是电中性的粒子,那么,在原子的内部必须还有一种带正电荷的粒子与电子共存,并且,正电荷数必然和电子数相等.为了探求原子内部的结构,1911 年,卢瑟福及其助手们进行了如图 1-1-3 所示的实验,当 α 粒子束射向金箔时,大部分粒子都能直线通过金箔,只有极少数(八千分之一至一

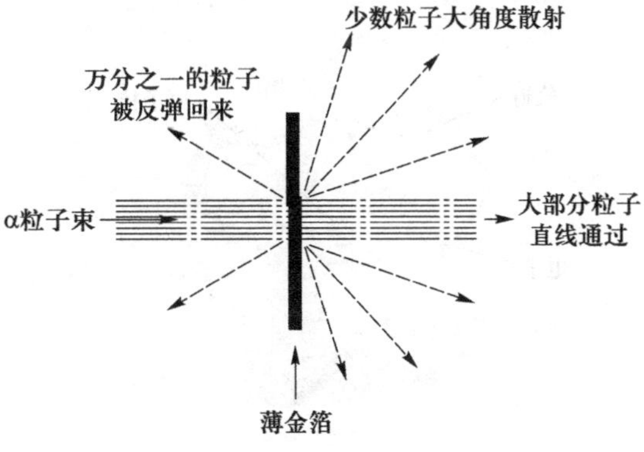

图 1-1-3 卢瑟福 α 粒子散射实验

万分之一)的粒子好像遇到了什么严重的阻碍似的被反弹了回来.卢瑟福分析这一实验现象后指出:每个 α 粒子的质量大约是电子质量的 7 000 倍,它以接近光速的速度运动,如果 α 粒子接近电子,虽然电子能吸引和它所带电荷相反的 α 粒子,但由于和电子相比,α 粒子的质量太大了,电子没有能力把它吸引过去,因此 α 粒子会将电子撞到一边而自己不受影响的呈直线穿过.考虑到构成射线束的 α 粒子是带正电荷的粒子(实际上 α 粒子是去掉两个电子的氦原子核),把 α 射线弹射回来的一定是构成金箔的金原子内存在带正电荷的部分.由于只有很少粒子被反弹回来,表明原子中带有正电荷的部分并不是均匀地分布在整个原子之中,它只是集中在原子内一个很小的区域.α 粒子只有与原子内的很小体积的正电部分进行头对头的碰撞才会发生反折,而大部分 α 粒子会直接穿过原子正电部分以外的虚空区域.另外,当高速的 α 粒子撞向原子内带正电的很小体积时,小体积岿然不动,却把 α 粒子弹射了回去,这就表明,这个带正电的小体积具有相当大的质量.

在 α 粒子散射实验的基础上,卢瑟福提出了原子核式结构模型,他指出在原子的中心有一个体积很小但却几乎集中了原子全部质量的带正电荷的"硬芯",它就是原子核,外面有带负电荷的电子在核外空间里绕着原子核运动,就像行星围绕太阳运动一样.他认为电子在原子核周围从内层向外层的一个一个的"轨道"上运动,最外层轨道的大小就是原子的大小.图 1-1-4 所示为原子的结构模型,我们可以将这里的"轨道"理解为电子在核外有相对独立的状态.至此人们认识到,原子是由体积更小的原子核和核外一个或多个电子组成的,电子带负电荷,原子核带正电荷.每一个电子带有一个基本单位的负电荷 $-e$,原子核所带的正电荷为 Ze,其中 Z 是原子序数,它决定原子在元素周期表中的位置.一般情况下,原子核所带的正电荷和核外电子所带的负电荷量值相等而符号相反,因此,原子本身呈电中性,这是正常的原子.如果原子缺少电子或有多余的电子,因而带有电荷,则将这种原子称为离子,缺少电子而带正电荷的称为正离子,有多余电子而带负电荷的称为负离子.

电子和原子核依靠库仑引力结合成原子.原子核外的电子只能处在一些离散的(或称量子化的)轨道上,每一个轨道都对应原子的一个稳定的能量状态(称为能级).我们可以形象地将原子的能级或原子中的电子态理解为一系列的台阶.每个台阶间隔代表的能量是不相同的,上边的台阶比低层的台阶密得多.图 1-1-5 是氢原子的能级台阶及跃迁.电子从台阶 1(原子的基态)跃迁

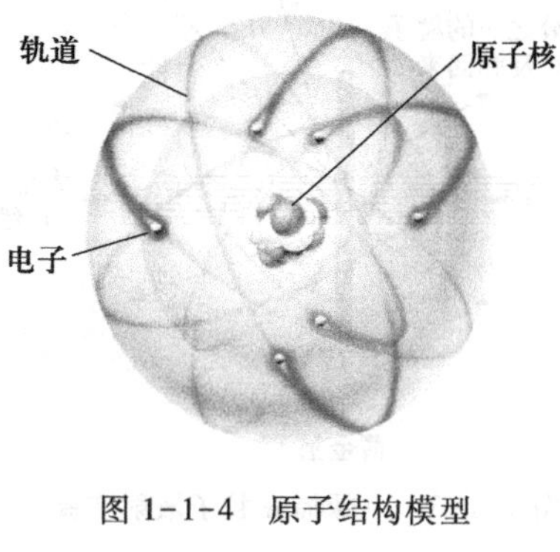

图 1-1-4 原子结构模型

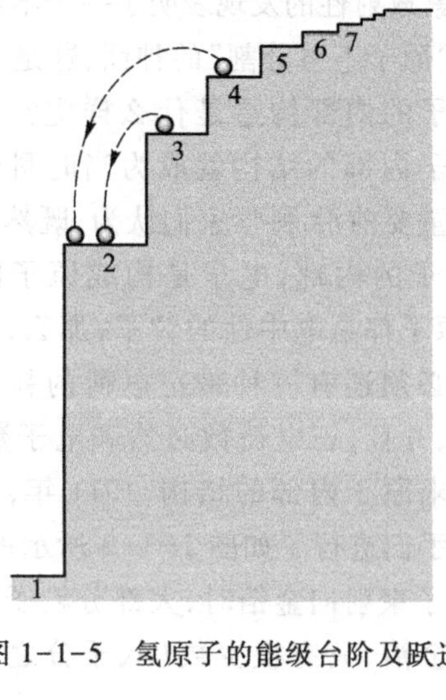

图 1-1-5 氢原子的能级台阶及跃迁

到台阶 2 需要吸收恰好 $h\nu$ 的能量，如果电子从台阶 2 落回到台阶 1 也需要放出同样多($h\nu$)的能量.电子在不同能级之间跃迁时，吸收或放出光子的能量与能级之间的能量差相等.

电子在原子核外的空间以接近光速的速度运动，其运动规律是比较复杂的.电子在运动中，既有一定的速度和质量，表现出粒子的性质；又有一定的波长和频率，表现出波动的性质.这种特殊性使我们不能同时测定某一时刻电子在原子中的位置和速度，只能指出电子在核外某处出现概率的大小.人们一般所说的原子中电子的"轨道"实际上是反映电子在核外运动出现概率比较大的区域.这里的"概率"描述的不是个别电子的某次运动，而是电子的许许多多次运动的统计结果.

让我们进入原子内部去看一看.原子的中心是原子核，原子核的体积比原子小得多.比较精密的实验测出原子核的大小(直径)约为几个飞米(fm)的量级，$1\ \mathrm{fm}=10^{-15}\ \mathrm{m}$.现在，我们将原子核的大小和整个原子作一个比较.尽管较轻的原子可能有较短的半径，而较重原子的半径较长，但原子半径的平均值大约是 $2\times10^{-10}\ \mathrm{m}$.为了方便比较，我们可以用 $5\times10^{-15}\ \mathrm{m}$ 作为一个原子核半径的平均值.那么，整个原子的半径是原子核半径的 4 万倍.这意味着如果把原子核放大成一个桔子的大小，那么原子的直径差不多就有 3 公里那么大.这样的比较使我们清楚地看出原子核周围是一个很"空旷"的结构.尽管轨道电子的确占据着原子核周围的区域，但电子本身是那么小，它们只能占据极其微小的空间.原子中电子的质量是微不足道的，原子质量的 99.945%～99.975%集中在原子核这样小的体积里，在原子核中物质的密度可以达到$10^{17}\ \mathrm{kg\cdot m^{-3}}$，即使把珠穆朗玛峰的体积压缩到 $1\ \mathrm{m^3}$，它的密度仍然达不到这样大的数值.

原子核虽然很小，但其内部仍有着极为复杂的结构.卢瑟福通过 α 粒子散射实验发现了质子，并预言了中子的存在.1932 年，查德威克在实验中发现了不带电的中子，并测出中子的质量与质子质量比较接近.通常用符号"p"表示质子，用符号"n"表示中子.质子和中子都是组成原子核的粒子，所以统称为"核子"，核子通过核力紧紧地束缚在一起构成原子核.核子中每个质子带有一个基本单位的正电荷，中子呈电中性.由于质子带有正电荷，而原子是呈电中性的，所以，一个原子核中质子数目的多少也就决定了原子核所带正电荷的多少，同时也决定了核外电子数目的多少.例如，氢原子核外有 1 个电子，氦原子核外有 2 个电子，铀原子核外有 92 个电子.到此，人们构造出了微小的原子世界的一个物理图像：一个小小的原子核位于原子的中心，周围被电子的云团包围着.

质子、中子和电子都是构成原子的粒子，都比原子小，因此它们也被称为亚原子粒子.到目前为止，电子是所有粒子中最轻的，电子的质量为 $9.109\ 382\ 15\times10^{-31}\ \mathrm{kg}$(千克).质子的质量是电子质量的 1 836 倍，为 $1.672\ 621\ 637\times10^{-27}\ \mathrm{kg}$，自由中子的质量是电子质量的 1 839 倍，为 $1.674\ 927\ 211\times10^{-27}\mathrm{kg}$.可见，质子、中子和电子的质量都是很小的.在自然科学中，人们常取由 6 个质子和 6 个中子构成的碳原子核的原子质量的十二分之一作为微观粒子的质量单位，这个单位称为原子质量单位，以符号 u 表示.原子质量单位 u 和千克(kg)之间的关系是 $1\ \mathrm{u}=1.660\ 538\ 78\times10^{-27}\mathrm{kg}$.以原子质量单位表示质子、中子和电子的质量时，质子是1.007 276 466 77 u，中子是 1.008 664 915 97 u，电子是 $5.485\ 799\ 094\ 3\times10^{-4}\ \mathrm{u}$.由此可见，电子的质量比质子和中子的质量小得多.

既然原子核是由质子和中子构成的，似乎原子核的质量应该等于核内所有质子与中子的质量之和.但是，实验发现，原子核的质量总是小于组成它的质子和中子的质量总和.将质子和中子结合成原子核后质量减少的现象称为原子核的质量亏损，它是核能利用的基础.

在已经发现的原子中，有一些元素的原子核具有相同的质子数而中子数不相等，虽然它们含有的核子总数不一样，却具有同样的原子序数，它们在元素周期表中占据着同样的位置，因此，将它们称为同位素.最简单元素的同位素是氢，它有三种同位素：氕(^{1}H)、氘(^{2}H 或 D)和氚(^{3}H 或 T).氢同位素的结构如图 1-1-6 所示.氕核中含有 1 个质子和 0 个中子，常称为氢；氘核内含有 1 个质子和 1 个中子，常称为重氢；而氚核内含有 1 个质子和 2 个中子，常称为超重氢.

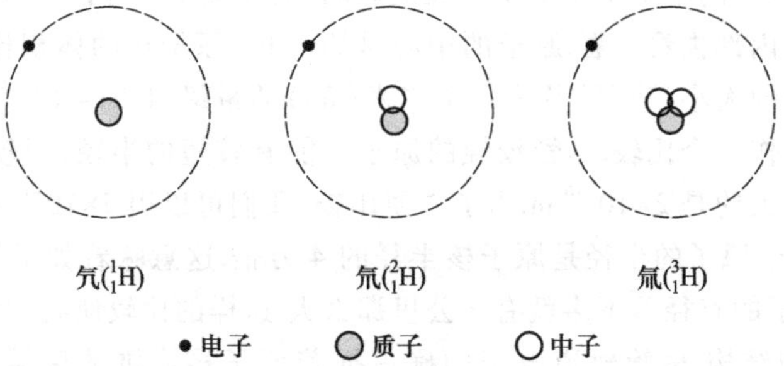

图 1-1-6　氢的同位素

原子核中，质子和中子的总数目差不多决定了原子的质量，常称为质量数(用 A 表示).质子数决定了原子的化学性质，称为原子数(常用 Z 记之).原子核的质量越大(含有更多的质子数)，同位素就越多.例如，锡的原子核中有 50 个质子，具有 10 个稳定的同位素，质量数从 $A=112$(62 个中子)到 $A=124$(74 个中子).核中的中子可以帮助核把具有排斥作用的质子粘在一块.有的同位素是天然存在的，有的是人工制造的；有的具有放射性，有的没有放射性.例如，碳的三种同位素中，质子数都是 6，而中子数分别是 6 个、7 个和 8 个；碳 12(记为^{12}C)和碳 13(记为^{13}C)是稳定型的，碳 14(记为^{14}C)具有放射性.放射性同位素的原子核很不稳定，会不间断地、自发地放射出看不见但穿透力很强的射线.这种现象称为原子核的放射性衰变.

1.3　壳层结构模型

通过上面的讨论使我们对原子核有了一定了解，原子是由原子核和核外电子构成的，大家知道，在所有的原子中，除了氢原子只含有一个电子外，其他原子所含电子的数目从几个、几十个直到上百个.例如，氧原子核外有 8 个电子，钙原子核外有 20 个电子，铅原子核外有 82 个电子.那么，原子中这么多电子在核外是如何分布的呢？

原子中的每一个电子不仅受到原子核的作用，而且各个电子之间也有相互作用，与宏观物体的机械运动不同，电子在原子核外的一定空间里以接近光速的速度运动，没有确定的轨迹和运动方向，也无法准确地知道它在某一时刻所处的位置和速度.电子在核外的运动服从量子力学的规律.

人们在长期科学实验和量子力学理论基础上总结出了“原子的壳层结构”模型，即可以用原子内的电子按一定的壳层排列反映原子结构的内在规律性.人们按照离原子核距离的远近将核外电子运动的不同区域分成不同的电子层，用主量子数 $n=1,2,3,4,5,6,\cdots$ 表示从内到外的各个电子层.n 值越小表示电子离核越近，n 值越大表示电子离核越远.常把 $n=1$ 的壳层称为第一壳层，也称 K 壳层，$n=2,3,4,5,6,\cdots$ 各壳层分别称为第二、第三、第四、第五、第六……

壳层，或称 L、M、N、O、P……壳层.处于同一壳层的电子又有不同的运动状态，用角量子数 l 表示之，对于给定的 n 值，角量子数 l 的取值可以有 $l=0,1,2,3,\cdots,(n-1)$，一共有 n 个.根据 l 的不同取值又可以把每一个壳层分为若干个次壳层，通常把 $l=0,1,2,3,\cdots$ 的电子分别称为 s、p、d、f……电子.

需要指出的是，"电子壳层"的提法只是为了方便形象而已，并非核外电子真的就在一个一个大小不等的壳层上运动."壳层"只不过是指电子经常出现的一个区域.

原子中的电子是如何填充到各个壳层上的呢？显然不会是杂乱无章的，否则这么多运动的电子就要互相"撞车".1925 年，泡利在实验研究的基础上总结出这样的规律：在一个原子中无论含有多少个电子，都不会找到任何两个运动状态完全相同的电子.将此称为泡利原理.根据这一原理，在量子数为 n 的壳层上所能容纳的最多电子数为 $2n^2$.

每一壳层最多能容纳的电子数为 $2n^2$，它们按照什么顺序填充到原子壳层上去的？是从最里面的壳层开始向外填充呢，还是从外层向里层填充？人们研究发现，原子中高速运动的电子之所以不掉进原子核里，是因为原子中的电子具有能量，而且电子的能量是不连续的（亦即"量子化"的），在多电子的原子中，各个电子的能量是不同的.不同壳层上的电子中，最内层的电子在核外运动的空间范围最小，而且其能量一般也最低.越靠近最内层的各层（n 值小）电子在核外运动的空间范围越小，其能量也越低；反之，n 值越大的外层电子在核外运动的空间范围越大，能量也越高.量子数 n 对电子的能量起重要作用，对于多电子原子，其能量除了与 n 有关外，还与其他因素有关.电子在原子核外的壳层上一层一层地填充，原子处于正常状态时，每个电子趋向于占有最低的能量状态，当原子中电子的能量最小时，整个原子的能量最低，这时原子处于最稳定的状态.就好像石块处在山谷时重力势能最小、最稳定一样.由于原子稳定的能量状态主要取决于主量子数 n，所以，最靠近原子核的壳层最容易被电子占据，原子中的所有电子总是从能量最低的最内壳层开始向外排列.在一般情况下，电子首先填充 $n=1$ 的壳层，填满该壳层后，再填充 $n=2$ 的壳层，然后再依次填充 $n=3,4,5,6,\cdots$ 的各壳层.也就是说，对于多电子原子，首先在 $n=1$ 的壳层上填充 2 个电子，然后在 $n=2$ 的壳层上填充 8 个电子，再往 $n=3$ 的壳层上填充 18 个电子，继而在 $n=4$ 的壳层上填充 32 个电子……电子在各个壳层上填充，我们可以形象地将其想象成洋葱一样，一层套在另一层的外边.

最简单的原子是氢原子，其核外只有 1 个电子.氢原子位于元素周期表中第一周期的第一个原子，也是第一族元素中第一个.图 1-1-7 直观地画出了氢原子的壳层结构.比氢原子复杂一点的是氦原子，它是元素周期表中第一周期的第 2 个原子，氦原子内有 2 个电子，其壳层结构如图 1-1-8所示.

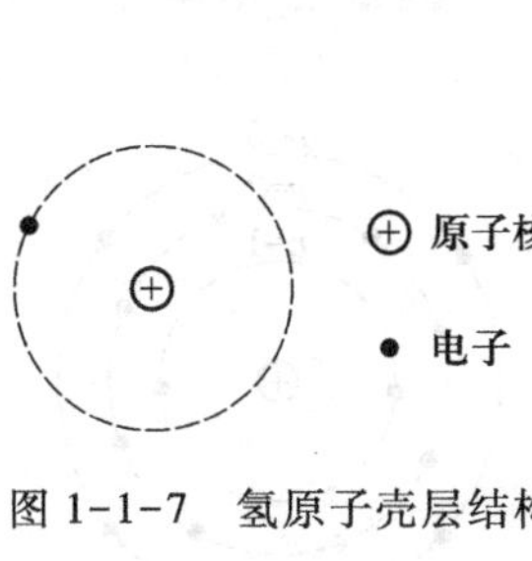

图 1-1-7　氢原子壳层结构

图 1-1-8　氦原子壳层结构

对于核外电子数更多的原子，依据上述各壳层上电子的填充规律，我们可以画出化学元素周期表中任意一个周期或任意一族元素原子的壳层结构图.

上面的氢原子和氦原子是第一周期的原子.对于其余的任一个周期,我们都可以画出各个原子的壳层结构图.例如,第二周期中的锂原子(Li),锂原子中有 3 个电子,首先在 $n=1$ 的壳层上填充 2 个电子,剩余的 1 个电子填充在 $n=2$ 的壳层上,如图 1-1-9 所示.再如,第二周期中的碳原子(C)中有 6 个电子,首先在 $n=1$ 的壳层上填充 2 个电子,剩余的 4 个电子填充在 $n=2$ 的壳层上.如图 1-1-10 所示.如果将第二周期中的 8 个元素锂(Li)、铍(Be)、硼(B)、碳(C)、氮(N)、氧(O)、氟(F)、氖(Ne)的原子壳层结构图都画出来,它们在 $n=1$ 的壳层上都填充 2 个电子,其余的电子只能填充在 $n=2$ 的壳层上.我们会发现这些原子最外层的电子数依次是 1、2、3、4、5、6、7、8 个.

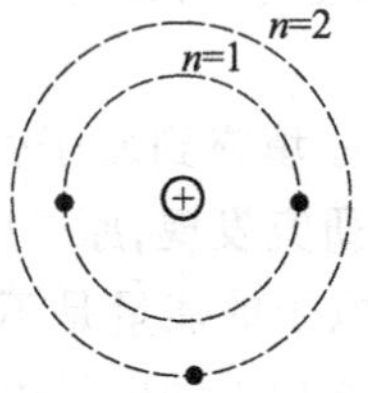

图 1-1-9　锂原子壳层结构

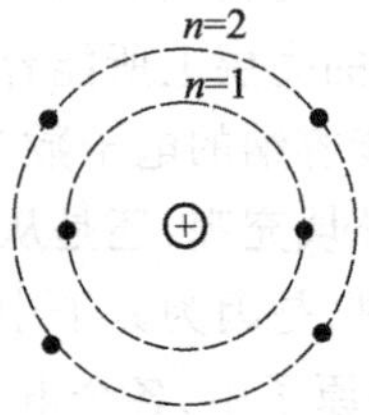

图 1-1-10　碳原子壳层结构

类似地,我们可以画出化学元素周期表中任意一族元素原子的壳层结构图.例如,第一族元素中钠原子(Na),钠原子中有 11 个电子,首先在 $n=1$ 的壳层上填充 2 个电子,然后在 $n=2$ 的壳层上填充 8 个电子,最后的 1 个电子填充在 $n=3$ 的壳层上,如图 1-1-11 所示.图 1-1-7 所示的氢原子、图 1-1-9 所示的锂原子和图 1-1-11 所示的钠原子壳层结构的最外层都是 1 个电子.如果将第一族元素中的氢(H)、锂(Li)、钠(Na)、钾(K)、铷(Rb)、铯(Cs)、钫(Fr)的壳层结构图都画出来,我们会发现虽然各原子的电子数不同,壳层结构也不同,但它们最外层的电子数都是 1.最外层的电子称为价电子,参与物质的化学反应的就是这种价电子.价电子的数目,就是元素的化合价(原子价),因此,第一族元素的化合价是 1 价.再如,第 4 族元素中硅原子(Si),硅原子中有 14 个电子,首先在 $n=1$ 的壳层上填充 2 个电子,然后在 $n=2$ 的壳层上填充 8 个电子,最后的 4 个电子填充在 $n=3$ 的壳层上.图 1-1-12 画出了硅原子的壳层结构.比较图 1-1-10 的碳原子壳层结构和图 1-1-12 的硅原子壳层结构,可以看出,虽然碳原子和硅原子的结构不同,但二者有共同的特点——最外层都是 4 个电子.如果将第 4 族元素中的碳(C)、硅(Si)、锗(Ge)、锡(Sn)、铅(Pb)原子的壳层结构图都画出来,我们会发现它们最外层的电子数都是 4,因此第 4 族元素原子的化合价是 4.

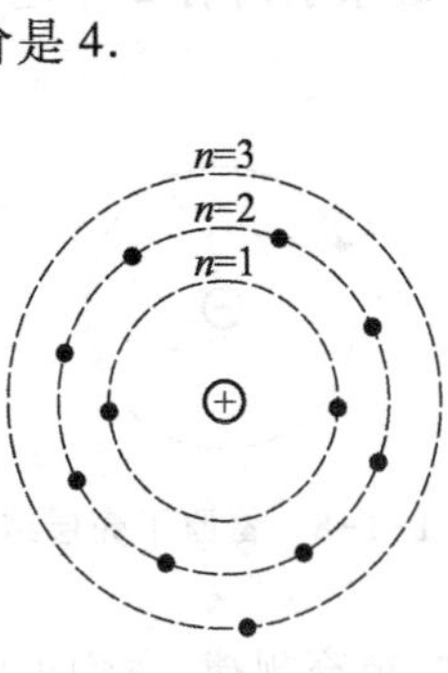

图 1-1-11　钠原子壳层结构

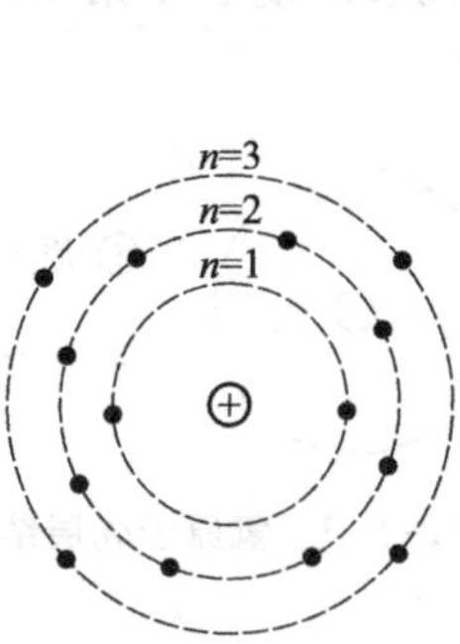

图 1-1-12　硅原子壳层结构

通过原子壳层结构的讨论我们发现，原子壳层结构中壳层的数目与元素周期表中的周期数相对应，最外层电子的数目与元素周期表中的族数是相对应的，也和原子的化合价是一致的.可见，元素周期表中元素性质呈现周期性变化的原因是由原子中核外电子层结构的周期性变化决定的.

综上所述，原子是由带正电荷的原子核和核外带负电荷的电子构成的.原子壳层上电子分布的规律性决定了元素性质的周期性.元素性质主要取决于最外层的电子分布，即由价电子所决定.元素周期表中每一个周期开始的几个元素，最外层的电子较少.在化学反应中，这些元素最外层的电子最容易失去，从而变成正离子.每一个周期的最后面几个元素，其最外层的电子数比较多，这些元素最容易获得一个或几个电子而变成负离子.当最外层的电子数达到饱和时，该原子没有活性(处于稳定状态)，例如稀有气体(亦称惰性气体)的原子就是如此.核外多一个电子或少一个电子就会造成原子性质的巨大差异，例如，具有 35 个电子的溴是能够形成多种特征化合物的褐色流体；具有 36 个电子的氪是惰性气体，不能形成化合物；而具有 37 个电子的铷却是金属.大家知道，化学反应的过程，就是反应物中的原子重新组合变为生成物的过程.在这个原子重新排队的过程中，不仅原子核没有变化，而且内层电子也没有什么变化，只是外层电子发生了改变.因此，外围电子层结构对元素的化学性质具有更显著的影响，最外层电子的改变会发生化学反应，核外电子的变化会使不同的原子在形成化合物时的行为不同，因而形成不同的物质.

自然界的物体千姿百态，不同物体的性质千差万别.现在人们认识到，构成我们周围物体的基本物质单元是原子，造成不同物体间巨大差异的根源在于原子种类的不同和由原子构成分子的方式不同.

2 分子结构

2.1 认识分子

在道尔顿的原子论发表之后，1803 年，盖-吕萨克在研究空气成分时，发现了氢和氧化合时的体积成一简单整数比之后，他想，这种体积之间的简单比很可能与物质的原子结构有关，于是进一步研究其他各种气体在化合时体积之间的比例.他发现参与反应的气体的体积和反应生成的新气体的体积也总是成一个简单整数比关系.于是得出结论：气体物质永远按最简单的比例关系发生反应，一容积的气体总是和一容积的、两容积的、最多三容积的其他气体相化合.

在道尔顿原子论的基础上，意大利物理学家阿伏伽德罗从分析盖-吕萨克的实验事实出发，于 1811 年提出了“分子”假说.他指出，可能有一种复合粒子——分子(原意为小块)存在.他认为分子具有该物质的基本化学属性，并且假定无论哪一种简单气体的分子，并不是由元素的单个原子形成的，而是由两个或多个相同的原子通过吸引而结合在一起，从而构成气体的一个分子.阿伏伽德罗的分子假说明确了分子是物质参与化学反应的元素或化合物的最小单位量.气体是由分子组成，分子再由原子组成.气体之间的化学反应是以分子分裂成原子开始，然后又互相化合成为新的分子.各种气体的原子从来不单独地存在，它们总是成双地在自然界里出现.

19 世纪初，阿伏伽德罗分子假说的提出，使原子论发展成为原子-分子论，这是物质结构认识史上的一次伟大飞跃，成为人类关于物质结构认识的第一个科学理论.这一理论的建立使人们明确了原子和分子是两个不同质的概念，分清了原子和分子之间的联系和区别.

至此，人们认识到原子结合在一起可以形成分子.分子是组成物质的微小单元，它是能够独立存在并保持物质原有的一切化学性质的最小微粒.同种分子的化学性质是相同的,不同种分子的化学性质不同.分子可以由相同元素的原子组成,比如铁是由铁原子组成的,氧气(O_2)是由氧原子组成的.分子也可以由不相同元素的原子组成,比如,纯净的水(H_2O)是由氢原子和氧原子组成的.2014 年初,北京大学一个研究小组首次实现了水分子的亚分子级分辨成像,拍摄到水分子的内部结构图像,如图 1-1-13 所示.一般来说,化合物分子都是由不同元素的原子组成,有机物的分子由千百个原子以复杂的方式排列组成的,而且每一个原子都有它固定的位置.

图 1-1-13 水分子的内部结构

一个分子是由多个原子紧紧地连接在一起而形成的.不同分子中原子的数目可能不同,有些分子只由一个原子组成,有些分子由两个原子组成,有些分子由多个原子组成.由单个原子组成的分子称为单原子分子,比如纯金属,再如,氦和氩等稀有气体分子也属于单原子分子,这种单原子分子既是原子又是分子.由两个原子组成的分子称为双原子分子,比如氧分子(O_2)、氢分子(H_2)、一氧化碳分子(CO)等.氧分子由两个氧原子构成,氢分子由两个氢原子构成,它们为同核双原子分子;一氧化碳分子由一个氧原子和一个碳原子构成,为异核双原子分子.绝大多数分子是由多个原子组成的,称为多原子分子,例如,水分子(H_2O)是由两个氢原子和一个氧原子组成的;酒精分子(C_2H_6O)由 1 个氧原子、2 个碳原子和 6 个氢原子组成;一个猪胰岛素分子($C_{255}H_{380}O_{78}N_{65}S_6$)包含几百个原子.

原子结合成分子的方式不同,所形成分子的性质会有很大差异.例如:氧原子和碳原子可以因结合方式的不同而形成一氧化碳分子(CO)和二氧化碳分子(CO_2).二者的特性截然不同:CO 有毒,CO_2没有毒性;CO 可燃,可作为气体燃料,CO_2不可燃,可以作为灭火剂.组成一氧化碳分子和二氧化碳分子的原子是相同的,但二者却具有完全不同的性质.

2.2 共价键

原子是怎样组成分子的呢? 是按照一定的规则,还是杂乱堆积的呢? 我们先从最简单的氢分子开始说起,氢分子是由两个氢原子结合在一起而形成的,众所周知,两个氢原子都各有一个核外电子,这两个分别属于不同氢原子的核外电子,其自旋(一种量子效应,是微观粒子本身的固有属性)可能是相同的,也可能是相反的.我们设想把两个氢原子放在一定的距离以外,然后使它们逐渐地互相接近,并随着两个氢原子的逐渐接近测量这个体系的能量.从实验测得的数据画出能量 E 随两个氢原子之间距离 r 变化的曲线,如图 1-1-14 所示.图中曲线 A 是两个氢原子中的电子具有相同自旋量子数(平行自旋)时逐渐接近的情况,曲线 B 是两个氢原子中的电子具有不同自旋量子数(反平行自

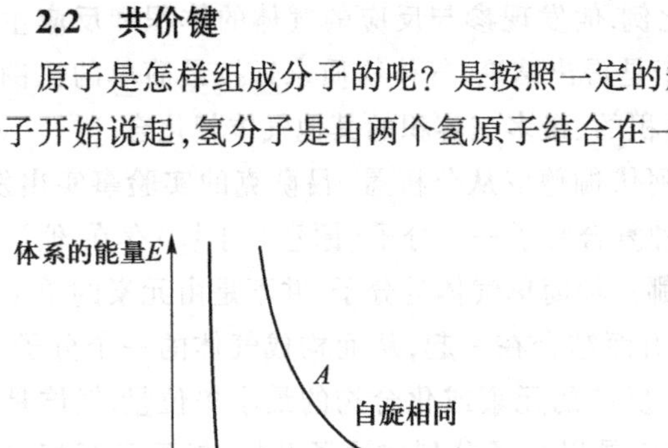

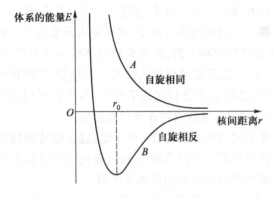

图 1-1-14 两个氢原子的能量-距离曲线

旋)时逐渐接近的情况.先观察曲线 A,这条曲线表明,当两个具有平行自旋电子的氢原子之间距离逐渐缩小时,体系的能量也跟着升高,而且升高的幅度越来越大,这就意味着体系不稳定,因此它们是不可能结合在一起的.再来看图 1-1-14 中的曲线 B,当具有反平行自旋电子的两个氢原子互相接近时,从图中可以看出,体系的能量是逐渐降低的.这表明,两个反平行自旋的电子之间的引力远超过两个核之间的静电斥力,因此这两个电子可以结合在一起.而且当两个氢原子接近到核之间距离达到一定值 r_0 时曲线出现最低点,这时体系处于能量最低的稳定状态.如果两个氢原子再进一步接近,两核之间的静电斥力将要起作用,使体系的能量迅速提高.由此可以得出结论:核外电子自旋相反的两个氢原子在互相接近时可以结合在一起,形成了氢分子.

从上面的讨论可知,有一种力把两个核外电子自旋相反的氢原子紧紧拉在一起结合成了氢分子.分子中,相邻的两个原子之间强烈的相互吸引作用,通常称为**化学键**.化学键的来源主要与原子最外层的电子有关,当两种吸引电子能力比较接近的原子组成分子时,原子得失电子的能力减弱,逐渐转变为两个原子各贡献一个最外层的电子配成一对后被这两个原子共用,这种作用称为**共价键**.共价键理论是建立在量子力学基础上的,主要内容为:两个具有未成对的电子的原子,如果两个电子的自旋是相反的,那么这两个电子所在的原子轨道尽可能多地互相重叠,一对自旋相反的电子既出现在一个原子的轨道上,也出现在另一原子的轨道上,即这一对自旋相反的电子被两个原子所共用,这就形成了共价键.电子运动轨道重叠越多,电子概率密度越大,成对电子受两核的吸引力就越大,系统的能量越低,所形成的共价键就最牢固.被共享的一对电子就像一个带负电荷的桥,把两个带正电荷的原子核吸引在一起形成稳定的分子.这时体系的能量小于两原子单独存在时的能量之和.

大多数小分子都可以看成由近邻原子通过共价键结合的,它可以由相同化学元素的原子组成,比如氢气(H_2)、氧气(O_2)等.为了直观形象地说明共价键的形成,我们用图 1-1-15 粗略地画出了两个氢原子结合成氢分子的过程.每个氢原子有一个电子,当两个自旋相反的氢原子相距足够近时,原则上是无法区分究竟哪一个电子是属于哪一个原子核的,因此,两个原子共享它们的价电子而结合成氢分子.按照量子理论的观点,在一定的量子态(成键态)中,这种“共有”的价电子有较大的概率处在两个原子核连线的中垂面附近,从而把两边带正电的原子核紧紧地拉在一起而形成氢分子.这就是形成共价键的大致物理图像.

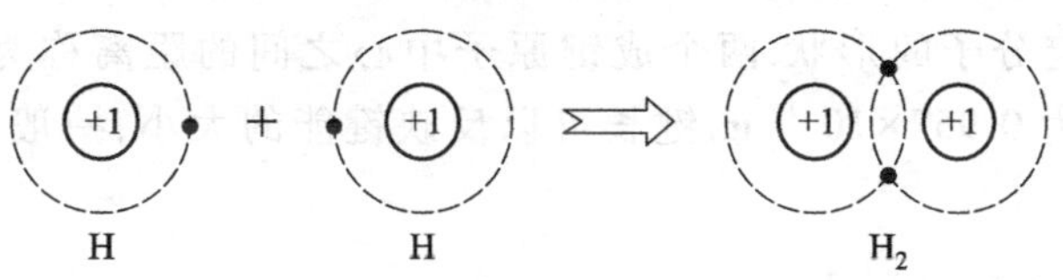

图 1-1-15　两个 H 原子通过共价键结合成 H_2 分子

不仅相同原子可以通过共价键结合成分子,不同原子之间也会形成共价键.例如水分子(H_2O),图 1-1-16 直观形象地给出了两个氢原子和一个氧原子通过共价键结合成 H_2O 分子的过程,每个氢原子有一个电子,氧原子最外层有 6 个电子,当氢原子和氧原子靠近时,氧原子贡献出最外层的 2 个电子分别与每一个氢原子中的电子配成对,并被氢原子和氧原子共享,就构成了水分子(H_2O).

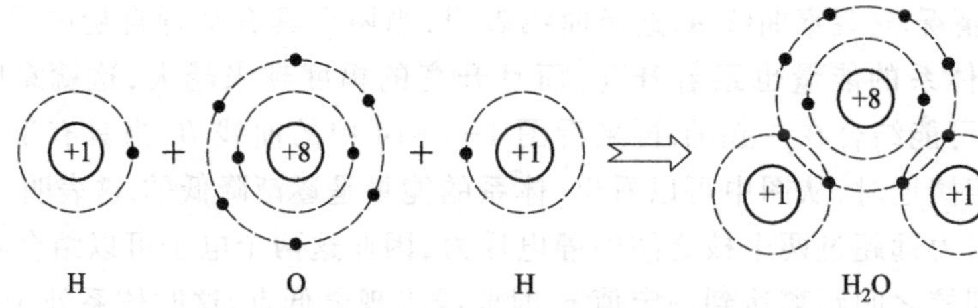

图 1-1-16 水分子的共价键结构

通过上面的讨论可以看出,一个电子只能与另一个自旋相反的电子配对,也就是说一个原子中有几个未成对电子(包括激发后形成的未成对电子),就只能和几个自旋相反的电子配对成键,而未成对电子数是有限的,故形成化学键的数目是有限的,因此共价键具有**饱和性**.例如:氯原子中只有 1 个未成对电子,所以 1 个氯原子只能和 1 个氯原子形成 Cl_2分子,而不能和 2 个氯原子形成分子.同样氢原子只有 1 个未成对电子,氯原子中也只有 1 个未成对电子,所以只能是 1 个氢原子和 1 个氯原子生成 HCl 分子.

根据共价键理论,只有电子运动轨道重叠最大(电子云重叠的区域越大)才能使系统能量最低,化学键才越牢固.我们知道除 s 轨道是球形对称的,其他的轨道在空间上都有一定的伸展方向,所以,除了 s 轨道与 s 轨道之间重叠没有方向,s 轨道与其他轨道或其他轨道之间都需要在一定的方向上才能达到最大重叠,也就是说共价键有**方向性**.

综上所述,当两个或两个以上原子构成分子时,每个原子内层的电子由于被各自的原子核紧紧地束缚着,很少受到扰动,而最外层的价电子和原子核结合得比较松散,容易受到其他粒子的影响.原子通过化学键结合成分子,参与形成化学键的主要是原子最外层的价电子,原子内部各满壳层上的电子仍分属于原来的原子,内层电子不参与化学键的形成.共价键是由于原子相互接近时轨道重叠,原子间通过共用自旋相反的一对电子使能量降低而成键,其本质是来自带电粒子之间复杂的库仑相互作用.

原子通过化学键结合成分子,人们在利用化学键思想讨论不同形态物质特性时,也常用下面的简化图示表示分子的化学键结构,用小圆点(或小圆圈)表示原子,用原子(小圆点或小圆圈)之间的一条直线段表示化学键.如图 1-1-17 所示是氢气分子结构和水分子结构的图示方法.分子中两个相邻化学键之间的夹角称为键角,比如水分子中两个 O—H 共价键之间的键角为 104.5°,键角决定分子的形状.两个成键原子中心之间的距离称为键长,比如水分子中 O—H 共价键的键长为 0.957×10^{-10} m.键长可以反映键能的大小,一般来说,键长越短,键能越大.

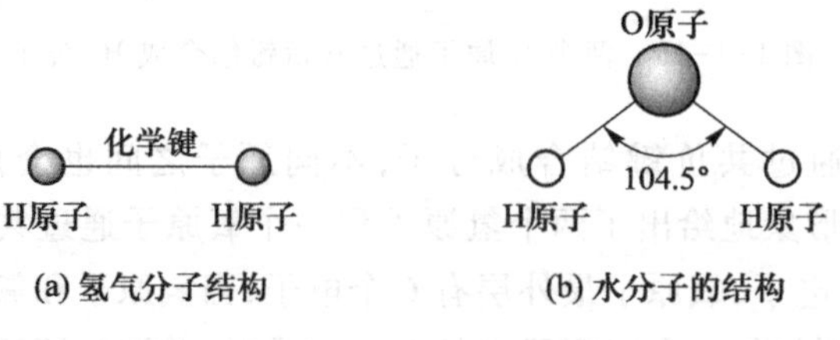

图 1-1-17 分子结构的图示方法

共价键是由不同原子的电子云重叠形成的.形成共价键时,原子轨道有不同的重叠方式,如果电子云顺着原子核的连线重叠,所得到的是轴对称的电子云图像,这种共价键称为**σ 键**,如图 1-1-18(a)所示.例如,图 1-1-15 所示的两个氢原子结合成一个氢分子,H—H 键的电子云是围绕键轴对称分布的,这种键就是 σ 键.如果两个原子的轨道(p 轨道)从垂直于成键原子的核间连线的方向接近,发生电子云重叠而成键,电子云重叠后得到的电子云图像呈镜像对称,这种共价键称为**π 键**,如图 1-1-18(b)所示.σ 键中,电子云集中在两原子核的连线附近,而 π 键中,电子云则分布在包含连线的一个平面两侧.用形象的语言来说,σ 键是两个原子轨道“头碰头”重叠形成的;π 键是两个原子轨道“肩并肩”重叠形成的.

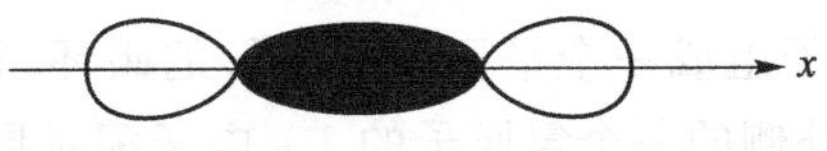

(a) σ键

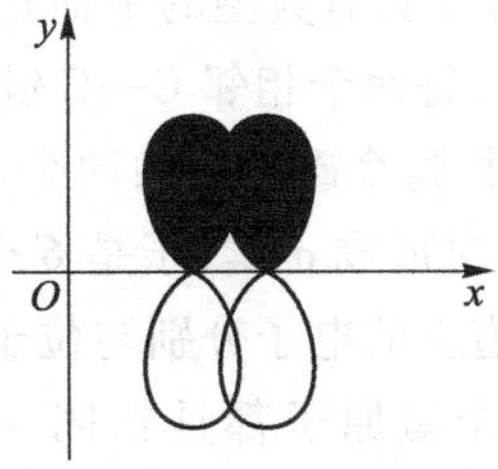

(b) π键

图 1-1-18　原子轨道之间的最大重叠方式

一般而言,如果原子之间只有 1 对电子,形成的共价键是单键,通常是 σ 键.例如,H_2分子的 s-s 重叠,HCl 分子中的 s-p_x 重叠,Cl_2分子中的 p_x-p_x 重叠等都是 σ 键.如果原子间的共价键是双键,则由一个 σ 键和一个 π 键组成.如果是三键,则由一个 σ 键和两个 π 键组成.例如,在 N_2分子中,N 原子有 3 个未成对的电子(p_x^1、p_y^1、p_z^1),2 个 N 原子间除形成 p_x-p_x 的 σ 键以外,还形成 p_y-p_y 和 p_z-p_z 两个互相垂直的 π 键.

通常 π 键是伴随 σ 键出现的,由于 π 电子的电子云不集中在成键的两原子之间,所以 π 键的重叠程度比 σ 键小,π 键不如 σ 键稳定.σ 键的电子被紧紧地定域在成键的两个原子之间,π 键的电子相反,它可以在分子中自由移动,并且常常分布于若干原子之间.

在多原子分子中,如果有相互平行的 p 轨道,它们连贯重叠在一起构成一个整体,p 电子在多个原子间运动形成 π 型化学键,这种不局限在两个原子之间的 π 键称为**离域 π 键**,或共轭大 π 键,简称**大 π 键**.某些环状有机物中,共轭 π 键延伸到整个分子,例如多环芳烃就具有这种特性.

在价键理论中,为了解释分子或离子的立体结构,鲍林提出杂化轨道理论,该理论认为:原子在形成分子的过程中,由于原子间的相互影响,同一原子中能量相近、形状不同的某些原子轨道(包括 s,p,d,f)在成键过程中,受到其他原子的影响而重新组合形成一些能量相等的新的原子轨道,这个过程称为杂化,杂化后所形成的新的原子轨道称为杂化轨道.杂化轨道的数目与参加组合的原子轨道数目相等.

按所参加杂化的轨道不同,杂化轨道可分为 sp 杂化类型和 spd 杂化类型.轨道杂化一般发生在 s 轨道与 p 轨道之间,sp 杂化类型又可分为 sp 杂化(即 sp^1杂化)、sp^2杂化和 sp^3杂化.

sp 杂化是 1 个 ns 轨道与 1 个 np 轨道进行杂化,形成 2 个 sp 杂化轨道,两个杂化轨道在一条直线上.

sp^2杂化是 1 个 ns 轨道和 2 个 np 轨道进行杂化,形成 3 个等性的 sp^2杂化轨道.

sp^3杂化是 1 个 ns 轨道与 3 个 np 轨道进行杂化,形成 4 个 sp^3杂化轨道.杂化轨道比原来轨道的成键能力强,形成的键较稳定.例如 H_2O 分子,O 原子的价电子层结构为 $2s^22p^4$,其中 2s 和一个 2p 轨道参加杂化后都具有未成键的孤对电子,只有两个 sp^3 杂化轨道与两个 H 原子的 1s 轨道重叠成键形成 H_2O 分子.由于 O 原子中有两个 sp^3 杂化轨道均存在孤对电子,它们对成键电子对的排斥和挤压更为强烈,因此使 O—H 键之间的夹角更小,只有 104.5°.

下面举一个实例说明之.

苯(C_6H_6)分子具有典型的平面正六边形结构,X 射线衍射实验显示:6 个碳原子和 6 个氢原子在同一平面上,每两个相邻 C—C 键的夹角均为 120°,6 个 C—C 键的键长都是 0.139 nm.形成苯(C_6H_6)分子时,每个碳原子的两个 sp^2杂化轨道上的电子分别与邻近的两个碳原子的 sp^2杂化轨道上的电子配对形成 σ 键,于是 6 个碳原子组成一个平面正六边形的碳环;每个碳原子的另一个 sp^2杂化轨道上的电子分别与位于碳环外侧的一个氢原子的 1 s 电子配对形成 σ 键.成键的 6 个碳原子和 6 个氢原子都是在同一个平面上相互连接起来的,形成平面正六边形结构,如图 1-1-19(a)所示.

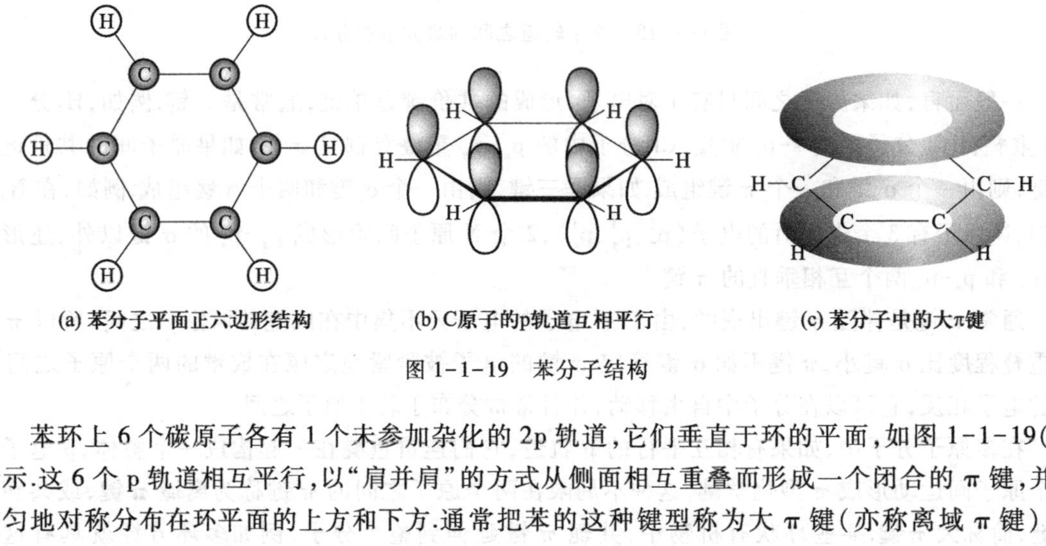

(a) 苯分子平面正六边形结构　(b) C原子的p轨道互相平行　(c) 苯分子中的大π键

图 1-1-19　苯分子结构

苯环上 6 个碳原子各有 1 个未参加杂化的 2p 轨道,它们垂直于环的平面,如图 1-1-19(b)所示.这 6 个 p 轨道相互平行,以"肩并肩"的方式从侧面相互重叠而形成一个闭合的 π 键,并且均匀地对称分布在环平面的上方和下方.通常把苯的这种键型称为大 π 键(亦称离域 π 键),如图 1-1-19(c)所示.苯的大 π 键的形成使 π 键电子云为 6 个碳原子所共有,因而受到 6 个碳原子核的共同吸引,彼此结合得比较牢固.同时,苯的大 π 键是平均分布在 6 个碳原子上的,所以苯分子中每个 C—C 键的键长和键能是相等的.

2.3　极性分子和非极性分子

分子由原子组成,原子是由带正电荷的原子核和带负电荷的电子构成,那么,这些电荷在分子中的分布及结构是什么样呢?我们知道,在分子中由于正电荷的电荷量和负电荷的电荷量是相等的,所以,就分子的总体来说是电中性的.但是,从分子内部这两种电荷的分布情况来看,可把分子分成极性分子和非极性分子两类.

我们可以想象将原子中的全部正电荷等效于一点,称为正电荷的"等效中心",同样原子中的全部电子也存在负电荷的“等效中心”.如果分子中正电荷的“等效中心”与负电荷的“等效中心”重合,所对应的分子称为**非极性分子**,亦称**无极分子**.如果分子中正电荷的“等效中心”与负电荷的“等效中心”不重合时,整个分子存在正负两个电极(偶极),等效于一个电偶极子,电偶极子的电偶极矩(简称电矩)用 p 表示.这种分子称为**极性分子**,亦称**有极分子**.

极性分子和非极性分子是如何产生的呢？其实,分子的极性是与分子内部化学键的极性以及结构对称性有关的.在共价键中,根据键的极性又分为极性共价键和非极性共价键.

对于双原子分子来说,分子的极性与键的极性一致.由同种原子形成的共价键,在成键过程中,形成共价键的两个原子核吸引共用电子对的能力是相同的,共享电子对正好位于两个原子中间,不偏向任何一方原子,分子中共用电子对的重叠区域恰好处于两个原子核之间连线的中心区域.这样一来,两个原子中哪一个也不显电性.这样的共价键称为非极性共价键,简称**非极性键**.由这种非极性键形成的分子中正电荷的“等效中心”与负电荷的“等效中心”恰好重合于它们的中点,所对应的分子就是非极性分子.例如,氢(H_2)、氧(O_2)、氮(N_2)、氯(Cl_2)等都是非极性分子.如图 1-1-20 所示,两个相同的氢原子通过共价键结合成了氢分子是非极性分子.

由不同种原子形成的共价键,由于两种元素的电负性不同,双方原子吸引电子的能力不同,共用电子对偏向电负性较大的一方原子,使成键原子间的电荷分布不均匀,电负性较大的原子一端带部分负电荷,电负性较小的原子一端带部分正电荷.这种共价键称为极性共价键,简称**极性键**.比如氯化氢(HCl)、一氧化碳(CO)等.如图 1-1-21 所示的氯化氢(HCl)分子,由于氯原子的电负性比氢原子大,使得氯化氢分子中共用电子对的重叠区域离氯核较近,而离氢核较远.显然,H—Cl 键是一种极性键.由极性键形成的氯化氢分子中,正电荷的“等效中心”与负电荷的“等效中心”不重合,氢原子的一端是正极,氯原子的一端是负极.因此,氯化氢分子是极性分子.一般来说,由两种不同元素原子之间构成的共价键基本上是极性共价键,由极性键形成的双原子分子是极性分子.

图 1-1-20　H_2 是无极分子

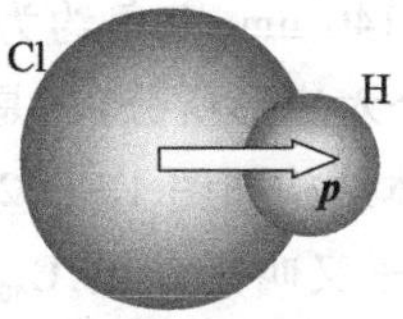

图 1-1-21　氯化氢分子的电矩

对于多原子分子来说,分子的极性由空间构型决定.一般来说,多原子分子中的化学键都是极性键,但是,如果分子的空间构型完全对称,键的极性互相抵消,分子中正、负电荷的“等效中心”重合,则分子是无极分子,比如 CO_2,CH_4 等.如图 1-1-22 所示的甲烷(CH_4)分子中,虽然每一个 C—H 键都是一种极性共价键,但甲烷分子中 4 个 C—H 键的极性由于对称分布而互相抵消了.或者说甲烷分子中正电荷的“等效中心”与负电荷的“等效中心”恰好重合,因此甲烷是非极性分子.

如果多原子分子的空间构型不对称,其正、负电荷的“等效中心”不重合,则分子为极性分子.如图 1-1-23 所示,两个氢原子和一个氧原子通过共价键结合成的 H_2O 分子中,O—H 键是极性键,两个 O—H 键之间的夹角(键角)是 104.5°,两个 O—H 键的极性不能互相抵消.原子通过这种极性键组成分子的过程中,虽然分子整体上呈电中性,但由于电荷分布不对称,水分子中正电

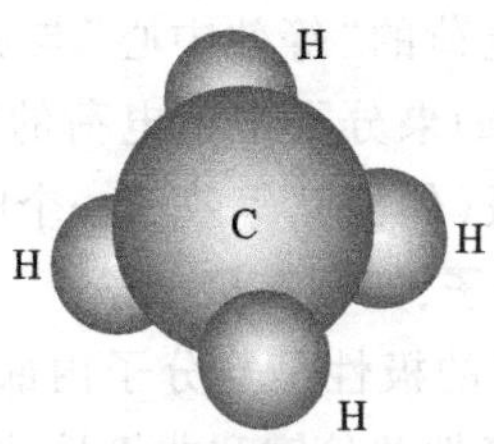

图 1-1-22 CH_4 是无极分子

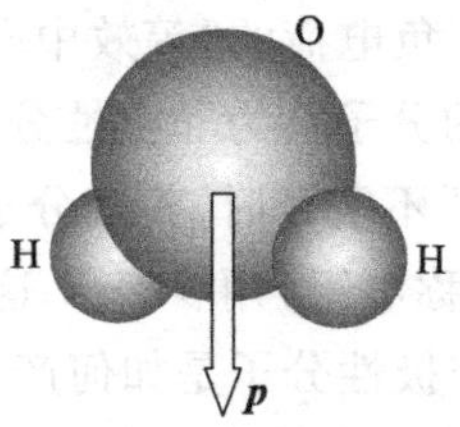

图 1-1-23 水分子的电矩

荷的“等效中心”与负电荷的“等效中心”不重合，等效于一个电偶极子，因此水分子(H_2O)是极性分子.微波炉之所以能烹调食物，是因为食物中含有水，当电磁场穿过食物时，导致水等极性分子极化并振动.振动产生热量，这种热能可以煮熟放在微波炉中的食物.例如，氨(NH_3)、二氧化硫(SO_2)、甲醇(CH_3OH)等都是极性分子.

2.4 两种典型的分子

不同原子、不同结合方式形成千变万化的不同分子，这里只简要介绍碳 60(C_{60})分子和 DNA 分子.

(1) 碳 60 分子

碳 60(C_{60})是除石墨和金刚石以外的另一种碳的同素异形体.碳 60(C_{60})中的碳原子是以球状穹顶结构键合在一起的，它是单纯由 60 个碳原子结合形成的稳定分子.C_{60}具有 60 个顶点和 32 个面，其中 12 个面为正五边形，20 个面为正六边形.这 32 面体的每个顶点上都有一个碳原子，每个碳原子均以 sp^2或近似 sp^3杂化轨道与相邻碳原子形成三个 σ 键，它们不在同一平面上.每个碳原子剩下的一个 p 轨道或近似 p 轨道彼此构成离域大 π 键.其 C—C 键的键长不完全相同：由五边形和六边形共用的键长约为 0.146 nm，由两个六边形共用的键长约为 0.140 nm，键角约为 116°.分子中 12 个五边形最大程度地被 20 个六边形所分隔，是目前已知的最对称的分子之一.C_{60}分子的立体结构如图 1-1-24 所示.整个分子结构形似足球，因此碳 60 分子又叫足球烯.C_{60}分子结构具有很高的对称性，因其结构很像美国著名设计师富勒(Fuller)所设计的蒙特利尔世界博览会网格球体主建筑，故人们又将这一化合物称为富勒烯.

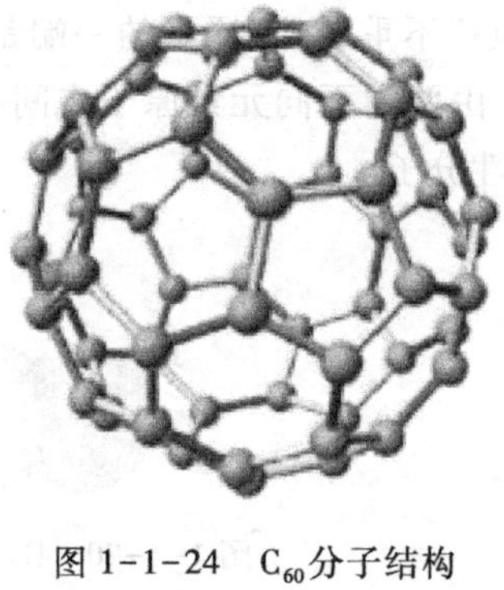

图 1-1-24 C_{60}分子结构

C_{60}的发现至今时间很短，研究尚处于初级阶段.但涉及面很广，仅目前的研究已表明，它在许多领域将发挥巨大作用.例如，C_{60}是纳米级材料，可用作记忆元件、超级耐高温润滑剂，可制造高能蓄电池、燃料、太空火箭推进剂等.由于 C_{60}结构的特殊性，表现出很强的非线性光学性质，在光学计算机和光纤通信中有特殊价值.富勒烯的出现，为物理学、化学、电子学、天文学、材料科学、生命科学和医学等学科开辟了崭新的研究领域，其意义非常重大.

(2) DNA 分子

DNA 是脱氧核糖核酸(Deoxyribonucleic Acid)的英文缩写，又称为去氧核糖核苷酸.DNA 分子是一种高分子化合物，组成它的元素是碳(C)、氢(H)、氧(O)、氮(N)、磷(P).DNA 是由 4 种主要的含氮碱基：腺嘌呤(adenine，缩写为 A)，胸腺嘧啶(thymine，缩写为 T)，胞嘧啶(cytosine，缩写为 C)和鸟嘌呤(guanine,缩写为 G)组成的.四种含氮碱基的比例在同物种不同个体间是一致的,但在不同物种间则有差异.

1953 年,沃森(Watson)和克里克(Crick)以非凡的洞察力,在前人研究的基础上,建立了一个与 DNA X 射线衍射资料相符的分子模型——DNA 双螺旋结构模型,如图 1-1-25 所示.这是两条脱氧核糖核酸链反向平行盘绕所形成的双螺旋结构,是一个能够在分子水平上阐述遗传(基因复制)的基本特征的 DNA 二级结构.双螺旋结构的确立,不仅揭示了 DNA 分子结构特征,而且科学地阐明了 DNA 的遗传功能,是现代分子生物学的里程碑.

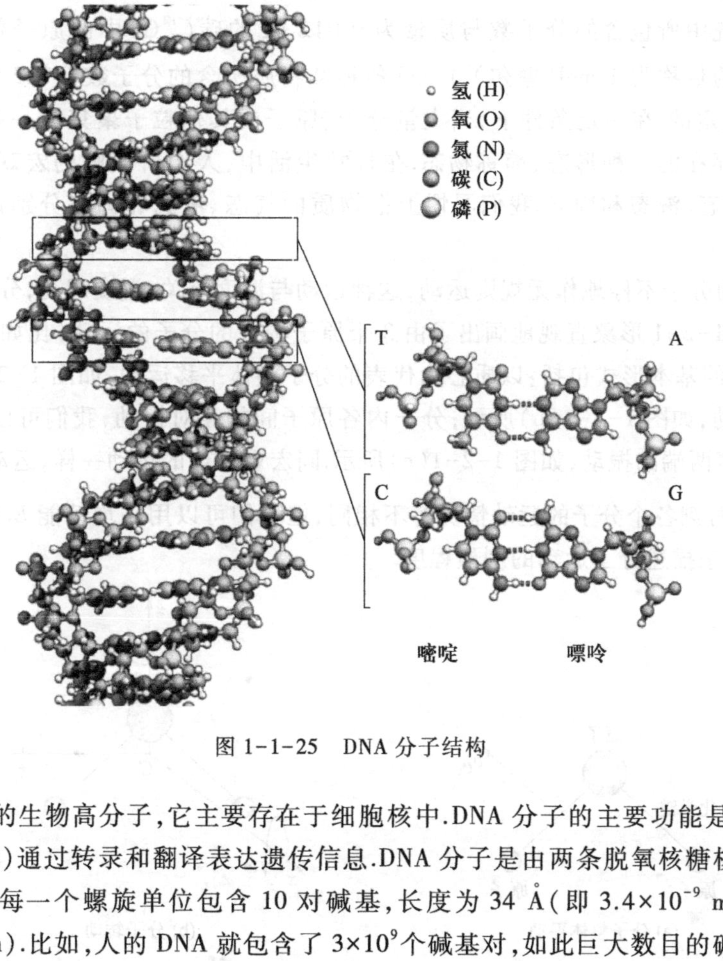

图 1-1-25　DNA 分子结构

DNA 是巨大的生物高分子,它主要存在于细胞核中.DNA 分子的主要功能是:(1)通过复制传递遗传信息,(2)通过转录和翻译表达遗传信息.DNA 分子是由两条脱氧核糖核酸长链组成的一个双螺旋结构,每一个螺旋单位包含 10 对碱基,长度为 34 Å(即 3.4×10^{-9} m),螺旋直径为 20 Å(即 2×10^{-9} m).比如,人的 DNA 就包含了 3×10^{9}个碱基对,如此巨大数目的碱基所能容纳的信息量之大是可想而知的.DNA 分子中不同排列顺序的 DNA 区段构成特定的功能单位,这就是基因,不同基因的功能各异,要想解释基因的生物学含义,就必须弄清 DNA 顺序.DNA 顺序测定是分子遗传学中一项既重要又基本的课题.人类基因组计划 HGP(human genome project)旨在为 30 多亿个碱基对构成的人类基因组精确测序,发现所有人类基因并确定其在染色体上的位置,破译人类全部遗传信息.人类基因组工程项目已于 2003 年完成.

综合以上关于原子结构和分子结构的讨论可见,原子和分子都是肉眼看不见的微观粒子,它们都是组成宏观物体的微小粒子.有的物体由分子组成,比如氧气由氧分子组成;有的物体由原子组成,比如金刚石由碳原子组成.分子能够独立存在,一般来说原子不能独立存在.在不同的外部条件下,各种分子或原子聚集在一起形成宏观物体的各种不同的形态,产生千变万化的各种物质.

§1.2 物质存在的形态

宏观物体是由大量分子组成的,大到什么程度呢?采用原子质量单位,当某种相同分子组成的物质系统中所包含的分子数与质量为 0.012 kg 的碳($^{12}_{6}C$)中的原子数相同时,该物质系统中的物质的量称为 1 mol(摩尔).1 mol 各种纯物质所含的分子数 $6.022\ 045\times10^{23}$(阿伏伽德罗常量)是恒定的.在一定条件下,当大量分子、原子或其他粒子聚集为一种稳定的结构时,我们称为物质存在的一种形态,简称物态.在日常生活中,人们所接触的宏观物体的状态大体可分为三种:气态、液态和固态.我们习惯上把物质的气态、液态和固态分别说成气体、液体和固体.

组成物体的分子不停地作无规则运动,这种运动与温度有关,温度越高,分子运动越剧烈,故称为热运动.图 1-2-1 形象直观地画出了由 3 个原子构成的分子的运动(比如 H_2O 分子),一般来说,其热运动的基本形式包括:以质心为代表的分子整体平移运动,如图 1-2-1(a)所示;分子绕质心 C 的转动,如图 1-2-1(b)所示;分子内各原子间的相对振动,我们可以想象成原子连接在无质量的弹簧两端的振动,如图 1-2-1(c)所示.同宏观物体的运动一样,运动着的分子也具有动能.尽管某一时刻各个分子的运动情况各不相同,但我们可以用平均动能 $\bar{E}_k$(物体内所有分子动能的平均值)来描述分子运动的剧烈程度.

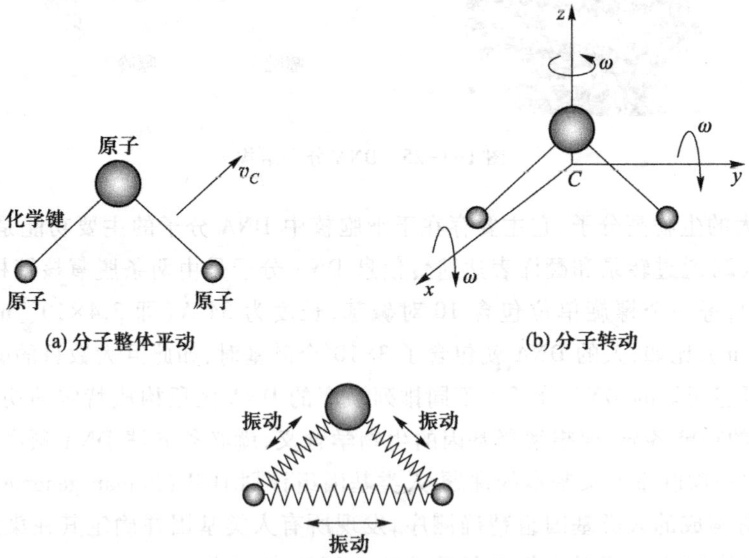

图 1-2-1 分子的运动

如果对一块冰持续不断地加热，固态的冰将变成液态的水，液态的水还会变成水蒸气，这是把 H_2O 分子密集的状态逐步变成稀疏状态的过程.这一现象表明，水分子和水分子之间存在着一定强度的作用力，只有在外界提供能量（加热）的条件下，才可以把靠这种力聚集在一起的水分子逐渐拆开.分子之间的作用力称为分子力，由于这种力是荷兰学者范德瓦耳斯首先提出的，因此也称之为范德瓦耳斯力.分子间的作用力有吸引力，也有排斥力.我们通常所说的分子力是指引力与斥力的合力，图 1-2-2(a)给出了两个分子间的相互作用力与分子质心间距离 r 的关系曲线.当 $r=r_0$（r_0 是分子的大小，约为 10^{-10} m）时，分子之间的斥力和引力达到平衡，分子力（斥力与引力的合力）等于零.当 $r<r_0$ 时，分子力主要表现为斥力，并且随 r 的减小，斥力急剧增大.当 $r>r_0$ 时，分子力主要表现为引力.当 r 增大到大于 10^{-9} m时，分子间的作用力就可以忽略不计了，因此分子力属短程力.分子力的能量虽然远比化学键的键能小，但它对不同集聚状态宏观物质的性质有着不容忽视的影响.分子力是保守力，在很多情况下用分子作用势能描述分子间的相互作用更方便，图 1-2-2(b)给出了与分子力对应的势能曲线.在 $r=r_0$ 处有一分子作用势能极小值的势阱，势阱深度 $E_p(r_0)$ 代表着将处于平衡距离的两个分子拆散所需的最小能量，称为分子的结合能.

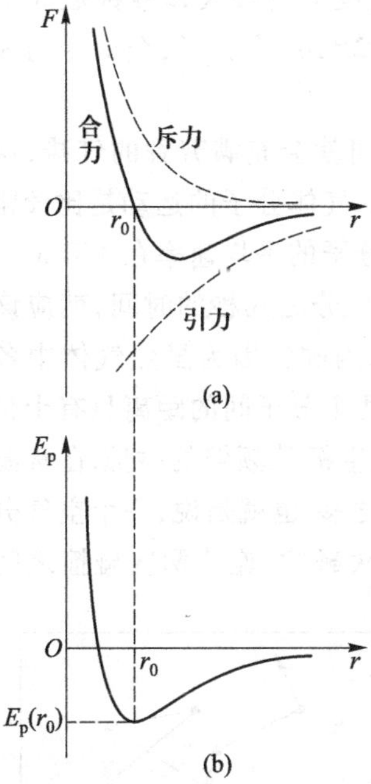

图 1-2-2　分子力和势能曲线

分子热运动能量中的动能使分子趋于分散，势能则使分子趋于团聚.一般来说，当 $\bar{E}_k \gg E_p(r_0)$ 时，分子热运动的作用远超过了分子力的作用，物质处于气态；当 $\bar{E}_k \ll E_p(r_0)$ 时，分子间的作用力很强，远超过了分子热运动的作用，物质处于固态；当 $\bar{E}_k \sim E_p(r_0)$ 时，物质处于液态，液体是介于气体和固体之间的凝聚物质.下面我们分别讨论物质的这三种不同状态.

1　气体

气体是最常见的一种物质存在形态，比如我们周围的空气.空气是每一个人时刻都离不开的气体，生命体每时每刻都需要呼吸空气以维持其生命.空气的主要成分是氮气、氧气、水蒸气，还有少量的二氧化碳和稀有气体.空气没有颜色，没有气味，看不见摸不着，但是，我们能感觉到，当微风吹过时，我们能受到清风拂面的惬意.

1.1　气体分子的运动特点

气体是分子结构很松散的系统，图 1-2-3 直观形象地画出了一个容器中空气分子的图像，实际上，一个容器（比如房间）里的气体分子不会这么少（只画了 6 个），构成气体

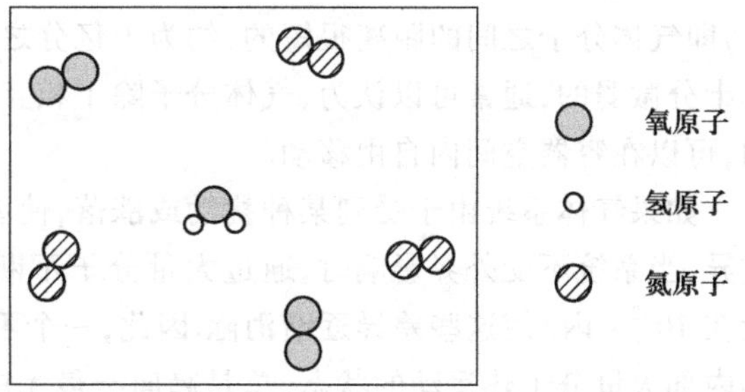

图 1-2-3　空气

的分子数目是非常巨大的，在常温常压下，1 m^3体积内的气体分子数有10^{25}之多.这个数字确实非常巨大，人们常常把很大的数字称为“天文数字”.怎么理解这如此巨大的数字呢？我们不妨设想让地球上的人（65亿，即6.5×10^9）都来数这1 m^3内的气体分子，假设平均每人每秒钟数3个分子，每年约3.2×10^7 s，全世界的人每年能数$3.2\times10^7\times3\times6.5\times10^9=6.2\times10^{17}$个分子，全世界的人数完这1 m^3内的气体分子至少需要约1 000万年的时间.

日常生活中我们会有这样的经验，打开香水瓶的盖子，整个房间就会充满芳香的气味，这种现象称为气体的扩散现象，扩散现象的发生是由于分子运动的结果.气体分子的运动是比较剧烈的，通常以数百米每秒的平均速率不停地运动着，比如，常温下空气分子的平均速率在450 m/s左右.气体分子运动得如此之快，那么，如果打开香水瓶盖，只要经过十分之几秒的时间，就应该在几十米远处闻到香水的气味.然而，实际情况并非如此.这是什么原因呢？因为虽然气体中各个分子都以很高的速率运动，但由于组成气体的分子非常稠密，相邻两个分子间的距离只有十亿分之一米（即10^{-9} m）.每一个分子在运动过程中都必然与其他分子发生极其频繁的碰撞.在常温常压下，一个空气分子在1 s内与其他空气分子的碰撞竟达数十亿次之多.也就是说，一个空气分子平均每运动数亿分之一米的微小路程就会与其他空气分子发生一次碰撞，连续两次碰撞之间分子可以自由移动的距离是很短的（平均约为10^{-8} m）.每次碰撞都会使分子的运动方向和运动快慢发生改变，使得每一个分子所经历的路径非常曲折迂回.如图1-2-4所示为某一个分子从一点A移动到另一点B的路径示意图.因此，整个气体系统内大量分子热运动的微观状态可以说是瞬息万变的，某一时刻某一个分子向什么方向运动、运动速率有多大，事先是完全无法预测的，气体分子处于完全杂乱无序的状态.如果在没有外界影响的情况下，气体分子只能在其附近的较小区域内作杂乱无章的运动，很难移动到很远的地方去.因此，只有在打开盖子的香水瓶附近区域才能闻到香水的气味，而在较远的地方就无法感受到香水的气味了.可见，气体分子的运动情况是快速的自由移动和频繁的碰撞.

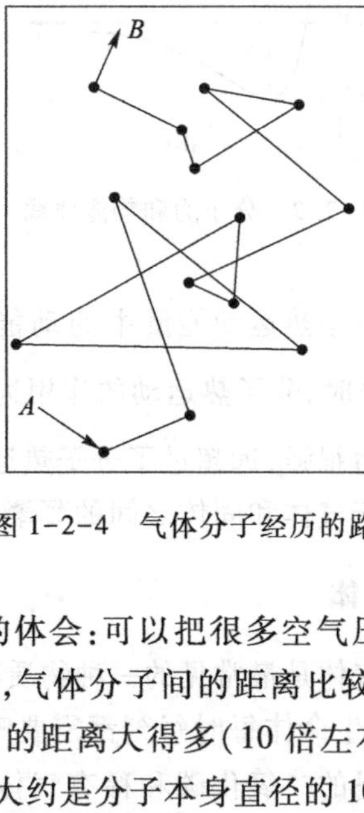

图1-2-4 气体分子经历的路径

气体很容易被压缩，日常生活和生产实践中，我们都有这样的体会：可以把很多空气压入篮球的内胆中或车辆的轮胎内.这表明气体分子的结构是很松散的，气体分子间的距离比较大.在通常温度和压强条件下，气体分子间的距离比固体和液体分子间的距离大得多（10倍左右）.气体凝结成液体时，体积要缩小上千倍，可见，气体分子之间的距离大约是分子本身直径的10倍左右，即气体分子之间的距离很短的，约为十亿分之一米（10^{-9} m）.因此，气体分子间的相互作用力是十分微弱的，通常可以认为，气体分子除了相互间的碰撞或者与器壁碰撞之外，均不受力的作用，可以在容器空间内自由移动.

如果气体系统由于受到某种扰动或涨落，使系统内大量分子热运动的情况出现某种有序的差异，当系统不受外界影响时，通过大量分子不断的热运动和分子间的频繁碰撞，将会很快（一般在10^{-9} s内）使这些差异逐渐消除.因此，一个不受外界影响的宏观气体系统（称为孤立系统），其内部大量分子热运动的状态，总是趋向于最无序最混乱的状态，混乱与无序是大量分子热运动的基本特征.假若没有容器或力场的限制，气体分子可以任意扩散，气体体积不受限制，没有固定的形状.

如果打开风扇轻轻地吹一下,空气就会迅速流动,为什么呢？这是因为气体分子的结构很松散,与固体相比,气体中各个分子之间的距离是很大的,相应的分子间相互引力就非常小,把分子束缚在一起的结合能也就很小.与分子的热运动相比,气体分子的结合能远小于分子每一种热运动状态的平均动能.分子作用力不能束缚住气体分子,它们可以在容器空间内到处作无规则的热运动.因此,气体中分子的无规则热运动处于主要地位,分子力的作用对气体分子运动的影响是极其微小的,完全可以忽略.在宏观上就表现为气体很容易流动.

1.2　容器中的气体

一个容器内的气体包含的分子数目是非常巨大的,比如,在常温和常压条件下,1 m^3体积的容器内就有10^{25}个气体分子.这些气体分子总是充满整个容器的体积.容器内气体分子处于完全混乱无序的状态,除了碰撞外,分子之间几乎没有力的作用,分子可以自由运动,每一个分子运动的快慢、运动的方向都是随机的,都处于没有任何规则的、混乱的运动状态.由于容器内气体分子非常稠密(分子之间的距离仅为 10^{-9} m 左右),分子在运动过程中必然相互碰撞.平均来说,任意一个空气分子在百亿分之一秒(10^{-10} s)时间间隔内就会与其他分子发生一次碰撞,也就是说,一秒钟内一个分子就要碰撞十亿次(10^9次).分子之间以及分子与容器壁极其频繁的碰撞,分子碰向容器器壁,然后被容器器壁反弹回来,每一个单独分子的作用是微不足道的,我们不能感觉出某一个分子的撞击作用,但大量分子(1 m^3内有10^{25}个)对容器器壁的碰撞,在宏观上就表现为气体分子对器壁的压力.而且由于气体分子的运动是完全混乱无序的,所以,气体分子对容器的各个壁(如长方体容器的上、下、左、右、前、后器壁)碰撞的机会是完全均等的.也就是说,大量气体分子由于碰撞而施加于容器各个壁面的作用力的大小是相等的.图 1-2-5 给出了气体分子与容器器壁碰撞的直观图像.

如果我们把气体限制在一个带有活塞的气缸里,如图 1-2-6 所示,为直观简单起见,我们把气缸中的分子画成一个一个圆球形的小黑点,它们沿各个不同方向不停地运动着.这些分子在运动过程中将频繁地撞击活塞和容器壁,大量分子连续不断地频繁撞击,宏观上便表现为对活塞施加了一个持续向上的压力.气缸中活塞具有重量而不落到气缸底部,正是因为气体对活塞产生了一个向上的压力.这类似于许许多多小雨点,密密麻麻地打在雨伞上,使我们能感觉到雨伞上存在一个持续向下的压力一样.作用在活塞上单位面积的压力称为压强.

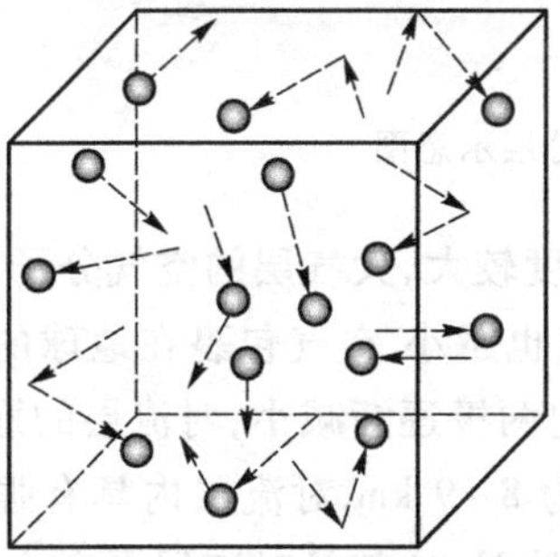

图 1-2-5　容器内气体分子碰撞

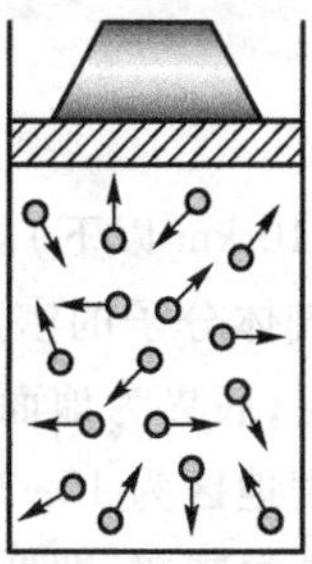

图 1-2-6　气缸中的气体

在气缸的体积和温度都不变的情况下，如果向气缸中注入2倍的气体分子，使密度增加1倍，由于温度不变，即分子运动速度和原先一样不会改变，则每一时刻撞击容器壁的分子数将会增加1倍，于是压力也会增加1倍，也就是说，气体压强正比于分子数密度.在保持气体温度不变的情况下，如果我们缓慢地将活塞向下推，压强又会发生什么变化呢？请大家想一想日常生活中的一个实例：当手握住球拍静止不动，飞来的乒乓球撞击在球拍上时，手会感受到球碰撞的冲击力，如果挥动球拍去迎击飞来的乒乓球时，手会感受到比先前更强的冲击力.实际上，在活塞向下移动的过程中，气缸内的体积会减小，气体密度将增大，因此压强随之增大.

如果使气缸的体积和气缸中气体分子数目都保持不变，我们对气缸中的气体加热，使其温度升高，压强会不会改变呢？回答是肯定的.由于气体温度升高，气体分子的运动速度会随着温度升高而加快.单位时间内分子撞击活塞和容器壁的次数也会随着分子运动速度的加快而增多，而且每次撞击的强烈程度也会加剧，因此，大量气体分子施加于容器壁和活塞的作用力将会增大.日常生活中，我们也有这样的体会：如果不小心将一只乒乓球压瘪了，只需将其放入热水中烫一下，使乒乓球内的气体受热温度升高，被压瘪了的乒乓球就会重新鼓起来.这就是温度升高，压瘪的乒乓球内气体体积膨胀，同时分子撞击球壁的运动加剧，施加于球壁的作用力增大的结果.

1.3 大气

地球周围处处存在着气体，这层包裹在地球外面厚厚的气体被称为大气层.根据大气垂直方向上的热状况和运动状况，大气可分为5层，如图1-2-7所示.

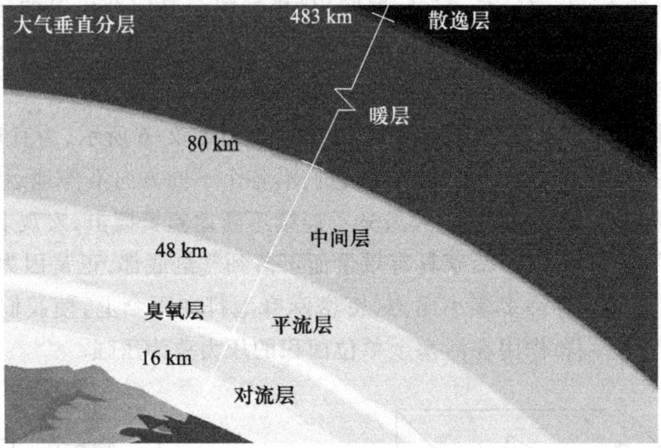

图1-2-7 大气垂直分层示意图

距离地面较近（10 km以下）的区域，气体分子密度较大，大气层的空气分子密度随高度而减小；距离地面越远，气体分子的密度越小，大气的压强也越小.空气包裹在地球的外面，对流层是大气中最底下的一层，底界为地面，上界高度从赤道向两极逐渐减小，对流层的厚度，低纬度地区为17~18 km，中纬度地区为10~12 km，高纬度地区为8~9 km.对流层内具有强烈的对流作用，其强度随纬度的升高而减弱，即低纬度较强而高纬度较弱，这就是对流层厚度为什么会从赤道向两极减少的原因.主要的天气现象，比如风、云、雨、雪等都发生在对流层里，如图1-2-8所示.

(a) 风　(b) 云　(c) 雨　(d) 雪

图 1-2-8　几种天气现象

对流层对人类生产、生活和生态平衡影响最大.大气污染现象也主要出现在这一层,特别是近地面的大气边界层.

人们常说的大气层,除了对流层以外还有平流层、中间层、暖层(亦称热层)、散逸层(亦称电离层).大气层中的气体分子(特别是最外层的分子)之所以跑不出大气层,是由于地球强大的引力作用.

大气的运动变化是由大气中热能的交换所引起的,热能主要来源于太阳,热能交换使得大气的温度有升有降.空气的运动和气压系统的变化活动,使地球上海陆之间、南北之间、地面和高空之间的能量和物质不断交换,生成复杂的气象变化和气候变化.

2　固体

固体也是物质存在的一种最常见的状态,日常生活中会见到很多固体,比如食盐、冰雪、金属、岩石……固体是指在压强和温度一定且无外力作用时,其形状和体积保持不变的一种特殊的物质聚集形态.

与气体相比,固体是分子结构非常紧密的系统,然而固体分子之间也有间隙.有实验发现,用 20 000 个大气压的压强去挤压装在钢管中的油,结果油透过钢管壁渗透出来了.这表明钢管壁分子之间的间隙线度至少与油分子的线度大小相当.可见,组成固体的分子之间也有间隙.固体内分子间的平均距离约为 10^{-10} m 数量级,因此,固体内分子之间的相互作用力很强.在通常条件下,固体内粒子间很强的吸引力将固体内的各粒子束缚在一定的位置附近,使每一个粒子都不能远离各自的平衡位置,只能围绕其平衡位置附近作微小的振动,称之为热振动.固体内粒子热运动的主要形式是热振动,与之对应的固体粒子的每一种热运动状态的平均动能是很小的.与粒子的热运动因素相比,由于固体内粒子之间的吸引力比较大,固体粒子的结合能远大于粒子每一种热运动状态的平均动能.因此,固体粒子的热运动不能破坏由于粒子间的吸引力作用而形成的固体粒子的结合,于是这种很强的结合能就把粒子紧紧地束缚在一起,形成紧密整齐地排列.粒子从这种紧密整齐地排列中离解出来的机会是极其微小的,因此,在宏观上表现出固体具有一定的形状和体积.

固体内粒子间的作用力因素占据着主导地位,粒子热运动的作用是很小的.在物质存在的三种形态中,固体分子的密集程度最高,比如,常温常压下铜的分子数密度(单位体积内的分子数)约为 $7.3\times10^{28}\ m^{-3}$,远大于气体的分子数密度.由于固体分子密度很大,且为完全有序的周期性排列,因此固体很难被压缩.

固体材料是由大量原子或分子、离子按一定方式排列而成的,这种微观粒子的排列方式称为固体的微结构.固体按其微结构的有序程度可分为晶体和非晶体.

2.1 晶体

组成物质的微粒按照一定方式有规则地排列而成的固体称为晶体.晶体又分为单晶体和多晶体.

2.1.1 晶体的宏观特性

整块晶体内粒子排列的规律完全一致的晶体称为单晶体.比如,岩盐(NaCl)、石英(SiO_2)、金刚石和石墨都是单晶体.人们对晶体的认识,首先是从它的外观呈现多面体形规律开始的,如图 1-2-9所示为天然白色水晶晶体,图 1-2-10 所示为一种晶莹剔透的雪花.单晶体具有共同的宏观特性:

图 1-2-9 天然白水晶

图 1-2-10 雪花

(1) 具有规则的几何外形,例如,水晶晶体、食盐晶体(食用盐的主要成分)是立方体,冰雪晶体为六角形等.非晶体没有一定的外形,例如石蜡、沥青、松香等.

(2) 物理性质是各向异性的,即晶体内各个不同方向的物理性质各不相同.例如,云母的结晶薄片,在外力的作用下,很容易沿平行于薄片的平面裂开.但要使薄片断裂,则困难得多.这说明晶体在各个方向上的力学性质不同,而非晶体玻璃在破碎时,其碎片的形状是完全任意的.

(3) 具有确定的熔点,即在一定压强下,晶体总是被加热到一定温度才开始熔化,并且在熔化过程中晶体温度保持不变,直至晶体全部熔化成液体后温度才会继续升高.晶体开始熔化时的温度称为晶体的熔点.

晶体的宏观特性是由晶体粒子的排列特点决定的.

2.1.2　晶体粒子的长程有序结构

晶体材料是粒子非常密集的系统，每 1 m^3 体积中大约有 10^{29} 个粒子.数目如此巨大的晶体粒子以一定的方式排列，为直观形象起见，若把晶体内部的粒子设想成一个一个的小圆球（粒子球），把晶体的结构设想成这些粒子球的规则堆积，图 1-2-11 画出了粒子球在三维空间堆积的两种不同形式，每一个粒子都与其他粒子完全规则有序地排列，从而形成稳定的结构.

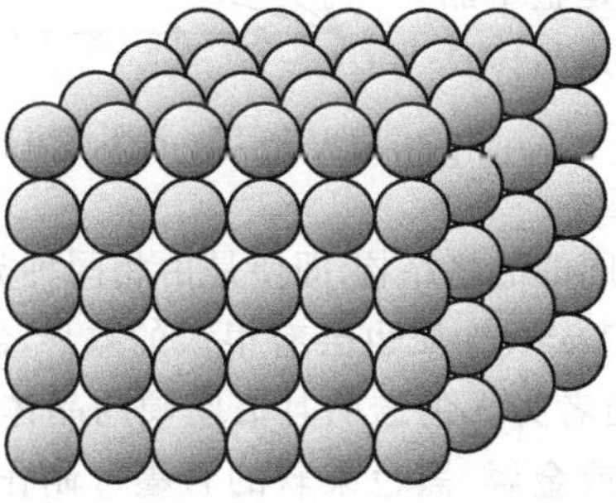
(a)

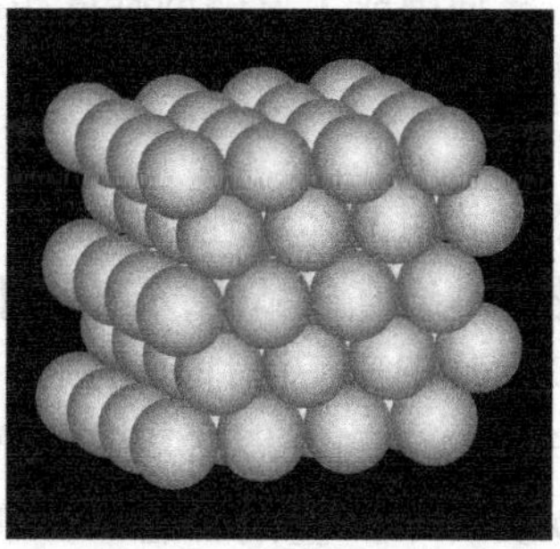
(b)

图 1-2-11　粒子球的规则堆积

晶体结构的最大特点在于构成晶体的粒子在三维空间进行周期性的重复排列，即使在晶体中较长的距离处，各粒子的位置也不会杂乱，而是和最初的结构一样规则有序地排列.我们把晶体内的粒子球用黑圆点表示，晶体结构的周期性就可表示为这些黑圆点在空间的周期性排列，图 1-2-12表示的是图 1-2-11(a) 中粒子在二维平面上的周期性排列.晶体中粒子对称规则有序的排列构成了所谓的“空间点阵”，一般称为晶格.所有的单晶体都是由大量的晶体粒子在空间周期性规则排列的晶格组成的，晶体内部粒子的规则排列至少在微米数量级范围是有序排列的，称为**长程有序**.

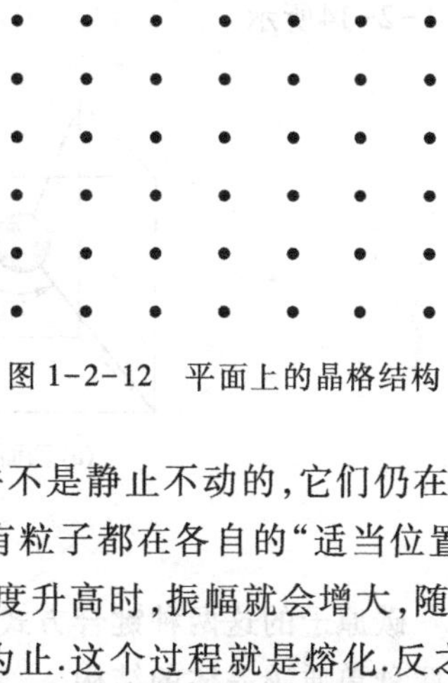

图 1-2-12　平面上的晶格结构

应该注意，晶体粒子排列成某种确定的有序结构后，各粒子并不是静止不动的，它们仍在不停地振动着.在常压下，虽然晶体粒子存在着某种确定的结构，所有粒子都在各自的“适当位置”上晃来晃去地振动.振幅大小与温度有关，当我们加热晶体使其温度升高时，振幅就会增大，随着温度不断升高，振幅会越来越大，直到粒子离开自己原来的位置为止.这个过程就是熔化.反之，当温度降低时，振幅就会减小，随着温度不断降低，振幅会越来越小，直至温度降低到绝对零度时，粒子一般都不会停止振动，而是仍能有最低限度的振动.

下面我们从微结构的长程有序性说明晶体宏观特性的成因.晶体粒子的长程有序排列导致了晶体具有规则的外形，如图 1-2-9 显示出天然白色水晶晶体规则的立方体结晶，图 1-2-10 显示的雪花为晶莹剔透的六角形.晶体粒子的长程有序排列也使晶体内沿不同方向的晶体粒子之间的间距不同，比如，在图 1-2-13 中沿 OA、OB、OC、OD 各方向晶体粒子之间的间距不相等，导致不同方向的粒子之间的相互作用力的强弱不同，从而引起不同方向晶体的物理性质的不同，因此，具有各向异性的性质.由于晶体内粒子的周期性长程有序规则排列，除少数晶体表面层的粒子外，晶体内的粒子都处于完全相同的周围环境中，受到周围其他粒子的作用情况也都相同.在对晶体加热过程中,随着温度的升高,晶体内粒子热运动的平均动能增大,粒子摆脱周围其他粒子束缚作用的趋势会随之加剧,但还不足以破坏其空间点阵结构,仍保持有规则的排列.继续加热当晶体达到熔点温度时,晶体内粒子热运动的激烈程度足以破坏其长程有序的规则排列,由于晶体内的粒子受周围粒子束缚的程度相同,于是整个晶体的晶格结构就会开始瓦解而熔化成液体.这就是晶体具有确定熔点的原因.

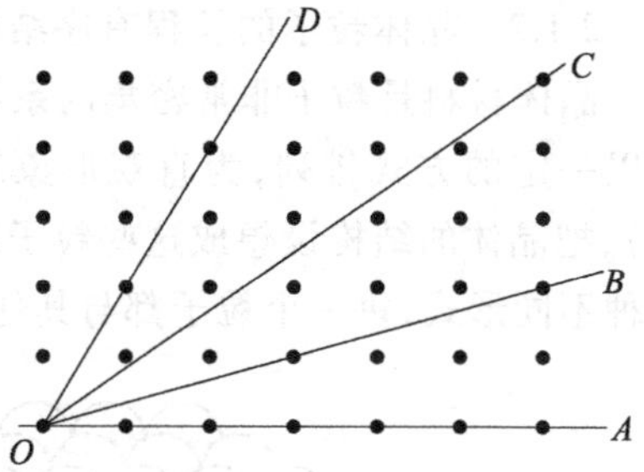

图 1-2-13 沿不同方向粒子间距不同

2.1.3 晶格结构对晶体物理性质的影响

粒子通过化学键结合成晶体,不同晶体有不同的晶格结构.即使是由相同种类的原子构成的晶体,若其结构不同(即原子的排列方式不同),其宏观性质也会有很大的差异.金刚石和石墨就是一个典型例子.金刚石和石墨都是碳的单质,前者为无色透明且极坚硬的晶体,后者却是黑色光滑的无定形软质鳞片状.金刚石能够切割玻璃或金属,黑色柔软的石墨可制作铅笔芯.它们都是由碳原子构成的,但二者的物理性质却有着很大的差异.下面我们从化学键的角度说明二者的不同.

金刚石和石墨都是碳原子通过共价键结合形成的晶体,碳原子中 4 个共价键在空间的分布有两种情况:其一是沿四面体顶角方向,键角为 109°;其二是平面三角形结构,键角为 120°.如图 1-2-14所示.

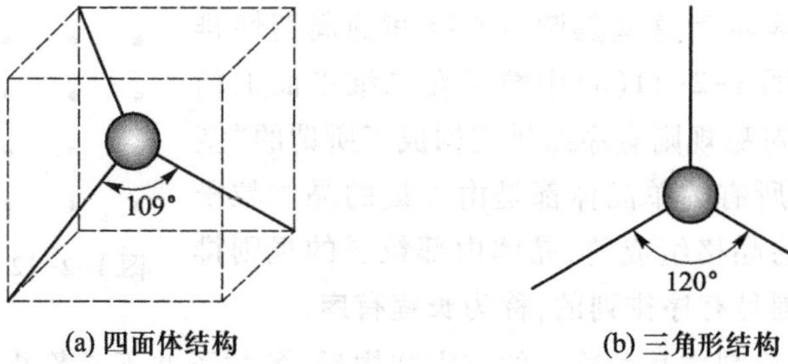

图 1-2-14 碳的共价键的方向性

碳原子的这两种键合方式反映在它的晶体中,高硬度的金刚石和柔软滑腻的石墨是最常见的两种单质碳晶体的结构.

在金刚石晶体结构中,晶格结点上的粒子都是碳原子,相邻碳原子的共价键以四面体形式结合而形成空间网状结构的巨大的分子,如图 1-2-15 所示.碳原子最外层有 4 个价电子,每一个价电子都分别与最近邻碳原子的最外层的一个价电子通过共价键形成稳定的结构.如果把任意的一个碳原子看成中心,则其周围的另外 4 个碳原子围成一个正四面体,这 4 个同它共价的碳原子在正四面体的顶角上形成正四面体键.金刚石的晶体结构中每一个碳原子周围有 4 个碳原子围绕,碳原子之间以共价键连接,共价键是化学键中结合力最强的一种键型.因而整个结构的结合力很强,想破坏

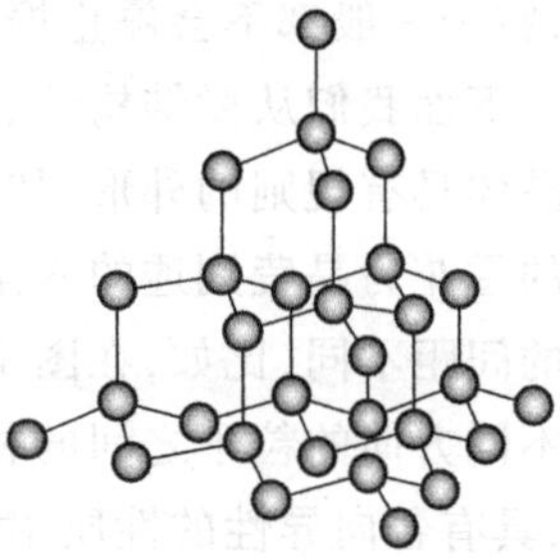
图 1-2-15 金刚石晶体结构

它不那么容易，因此，金刚石晶体具有很高的硬度.又由于碳原子最外层的 4 个价电子全部参与成键，无自由电子，所以金刚石晶体不导电.

石墨是碳原子(C)以平面三角形键合起来的晶体，它是一种层状结构，同层中相邻两个碳原子之间距离为 142 pm($1\ \mathrm{pm}=10^{-12}\ \mathrm{m}$)，层与层之间距离为 335 pm.如图 1-2-16 所示.每个碳原子均以 3 个 sp^2 杂化轨道与同层相邻的 3 个碳原子形成 3 个 σ 键，键角为 120°，这种结构不断重复延展，构成由无数个正六边形组成的网状平面.此外，每个碳原子还有一个未杂化的 2p 轨道垂直于该平面，同层相邻的碳原子末杂化的 2p 轨道以“肩并肩”的方式重叠，形成由多个原子(3 个或 3 个以上)参与的大 π 键.大 π 键垂直于网状平面，大 π 键中的电子在整个层中各原子间自由运动，相当于金属中的自由电子，所以石墨能导电.石墨的层与层之间距离较大，层与层之间的作用力是范德瓦耳斯力.由于各层之间的作用力远小于共价键的结合力，层状结构的各层之间容易滑动，所以石墨晶体的质地较软.由于层与层之间的距离较大，因此，石墨的比重小于金刚石的比重.

从这个例子可以清楚地看出，结构是决定固体性质的重要因素.

多晶体中粒子在微米数量级范围内的排列是有序的.实际的多晶体是由许多取向不同排列有序的单晶体颗粒无规则地随机堆积构成的.常用的金属材料、合金及一般岩石大都是多晶体材料.如果将金属表面磨光和侵蚀后借助金相显微镜观察，会发现金属是由大量几何线度为 10^{-5} ~ 10^{-6} m 范围内的微小晶粒组成的，这样的微小晶粒也具有晶体的上述宏观特征，但微小晶粒之间的结晶排列方向是杂乱无章的.如图 1-2-17 所示为通过金相显微镜观察到磨光了的铁表面的微观结构.由于多晶体晶粒堆积的无规则性，因而多晶体没有规则的几何外形.

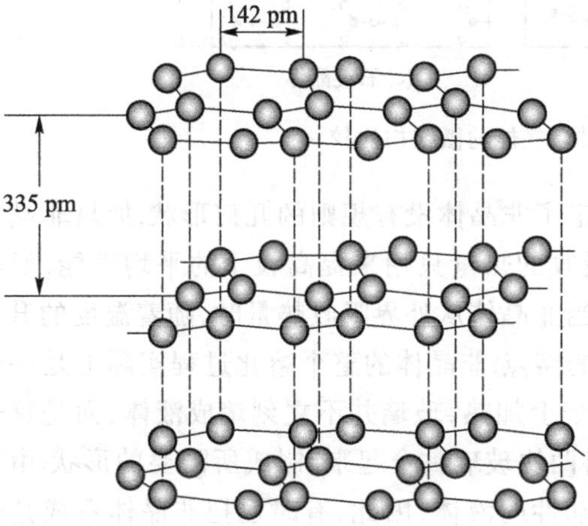

图 1-2-16　石墨晶体结构

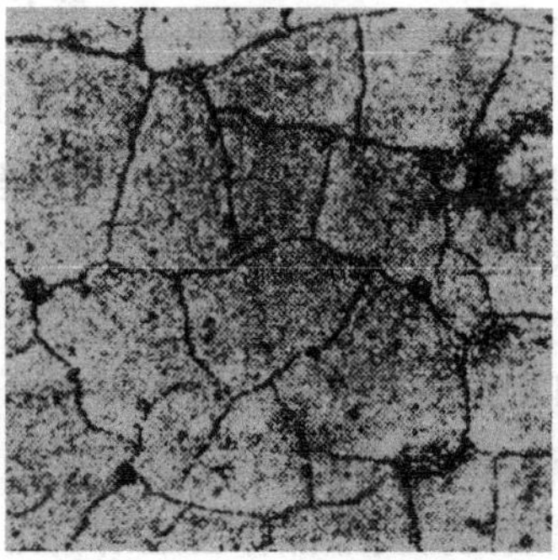

图 1-2-17　铁的显微结构

2.2　非晶体

自然界的固态物质，除了有规则几何外形的晶体外，还有一些物体没有规则的几何外形，这就是非晶体，即非晶态固体，也称为玻璃体.非晶体是指不能形成结晶的固体，也就是说它在宏观上不具有晶体的基本特征(比如，规则的几何外形、一定的熔点和各向异性).日常生活中常见的玻璃、石蜡、沥青、橡胶、塑料(合成高分子固体)等都是典型的非晶体.

与晶体相比，非晶态固体微观结构的显著特点是粒子在空间的排列不具有周期性，或者说是长程无序的.但是,非晶体内部粒子在较小的范围内(原子间距数量级 10^{-10} m 的范围内)与其近邻的几个粒子间保持着有序的排列,称此为短程有序.也就是说,非晶体近邻原子的间距(键长)及近邻原子配置的几何方向(键角)都与晶体有类似的规律性.非晶体中粒子的短程有序长程无序结构就好像很多不同形状的小石子杂乱地随意堆积在一起一样.为了便于比较,图 1-2-18(a)、(b)、(c)分别是气体分子、石英玻璃(非晶体)、石英晶体的二维平面微观结构示意图.在图 1-2-18(a)所示的气体分子中,所有的分子都处于混乱无序的状态.图 1-2-18(c)所示为石英晶体的结构,其中实心小圆点表示硅原子,小圆圈表示氧原子.图中显示每个氧原子与它最近邻硅原子之间的距离(键长)精确地相等,近邻粒子间连线与连线间的夹角(键角)也精确地相等,无论远近都表现出严格的规则有序.图 1-2-18(b)所示的石英玻璃(非晶体)的情况,每个硅原子显然只与最近邻的 3 个氧原子有序排列,其键长和键角虽不像晶体那样严格相等,倒也相差不是太大.在小范围内非晶体中粒子的位置还是有较强关联的,即所谓短程有序.但是,这种关联随距离急剧衰减,在较大的尺度上硅原子与氧原子的空间排列就没有什么关联了,即所谓长程无序.可见,非晶体的微观结构介于晶体与气体之间,具有短程有序而长程无序的特征.总之,就整个非晶体来讲,其结构基本上不具有什么周期性.

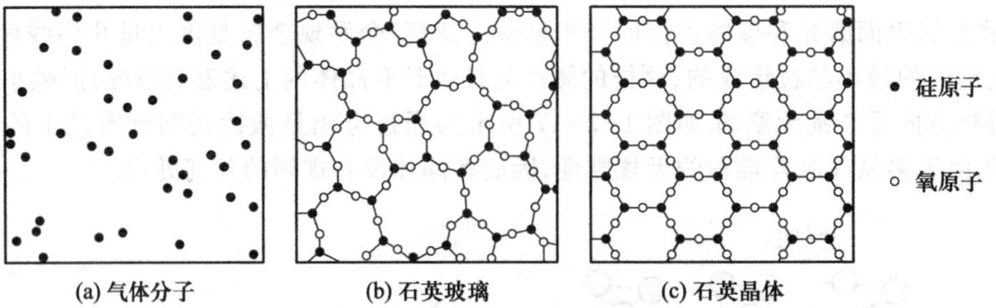

图 1-2-18　晶体、非晶体、气体的微结构比较

非晶体粒子的短程有序而长程无序排列,决定了非晶体没有规则的几何形状.加热非晶体的过程中,由于非晶体中粒子是长程无序排列的,吸收的热量只用来提高粒子的平均动能,而不需要破坏像晶体那样的空间点阵结构而消耗能量,当非晶体从外界吸收热量时,随着温度的升高逐渐变软,由稠变稀,最后变成液体,所以没有确定的熔点.非晶体的整个熔化过程实际上是一个软化过程.例如,在吹制玻璃器皿时,将玻璃放在火焰上加热,玻璃并不立刻熔成液体,而是首先变软,利用这一特点,就可以将它拉细、收成泡,或将两块玻璃黏合起来,制成所需要的形状.由于随着温度的升高非晶体会逐渐软化,而变为具有流动性的液体,因此,有时也把非晶体看成是过冷液体.

3　液体

液体具有一定的体积,不易被压缩,这与固体差不多;液体具有流动性,没有固定的形状,这又与气体相似.正因为液体同固体一样,组成它们的分子聚集在一定体积内而不分散,所以又将液体和固体一起合称为凝聚态物质;又由于液体具有易流动性,所以液体和气体一起合称为流体.

3.1 液体分子的短程有序与长程无序结构

在日常生活中，我们有这样的经验：在常压下，如果对一杯水持续不断地加热，使其完全变成水蒸气(称为液体的汽化)，我们会发现其体积会增大很多很多.反之，如果将同样的一杯水放在冰箱中冷却，使其结成冰(称为液体的凝固)，其体积改变并不多.实验发现，一般液体汽化时，体积的改变可达上千倍；而液体凝固时，其体积大约只改变了不到百分之十.这表明液体分子也是比较密集的，比如，在常温常压下，1 m^3 的水中就有 3.3×10^{28} 个水分子，可见，液体分子的密度更接近固体.与固体类似的是，液体中的分子也是一个紧挨着一个地紧密聚集在一起的，但又与固体不同，液体中的分子不是具有严格周期性的紧密堆积，而是一种稍微松散一点的堆积.

人们通过 X 射线研究熔化与结晶过程时发现，液体分子在很小范围内(其线度为 9×10^{-10} m 数量级)，在一个短暂时间内的排列保持一定的规则性，具有短程(几个分子的大小)有序的特点，而不像晶体那样，在很大范围内排列都是有规则的，即液体不具有远程有序的特点.X 射线衍射实验发现，液体与固体的最大不同，就在于相邻原子或分子的数目和排列经常在变化.但就密度而言，液体只比固体减少了百分之几.液体中这种能近似保持规则排列的微小区域(有人将其称为“类晶区”)是由诸分子暂时形成的，边界和大小随时都在改变，有时这种区域会完全瓦解，有时新的区域又会形成.在各微小区域内部，液体分子的排列是有序的.

液态水是由水分子组成的.水分子是由一个氧原子和两个氢原子通过共价键结合而成的.图 1-2-19为被放大了 10 亿倍的水的二维分子结构图像，实际上它们是在三维空间排列的，它们始终不停地摇晃摆动，彼此绕来绕去地转动着.从图 1-2-19 可以明显看出，任何一个水分子都只与其最临近(大约 3×10^{-10} m 的线度范围内)的分子的排列是有规则的，常称为短程有序.这与固体内分子在小范围的排列情况有些相似.但是，从较大范围来看，任一个水分子与稍微远一点的分子之间的排列就没有什么规则了，显得有些杂乱，称此为长程无序.将图 1-2-19 和图 1-2-18(b)进行比较可以看出，液体的分子结构和非晶体粒子结构很相似，每一个分子只与其近邻规则有序排列，远一些就没有什么规则了.可见，液体分子的结构是短程有序、长程无序的.

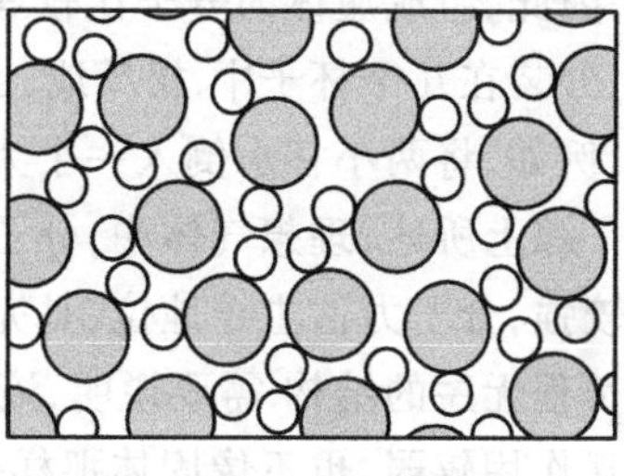

图 1-2-19　放大 10 亿倍的水

液体的微观结构也可以由实验来测定，其中一种常用的方法是利用 X 射线衍射(或中子衍射)来测定物质的双体分布函数.在被测物质内任意选取一个粒子的位置为坐标原点，用 $n(r)$ 表示距离原点为 r 处粒子的数密度，$n_0=N/V$ 是物质内粒子的平均数密度，这里 N 代表体积 V 中的粒子总数.双体分布函数 $g(r)=n(r)/n_0$ 是 r 处其他粒子的约化数密度，它表示距离原点 r 处粒子出现的概率.图 1-2-20 是各种状态物质的双体分布函数示意图.

至今虽然人们对液体结构的细节仍不十分清楚，但双体分布函数却为我们提供了一个总的图像.由图 1-2-20 可以看出，理想气体是完全无序的结构，测量到的是平均值，其双体分布函数为 $g(r)=1$ 的一条没有任何起伏的水平直线[见图 1-2-20(a)].若粒子有规则的排列，则仅在某些 r 处才有较大的 g 值，即 $g(r)$ 呈现一些峰，在图 1-2-20 中，$g(r)$ 的峰对应于粒子的有序排列.由图 1-2-20(b)和(c)可以看出，在 r 很小时(几个原子距离范围内)，液体和非晶体的曲线一样，并且与晶体有类似的有序性，这表明液体和非晶体一样都具有短程有序性.但非晶态双体分布函数的峰比液体的峰尖锐一些，表明非晶体的短程有序比液体更强一些.当 r 较大时，

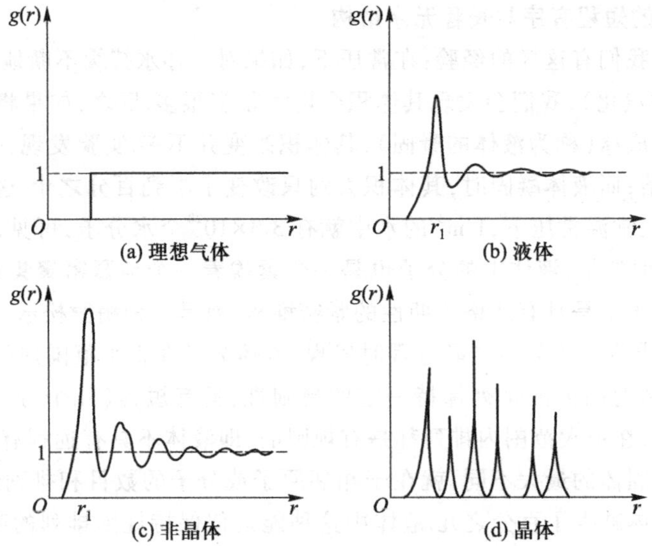

图 1-2-20　各种状态物质的双体分布函数示意图

图 1-2-20(b)显示，$g(r)$趋向于一条水平直线，说明液体结构确实和气体一样具有长程无序性.

液体分子的长程无序与短程有序堆积是液体微观结构的重要特征.由于液体分子的长程无序和短程有序排列，每一个分子只与近邻分子间有力的作用，使得液体分子间的相互吸引力比较弱，因此，组成液体的分子比较容易被分离，例如，我们很容易用勺子将一盆水一勺一勺地舀出来，分装在几个杯子中.相反地，由于液体分子间很弱的相互吸引力，也使液体各分子间很容易融合，例如，将两小杯水倒入一个大杯子中，很容易混合成一杯水.

综上所述，理想气体中，分子杂乱无章运动占优势，是完全无序的结构.晶体中分子间相互作用较强，分子力占主导地位，是完全有序的结构.液体介于气体和固体之间，液体分子是短程有序和长程无序的结构.需要说明，液体具有长程无序和短程有序性质，它既不像气体那样分子之间相互作用较弱，也不像固体那样分子间有强烈的相互作用，而且由于短程有序性的不确定性和易变性，很难像固体或气体那样对液体进行较严密的理论计算.有关液体的理论至今还不是十分完美.

3.2　液体分子的热运动特点

由于液体分子结构的短程有序性，在小范围内分子整齐排列，使得液体分子间的距离很小，分子间的相互作用力很大，因此液体分子的热运动与固体相接近，主要是在平衡位置附近作微小振动.但是，又因为液体分子结构是长程无序，与晶体相比液体的结构毕竟松散些，分子间的空隙大一些，因此液体分子不会长时间地在一个固定的平衡位置上振动，仅仅能保持一个短暂的时间.当某个瞬时它的热运动能量突然很大时，会离开原来的平衡位置，迁移到一个新的平衡位置，然后又恢复正常，在新的平衡位置附近振动.液体分子在各个平衡位置振动的时间长短不一，但在一定的温度和压强条件下，各种液体分子在其平衡位置振动的时间都有一定的平均值，称为定居时间 τ.例如，水的定居时间 τ 为 10^{-11} s，液态金属的定居时间 τ 为 10^{-10} s 数量级.尽管定居时间很短，但比起分子的振动周期来说还是很大的，一般来说，定居时间比分子的振动周期大两个数量级.在 τ 这段时间内，液体分子已经在其平衡位置附近振动了千百次.

定居时间 τ 的大小，既体现了分子力的作用，又体现了热运动的作用.分子排列得越紧密，分子间的相互作用就越大，分子也就越不容易移动，因而 τ 也就越大.对任一种液体而言，定居时间的长短与温度 T 和压强 p 有关.温度升高时，分子热运动的能量增大，定居时间 τ 就缩短.

3.3 液体的各向同性与流动性

各向同性和流动性是液体的重要宏观特征，它是由液体的短程有序和长程无序结构所决定的.

液体的结构具有短程有序性，可将短程有序的一个小区域看成一个单元，整个液体可看成由许多这样的单元集合在一起构成的.由于液体又具有长程无序结构，而且液体分子的热运动相对比较强，使得各个小单元的边界和大小可能随时改变，有时瓦解，有时又重新形成.因此，液体分子短程有序堆积的小区域是暂时形成的，整个液体是由许许多多这种暂时形成的微小区域组成的，而且这种小区域杂乱无章地分布着，彼此之间的方位是完全无序的.所以，在宏观上液体表现为各个不同方向上的物理性质相同，称为**各向同性**.

由于液体结构具有短程有序性，在液体内部存在着许许多多类似晶体结构的小区域，有人将这样的小区域称为“类晶区”.整个液体就是由大量的这种类晶区杂乱无章地分布而组成的.在类晶区内，由于化学键的作用力很强，结合得较紧密.又因为液体分子结构是长程无序的，在类晶区外，每一个分子都受到周围其他分子的作用力，我们简称为分子力.对于除氢化物以外的液体来说，分子力主要是范德瓦耳斯力，对于氢化物液体（比如 H_2O），分子力中除了范德瓦耳斯力外，还有氢键的作用力.液体分子间分子力的方向沿径向，横向的剪切力很弱，因此在横向分子容易移动，从而使液体分子可以在液体中移动.由于液体分子热运动的特点以及液体的短程有序、长程无序结构具有不确定性和易变性，这就成为液体具有流动性的根源.

液体的短程有序而长程无序结构，以及液体分子热运动的特点，使液体具备了流动的条件，如果液体处在某种外力场 $\boldsymbol{F}_{ex}$ 中，液体分子除了受到分子力 $\boldsymbol{F}_m$ 外，还要受到外力 $\boldsymbol{F}_{ex}$ 的作用.此时液体分子所受的合力为 $\boldsymbol{F}=\boldsymbol{F}_{ex}+\boldsymbol{F}_m$，一般情况下外力 $\boldsymbol{F}_{ex}$ 比分子力 $\boldsymbol{F}_m$ 大得多，所以，合力 $\boldsymbol{F}$ 的方向偏向外力场一侧.通常情况下，作用于液体的外力的作用时间是远远大于定居时间 τ 的，在这种力场作用下的时间内，液体中的每一个分子都受到合力 $\boldsymbol{F}$ 的作用，便出现了液体的宏观流动.如图 1-2-21 所示，江河中的水在地球重力场作用下，由高处流向低处，就是这种现象.

图 1-2-21　水在重力场作用下由高处流向低处

3.4 水的反常特性

在一般情况下，当物体的温度升高时，其体积膨胀、密度减小，也就是通常所说的“热胀冷缩”现象.然而，当水的温度由 0 ℃上升到 4 ℃的过程中，其密度逐渐增大；温度由 4 ℃继续上升的过程中，水的密度却逐渐减小；水在 0 ℃时的密度较小，4 ℃时的密度最大.在 0 ℃至 4 ℃范围内，水呈现出“热缩冷胀”的现象，称为反常膨胀.因此，当水结冰时，由于体积胀大而变轻，所以冰浮在水面上.由于这一特征，在冬季时能在河流、湖泊表面形成冰盖，使水下生物得以生存，这对自然界水下生命的保护有着十分重要的意义.

水的反常膨胀现象可以用氢键、缔合水分子理论予以解释.

液态水是由水分子组成的,水分子是由一个氧原子和两个氢原子通过共价键结合而成的.在水分子中,两个 O—H 键之间的键角为 104.5°,因此 H_2O 分子是一个极性分子.在极性水分子中,由于共价键的共用电子对受到氧原子的强烈吸引,使氢原子核倾向于"裸露"出来,并通过库仑作用的形式与另一个氧原子结合,这种结合形式称为**氢键**.图 1-2-22 是 H_2O 分子通过氢键相互联结成的冰的氢键结构图,实心大圆球代表氧原子,空心小圆球代表氢原子,原子之间的虚线表示氢键,实线代表共价键.氢原子先与一个氧原子组成共价键 O—H,再与另一个氧原子通过氢键结合,用 H…O 表示,这里 H 与 O 之间氢键的键线(图中虚线)比共价键的键线(实线)长,因此氢键结合比共价键结合要弱得多.由于氢键的存在,使水分子通过氢键发生缔合,而形成缔合水分子.

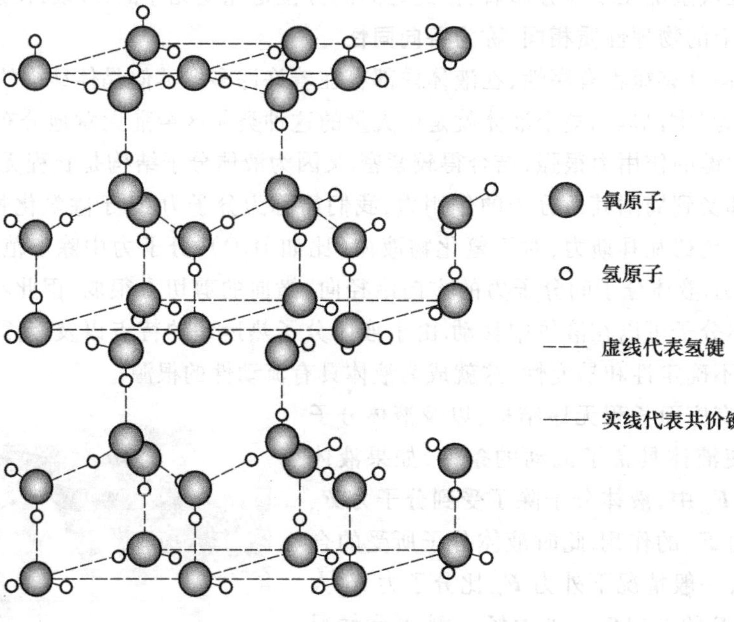

图 1-2-22 冰中的氢键的四面体结构

氢键是已经以共价键与其他原子键合的氢原子与另一个原子之间发生的分子键作用力.氢键的键能明显地小于化学键的键能,氢键的键能介于一般共价键的键能与范德瓦耳斯作用能之间,与分子间作用力的能量有相同的数量级.氢键本质上是范德瓦耳斯力,但具有一定的饱和性和方向性.分子之间有氢键存在时,会使分子间的相互作用力大大加强,从而会影响化合物的某些物理性质.

由图 1-2-22 可以看出,水中不仅存在大量通过共价键形成的单个水分子,而且存在通过氢键作用缔合在一起的缔合水分子.水分子中每个氢原子都参与形成氢键,使水分子之间构成一个四面体的骨架结构.每一个氧原子周围有 4 个氢原子,其中 2 个 H 原子与 O 原子通过共价键结合成水分子,另外两个离得稍远一点的 H 原子通过氢键与 O 原子结合,形成有很多"空洞"的结构.由于氢键具有一定的方向性,因此,当单个水分子组合为缔合水分子后,水的结构发生了变化.其一是缔合水分子中的各单个分子排列有序,其二是各分子间的距离变大.由于这种多个分子组合成的缔合水分子中的水分子排列得比较松散，从而使冰的密度小于水，所以冰浮于水面，如图 1-2-23 所示.

图 1-2-23　冻结的冰浮在水面

分子之间有氢键存在时，会使分子间的相互作用力大大加强，从而会影响到化合物的某些物理性质.将冰熔化成水，缔合水分子中的一部分氢键断裂，用 X 射线照射 0 ℃的水，发现只有 15%的氢键断裂，水中仍然存在大约 85%的微小冰晶体(即大的缔合水分子).若继续对 0 ℃的水加热，随着水温升高部分氢键继续遭破坏，大的缔合水分子会逐渐瓦解，变为三分子缔合水分子、双分子缔合水分子或单个水分子.在水温升高的过程中，使水的密度改变有两个因素，一方面是水温升高使部分氢键继续被破坏，小的缔合水分子和单个水分子在水中的比例逐渐增大，空隙(空洞)继续被水分子填入而使水的密度随之增大.另一方面，在此过程中，随着温度升高，水分子的运动速度会加快，使得分子的平均距离增大，随着热膨胀水的密度随之减小.综合考虑两个因素的影响，在水温由 0 ℃升高至 4 ℃的过程中，由缔合水分子氢键断裂引起水密度增大的作用比由分子热运动速度加快引起水密度减小的作用更大，所以在这个过程中，水的密度随温度升高而增大，出现反常膨胀现象.

当水温超过 4 ℃时，由于在水温比较高的时候，水中缔合数大的缔合水分子数目比较少，氢键断裂所造成水密度增加的影响较小，水密度的变化主要受分子热运动速度加快的影响，所以在水温由 4 ℃继续升高的过程中，水的密度随温度升高而减小，呈现正常热胀冷缩现象.

由于水分子间存在着氢键，水在 4 ℃时的缔合作用最大，即此温度下，这些水分子堆积最紧密，此时水的摩尔体积($1.000\ 8\ cm^3 \cdot mol^{-1}$)最小，故密度最大.要破坏水分子的缔合结构，除了需要破坏分子间的作用力外，还需要消耗更多的能量去破坏氢键，故冰的熔化热、熔点、沸点及冷化热等与同族其他元素的氢化物相比，都高得多.

思考题

1.1　质子、中子和电子都是构成原子的粒子，各自的质量和电荷是多少？

1.2　什么叫原子核的质量亏损？有一种由 8 个质子和 8 个中子组成的氧原子核，由这种核构成的氧原子，其实测质量是 15.994 915 u.试计算这种氧原子核的质量亏损值.氢的同位素氘(D)，常称为重氢，氘核内含有一个质子和一个中子，由这种核构成的氢原子，其实测质量是 2.014 102 u.试计算这种氢原子核的质量亏损值.

1.3　电子在原子核外的壳层上填充时，为什么首先从最内层填充？$n=3$ 的壳层上最多能填充多少个电子？

1.4　同一周期元素的原子核外电子排布有哪些规律？同一主族元素的原子核外电子排布有哪些规律？电子层结构与元素性质有何关系？

1.5　共价键有什么特征？相同原子间的共价键与不同原子间的共价键有何异同？为什么共价键具有方向性和饱和性？

1.6　在价键理论中，σ 键、π 键是如何形成的？举几个 σ 键和 π 键的例子.

1.7　σ 键和 π 键的特点是什么？σ 键和 π 键能否同时存在于两原子间？在相邻两原子间最多能形成几个 σ 键和 π 键？

1.8 什么是极性共价键、非极性共价键、极性分子、非极性分子？试分别举几个实例说明.

1.9 如何确定双原子分子的极性和多原子分子的极性？

1.10 试以分子力和分子热运动规律说明物质形成气体、液体和固体的原因.

1.11 单晶体有哪些宏观特性？试以晶体内部粒子的长程有序排列特点说明之.

1.12 金刚石和石墨都是由碳原子通过共价键结合而成的，但二者的物理性质却有着很大的差异，为什么？

1.13 试说明单晶体、多晶体和非晶体的主要区别.

1.14 气体、液体、固体中分子的微观结构有何不同？气体、液体、固体的宏观性质有何不同？

1.15 液体中分子的排列情况和热运动情况是怎样的？

1.16 试比较液态与非晶态微观结构的异同.从液体分子的微观结构特点出发，解释液体的几种常见宏观特性.

1.17 氢键是怎样形成的？是否含氢化合物的分子间都能形成氢键？氢键对物质的物理性质有什么影响？

第2章
经典力学

人类所生活的宇宙中充斥着无穷多个大大小小、简单或复杂的物体，比如一支笔、一杯水、一个月亮、一个星系等.这些物体都是由不同的物质按照一定的层次和结构组成，比如由很多大大小小的行星和卫星构成的太阳系，由不同岩石构成的山脉，由碳水化合物构造而成的生物体，由电子、质子和中子构成的原子等.而物理学就是研究物质或物体的基本构成及其特性，以及这些特性的运动变化规律的科学.在物体的各种特性中，一类非常重要的特性就是物体的“位置”，物体“位置的变化”规律就构成了力学的研究范畴.本章的质点力学就是要研究如何描述物体或物质体系的位置和位置变化的规律，以及推动这种运动变化原因的学科.

§2.1 运动及其描述

我们所生活的自然界充满着无穷多个各种各样复杂而多变的物体,这些物体分布在我们周围或近或远直至无穷的地方,这个充满着无限多个物体并无限延伸的客观世界,就构成了我们人类生存和活动的客观背景,我们通常把自然界所有的一切物质和信息统称为宇宙.我们对宇宙的所有属性和认知都来自于我们对它的不断观测和实验.人类通过对物质世界的观测和认识,首先产生了关于自然界两个最基本的概念:空间和时间.

一方面我们生活在一个具有向周围无限延展的物质世界里,这种感知让我们形成了**空间**的概念.我们观察地球、月亮、太阳和天空中的星体,总会发现这些物质是分布在我们周围一定距离的地方,如果我们可以抽离我们周围的所有物体,就会发现我们得到了一个抽象的"框架"(真空),所有物质都似乎是在这样的一个向四周无限延展的"框架"内运动,对客观世界这个抽象的真空框架的感知就形成了我们通常所说的空间概念.无疑我们关于空间的认识是自然界物质分布在距离上的反映,它是依赖于物质又脱离于物质(抽离物质)的自然界的属性之一.根据以上讨论,我们最原始的空间概念必然具有以下的两个基本性质:首先它是唯一的,它是向我们上下、左右、前后等各个方向都无限伸展且固定不变的唯一的框架;其次我们的空间概念是无限可分而连续的,它不仅可以延展到宇宙无限远的地方,也可以存在于物体内部无限小的区域.无疑这种关于空间的基本认识是牛顿经典的空间概念.

另一方面,对自然界持续的观测还发现,我们生活在一个不断发生着运动变化的物质世界里,这种感知让我们形成了**时间**的概念.观察自然界的任何宏观物体,我们会发现它们都是在空间中不断地运动和变化,借助显微工具可以进一步发现组成物体的组分也同样在不断地运动和变化.这个世界永远都会进行着各种形式的运动,大到宇宙的膨胀、星系的转动、行星的运行,小到云层的涌动、火车沿铁轨的运动、河水的流动、细胞的分裂、晶体内部原子分子的振动、电子的隧穿以及电磁波在空间的传播等.因此,物质世界中的每一层次都在不断地运动和变化,运动是这个世界**固有的状态或禀性**.图 2-1-1 显示了两种不同空间尺度下物体典型的运动图像:银河系星体的旋转运动和花粉粒在水中的布朗运动.从图中所示的运动轨迹我们可以清楚地看到自

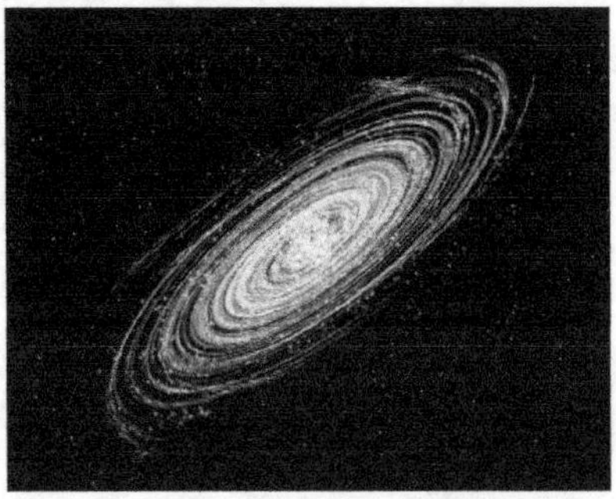

(a)

(b)

图 2-1-1 (a)银河系星体的运动;(b)颗粒物在溶液中的布朗运动

然界中物体在空间内的运动既有整齐规律的特点,又表现出随机混乱的特征.

物体在空间中位置的改变我们称之为**机械运动**.机械运动是自然界物质运动中最简单、最基本的形式.这种自然界最基本的运动形式不仅存在于任何复杂的运动形式中,而且存在于物质结构的每一个层次中.例如玻璃试管中试剂颜色的变化本身并不是简单的机械运动,但是这种变化必然包含化学分子的运动,即包含不同分子间进行化学反应时激烈的分子碰撞和重新组合时相对位置的改变,这种改变将最终导致化学反应中试剂颜色的改变.这一章我们关心的主要问题就是物质的位置变化这种最基本的机械运动.在具体研究机械运动之前我们首先对前面所讨论的概念给出明确的定义.

1 空间和时间

1.1 绝对空间和质点

根据前面的讨论,宇宙万物都处在同一个三维的空间中,各种物质都在这样的一个抽象的空间内运动.我们把这样一个独立于任何物质,并向四周无限延展,固定不动而永恒不变的空间称为**绝对空间**.任何物体都在这样一个唯一的绝对空间中运动和变化.

在绝对空间中,为了考察任何物体的机械运动,其中首要的问题是要能够对物体的空间位置进行准确地标定,因为如果物体的具体位置都无法确定,那就谈不上去考察物体空间位置的变化了.然而在确定某个物体空间位置的时候,我们会发现一个问题:任何客观物体总会有一定的形状和大小,它在绝对空间总是占据一定空间,无法确切给定物体的具体位置.但是如果我们只关心物体的机械运动,在特定条件下,物体的形状、大小和结构及属性都是不重要的因素,我们就可以将它抽象成一个没有大小结构而只有质量的几何点,用它来代表整个物体,以便集中标定物体的空间位置,而这个抽象的点就称为**质点**.例如我们考察地球在太阳系中的运动时,地球就可以抽象为一个质点,但是当考察的运动变为地球的自转时,地球就不能再看成一个质点了.所以把物体抽象为一个质点的条件是:物体运动范围的尺度远大于物体本身的尺度.所以一般在物体很小或很远时,都可以把物体看成质点.有了质点的概念以后,任何物体的空间位置就都可以精确地用绝对空间一点的位置来确定了,那么物体的机械运动也就抽象为一个几何点在绝对空间内位置的变化.

1.2 空间参考系和坐标系

1.2.1 空间参考系和绝对空间参考系

利用质点概念,我们虽然可以精准地标定物体在绝对空间的位置,但经验却告诉我们任何物体位置的确定,还必须相对于另一个物体而言才有意义,即物体的位置只能是相对于另一个已知物体的**相对位置**,这就是在绝对空间中质点位置的**相对性**.假想一个质点的周围任何范围内什么参考物体都没有(当然也没有观察者本身),只有一个无限延展的绝对空间,那么该质点的具体位置依然无法确定,因为孤立质点的位置虽然是一个确定的点,但这个点到底在绝对空间内的何处依然无法判定,所以质点空间位置的确定都应是相对于另一个已知的物体而言,在绝对空间内质点的位置只具有相对的意义.而这个事先已知或给定的物体就被称为**参照物**,如果参照物也抽象为一个点,就称为**参考点**(或原点),而往往在很多时候,人们总会默认地把观测者自己抽象出来当成参考物来考察质点的位置,此时我们统一称为**观测者**.总之只有相对于参照物(参考点、原点或观测者),质点在绝对空间中的位置才能得到确定的描述,在绝对空间中质点位置的概念是相对的而不是绝对的.

所以为了进一步准确标定一个质点在绝对空间中的具体位置,我们都必须事先选择一个参照物,然后在参照物上再建立一个沿空间三个方向的三维的空间框架作为参考,以此来标定要考察的质点的相对位置.这个在参照物上所建立起的空间框架我们就称为**空间参考系**.为了概念清晰,我们需要进一步明确一类特殊的空间参考系,称为**绝对空间参考系**.所谓绝对空间参考系是指在绝对空间中选择一个抽象的几何点作为参照物而建立起来的空间参考系.事实上绝对空间参考系是不存在的,因为这样的参考物是客观不存在的,任何实际的参考物必然具有以下特征:(1)参考物本身具有物质所有的属性,即使抽象为质点依然具有质量的属性,参照物本身的属性会对在其上建立的空间参考系产生必然影响,使得该参考系不再具有绝对性.(2)参考物一定不是孤立的.根据前面对自然界的讨论,我们知道任何实际的参考物周围必然存在无穷多个其他物体,参照物周围这样一个非孤立的环境会对在其上建立起的空间参考系产生必然影响,使得该参考系不再具有绝对性.以上两点对实际参考系的建立都是普遍不可回避的,该问题所造成的后果我们会在以后的讨论中进一步明确和讨论.所以绝对空间参考系的绝对性是指在一个没有任何物质属性并完全孤立存在的参考物上所建立的参考系,也就是说在一个绝对抽象的几何点上建立的参考系.这种把一个抽象的几何点当成参照物所建立起来的绝对参考系是一种理想的条件,在客观世界这样的参考系并不存在,但正是这种参考系的绝对性在牛顿力学中才具有重要的意义.绝对空间参考系的原点是一个抽象的几何点,所以该参考系是独立于任何物体而存在的绝对抽象的空间参考系.有了绝对参考系的概念后,在绝对空间参考系中两个质点的空间间隔就可以定义为空间的绝对距离或绝对长度.由于绝对空间内两个几何点具有完全相同的性质,在任何几何点上建立的绝对参考系完全等价,所以将不再区分.在以后的章节中,我们都将默认在统一的绝对参考系的框架下讨论所有的力学问题.

1.2.2 空间的度量和空间坐标系

为了定量描述质点的位置和运动,在空间参考系上可以引入一定空间度量标准,来标定空间方位的具体数值.我们将引入具有固定长度刻度轴的空间参考系,称为**空间坐标系**,如直角坐标系、极坐标系和自然坐标系等,在坐标系中参考点自然被称为**原点**.

现在我们来看如何定量地标定空间一个质点的位置.日常经验告诉我们,以参考点为原点,要想确定空间一个质点 P 的位置(见图 2-1-2)至少需要三个方位的信息(例如从原点出发要想确定空中一架飞机的位置,我们至少要用到东西南北和高度中的三个量),因为只有根据这三个方位的信息我们才可以在绝对空间中准确找到 P 的位置.例如我们可以沿 3 个空间方位建立三条有刻度的坐标轴(记为 x,y,z 轴)来形成一个如图 2-1-2 所示的空间框架作为一个**坐标系**.要确定坐标系中质点 P 的位置就可以这样做:从原点(参考点)出发沿轴 x 方向走 3 个长度单位,然后沿轴 y 方向走 4 个单位,再沿轴 z 方向走 5 个单位,就能准确到达 P 点的位置;即确定 P 点的位置需要用数轴上的三个独立的有序数(3,4,5)来确定.那么对任意一个点,这样确定位置的方式就变成需要 3 个独立的坐标(x,y,z),其实这种确定点位置的方法就是通常采用

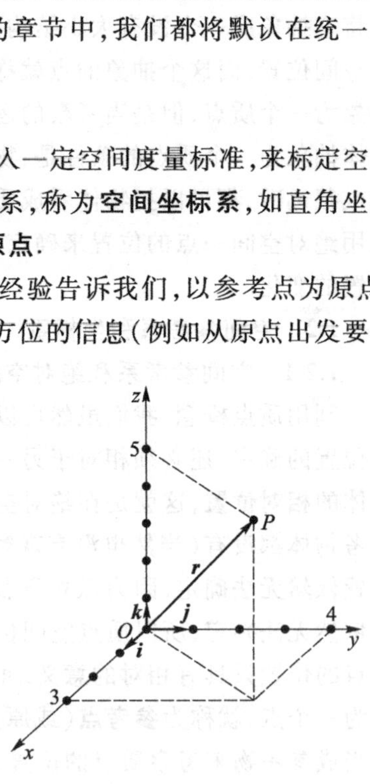

图 2-1-2 笛卡儿坐标系

的**直角坐标系**法（笛卡儿坐标系）.需要说明的是图 2-1-2 中数轴上的一个刻度就表示空间的一个单位长度，这个单位长度对定量描述空间位置非常重要，如果单位不同则决定同一点 P 位置的三个数就会不同.所以为了研究方便，人们需要对空间长度单位的标准做一个统一的约定.

空间的度量和标准：在绝对空间内，空间距离的度量标准当然需要通过实际的物质作为载体才能确定.在国际单位制中，长度的基本单位约定为米（用 m 表示），其大小规定为地球上通过巴黎的子午线（北极到赤道）长度的 $1/10^7$.但这个约定使用起来很不方便，所以人们就根据这一规则制作了一个长度为 1 m 的标准实物载体：米原器，存放在法国巴黎的国际计量局中.但由于米原器本身也不稳定（如热胀冷缩等），随着科学技术的发展，人们采用了更为稳定的长度载体作为长度计量标准，比如激光的波长，而目前采用的标准是光的真空传播长度（光在真空中传播 1/299 792 458 s 的距离为 1 m）.有了米这一基本单位后，人们就可以围绕它制定其他的辅助单位，如千米（10^3 m）或微米（10^{-6} m）等，用来方便地标定不同尺度范围内的空间大小.在空间度量标准的约定下，我们下面来具体介绍几种不同种类的空间坐标系.

（1）直角坐标系

我们首先介绍一种最为直观的坐标系，即直角坐标系，也称为笛卡儿坐标系.如图 2-1-2 所示，在空间取三个互相垂直的方向 x,y,z 作为三个轴形成一个空间框架，并规定各个轴上有均匀的刻度标准.这样空间点 P 的位置就可用位置坐标（3,4,5）或矢量 $\boldsymbol{r}$ 来表示.可见在笛卡儿坐标系里空间的任何点都可用位置坐标（x,y,z）或一个从坐标原点 O 引出的矢量来表示.用来表示质点相对于坐标原点位置的矢量 $\boldsymbol{r}$ 称为位置矢量，简称**位矢**.如果假设 x,y,z 三个坐标轴方向的单位矢量分别为 $\boldsymbol{i},\boldsymbol{j},\boldsymbol{k}$，则图 2-1-2 所示的位矢 $\boldsymbol{r}$ 可写为

$$\boldsymbol{r}=x\boldsymbol{i}+y\boldsymbol{j}+z\boldsymbol{k} \tag{2.1.1}$$

其中 x,y,z 为位矢 $\boldsymbol{r}$ 在三个轴上的坐标投影.对于笛卡儿坐标系，三个单位矢量始终保持不变，任何矢量都可以表示成这三个矢量的线性展开.

（2）平面极坐标系

如果一个质点被限定在一个平面上运动，那么质点的位置对应于平面上一点 P，如图 2-1-3 所示.P 点位置既可用 x 和 y 坐标确定，也可用 P 点到 O 的距离 r 和 OP 与 x 轴正向的夹角 θ 来确定，即 P 点的坐标可表示为（r,θ），这种确定 P 点位置的方法称为平面极坐标法，它和平面笛卡儿坐标的关系为

$$x=r\cos\theta,\quad y=r\sin\theta \tag{2.1.2}$$

同样，如图取极坐标的两个单位矢量 $\boldsymbol{e}_r$ 和 $\boldsymbol{e}_\theta$，分别称为径向单位矢量和角向单位矢量，则位置矢量可以表示为

$$\boldsymbol{r}=r\boldsymbol{e}_r$$

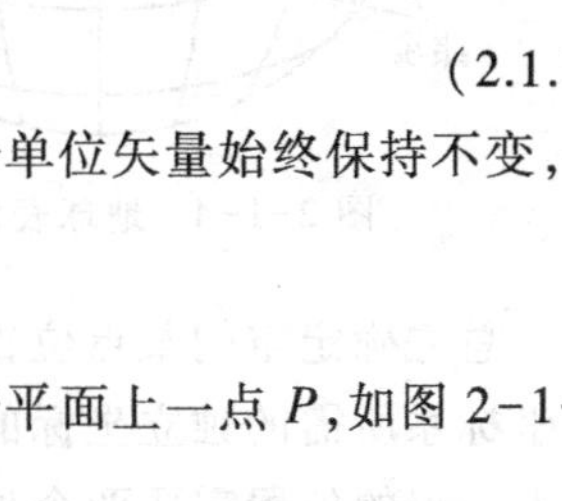

图 2-1-3　平面极坐标示意图

（3）球坐标系

在地球表面运动的物体，其运动被限制在一个球面上.同样在地球的表面要确定一个点 P 的位置可以用地表经度和纬度来决定（地理坐标系）.由地球表面的经线和纬线可以组成曲面坐标来标定曲面上的点，如图 2-1-4 所示.与赤道平行的圈称为纬线，规定赤道纬度为零，赤道以北称北纬、以南称南纬.连接南极和北极的地表线称为经线，国际上规定以通过英国伦敦近郊的格林尼治天文台的经线作为计算经度的起点，在它东面的为东经，共 180 度；在它西面的为西经，共

180 度.因为地球是圆的,所以东经 180 度和西经 180 度的经线是同一条经线(国际日界线).规定了经纬线后,地球表面的任何一点 P 的位置就可以用经度和纬度确定.地球上的地理位置一般都采用经纬坐标来标定.

古代为了确定星体的位置,采用天球的概念,其实在地表以上或空中要确定一个物体或星体的位置要用到三维球坐标:即如果在经纬坐标上再加上该点到地心的距离就构成了确定空间一点位置的球坐标,如图 2-1-5 所示.空间点 P 的位置可用 P 到 O 的距离 r,OP 与 z 轴的夹角 θ 和面 OPz 与面 Oxz 的夹角 ϕ 来确定,即 P 点位置坐标可表示为(r,θ,ϕ).根据图 2-1-5,球坐标和三维笛卡儿坐标的关系为

$$x=r\sin\theta\cos\phi$$
$$y=r\sin\theta\sin\phi$$
$$z=r\cos\theta$$

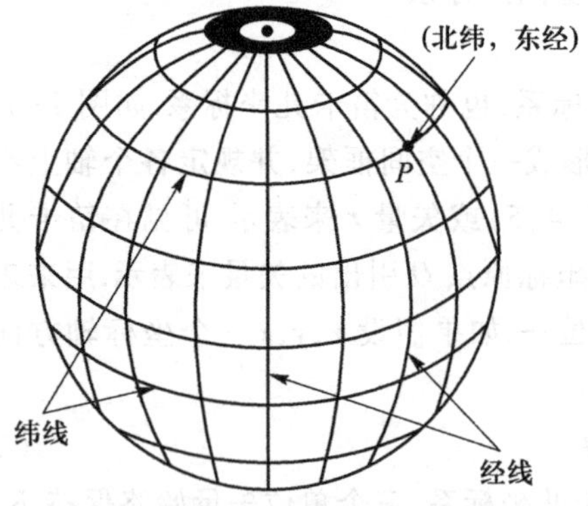

图 2-1-4 地球表面的经纬坐标

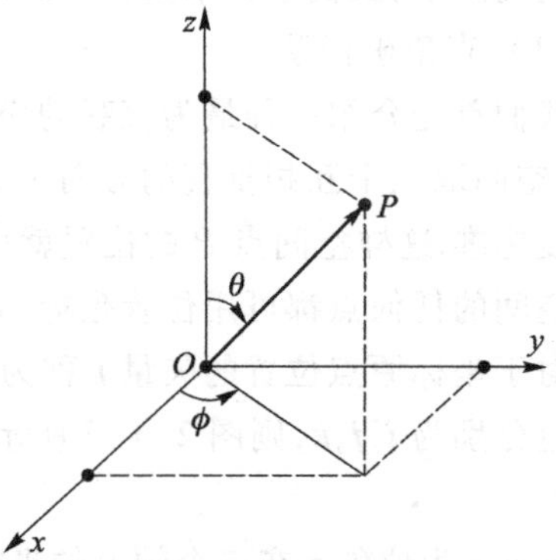

图 2-1-5 球坐标系和笛卡儿系的关系

总之确定空间某点位置的方法有多种方式,对应多种坐标系,如柱坐标系等.但无论使用何种坐标系所需的独立坐标的数目却都相同,即确定实空间中点的位置需要三个独立坐标,确定平面上一点的位置需要两个坐标,这个数目称为**空间的维度**.实空间质点的机械运动只能在三个维度上进行,所以我们生活的空间就是一个三维的实空间.

1.3 时间和绝对时间

1.3.1 时间

前面我们讨论过,运动是这个自然界固有的属性,宇宙中的物体永远都在进行着各种各样的运动.我们对物体简单的机械运动的进一步观察可以发现,质点的运动变化过程总是质点的现在状态和过去状态相比较时才能体现,没有历史状态做参照,运动和变化也都没有意义,而质点运动的过程也就不会存在.为了理解这个概念,我们设想一个人,他只能记住当前的状态(没有记忆),那么他是无法分辨物体是否在运动或变化,因为他没有历史的状态作为参考来辨别现在和过去的不同,也就是说运动变化其实是一个**过程**的体现.所以事物的运动变化也具有相对性,是事物的现在状态相对于过去状态而言的运动或变化,而这个变化的自然参考点就是我们通常所说的现在的状态.

然而不同的质点完成同样的一个运动变化过程却是有差异的,例如两个不同的物体从同一位置运动到另一位置,二者完成这一机械运动的过程是有区别的,总有一个会先完成这一过程.

那么为了比较运动变化过程的这种不同，我们就可选用一种**特殊的运动过程作为标准**来度量不同运动过程完成的先后，这就是所谓的**时钟**，时钟所表达的一个过程称为一个时间间隔，简称**时间**.可见时间就是物质世界运动变化的体现，而时钟是在客观世界中选择一种作为标准运动的物质载体.

1.3.2 绝对时间

根据前面的讨论，一般的时间概念是自然界不断运动的反应.取某种物体特殊稳定的运动过程作为时钟参考，我们就可以定义一个时间的“参考轴”，称为时间轴.在时间轴上取运动过程中的某个状态点作为时间轴的参考点(零点)，当然一般最直观的都是取时钟的当前状态，即现在作为时间参考零点，然后来标定一个物体运动过程进行的程度.经验告诉我们相对于零点的时间只需要一个标量就可以精确确定，所以时间是一个一维量.

但由于时钟的载体一定是基于某种物质的某种运动，所以时间的概念和度量将强烈依赖于时钟载体本身的性质或运动状态.为了消除这种依赖性，人们提出抽象的绝对的时间概念，称为**绝对时间**.绝对时间是被抽象出来的绝对不依赖于任何物体和状态的，一成不变而均匀流逝的一个**绝对标准**.所以绝对时间轴总是均匀、连续和单向的，即相对于现在是不断向后严格均匀流逝的一种运动标准.根据前面的讨论，时间的单向性其实是来源于自然界总是在运动的这个根本的性质，由于宇宙的自由度被认为是无穷的，对于一个具有无穷自由度且不断运动变化的系统，其运动状态永远都不可能重复，即系统的状态总是不可逆的，预示着时间总是单向而不可逆的.

1.3.3 时间的度量和标准

和空间的度量标准一样，时间单位在国际上也有统一的约定，即采用一个统一的标准运动过程作为时间载体(时钟)来定义时间单位.国际上时间的基本单位约定为“秒”，用“s”表示.最初人们采用地球的运动周期作为划分标准，后来则采用铯原子钟能级跃迁频率作为时间计量标准的物质载体来规定这一单位，现在人们可以采用更为精确的时钟，如冷原子喷泉时钟，最好的精度可以达到两亿年误差不到一秒.

在理想的情况下，时间和空间的单位标准应是精确不变的绝对时间和绝对空间，结合前面定义的绝对空间，我们把绝对空间和绝对时间一起统称为**绝对时空**.但实际上长度单位和时间单位的确定都要通过一定的物质载体来标定，所以不存在绝对的一成不变的时空标准.在实际的科学实践中，提高时空载体所提供标准的精确度在科学测量上本身就具有重大意义，例如长度载体从子午线长度到米原器，再到光的传播距离，精度不断提高.而时间标准的载体首先由地球的自转(1天)和公转(1年)提供(即所谓的天文时)，但并不精确，然后人们又发明了日晷、沙漏、水漏等计时工具，后来又使用石英的振动，最后采用了铯原子电子能级的跃迁频率，准确度可达 10^{-14} s.随着科学的发展人们发现：长度单位的确定最终可以归结为对时间的测量(即利用光速不变这一规律)，所以时间的测量问题就成为现代技术应用的重要基础，例如现代生活中经常使用的 GPS 定位系统中对时间的精确测量就决定了全球定位的空间精度.

1.4 参考系和绝对参考系

结合标定物体空间位置的空间坐标系和时间标准，我们就可以定量来考察质点的某一运动过程.所以空间坐标系和时间“坐标轴”的总体构成了描述物体运动的**时空参考系**(四个维度)，简称**参考系**.一般情况下参考系的名称都习惯上按照参照物的名称来命名，比如以地球表面为参照物所建立起来的参考系称为地面参照系，以太阳为参照物的参考系称为太阳参考系，以观测者为参照物所建立的参考系,就称为观测参考系等.所以对任何质点机械运动的考察总是以参考系的选择作为前提,对质点运动的描述一般也总是和选定的参考系紧密相关,不同的参考系一般会有不同的空间和时间标准,它是和运动的描述本身不可分割的.而由绝对空间坐标系和绝对时间组成的参考系我们称为绝对时空参考系或**绝对参考系**.绝对参考系的空间和时间标准都具有绝对性,所以绝对参考系是不依赖于任何物体运动状态的一个统一且绝对不变的时空标准.为了方便起见,我们以后所说的任何参考系,例如地面参考系,太阳参考系等,一般都是指绝对参考系.

有了描述质点运动的这些基本概念,接下来我们就可以定量地研究质点的机械运动.在某个事先选定的四维参考系中,质点的机械运动既包含空间位置的概念又包含时间的概念,所以一质点在不同的时刻 t 对应不同的空间坐标 $\boldsymbol{r}(t)$ 就能刻画出质点的运动情况,t 向正向变化,$\boldsymbol{r}$ 则是 t 的连续函数.总之在选定的参考系下(空间和时间的度量标准都已经给定),质点的机械运动就可以用位置随时间的函数来准确刻画和测量.

2 运动的描述

在选定的参考系下,质点的机械运动就是质点的位置坐标随时间的变化,所以质点坐标随时间变化的函数就代表了质点的运动.质点空间位置随时间连续变化并在空间形成一定的运动轨迹.轨迹不同,质点的运动复杂程度也就不同.相比较而言,质点的运动轨迹是直线的运动最简单,因此,在后面的研究中,我们将从描述质点的直线运动入手探索描述质点运动所要用到的物理量.

2.1 自由落体运动

在日常生活中我们会看到周围各种物体各式各样的运动,例如苹果从树上落到地面,水滴从天花板上滴落到地板上,若将苹果和水滴抽象为质点,它们的运动即为质点在竖直方向的直线运动.在绝对参考系内,若忽略质点从高处坠落时受到的空气阻力等其他因素,则质点仅受到重力的作用.重力作用下质点从静止开始的竖直直线运动称为自由落体运动.下面以此为例说明直线运动规律.如图 2-1-6 所示是一个钢球自由下落运动的连拍图像.钢球从参考点 O 处自由下落,高速照相机每间隔相同的时间曝光一次,然后把各个时刻的位置图像叠合起来.从图中可以看到每次曝光的钢球图像之间的间距越来越大,表明运动越来越快.要定量描述这种运动,首先需选择参考系(一般以地球为参考系)建立用于定量表示质点位置的坐标系 Ox:坐标原点 O 位于与质点下落点同一水平高度,x 轴正方向竖直向下,如图 2-1-6 所示.质点位置不同,对应的时刻不同,因此,要想准确描述质点的运动,还需确定时间参考点,通常我们选择自由落体质点运动的初始时刻为计时起点,利用秒表测量质点的运动时间,从而建立了质点直线运动位置与时刻的一一对应关系.在我们所选择的参考系中,质点的位置完全可以用与钢球同一水平高度的 x 轴上的点到原点的距离 $x(t)$ 来标定,这个量可以具体从拍摄到的照片上测量.下面我们来寻找可以用来描述自由落体运动的物理量.

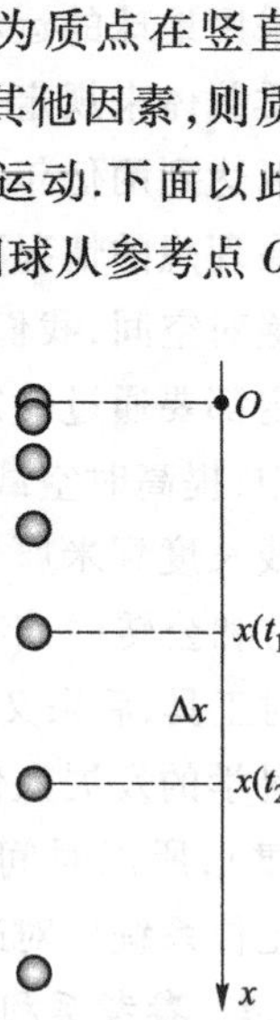

图 2-1-6 自由落体频闪照片

(1) 位移

对于一个运动过程,我们首先需要知道钢球总体位置的变化情况,即考察某一时间段内质点空间位置变化了多少,即用 $\Delta x = x(t+\Delta t) - x(t)$ 表示物体在 Δt 时间段内位置的总体变化,简称**位移**,它是两个时刻空间位置的差值.在图 2-1-6 中的频闪图中,相邻两次小球照相时间间隔相同,可以直观地看出在相等的时间间隔内小球位移越来越大.所以可用位移来描述一段时间内物体位置的变化.

(2) 速度

虽然位移能够描述某一时间间隔内空间位置总的变化,但我们发现相同的位移,不同阶段质点完成这一位移所用的时间不同,或者相同时间间隔内质点的位移不同.为了反映这种不同,我们可以在相同的时间或单位时间间隔中比较自由落体的位移大小,显然这个量表示单位时间间隔内质点的位移大小,自然刻画了质点运动的快慢.如图 2-1-6 中测量前后两个位置的距离再除以所用的时间,有

$$\bar{v} = \frac{\Delta x}{\Delta t} = \frac{x(t+\Delta t) - x(t)}{\Delta t} \tag{2.1.3}$$

这个量 $\bar{v}$ 称为 Δt 这段时间内物体的平均速度,可用来描述物体运动的快慢程度.利用这个量可以发现自由落体运动的平均速度越来越大,即其运动越来越快.然而在更短的时间间隔内计算这个量的大小我们会发现这个量依然在改变,它在任何时间段内都不是一个常量,所以它只能反映质点在某一个时间段内的平均快慢,而平均速度无法刻画质点在任意时刻的运动细节.为了更精确地刻画更短时间内自由落体的快慢,我们让测量的时间间隔越来越小(即使用曝光频率更高的照相机),那么如果时间间隔无限小(此时可用 $\mathrm{d}t$ 代替 Δt,$\mathrm{d}x$ 代替 Δx 表示无穷小的位置变化量),Δt 时间间隔内的平均速度将无限接近 t 时刻的瞬时速度,因此,瞬时速度可定义为 Δt 时间间隔内的平均速度的极限,即

$$v = \lim_{\Delta t \to 0} \frac{x(t+\Delta t) - x(t)}{\Delta t} = \lim_{\Delta t \to 0} \frac{\Delta x}{\Delta t} = \frac{\mathrm{d}x}{\mathrm{d}t}$$

由此可知,质点瞬时速度等于质点位置坐标的时间变化率,它能够刻画每一时刻质点运动的快慢和方向,显然速度是描述物体运动状态的物理量.自由落体运动过程中质点速度方向不变,但数值随时间不断增大.

(3) 加速度

利用高速摄像机拍摄图像分析自由落体运动的速度特征时,我们发现速度是随时间线性增加的,在速度和时间坐标上根据测量数据可以画出如图 2-1-7 所示的一条直线,该直线满足

$$v = gt$$

其中 g 是该直线的斜率,图中的黑点是测量值,虚线是拟合作出的直线.从图 2-1-7 中可以发现利用图中黑点算出的平均速度的改变量几乎都是相同的,即在测量误差范围内都是 g:

$$\bar{a} = \frac{\Delta v}{\Delta t} = g$$

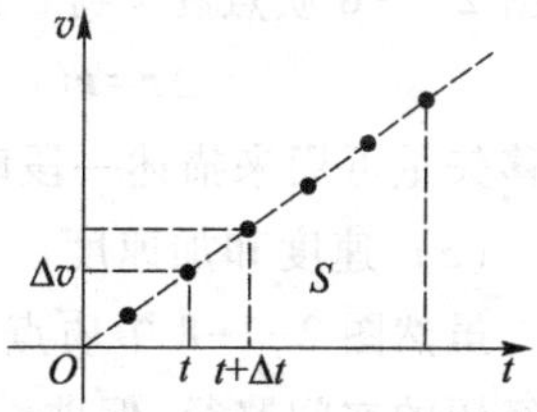

图 2-1-7　自由落体速度随时间的变化

显然这个量表达了某段时间 Δt 内速度的增加量,称为平均**加速度**.同样当 $\Delta t \to 0$ 时平均加速度的极限则称为瞬时加速度,即

$$a = \lim_{\Delta t \to 0} \frac{\Delta v}{\Delta t} = \frac{\mathrm{d}v}{\mathrm{d}t} = g$$

这个量显然刻画了速度增加的快慢.实验上可以通过提高自由落体频闪照相频率或打点计时频率的方法精确测量自由落体的加速度,结果总是一个常量 g,这个量集中体现了自由落体的运动特点:自由落体的加速度为常量.

根据自由落体加速度是常量这一规律,我们可以计算图 2-1-7 中直线下三角形的面积 S,根据速度和位移的关系,面积 S 即为自由落体对于原点的位移:

$$S=x(t)=\frac{1}{2}gt^2$$

通过对自由落体运动的研究可以发现,质点的位置可以用坐标描述,质点在一个过程中的位置改变可以用位移来描述,质点运动的快慢可以用速度来刻画,而质点速度的变化可以用加速度来描写.显然这位移、速度和加速度这三个物理量可以用来准确描述物体运动的基本特征.

2.2 质点的一般运动

现在我们将自由落体运动的研究结论推广到质点的一般运动.一般情况下质点会在三维空间中运动,因此需要把自由落体的一维直线运动结果推广到三维实空间中的曲线运动上,利用矢量这个数学工具我们可以方便地描述一般质点的运动.

(1) 位置矢量

在三维空间中要确定质点的位置,必须用三个一维量来标定.在几何上,我们从坐标系原点 O 向质点所在的位置 P 引一个矢量$\overrightarrow{OP}$,用这个矢量就可以唯一确定质点在参考系中的位置,该矢量称为质点的位置矢量,简称**位矢**,用 $\boldsymbol{r}$ 表示.在直角坐标系中位置矢量的分量形式可表示为

$$\boldsymbol{r}=x\boldsymbol{i}+y\boldsymbol{j}+z\boldsymbol{k}$$

显然需要三个坐标分量 x,y 和 z 来确定位置,故 x,y 和 z 称为质点的位置坐标.质点经历某个运动过程,其位置矢量的矢端 P 随着时间的推移在空间形成一条曲线,即质点的**运动轨迹**.质点在轨迹上的位置变化由三个坐标分量随时间的变化的函数关系决定.因此,位置矢量随时间的变化方程也称为质点的运动方程,可写为

$$\boldsymbol{r}=\boldsymbol{r}(t)=x(t)\boldsymbol{i}+y(t)\boldsymbol{j}+z(t)\boldsymbol{k}$$

在三维空间里,质点的运动轨迹一般是一条三维空间曲线,如图 2-1-8 中的虚线所示.

(2) 位移

和自由落体相同,一段时间内质点空间位置的变化称为位移,在三维空间中对应为位置矢量的改变量,它显然也是三维空间的矢量.如图 2-1-8 质点在 t 到 $t+\Delta t$ 时刻这段时间内质点的位移为

$$\Delta\boldsymbol{r}=\boldsymbol{r}(t+\Delta t)-\boldsymbol{r}(t)=\Delta x\boldsymbol{i}+\Delta y\boldsymbol{j}+\Delta z\boldsymbol{k}$$

位移矢量可用来描述一段时间内质点空间位置改变的大小和方向.

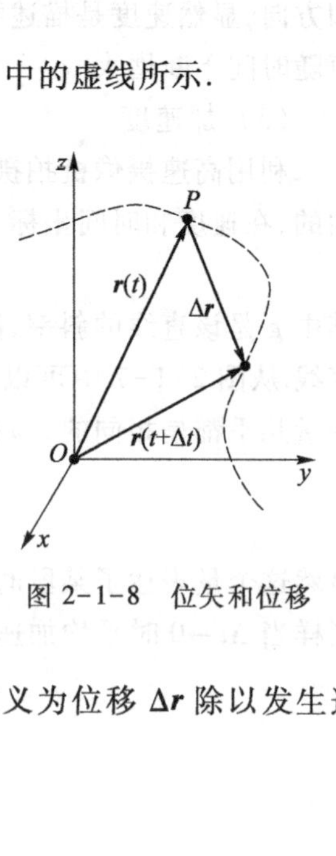

图 2-1-8 位矢和位移

(3) 速度和加速度

虽然图 2-1-8 中质点的轨迹曲线反映了质点在一段时间内运动所经历的空间路径,但曲线上的点只能表明质点在某时刻所处的位置,而无法刻画质点在该时刻的运动状态,即无法给出质点通过这一曲线的快慢.因此,必须引入速度来描述质点的运动状态.和自由落体运动相同,质点在一段时间内运动的平均快慢程度用平均速度表示,定义为位移 $\Delta\boldsymbol{r}$ 除以发生这段位移所用的时间 Δt,即

$$\bar{\boldsymbol{v}}=\frac{\boldsymbol{r}(t+\Delta t)-\boldsymbol{r}(t)}{\Delta t}=\frac{\Delta \boldsymbol{r}}{\Delta t}$$

显然，三维空间中质点的平均速度也是矢量.随着时间间隔 Δt 的减小，位移 $\Delta \boldsymbol{r}$ 减小，$\boldsymbol{r}(t+\Delta t)$ 的矢端越来越靠近 $\boldsymbol{r}(t)$ 的矢端 P，如图 2-1-9 所示.因此，当 Δt 趋近于零时，平均速度的极限即为质点在 P 处的瞬时速度，用 $\boldsymbol{v}$ 表示，即

$$\boldsymbol{v}=\lim_{\Delta t\to 0}\frac{\boldsymbol{r}(t+\Delta t)-\boldsymbol{r}(t)}{\Delta t}=\lim_{\Delta t\to 0}\frac{\Delta \boldsymbol{r}}{\Delta t}=\frac{\mathrm{d}\boldsymbol{r}}{\mathrm{d}t} \tag{2.1.4}$$

由于 Δt 趋近于零时 $\Delta \boldsymbol{r}$ 的极限方向为 P 点轨迹曲线的切线方向，因此 t 时刻 P 处质点速度在运动轨迹的切线方向上.质点运动速度的大小简称速率.

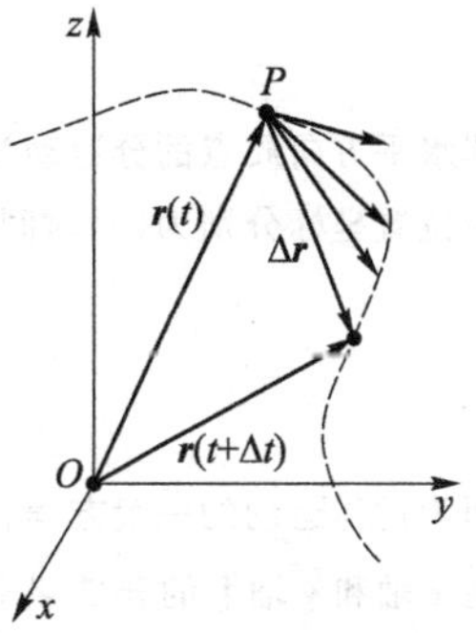

图 2-1-9　瞬时速度

根据对自由落体的考察，我们发现物体的运动速度在不断改变.一段时间内速度的变化称为平均速度变化率，即为平均加速度

$$\bar{\boldsymbol{a}}=\frac{\Delta \boldsymbol{v}}{\Delta t}$$

加速度用来描述速度变化快慢和方向的物理量，反映质点运动状态的变化.同样为了描述更小时间段内的速度变化，需要引入瞬时加速度，定义为在 t 至 $t+\Delta t$ 时间间隔内的平均加速度 $\bar{\boldsymbol{a}}=\dfrac{\Delta \boldsymbol{v}}{\Delta t}$ 的极限，即

$$\boldsymbol{a}=\lim_{\Delta t\to 0}\frac{\Delta \boldsymbol{v}}{\Delta t}=\frac{\mathrm{d}\boldsymbol{v}}{\mathrm{d}t}=\frac{\mathrm{d}^2\boldsymbol{r}}{\mathrm{d}t^2} \tag{2.1.5}$$

在不引起混淆的情况下，瞬时加速度可简称加速度，它是矢量，其大小反映速度变化的快慢.因此自由落体的加速度为一个常矢量 $\boldsymbol{g}$，方向竖直向下.

例 2.1

抛体运动.

一般质点在实空间内的运动轨迹是复杂的，我们可以根据质点运动的几何轨迹对运动过程进行分类，如直线运动、抛物线运动、椭圆运动及螺旋运动等.描述质点运动的时间参量方程(运动方程)可写为：

$$\boldsymbol{r}=\boldsymbol{r}(t)$$

或在直角标系可写为分量形式

$$x=x(t),\quad y=y(t),\quad z=z(t)$$

所以通过质点的参量方程就可以得到质点复杂运动的轨迹图像.下面我们用运动的分解和合成方法来具体分析一下常见的抛体运动，得到其时间的参量方程及轨迹方程.

把一个物体向斜上方抛出，物体的运动就是抛体运动，若忽略空气阻力的影响，其运动轨迹为抛物线，其轨迹如图 2-1-10 中实线所示，这种运动是地球上物体最常见的运动模式之一.观察这种运动我们会发现，抛体运动会被局限在一个竖直的平面内，因而它实际是一个竖直平面内的二维运动.如果用 x，y 表示质点的水平和竖直方向的位置坐标，则抛体的运动方程一般形式可写为

$$\begin{cases}x=x(t)\\y=y(t)\end{cases}$$

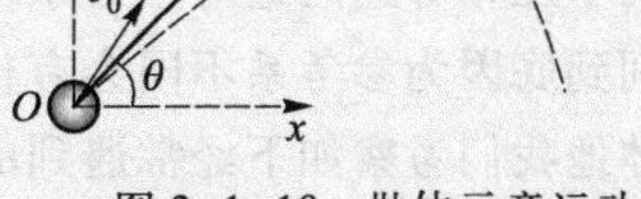

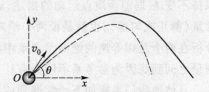

图 2-1-10　抛体示意运动

根据运动的合成与分解，抛体水平方向的分运动为匀速运动，速度为 v_{x0}，而竖直方向的分运动和自由落体一样，是加速度为常量 g 的运动，g 的方向竖直向下.因此，在图 2-1-10 给出的坐标系中，有

$$\begin{cases} v_x = v_{x0} \\ a_y = \dfrac{\mathrm{d}v_y}{\mathrm{d}t} = \dfrac{\mathrm{d}^2 y}{\mathrm{d}t^2} = -g \end{cases}$$

即水平方向质点的分运动为匀速直线运动，竖直方向质点的分运动为自由落体运动，因此，水平和竖直方向的位置坐标分别为（对时间积分）

$$\begin{cases} x(t) = x_0 + v_{x0} t \\ y(t) = y_0 + v_{y0} t - \dfrac{1}{2} g t^2 \end{cases}$$

即为抛体运动的一般方程，其中 (x_0, y_0) 为 $t=0$ 时刻质点的位置坐标，v_{x0} 和 v_{y0} 分别为 $t=0$ 时刻质点初始速度在 x 轴和 y 轴上的分量.我们称 $x(t=0)=x_0$，$y(t=0)=y_0$ 和 $v_x(t=0)=v_{x0}$，$v_y(t=0)=v_{y0}$ 为质点运动的**初始条件**.利用抛体运动的运动学方程可以很容易计算出质点运动过程中每一时刻的运动状态.如果已知初始时刻抛出物体的速率为 v_0，抛射角为 θ（如图 2-1-10 所示），则 $t=0$ 质点的水平速度和竖直速度分别为 $v_{x0}=v_0\cos\theta$ 和 $v_{y0}=v_0\sin\theta$，代入方程，消去时间参量，则轨迹方程为

$$y = x\tan\theta - \frac{g}{2(v_0\cos\theta)^2}x^2 \tag{2.1.6}$$

很显然质点的运动轨迹确实为一抛物线.这是具有一定初速度的物体在地球上自由飞行的理想轨迹，如炮弹或标枪的理想轨迹等.但是高速物体在地球表面自由飞行中由于还要受到空气阻力的作用，所以真实抛体运动的轨迹会在理想的抛物线轨迹上有个修正（如图 2-1-10 中的虚线所示）.对于实际的地球表面的抛体运动，由于地球还是一个曲面，所以高速物体的实际射程总大于式（2.1.6）的计算值.当抛体的抛出速度越来越大时，抛体落地的距离会越来越远，所以当物体的速度达到一定值的时候，可以想象抛体就会变成围绕地球运动的物体了.

3 伽利略变换

根据前面的讨论我们知道，在一个事先选定的参考系中，只要测量得到质点的运动方程我们就能完全描述质点的运动了.但现在我们来考虑这样一个经常遇到的问题：选择两个不同的绝对参考系（或对应于两个绝对观测者）对同一运动过程进行测量，结果会有怎样的关系？假设在绝对时空中取两个绝对参考点（原点 O 和原点 O'），在其上建立两个绝对参考系.根据绝对参考系的定义，两个绝对原点彼此没有任何相互作用，而且这两个几何点周围也没有其他任何物体，也不会与任何物体有作用，所以说两个绝对参考系之间互相观测各自原点的运动状态，只能是相互保持不变.根据前面质点运动的描述，运动状态随时间不变的情况就是物体的运动速度为固定的常量（静止或匀速），也就是说两个绝对参考系之间只能是**相对等速运动**的参考系.下面我们就来分析在两个互相等速的绝对参考系中考察同一个质点的运动情况：它们对同一质点运动的时空测量之间到底因为参考系不同会有什么关系？

具体地我们考察如下经常遇到的运动现象（如图 2-1-11）：有一辆车 P 沿公路直线行驶，地面上站着一个观察者 S，在沿公路匀速行驶（相对地面的速度为 u）的车里又有另一个考察者 S′，他们都在观察同一辆车 P 的运动，那么他们对 P 的观测结果会有什么不同？在测量之前，地面

上的人和小车里的人都必须事先建立各自的绝对参考系 S 系和 S′系.一般情况下两个观察者所建立的空间坐标系的方向是随意的,但为了考察问题的简单和方便,假设两个人在各自参考系上建立的空间坐标系的坐标轴彼此平行,S′系沿 S 系中坐标系的 x 轴正方向以恒定不变的速度 u 运动(取相互等速运动的方向为 x 轴),如图 2-1-11 所示.此时地面上的人使用的是地面参考系 S 系中的标准,而车上的人使用的是小车参考系 S′系中的标准,则在两个参考系中测量同一个研究对象(小车 P)的运动学量:位置、速度和加速度会得到怎样不同的结果?

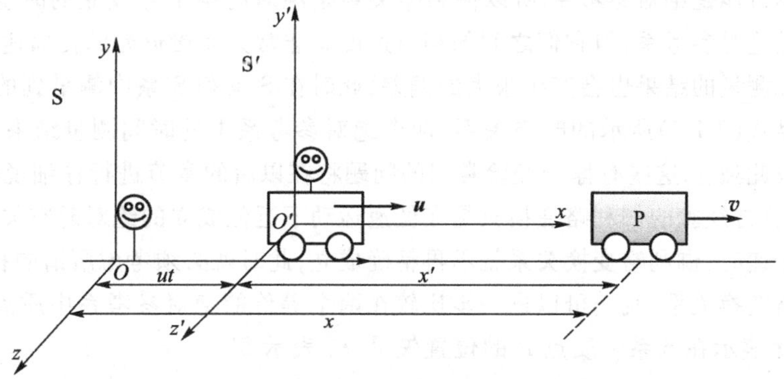

图 2-1-11 伽利略变换

经验告诉我们这两个不同参考系统测量到的同一辆车的运动情况会有以下关系:如果地面参考系 S 系上的人看到车 P 以 v 沿 x 轴正方向运动,那么小车参考系 S′系上的人看到小车 P 的速度应为:$v'=v-u$.因为我们经常会发现如果 $u=v$ 的话,即 S′系和被考察的小车 P 的速度如果相同,S′系上的人看小车 P 的速度一定为零(没有相对运动).根据这一关系,假设初始时刻参考系原点 O 和 O' 重合,那么 t 时刻以后两个参考系中的位置关系即为 $x'=x-ut$(如图 2-1-11 所示),而其他方向上没有运动,显然有 $y=y'$,$z=z'$.对于时间的测量,由于两个参考系都是绝对参考系,其时间测量标准总是相同的.

因此,若绝对参考系 S′系相对于 S 系沿着 x 轴方向以不变速度 u 运动,则在这两个有相对等速运动的绝对参考系中小车位置的笛卡儿坐标分量和时间存在以下关系:

$$\begin{cases} x'=x-ut \\ y'=y \\ z'=z \\ t'=t \end{cases} \tag{2.1.7}$$

此即为经常用到的两个相对运动的绝对参考系之间的时空关系,称为**伽利略坐标变换关系**.显然式(2.1.7)是在 x,y,z 轴互相平行的两个绝对参考系之间相对速度沿着 x 轴方向时的变换公式.而一般坐标选择下两个相对等速运动的参考系之间的变换当然会比式(2.1.7)稍微复杂些,但是我们总可以通过简单的旋转操作把一般的参考系变为式(2.1.7)的形式,也就是说一般情况下我们总可以建立使式(2.1.7)成立的坐标系,即以相对运动方向作为参考系的 x 轴方向,y 轴和 z 轴方向取平行.

伽利略变换式(2.1.7)直观地认为在任两个相对等速运动的绝对参考系中时间总是一样的,即对任何等速相对运动的参考系中,绝对时间是一个不依赖于参考系状态的一成不变的标准.简单地说伽利略变换所表现的时空关系表明：**任何相互等速运动的绝对参考系是严格等价的**.伽利略变换的形式还表明在绝对参考系中时间和空间是相互独立的，也就是说时间的度量不影响空间的度量，空间的度量也不影响时间的度量，这就是伽利略变换体现的是所谓的绝对的、抽象的、孤立的经典绝对时空观.

最后让我们回到实际的小车测量问题讨论我们应该注意的几个问题：(1) 上面进行小车测量的两个参考系（地面参考系和小车参考系）严格来讲并非是绝对参考系，也就是说用于实际观测的参考系都不可能是绝对参考系.所以伽利略关系是绝对时空下才成立的时空关系.(2) 即便两个参考系都是绝对参考系，但它们之间的相对速度 u 非常大而接近光的传播速度时，伽利略变换的结果和实际测量的结果也会产生很大的偏差，此时在 S 系和 S′系中测量到的小车 P 的位置和速度不再满足式(2.1.7)所示的时空关系，两个绝对参考系中的时间测量结果也不再相等，时间和空间不再彼此独立.这些有悖于经验常识的问题将在以后的章节进行仔细说明，但是我们一定要知道，符合日常经验的伽利略变换只是在低速运动下近似成立的绝对时空关系，当参考系相对速度越接近光速时，伽利略变换关系就不再精确成立，此时就必须考虑所谓的相对论效应了.

根据伽利略变换关系，我们可以进一步比较在两个等价的绝对参考系中质点的速度和加速度的关系.若用 $\boldsymbol{r}$ 表示在 S 系中质点 P 的位置矢量，$\boldsymbol{r}_{O'}$ 表示 S′系参考点 O' 相对于 S 系的位置矢量，$\boldsymbol{r}'$ 表示质点 P 相对于 S′系的位置矢量，则恒有 $\boldsymbol{r}=\boldsymbol{r}_{O'}+\boldsymbol{r}'$，如图 2-1-12 所示.在经典时空观范畴，质点相对于 S 系的速度 $\boldsymbol{v}=\dfrac{\mathrm{d}\boldsymbol{r}}{\mathrm{d}t}$，相对于 S′系的速度 $\boldsymbol{v}'=\dfrac{\mathrm{d}\boldsymbol{r}'}{\mathrm{d}t}$，S′系相对于 S 系的速度 $\boldsymbol{u}=\dfrac{\mathrm{d}\boldsymbol{r}_{O'}}{\mathrm{d}t}$，则有

$$\boldsymbol{v}=\boldsymbol{u}+\boldsymbol{v}' \tag{2.1.8}$$

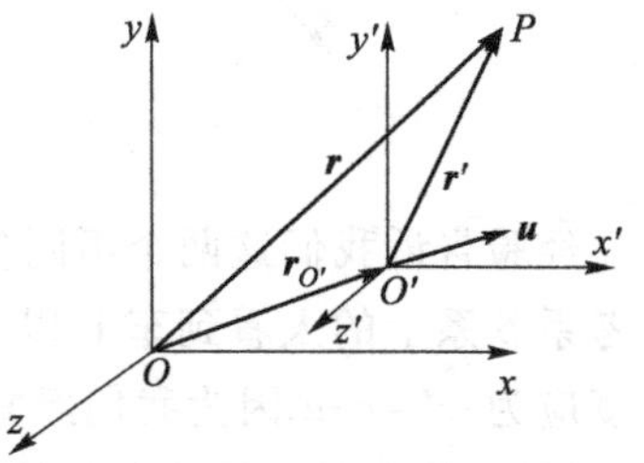

图 2-1-12　位置矢量关系

即为伽利略的速度变换关系，此式表明质点相对于 S 系的绝对速度等于 S′系相对于 S 系的牵连速度与质点相对于 S′系的相对速度的矢量和.

将式(2.1.8)对时间 t 求导，则可得加速度关系为

$$\boldsymbol{a}=\boldsymbol{a}_0+\boldsymbol{a}' \tag{2.1.9}$$

即为伽利略的加速度变换关系，此式表明质点相对于 S 系的加速度等于 S′系相对于 S 系的加速度与质点相对于 S′系的加速度的矢量之和.若 $\boldsymbol{a}_0=0$，即 S′系相对于 S 系匀速直线运动，则有 $\boldsymbol{a}=\boldsymbol{a}'$，此时加速度对伽利略变换保持不变.即在相对等速运动的绝对参考系中，质点加速度对伽利略变换为一不变量，这个特征对我们研究质点的动力学行为具有极其重要的意义，正因为如此，处在不同运动状态的观察者对同种力学实验的观测才具有了相互关联的可比性，这一点我们在学习了质点动力学知识后将会有更深的认识.

§2.2　质点动力学

本节主要讨论质点运动状态发生改变时质点的运动规律，认识质点运动状态变化与力的关系，建立质点动力学的基本概念和基本动力学方程，以质点动力学方程为核心，建立动量、冲量、

功和能及其守恒的基本思想.

1 力

1.1 力的基本认识

根据上一节对质点运动的讨论,只要我们选定一个参考系,就能够定量考察质点状态的变化.我们这里所说的质点的状态一般是指质点的位置和速度,但如果只是说质点的运动状态,则是指质点的运动速度.

如果一个质点的周围任何尺度范围内都不存在任何其他物体,那么该孤立质点的运动状态就一定不会发生改变,因为其运动状态将不会受到任何外在的影响.根据前面的讨论,在这样的孤立质点上如果再忽略质点的质量,我们就可以建立一个所谓的**绝对参考系**.根据绝对参考系的性质,在绝对参考系中考察一个孤立质点的运动状态,其运动状态一定会保持不变(静止或匀速直线运动).这就是我们通常所说的**牛顿第一定律**:如果一个质点上没有任何力的作用,质点将保持其运动状态不变,即将保持静止或匀速直线运动.

另一方面,在某个选定的绝对参考系中,如果我们观测到一个质点的运动速度从某一时刻开始发生**改变**,则此刻肯定有某种新的作用施加到了质点上,我们称这种作用为**力**.力使质点产生速度的变化,使质点具有相应的加速度,所以质点运动状态的变化(加速度)是力作用到质点上的效果,可见力是一个矢量.大量实验和观测表明,力都是可以找到产生这种作用效果的施力物体(去掉施力物体则该力消失),我们称这种施力物体为该力的"**力源**".例如万有引力、弹力、摩擦力、静电力等,这种能找到力源的力称为**有源力**,其大小和性质完全由力源决定,与观测这种力所选择的参考系无关.所以力是存在于物体与物体之间的相互作用,是引起物体运动状态改变的原因.

然而实际上,绝对参考系客观上并不存在,因为建立参考系的参照物并不是绝对空间中的几何点,即参照物本身是客观的物体,而且其周围总会有其他物体存在,所以一般的参考系都不可能是不依赖于物质载体的绝对参考系,我们把依赖于实际物体作为参考所建立起的一般参考系,统称为观测参考系,简称**观测系**.在某个给定的观测系中,除了可以观测到有源力,也可以观测到找不到任何施力物体的力,我们把这种力统称为关于这个观测参考系的无源力,其大小和性质依赖于观测参考系的选择和状态.所以无源力的产生来自于实际的观测参考系不是绝对参考系这一客观事实,在绝对参考系中不存在任何形式的无源力.

总之力是通过质点运动状态的变化所表现出的物体间的相互作用,是作用于物体之上的能引起其运动状态变化的原因.在一个选定的绝对参考系中,只要质点的运动状态发生改变,则该质点必然受到某种力的作用.目前人们发现自然界的能引起物体运动状态改变的有源力,有以下几种基本类型:引力相互作用、电磁相互作用、强相互作用和弱相互作用.下面简单介绍一下经典力学中常见的一些宏观力,如万有引力、弹性力、摩擦力等.

1.2 万有引力

(1) 万有引力定律

在各种各样的环境中,大量的实验和观测都发现:任何两个物体,无论其材质和结构如何,它们之间都存在着一种长程的相互吸引力,这种力称为万有引力,它是自然界普遍存在的最基本的长程作用力.如图 2-2-1 所示,两个质点之间的距离为 r 时,

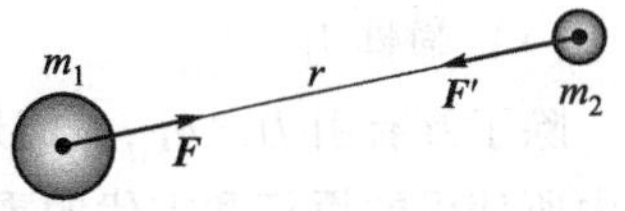

图 2-2-1 万有引力示意图

实验证实,万有引力的大小为

$$F(r)=G\frac{m_1m_2}{r^2} \tag{2.2.1}$$

引力的方向沿两个质点连线指向施力物体.式(2.2.1)中的 m_1、m_2 称为质点的引力质量,代表质点产生万有引力的固有属性(力源性质),反映质点吸引其他质点的能力.而 G 是一个比例系数,称为引力常量.

引力常量 G 是自然界重要的常量之一,所以对 G 的测量本身就是一个重要的物理问题.根据万有引力公式,引力常量 G 的物理含义是单位引力质量的两个物体相距 1 米时的力的大小,所以对 G 的确定其实就是力的测量问题.我们可以选定两个标准物体,规定其引力质量是 1 个单位,从而我们通过测量它们相距一定距离(距离可以精确测量)时万有引力的作用效果就可以确定 G 的大小,具体的力的测量我们将在后面详细讨论.

(2) 重力

在地球表面附近,当用悬线将质点悬挂起来并相对于地球静止时,质点所受重力与悬线拉力大小相等方向相反,因此,重力是悬线对质点拉力的平衡力,其方向竖直向下.重力的施力物体是地球,那么,它和地球作用于质点的万有引力有什么区别呢?若忽略地球运动对质点所受重力的影响,可近似认为质点在地球表面附近的重力等于万有引力,即

$$W=G\frac{m'_{\mathrm{G}}m_{\mathrm{G}}}{R^2}=m_{\mathrm{G}}g,\quad 其中\ g=\frac{Gm'_{\mathrm{G}}}{R^2}$$

式中 m_{G} 为质点的引力质量,m'_{G} 为地球的引力质量,R 为地球半径.g 为地球表面的重力强度,表示单位引力质量的物体在地表受到的地球引力,代入 G、地球的引力质量 m'_{G} 以及地球的平均半径 R,得到

$$g=G\frac{m'_{\mathrm{G}}}{R^2}\approx 9.8\ \mathrm{N/kg} \tag{2.2.2}$$

该常量物理含义为地球表面单位引力质量物体受到地球的引力为 9.8 N.这样地球表面上物体的重力和引力质量就有以下简单关系

$$W=m_{\mathrm{G}}g \tag{2.2.3}$$

由此可见,重力的大小和物体的引力质量大小成正比,物体引力质量越大重力也越大,所以可以用地球对物体的重力来度量物体引力质量的大小.通常我们把重力的大小称为重量,由于其与引力质量有式(2.2.3)所描述的简单关系,重量单位可以取千克重,规定 1 千克引力质量的物体受到的重力大小为 1 千克重,此时重量与引力质量的数值是相等的.所以人们习惯用引力质量单位来代替重量的单位,直接用千克来表示重量,而把二者混同起来使用.但实际上,在地球表面,实际测量到的物体的地表重力其实是万有引力和地表其他力的一个合力,所以地表物体的重力测量值并不严格等于引力值.

1.3 力学中常见的宏观力

(1) 弹性力

除了万有引力之外,人们还发现,物体如果发生形变也能产生力的作用效果.体育项目撑杆跳中所使用的撑杆和古代的重要兵器弓箭都是通过使物体发生形变后产生的力来改变物体运动状态的.我们把物体因为形变而产生的力称为应力.在一定的形变限度内,物体形变所产生的应

力和形变大小成正比,这种应力称为弹性力.物体发生弹性形变所产生的应力和形变大小成正比的规律称为胡克定律(Hooke's law).但如果形变过大,胡克定律将不再满足,物体会发生不可恢复的形变,甚至断裂,统称为非弹性形变(塑性形变).对一个弹簧而言,在弹性形变范围内,胡克定律可以给出弹力的大小为

$$F=-k\Delta x \tag{2.2.4}$$

其中 F 表示弹簧形变产生的弹力,Δx 代表弹簧长度方向的形变大小.上式表明:弹簧形变产生的弹力 F 和弹簧的形变大小 Δx 成正比,其比例系数 k 称为弹簧的劲度系数,与弹簧的匝数、直径、线径和材料等因素有关,负号表示弹力和形变方向相反.

很多物体在一定形变范围内都可以产生式(2.2.4)一样规律的弹性力,比如绳子受力形变后产生的收缩张力、物体表面受压发生形变产生的支持力、钢丝扭转形变产生的扭力等,这些常见的弹性力总和形变反向,都有使物体恢复到原来状态的趋势,所以都可以称为回复力.这些常见物体的弹性力,都只在一定的形变范围内满足式(2.2.4)所示的线性规律,如果超过形变范围,弹性力和形变之间会出现非线性关系,甚至出现非连续的分段应力响应关系.弹性力实质上是组成物体的原子之间力的宏观表现.

(2) 摩擦力

在实际的生活中,我们知道要推动放在地面上的箱子必须施加一定的力;汽车刹车片受刹车板驱动与固定在轮子上的刹车盘接触时,车轮就会被减速而使车停止,这些现象都表明相互接触并具有相对运动(或相对运动趋势)的物体之间存在某种力的作用.我们把彼此接触的两个物体在接触面有相对滑动(或相对运动趋势)时产生的力称为滑动摩擦力(或静摩擦力).摩擦力阻碍接触面的相对滑动(或相对运动趋势),其方向沿接触面与相对运动(或相对运动趋势)方向相反.

用弹力计(拉力传感器)做一个实验,如图 2-2-2(a)所示,在一个物体表面,利用弹力计缓慢匀速拉动一个物体,拉力计上所显示的摩擦力的变化趋势如图 2-2-2(b)所示,图中所示的摩擦力的最大值称为最大静摩擦力.物体经过最大摩擦力点后从静止开始滑动,经过很短时间以后,摩擦力大小将保持不变,此时的摩擦力称为滑动摩擦力.最大静摩擦的值一般大于滑动摩擦力的值.滑动摩擦力的大小近似为

$$F=\mu F_{\mathrm{N}} \tag{2.2.5}$$

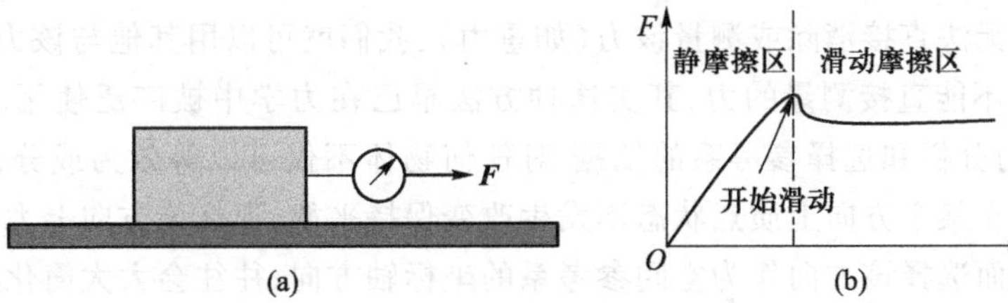

图 2-2-2　物体之间的摩擦力

其中 F_{N} 为物体对接触面的正压力,μ 为接触面的滑动摩擦因数,由互相接触物体的表面材料性质、粗糙程度以及温度等多种因素决定.摩擦力和正压力有关表明摩擦力和接触面的形变有关,事实上摩擦力的作用机制非常复杂,它不仅与接触面局部形变有关,而且和表面接触层内分子的

相互作用力有关，摩擦力是这些微观因素总的宏观合力.

滑动摩擦力是机械接触面损耗（结构损耗和能量损耗）的重要原因，要减弱接触面的滑动摩擦力，由式(2.2.5)可知有两种方法：一种是减小滑动摩擦因数 μ，可以在接触面涂上润滑油来避免直接接触降低摩擦损耗.这种方法广泛应用于工业机械传动装置中，在生物及人体的关节处也同样存在这种机制，生物体通过分泌关节液来减小骨头关节的摩擦损耗.另一种方法当然是减小接触面的挤压力，如果接触面不是必需刚性接触的话，可以用弹簧或滚珠作为媒介来接触.

(3) 流体的阻力

物体在流体中运动时，会受到流体的阻碍，如空气阻力.阻力的方向和物体相对于流体的速度方向相反，其大小与物体和流体之间的相对速率有关.阻力的成因比较复杂，微观上是物体与流体分子之间复杂作用力的综合结果.宏观上，在物体与流体之间相对速率 v 较小时，流体阻力 F 的大小与 v 成正比，可以表示为

$$F=-kv \tag{2.2.6}$$

式中比例系数 k 取决于物体的大小、形状以及流体的性质.当相对速率 v 继续增大时，流体阻力将与 v 的高次方相关.同样，流体的阻力是流体原子、物体接触面原子之间相互作用（主要是碰撞）的宏观表现.

1.4 力的平衡

自然界存在着各种各样不同的力，对各种力的分类和统一是物理学的基本问题之一.以上讲的力学中各种常见的宏观力本质上都可以归结为四种基本类型的力：万有引力、电磁力、弱相互作用力和强相互作用力.前两种是我们熟悉的宏观尺度里常见的力，而后两种则是和核尺度有关的力.自然界的物体有着复杂的结构并且存在无穷多个物体，物体自身的结构和物体之间的相互联系都源于这些力的存在.所以自然界中的任何物体都会受到多个力的共同作用.对于质点而言，如果一个质点受到多个力 $\boldsymbol{F}_i(i=1,2,\cdots)$ 的作用，但其运动状态却始终保持不变，也就是其运动状态等效于一个不受任何力的质点的运动状态，那我们称这个质点所受到的合力为零，表示为

$$\sum_i \boldsymbol{F}_i=0$$

上式称为质点力的平衡条件或平衡方程.力的平衡条件表明：(1) 质点状态不发生改变（静止或匀速运动）的条件是作用在质点上的合力为零；(2) 用其他力来等效某种特殊力的方法，最基本的原理是所有力的作用效果在测量上是等价的，可以用不同力来进行平衡.例如为了消除或测量某种力，如果我们无法直接消除或测量该力（如重力），我们就可以用其他与该力平衡的力（如弹力）来消除或测量不能直接测量的力，其实这种方法早已在力学中被广泛使用.(3) 给出了通过隔离物体进行受力分析和选择参考系的依据.对任何物体不仅可以等效为或分割为质点进行受力分析，而且如果在某个方向上质点状态不发生改变保持平衡，那么该方向上力的投影同样也满足力的平衡方程，而选择该方向作为空间参考系的坐标轴方向，往往会大大简化问题的计算.

2 质点动力学方程

2.1 质点的动力学

物体的运动和物体间相互作用的关系是有史以来人类不断探索的课题，人们面对新的运动现象时通常会思索是什么样的作用力促成了这样的运动过程，如何控制物体的运动让其维持设

定的运动过程，因此，在现实生活中我们会不断碰到已知运动求力的科学问题.比如如何控制火箭的发射状态和在空中的飞行姿态？如何保持轮船在流动的水中平稳航行？这便是力学的动力学问题.在许多情况下，我们可将运动的物体看成质点，从而形成了质点的动力学研究理论.牛顿运动定律是解决质点动力学问题的理论基石，下面我们将从理解力和运动的关系入手探索解决质点动力学问题的有效方法.

2.1.1 牛顿第二定律

通过以上对力的认识，我们知道质点运动状态的改变表明其受到了力的作用，反过来各种不同的力的作用都能引起物体运动状态的改变，即都可以使物体产生加速度，因此力和加速度之间似乎存在某种必然联系.大量实验结果都印证：在任何一个绝对参考系中观测质点运动状态的变化，作用在质点上的力和它所产生的加速度之间存在一个简单的正比关系

$$\boldsymbol{F}=m_{\mathrm{I}}\boldsymbol{a} \tag{2.2.7a}$$

其中 m_{I} 为比例系数，这就是牛顿第二定律的数学表达式.由于 $\boldsymbol{a}=\dfrac{\mathrm{d}\boldsymbol{v}}{\mathrm{d}t}=\dfrac{\mathrm{d}^2\boldsymbol{r}}{\mathrm{d}t^2}$，所以，式(2.2.7a)也可写成

$$\boldsymbol{F}=m\frac{\mathrm{d}^2\boldsymbol{r}}{\mathrm{d}t^2} \tag{2.2.7b}$$

式(2.2.7)给出了力和加速度之间最一般的等价关系，通常称为质点的动力学方程.

质点动力学方程式(2.2.7)是表现自然界运动规律的最为重要的方程，把由物体间相互作用所决定的力和物体的运动联系起来，认为力的作用效果就是质点运动状态的改变，质点运动状态的改变就表明了其受到了力的作用.

其次，质点动力学方程式(2.2.7)中力和加速度之间的比例系数 m_{I} 是一个只和质点本身性质有关的量，它和作用在其上的力的性质、种类、大小和方向都无关，只代表质点运动状态改变时质点本身的动力学属性.对同一种力，若其大小保持不变，作用在不同质点上产生的加速度越小，则该质点所对应的比例系数就越大，即它越不容易产生运动状态的改变，更“愿意”保持它原来的运动状态.而且对同种物质，其物质的量越大，这个比例系数也越大，所以系数 m_{I} 可称为质点的惯性质量，其意义是使质点产生单位加速度所需要力的大小.

惯性质量是质点的动力学属性，根据质点动力学方程式(2.2.7)，如果 1 单位标准力使某质点产生 1 个标准单位的加速度，则质点的惯性质量为 1 单位.因此，牛顿第二定律的真实含义是：任何力使质点产生加速度时所对应的质点惯性质量都是等价的，作用到任何质点上的某力的大小等于其产生的加速度乘以该质点的惯性质量.

下面我们来讨论力的测量和单位问题.根据对力的基本认识，力的测量可以通过力的作用效果来实现，即通过测量质点的加速度来进行.根据牛顿第二定律，任何物体都有惯性质量，所以我们首先选取 1 个单位惯性质量的标准物体(物体所包含的惯性质量的多少和参考系无关)，然后通过测量单位标准物体的加速度大小来标度力.在某个参考系下，根据牛顿第二定律，如果使单位标准物体产生 1 个单位加速度的力大小就定义为 1 个单位标准力.在国际单位制中，力的单位称为牛顿(N).那么根据以上定义，如果单位标准质量选为 1 千克(kg)，而加速度的单位为米每二次方秒($\mathrm{m\cdot s^{-2}}$)，则力的单位就是 $1\ \mathrm{N}=1\ \mathrm{kg\cdot m\cdot s^{-2}}$.

由于力被广泛使用在各种领域，所以除了国际基本单位牛顿以外，在不同领域力还使用着其

他的各种单位.首先为了使用的直观和方便,人们引入了千克力(kgf)的单位,千克力就是1千克物体在地球表面所受的重力的大小,所以1 kgf大约等于9.8 N.由于这种力的单位使用起来非常直观方便,所以曾经被广泛使用,而且现在仍然在被中国航天和欧洲空间局所使用.为了计量更大的力,在工程上比如标定螺丝、锚的最大允许受力或建筑业、工程设备中标注负载最大允许的张力及剪切力时经常使用千牛顿($1\ kN=10^3\ N$)这个单位,当然更小的单位还有毫牛(mN)、微牛(μN)等.事实上,在科学和工程领域中,力的单位还经常使用达因(dyn),其定义为:使质量为1 g的物体获得$1\ cm\cdot s^{-2}$的加速度所需要的力为1 dyn. $1\ dyn=1\ g\cdot cm\cdot s^{-2}=10^{-5}\ N$,它是厘米-克-秒单位制(centimetre-gram-second system 简称CGS单位制)中经常使用的力的单位.

2.1.2 惯性质量和引力质量的等价性

虽然我们可以利用牛顿第二定律通过测量单位惯性质量的物体的加速度作为标准进行力的度量或标定,但这并不是力与质量之间关系的唯一表述形式,根据前面对万有引力的讨论,万有引力定律本身也给出了引力质量和力之间的内在关系.根据万有引力定律

$$F(r)=G\frac{m_1m_2}{r^2}$$

其中引力常量G的值的确定同样需要通过对力的测量来标定.引力常量从测量的数量级来看是非常小的,但它却是大尺度范围内最为重要的长程力常量,所以对万有引力常量的精确测定是物理学的重要问题.18世纪英国人H. Cavendish(卡文迪什)就利用扭秤实验测量了两个球体间的万有引力,得到的引力常量G值为:$6.754\times10^{-11}\ N\cdot m^2/kg^2$.后来经过不断改进,2010年公布的$G$的最新测量推荐值为

$$G=6.673\ 84(80)\times10^{-11}\ N\cdot m^2\cdot kg^{-2}$$

其中力的单位是牛顿,引力质量的单位是千克.但根据牛顿第二定律对力的单位牛顿的标定过程来看,它使用的质量却是惯性质量,而万有引力公式中的质量则是引力质量,所以对G的标定中到底是用单位引力质量通过万有引力公式来标定力的单位牛顿还是通过单位惯性质量来标定力的单位牛顿,这就在对万有引力常量G的标定中存在一个明显的矛盾,除非惯性质量和引力质量二者没有区别.

那么牛顿第二定律中所涉及的质点的惯性质量和万有引力中所涉及的质点的引力质量都代表了物体的基本属性,都和物质的量有关,那二者到底存在什么样的关系?引力质量作为质点的固有属性是指质点吸引其他物体的能力,是万有引力的力源;而惯性质量作为质点固有属性则和质点运动状态改变相关,是表明质点运动状态改变难易程度的量,这两种质点的属性本质上似乎并不相同.但我们可以通过研究万有引力产生的加速度来考察引力质量和惯性质量的关系.在地球表面R处,由万有引力公式和牛顿第二定律可知,受地球引力作用的自由质点的动力学方程为

$$G\frac{m'_Gm_G}{R^2}=m_Ia$$

其中m_G和m_I分别代表同一质点的引力质量和惯性质量.那么质点的加速度为

$$a=\frac{Gm'_G}{R^2}\frac{m_G}{m_I}\tag{2.2.8}$$

根据式(2.2.8),在地球表面附近同一区域测量不同质点从同一位置自由落体运动的加速度a,如

果对任何质点测量值都相同，那么引力质量和惯性质量的比就是个常量，即二者互成比例，必然有 $m_G = km_I$，其中 k 为与任何质点都无关的一个物理常量.著名的伽利略落球实验在一定精度范围内证实了地球表面不同物体的自由落体加速度完全相同.因此，由式(2.2.8)，引力质量和惯性质量的比值为

$$k=\frac{m_G}{m_I}=\frac{a}{Gm'_G/R^2} \tag{2.2.9}$$

式(2.2.9)表明，适当调节引力常量 G 中单位引力质量的标准可使常量 $k=1$，从而引力质量和惯性质量相等，即 $m_G=m_I$，也就是说，惯性质量和引力质量等价.

现在已有大量不同的实验证据表明这两个量确实是一致的，即质点的引力质量和惯性质量几乎没有观测上的差别(目前实际实验上的差值小于 10^{-12} 以上)，所以以后我们将不加区分地把二者统称为质点的质量 m.国际单位制中，惯性质量和引力质量的单位统一为“千克(kg)”.

惯性质量和引力质量等价这一事实，表明了加速所对应的力(例如惯性力这种无源力，一般与参考系有关)和客观存在力源的力二者是完全等价和不可区分的，这正是广义相对性原理的基本出发点之一.在自由下落的电梯中是测量不到任何重力信息的，因为重力被某种无源力完全等效，二者没有可观测的区别.爱因斯坦正是由于发现所谓的无源力和万有引力在观测上是无法区分的事实(无源力可以等效为引力)，才想到在任何参考系中物理规律都应该是一样的或等价的，这样他又在此基础上统一处理引力使其等价于几何空间的弯曲(实际上也是一种等效)，这样物体便不再受到引力的作用，但物体运动的空间却变成了弯曲的空间，这就是爱因斯坦引力场方程所表达的意思.

2.2 质点动力学方程的差分形式及其计算

下面我们利用质点动力学方程来对给定力场下的质点的运动作一些理论的预言.首先质点动力学方程是二阶微分方程，要确定质点的状态，必须给定质点的初始状态，即初始位置和速度，才能利用质点动力学方程分析质点的动力学行为.我们先讨论最简单的一维直线运动(取 x 方向)，根据牛顿第二定律所对应的动力学方程，有

$$m\frac{\mathrm{d}^2x}{\mathrm{d}t^2}=F(x,v,t) \tag{2.2.10}$$

其中 $F(x,v,t)$ 为作用在质点上的所有力的合力.在有些问题中力函数 $F(x,v,t)$ 可能非常复杂，不仅依赖于质点的位置 x，还可能依赖于质点的速度 v 和力的作用时间 t，但无论如何我们都可以通过对动力学方程式(2.2.10)进行数值计算得到质点的运动规律.为了便于数值计算，式(2.2.10)可写为最简单的一阶差分方程：

$$\begin{cases}x_{i+1}=x_i+v_i\Delta t\\ v_{i+1}=v_i+\dfrac{F(x_i,v_i,i\Delta t)}{m}\Delta t\end{cases} \tag{2.2.11}$$

其中 Δt 为数值计算所使用的时间步长，这样时间 t 被离散化为：$t=i\Delta t$，其中 $i=0,1,2,\cdots$ 是整数.由差分形式可知，如果知道初始时刻($t=0$)的状态：位置 x_0 和速度 v_0，就可以利用上面的迭代关系算出任何时刻质点的位置和速度.只要计算的时间步长足够小，就能够给出足够精确的质点的位置和速度.显然其他维度方向如 y，z 方向的计算与 x 方向完全类同.由此可见在任何已知力作用下物体复杂的运动过程都可以在给定初始条件的情况下严格计算出来.

例 2.2

自由落体运动.

质点仅受重力,是一个不随落体位置和时间变化的常量 $F(x,v,t)=mg$,则由式(2.2.11)得到自由落体的差分方程为(采用图 2-1-7 的坐标系):

$$\begin{cases}x_{i+1}=x_i+v_i\Delta t\\ v_{i+1}=v_i+g\Delta t\end{cases}$$

初始条件:位置 $x_0=0$ 和速度 $v_0=0$,其中 g 取 9.8 m/s^2.

计算结果如图 2-2-3 所示,运动图像显示下落的距离和速度之间有二次方的关系.图中分立的值所代表的是不同步长下的计算值,动力学方程给定的理论值为黑色实线.其中"三角形 Δ"代表点的数值所用的时间步长为 2 s,"十字形+"代表点的数值所用的时间步长小于 2 s.从图中可以看出,随着时间步长的逐步减小,数值计算结果可以无限逼近理论值.

当然对质点动力学方程的数值计算还有其他技巧,这就形成了数值计算的不同算法,比如分子动力学的计算中根据算法的精度,算法的收敛性以及算法的有效性等发展出不同的数值计算方法,如蛙跳法等,比式(2.2.11)直观给出的算法会更好.总之,如果给出初始条件,采用适当的算法进行迭代,总能计算出质点的运动轨迹,并且通过改进算法和步长,总能够达到我们想要的精度.

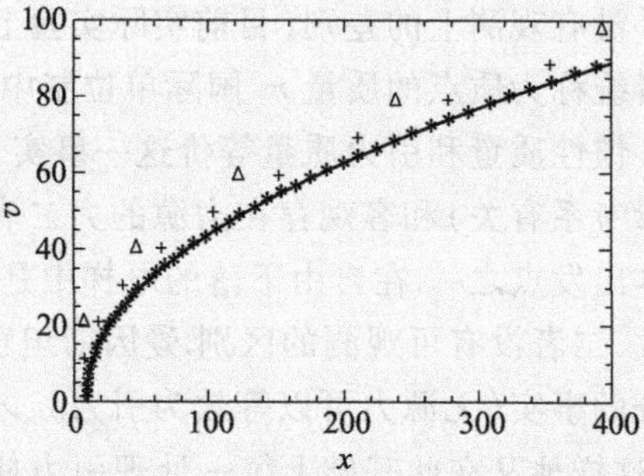

图 2-2-3 自由落体的速度和位置

2.3 牛顿运动定律的应用

牛顿第二定律描述了质点机械运动的基本规律,在实践中有着广泛的应用,但它却有使用的条件和范围,首先牛顿方程只适用于宏观低速运动的物体(即宏观物体运动速度远小于光速的情形).其次从牛顿定律建立的背景来看,牛顿方程只有在绝对参考系下才严格成立.然而,在实际的参考系中应用牛顿定律必须经过一定的修正,需要引入一定的**无源力**(传统教材中被称为**惯性力**)来消除实际参考系和绝对参考系的差别,才可以保持在实际参考系中牛顿方程的形式不变.

运用牛顿运动定律解决质点动力学问题一般有两类,一类是已知质点受力情况分析其运动规律;另一类是已知质点运动规律求解质点所受的力.无论哪类情形,分析方法都相同,基本思路可用以下几个词语概括:"隔离物体"、"分析受力"和"列方程".在实际解决物理问题的过程中,应先将可以视为质点的物体隔离出来,分析其受力情况,然后运用牛顿定律列出动力学方程求解.值得注意的是,牛顿第二定律给出的是质点加速度和力之间的矢量关系,因此,还需对研究对象的运动状态作初步分析以建立合适的坐标系辅助求解矢量形式的动力学方程.数学工具在牛顿力学中的应用丰富了解决力学问题的手段,学会正确运用矢量正交分解法处理质点动力学问题,可为运用数学工具描述复杂物理现象打好方法基础.

例 2.3

如图 2-2-4 所示,物体 A,B 的质量分别为 m_A 和 m_B.物体 A 放在水平桌面上,它与桌面间的动摩擦因数为 μ.物体 B 与物体 A 用轻质细绳并跨过一定滑轮相连,桌子固定在一吊车内.试求下列两种情况下绳内张力.(不计绳和滑轮的质量及轴承摩擦,绳不可伸长.)

(1) 吊车以加速度 $\boldsymbol{a}_0$ 的加速度竖直向上运动；

(2) 吊车以加速度 $\boldsymbol{a}_0$ 的加速度水平向左运动.

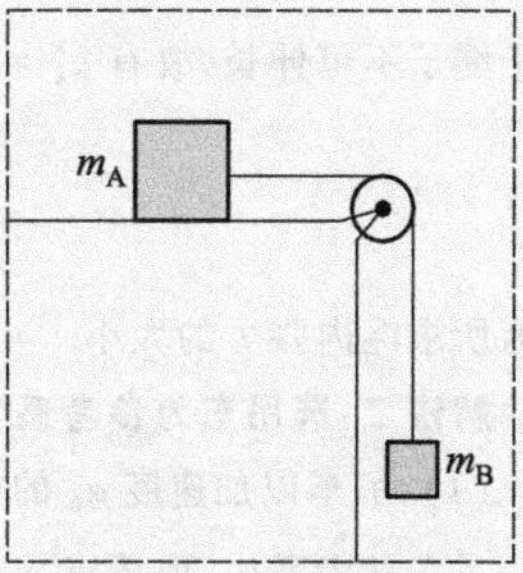

图 2-2-4 例 2.3 图

解法一：选地球为参考系.

(1) 吊车以加速度 $\boldsymbol{a}_0$ 的加速度竖直向上运动.

取质点 m_A 和 m_B 为隔离体，受力分析如图 2-2-5(a)所示.设两质点相对于地球加速度分别为 $\boldsymbol{a}_A$ 和 $\boldsymbol{a}_B$，相对于吊车加速度分别为 $\boldsymbol{a}'_A$ 和 $\boldsymbol{a}'_B$.根据加速度变换关系有 $\boldsymbol{a}_A=\boldsymbol{a}'_A+\boldsymbol{a}_0$，$\boldsymbol{a}_B=\boldsymbol{a}'_B+\boldsymbol{a}_0$.根据牛顿第二定律，有

$$\begin{cases}\boldsymbol{F}_{TA}+m_A\boldsymbol{g}+\boldsymbol{F}_N+\boldsymbol{F}_f=m_A\boldsymbol{a}_A\\ \boldsymbol{F}_{TB}+m_B\boldsymbol{g}=m_B\boldsymbol{a}_B\end{cases}$$

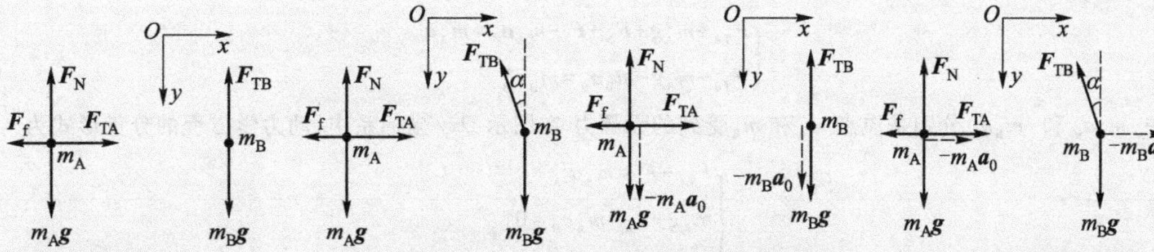

(a) 解法一情况(1)用图　(b) 解法一情况(2)用图　(c) 解法二情况(1)用图　(d) 解法二情况(2)用图

图 2-2-5 例 2.3 物体受力分析图

建立图示坐标系 Oxy，有 $a_{Ax}=a'_{Ax}$，$a_{Ay}=-a_0$，$a_{Bx}=a'_{Bx}$，$a_{By}=a'_{By}-a_0$.动力学方程的分量形式为

$$\begin{cases}F_{TA}-F_f=m_Aa_{Ax}=m_Aa'_{Ax}\\ m_Ag-F_N=m_Aa_{Ay}=-m_Aa_0\\ m_Bg-F_{TB}=m_Ba_{By}=m_B(a'_{By}-a_0)\end{cases}$$

由于绳子不可伸长，故有 $a'_{Ax}=a'_{By}$，$F_{TA}=F_{TB}=F_T$ 及 $F_f=\mu F_N$.联立求解，得

$$F_T=\frac{m_Am_B}{m_A+m_B}(\mu+1)(g+a_0)$$

即为所求绳内拉力大小.

(2) 吊车以加速度 $\boldsymbol{a}_0$ 的加速度水平向左运动.

地球参考系内，取质点 m_A 和 m_B 为隔离体，受力分析如图 2-2-5(b)所示.仍设两质点相对于地球加速度分别为 $\boldsymbol{a}_A$ 和 $\boldsymbol{a}_B$，相对于吊车加速度分别为 $\boldsymbol{a}'_A$ 和 $\boldsymbol{a}'_B$.根据加速度变换关系有 $\boldsymbol{a}_A=\boldsymbol{a}'_A+\boldsymbol{a}_0$，$\boldsymbol{a}_B=\boldsymbol{a}'_B+\boldsymbol{a}_0$.根据牛顿第二定律，有

$$\begin{cases}\boldsymbol{F}_{TA}+m_A\boldsymbol{g}+\boldsymbol{F}_N+\boldsymbol{F}_f=m_A\boldsymbol{a}_A\\ \boldsymbol{F}_{TB}+m_B\boldsymbol{g}=m_B\boldsymbol{a}_B\end{cases}$$

式中 $\boldsymbol{F}_{TB}$ 方向与竖直方向夹角为 α.建立图示坐标系 Oxy，有

$$a_{Ax}=a'_{Ax}-a_0,\quad a_{Ay}=a'_{Ay}=0,\quad a_{Bx}=a'_{Bx}-a_0,\quad a_{By}=a'_{By}$$

动力学方程的分量形式为

$$\begin{cases}F_{TA}-F_f=m_Aa_{Ax}=m_A(a'_{Ax}-a_0)\\ m_Ag-F_N=m_Aa_{Ay}=0\\ m_Bg-F_{TB}\cos\alpha=m_Ba_{By}=m_Ba'_{By}\\ -F_{TB}\sin\alpha=m_Ba_{Bx}=m_B(a'_{Bx}-a_0)\end{cases}$$

由于绳子不可伸长，故有 $a'_{Ax}=\sqrt{a'^2_{Bx}+a'^2_{By}}$，$\tan\alpha=\dfrac{a'_{Bx}}{a'_{By}}=\dfrac{a_0}{g}$，$F_{TA}=F_{TB}=F'_T$ 及摩擦力 $F_f=\mu F_N$.联立求解得

$$F'_T=\frac{m_Am_B}{m_A+m_B}(\mu g-a_0+\sqrt{g^2+a_0^2})$$

即为所求绳内张力的大小.

解法二：选吊车为参考系.

(1) 吊车以加速度 $\boldsymbol{a}_0$ 的加速度竖直向上运动.

吊车参考系内，取质点 m_A 和 m_B 为隔离体，受力分析如图 2-2-5(c)所示.两质点相对于吊车加速度分别为 $\boldsymbol{a}'_A$ 和 $\boldsymbol{a}'_B$.由于吊车参考系有向上的加速度 $\boldsymbol{a}_0$，那么在吊车参考系里看到两质点会额外产生向下的加速度，这个加速度对应的力就是吊车系的无源力(虚线箭头表示)，引入无源力后质点动力学方程为

$$\begin{cases}\boldsymbol{F}_{TA}+m_A\boldsymbol{g}+\boldsymbol{F}_N+\boldsymbol{F}_f-m_A\boldsymbol{a}_0=m_A\boldsymbol{a}'_A\\ \boldsymbol{F}_{TB}+m_B\boldsymbol{g}-m_B\boldsymbol{a}_0=m_B\boldsymbol{a}'_B\end{cases}$$

式中 $-m_A\boldsymbol{a}_0$ 和 $-m_B\boldsymbol{a}_0$ 分别是质点 m_A 和 m_B 受到的无源力.在图示 Oxy 坐标系中，动力学方程的分量形式为

$$\begin{cases}F_{TA}-F_f=m_Aa'_{Ax}\\ m_Ag-F_N+m_Aa_0=0\\ -F_{TB}+m_Bg+m_Ba_0=m_Ba'_{By}\end{cases}$$

由于绳子不可伸长，故有 $a'_{Ax}=a'_{By}$，$F_{TA}=F_{TB}=F_T$ 及摩擦力 $F_f=\mu F_N$.联立求解得

$$F_T=\frac{m_Am_B}{m_A+m_B}(\mu+1)(g+a_0)$$

即为所求绳内拉力大小.

(2) 吊车以加速度 $\boldsymbol{a}_0$ 的加速度水平向左运动.

在吊车参考系内，取质点 m_A 和 m_B 为隔离体，受力分析如图 2-2-5(d)所示.两质点相对于吊车加速度分别为 $\boldsymbol{a}'_A$ 和 $\boldsymbol{a}'_B$.同样考虑吊车系的无源力后的质点动力学方程为

$$\begin{cases}\boldsymbol{F}_{TA}+m_A\boldsymbol{g}+\boldsymbol{F}_N+\boldsymbol{F}_f-m_A\boldsymbol{a}_0=m_A\boldsymbol{a}'_A\\ \boldsymbol{F}_{TB}+m_B\boldsymbol{g}-m_B\boldsymbol{a}_0=m_B\boldsymbol{a}'_B\end{cases}$$

式中 $-m_A\boldsymbol{a}_0$ 和 $-m_B\boldsymbol{a}_0$ 分别是质点 m_A 和 m_B 受到的无源力.在图示 Oxy 坐标系中，动力学方程的分量形式为

$$\begin{cases}F_{TA}-F_f+m_Aa_0=m_Aa'_{Ax}\\ m_Ag-F_N=0\\ -F_{TB}\sin\alpha+m_Ba_0=m_Ba'_{Bx}\\ -F_{TB}\cos\alpha+m_Bg=m_Ba'_{By}\end{cases}$$

由于绳子不可伸长，故有 $a'_{Ax}=\sqrt{a'^2_{Bx}+a'^2_{By}}$，$\tan\alpha=\dfrac{a'_{Bx}}{a'_{By}}=\dfrac{a_0}{g}$，$F_{TA}=F_{TB}=F'_T$ 及摩擦力 $F_f=\mu F_N$.联立求解得

$$F'_T=\frac{m_Am_B}{m_A+m_B}(\mu g-a_0+\sqrt{g^2+a_0^2})$$

即为所求绳内张力的大小.

比较例 2-3 的两种解法，我们发现在解决质点动力学问题的过程中，参考系的选择不同，质点的受力分析就会不同.由于吊车参考系并非绝对参考系，那么在该系中研究质点动力学问题时，必须考虑相应的无源力.若某一观测参考系是一个相对于绝对参考系作加速直线运动的参考

系，该观测参考系无源力的表达式就为$-m\boldsymbol{a}_0$，式中 m 为质点质量，$\boldsymbol{a}_0$ 为观测参考系相对于绝对参考系的加速度，负号表示无源力的方向与 $\boldsymbol{a}_0$ 相反.对本题而言无源力的产生来自于观测参考系的本身的加速运动.无论选择哪种观测参考系研究质点动力学问题，要保持牛顿动力学方程的形式相同，必须考虑所选择的参考系中的无源力，因为只有在绝对参考系中，才不存在无源力.但事实上，在自然界并不存在真正的绝对参考系，若在某参考系研究质点动力学问题时发现无源力对质点的动力学影响比有源力要小得多，那么可以将此参考系近似当成绝对参考系处理.对处理日常生活中的大多数力学现象而言，地球可看成是精度较高的绝对参考系，因此，在地球上分析力学问题时通常不考虑无源力的作用.但是，若要在地球实验室中进行高精度的力学测量，地球参考系无源力的影响将不能忽略.例如，由于地球自转影响会使相对于地球运动的质点受到一种无源的力：科里奥利力的作用，进而在地球上形成许多重要的物理现象，如傅科摆、落体偏东以及北半球右侧铁轨磨损较严重等.

3 动量和冲量

3.1 动量

为了讨论方便，我们以后的讨论默认都在绝对参考系中进行.有了质点的动力学方程，下面来看和运动相关的一些其他的重要物理概念.我们知道具有一定质量的物体以某一速度运动时，就具有一定的运动能力，这种运动能力可以使其推动其他物体沿其运动方向一起运动，也可以使其沿斜面爬到一定高度才能停止；气体内自由分子具有运动能力，分子不断撞击容器器壁，从而产生气体宏观的压强.由此这种沿某方向的运动能力是物体的一个重要的性质，描述物体运动能力的量称为动量，定义为质点的质量和其速度的乘积，即

$$\boldsymbol{p}=m\boldsymbol{v} \tag{2.2.12}$$

显然动量是一个矢量，与速度方向相同，并且质量越大，速度越大，动量越大，它的单位是：千克·米/秒（$\mathrm{kg\cdot m\cdot s^{-1}}$）.

3.2 动量定理

根据牛顿第二定律，质点 m 受力的作用，在 Δt 时间内，平均作用力

$$\overline{\boldsymbol{F}}=m\overline{\boldsymbol{a}}=m\frac{\Delta\boldsymbol{v}}{\Delta t}=\frac{\Delta\boldsymbol{p}}{\Delta t}$$

即

$$\Delta\boldsymbol{p}=m\Delta\boldsymbol{v}=\overline{\boldsymbol{F}}\Delta t$$

可见动量的改变是作用于质点上力的时间积累效果，这段时间内平均力 $\overline{\boldsymbol{F}}$ 和时间 Δt 的乘积定义为力的平均冲量 $\Delta\boldsymbol{I}$.上式表明质点所受到的力的冲量等于质点动量的变化，此即为质点的动量定理.如果力作用的时间间隔越来越短 $\Delta t\to\mathrm{d}t$，则动量定理的微分形式为

$$\boldsymbol{F}(t)\,\mathrm{d}t=\mathrm{d}\boldsymbol{p}$$

则瞬时合力 $\boldsymbol{F}(t)$ 在一段时间内的冲量为

$$\boldsymbol{I}=\int_0^t\boldsymbol{F}(t)\,\mathrm{d}t=\int_{\boldsymbol{p}_0}^{\boldsymbol{p}}\mathrm{d}\boldsymbol{p}=\boldsymbol{p}-\boldsymbol{p}_0 \tag{2.2.13}$$

式中 $\boldsymbol{p}_0$ 和 $\boldsymbol{p}$ 分别表示质点的初动量和末动量.上式表明：在一段时间内，质点动量的变化量等于这段时间内作用在质点上的合外力的冲量.

动量定理所揭示的规律可以用来制造力缓冲器.如果一个物体速度很大,当它撞击其他物体时,在很短的时间内动量迅速减小为零,碰撞期间所产生的力,会对被撞的物体产生破坏,如何降低这种破坏？由动量定理可知,要使碰撞力减小,必须延长碰撞作用的时间,让它们慢慢作用,产生的破坏力就会减弱.在很多机械系统中,都采用弹簧、橡胶垫或气囊等代替机械的刚性接触,延长作用时间,以减弱接触点的碰撞力,达到缓冲保护的作用.在生活中,我们可以根据动量定理来判断很多物体之间的作用力的大小,比如可以根据物体达到某一速度所用时间的长短来估算驱动物体力的大小.

4 能量

能量是人们在认识自然和利用自然的过程中逐步形成的物理学中非常重要的物理概念之一.任何形式和状态的物质都具有能量,人们可通过外部作用改变一个系统的能量状态和分布.然而,某一体系能量的数值又是相对的,且在孤立系统中,能量总量将保持不变.随着时代的发展,人们对能量及其利用不断形成新的认识,开发新能源和提高能量利用效率将是人类发展永恒的主题之一.物体在保守力场中作机械运动时可具有与运动相关的能量(**动能**)和与相对位置相关的能量(**势能**).下面,我们将通过质点来逐步认识这两种能量并探索其变化或转化的规律.

4.1 质点动能

运动的物体都具有能量.运动的水流会推动电机的叶轮发电,运动的空气可以推动物体移动(风能),高温气体膨胀做功的热能也是大量气体分子的动能集体改变时释放的能量.可见运动的质点的确具有能量,此种能量就称为质点的动能.那么对质量为 m 的单个质点,如果以速度 v 运动,其动能为

$$E_k=\frac{1}{2}mv^2 \tag{2.2.14}$$

显然动能是一个标量,与速度的平方成正比.速度一定的质点,其质量越大动能也会越大.动能是能量的一种常见形式.

4.2 功

根据动能公式式(2.2.14),质点动能的改变必然伴随着速度大小的改变,当然速度大小的改变是受外力作用的结果.但是反过来,力作用在质点上,却不一定都能改变质点的动能,如图 2-2-6 所示,用细绳拴住一个物体在水平方向上转动,绳子的拉力 $\boldsymbol{F}$ 作用在物体上,虽然物体的动量在不断改变,但物体旋转的速率却可以一直保持不变,动能没有发生变化.那么力究竟以何种方式和条件作用于质点时才可以改变质点的动能呢？

假设在一个微小的时间间隔 $\mathrm{d}t$ 内,质点受到力 $\boldsymbol{F}$ 的持续作用,动能的改变量可以由牛顿第二定律给出.如图 2-2-7 所示,在质点的运动轨迹上任一点 P 处,有

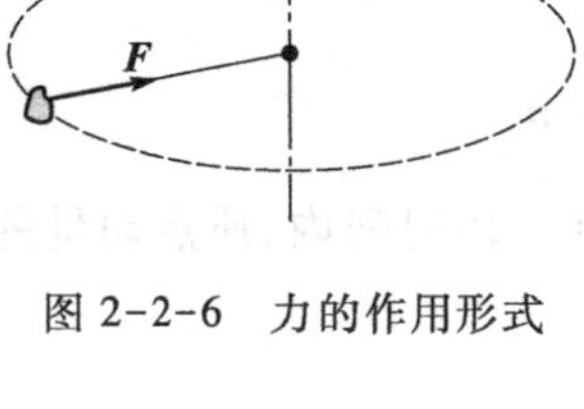

图 2-2-6 力的作用形式

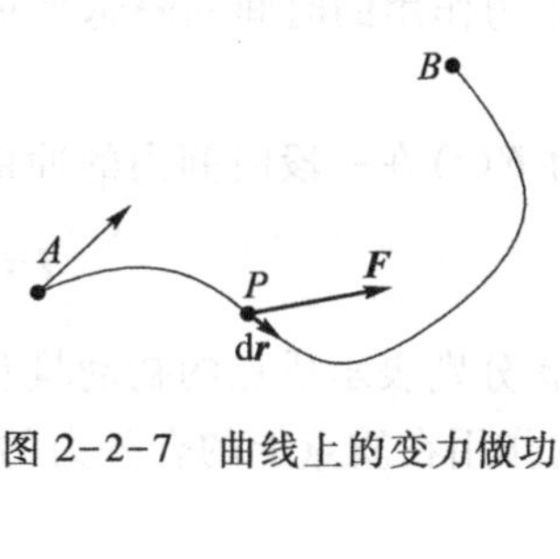

图 2-2-7 曲线上的变力做功

$$F=m\frac{\mathrm{d}\boldsymbol{v}}{\mathrm{d}t}=m\frac{\mathrm{d}\boldsymbol{v}}{\mathrm{d}\boldsymbol{r}}\cdot\frac{\mathrm{d}\boldsymbol{r}}{\mathrm{d}t}$$

即

$$F=m\frac{\mathrm{d}\boldsymbol{v}}{\mathrm{d}\boldsymbol{r}}\cdot\boldsymbol{v}=m\boldsymbol{v}\cdot\frac{\mathrm{d}\boldsymbol{v}}{\mathrm{d}\boldsymbol{r}}$$

整理得到

$$\boldsymbol{F}\cdot\mathrm{d}\boldsymbol{r}=m\boldsymbol{v}\cdot\mathrm{d}\boldsymbol{v}=\mathrm{d}\left(\frac{1}{2}m\boldsymbol{v}^2\right)\tag{2.2.15}$$

式(2.2.15)右边刚好是质点动能的微分,表示质点动能的无穷小变化量,而从式(2.2.15)左边可以看到质点动能的变化等于力和受力作用后质点位移 $\mathrm{d}\boldsymbol{r}$ 的矢量标积给出的,我们把力的这种作用称为功.也就是说式(2.2.15)左边表示力 $\boldsymbol{F}$ 在无穷小位移 $\mathrm{d}\boldsymbol{r}$ 上所做的功,定义为力的元功,用 $\mathrm{d}A$ 表示,有

$$\mathrm{d}A=\boldsymbol{F}\cdot\mathrm{d}\boldsymbol{r}=F\mathrm{d}r\cos\theta$$

其中 θ 为力方向和位移方向的夹角.可见功是力作用于物体后力在其方向上空间移动的积累效应,它是一个过程量,单位自然为牛顿米(N · m),国际上把 1 N · m 定义为 1 焦耳(J).根据功的概念,我们就可以理解图 2-2-7 中的力虽然作用在质点上,改变质点的速度,却不改变质点动能的原因了,因为此时力和位移的方向始终垂直,这样 $\mathrm{d}A=F\mathrm{d}r\cos\frac{\pi}{2}=0$.

所以在图 2-2-7 中,质点从 A 到 B 的过程中力所做的总功应为力在曲线上每一处微小位移上所做元功的和,即

$$A=\int\mathrm{d}A=\int_A^B\boldsymbol{F}(\boldsymbol{r})\cdot\mathrm{d}\boldsymbol{r}=\Delta E_\mathrm{k}\equiv E_\mathrm{k}(B)-E_\mathrm{k}(A)\tag{2.2.16}$$

这就是质点的**动能定理**:在运动过程中质点动能的增量等于作用在质点上的合外力所做的功.

动能和功是两个完全不同的物理概念.质点的运动状态一旦确定,动能就唯一地确定,动能是状态的函数,是反映质点状态的物理量.质点在一段路径上运动时力对质点所做的功是由许多元位移上力的元功累积得到的,与力做功的过程息息相关,因而是过程的函数,记录了力对质点作用效果随时间的细微变化."过程"意味着"状态的变化",因此式(2.2.15)反映了质点动能变化的内因.

由于力能做功,人类发明各种工具和机器,目的就是用来做功.机器做功的效率用功率的概念来度量,即单位时间所做的功.若作用在质点上的力 $\boldsymbol{F}$ 在 $\mathrm{d}t$ 时间间隔内做功为 $\mathrm{d}A$,则瞬时功率可定义为

$$P=\frac{\mathrm{d}A}{\mathrm{d}t}=\frac{\boldsymbol{F}\cdot\mathrm{d}\boldsymbol{r}}{\mathrm{d}t}=\boldsymbol{F}\cdot\boldsymbol{v}\tag{2.2.17}$$

即力的功率等于力和质点速度的标积.功率的国际单位为瓦特(W),1 W 等于 1 $\mathrm{J\cdot s^{-1}}$.

人类使用的各种机器都会产生不同的力对外做功,为了表明机器做功能力的大小,我们引入机器功率的概念.功率是反映力做功快慢的物理量,可用来表征某种工具做功能力的强弱.例如汽车发动机的功率,是衡量汽车性能最重要的指标.描述汽车的最大功率在工程技术中早先普遍采用马力(PS)这一单位,现在则采用千瓦(kW),它和国际单位的关系是:1 PS = 75 $\mathrm{kgf\cdot m\cdot s^{-1}}$ = 735 W 或者反过来 1 kW = 1.36 PS.

下面我们用功率概念来简单分析一下汽车的运动.根据功率公式式(2.2.17),在功率一定时,$\boldsymbol{v}$ 大则 $\boldsymbol{F}$ 小,反之,$\boldsymbol{v}$ 小则 $\boldsymbol{F}$ 大.对汽车而言,汽车启动时速度低,气缸以一定功率工作时,汽车发动机可产生较大的牵引力,所以汽车可获得较大的加速度;随着速度的增加,汽车受到牵引力会减小,其加速度也会相应减小;当汽车的牵引力和汽车受到的阻力平衡时,汽车会达到它最大的行驶速度.因此,汽车的最大行驶速度不仅与汽车发动机的最大输出功率有关,还与汽车在行驶过程中所受到的阻力有关.

4.3 保守力场中的势能

山坡上的石头从山坡上滚下来时会产生很大的动能,而且石头相对地面越高它滚下来所释放的能量也就越大,可见物体之间(石头和地球)会由于空间相对位置(相对于地面)而存储能量,我们把这种能量称为势能.势能可以通过物体之间相对位置的变化发生改变,势能的改变同样是质点之间力做功引起的,势能也是能量的常见形式,它不同于动能,是有相互作用的物体之间由于相对位置关系而具有的能量,是一种互能,互能由于只是相对位置变化引起的能量,所以势能只有相对的意义,即势能的差值才具有现实的物理意义.下面具体考察以下几种常见力所产生的势能.

4.3.1 万有引力势能

两个通过万有引力相互作用的物体 m_1 和 m_2 之间由于位置发生改变可释放出能量,转变为物体的动能,此即为物体的万有引力势能,放出的势能的多少与万有引力的做功有关.在极坐标系中,万有引力只有径向分量,因此万有引力的元功可表示为

$$\mathrm{d}A=\boldsymbol{F}(\boldsymbol{r})\cdot \mathrm{d}\boldsymbol{r}=F_r\cdot \mathrm{d}r$$

如图 2-2-8 所示,若质点 m_2 在 m_1 的万有引力作用下从 $\boldsymbol{r}_1$ 处沿曲线 C 改变到 $\boldsymbol{r}_2$,则这个过程中引力所做功为

$$A=\int_{r_1}^{r_2}F_r\mathrm{d}r=-\int_{r_1}^{r_2}\frac{Gm_1m_2}{r^2}\mathrm{d}r=Gm_1m_2\left(\frac{1}{r_2}-\frac{1}{r_1}\right)$$

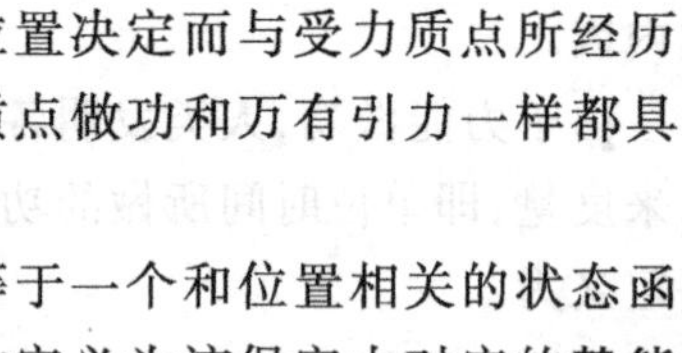

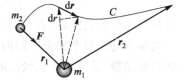

图 2-2-8 引力势能的计算

如果我们重新选择另外一条路径,只要初末位置不变,由上面计算得到的万有引力的功却是相同的,可见万有引力做功和路径无关,只和初末位置有关.基于万有引力做功的特征,我们可给出保守力的概念.若力所做的功只由受力质点的初末位置决定而与受力质点所经历的路径无关,这种力称为**保守力**.重力、弹簧弹性力和静电力等对质点做功和万有引力一样都具有相同的特点,因此,都是保守力.

从保守力做功的特征我们可以看出,其在一定路径上的功等于一个和位置相关的状态函数在质点运动路径初末位置处函数值的变化.我们把这个状态函数定义为该保守力对应的**势能**函数.保守力对质点做正功将会引起势能损耗,从而保守力在一定路径上对质点所做的功等于初末位置对应势能 E_p 的减少量,即

$$A_{保}=-(E_p-E_{p0}) \tag{2.2.18}$$

由此可见利用保守力做功和势能变化的关系我们给出了势能的定义,然而,若要知道保守力场中某位置的势能函数的大小,却需要事先人为规定一个势能等于零的参考点,即势能零点.若以零势能点为计算保守力做功的起始位置,则 $E_{p0}=0$,那么,保守力场中势能零点以外的其他位置的势能值即为

$$E_p = -A_{保}$$

也就是说势能函数在一定位置上的数值等于从势能零点到此位置保守力做功的负值.

若取无穷远处为引力势能零点,则 $\boldsymbol{r}$ 处的引力势能可以定义为

$$E_p = -Gm_1m_2\int_{\infty}^{r}\frac{1}{r^2}\mathrm{d}r = -Gm_1m_2\left(\frac{1}{r}-\frac{1}{\infty}\right) = -\frac{Gm_1m_2}{r} \tag{2.2.19}$$

此式表明,万有引力势能只是位置的函数.

在地表附近,物体受到地球的万有引力会产生重力,重力大小为 mg,方向竖直向下.由于地表质点高度的变化比起地球半径 R 非常小,可认为重力为常量.若取水平地面上一点为势能零点,则重力势能可写成 $E_p=mgh$,式中 h 为质点相对于势能零点的高度.可见重力场中质点重力势能只和质点相对于地面的高度有关.对处在重力场中的单摆而言,若取其摆动最低处为势能零点,则单摆重力势能函数可写为 $E_p=mgl(1-\cos\theta)$,式中 θ 为单摆的摆角,l 为摆长.

4.3.2 弹性势能

钟表内的弹簧丝,古代兵器弓箭、投石机等表明形变的物体在恢复形变的过程中也可以释放能量,释放的能量来源于物体各部分之间相对位置改变所储存的势能,与物体的弹性形变相关,称为弹性势能.在弹性势能中最为常见的就是弹簧形变所具有的势能.

取平衡位置为零势能点,弹簧形变所具有的势能为

$$E_p(x) = -\int_{x_0}^{x}[-k(x-x_0)]\mathrm{d}x = \frac{1}{2}k(x-x_0)^2$$

式中 x_0 为平衡位置在坐标系中的位置坐标,若取平衡位置为坐标原点,则有 $x_0=0$,故弹性势能为

$$E_p(x) = -\int_{0}^{x}(-kx)\mathrm{d}x = \frac{1}{2}kx^2 \tag{2.2.20}$$

弹性势能也只是位置的函数.

4.3.3 保守力和非保守力

以上的计算似乎表明一切有相互作用的两个物体之间都存在势能.下面来看物体之间存在摩擦力时的做功情况.如图 2-2-9,物体从 A 点到 B 点滑动时,受到摩擦力的作用,计算摩擦力做功会发现,沿三条路径摩擦力做功多少不同,可见 B 位置相对于 A 位置的能量变化不是一个单一的值,即是不确定的.显然摩擦力做功不能只由 A 和 B 的位置决定,还与从 A 到 B 所经过的路径有关,可见摩擦力是不能引入所对应的势能的.因此,摩擦力是非保守力.

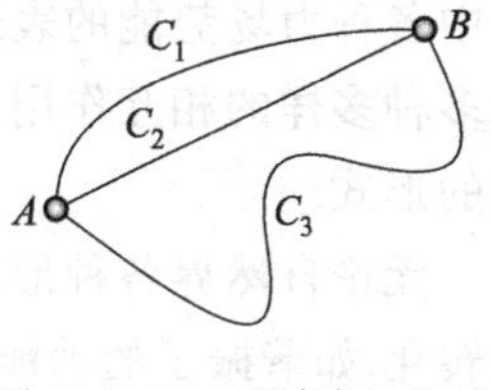

图 2-2-9 不同路径的功

由于保守力做功的多少只与始末位置有关,而与路径无关,因此其沿任意闭合回路做功为零,即

$$A = \oint \boldsymbol{F}(\boldsymbol{r})\cdot\mathrm{d}\boldsymbol{r} = 0$$

保守力与势能具有一一对应关系,不同的保守力场中的势能不同.保守力和其对应势能的变化密切相关,在保守力场中,恒有

$$\boldsymbol{F} = -\nabla E_p(\boldsymbol{r}) \tag{2.2.21}$$

这里∇是一种运算符号,称为梯度算符,在直角坐标系中$\nabla=\frac{\partial}{\partial x}\boldsymbol{i}+\frac{\partial}{\partial y}\boldsymbol{j}+\frac{\partial}{\partial z}\boldsymbol{k}$.可见势能 $E_p(\boldsymbol{r})$ 在空间

的梯度决定了其对应的保守力在空间的分布，保守力存在的空间称为该保守力的力场.在三维直角坐标系中，保守力在各坐标轴上的分量为

$$F_x=-\frac{\partial}{\partial x}E_p(x,y,z),\quad F_y=-\frac{\partial}{\partial y}E_p(x,y,z),\quad F_z=-\frac{\partial}{\partial z}E_p(x,y,z)$$

4.4 功能转化及守恒

4.4.1 机械能及其守恒

对于单个质点而言，其所具有的能量形式只有动能和处于力场中的势能.质点的动能和势能的总和称为质点的**机械能**.机械能是自然界中最为重要的一种能量，在其他各种复杂形式的能量中都包含有机械能的成分或者其他各种能量都是机械能在不同物质结构层次中的不同表现.例如气体的热能，在分子层次表现为气体分子的无规则运动的动能，此时所有分子的动能和分子间的势能(机械能)在热学中则称为内能.如图 2-2-10 所示的物体的运动是一种我们经常见到的运动.一个物体在高低起伏的曲面上自由运动，我们会发现物体在坡顶上的速度最小，动能也最小，但是它具有较大的重力势能，它沿坡下落时重力势能会减小，但动能会增加，然后随着位置的上升，势能增加，动能又会减少，整个过程中物体的动能和势能在相互转化.我们知道，质点的动能和势能的改变都是力做功的结果，可见动能和势能之间是可以通过力做功相互转化，所以力做功是能量相互转化的途径.而图 2-2-10 中动能和势能之间的转换是通过重力做功实现的.

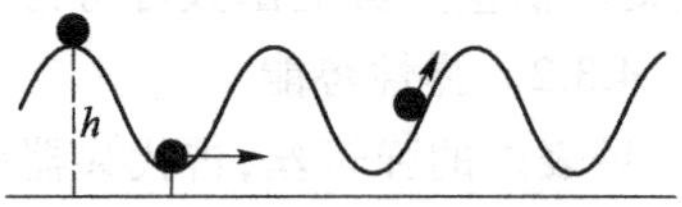

图 2-2-10 质点在起伏曲面上的运动

4.4.2 功能转化和能量守恒

根据以上的讨论我们发现质点在一定力场中具有动能和势能，而且在保守力势场中质点的机械能总是守恒的，动能和势能可以通过力做功而相互转换，但总量保持不变.然而物体除了动能和势能两种形式的能量之外，自然界不同层次体系的能量具有多种多样的表现形式.例如物体具有热能、化学能、生物能、电磁能、原子能等，这些能量都是可以在一定条件下相互转化.无论物体能量的表现形式多么复杂多样，它们都是组成物体微观粒子的动能和势能在不同物质存在形态中的具体表现.质点机械能是动能和势能的和，气体热能是分子动能的表现，分子化学能是分子中各种力场势能的表现，电磁能是电磁力势能的表现等，总之由于构成物体的微观粒子间存在的多种多样的相互作用，自然界能量具体的表现形式在不同的环境中会表现出多种多样丰富多彩的形式.

无论自然界各种形式的能量如何复杂，它们之间总可以通过它们所对应的力做功来实现相互转化.如谐振子的动能和势能的转换是通过弹性力做功来实现的，单摆动能和势能转化是通过重力做功实现的，地球表面弹簧振子的动能和势能是通过重力和弹力相互作用来实现相互转化的，弹力和重力都是保守力，所以它们的总机械能都是守恒的.在阻尼振动系统中，由于阻尼力作用，振子机械能会不断减小，但由于力作用的相互性，阻尼力又是微观分子保守力的宏观结果.从微观的角度看，阻尼振子所消耗的机械能，通过微观分子保守力的功能转换变为大量微观分子的动能或势能(内能)，能量在更微观的角度上依然保持守恒.虽然自然界的能量形式多样，但在这些不同形式的能量在转化过程中都会服从功能转化原理，总的能量均会保持不变.总之根据功能转化原理，在各种形式能量的转化过程中，能量只能由功能原理从一种形式转化到另一种形式，

参与作用的系统总体的能量值必将保持不变.这是自然界所发现的最基本的规律之一,其守恒性在各种体系中会以不同的形式表现出来.总之能量的守恒定律可以表述为:体系能量只能从一种形式转变到另一种形式,能量的总和保持不变.由于能量的守恒性,使得能量的概念成为人类认识自然界最为重要的概念.

最后我们需要强调的是能量守恒的前提是相对于绝对参考系而言的,在绝对坐标系中,一个封闭的系统内如果不涉及任何非保守力的存在,则系统能量守恒.但对于一个开放的系统或者存在无法找到力源的无源力的封闭系统,系统总的能量将不再守恒,关于这一点我们将在 2.4 节中进行进一步的讨论.

5 机械振动

现在我们具体讨论一种特殊但重要的机械运动:振动.物体在某一空间位置附近的往复运动称为机械振动.振动是自然界中最广泛的物理现象之一,如树叶在微风中的摆动、琴弦的振动、汽车在行驶中的颠簸、声音在空气中传播时空气的振动等.振动在介质中的传播会形成机械波,认识振动的规律是研究波现象的基础.而振动的规律并不仅仅限制在机械运动范围.事实上,振动是构成丰富的物质世界各种现象的基础.在交流电路中,电流和电压围绕着一定数值往复变化,也是一种振动.广义地说,一个物理量在某一数值附近作周期性的变化,称为该物理量的振动.虽然不同物质层次对应的物理量的振动变化机制并不相同,但对它们的描述有着许多共同之处,因此,掌握机械振动的物理规律对以后学习声波、光波和电磁波甚至物质波等的产生和传播等都具有重要的意义.

5.1 简谐振动

机械振动的形式多种多样,情况大多比较复杂.简谐振动是最简单最基本的振动,是忽略振动系统中各种阻力作用后的理想模型.理想弹簧振子和单摆是简谐振动的典型实例.

5.1.1 简谐振动的描述

下面我们将以弹簧振子为例,从动力学和运动学两个角度分析简谐振动的特征.如图 2-2-11 所示,将水平放置在支撑面上的轻弹簧左端固定,右端与质量为 m 的小球相连.忽略运动过程中支撑面的摩擦力作用和空气阻力,则弹簧和小球构成弹簧振子系统.将小球看成质点,取弹簧自由伸长时小球的位置为坐标原点,水平向右的方向为 x 轴正方向,则小球在运动过程中在水平方向受到弹簧的弹性力为 $F_x=-kx$,是质点位移的线性函数.定义弹簧原长处为小球振动的平衡位置,小球在弹簧的弹性力作用下在平衡位置附近往复运动,弹簧的弹性力的动力学效果是使小球产生指向坐标原点的加速度,具有促进小球回到平衡位置的作用,因此又叫线性回复力.

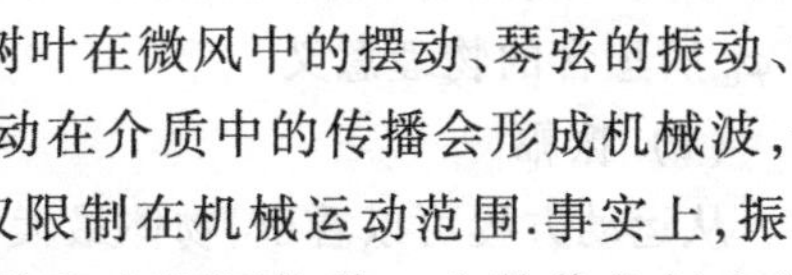

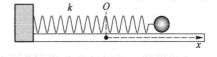

图 2-2-11 弹簧振子示意图

小球在竖直方向没有位移,因此竖直方向所受外力合力为零.根据牛顿第二定律,振子的动力学方程为

$$m\frac{\mathrm{d}^2x}{\mathrm{d}t^2}=-kx$$

对其进行整理变形得

$$\frac{d^2x}{dt^2}+\omega_0^2x=0 \tag{2.2.22}$$

式中 $\omega_0=\sqrt{k/m}$，ω_0 的数值取决于弹簧的劲度系数和小球的质量，是与弹簧振子系统本身的性质（弹性和惯性）有关的常量.由于弹簧振子是简谐振动的典型例子，式(2.2.22)即为简谐振动动力学方程的标准形式.因此，简谐振动是指在线性回复力作用下物体在平衡位置附近的往复运动.

求解简谐振动的动力学方程即可分析其运动特征.式(2.2.22)形式比较简单，其严格的解析解为

$$x=A\cos(\omega_0t+\varphi_0) \tag{2.2.23}$$

式中 A 和 φ_0 是由初始条件决定的待定常量.式(2.2.23)即为简谐振动的运动方程，也可表示成正弦函数的形式.简谐振动的物体相对于平衡位置的位移按照正（余）弦函数规律变化，是在平衡位置附近的周期运动.为更好地认识简谐振动，下面我们将进一步认识运动方程式(2.2.23)中 A、ω_0 和 φ_0 所蕴含的物理意义.

（1） 振幅

从运动方程可以看出，物体最大位移的绝对值不能超过 A.把 A 称为简谐振动的振幅，是表征物体振动强弱的物理量，振幅的大小由物体振动的初始状态决定.

（2） 相位和初相位

振子的振幅决定了振子的振动范围，而振子在任意时刻的位置和运动状态 $v=\dot{x}=-\omega_0A\sin(\omega_0t+\varphi_0)$ 却由 $\varphi=\omega_0t+\varphi_0$ 决定.因此，我们定义时间 t 的线性函数 $\varphi=\omega_0t+\varphi_0$ 为简谐振动的相位.当 $t=0$ 时振子相位为 φ_0，称为简谐振动的初相位，也与振子初始状态相关.

（3） 周期

根据正（余）弦函数变化规律知，如果振子的相位增加（或减少）2π 的整数倍，振子所对应的位置和运动状态完全相同，即振子的运动表现出周期性特征.简谐振动完成一次全振动所需的时间称为周期，用 T 表示.由周期性可得

$$A\cos[\omega_0(t+T)+\varphi_0]=A\cos(\omega_0t+\varphi_0)$$

余弦函数的周期为 2π，故

$$T=\frac{2\pi}{\omega_0}=2\pi\sqrt{\frac{m}{k}} \tag{2.2.24}$$

描述周期运动时经常会用到“频率”的概念，通常定义为单位时间内物体完成全振动的次数，用 ν 表示，其和周期 T 的关系为

$$\nu=\frac{1}{T}$$

国际单位制中，频率的单位叫“赫兹（Hz）”，即每秒振动次数.根据式(2.2.24)，有

$$\omega_0=2\pi\nu$$

可见 ω_0 与 ν 之间仅相差一常数因子 2π，即 ω_0 具有频率的量纲，称 ω_0 为圆频率.从弹簧振子 ω_0 仅取决于弹簧劲度系数和振动质点质量的特征可以看出，简谐振动系统的周期、频率和圆频率都是由系统本身性质决定的，因此简谐振动系统的周期也称为固有周期.

简谐振动物体的运动状态取决于振幅、周期和初相位，而周期由系统本身性质决定，振幅和初相位却由初始条件[$x(t=0)=x_0$，$v(t=0)=v_0$]给出.将简谐振动运动学方程对时间求一阶导数

可得质点振动速度,即

$$\begin{cases}x=A\cos(\omega_0 t+\varphi_0)\\ v=-\omega_0 A\sin(\omega_0 t+\varphi_0)\end{cases}$$

代入初始条件,得

$$\begin{cases}x_0=A\cos\varphi_0\\ v_0=-\omega_0 A\sin\varphi_0\end{cases}$$

这是含未知量 A 和 φ_0 的二元方程组,其解为

$$\begin{cases}A=\sqrt{x_0^2+\dfrac{v_0^2}{\omega_0^2}}\\ \tan\varphi_0=-\dfrac{v_0}{\omega_0 x_0}\end{cases}$$

因此,只要初始条件确定,简谐振动质点任意时刻的运动状态也唯一确定.

常常通过比较两个系统的相位来比较两个简谐振动的运动状态.设两质点简谐振动的频率相同,其运动学方程分别为

$$\begin{cases}x_1=A_1\cos(\omega_0 t+\varphi_{10})\\ x_2=A_2\cos(\omega_0 t+\varphi_{20})\end{cases}$$

则二者的相位差为$(\varphi_{20}-\varphi_{10})$.当 $\varphi_{20}-\varphi_{10}=2k\pi(k=0,\pm1,\pm2,\cdots)$时,虽然两质点某时刻的振动位移和速度并不一定相同,但是它们之间存在明显的共同特征,即它们同时达到各自的最大位移,同时通过平衡位置.任意时刻两质点偏离各自平衡位置的位移比值为一常数,即 $x_1/x_2=A_1/A_2$;任意时刻两质点瞬时速度比值也为一常数,即 $v_1/v_2=A_1/A_2$.因此,我们称相位差为 $2k\pi(k=0,\pm1,\pm2,\cdots)$的两质点的简谐振动为**同步调振动**.

当 $\varphi_{20}-\varphi_{10}=(2k+1)\pi(k=0,\pm1,\pm2,\cdots)$时,质点 1 到达其正最大位移处时,质点 2 处在它自身的负最大位移处;两质点虽然同时到达平衡位置,但运动方向却相反.任意时刻两质点偏离各自平衡位移的比值仍为一常数,即 $x_1/x_2=-A_1/A_2$,任意时刻两质点瞬时速度比值也为一常数,即 $v_1/v_2=-A_1/A_2$,但和同步调振动相比,比值常数相差一个“-”号,因此,我们称相位差为$(2k+1)\pi(k=0,\pm1,\pm2,\cdots)$的两质点的简谐振动为**反步调振动**.

若 $0<\varphi_{20}-\varphi_{10}<\pi$,则质点 2 相位超前,而$-\pi<\varphi_{20}-\varphi_{10}<0$ 则质点 2 相位落后,二者的振动位移和速度比值将不再是常数,从而两简谐振动将出现不同程度的错落.

相位不仅可用于比较不同质点间的简谐振动,还可用于比较一切符合余弦函数规律变化的物理量之间,如简谐振动质点速度、加速度以及线性恢复力间的相位关系,即

$$\begin{cases}x=A\cos(\omega_0 t+\varphi_0)\\ v=-\omega_0 A\sin(\omega_0 t+\varphi_0)=\omega_0 A\cos\left(\omega_0 t+\varphi_0+\dfrac{\pi}{2}\right)\\ a=-\omega_0^2 A\cos(\omega_0 t+\varphi_0)=\omega_0^2 A\cos(\omega_0 t+\varphi_0+\pi)\\ F=-kA\cos(\omega_0 t+\varphi_0)=kA\cos(\omega_0 t+\varphi_0+\pi)\end{cases}$$

简谐振动质点速度比位移相位超前 $\pi/2$,加速度比速度相位超前 $\pi/2$,驱动力和加速度同相位,对于这种相位关系,我们理解为:力与加速度同时产生,加速度的时间累积使质点获得速度,速度

的时间累积使质点产生位移.因此,对于服从余弦函数规律的所有物理量,我们均可用研究简谐振动运动学的方法去研究它的变化规律.

5.1.2 简谐振动的能量转换

下面考察一维弹簧振子的能量转换问题.弹簧振子在弹性力 $F=-kx$ 作用下作简谐振动,其动能为

$$E_k=\frac{1}{2}m\dot{x}^2=\frac{1}{2}mA^2\omega_0^2\sin^2(\omega_0 t+\varphi_0)$$

弹簧弹力做功引起弹性势能的变化,弹性势能为

$$E_p=\frac{1}{2}kx^2=\frac{1}{2}kA^2\cos^2(\omega_0 t+\varphi_0)$$

由于 $\omega_0^2=k/m$,因此,简谐振动系统的总机性能为

$$E=E_k+E_p=\frac{1}{2}kA^2$$

可见弹簧振子的总机械能为一常量,即机械能守恒.弹簧振子的总机械能由振幅的平方决定,而振幅只由初始条件(初始时刻弹簧振子的总机械能)决定,与具体的运动过程无关.弹簧振子的势能和动能通过弹力做功而相互转化,但总能量保持不变,简谐振动的普遍特征可总结为机械能守恒且总能量正比于振幅的平方的周期振动.

5.2 阻尼振动

简谐振动的物体振幅始终保持不变.事实上,物体在振动过程中还会受到某种阻力的作用,振幅会不断减小并最终停止振动,这种物体在线性回复力和阻力共同作用下的振动称为阻尼振动.如果在空气或其他流体中考虑弹簧振子的振动,且流体阻力在线性范围内,有 $F=-bv=-b\dfrac{dx}{dt}$,其中 b 为阻力系数.将物体 m 看成质点,其阻尼振动的动力学方程为

$$m\frac{d^2x}{dt^2}=-kx-b\frac{dx}{dt}$$

化简方程,有

$$\frac{d^2x}{dt^2}+2\gamma\frac{dx}{dt}+\omega_0^2x=0 \tag{2.2.25}$$

式中 $\omega_0^2=\dfrac{k}{m}$ 为振子固有频率,$\gamma=\dfrac{b}{2m}$ 称为阻尼系数.式(2.2.25)解的一般形式为

$$x(t)=c_1e^{-\left(\gamma+\sqrt{\gamma^2-\omega_0^2}\right)t}+c_2e^{-\left(\gamma-\sqrt{\gamma^2-\omega_0^2}\right)t} \tag{2.2.26}$$

阻尼振动物体的具体运动过程由阻尼系数 γ 和本征频率 ω_0 决定.

根据阻尼的大小,阻尼振子的解可分别表示为

$$x=\begin{cases}A_0e^{-\gamma t}\cos(\omega' t+\varphi_0) & (\gamma<\omega_0,\text{欠阻尼})\\(c_1+c_2t)e^{-\gamma t} & (\gamma=\omega_0,\text{临界阻尼})\\c_1e^{-\left(\gamma+\sqrt{\gamma^2-\omega_0^2}\right)t}+c_2e^{-\left(\gamma-\sqrt{\gamma^2-\omega_0^2}\right)t} & (\gamma>\omega_0,\text{过阻尼})\end{cases}$$

其中系数 A_0,φ_0,c_1 和 c_2 为常量,与初始时刻振子的速度和位置有关.图 2-2-12 给出了不同阻尼

(衰减)系数的介质中固有圆频率等于 2 s^{-1}的振动物体的位移时间曲线,其中曲线 1 代表的阻尼系数 $\gamma=2\ s^{-1}$时的位移时间关系,此时阻尼系数和驱动力圆频率相等,即阻尼系数为临界值时的振动规律.质点在具有临界阻尼的介质中的运动称为临界阻尼振动,此时质点受到的阻尼力大于回复力,因而质点不再在其平衡位置附近往复运动,而是位移缓慢地衰减为 0.根据式(2.2.26)可以计算出临界阻尼的大小为

$$\gamma=\omega_0$$

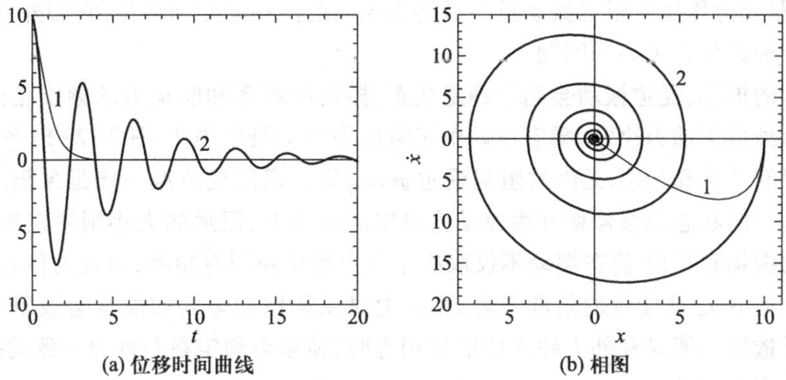

图 2-2-12 阻尼振动

曲线 1—临界阻尼状态;曲线 2—欠阻尼状态

如果系统的阻尼系数大于临界值,则称为过阻尼振动,此时阻尼力更大,质点也不会在回复力作用下发生振动,而是振幅更快地按指数规律衰减为 0.相反如果阻尼系数小于临界值时,回复力起主要作用,振子即发生振荡现象,称为欠阻尼(under damped)情况,这种情况下质点的振幅在振动中缓慢衰减,最后衰减为零.图 2-2-12 给出了受迫振动在不同阻尼下的位移时间关系和相图.由于阻尼力的存在,质点阻尼振动的频率会减小,其大小为

$$\omega'=\sqrt{\omega_0^2-\gamma^2}$$

由于阻尼力是非保守力,其做功使阻尼振动系统的总能量不断衰减,振动质点的振幅会不断减小,直至能量消耗完而停止运动,质点的最大弹力势能也随振幅的不断减小而减小.

另外根据简谐振动的方程特点,简谐振动和阻尼振动的解(即振动过程)的一个重要特点是满足线性叠加原理,即如果 $x_1(t)$ 和 $x_2(t)$ 是式(2.2.22)或式(2.2.25),则 $x(t)=c_1x_1(t)+c_2x_2(t)$ 也是它们的解,线性叠加原理是复杂振动进行频谱分析(傅立叶分析)的基础.

5.3 受迫振动

真实的振动既不是简谐振动,也不是不断衰减最后停止的阻尼振动.一般的振动是在复杂外力的维持下进行振动的阻尼振动系统,比如各种声源.质点在某种确定的外力作用下的振动称为受迫振动.对阻尼振动系统,若所受驱动力为最简单的周期性外力,则受迫振动质点的动力学方程为

$$\frac{d^2x}{dt^2}+2\gamma\frac{dx}{dt}+\omega_0^2x=F\cos(\omega t) \tag{2.2.27}$$

其中 F 为单位质量质点受到的驱动外力强度,ω 为驱动外力频率.式(2.2.27)的解当然是在阻尼振动质点动力学方程式(2.2.25)解 $x(t)$ 的基础上叠加一个振动(根据二阶非齐次微分方程的通

解定理)：

$$X(t)=x(t)+A\cos(\omega t+\varphi) \tag{2.2.28}$$

其解在不同阻尼系数的情况下相应的有不同的形式，例如在欠阻尼情况下可表示为

$$X(t)=A_0\mathrm{e}^{-\gamma t}\cos(\omega' t+\varphi_0)+A\cos(\omega t+\varphi)$$

其中参量A_0和φ_0由系统的初始条件决定，而ω'、A和φ由系统的性质和初始条件共同决定.ω'称为暂态过程的振动频率，在欠阻尼情况下为$\omega'=\sqrt{\omega_0^2-\gamma^2}$.而$A$和$\varphi$称为稳态振动的响应振幅和相位，表示外驱动力作用下阻尼振动质点最终表现出的振动幅度和相位，它和外力的振幅和相位的关系是响应理论最为关心的问题.

随着时间的推移，受迫振动会趋于稳定状态，振动的频率和驱动力的频率相同，即系统稳态振动的频率由外部驱动力决定，瞬态振动由于阻尼作用会最终消失.图2-2-13给出了典型受迫振动的位移时间关系和相图.无论过阻尼受迫振动、临界阻尼受迫振动还是欠阻尼受迫振动，长时间后振动质点的状态总会停留在由驱动力决定的状态上，阻尼的大小则决定暂态过程的行为和稳态振动的振幅和相位.稳态振动不仅取决于外力频率和固有频率，而且与体系所受到的阻尼和驱动力的强度有关.从能量的角度来看，驱动力对系统做功输入的能量会被阻尼力耗散掉，最终当阻尼力耗散掉的能量和外力输入的能量相等时，体系会稳定在与外力一致的振动上，下面来分析体系的响应和能量.

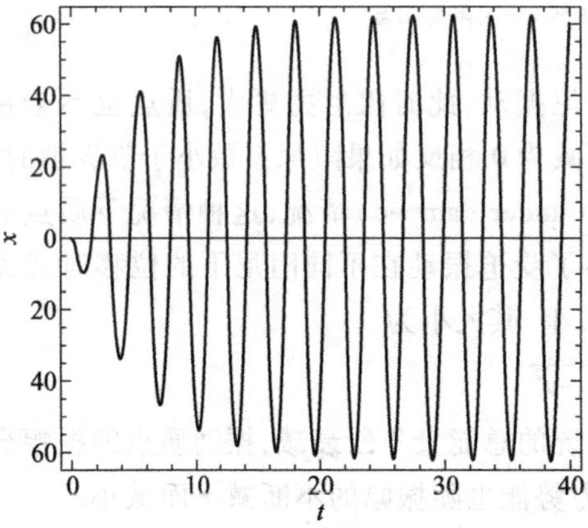

(a) 位移时间曲线

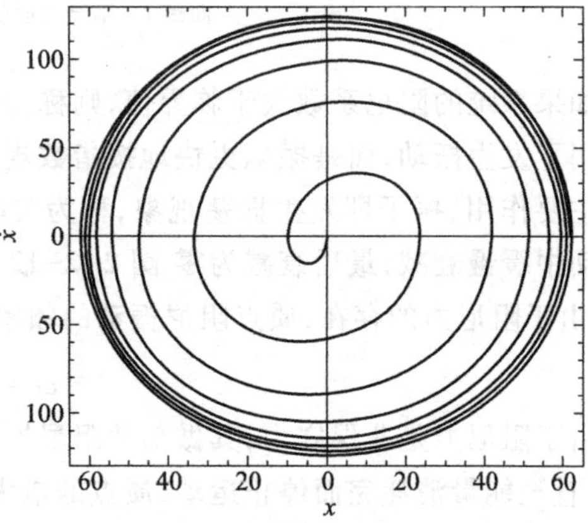

(b) 相图

图 2-2-13　受迫振动

首先来讨论系统的响应问题.在受迫振动的系统中，当驱动外力频率和振动系统固有频率相近时，其稳态振幅达到最大值的现象叫位移共振.由解析解式(2.2.28)我们可以计算出受迫振动系统稳态振动的振幅和相位分别为

$$A=\frac{F}{\sqrt{(\omega^2-\omega_0^2)^2+4\gamma^2\omega^2}} \tag{2.2.29}$$

$$\tan\varphi=\frac{2\gamma\omega}{\omega^2-\omega_0^2} \tag{2.2.30}$$

图2-2-14给出了阻尼振子的振幅和相位响应，左边是稳态振动振幅随频率比(外驱动

频率和系统固有频率的比值 $\zeta=\omega/\omega_0$)的变化图,可以清楚看到驱动频率和固有频率相同时,即 $\zeta=\omega/\omega_0=1$ 时,系统的振幅达到最大.右图为相位响应关系,随着频率比的增加,振子的相位会从和外力同相位到完全反相位.

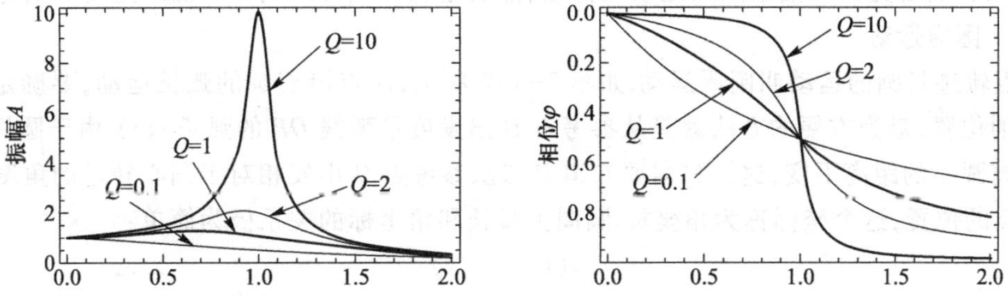

(a) 振幅-频率关系图　　(b) 相位-频率关系图

图 2-2-14　受迫振动

在这类系统中,有一个非常重要的参量,来表明振子能量的耗散过程,定义为系统储存的总能量与振动一周期内耗散能量的比值乘以 2π,即

$$Q=2\pi E/\Delta E$$

称为品质因数,在弱阻尼情形,有 $Q=\omega_0/2\gamma$.将频率比 $\zeta=\omega/\omega_0$ 和品质因数 Q 代入式(2.2.29)和式(2.2.30),有

$$A=\frac{F}{\omega_0^2\sqrt{(1-\zeta)^2+\left(\frac{\zeta}{Q}\right)^2}},\quad \tan\varphi=\frac{1}{Q}\frac{1}{\zeta^2-1}$$

不同的品质因数 Q,系统的能量耗散快慢不同.Q 值越大,系统因阻尼而损耗的能量越小,自由振动系统振动位移弛豫到零的过程越慢.从图 2-2-14 中不同 Q 值对应的振幅-频率关系和相位频率关系图可以看出,振动系统共振振幅随 Q 的增加而增大,但共振响应的频率宽度却随 Q 增加而减小.因此,品质因数又可定义为共振频率与共振峰宽度的比值,即

$$Q=\frac{\omega_0}{\Delta\omega}$$

由式(2.2.29)可以得到共振峰的宽度 $\Delta\omega=2\gamma$.

§ 2.3　曲线运动

本节将应用牛顿运动定律讨论太阳系中行星的运动规律和太阳系的构成以及牛顿方程在航天工程中应用方面的基本理论知识.

1　曲线运动

根据牛顿定律,物体受到一定力后,在一定初始条件下会产生各种不同的运动,根据质点运动的轨迹我们可以把运动分为**直线运动**(如自由落体)和**曲线运动**两类.在一般的曲线运动中最为简单的运动为圆周运动.如图 2-3-1 所示,用一根细绳顶端绑一个小石块,然后用力让其旋转,就会形成圆周运动.可见圆周运动是绕某一中心旋转的运动,质点速度的方向在不断变化,由牛顿第二定律可以判定,必须有一定的力让小球的速度不断变化方向,这个力就是绳子对小球的拉力.下面我们首先介绍描述圆周运动的方法,然后把它直接推广到一般曲线运动的描述中.

1.1 圆周运动

质点轨迹是圆的运动叫圆周运动.如图 2-3-2 所示,质点沿着圆的弧长运动,要确定圆周上质点 P 的位置,最为方便的方法就是从参考点 O 出发度量弧线 OP 的弧长 $s(t)$.由于圆周运动中质点 P 离圆心的距离不变,这样只需要知道 P 点从参考点 O 出发相对于圆心转过的角度 θ,就能确定质点的位置,这个坐标称为角坐标.圆周上弧长和角坐标的关系极为简单:

$$s(t)=R\theta(t)$$

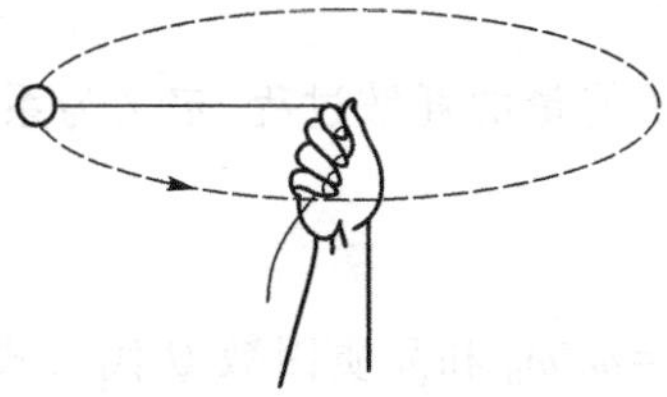

图 2-3-1 圆周运动

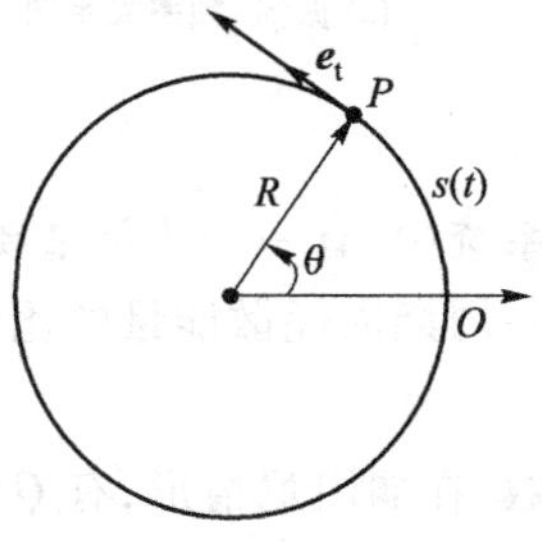

图 2-3-2 圆周运动的描述

其中 R 是圆半径,为一常量.利用弧长或角坐标确定了质点的位置后,我们很容易发现质点在 P 处的瞬时速度方向沿圆的切线方向.在极短的时间内,位移的大小和弧长相同,那么速度大小(速率 v)为

$$v(t)=\frac{\mathrm{d}s(t)}{\mathrm{d}t}=R\frac{\mathrm{d}\theta(t)}{\mathrm{d}t}=R\omega(t) \tag{2.3.1}$$

其中 $\omega(t)$ 表示单位时间内角坐标的改变量,称为角速度,是描述质点相对于空间某点角运动快慢的物理量.质点在 P 点的速度可表示为

$$\boldsymbol{v}(t)=v\boldsymbol{e}_t=\frac{\mathrm{d}s(t)}{\mathrm{d}t}\boldsymbol{e}_t=R\omega(t)\boldsymbol{e}_t \tag{2.3.2}$$

其中 $\boldsymbol{e}_t$ 为在 P 点处沿切线方向的单位矢量.对于圆周运动我们很容易发现,单位矢量 $\boldsymbol{e}_t$ 和 P 点位置有关,其方向随 P 点的位置而改变.由于 $\boldsymbol{e}_t$ 始终沿着圆弧的切线方向,且其始终固连在运动质点 P 上,因此,它是一个局域矢量.

下面来看圆周运动质点的加速度.根据加速度的定义和式(2.3.2)可知

$$\boldsymbol{a}=\frac{\mathrm{d}[v(t)\boldsymbol{e}_t]}{\mathrm{d}t}=\frac{\mathrm{d}v}{\mathrm{d}t}\boldsymbol{e}_t+v\frac{\mathrm{d}\boldsymbol{e}_t}{\mathrm{d}t} \tag{2.3.3}$$

右边第一项为速度大小变化对加速度的贡献,用 a_t 表示,即

$$\boldsymbol{a}_t=\frac{\mathrm{d}v}{\mathrm{d}t}\boldsymbol{e}_t$$

第二项为速度方向改变对加速度的贡献.先求切向单位矢量的改变,如图 2-3-3 所示,速度

方向的变化可以转化为中心角的变化，其大小即为右上方平移后的等腰三角形底边的大小：

$$|\Delta \boldsymbol{e}_t| = \sqrt{1^2+1^2-2\cos(\Delta\theta)} = 2\left|\sin\frac{\Delta\theta}{2}\right|$$

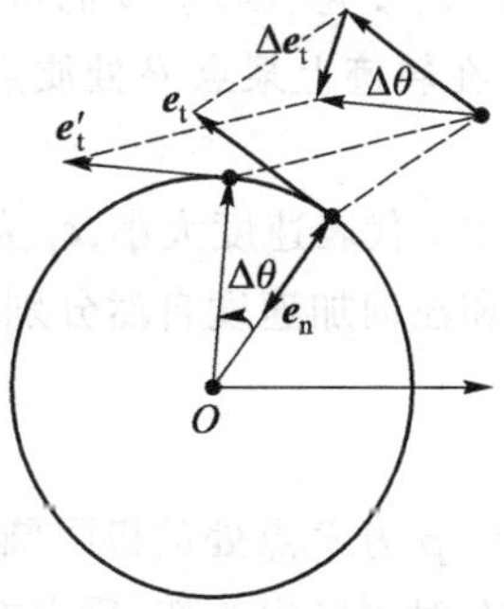

图 2-3-3 切向单位矢量的变化

当 $\Delta t\to 0$ 时，$\Delta\theta\to 0$，则有 $2\left|\sin\frac{\Delta\theta}{2}\right|\approx\Delta\theta$，那么 $\lim\limits_{\Delta t\to 0}|\Delta \boldsymbol{e}_t| = |\mathrm{d}\boldsymbol{e}_t| = \mathrm{d}\theta$. 我们可以清楚地看到，切向单位矢量的变化量的方向在 $\Delta t\to 0$ 时一定沿着如图 2-3-3 所示的法线方向，这个方向的单位矢量用 $\boldsymbol{e}_n$ 表示.所以有

$$\frac{\mathrm{d}\boldsymbol{e}_t}{\mathrm{d}t}=\frac{\mathrm{d}\theta}{\mathrm{d}t}\boldsymbol{e}_n=\omega\boldsymbol{e}_n$$

于是第二项为

$$v\frac{\mathrm{d}\boldsymbol{e}_t}{\mathrm{d}t}=\frac{v^2}{R}\boldsymbol{e}_n$$

所以，质点作圆周运动的加速度为

$$\boldsymbol{a}=\frac{\mathrm{d}v}{\mathrm{d}t}\boldsymbol{e}_t+\frac{v^2}{R}\boldsymbol{e}_n$$

$$=\frac{\mathrm{d}v}{\mathrm{d}t}\boldsymbol{e}_t+\omega^2 R\boldsymbol{e}_n$$

写成分量形式为

$$a_t=\frac{\mathrm{d}v}{\mathrm{d}t},\quad a_n=\omega v=\frac{v^2}{R}=R\omega^2$$

其中 a_t 称为切向加速度，来源于速率 v 的变化；a_n 称为法向加速度，来源于速度方向的改变，其方向指向圆心，所以也称为向心加速度.角速度 ω 为常量的圆周运动为匀速圆周运动，此时质点的切向加速度为零，只有向心加速度存在.根据牛顿第二定律向心加速度必然要由向心力来提供，图 2-3-1 中圆周运动的向心力显然是由绳子的拉力提供的.

1.2 任意曲线运动

圆周运动是一种特殊的运动，质点被限制在一个平面内运动，而一般情况下质点在三维空间中的运动为任意的曲线运动，质点运动方程为

$$\begin{cases} x=x(t) \\ y=y(t) \\ z=z(t) \end{cases}$$

消去时间 t 可得空间轨迹曲线方程：

$$F(x,y,z)=0$$

由以上的运动方程，每个时刻质点在空间确定一个点，随时间在三维空间中画出一条轨迹曲线，如图 2-3-4 所示.在轨迹曲线上任一点 P 处，质点的瞬时运动必然沿着曲线的切线方向，过切点 P 垂直于切线方向的面称为法平面.在曲线轨迹上任取无限接近的三点所决定的圆为一极限圆，质点在曲线

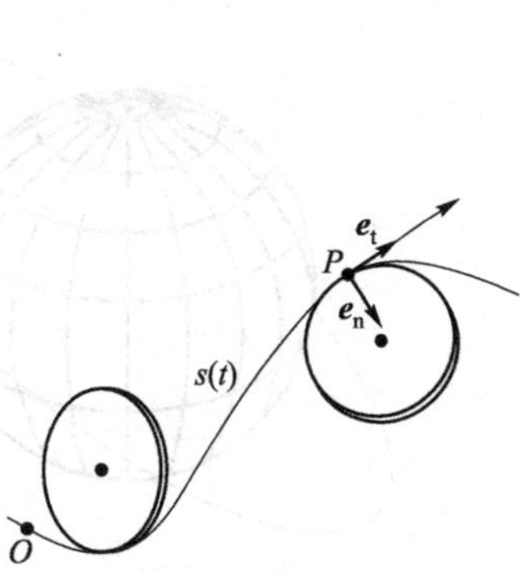

图 2-3-4 轨迹曲线的瞬时圆周运动

上某点的瞬时运动可等效为在极限圆上的圆周运动，随着质点在曲线轨道上的位置变化，极限圆也随之变化，因此，我们可以将质点的曲线运动看成是在曲线的一系列极限圆上的圆周运动的组合.在轨迹上某点 P 处质点的速度一般可以表示为

$$v=v(t)\boldsymbol{e}_{\mathrm{t}}$$

其中 v 代表速度大小，$\boldsymbol{e}_{\mathrm{t}}$ 为轨迹切线方向的单位矢量.那么 P 点处切平面内质点运动的切向加速度和法向加速度自然分别为

$$a_{\mathrm{t}}=\frac{\mathrm{d}v}{\mathrm{d}t},\quad a_{\mathrm{n}}=\frac{v^2}{\rho} \tag{2.3.4}$$

其中 ρ 为 P 点处的极限圆半径，即曲线在 P 处的曲率半径.质点在曲线上运动速度的大小和方向都在时刻发生改变，质点在 P 点的加速度由式(2.3.4)决定，显然质点必须受到力的作用才可能有这样的曲线运动.根据牛顿定律，此处必然存在切向力和法向力分别为

$$F_{\mathrm{t}}=ma_{\mathrm{t}}=m\frac{\mathrm{d}v}{\mathrm{d}t},\quad F_{\mathrm{n}}=ma_{\mathrm{n}}=m\frac{v^2}{\rho}$$

切向力引起质点速度大小的变化，而法向力引起速度方向的改变，根据匀速圆周运动规律，法向力使得质点产生向心运动，称为向心力，质点的速度方向发生改变时必然伴随有向心力的作用，而任何力都可以用来提供这种向心力.例如图 2-3-1 中的圆周运动，向心力是由细绳的拉力提供，赛车在弯道上的转弯向心力是地面的摩擦力提供的，卫星绕地球转动的向心力是地球万有引力提供的.从向心力的公式可知如果质点运动速率越高，轨道的半径（即时圆周曲率半径）越小，需要的向心力越大.

图 2-3-5 是一个空间站的示意图.站在地球参考系中[图 2-3-5(a)中]，空间站受到的向心力就是万有引力.而站在图 2-3-5(b)所示的空间站上，我们却观测不到向心力在物体上的任何作用效果，事实上我们知道空间站中的物体都是在地心引力所提供的向心力的作用下绕地球旋转的，但我们在空间站坐标系中却看不到任何物体速度的改变，没有感受到任何的引力，物体此刻都处于失重状态，即不受到重力的作用，这是为什么？根据牛顿定律，在空间站参考系中，运动状态不发生改变的物体必然还受到一个和重力大小相等方向相反的力的作用来平衡向心引力，才能得到力和加速度对等的测量结果，这个力其实就是一种在空间站参考系中找不到施力物体的无源力，我们往往称这个力为离心力.离心力是和向心力大小相等方向相反的无源力.在有些问题上引入离心力能更方便地用来解释某些现象：如高速旋转的质点有一种远离中心点的趋势，

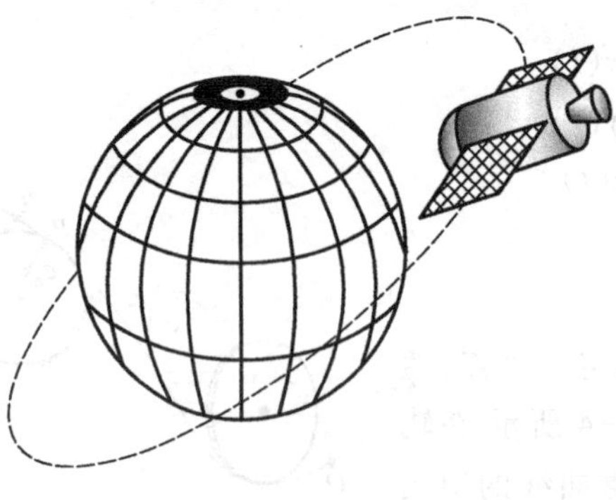

(a)

(b)

图 2-3-5　绕地球旋转的空间站示意图

就可以用离心力来理解.我们在实验室中所用到的高速离心机或者家庭中使用的甩干机,都是利用离心力来进行不同质量物体的分离的.因为高速旋转的物体会产生离心力,不同质量的物体旋转所产生的离心力有差异,从而产生出快速分离的效果.

1.3 角动量

1.3.1 力矩

通过对曲线运动的分析,我们发现力的作用不仅使物体产生加速度,还会使物体相对某点产生转动.例如生活中根据我们关门的经验,要使门能很快关上,不仅与我们推门的力的大小有关,还和力离门轴的距离有关,力的作用点距离门轴越近则越不容易让门产生转动.在实际生活中我们要拧动螺丝,如图 2-3-6 所示,必须使用扳手等长柄的工具,目的是要增大力到中心点的作用距离而增加力的拧动效果.总之,以参考点为中心,考察力产生相对该点转动效果的大小,就是力矩.力矩的大小可以用来表征力作用下质点对某点的转动效果,它不仅和力大小有关还应该和力作用点到转动点的距离有关:

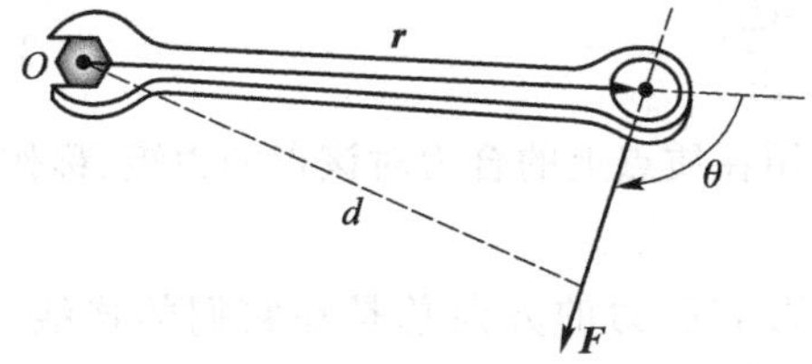

图 2-3-6　力矩示意图

$$\boldsymbol{M}=\boldsymbol{r}\times\boldsymbol{F} \tag{2.3.5}$$

力矩的大小为

$$M=F\left|r\sin\theta\right|=Fd$$

其中 θ 为力 $\boldsymbol{F}$ 和位矢 $\boldsymbol{r}$ 之间的夹角,满足右手法则,而 d 常称为力的力臂.力矩的大小给出了力产生绕中心点转动大小的度量,力矩是使绕中心点转动状态改变的原因.

1.3.2 角动量

反过来,如果质点绕某中心点转动,它的转动运动可以通过施加与运动方向相反的力矩来消除,一定大小的力矩经过一段时间作用后,就可以使转动停止下来.对同一个质点的转动,要消除转动所加的力矩越大,则作用时间就短些,力矩小则作用时间就长;对不同质点的转动,如果使用相同的力矩则需要使之停下来的时间也会不同,这说明质点绕中心点的转动能力有大有小,显然质点绕中心点的速度越大,转动能力越强,而且如果质点离中心点越远,转动能力也越强.总之,质点绕某点转动能力的大小,可以通过角动量来描写,角动量定义为

$$\boldsymbol{L}=\boldsymbol{r}\times m\boldsymbol{v} \tag{2.3.6}$$

如图 2-3-7 所示,显然质点 P 的角动量 $\boldsymbol{L}$ 能正确反映我们上面所作的分析,质点的角动量大小为

$$L=mvr\left|\sin\theta\right|=mvd$$

显然质点的动量越大,离中心点越远则角动量越大.结合力矩的概念,我们就可以知道,如果对一个质点施加对某点的力矩一段时间后,质点就具有了绕该点的角动量,如果施加在质点上的力矩为零,则质点绕该点的角动量将不会改变.

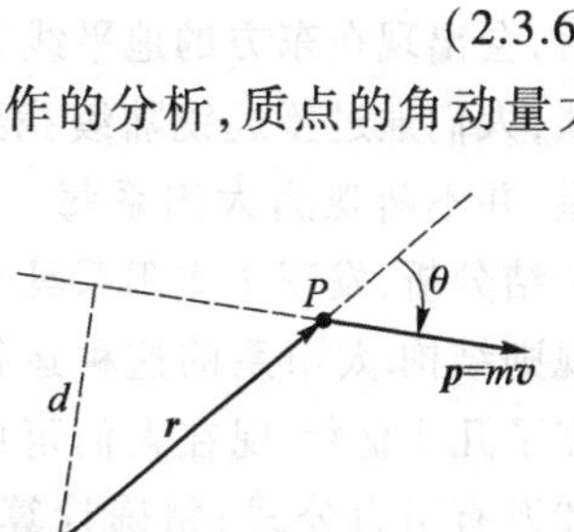

图 2-3-7　质点的角动量

1.3.3 角动量定理和守恒

和力矩相同,质点的角动量的大小和方向与参考点的选取密切相关,因此,我们在研究角动量的变化的过程中,一定要明确是相对于空间哪个参考点的角动量.根据牛顿定律,外力决定质

点运动状态的变化,那么,质点角动量的变化和外力的关系又以什么形式展示给我们呢? 角动量的时间变化率为

$$\frac{\mathrm{d}}{\mathrm{d}t}(\boldsymbol{r}\times m\boldsymbol{v})=\frac{\mathrm{d}\boldsymbol{r}}{\mathrm{d}t}\times m\boldsymbol{v}+\boldsymbol{r}\times\frac{\mathrm{d}(m\boldsymbol{v})}{\mathrm{d}t}$$

$$=\boldsymbol{v}\times m\boldsymbol{v}+\boldsymbol{r}\times\frac{\mathrm{d}(m\boldsymbol{v})}{\mathrm{d}t}=\boldsymbol{r}\times\frac{\mathrm{d}(m\boldsymbol{v})}{\mathrm{d}t}$$

在经典力学范围内,质点的质量不随运动状态的变化而变化,因此质点动力学方程的形式可写为 $\boldsymbol{F}=\frac{\mathrm{d}(m\boldsymbol{v})}{\mathrm{d}t}$,故有

$$\boldsymbol{r}\times\boldsymbol{F}=\frac{\mathrm{d}}{\mathrm{d}t}(\boldsymbol{r}\times m\boldsymbol{v})=\frac{\mathrm{d}\boldsymbol{L}}{\mathrm{d}t}\tag{2.3.7}$$

此式表明,质点对参考点的角动量的时间变化率等于作用在质点上的合力对该点的力矩,称作质点对参考点的角动量定理.

在天体运行的过程中,我们会发现两个星体之间万有引力的方向总是在它们的连线上,如图 2-3-8 所示.这样,如果选任何一个质点作为转动的参考点,万有引力的方向始终指向参考点,和作用于其上的质点的位矢方向平行,这种力称为有心力,如图 2-3-8 所示.其对参考点的力矩总是等于零,即

$$M=rF\sin\ \pi=0$$

所以在有心力作用的体系中,由于力矩等于零,则

$$\frac{\mathrm{d}\boldsymbol{L}}{\mathrm{d}t}\equiv 0,\quad \boldsymbol{L}=\text{常矢量}\tag{2.3.8}$$

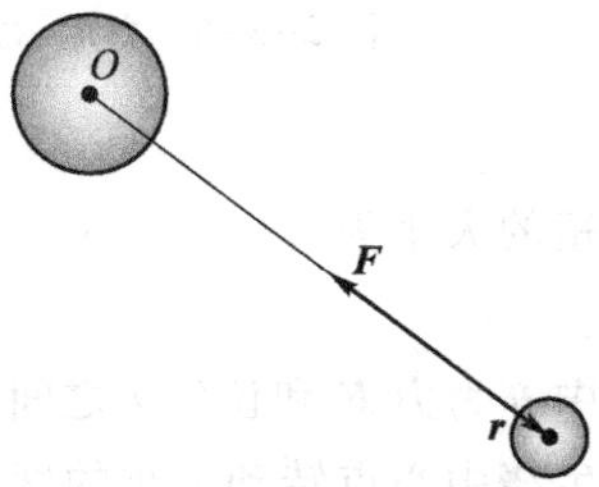

图 2-3-8 万有引力的力矩

若作用于质点的合力对参考点的力矩总保持为零,则质点对该点的角动量为常矢量,称为质点对参考点的角动量守恒定律.有心力场中,角动量是最重要的守恒量之一.

2 行星的运动

人类首先感到好奇的就是天体的运行,许多人对天空中的星体进行了长期观测和记载,并对所能看到的星体进行命名,绘制出详细的星图.在众多的星体中,有一颗非常亮的星体,天亮前后,会出现在东方的地平线上,人们称它为启明星.其实这颗星就是太阳系的行星之一:水星.后来,人们通过望远镜陆续找到了太阳系的其他行星,并不断观测太阳系每一个行星的运行,经过总结分析,发现了太阳系具有如图 2-3-9 所示的规则结构.太阳系的这种运行结构已经稳定地存在了几十亿年.现在人们可以利用牛顿运动定律和万有引力公式,精确计算太阳系的行星轨道,能完美地解释太阳系的稳定结构,下面我们通过牛顿运动定律和万有引力公式,给出行星的运行轨道(圆锥曲线),并对开普勒总结出的行星三个运动规律进行分析.

图 2-3-9 太阳系的结构

2.1 行星轨道:圆锥曲线

2.1.1 行星运动的轨道方程

太阳系的行星都在围绕太阳运动,太阳对行星的引力提供了行星绕太阳运动的向心力.虽然更精确的测量会发现太阳系某个行星的运动其实很复杂,它除了受太阳引力作用外还受到其他行星及其卫星引力的影响,但太阳对该行星的引力作用占统治地位(其他星体的引力比起太阳的引力可以忽略),正因为如此,太阳系的运动宏观上才能如此规则和稳定.抛开其他次要引力的影响,只考察行星在太阳引力下的运动,这样问题就变得简单,它是由两个天体组成的体系:太阳和行星,称为二体系统(如图 2-3-10 所示).设太阳的质量为 m',行星质量为 m,根据万有引力公式,二者之间的引力大小为

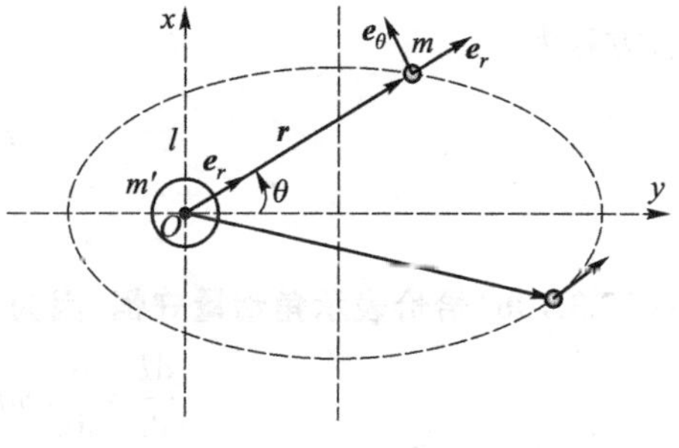

图 2-3-10 行星的运动示意图

$$F=G\frac{m'm}{r^2}$$

其中 r 为太阳到行星的距离.此时我们以太阳为中心点,或者是站在太阳参考系上考察行星的运动,此时我们假定 $m'\gg m$,太阳是静止不动的.根据牛顿定律,行星的动力学方程为

$$\frac{\mathrm{d}^2\boldsymbol{r}}{\mathrm{d}t^2}=-\frac{Gm'}{r^2}\boldsymbol{e}_r \tag{2.3.9}$$

上式表明,行星的运动方程与行星到太阳的距离有关.下面我首先分析一下,太阳和行星所组成的二体系统的运动总是被局限在一个平面上.假定初始时刻行星运动的速度 $\boldsymbol{v}$ 沿着运行轨道曲线的切线方向.由于万有引力是有心力,行星 m 所受引力的力矩为零,那么由角动量守恒可知:

$$\frac{\mathrm{d}\boldsymbol{L}}{\mathrm{d}t}=\frac{\mathrm{d}}{\mathrm{d}t}(\boldsymbol{r}\times m\boldsymbol{v})=0$$

即引力产生的加速度方向与位矢的方向总在一条直线上,因而总在位矢 $\boldsymbol{r}$ 和速度 $\boldsymbol{v}$ 所决定的平面内.那么速度的增量也总是在这个平面内,从而行星的运动总会局限在该平面内,或者从角动量守恒可知,角动量方向始终不变,运动必然限制 $\boldsymbol{r}$ 和初速度 $\boldsymbol{v}$ 决定的平面上.

由于有心力场的特殊性,描述行星平面运动的最好方式就是如图 2-3-11 所示的极坐标,利用以前我们学到的极坐标和笛卡儿坐标的关系公式 $\boldsymbol{r}=(r\cos\theta, r\sin\theta)$,以及径向单位矢量和角向单位矢量的定义,行星位矢可表示为

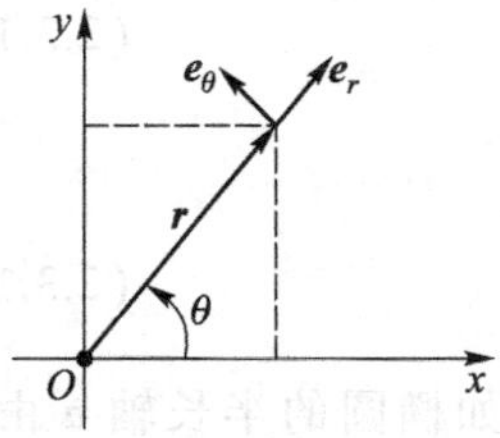

图 2-3-11 行星运动的极坐标

$$\boldsymbol{r}=r\boldsymbol{e}_r$$

其中 $\boldsymbol{e}_r$ 为径向方向的单位矢量.根据极坐标单位矢量的变化率公式:

$$\frac{\mathrm{d}\boldsymbol{e}_r}{\mathrm{d}t}=\dot{\boldsymbol{e}}_r=\frac{\mathrm{d}\theta}{\mathrm{d}t}\boldsymbol{e}_\theta=\dot{\theta}\boldsymbol{e}_\theta,\quad \dot{\boldsymbol{e}}_\theta=-\dot{\theta}\boldsymbol{e}_r$$

很容易计算出速度和加速度为

$$\frac{\mathrm{d}\boldsymbol{r}}{\mathrm{d}t}=\dot{r}\boldsymbol{e}_r+r\frac{\mathrm{d}\boldsymbol{e}_r}{\mathrm{d}t}=\dot{r}\boldsymbol{e}_r+r\dot{\theta}\boldsymbol{e}_\theta$$

$$\frac{d^2\boldsymbol{r}}{dt^2}=(\ddot{r}-r\dot{\theta}^2)\boldsymbol{e}_r+(r\ddot{\theta}+2\dot{r}\dot{\theta})\boldsymbol{e}_\theta$$

式中 $\dot{r}=\frac{dr}{dt}, \ddot{r}=\frac{d^2r}{dt^2}, \dot{\theta}=\frac{d\theta}{dt}, \ddot{\theta}=\frac{d^2\theta}{dt^2}$,因此,极坐标系中,行星动力学方程式(2.3.9)在两个方向的投影方程为

$$\ddot{r}-r\dot{\theta}^2+\frac{Gm'}{r^2}=0 \tag{2.3.10a}$$

$$r\ddot{\theta}+2\dot{r}\dot{\theta}=0 \tag{2.3.10b}$$

方程(2.3.10b)恰恰表示**角动量守恒**,因为

$$\frac{dL}{dt}=\frac{d}{dt}(mr^2\dot{\theta})=mr(r\ddot{\theta}+2\dot{r}\dot{\theta})=0$$

而第一个方程(2.3.10a)的形式可等效改写为

$$\frac{d}{dt}\left[\frac{1}{2}m(\dot{r}^2+r^2\dot{\theta}^2)-\frac{Gm'm}{r}\right]=0 \tag{2.3.11}$$

其中微分括号中的第一项为动能 $E_k=\frac{1}{2}m(\dot{r}^2+r^2\dot{\theta}^2)$,动能的第一部分为沿径向方向的动能,第二部分为角向的动能(有些书上称为等效的离心势能);第二项很显然为万有引力势能,所以式(2.3.11)表示体系的**能量守恒**方程.假设体系总体能量为 E,则由式(2.3.11)可得

$$E=\frac{1}{2}m(\dot{r}^2+r^2\dot{\theta}^2)-\frac{Gm'm}{r}=\text{常量}$$

综合动量和能量守恒,式(2.3.10)的等价动力学方程可以写为

$$\begin{cases} mr^2\dot{\theta}=L \\ \frac{1}{2}m(\dot{r}^2+r^2\dot{\theta}^2)-\frac{Gm'm}{r}=E \end{cases} \tag{2.3.12}$$

总之,行星的动力学方程式(2.3.10)或式(2.3.12)的通解具有圆锥曲线的形式(详解见附录A):

$$r(\theta)=\frac{l}{1-e\cdot\cos\theta} \tag{2.3.13}$$

根据近日点和远日点处机械能守恒,圆锥曲线的偏心率 e 可用角动量 L 和能量 E 表示为

$$e=\sqrt{1+\frac{2EL^2}{G^2m'^2m^3}} \tag{2.3.14}$$

而 l 为焦点半弦长(如图 2-3-10 所示的 $\theta=90°$时的 r 长度)可表示为

$$l=\frac{L^2}{Gm'm^2} \tag{2.3.15}$$

由以上的公式,可以得到关于行星运动几何量和物理量间的关系,比如椭圆的半长轴 a 由式(2.3.13)可得到:

$$a=\frac{l}{1-e^2} \tag{2.3.16}$$

2.1.2 行星的运动轨迹

下面我们利用方程的解式(2.3.13)对行星在太阳系中的运动情况进行一些基本的讨论.式(2.3.13)所示的运动轨迹在数学上称为圆锥曲线,如图 2-3-12 所示,图 2-3-12(a)为不同总机械能下行星的双曲线轨迹、抛物线轨迹、椭圆轨迹和圆轨迹,这些曲线可以在圆锥上用平面截出来,图 2-3-12(b)为所对应的轨迹的圆锥切面曲线.由几何知识,用圆锥曲线的偏心率和焦点半弦长就可以完全确定轨迹曲线的形状和大小,而这些几何参数由系统的角动量 L 和总能量 E 决定.也就是说体系的两个守恒量 L 和 E 的大小唯一地决定了行星的运动轨迹.根据圆锥曲线的几何特征,当偏心率 $e=0$ 时,式(2.3.13)给出行星的运动是一个圆形轨迹;$0<e<1$ 时则为椭圆;$e=1$ 时为抛物线;$e>1$ 为双曲线.根据偏心率公式式(2.3.14),如果行星的能量 $E>0$ 则 $e>1$,$E=0$ 则 $e=1$,$E<0$ 则 $0<e<1$,所以能量大小决定行星轨迹的曲线类型.而由式(2.3.15)可知,在曲线类型确定的情况下,行星的角动量则决定曲线所包围面积的大小.例如在 $e=0$ 的圆轨迹情况下,角动量的大小决定圆的半径大小.对于一般稳定存在的体系,如太阳系,行星运动的轨迹一般会是椭圆,因为沿双曲线和抛物线运动的行星最终会离开星系.所以对于行星的椭圆轨迹而言,其偏心率 $0<e<1$,椭圆的形状大小则由角动量的大小决定,图 2-3-12(c)就给出偏心率 $e=0.8$ 情况下,不同的角动量下的椭圆曲线,图中从里到外的椭圆所对应的角动量依次增大,由图 2-3-12(c)可知角动量大小决定了椭圆所包围面积的大小.

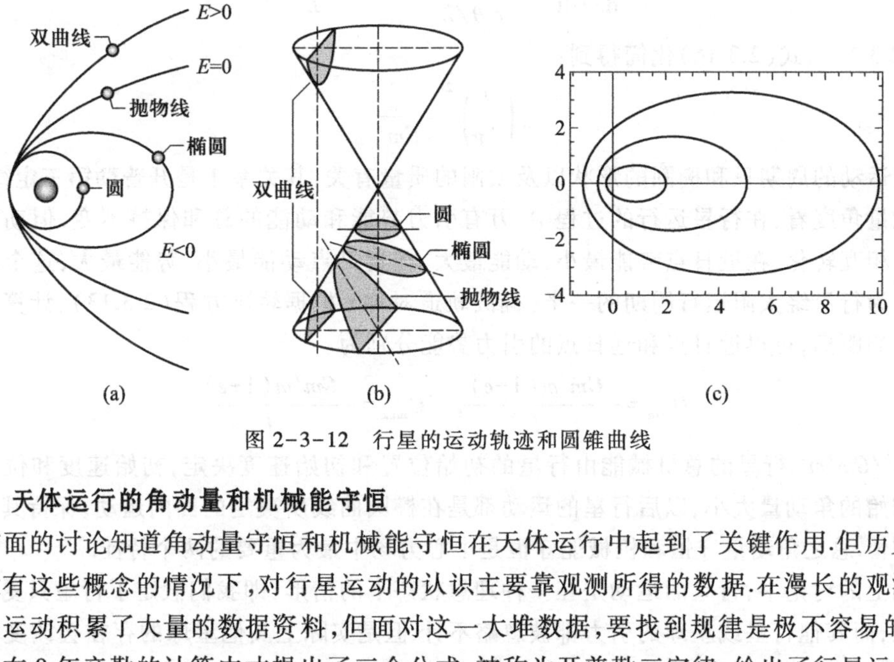

图 2-3-12 行星的运动轨迹和圆锥曲线

2.2 天体运行的角动量和机械能守恒

由前面的讨论知道角动量守恒和机械能守恒在天体运行中起到了关键作用.但历史上的人们在还没有这些概念的情况下,对行星运动的认识主要靠观测所得的数据.在漫长的观测中人们对行星的运动积累了大量的数据资料,但面对这一大堆数据,要找到规律是极不容易的事情.后来开普勒在 9 年辛勤的计算中才提出了三个公式,被称为开普勒三定律,给出了行星运动中的规律.但是在引入角动量和机械能守恒的概念后,开普勒的三个定律会很容易得到.

由牛顿运动定律和万有引力公式,找到系统的两个守恒量后,很自然就能给出行星运动轨迹为式(2.3.13)所描述的圆锥曲线(椭圆、抛物线或双曲线).而在抛物线和双曲线轨道上运行的星体由于其能量大于等于零,它会远离太阳的控制,而逃离太阳系,所以太阳系行星的轨道一般都为椭圆,而太阳位于椭圆的一个焦点上,这就是开普勒第一定律所描述的结果.

开普勒第二定律告诉我们行星运行中单位时间内矢径(太阳和行星之间的连线)扫过的面积相同,如图 2-3-13 所示.这很容易从角动量守恒获得解释:行星离开太阳越远,角速度越小,而近太阳运行时,角速度大.在很短的时间内,矢径扫过的面积可看成扇形的面积,由角动量 $L=mr^2\dot{\theta}$ 可得

$$\frac{L}{2m}\mathrm{d}t=\frac{1}{2}r^2\mathrm{d}\theta \tag{2.3.17}$$

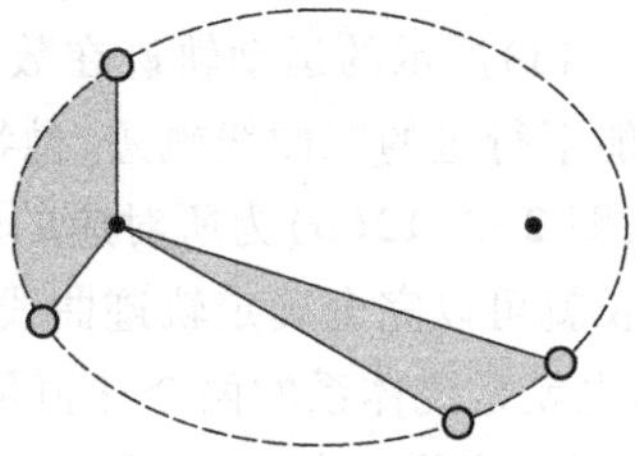

图 2-3-13 开普勒第二定律示意图

等式右边恰恰是微小扇形的面积,相同的时间内扫过的面积就是对式(2.3.16)时间积分,由于角动量守恒,$L/2m$ 是常量,显然时间间隔相同时,积分值(即面积)就一样,如图 2-3-13 所示,相同的运动时间所形成的两个阴影区面积必然相同.

开普勒第三定律给出行星运动周期的平方和椭圆半长轴的三次方成正比,利用式(2.3.17)很容易证明.行星单位时间内扫过的面积 $\frac{\mathrm{d}S}{\mathrm{d}t}=\frac{1}{2}r^2\dot{\theta}=L/2m$ 为一个常量,而椭圆的总面积为 $S=\pi ab=\pi a^2\sqrt{1-e^2}$,所以行星的运动周期为

$$T=\frac{S}{\mathrm{d}S/\mathrm{d}t}=\frac{\pi a^2\sqrt{1-e^2}}{r^2\dot{\theta}/2}=\frac{2m\pi a^2\sqrt{1-e^2}}{L}$$

代入式(2.3.15)、式(2.3.16)化简得到:

$$\left(\frac{T}{2\pi}\right)^2=\frac{a^3}{Gm'} \tag{2.3.18}$$

可见行星运动的周期只和椭圆的形状以及太阳的质量有关,其关系正是开普勒第三定律.

从能量角度看,在行星运行的过程中,万有引力势能和动能的总和保持不变,但动能和引力势能可以相互转化,在近日点势能最小,动能最大,在远日点动能最小,势能最大,这个转换过程的时间恰为行星绕太阳运行周期的一半(椭圆轨道对称).根据轨迹方程(2.3.13),计算出近日点和远日点的距离,可得近日点和远日点的引力势能分别为

$$U_{\min}=-\frac{Gm'm(1-e)}{l},\quad U_{\max}=-\frac{Gm'm(1+e)}{l}$$

其中 $l=L^2/Gm'm^2$.行星的总机械能由行星的初始位置和初始速度决定,初始速度和位置还决定了行星初始的角动量大小,以后行星的运动都是在椭圆曲线所决定的面内运动,保持其机械能和角动量守恒.总之角动量守恒和机械能守恒是中心力场中最为重要的两个特征.

在以上的讨论中,行星的运动是在一种理想状态下的情形,即我们假定了行星只受到太阳引力的作用,而其他行星或星球的引力都被忽略不计.但是实际上其他星球的存在会改变以上所讨论的行星的运动规律,例如只受太阳引力的行星的运动是被限制在一个轨道平面上的平面运动,但是如果受到其他星体的引力作用后行星的轨道平面自然会发生转动,而行星的轨迹也会发生不同程度的偏离,相应地,这些运动轨迹的改变恰恰能够反映其他引力的存在,例如海王星的发现就是一个例子.1781 年通过望远镜的观测天王星被确认为是太阳系的第 7 颗行星,然而对这颗发现的行星作数据分析的时候,出现了一个奇怪的结果:观测到的轨道数据和实际计算的轨道(计算中已经考虑了离天王星最近的土星和木星的影响)出现较大的偏差(偏差已远远超出了观

测的误差范围).天王星轨道不符合牛顿运动定律和万有引力规律的计算结果预示着在天王星外侧还应该有一颗行星,根据天王星的轨道数据,两位年轻的天文学家经过计算得到了这颗未知行星的轨道参量,之后果然在理论预言的天区内另一位天文学家发现了这颗新星:海王星,这段激动人心的发现历史在当时引起了轰动,这段历史过程体现了科学规律和人类智慧的双重魅力!

2.3 宇宙速度

在航空航天领域,有三个重要的速度对宇宙航行非常重要,即第一、第二、第三宇宙速度.下面我们从能量的角度来看这三个速度的意义.在地球表面发射一个航天器,设航天器的飞行速度为 v_1,绕地运动的半径为 r,如果让它能够环绕地球飞行(不飞离地球也不落到地面),须由万有引力(重力)提供其作圆周运动的向心力,有

$$mg = m\frac{v_1^2}{r}$$

有

$$v_1 = \sqrt{gr} \tag{2.3.19}$$

其中 r 是飞行器离地心距离.由上式可知,飞行器离地面越远则这个速度越大,而当飞行器在地面附近时,要使它能够绕地球表面飞行,不至最终落到地面,所需要的最小速度应为 $r=R$(R 为地球半径)时的速度:

$$v_1 = \sqrt{gR} \approx 7.9\times10^3\ \mathrm{m/s}$$

此即为**第一宇宙速度**,提供了从地表发射绕地球表面的飞行器(成为地球卫星)所需要的最低速度.如果发射更高的卫星,则还需要克服从地面到 r 的引力势能,虽然绕地球的速度降低,但势能提高了,所以要在地表发射卫星,最小要达到的速度为 v_1.

当飞行器达到第一宇宙速度后即可变为地球的卫星,但是如果飞行器要离开地球束缚成为太阳系的行星,则所需的速度称为**第二宇宙速度**或者地球逃逸速度.此时环绕地球的飞行器的轨迹从椭圆变成了抛物线,飞行器的机械能从负值变到临界值零,即飞行器的动能刚好用来克服地球的引力势能,具体为:飞行器从地表出发时的总动能等于从地表到无穷远处的势能的增加(无穷远为势能零点)

$$\frac{1}{2}mv_2^2 = G\frac{m_e m}{R}$$

由于地表重力加速度 $g=\dfrac{Gm_e}{R}$,故

$$v_2 = \sqrt{2gR} = 1.12\times10^4\ \mathrm{m/s} \tag{2.3.20}$$

飞行器的速度继续增加,使它脱离太阳系所需要的最小速度则称为**第三宇宙速度**.此时的对象是飞行器和太阳组成的这个系统.飞行器相对于太阳的动能达到刚好克服飞行器从地表出发远离太阳到无穷远的势能,即

$$\frac{1}{2}mv_3^2 = G\frac{m_s m}{R_s}$$

其中 v_3 为飞行器相对于太阳的速度,m_s 为太阳质量,R_s 是地球到太阳的距离,代入参量有

$$v_3 = \sqrt{\frac{2Gm_s}{R_s}} = 4.22\times10^4\ \mathrm{m/s} \tag{2.3.21}$$

显然在地球上发射航天器时还需考虑地球的速度和地球引力，甚至地球自转的速度，地球绕太阳旋转（公转）的速度为：2.98×10^4 m/s，发射航天器时可以利用这些速度.沿地球公转方向发射时，此时脱离太阳系所需的速度为第三宇宙速度减去地球公转速度，只需要

$$v_3'=(4.22-2.98)\times10^4\ \text{m/s}=1.24\times10^4\ \text{m/s}$$

再考虑脱离太阳系时还必须克服地球的引力势能$\frac{Gm_e m}{r}=\frac{1}{2}mv_2^2$，这样发射的能量要求为

$$E_k=\frac{1}{2}mv_2^2+\frac{1}{2}mv_3'^2=\frac{1}{2}mv_3''^2$$

这样算出的第三宇宙速度 v''为

$$v_3''=\sqrt{v_2^2+v_3'^2}=1.67\times10^4\ \text{m/s}$$

所以在地球上发射远离太阳系航天器需要达到的最小速度为 16.7 km/s.

2.4 附录：行星轨道方程解式（2.3.13）

下面来具体求解行星的动力学方程式（2.3.10）或式（2.3.12）的解.首先做一个变量代换，设

$$u=1/r$$

则有

$$\frac{\mathrm{d}r}{\mathrm{d}t}=-\frac{1}{u^2}\frac{\mathrm{d}u}{\mathrm{d}t}=-\frac{1}{u^2}\frac{\mathrm{d}u}{\mathrm{d}\theta}\frac{\mathrm{d}\theta}{\mathrm{d}t}$$

由于角动量

$$L=mr^2\frac{\mathrm{d}\theta}{\mathrm{d}t}$$

所以

$$\frac{\mathrm{d}r}{\mathrm{d}t}=-\frac{1}{u^2}\frac{\mathrm{d}u}{\mathrm{d}\theta}\frac{L}{m}u^2=-\frac{L}{m}\frac{\mathrm{d}u}{\mathrm{d}\theta}$$

同理：

$$\frac{\mathrm{d}^2r}{\mathrm{d}t^2}=-\frac{L}{m}\frac{\mathrm{d}}{\mathrm{d}t}\left(\frac{\mathrm{d}u}{\mathrm{d}\theta}\right)=-\frac{L}{m}\frac{\mathrm{d}}{\mathrm{d}\theta}\left(\frac{\mathrm{d}u}{\mathrm{d}\theta}\right)\frac{\mathrm{d}\theta}{\mathrm{d}t}=-\frac{L}{m}\frac{\mathrm{d}^2u}{\mathrm{d}\theta^2}\frac{L}{m}u^2=-\frac{L^2}{m^2}u^2\frac{\mathrm{d}^2u}{\mathrm{d}\theta^2}\tag{2.3.22}$$

带入方程（2.3.10a），有

$$\ddot{r}=r\dot{\theta}^2-\frac{Gm'}{r^2}=\frac{(r^2\dot{\theta})^2}{r^3}-\frac{Gm'}{r^2}=\left(\frac{L}{m}\right)^2u^3-Gm'u^2\tag{2.3.23}$$

综合以上两式式（2.3.22）和式（2.3.23）有如下关于 u 的方程：

$$\frac{\mathrm{d}^2u}{\mathrm{d}\theta^2}+u=\frac{m^2Gm'}{L^2}$$

该方程为一般的二阶微分方程，其一般的解形式为

$$u=\frac{1}{r}=A\cos(\theta+\theta_0)+\frac{m^2Gm'}{L^2}$$

即

$$r(\theta)=\frac{1}{\frac{m^2Gm'}{L^2}+A\cos(\theta+\theta_0)}$$

其中 A 和 θ_0 为积分常量.由于行星的总能量 E 和总角动量 L 为积分常量,应用式(2.3.14)、式(2.3.15):

$$l=\frac{L^2}{Gm'm^2},\quad e=\sqrt{1+\frac{2EL^2}{G^2m'^2m^3}}=Al$$

取如图 2-3-10 所示的圆心在左焦点,并有

$$r(\pi/2)=l,\quad \theta_0=0$$

行星的轨迹方程最后可写为

$$r(\theta)=\frac{l}{1-e\cdot\cos\theta}$$

§ 2.4 观测系中的牛顿第二定律

1 有关绝对参考系的讨论

经典力学是讨论物体或物体系在绝对空间中的运动.为了能准确描述物体的位置及速度,首先必须确立一个人们都可以感知和识别的物体,并在其上建立一个"参考系".但是,由于在宇宙中(也就是在绝对空间中)存在着大量的大小不同的物体,而且各物体之间彼此都有长程引力作用,因此,所有的物体都在作复杂的加速运动.人们只能选择一个共同假想的,不受所有其他物体作用的所谓的"绝对参考物",并由之建立起"绝对参考系".不同的两个绝对参考系之间满足"伽利略变换".在绝对参考系中应用牛顿第二定律,就是通常"传统经典力学"的出发点.长期以来,传统经典力学都被认为是绝对时空中宏观力学运动的"绝对真理",即如果知道了外界对被观测物体的作用(或作用力),则被观测物体未来的运动是可预知的.我们强调,本章要涉及的是"宏观物体"和"宏观运动规律",而非"微观物体"(原子、分子等)及"微观运动规律".

在"传统经典力学"(包括传统的力学书籍及本章前几节所讨论的基本内容)中,存在的一个基本问题是:观测者及观测仪器在哪里,它们能识别出绝对参考系吗？力学问题实际上要解决的是被观测物体系相对于观测者,或者是相对于具有一定精度的观测仪器的运动.例如,在地球上发射火箭,观测者应该在地球的火箭发射点上,发射目标是地球表面围绕目标点的一定精度的一个范围.也就是说,观测者应该在地球上建立起自己的参考系,我们称之为"**观测参考系**".但是,观测者或观测仪器都是有质量的物体,在外界物体的作用下,都在作复杂的加速运动,而周围所有的物体也都受到其他物体的作用,所以,根本无法找出设想中的绝对参考系.因此,用"传统经典力学"相对于绝对参考系计算出来的被观测物的轨道,并不是观测者在观测参考系中看到的实际运动,也不能在观测参考系中表现出来.因为任何观测参考系,相对于绝对参考系都是非惯性系(存在由于外界其他物体引力所产生的加速度),所以,在绝对参考系中计算出来的轨道是不可观测的.

如果自然界中物体的总数是有限的，则人们还是有可能在一定精度范围内解决上述问题的，即遵循“传统经典力学”规律，在一定精度要求下，考虑所有外界物体及观测参考物的引力作用，解出被观测物体在绝对参考系中的运动；同时，还需要考虑在所有外界物体以及被观测物体引力的作用下，解出观测参考物在绝对参考系中的运动.然后，在绝对参考系中，从被观测物的运动（位置、速度、加速度）中扣除观测参考物的运动（位置、速度、加速度），从而得到在一定精度下被观测物体相对于观测参考物的运动，这也应该就是观测者观测到的被观测物的运动.对具体的力学问题而言，事先确定求解精度的要求是非常重要的.求解精度决定是否可以将观测参考系近似看成是绝对参考系，是否可以将外界物体只看成固定的引力源，而忽略它们的实际运动.更重要的是，由于外界物体比较多，在精度要求较高时，还应慎重考虑计算中要包含哪些“外界物体”.哪怕是增加考虑一、两个外界物体都可能严重影响整个问题的“计算量”.当然，从原则上讲，若宇宙中只包含有限多个物体，在“传统经典力学”框架范围内，上述观测参考系的问题还是可以严格解决的.因为在绝对参考系中，有限个物体的力学运动是可解的.因此将“观测参考物”、“被观测物”及有限个“外界物体”合并构成一个物体系统 N_t，进而求解出系统 N_t 整体的运动，再将被观测物及观测参考物的运动分别提出，计算出二者的差别，就是人们在观测参考系中观测到的被观测物的运动.

下面我们以在地球上发射火箭作为例子（如图 2-4-1 所示），来具体说明“绝对参考系”、“观测参考系”、“被观测物体”及“观测者”之间的关系.火箭可以看成一个质点，在通常的教科书上，由于精度要求很低，地球可看成均匀球体，并将地球上火箭发射点作为观测参考系的原点，同时也作为选定的绝对参考系.这样，火箭受到的外力只包括地球引力，风的阻力.考虑到火箭发射位置、发射仰角及速度，即可简单求得火箭的落点.如果要求火箭的射程为 100 km，落点精度 1 m（或称精度为 10^{-6}），则仍可在地面火箭发射点上建立绝对参考系，但此时就需要考虑地球的非球形表面、内部不均匀等因素，以及考虑位置随时间变化的月球对火箭的作用.不论是计算地球的非球形畸变对火箭的影响，还是准确地定位月球以确定月球在地球参考系中的引力，就已经是不太容易的问题了.如果要再进一步提高精度，则地球已经不能再看成是绝对参考系了，必须考虑地球在绝对参考系中的加速运动或者考虑地球相对于太阳参考系（比地球更接近绝对参考系）中的加速运动.当然，还要考虑固定在地球上的观测者，被地球拖动一起作的加速运动.因此，从确定在地球上的观测参考系来观测被观测物体火箭，除了受到所有外界物体及畸变了的地球本身产生的引力外，火箭还会有由地球拖动而表现出来的附加加速度.这种在地球参考系中找不

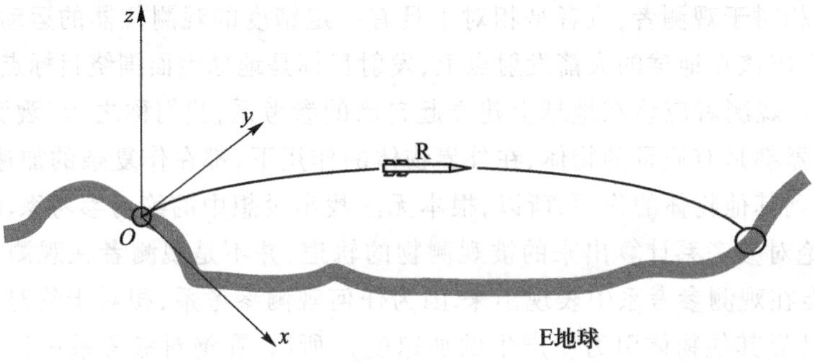

图 2-4-1　地球参考系中火箭的发射示意图

到力源的加速度称为“惯性力”产生的加速度.人们很早以前就已经知道,由地球自转产生的惯性力就是科里奥利力.当精度要求较高时,计算地球的加速运动还需考虑其他多个星体(包括太阳)的引力,解出的轨道十分复杂.例如,地球在椭圆轨道上的公转,对应的加速度就很难用单一的科里奥利力来表达.

下面,我们将更清晰地说明“惯性力”的物理实质,展示在地球参考系中,为求解火箭运行的轨道而引入“惯性力”的复杂性.在图 2-4-1 中,E 是非圆球的地球球体;O 是观测者(或火箭发射点);R 是在轨道上飞行的火箭(质点);$Oxyz$ 是固定在 O 点上的观测坐标系.若忽略火箭对地球的引力(地球质量远大于火箭质量),由于地球是一个刚体,在受到外界众多星球(包括太阳、月亮、多个行星等)的引力作用下,地球各部分加速度可能不同(比如转动等),观测者及 $Oxyz$ 坐标轴都固定在地球上,随着地球以加速度 $\boldsymbol{a}_0$ 作加速运动.而火箭 R 作为一个质点,虽然也受到同样那些外界星球的引力作用,但加速度 $\boldsymbol{a}_R$ 与 $\boldsymbol{a}_0$ 不同,而它们的差别 $\boldsymbol{a}_{\mathrm{i}}=\boldsymbol{a}_R-\boldsymbol{a}_0$ 则被称为火箭在观测参考系 $Oxyz$ 中的惯性加速度.由于惯性质量与引力质量相等,此时的 $\boldsymbol{F}_{\mathrm{i}}=m\boldsymbol{a}_{\mathrm{i}}$ 就是火箭 R 受到的惯性力.

所以,随着精度要求的提高,引入“惯性力”在实质上就是求解地球作为观测参考物在绝对参考系中的运动.就发射火箭的问题来说,为了高精度地发射火箭,人们需要精确求解火箭及地球在绝对参考系中的运动,这都是很困难的课题.

2 非惯性参考系

在当代的观测技术条件下,我们所观测到的宇宙充斥着大小不同的物体,看不到边界.而任何物体之间都存在着长程的万有引力.或者说每个物体都在周围物体的引力作用下作加速运动,我们的宇宙是由无数运动的物体构成,每个物体都和其他物体间存在引力,因而都有相对加速度.从另一角度讲,力学为描述物体运动必须先建立一个被公认和识别的观测参考系.所谓“被公认和识别”,就是观测参考物(通常也就是“观测者”)与其他所有可能的被观测物体之间都存在相互作用,否则无从“观测”.确切地讲,在实际的宇宙中,任何一个物体都可以被指定为非惯性的观测参考系,而在此观测参考系中,可以观测任意被选定的被观测物.这是最广泛的观测者与被观测物之间的联系.对于建立观测与被观测关系来说,宇宙中所有的物体都是等价的.

因此,面对任何一个力学问题,人们首先要根据问题的特性和精度的要求,选择适当的观测参考系,然后在被选定的观测参考系中分析参考系的特性,及分析能够应用牛顿第二定律的可能性.如果说“传统经典力学”是试图在“绝对参考系”中直接应用牛顿第二定律,去解决物体的动力学问题,而本节则是试图在“非惯性参考系”中选择“观测参考系”,并分析“非惯性参考系”的特性及如何在实际中应用牛顿第二定律的可能性.为了使以下讨论的物理图像更为清晰,也为了节省篇幅,我们仍以“发射火箭”(图 2-4-1)作为示例.为具体了解发射过程,我们当然直接选择固定在地球表面上的 $Oxyz$ 坐标系作为观测参考系.参照前面用“传统经典力学”对“发射火箭”问题的分析,火箭在 $Oxyz$ 参考系中受到的作用力有下列几个方面:

(1) 非理想地球(包含非理想球形、内部不均匀等因素)对火箭的引力 $\boldsymbol{F}_{\mathrm{e}}$,并忽略火箭对地球运动的影响;

(2) 其他所有“外界物体”(包括太阳、月亮、金星等等)对火箭的引力 $\boldsymbol{F}_{\mathrm{b}}$;

(3) 大气、风等对火箭运动的阻力,或火箭受到其他非引力型的作用力 $\boldsymbol{F}_{\mathrm{w}}$;

（4）惯性加速度 $\boldsymbol{a}_i$ 所对应的附加惯性力.

若观测参考物对被观测物体的引力是 $\boldsymbol{F}_e$，火箭质量为 m，则 $\boldsymbol{a}_e=\boldsymbol{F}_e/m$ 只与观测参考系有关.同样 $\boldsymbol{F}_b$ 是外界星体对火箭的总引力，但 $\boldsymbol{a}_b=\boldsymbol{F}_b/m$ 与火箭无关，只是外界星体相对于观测参考物的布局造成，应该也只与观测参考系有关.惯性力 $\boldsymbol{F}_i=m\boldsymbol{a}_i$ 是火箭被固定在 $Oxyz$ 坐标系原点时受到地球的附加推动力.考虑到受此附加作用力后，火箭在 $Oxyz$ 观测参考系中的运动就犹如自由粒子只在其他作用力 $\boldsymbol{F}_e+\boldsymbol{F}_b+\boldsymbol{F}_w$ 作用下的运动.换而言之，考虑附加惯性加速度 $\boldsymbol{a}_i$ 后，观测参考系 $Oxyz$ 对任意质点都可以看成是“准绝对参考系”.$\boldsymbol{a}_i$ 显然是观测参考系 $Oxyz$ 的一个重要特性.我们定义：加速度 $\boldsymbol{a}_i$ 是非惯性观测参考系 $Oxyz$ 的“**非惯性加速度**”.我们已经指出，在宇宙内任何观测参考系都是非惯性的，因而非惯性加速度和坐标系等都应该是观测参考系的重要特性.

对于观测参考系，火箭受到的不同作用力是可以叠加的.其中 $\boldsymbol{F}_e$ 是地球对火箭的引力，$\boldsymbol{F}_w$ 是火箭受到的非引力作用，比如空气阻力、电磁作用力等.从物理上看，外界引力 $\boldsymbol{F}_b$ 以及 $\boldsymbol{F}_w$ 都相对简单，计算的途径比较清楚.$\boldsymbol{F}_b$ 是宇宙中无穷多物体作用到火箭上引力的叠加，我们认为作为无穷级数它是收敛的，即存在有限的 $\boldsymbol{F}_b$.对于非惯性加速度 $\boldsymbol{a}_i$，除非解出地球在其他外星球作用下的运动，否则将 $\boldsymbol{a}_i$ 与 $\boldsymbol{F}_b/m$ 分解开是不太可能的.虽然 $\boldsymbol{a}_i$ 是确切存在的，但很难分离出来.所以，如果我们定义：

$$\boldsymbol{a}_g=\boldsymbol{a}_i+\frac{\boldsymbol{F}_b}{m}+\frac{\boldsymbol{F}_e}{m} \tag{2.4.1}$$

为观测参考系的**本征加速度**，火箭在观测参考系 $Oxyz$ 中的运动方程应该写成

$$\frac{\mathrm{d}\boldsymbol{v}_O}{\mathrm{d}t}=\boldsymbol{a}_g+\frac{\boldsymbol{F}_w}{m} \tag{2.4.2}$$

其中，$\boldsymbol{v}_O$ 是火箭在观测参考系 $Oxyz$ 中的速度；$\boldsymbol{a}_g$ 是观测参考系的本征加速度；$\boldsymbol{F}_w$ 是本问题中所涉及的非引力型外力，比如空气阻力等.式(2.4.2)就是在观测参考系中的牛顿第二定律.本征加速度 $\boldsymbol{a}_g$ 将两个无穷多体求和问题合并成一个量，虽然直接计算的难度并不因合并而减小，但由于物理意义清楚，便于人们去寻求在所要求精度下的近似值.我们称 $\boldsymbol{a}_g$ 为本征加速度的用意，就是将非惯性参考系与本征加速度联合在一起或者看成一个整体，构成一个完整的“观测参考系”.

至此，我们需要严格审视一下已经取得的结果：

（1）要解决一个力学问题，必须考虑到被观测物是在无穷多运动着物体的背景中；考虑到观测者本身也是物体，必须和非惯性的观测参考系联系在一起.

（2）在观测参考系中，被观测物除了受到所有外界物体的引力 $\boldsymbol{F}_{be}$（统称为外部引力，包括观测参考物本身的引力）的作用之外，还受到少数物体非引力性质力的作用，称之为附加作用力 $\boldsymbol{F}_w$，以及与观测参考系有联系的惯性力 $\boldsymbol{F}_i$.

（3）外部力 $\boldsymbol{F}_{be}$ 是外部无穷多物体对被观测物的引力，惯性力 $\boldsymbol{F}_i$ 则与外部无穷多物体与观测参考物的作用有关，两者原则上都不能计算.但外部引力与惯性力作用到被观测物上引起的加速度 $\boldsymbol{a}_{be}$ 及 $\boldsymbol{a}_i$ 之和，则只直接联系到观测参考系，被定义为观测参考系的本征加速度：$\boldsymbol{a}_g=\boldsymbol{a}_{be}+\boldsymbol{a}_i$.

（4）非惯性参考系中的牛顿第二定律：根据牛顿第二定律对于加速度与力的线性关系，被观测物 m 对观测参考系的加速度 $\boldsymbol{a}$ 和修正后的“牛顿第二定律”可写为

$$m\frac{\mathrm{d}\boldsymbol{v}}{\mathrm{d}t}=m\boldsymbol{a}=m\boldsymbol{a}_g+\boldsymbol{F}_{\mathrm{w}} \tag{2.4.3}$$

从计算的角度审视，以上的讨论似乎只是在概念上获得一些发展，两个几乎无法计算的 $\boldsymbol{a}_{\mathrm{be}}$ 和 $\boldsymbol{a}_{\mathrm{i}}$ 仍然保持不能求解，只是将两个不可解的量合并成一个表征观测参考系的特征量 $\boldsymbol{a}_g$.但我们将看到，正是这种概念的变化及 $\boldsymbol{a}_{\mathrm{be}}$ 和 $\boldsymbol{a}_{\mathrm{i}}$ 的合并，使我们有可能寻求到一种途径，使得只根据所选用的观测参考系本身的安排，就可求得在一定精度下的本征加速度 $\boldsymbol{a}_g$，从而在测量技术所能达到的精度下解决力学问题.本征加速度的测量结果可直接用到牛顿第二定律式(2.4.3)中，计算质点在观测参考系中的运动，计算的精度与测量的精度保持一致.

3 测量本征加速度

我们已经指出，在无穷的宇宙中，每一个非惯性的观测参考系都存在一些特征量，比如 $\boldsymbol{a}_{\mathrm{be}}$，$\boldsymbol{a}_{\mathrm{i}}$，$\boldsymbol{a}_g$，…，其中有一些与外部无穷多物体的引力之和有关.我们也知道这些特征量极难计算，但确实只取有限值(无穷求和收敛).如果某些特征量有可能在观测参考系中进行单独的测量(不涉及其他参考系)，则我们就可以在测量设备的精度下用实测结果替代繁杂的近似计算，从而可直接应用所选的观测参考系.但在前面所列出的一些特征参数中，如 $\boldsymbol{a}_{\mathrm{be}}$ 与 $\boldsymbol{a}_{\mathrm{i}}$ 是不可区分的，当然也无法单独测量.但 $m\boldsymbol{a}_g$ 是“一个孤立的不与观测参考物接触的质点静止地停留在所选观测参考系中确定点上”所受到的作用力，而 m 就是该质点的质量.所以，特征加速度 $\boldsymbol{a}_g$ 的测量结果可以直接用到牛顿第二定律式(2.4.3)中，去计算质点在观测参考系中的运动.计算的精度应该与该测量的精度是一致的.

我们将不详细叙述测量的过程，它应该和现代在地球上精密测量重力加速度的过程是基本一致的.但这里是直接将测量的结果用于牛顿方程，若要分析地球引力的细节，则还需将测量结果中其他过程(比如 $\boldsymbol{F}_{\mathrm{b}}$，$\boldsymbol{F}_{\mathrm{i}}$ 等)的影响分离出来，在精度要求较高时，这样做仍然是很困难的.

上述在观测参考系中应用牛顿第二定律的途径，是有一定局限性的：

(1) 在此框架内，所有外界对被观测物的影响都归之于当时的“引力”，即在被观测物运动的整个过程中，其他物体运动很慢，可以认为不动.

(2) 被观测物的质量远小于观测参考物的质量，可以忽略被观测物体对其他物体运动的影响.

(3) 对于较大的观测参考物，本征加速度的数值在参考物表面不同点可能不同，应该是一个数值网(在各个点数值不同的分布)，而且不同时刻也可能发生变化.

(4) 观测参考物必须足够大，足以容纳本征加速度的测量设备.因为人们考虑的很多力学过程都在地面上，采用地球作为观测参考系是合适的，过于远的星球或过于小的快速运动物体，都很难建立合适的观测参考系.

§2.5 质点系

前面讲述了质点动力学的规律.实际上，任何一个物体系统均可视为大量的、有一定联系的质点的集合体.此集合体可以是固体,也可以是液体或气体.比如,人们赖以生存的地球,由岩石、内部的岩浆、海水等组成,地球周围围绕着的空气及地球上的生物.利用§2.2质点动力学的一些结论,从本节开始将讨论质点系、刚体、流体、流体中的声波几个部分的内容,还将介绍自由度的概念及相关分析.

由若干个(有限或无限)有相互作用的质点所组成的系统称为**质点系**.质点系可以是固体、液体或气体,或者是可以被简化为质点的若干物体所组成.例如,在浩瀚的宇宙中,各星球的大小可以忽略不计,被看成一个一个的质点,整个太阳系就可被视为由很多个质点组成的质点系.我们生活的地球就是由无穷多个质点组成的质点系.

对于由 N 个质点所组成的系统,如果对每一个质点的每一个空间坐标变量都应用牛顿第二定律写出相应的运动微分方程,会出现数目繁多的方程,难于进行求解,而且内力一般是未知量,更增加了问题的复杂性.迄今,即使对于只受万有引力作用的三个星体(视为三个质点)的运动问题,也无法得到精确的解析形式的解.只有两个质点所组成的系统才能够精确求解.

本节先分析由两个质点所组成系统的运动,引出质心概念及质心运动定理,然后讨论质点系的动量、能量、角动量及相应的守恒定律.

1 两体运动

由两个质点组成的系统是最简单的质点系.例如:在太阳参考系中考察地球和月球的运动;在地球参考系中考察两颗人造地球卫星(比如天宫一号和神舟九号)的运动.任何两个物体(质点)之间必有相互作用力,**牛顿第三定律**指出:两个物体之间的作用力 $\boldsymbol{F}$ 和反作用力 $\boldsymbol{F}'$,沿同一直线,大小相等,方向相反,分别作用在两个物体上,即

$$\boldsymbol{F}=-\boldsymbol{F}'$$

理解牛顿第三定律时应注意以下两点:

(1) 作用力与反作用力是矛盾的两个方面,它们互以对方为自己存在的条件,同时产生,同时消灭,任何一方都不能孤立地存在.

(2) 作用力和反作用力总是属于同种性质的力.例如作用力是万有引力,那么反作用力也一定是万有引力.

下面介绍两质点系统的质心运动及不受外力作用的两个质点的相对运动.

1.1 两体的质心运动

对于由质点 A 和质点 B 组成的系统,如图 2-5-1 所示,$\boldsymbol{r}_1$ 是质点 A 对某一静止坐标系原点 O 的位置矢量,$\boldsymbol{r}_2$ 是质点 B 对同一静止坐标系原点 O 的位置矢量.我们考察质点 A,其质量为 m_1,作用于该质点的外力为 $\boldsymbol{F}_1$,系统内质点 B 作用于质点 A 的力(内力)为 $\boldsymbol{F}'_{12}$.根据牛顿第二定律,对质点 A 有

$$\boldsymbol{F}_1+\boldsymbol{F}'_{12}=m_1\boldsymbol{a}_1$$

这里 $\boldsymbol{a}_1=\dfrac{\mathrm{d}^2\boldsymbol{r}_1}{\mathrm{d}t^2}$ 是质点 A 的加速度,由于质量 m_1 为不变量,上式可写成

$$\boldsymbol{F}_1+\boldsymbol{F}'_{12}=\frac{\mathrm{d}^2}{\mathrm{d}t^2}(m_1\boldsymbol{r}_1) \qquad (2.5.1)$$

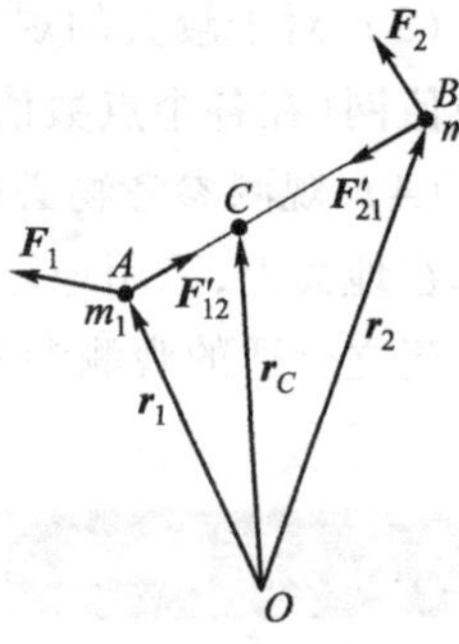

图 2-5-1 两质点系统的运动

类似地，对质点 B，其质量为 m_2，作用于质点 B 的外力为 $\boldsymbol{F}_2$，质点 A 对质点 B 的作用力(内力)为 $\boldsymbol{F}'_{21}$.其动力学方程为

$$\boldsymbol{F}_2+\boldsymbol{F}'_{21}=\frac{\mathrm{d}^2}{\mathrm{d}t^2}(m_2\boldsymbol{r}_2) \tag{2.5.2}$$

将式(2.5.1)和式(2.5.2)相加，并注意对于机械力来说，成对出现的内力满足牛顿第三定律，即 $\boldsymbol{F}'_{12}+\boldsymbol{F}'_{21}=0$，于是得

$$\boldsymbol{F}_1+\boldsymbol{F}_2=\frac{\mathrm{d}^2}{\mathrm{d}t^2}(m_1\boldsymbol{r}_1+m_2\boldsymbol{r}_2) \tag{2.5.3}$$

定义

$$m_1\boldsymbol{r}_1+m_2\boldsymbol{r}_2=(m_1+m_2)\boldsymbol{r}_C$$

C 点是质点 A 和质点 B 组成系统的质量中心，简称**质心**，$\boldsymbol{r}_C$是质心 C 的位置矢量，即

$$\boldsymbol{r}_C=\frac{m_1\boldsymbol{r}_1+m_2\boldsymbol{r}_2}{m_1+m_2} \tag{2.5.4}$$

于是式(2.5.3)变为

$$\boldsymbol{F}_1+\boldsymbol{F}_2=(m_1+m_2)\frac{\mathrm{d}^2\boldsymbol{r}_C}{\mathrm{d}t^2} \tag{2.5.5}$$

式中(m_1+m_2)是两质点系统的总质量.

将上面两质点系统的结果推广到由 N 个质点组成的质点系，令 $\boldsymbol{F}^{(\mathrm{ex})}=\sum\limits_{i=1}^{N}\boldsymbol{F}_i$ 表示质点系所受的外力(external force)的矢量和，$m=\sum\limits_{i=1}^{N}m_i$ 表示质点系的总质量，推广式(2.5.4)易得质点系**质心**的位置矢量为

$$\boldsymbol{r}_C=\frac{1}{m}\sum_{i=1}^{N}m_i\boldsymbol{r}_i \tag{2.5.6}$$

推广式(2.5.5)易得质点系的动力学方程为

$$\boldsymbol{F}^{(\mathrm{ex})}=m\frac{\mathrm{d}^2\boldsymbol{r}_C}{\mathrm{d}t^2} \tag{2.5.7a}$$

式$\dfrac{\mathrm{d}\boldsymbol{r}_C}{\mathrm{d}t}=\boldsymbol{v}_C$ 是质心速度，$\dfrac{\mathrm{d}^2\boldsymbol{r}_C}{\mathrm{d}t^2}=\boldsymbol{a}_C$ 是质心加速度，于是上式也可写成

$$\boldsymbol{F}^{(\mathrm{ex})}=m\boldsymbol{a}_C \tag{2.5.7b}$$

方程(2.5.7)表明，无论质点系怎样运动，整个质点系的总质量 m 与质心加速度 $\boldsymbol{a}_C$的乘积等于作用在质点系上诸外力的矢量和，这就是**质心运动定理**.

式(2.5.6)所表示的质心位置矢量 $\boldsymbol{r}_C$实际上是质点系质量分布的平均坐标.计算质心时，通常把式(2.5.6)写成分量形式，在直角坐标系中，质心 C 的坐标为

$$x_C=\frac{1}{m}\sum_{i=1}^{N}m_ix_i,\quad y_C=\frac{1}{m}\sum_{i=1}^{N}m_iy_i,\quad z_C=\frac{1}{m}\sum_{i=1}^{N}m_iz_i \tag{2.5.8}$$

对于质量连续分布的物体，计算其质心时可将式(2.5.8)中的求和改为积分即可.

质心运动定理表明了“质心”概念的重要性.不管物体的质量如何分布，也不管外力作用

在物体的什么位置上，质心的运动就像将质点系的全部质量集中于质心，将各质点所受的全部外力平移到质心上的一个质点的运动一样.例如，高台跳水运动员离开跳台后，他的身体可以在空中作各种优美的翻转伸缩动作，但他的质心却只能沿着一条抛物线运动.作用于质点系的力不仅有外力，而且有各质点之间相互作用的内力，质心的运动状态只由外力决定，内力是不能改变质心运动状态的，优秀的举重运动员不能依靠内力举起自身就是这个道理.而且不管内力如何复杂，式(2.5.7)都是普遍适用的，我们常常将很大的物体(比如地球)视为质点，其根据就在于此.

质心运动定理还表明，当质点系受到外力作用时，虽然无法知道每一质点如何运动，但是，此质点系质心的运动却可以由质心运动定理式(2.5.7)完全确定.由此可见，质心是质点系的代表点，整个质点系可以是刚体，也可以是柔体.质点系的运动无论是平动还是旋转、爆炸等，质心运动定理都成立.质心运动定理对于研究质点系或作复杂运动刚体的动力学问题是非常有用的.

将质心运动定理与牛顿第二定律比较可以看出，如果不考虑系统中每一个质点运动的细节，而只考虑系统整体的质心运动，则其动力学方程与单个质点的动力学方程的形式相同.在质点力学中我们把实际物体抽象为质点，再运用牛顿第二定律求解；在运用质心运动定理处理质点系问题时，只考虑物体系统质心的运动，而忽略了系统内各质点围绕质心的运动和各质点间的相对运动.这正是质点模型方法的实质.

当质点系受到外力作用时，只要根据式(2.5.7)列出动力学方程，并给出相应的初始条件(初位置 x_{C0}、y_{C0}、z_{C0} 和初速度 v_{x0}、v_{y0}、v_{z0})，求解此二阶常微分方程，即可得到任意时刻质心位置的变化规律 $\boldsymbol{r}_C(t)$.

以质点系的质心为原点，坐标轴总与基本坐标系平行，这样的参考系称为质心参考系，简称**质心系**.质心系也就是随质心一起运动的参考系，坐标架与基本坐标系间无相对运动.在求解质点系动力学问题时，采用质心系常可使问题得到简化.

例 2.4

在静止的水中停泊着一只质量为 m' 的船，一个质量为 m 的人站立在船的一端 A 点，若此人从船的一端走到另一端，不计水的阻力，求船移动的距离.已知船的长度 $\overline{AB}=2l$.

解 如图 2-5-2 所示，开始时，人的位置在 A 点，船的位置为 AB，系统质心坐标为

$$x_{C0}=\frac{m'l}{m+m'}$$

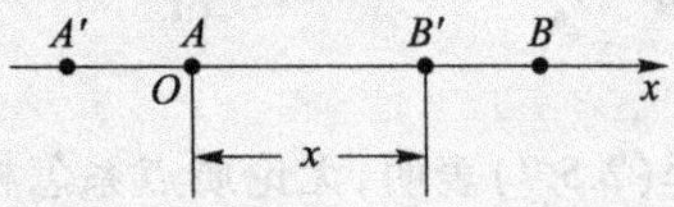

图 2-5-2 例 2.4 图

当人走到船的另一端时，人的位置在 B' 点，船的位置为 $A'B'$，设人移动的距离为 x，则系统质心坐标为

$$x_C=\frac{mx+m'(x-l)}{m+m'}$$

由于系统所受外力在水平方向的分量为零，且系统由静止启动，故质心的位置应保持不变 $x_{C0}=x_C$，即

$$\frac{m'l}{m+m'}=\frac{mx+m'(x-l)}{m+m'}$$

$$x=\frac{2m'l}{m+m'}$$

所以,船移动的距离为

$$\overline{AA'}=\overline{BB'}=2l-x=\frac{2ml}{m+m'}$$

质心运动定理只给出质点系整体运动的总趋势,为了对质点系的运动进行全面描述,还需研究各质点的相对运动.

1.2 两体的相对运动

研究两体的相对运动就是从与其中一个质点重合的平动参考系中去考察另一个质点的运动.下面讨论不受外力作用的两个质点在已知内力作用下的相对运动.

现在来建立两个质点相对运动的方程,如图 2-5-3 所示,考虑一般情况,二质点间相互作用力 $\boldsymbol{F}'_{12}$ 和 $\boldsymbol{F}'_{21}$ 是两质点间距离 r 的函数,表示为 $\boldsymbol{F}'(r)$,并遵守牛顿第三定律.对质量为 m_1 的质点 A,有

$$m_1\frac{\mathrm{d}^2\boldsymbol{r}_1}{\mathrm{d}t^2}=\boldsymbol{F}'(r)$$

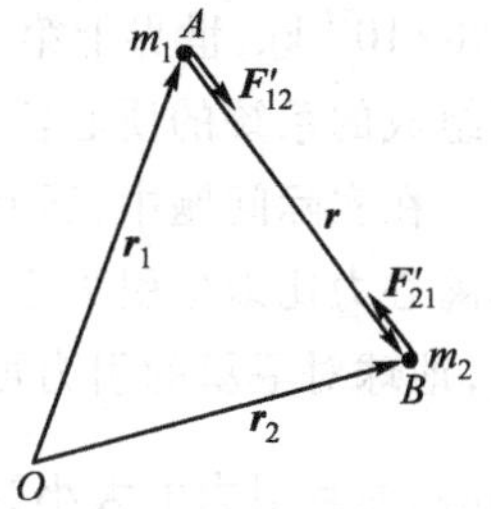

图 2-5-3 两体相对运动

对质量为 m_2 的质点 B,有

$$m_2\frac{\mathrm{d}^2\boldsymbol{r}_2}{\mathrm{d}t^2}=-\boldsymbol{F}'(r)$$

则

$$\frac{\mathrm{d}^2}{\mathrm{d}t^2}(\boldsymbol{r}_2-\boldsymbol{r}_1)=-\left(\frac{1}{m_1}+\frac{1}{m_2}\right)\boldsymbol{F}'(r)$$

由图 2-5-3 可知,$\boldsymbol{r}_2-\boldsymbol{r}_1=\boldsymbol{r}$ 是质点 B 相对于质点 A 的位置矢量.若定义**约化质量** μ 为 $\frac{1}{\mu}=\frac{1}{m_1}+\frac{1}{m_2}$,于是上式变为

$$\mu\frac{\mathrm{d}^2\boldsymbol{r}}{\mathrm{d}t^2}=-\boldsymbol{F}'(r) \tag{2.5.9}$$

这就是在考虑质点 A 运动的情况下,质点 B 相对于质点 A 的运动方程.式(2.5.9)说明了两体的相对运动规律,它相当于一个质量等于 μ 的单质点在固定力心的有心力场 $\boldsymbol{F}'(r)$ 中的运动.也就是说,研究质点 B 相对于质点 A 运动时,只要将质点 B 的质量 m_2 用约化质量 μ 代替,则质点 B 相对于质点 A 的运动微分方程,就和质点 A 静止不动时的微分方程形式完全一样.类似地,将质点 A 的质量 m_1 用约化质量 μ 代替,则质点 A 相对于质点 B 的运动微分方程就和质点 B 静止不动时的微分方程形式完全一样.从而将二体问题转化为一个等效的单质点问题来处理,可以直接运用质点动力学的方法简单求解.

行星绕太阳运动、人造地球卫星绕地球运动、电子绕原子核运动、带电粒子在核场中的散射等,都属于两体运动问题.两体运动是质点系理论能够精确求解的一个问题.作为两体运动的一个实例,下面我们简要分析人造地球卫星的运动.

1.3 人造地球卫星的运动

对于人造地球卫星和地球所组成的系统,假设地球质量相对于地心呈球对称分布,其质量为

m',将人造地球卫星简化为一个质点,其质量为 m.如图 2-5-4 所示,地心的位置坐标为(x_1,y_1),卫星的位置坐标为(x_2,y_2).由式(2.5.6),卫星和地球系统的质心坐标为

$$x_C=\frac{m'x_1+mx_2}{m'+m}$$

$$y_C=\frac{m'y_1+my_2}{m'+m}$$

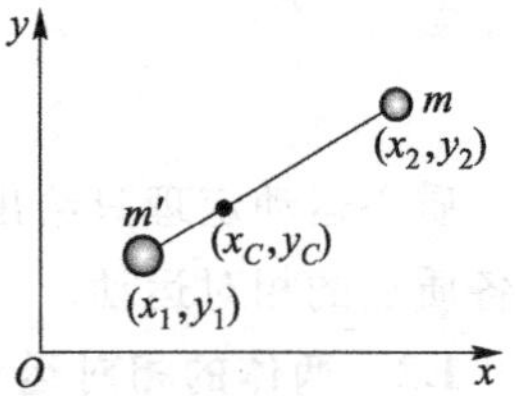

图 2-5-4 地球-卫星系统

由于地球质量远大于卫星质量,即 $m'>>m$,例如,地球质量为 $m'=5.98\times10^{24}$ kg,世界上第一颗人造地球卫星的质量为 $m=83.6$ kg.显然 $x_C\approx x_1,y_C\approx y_1$,卫星和地球所组成的系统的质心位置非常接近地心,因此,系统质心的运动可以近似认为就是地心的运动.

在实际问题中,通常人们更关心人造地球卫星相对于地心的运动.地球公转所产生的对卫星的离心力比地球引力小得多,可以忽略,地球非常接近球形,地球自转对卫星运动的影响可以忽略,地球对卫星的引力可以看成地心对卫星的引力.容易证明,整个地球对卫星的引力恰好通过地心,而且引力的大小为 $F(r)=G\dfrac{m'm}{r^2}$,式中 r 为地心与卫星之间的距离.除此之外,地球-卫星系统还受到系统以外天体(太阳、其他行星和遥远的恒星)的万有引力作用.比如,容易算出,太阳对人造地球卫星的引力比地球对卫星的引力小数万倍.也就是说,其他星球对人造地球卫星的影响非常小,可以忽略.又由于卫星的质量 m 与地球质量 m'相差悬殊,即 $m<<m'$,约化质量 $\mu=\dfrac{m'm}{m'+m}\approx m$,近似地认为约化质量等于卫星的质量.因此,利用式(2.5.9)可以写出人造地球卫星相对于地心运动的动力学方程为

$$m\frac{\mathrm{d}^2\boldsymbol{r}}{\mathrm{d}t^2}=-G\frac{m'm}{r^2}\boldsymbol{e}_r$$

式中 $\boldsymbol{r}$ 是卫星相对于地心的位置矢量,$\boldsymbol{e}_r$是 $\boldsymbol{r}$ 方向的单位矢量.这就是地心固定,一个质量为 m 的卫星(质点)相对于地球的运动,它是卫星相对于地心的单质点运动问题.

上面对人造地球卫星运动的讨论具有普遍意义,凡是可归结为质点在平方反比引力场中的运动都适用.比如,行星绕太阳的运动,太阳质量远大于行星质量,系统的质心距太阳的中心非常近,两体的质心运动可以近似认为就是日心的运动,约化质量近似等于行星的质量,太阳对行星的引力可以看成日心对行星的引力.

2 质点系的动量

在质点系动力学的许多问题中,往往并不需要知道各质点运动的细节,只需要了解系统的整体运动趋势及某些运动特征.因此,只要通过研究系统整体的动量、能量、角动量及其变化规律即可达此目的.

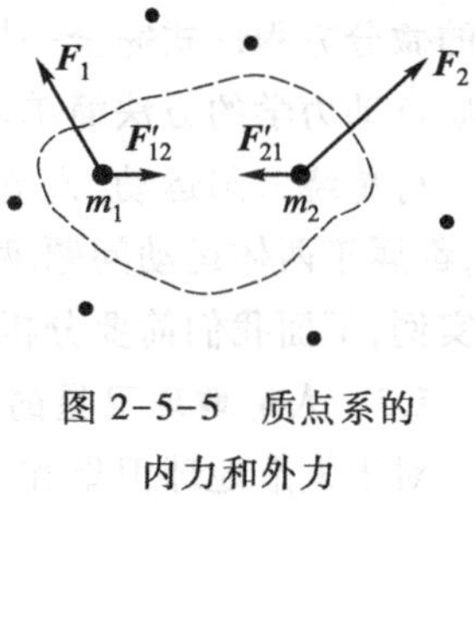

图 2-5-5 质点系的内力和外力

为简单起见,假设由两个质点 m_1和 m_2组成的系统,如图 2-5-5 所示,外界对它们的作用力分别为 $\boldsymbol{F}_1$和 $\boldsymbol{F}_2$,系统内两个质点之间的相互作用力为 $\boldsymbol{F}'_{12}$和 $\boldsymbol{F}'_{21}$,力作用的时间间隔为 $\Delta t=t-t_0$.

根据质点的动量定理，取第一个质点 m_1 为研究对象，有

$$\int_{t_0}^{t}(\boldsymbol{F}_1+\boldsymbol{F}'_{12})\,\mathrm{d}t=m_1\boldsymbol{v}_1-m_1\boldsymbol{v}_{10} \tag{2.5.10}$$

取第二个质点 m_2 为研究对象，有

$$\int_{t_0}^{t}(\boldsymbol{F}_2+\boldsymbol{F}'_{21})\,\mathrm{d}t=m_2\boldsymbol{v}_2-m_2\boldsymbol{v}_{20} \tag{2.5.11}$$

如果将 m_1 和 m_2 两个质点作为整体考虑，则 $\boldsymbol{F}_1$ 和 $\boldsymbol{F}_2$ 为外力，$\boldsymbol{F}'_{12}$ 和 $\boldsymbol{F}'_{21}$ 为内力.将式(2.5.10)和式(2.5.11)相加，并注意 $\boldsymbol{F}'_{12}+\boldsymbol{F}'_{21}=0$，于是有

$$\int_{t_0}^{t}(\boldsymbol{F}_1+\boldsymbol{F}_2)\,\mathrm{d}t=(m_1\boldsymbol{v}_1+m_2\boldsymbol{v}_2)-(m_1\boldsymbol{v}_{10}+m_2\boldsymbol{v}_{20})$$

推广到由 N 个质点所组成的系统，则

$$\int_{t_0}^{t}\boldsymbol{F}^{(\mathrm{ex})}\,\mathrm{d}t=\sum_{i=1}^{N}m_i\boldsymbol{v}_i-\sum_{i=1}^{N}m_i\boldsymbol{v}_{i0} \tag{2.5.12}$$

式(2.5.12)表明，作用于系统的合外力的冲量等于系统总动量的增量.这就是**质点系的动量定理**.

需要强调指出：作用于系统的合外力是作用于系统内每一个质点的外力的矢量和.只有外力才对系统的总动量变化有贡献，而系统的内力(系统内各质点间的相互作用)是不能改变整个系统的动量的.任何一个优秀的运动员不可能举起自身，就是这个道理.应注意内力虽然不能改变系统的总动量，却可以改变系统内单个质点的动量.

从式(2.5.12)可以看出，当系统所受的合外力为零时，系统总动量的增量亦为零，这时系统的总动量保持不变，即当 $\boldsymbol{F}^{(\mathrm{ex})}=0$ 时，

$$\sum_{i=1}^{N}m_i\boldsymbol{v}_i=\text{常矢量} \tag{2.5.13}$$

这就是质点系的**动量守恒定律**.式(2.5.13)是一个矢量形式的方程，在求解具体问题时，常取某一坐标系的分量形式较为方便.在直角坐标系中，动量守恒定律的分量式为

$$\begin{cases}\sum m_iv_{ix}=C_1\\ \sum m_iv_{iy}=C_2\\ \sum m_iv_{iz}=C_3\end{cases} \tag{2.5.14}$$

式中 C_1、C_2 和 C_3 均为常量.如果系统所受合外力不为零，但合外力在某一方向的分力为零，则在该坐标轴的动量分量保持不变.这一点对处理某些问题是很有用的.

动量守恒定律虽然是从表述宏观物体运动的牛顿运动定律导出的，但近代的科学实验和理论分析都表明：在自然界中，大到天体间的相互作用，小到质子、中子、电子等微观粒子间的相互作用都遵守动量守恒定律.在微观领域中，牛顿运动定律已不再适用，而动量守恒定律却是成立的.因此，动量守恒定律比牛顿运动定律更加基本，它是自然界中最普遍、最基本的规律之一.

例 2.5

火箭是动量守恒定律最重要的应用之一.火箭是一种利用燃料燃烧后喷出的气体产生的反冲推力的发动机，它是人造地球卫星或其他人造天体的运载工具.试简要说明火箭飞行的基本原理.

解 为简单起见，设火箭在远离大气层之外的自由空间飞行，即它不受引力或空气阻力等任何外力的影响.如图 2-5-6 所示，把某时刻 t 的火箭（包括火箭体和其中尚存的燃料）作为研究的系统，其总质量为 m'，此时火箭的速度为 $\boldsymbol{v}$，系统的总动量为 $m'\boldsymbol{v}$.

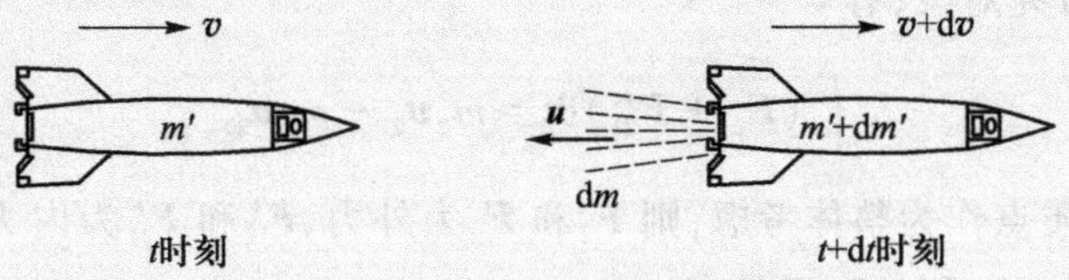

图 2-5-6 火箭飞行原理说明图

经过 $\mathrm{d}t$ 时间，火箭喷出质量为 $\mathrm{d}m$ 的气体，其相对于火箭体的喷出速度为 u.在 $t+\mathrm{d}t$ 时刻，火箭体的速度增大为 $v+\mathrm{d}v$，由于喷出气体的质量 $\mathrm{d}m$ 等于火箭质量的减小，即 $\mathrm{d}m=-\mathrm{d}m'$，则系统的总动量为 $-\mathrm{d}m'\cdot(v-u)+(m'+\mathrm{d}m')(v+\mathrm{d}v)$，由动量守恒定律可得

$$-\mathrm{d}m'\cdot(v-u)+(m'+\mathrm{d}m')(v+\mathrm{d}v)=m'v$$

展开此等式，略去二阶小量 $\mathrm{d}m'\cdot\mathrm{d}v$，可得

$$u\mathrm{d}m'+m'\mathrm{d}v=0$$

或

$$\mathrm{d}v=-u\frac{\mathrm{d}m'}{m'}$$

设火箭点火时质量为 m'_{i}，初速度为 v_{i}，燃料烧完后火箭质量为 m'_{f}，达到的末速度为 v_{f}，对上式积分，则有

$$\int_{v_{\mathrm{i}}}^{v_{\mathrm{f}}}\mathrm{d}v=-u\int_{m'_{\mathrm{i}}}^{m'_{\mathrm{f}}}\frac{\mathrm{d}m'}{m'}$$

由此得

$$v_{\mathrm{f}}-v_{\mathrm{i}}=u\ln\frac{m'_{\mathrm{i}}}{m'_{\mathrm{f}}}$$

式中 u 为排气速度，$\dfrac{m'_{\mathrm{i}}}{m'_{\mathrm{f}}}$ 称为质量比，此式表明，火箭在燃料燃烧后所增加的速度与排气速度及质量比的对数成正比.然而，通过化学燃料所能达到的 u 的最大理论值为 5 000 m/s，由于多种因素的影响，u 的实际值很难超过理论值的一半.依靠增大质量比来大幅度提高速度增量也不可能.也就是说，依靠单级火箭不能实现宇宙飞行器的发射，解决此问题的办法是采用多级火箭.

3 质点系的能量

3.1 质点系的动能

我们仍从两质点系统出发进行讨论，设作用于两个质点的力所做的功分别为 A_1 和 A_2，使两个质点的动能由 $E_{\mathrm{k}10}$、$E_{\mathrm{k}20}$ 分别改变为 $E_{\mathrm{k}1}$、$E_{\mathrm{k}2}$.利用质点的动能定理，对第一个质点，有

$$A_1=E_{\mathrm{k}1}-E_{\mathrm{k}10}$$

对第二个质点，有

$$A_2=E_{\mathrm{k}2}-E_{\mathrm{k}20}$$

两式相加，得

$$A_1+A_2=(E_{\mathrm{k}1}+E_{\mathrm{k}2})-(E_{\mathrm{k}10}+E_{\mathrm{k}20})$$

推广到由 N 个质点组成的系统,有

$$\sum_{i=1}^{N} A_i = \sum_{i=1}^{N} E_{ki} - \sum_{i=1}^{N} E_{ki0} \tag{2.5.15}$$

式中 $\sum_{i=1}^{N} E_{ki0}$ 是系统内 N 个质点的初动能之和, $\sum_{i=1}^{N} E_{ki}$ 是这些质点的末动能之和, $\sum_{i=1}^{N} A_i$ 是作用在 N 个质点上的力所做的功之和.因此,上式的物理意义是:作用于质点系的力所做的总功等于该质点系的动能增量.这称为**质点系的动能定理**.

3.2 机械能守恒

作用于一个系统的力,可以有系统内部各质点相互作用的内力,也可以有系统外部其他物体作用的外力.式(2.5.15)中作用于质点系的力所做的功,应是全部外力所做的功与质点系内全部内力所做功之和,即

$$\sum_{i=1}^{N} A_i = \sum_{i=1}^{N} A_i^{(ex)} + \sum_{i=1}^{N} A_i^{(in)}$$

如果按力的特点来区分,作用于质点系的力有保守力和非保守力之分.若以 $\sum A_c^{(in)}$ 表示质点系内保守内力做功之和, $\sum A_{nc}^{(in)}$ 表示质点系内非保守内力做功之和,则质点系内全部内力所做的功应为

$$\sum A^{(in)} = \sum A_c^{(in)} + \sum A_{nc}^{(in)}$$

此外,从第二节中势能与功的讨论可知,系统内保守力所做的功等于势能增量的负值,即

$$\sum A_c^{(in)} = -\left(\sum_{i=1}^{N} E_{pi} - \sum_{i=1}^{N} E_{pi0}\right)$$

将以上三个关系式代入式(2.5.15),有

$$\sum A^{(ex)} + \sum A_{nc}^{(in)} = \left(\sum_{i=1}^{N} E_{ki} + \sum_{i=1}^{N} E_{pi}\right) - \left(\sum_{i=1}^{N} E_{ki0} + \sum_{i=1}^{N} E_{pi0}\right) \tag{2.5.16}$$

在物理学中,动能和势能统称为机械能.式(2.5.16)表明,质点系的机械能的增量等于外力与非保守内力做功之和,常称为质点系的功能原理.

由功能原理式(2.5.16)可知,要改变一个质点系的机械能,可以通过外力对系统做功,也可以通过非保守内力做功.如果在质点系的运动过程中,只有保守内力做功,那么质点系的机械能保持不变,即当 $\sum A^{(ex)} = 0$, $\sum A_{nc}^{(in)} = 0$ 时,

$$\sum_{i=1}^{N} E_{ki} + \sum_{i=1}^{N} E_{pi} = \sum_{i=1}^{N} E_{ki0} + \sum_{i=1}^{N} E_{pi0} \tag{2.5.17}$$

此式的物理意义是:当作用于质点系的外力和非保守内力都不做功,而只有保守力做功时,质点系的总机械能保持不变.这就是**机械能守恒定律**.

在机械能守恒定律中,机械能是不变量.在满足守恒条件 $\sum A^{(ex)} = 0$ 和 $\sum A_{nc}^{(in)} = 0$ 的情况下,质点系内的动能和势能可以相互转换,但动能与势能之和却是不变的,质点系内动能与势能之间的转换是通过质点系内的保守力做功来实现的.

应该注意,因为功能原理是在质点系动能定理基础上,引入势能而得出的,所以它和质点系的动能定理一样只在惯性系(或绝对参考系)中才成立.当质点系只有保守力做功时,机械能才守

恒.如果除保守力做功外,系统内还有非保守力做功,这时机械能必将发生变化而不守恒.

例 2.6

质量分别为 m_1 和 m_2 的两块木板连接于竖直放置的轻弹簧两端,并将 m_2 一端置于水平桌面上.弹簧劲度系数为 k.问至少需要在木板 m_1 上加多大的压力 F,才能在突然撤去压力 F 时,由于 m_1 跳起来而恰好使下面的木板 m_2 稍被提起?

解 如图 2-5-7(a)表示,m_1 还没有系在弹簧上端时,弹簧处于自然长度状态.当 m_1 连接于弹簧上端而处于静止平衡时,弹簧被压缩 x_0,如图 2-5-7(b)所示,此时

$$m_1g=kx_0$$

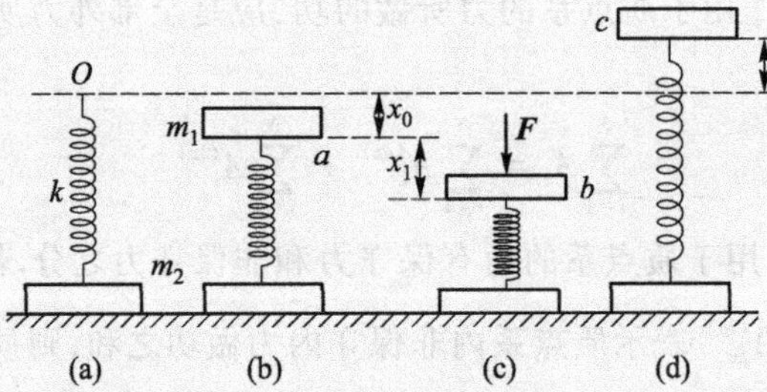

图 2-5-7 例 2.6 图

图 2-5-7(c)表示在 m_1 上加压力 F 后,弹簧再被压缩 x_1 而处于平衡状态,m_1 受三个力而平衡

$$m_1g+F=k(x_0+x_1)$$

撤去压力 F 后,m_1 向上跳到最高点 c 时,弹簧伸长 x_2,如图 2-5-7(d)所示.此时弹簧作用于 m_2 的力 kx_2 向上,且最大.为使 m_2 被提起,必须有

$$kx_2 \geqslant m_2g$$

取 m_1、m_2、弹簧和地球为研究对象,系统机械能守恒.取弹簧处于原长时的 O 点为弹性势能零点,也同时取其为重力势能的零点.系统由图 2-5-7(c)所示的状态到图 2-5-7(d)所示的状态,有

$$\frac{1}{2}k(x_0+x_1)^2-m_1g(x_0+x_1)=\frac{1}{2}kx_2^2+m_1gx_2$$

以上各式联立可解得

$$F \geqslant (m_1+m_2)g$$

即在 m_1 上至少施加 $(m_1+m_2)g$ 的压力,才能使该力突然撤去后由于 m_1 跳起而把 m_2 提起.

3.3 能量守恒定律

世界万物都是不断运动的,物质的运动形式多种多样,每一个具体的物质运动形式都存在相应的能量形式.宏观系统的机械运动对应的能量形式是机械能;分子热运动对应的能量形式是热能;化学反应中由于原子最外层电子运动状态的改变和原子能级发生变化对应的能量形式是化学能;带电粒子的定向运动对应的能量形式是电能;光子运动对应的能量形式是光能……除这些能量形式之外,还有辐射能、核能、风能、潮汐能等.各种场也具有能量.能量是一切运动着的物质的共同特性,能量是物质运动转换的统一量度.

不同形式的能量之间可以通过物理效应或化学反应而相互转化.例如,最常见的电能可以由多种其他形式的能量转化而来,比如水力发电是机械能转化为电能,核能发电是核能转化为电

能，电池是化学能转化为电能等.一个与外界没有任何相互作用的系统称为孤立系统.对于孤立系统来说，当然应有 $A^{(ex)}=0$.如果系统状态变化时，有非保守内力做功，即 $A_{nc}^{(in)}\neq 0$，那么，系统的机械能就会发生变化.例如，地雷爆炸增加了系统的机械能，汽车制动减少了系统的机械能.大量实验事实证明：在孤立系统的机械能减少或增加的同时，必然有等量的其他形式的能量增加或减少，而系统的机械能和其他形式的能量之总和是守恒的.这就是说，能量既不会凭空产生也不会凭空消失，一个孤立系统经历任何变化时，能量只会从一个物体转移到另一个物体，或者从一种形式转化为另一种形式，该系统内各种形式的能量可以相互转换，但在转化或转移的过程中能量总量保持不变.这就是普遍的能量守恒定律.

在不同的物理学领域中能量守恒定律的表述形式不同.在经典力学系统中，机械运动范围内所讨论的能量只有机械能（动能和势能），在只有保守力做功的情况下，系统的能量守恒具体表达为机械能守恒定律.由于物质运动形式的多样化，我们还可以遇到其他形式的能量，机械能只是诸多能量中的一部分，机械能守恒定律只是能量守恒定律的一个特例.在热力学系统中，系统内的总能量称为内能，它包括分子无序运动的动能、分子间相互作用的势能、由于分子结构改变而对应的化学能、原子和原子核内的核能.能量守恒的表达形式是热力学第一定律，任意过程中系统从周围介质吸收的热量、对介质所做的功和系统内能增量之间在数量上守恒.在狭义相对论中，能量守恒定律表现为质能守恒定律.在经典力学中，质量和能量之间是相互独立的，但在相对论力学中，能量和质量是物体力学性质的两个方面的同一表征，质能公式 $E=mc^2$ 描述了质量与能量对应关系.在相对论中质量被扩展为质量-能量，原来在经典力学中独立的质量守恒和能量守恒结合成为统一的质能守恒定律，充分反映了物质和运动的统一性.

能量守恒定律是物理学中最普遍的规律之一，能量转换和守恒定律也是概括无数的生产实践经验而总结出来的，例如，18 世纪后期蒸汽机的改进和使用.当时，人们还对动物热的来源、电流的热效应、电磁感应等各种不同运动形式相互转换的现象进行了广泛的定量研究，从而确立了能量转换与守恒定律.历史上有许多人曾试图设计出既不消耗能量又可对外做功的机器，称为第一类永动机，但结果都失败了.因此，能量守恒定律还可表述为第一类永动机是不可能造成的.能量守恒定律适用于任何变化过程，不论是机械的、热的、电磁的、原子和原子核内的，还是化学的、生物的等过程.

近代物理学中有一个的重要观念：如果运动规律具有一种对称性，必相应地存在一条守恒定律.对物质运动基本规律的探索中，人们认识到能量守恒定律是由时间平移不变性决定的.也就是说能量守恒定律的适用是不受时间限制的.举个例子：闭合线圈切割磁感应线时，在动能损失的同时，其内能增加了，这是符合能量守恒定律的，而这个过程即使推后几天也是成立的.对称性和守恒定律之间的联系，提供了从分析对称性入手来研究守恒定律线索和启示.

4 碰撞

当两个质点或两个物体相互接近时，在较短的时间内通过相互作用，它们的运动状态发生了显著的变化，这一现象称为**碰撞**.在宏观现象中，相互碰撞的两个物体直接接触，接触的时间极短，接触时的相互作用比较强，碰撞物体在接触前和分离后没有相互作用，因此，在两个碰撞物体接触的过程中，可以忽略外力作用，认为两碰撞物体系统的动量守恒.在微观领域中，通常把微观粒子之间的碰撞称为散射.由于微观粒子之间的相互作用十分复杂，而且往往不能直接观测，人们可以通过各种类型的散射实验来研究粒子之间的相互作用以及它们的内部结构.

为了简单起见,下面我们只讨论两球(质点)的对心碰撞.在这种情况下,两球碰撞前的速度在两球的中心连线上,碰撞后的速度也必然在这一连线上.如图 2-5-8 所示,用 $\boldsymbol{v}_{10}$ 和 $\boldsymbol{v}_{20}$ 分别表示两球碰撞前的速度,$\boldsymbol{v}_1$ 和 $\boldsymbol{v}_2$ 分别表示两球碰撞后的速度,m_1 和 m_2 分别为两球的质量,则有

$$m_1\boldsymbol{v}_{10}+m_2\boldsymbol{v}_{20}=m_1\boldsymbol{v}_1+m_2\boldsymbol{v}_2 \tag{2.5.18}$$

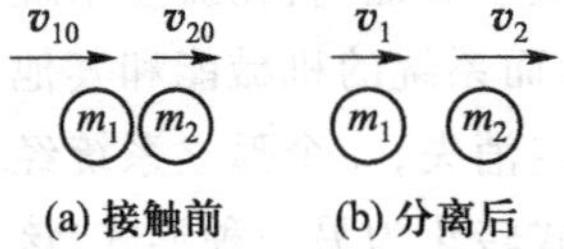

图 2-5-8　两球的对心碰撞

牛顿从实验结果总结出一个碰撞定律:碰撞后两球的分离速度(v_2-v_1)与碰撞前两球的接近速度($v_{10}-v_{20}$)成正比,比值由两球的材料性质决定,即

$$e=\frac{v_2-v_1}{v_{10}-v_{20}} \tag{2.5.19}$$

式中 e 称为恢复系数.

由式(2.5.18)和式(2.5.19),可得碰撞后两球的速度为

$$\begin{cases} v_1=v_{10}-\dfrac{m_2}{m_1+m_2}(1+e)(v_{10}-v_{20}) \\ v_2=v_{20}+\dfrac{m_1}{m_1+m_2}(1+e)(v_{10}-v_{20}) \end{cases} \tag{2.5.20}$$

如果 $e=0$,则 $v_2=v_1$,亦即两球碰撞后以同一速度运动,并不分开,这称为完全非弹性碰撞.打桩机和锻压机就是利用这一原理工作的.

如果 $e=1$,则分离速度等于接近速度,它称为完全弹性碰撞,这是一种理想的情形.在完全弹性碰撞中,两球的机械能完全没有损失,碰撞前后机械能保持不变.1932 年,查德威克利用完全弹性碰撞实验发现了中子.

完全弹性碰撞是原子核物理中经常遇到的情况,例如 α 粒子的散射,如图 2-5-9 所示,一个质量为 m_1、速度为 $\boldsymbol{v}_{10}$ 的 α 粒子与一个质量为 m_2、静止($\boldsymbol{v}_{20}=0$)的靶核相碰撞,入射 α 粒子的运动方向与通过靶核平行于 $\boldsymbol{v}_{10}$ 的直线之间的距离为 b,b 标志着入射粒子瞄准靶核的程度,称为瞄准距离.

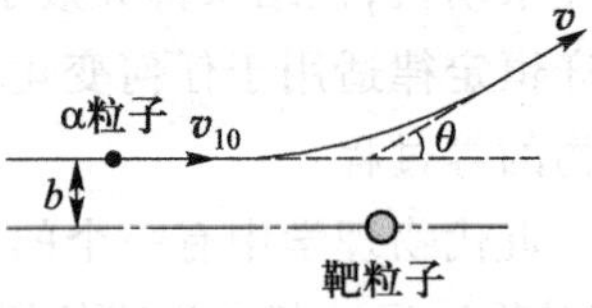

图 2-5-9　α 粒子的散射

在一般情况下,$0<e<1$,两球在碰撞过程中,机械能并不守恒,总有一部分机械能损失掉,而转化为其他形式的能量(比如放出热量等).我们把这种机械能有损失的碰撞称为非完全弹性碰撞.

例 2.7

设在宇宙中有密度为 ρ 的尘埃,这些尘埃相对零加速度参考系是静止的.有一质量为 m_0 的宇宙飞船以初速度 v_0 穿过宇宙尘埃,由于尘埃粘贴到飞船上,致使飞船的速度发生改变.试求飞船的速度与其在尘埃中飞行时间的关系.

解　为便于计算,设想飞船的外形是如图 2-5-10 所示的底面积为 S 的圆柱体.飞船在自由空间飞行,以 m 和 $\boldsymbol{v}$ 表示 t 时刻飞船的质量和速度,由动量守恒 $m_0v_0=mv$,微分得

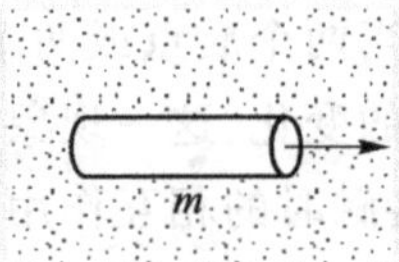

图 2-5-10　例 2.7 图

$$\mathrm{d}m=-\frac{m_0v_0}{v^2}\mathrm{d}v$$

在 $t\to t+\mathrm{d}t$ 时间内，由于飞船与尘埃间进行完全非弹性碰撞，而粘贴在宇宙飞船上尘埃的质量（即飞船所增加的质量）为 $\mathrm{d}m=\rho Sv\mathrm{d}t$，从而得

$$\rho Sv\mathrm{d}t=-\frac{m_0v_0}{v^2}\mathrm{d}v$$

积分，得

$$-\int_{v_0}^{v}\frac{\mathrm{d}v}{v^3}=\frac{\rho S}{m_0v_0}\int_0^t\mathrm{d}t$$

所以

$$v=v_0\sqrt{\frac{m_0}{2\rho Sv_0t+m_0}}$$

显然，飞船在尘埃中飞行的时间愈长，其速度就愈小．

例 2.8

如图 2-5-11 所示，用一条轻而不可伸长的细绳将质量为 m_2 的光滑球 B 系于 O 点，质量为 m_1 的 A 球以速度 v_1 与 B 球正碰，v_1 与细绳成 θ 夹角，已知恢复系数为 e.求两球碰撞后的速度.

解　设细绳与 B 球间及 A 球与 B 球间的恢复系数 e 相同，碰撞后，A 球的速度为 v_1'，B 球的速度为 v_2'，由于细绳的约束，B 球被限制在圆周上运动，则

$$v_1'-v_2'\sin\theta=-ev_1$$

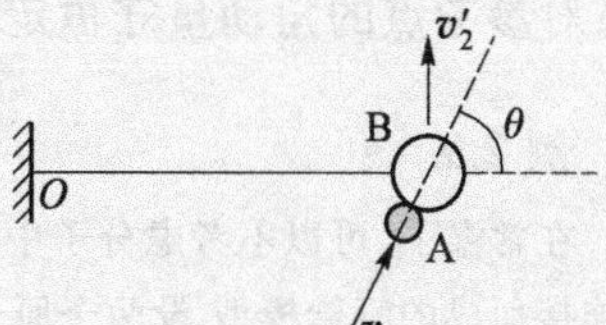

图 2-5-11　例 2.8 图

在垂直于细绳方向，两球碰撞前后动量守恒，则

$$m_2v_2'+m_1v_1'\sin\theta=m_1v_1\sin\theta$$

上面两式联立，可得

$$v_1'=\frac{(m_1\sin^2\theta-em_2)v_1}{m_2+m_1\sin^2\theta},\quad v_2'=\frac{(e+1)m_1v_1\sin\theta}{m_2+m_1\sin^2\theta}$$

5　质点系的角动量

对于由 N 个质点组成的质点系，各质点的质量分别为 $m_1,m_2,\cdots m_i,\cdots$，各质点对参考点 O 的位置矢量分别为 $\boldsymbol{r}_1,\boldsymbol{r}_2,\cdots\boldsymbol{r}_i,\cdots$，各质点的速度分别为 $\boldsymbol{v}_1,\boldsymbol{v}_2,\cdots\boldsymbol{v}_i,\cdots$.利用上一章质点角动量的定义，质点 i 对给定参考点 O 的角动量为 $\boldsymbol{L}_i=\boldsymbol{r}_i\times m_i\boldsymbol{v}_i$，则质点系对参考点 O 的角动量等于各质点对该 O 点角动量的矢量和，即

$$\boldsymbol{L}=\sum_i\boldsymbol{r}_i\times m_i\boldsymbol{v}_i\tag{2.5.21}$$

当质点作圆周运动时，如图 2-5-12 所示，该质点（比如质点 i）对圆心 O 的角动量为 $L_i=r_im_iv_i$.如果各质点都绕共同的 Oz 轴作圆周运动，则质点系对 Oz 轴的角动量的大小为

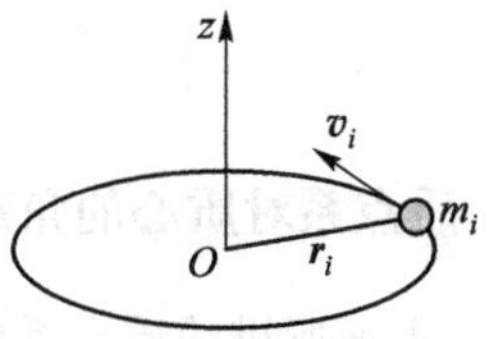

图 2-5-12　质点沿圆周运动

$$L_z=\sum_i r_im_iv_i\tag{2.5.22}$$

L_z的方向沿 Oz 轴.

若质点系内内力作用于质点 i 的力矩(内力矩)为 $\boldsymbol{M}_i^{(\mathrm{in})}$,质点 i 所受的外力矩为 $\boldsymbol{M}_i^{(\mathrm{ex})}$.根据上一章质点对参考点 O 的角动量定理,有

$$\boldsymbol{M}_i^{(\mathrm{ex})}+\boldsymbol{M}_i^{(\mathrm{in})}=\frac{\mathrm{d}\boldsymbol{L}_i}{\mathrm{d}t}$$

将上式用于质点系内各质点,并对全部质点求和,同时注意,成对出现的内力对 O 点的力矩的矢量和为零,即 $\sum\limits_i \boldsymbol{M}_i^{(\mathrm{in})}=0$,令 $\sum\limits_i \boldsymbol{L}_i=\boldsymbol{L}$,则

$$\sum_i \boldsymbol{M}_i^{(\mathrm{ex})}=\frac{\mathrm{d}\boldsymbol{L}}{\mathrm{d}t} \tag{2.5.23}$$

此式表明质点系对于参考点 O 的角动量随时间的变化率等于外力对该点力矩的矢量和,称为质点系对参考点 O 的角动量定理.

由式(2.5.23)可见,当 $\sum\limits_i \boldsymbol{M}_i^{(\mathrm{ex})}=0$ 时,

$$\boldsymbol{L}=\text{常矢量} \tag{2.5.24}$$

即若外力对参考点 O 的力矩的矢量和始终为零,则质点系对该点的角动量保持不变,称此为质点系对参考点的角动量守恒定律.

例 2.9

在常温下,可以不考虑分子中原子间的振动,可将双原子分子的结构视为两原子间由一不计质量的轻细杆连接而成的哑铃模型.设两个原子的质量分别为 m_1 和 m_2,原子间距离为 r.当分子绕通过质心且垂直于二原子连线的轴以角速度 ω 转动时,求分子对转轴的角动量和转动动能.

解 如图 2-5-13 所示,r_1 和 r_2 分别为两个原子到质心的距离,$r=r_1+r_2$,在质心坐标系中,$m_1r_1+m_2r_2=0$,因此

$$r_1=\frac{m_2r}{m_1+m_2},\quad r_2=\frac{m_1r}{m_1+m_2}$$

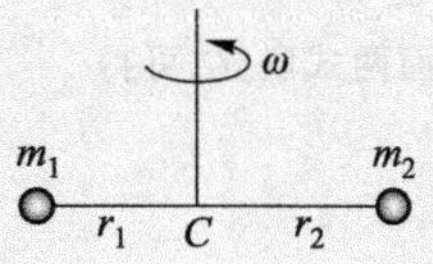

图 2-5-13 例 2.9 图

分子对转轴的角动量为

$$L=m_1r_1^2\omega+m_2r_2^2\omega=\frac{m_1m_2}{m_1+m_2}\cdot r^2\omega$$

令$\dfrac{m_1m_2}{m_1+m_2}=\mu$(约化质量),则

$$L=\mu r^2\omega$$

分子的转动动能为

$$E_k=\frac{1}{2}m_1(r_1\omega)^2+\frac{1}{2}m_2(r_2\omega)^2=\frac{1}{2}\mu r^2\omega^2$$

6 质点系对质心的角动量

上面所讲的质点系的角动量定理是相对惯性系(或绝对参考系)而言的,但质心系不一定是惯性系.下面研究质心系中质点系角动量的变化规律.

讨论由 N 个质点所组成的系统,如图 2-5-14 所示,$Cx'y'z'$是质心系,坐标轴 x'、y'、z'与惯性

系 $Oxyz$ 的坐标轴 x、y、z 保持平行，质心 C 具有加速度 $\boldsymbol{a}_C$.

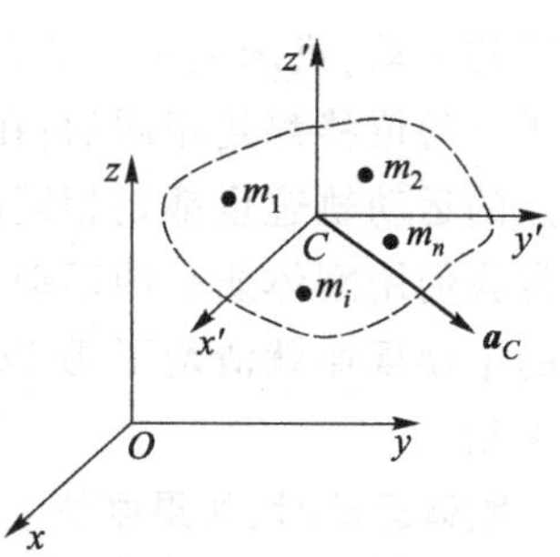

图 2-5-14　质心系以加速度 $\boldsymbol{a}_C$ 相对惯性系运动

取质点系内任一质点 i，对质心 C 的位置矢量为 $\boldsymbol{r}'_i$.质点 i 所受的外力对质心 C 的力矩为 $\boldsymbol{M}_{Ci}^{(\mathrm{ex})}$，内力矩为 $\boldsymbol{M}_{Ci}^{(\mathrm{in})}$，此外，质点 i 所受的惯性力对质心 C 的力矩为 $\boldsymbol{r}'_i\times(-m_i\boldsymbol{a}_C)$，质点 i 对质心 C 的角动量用 $\boldsymbol{L}_{Ci}$ 表示，根据质点对参考点的角动量定理，有

$$\boldsymbol{M}_{Ci}^{(\mathrm{ex})}+\boldsymbol{M}_{Ci}^{(\mathrm{in})}+\boldsymbol{r}'_i\times(-m_i\boldsymbol{a}_C)=\frac{\mathrm{d}\boldsymbol{L}_{Ci}}{\mathrm{d}t}$$

将上式对全部质点求和，并注意，成对出现的内力对 C 点的力矩的矢量和为零，即 $\sum \boldsymbol{M}_{Ci}^{(\mathrm{in})}=0$，惯性力矩项又可写为

$$-\sum(m_i\boldsymbol{r}'_i)\times\boldsymbol{a}_C=-\left(\frac{\sum m_i\boldsymbol{r}'_i}{m}\right)\times m\boldsymbol{a}_C$$

等式右边括号内是质心系中质心的位置矢量，当然等于零，令 $\sum \boldsymbol{L}_{Ci}=\boldsymbol{L}_C$，则有

$$\sum \boldsymbol{M}_{Ci}^{(\mathrm{ex})}=\frac{\mathrm{d}\boldsymbol{L}_C}{\mathrm{d}t} \tag{2.5.25}$$

这就是质点系对质心 C 的角动量定理，它表明质点系对质心 C 的角动量随时间的变化率等于外力对质心 C 力矩的矢量和.它在形式上，与相对于惯性系中固定点的角动量定理完全相同.值得注意的问题是：内力对质心的角动量的变化不起任何作用，虽然质心系是非惯性系，但所有惯性力对质心的力矩之和为零.这正是质心系的特点和选用质心系的优越性.

§2.6　刚体

在任何情况下其形状和大小都保持不变的物体称为**刚体**，它是一种理想模型.在许多实际问题中，只要所研究对象的大小和形状变化可以忽略不计时，都可以用刚体模型去处理.例如，机器中转动的齿轮、飞行中的卫星、转动的星球、多原子分子等.

如何确定刚体相对某一参考系的位置？确定其位置需要几个独立变量？我们知道，刚体可看成由无穷多质点组成，确定一个质点的位置需要 3 个独立变量，那么确定刚体的位置是否需要无穷多的独立变量呢？其实，刚体的理想化特点决定了刚体上各质点之间不能发生相对位移，因此，对于不受任何限制的刚体的一般运动，确定其位置状态只需要 6 个独立变量.当刚体的运动受到限制时，独立变量数会减少.研究刚体的动力学规律时，我们把刚体分成无穷多个微小部分，每一部分都小到可看成质点，把整个刚体看成不变的质点组，并运用已知的质点或质点系的运动规律加以讨论，这就是刚体力学的基本方法.

刚体的基本运动是平动和转动.

1　平动和转动

刚体运动时，如果刚体上任意一条直线在各个时刻的位置始终彼此平行，则把刚体的这种运动称为**平动**，如图 2-6-1(a)所示，始终有 $AB//A'B'//A''B''$.例如，升降机的运动，汽缸中活塞的运动，机床上车刀的运动等都是平动.显然，刚体平动时，在任意一段时间内，刚体内所有质点的位移都是相同的；在任意瞬时，刚体内所有各点都有相同的速度和加速度；刚体内各质点的运动轨迹也都是相同的；刚体平动时，任何一个点的运动都可以代表整个刚体的运动.通常我们用刚体质心的运动代表刚体整体的运动，只要把刚体质心的运动研究清楚，整个刚体的平动规律就清楚了.所以，上一章所讨论的质点运动学和质点动力学的规律都适用于刚体的平动.

刚体运动时，如果刚体上所有各点都绕同一条直线（转轴）作圆周运动，如图 2-6-1(b)所示，则称为刚体的**转动**.转轴可以是固定的，也可以是运动的.刚体转动时，如果转轴的位置或方向固定不动，则将刚体的这种转动称为**定轴转动**.刚体定轴转动的基本特征是：转轴上所有各点都保持不动，在同一时间间隔 Δt 内，刚体上与转轴距离不同的各点虽然经历的弧长不同，不同的点速度和加速度也各不相同，但角位移 $\Delta\theta$ 都相等.因此，我们可以用共同的角位移、角速度、角加速度来描述刚体的转动.

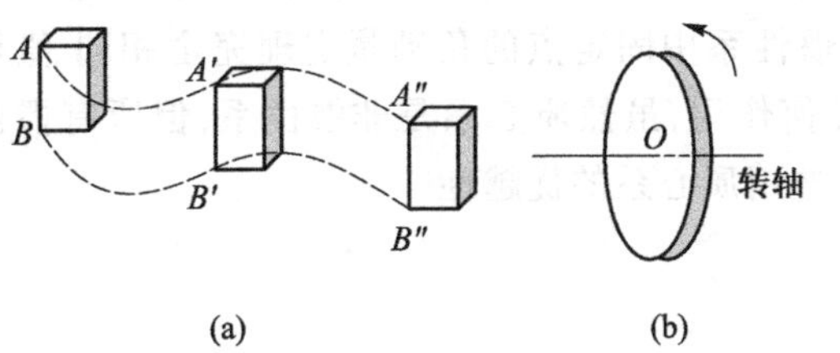

图 2-6-1　刚体的平动和转动

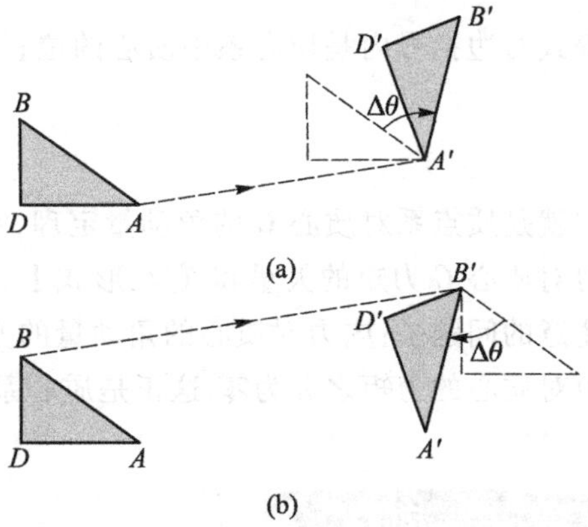

图 2-6-2　刚体的一般运动=平动+转动

刚体的一般运动可以分解为平动和转动.如图 2-6-2 所示，三角形从位置 ABD 运动到位置 $A'B'D'$，可以按图 2-6-2(a)的方式分解，也可以按图 2-6-2(b)的方式分解.两种分解中基点选择不同（一个在 A'，另一个在 B'），而转过的角位移 $\Delta\theta$ 却是相同的，而且方向也一样，都沿顺时针方向转动.可见，平动和转动的分解不是唯一的，但角位移与转轴位置无关.

2　刚体转动的描述

如图 2-6-3 所示，刚体绕固定轴 Oz 转动，在刚体上任取一点 P，经过时间 Δt，刚体上 OPz 平面转到 $OP'z$ 位置，刚体转过的角度为 θ.只要 θ 值一定，刚体的位置就被唯一确定了.可见，刚体绕定轴转动时，只需要一个独立变量 θ 便可确定任意时刻刚体的位置，变量 θ 称为角坐标.随着刚体的转动，θ 是随时间 t 的变化而变化的，其函数关系

$$\theta=\theta(t) \tag{2.6.1}$$

完全决定了刚体绕定轴转动的规律，式(2.6.1)就是刚体绕定轴转动的运动学方程.在 Δt 时间内，角坐标的增量 $\Delta\theta$ 称为角位移.规定：转动服从右手螺旋关系时，角位移 $\Delta\theta$ 为正值；反之，角位移 $\Delta\theta$ 取负值.角位移的单位为弧

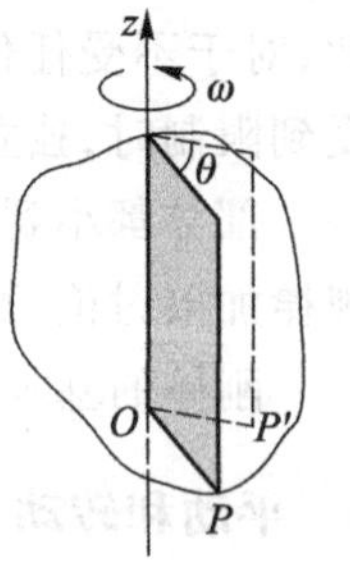

图 2-6-3　刚体绕定轴转动

度(rad).

2.1 角速度

若在 t 到 $t+\Delta t$ 时间内,刚体绕定轴转动的角位移为 $\Delta\theta$,则

$$\omega=\lim_{\Delta t\to 0}\frac{\Delta\theta}{\Delta t}=\frac{\mathrm{d}\theta}{\mathrm{d}t} \tag{2.6.2}$$

定义为刚体的角速度.角速度 ω 是描述刚体转动快慢和转动方向的物理量,当 $\mathrm{d}\theta>0$ 时,角速度 ω 为正;反之为负.角速度的单位为弧度每秒,用符号 $\mathrm{rad\cdot s^{-1}}$ 或 $\mathrm{s^{-1}}$ 表示.

刚体绕定轴转动时,转轴在空间的方位是固定不变的,刚体转动的方向只有正反两种,相应地可通过规定角位移 $\Delta\theta$ 的正负来确定 ω 的正负.然而,在一般情况下,转轴在空间的方位可能随时间的变化而改变(比如旋转陀螺),这时为了能既描述转动的快慢又说明转轴的方位,就需要引入角速度矢量的概念,简称角速度,用 $\boldsymbol{\omega}$ 表示.

角速度 $\boldsymbol{\omega}$ 具有大小和方向,且其相加服从平行四边形法则.角速度 $\boldsymbol{\omega}$ 的大小是 $\left|\frac{\mathrm{d}\theta}{\mathrm{d}t}\right|$,$\boldsymbol{\omega}$ 的方向可以由右手螺旋定则确定,如图 2-6-4(a)所示,把右手的拇指伸直,其余四指弯曲,并使弯曲的方向与刚体转动方向一致,这时拇指所指的方向就是角速度 $\boldsymbol{\omega}$ 的方向.角速度合成的平行四边形法则如图 2-6-4(b)所示.

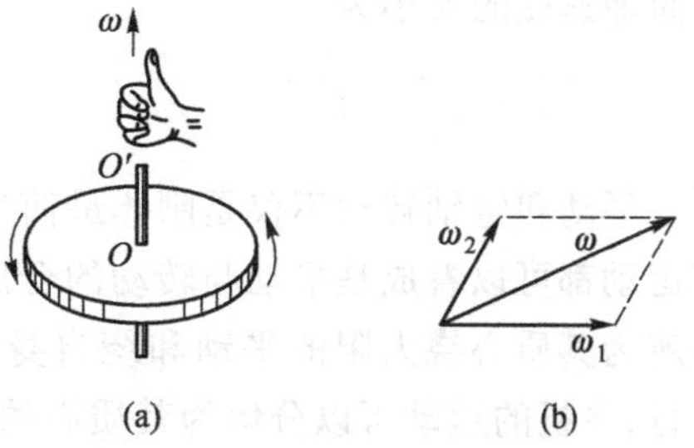

图 2-6-4 角速度矢量

在工程上,常用每分钟转过的圈数(简称转速)n 描述刚体转动的快慢,其单位为 $\mathrm{r\cdot min^{-1}}$.显然,ω 与 n 的关系为 $\omega=\frac{2\pi\cdot n}{60}$.

2.2 角加速度

刚体绕定轴转动时,角速度 ω 可能随时间 t 变化.我们引入角加速度 β 来描述角速度随时间变化的快慢.假设某一瞬时 t,刚体的角速度为 ω,在 $t+\Delta t$ 瞬时,角速度变为 $\omega+\Delta\omega$,则

$$\beta=\lim_{\Delta t\to 0}\frac{\Delta\omega}{\Delta t}=\frac{\mathrm{d}\omega}{\mathrm{d}t} \tag{2.6.3}$$

即角加速度等于角速度 ω 对时间 t 的一阶导数.角速度有正负,角加速度也有正负.如果角加速度的方向与角速度相同,则刚体作加速转动;若角加速度的方向与角速度相反,则刚体作减速转动.角加速度的单位为 $\mathrm{rad\cdot s^{-2}}$.

在刚体转动过程中,角速度 ω 描述刚体的转动状态,角加速度 β 描写转动状态的变化情况.由于刚体的角位移 $\Delta\theta$ 与转轴位置无关,因此,角速度 $\frac{\mathrm{d}\theta}{\mathrm{d}t}$ 和角加速度 $\frac{\mathrm{d}^2\theta}{\mathrm{d}t^2}$ 也与转轴的位置无关.

2.3 刚体上任一点的速度和加速度

当刚体绕定轴转动时,刚体内所有的点都绕定轴作圆周运动.而且组成刚体的每一个质点的角加速度相同,都等于刚体的角加速度;每一个质点的角速度也相同,都等于刚体的角速度.

如图 2-6-5 所示,设经过 $\mathrm{d}t$ 时间,刚体绕定轴 Oz 转动的角位移为 $\mathrm{d}\theta$,其上任一点 P 经过的路程为 $\mathrm{d}s$,则 $\mathrm{d}s=r\mathrm{d}\theta$,两边同除以 $\mathrm{d}t$,得 P 点的速度大小为 $v=r\omega$,方向沿 P 点轨迹的切向,写成

矢量形式，有

$$\boldsymbol{v}=\boldsymbol{\omega}\times\boldsymbol{r} \tag{2.6.4}$$

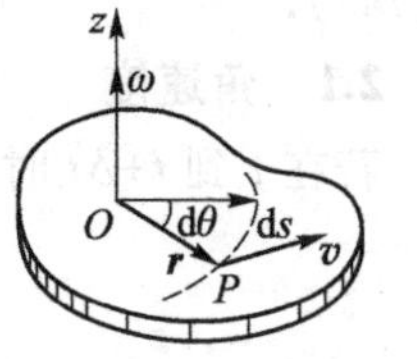

图 2-6-5 刚体上任一点的速度

上式对时间求导数得刚体上任一点 P 的加速度为

$$\boldsymbol{a}=\frac{\mathrm{d}\boldsymbol{v}}{\mathrm{d}t}=\frac{\mathrm{d}\boldsymbol{\omega}}{\mathrm{d}t}\times\boldsymbol{r}+\boldsymbol{\omega}\times\frac{\mathrm{d}\boldsymbol{r}}{\mathrm{d}t}$$

即

$$\boldsymbol{a}=\frac{\mathrm{d}\boldsymbol{\omega}}{\mathrm{d}t}\times\boldsymbol{r}+\boldsymbol{\omega}\times(\boldsymbol{\omega}\times\boldsymbol{r}) \tag{2.6.5}$$

上式右边第一项为切向加速度，第二项为法向加速度.切向加速度的大小为

$$a_{\mathrm{t}}=r\beta$$

法向加速度的大小为

$$a_{\mathrm{n}}=\frac{v^2}{r}=r\omega^2$$

平动和定轴转动不仅是刚体最简单的运动形式，也是最基本的运动形式.事实上，刚体的一切运动都可以看成是平动与转动的合成.例如，若将运动中的地球视为刚体，则地球的运动可以分解为其质心绕太阳的平动和绕自身轴线的转动.又如，飞机在空中飞行，飞机的运动可以分解为其质心的平动和绕通过质心的 3 条互相垂直的轴线的转动.

如图 2-6-6 所示，C 为刚体的质心，刚体运动时，其上任一点 P 的位置为

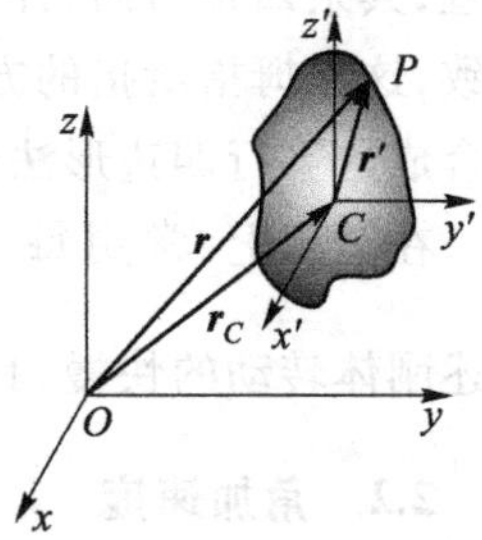

图 2-6-6 刚体的一般运动

$$\boldsymbol{r}=\boldsymbol{r}_C+\boldsymbol{r}'$$

对时间 t 求导数可得 P 点的速度为

$$\boldsymbol{v}=\boldsymbol{v}_C+\boldsymbol{v}'$$

其中 $\boldsymbol{v}_C=\frac{\mathrm{d}\boldsymbol{r}_C}{\mathrm{d}t}$ 是质心 C 的速度，$\boldsymbol{v}'=\frac{\mathrm{d}\boldsymbol{r}'}{\mathrm{d}t}=\boldsymbol{\omega}\times\boldsymbol{r}'$ 是 P 点相对质心 C 的速度.

因此

$$\boldsymbol{v}=\boldsymbol{v}_C+\boldsymbol{\omega}\times\boldsymbol{r}' \tag{2.6.6}$$

再对时间 t 求一次导数可得 P 点的加速度.

例 2.10

如图 2-6-7 所示，车轮在水平地面上沿直线作纯滚动，质心 C 的速度为 $\boldsymbol{v}_C$，求车轮边缘上 A、B、G 三点的速度.

解 由图 2-6-7 可知，在 A 点，$\boldsymbol{v}_C$ 和 $\boldsymbol{\omega}\times\boldsymbol{r}$ 的方向互相垂直，大小相等，即 $v_C=\omega r$，因此

$$v_A=\sqrt{v_C^{\ 2}+(\omega r)^2}=\sqrt{2}v_C$$

$\boldsymbol{v}_A$ 的方向垂直于 AG 连线.

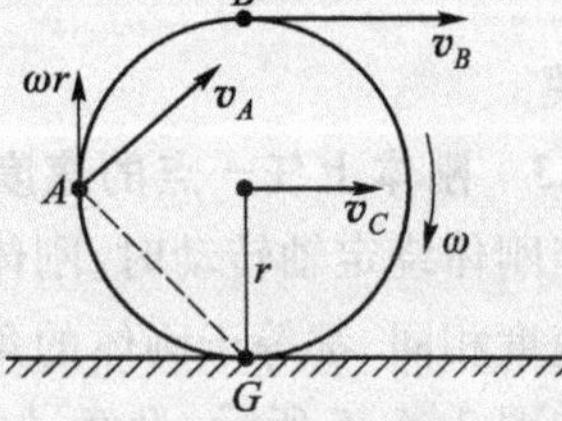

图 2-6-7 纯滚动的车轮

在 B 点，$\boldsymbol{v}_C$ 和 $\boldsymbol{\omega}\times\boldsymbol{r}$ 的方向相同，大小相等，即 $v_C=\omega r$，因此

$$v_B=v_C+\omega r=2v_C$$

$\boldsymbol{v}_B$ 的方向和 $\boldsymbol{v}_C$ 相同.

对于 G 点,$\boldsymbol{v}_C$ 和 $\boldsymbol{\omega}\times\boldsymbol{r}$ 大小相等、方向相反,因此

$$\boldsymbol{v}_G=\boldsymbol{v}_C+\boldsymbol{\omega}\times\boldsymbol{r}=0$$

即 G 点是瞬时静止的,车轮作纯滚动时,车轮与轨迹的接触点 G 相对于轨迹是瞬时静止的,没有滑动.我们也可以将任一瞬时车轮的滚动看成绕 G 点的瞬时转动,G 点也被称为瞬时转动中心,简称**转动瞬心**.因此,A 点和 B 点的速度分别为

$$v_A=\overline{AG}\omega$$

$$v_B=2r\omega$$

3 刚体的角动量

3.1 刚体定轴转动的角动量

设一刚体以角速度 ω 绕定轴 Oz 转动,如图 2-6-8 所示.将刚体分成无穷多个小块(质元),刚体绕定轴转动时,其上每一个质元都以相同的角速度 ω 绕 Oz 轴作圆周运动,$v_i=r_i\omega$.根据质点系对给定转轴的角动量公式(2.5.22),刚体上全部质元对轴 Oz 的角动量(即刚体对定轴的角动量)为

$$L_z=\left(\sum_i\Delta m_i r_i^2\right)\omega$$

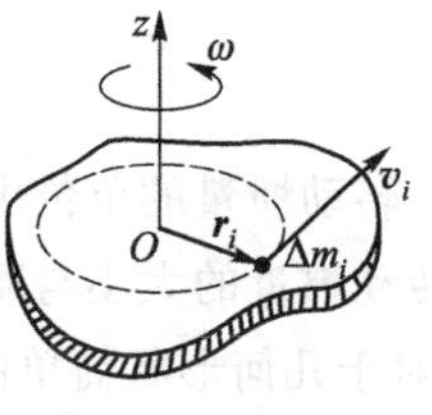

图 2-6-8 刚体的角动量

定义

$$I=\sum_i\Delta m_i r_i^2 \qquad (2.6.7)$$

为刚体绕定轴 Oz 的转动惯量,于是刚体对给定轴 Oz 的角动量为

$$L_z=I\omega \qquad (2.6.8)$$

上式与质点的动量 $p=mv$ 具有相似的形式,式中 v 与 ω 对应,m 与 I 对应,p 与 L 对应.

3.2 刚体对给定点的角动量

角动量是刚体转动问题中的重要概念,为了更好地理解这一的概念,我们讨论转动刚体对给定点的角动量.把刚体分成无穷多个微小部分(质元),根据质点系对给定点的角动量公式(2.5.21),便可得到刚体对给定点 O 的角动量

$$\boldsymbol{L}_O=\sum_i\boldsymbol{r}_i\times m_i\boldsymbol{v}_i \qquad (2.6.9)$$

这里我们以如图 2-6-9 所示的简单“刚体”具体说明,它是由长度为 $2l$、质量可以忽略不计的刚性细杆两端分别连接质量各为 $m_1=m_2=m$ 的两个质点组成的.此刚体绕过轻细杆中心且与细杆有一定夹角 α 的 Oz 轴转动,角速度为 $\boldsymbol{\omega}$,$\boldsymbol{\omega}$ 沿 Oz 轴的正方向.

选取 O 为参考点,m_1 和 m_2 的位置矢量分别为 $\boldsymbol{r}_1$ 和 $\boldsymbol{r}_2$,且 $\boldsymbol{r}_2=-\boldsymbol{r}_1$.由式(2.6.9)有

$$\boldsymbol{L}_O=\boldsymbol{r}_1\times m(\boldsymbol{\omega}\times\boldsymbol{r}_1)+\boldsymbol{r}_2\times m(\boldsymbol{\omega}\times\boldsymbol{r}_2)=2m\boldsymbol{r}_1\times(\boldsymbol{\omega}\times\boldsymbol{r}_1)$$

$\boldsymbol{L}_O$ 的大小为

$$L_O=2m\omega l^2\sin\alpha$$

其方向在纸面内,且与细杆垂直,如图 2-6-9 所示.我们可以看出:

(1) 图 2-6-9 所示刚体绕 Oz 轴的转动惯量为 $I=2m(l\sin\alpha)^2$，对 Oz 轴的角动量为

$$L_z=I\omega=2m\omega l^2\sin^2\alpha$$

(2) 比较 L_z 与 L_O 可见，$L_z=L_O\sin\alpha$，即 L_z 是 L_O 在 Oz 轴方向的分量.一般来说，刚体对参考点的角动量 L_O 与对转轴的角动量之间的关系为

$$\boldsymbol{L}_O=L_x\boldsymbol{i}+L_y\boldsymbol{j}+L_z\boldsymbol{k} \tag{2.6.10}$$

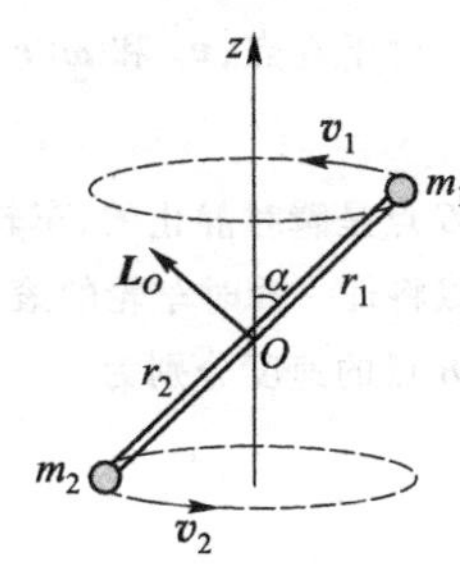

图 2-6-9 角动量的方向

3.3 转动惯量

由式(2.6.7)可知，转动惯量 I 等于各质元的质量与各质元到转轴的距离平方的乘积之和.如果以相同的力矩分别作用于两个绕定轴转动的不同刚体，它们所获得的角加速度一般是不相同的，转动惯量愈大的刚体绕定轴转动的运动状态愈难以改变.可见，转动惯量是表征刚体转动惯性大小的物理量.

刚体的质量可视为连续分布的，其转动惯量可以将式(2.6.7)的求和变成积分计算，即

$$I=\int r^2\mathrm{d}m \tag{2.6.11}$$

转动惯量的单位由质量和长度的单位决定，在国际单位制中为 $\mathrm{kg\cdot m^2}$.式(2.6.11)表明，刚体转动惯量的大小与刚体的密度有关，与刚体的质量对轴的分布情况有关，与刚体转轴的位置有关.对于几何形状简单的刚体，其转动惯量可由式(2.6.11)求出.对形状复杂的刚体，用理论方法计算转动惯量是很困难的，实际中多用实验方法测定.下表给出了几种常用均匀刚体对某轴的转动惯量.

表 2-6-1 几种常见刚体的转动惯量

刚体	转轴	转动惯量
细直杆 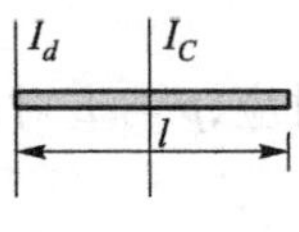	通过中心与杆垂直	$I_C=\frac{1}{12}ml^2$
	通过端点与杆垂直	$I_d=\frac{1}{3}ml^2$
细圆环 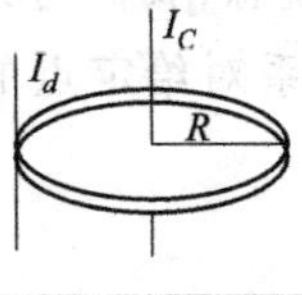	通过中心与环面垂直	$I_C=mR^2$
	通过边缘与环面垂直	$I_d=2mR^2$
薄圆盘或圆柱 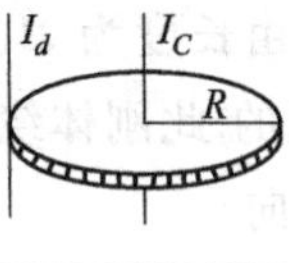	通过中心与盘面垂直	$I_C=\frac{1}{2}mR^2$
	通过边缘与盘面垂直	$I_d=\frac{1}{2}mR^2+mR^2$
同心圆柱 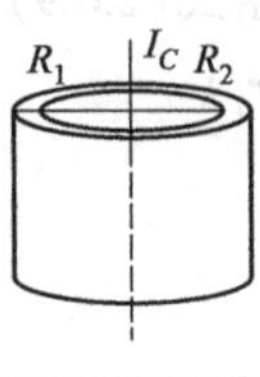	对称轴	$I_C=\frac{1}{2}m(R_1^2+R_2^2)$

续表

刚体	转轴	转动惯量
空心薄球壳 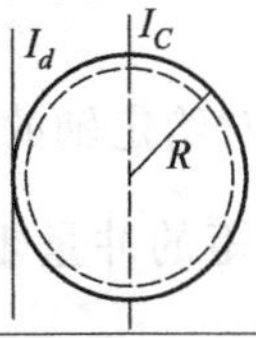	中心轴	$I_C=\frac{2}{3}mR^2$
	切线	$I_d=\frac{2}{3}mR^2+mR^2$
实心球体 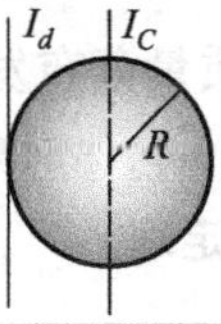	中心轴	$I_C=\frac{2}{5}mR^2$
	切线	$I_d=\frac{2}{5}mR^2+mR^2$

在表 2-6-1 中，I_C是刚体绕质心（刚体的质量分布中心）轴的转动惯量，如果另有一轴线 z 与过质心的轴线平行，且两平行轴之间的距离为 d，刚体的质量为 m，则刚体对 z 轴的转动惯量为 I_d.从表中可以看出有下面的关系

$$I_d=I_C+md^2 \tag{2.6.12}$$

这一关系式表明，刚体对任一转轴的转动惯量 I_d等于刚体对过质心并与该轴平行的转轴的转动惯量 I_C加上刚体的质量 m 与两轴间距离 d 的二次方的乘积.这一关系常被称为平行轴定理.由该定理可知，在刚体对各平行轴的不同转动惯量中，对质心轴的转动惯量最小.

3.4 角动量定理

刚体绕定轴转动时，角动量的大小为 $L=\sum r_i m_i v_i$，$\boldsymbol{L}$ 的方向沿转轴，合外力矩 $\sum_i M_i^{(\mathrm{ex})}=M$ 的方向也沿转轴，且内力矩 $\sum_i M_i^{(\mathrm{in})}=0$，根据质点系的角动量定理式(2.5.23)，有

$$M=\frac{\mathrm{d}}{\mathrm{d}t}\left(\sum \Delta m_i r_i^2\omega\right)$$

所以

$$M=\frac{\mathrm{d}}{\mathrm{d}t}(I\omega) \tag{2.6.13}$$

式(2.6.13)表明，作用于绕定轴转动刚体上的合外力矩等于刚体绕此轴的角动量随时间的变化率.

某一刚体绕定轴转动时，转动惯量 I 为常量，由式(2.6.13)有

$$M=I\frac{\mathrm{d}\omega}{\mathrm{d}t} \tag{2.6.14a}$$

或

$$M=I\beta \tag{2.6.14b}$$

式(2.6.14)表明，刚体绕定轴转动时，刚体对该轴的转动惯量与刚体在此合外力矩作用下所获得的角加速度的乘积在数值上等于合外力矩，称为刚体定轴转动的**转动定理**.式(2.6.14)是求解刚体绕定轴转动问题的基本方程，当刚体受到外力矩作用时，只要根据式(2.6.14a)或式(2.6.14b)列出相应的方程，并给出初始条件(初角坐标 θ_0和初角速度 ω_0)，求解方程即可得到任意时刻刚体绕定轴转动的规律.

在合外力矩的作用下，在 t_2-t_1 时间内，刚体绕定轴转动的角速度由 ω_1 变为 ω_2.将式(2.6.14a)两

边乘以 dt 并积分,得

$$\int_{t_1}^{t_2} M\mathrm{d}t = I\omega_2 - I\omega_1 \tag{2.6.15}$$

式(2.6.15)中 $\int_{t_1}^{t_2} M\mathrm{d}t$ 是合外力矩对作用时间的积累效应,称为力矩对给定轴的冲量矩,又叫角冲量.式(2.6.15)表明,刚体绕定轴转动过程中,作用在刚体上的外力矩的冲量矩等于刚体对该轴的角动量的增量,此称为刚体的**角动量定理**.

对于非刚性物体,如果在转动过程中转轴位置发生变化或物体的质量分布发生变化,其转动惯量也必然随时间改变.设 t_1 时刻转动物体的转动惯量为 I_1、角速度为 ω_1,t_2 时刻转动物体的转动惯量为 I_2、角速度为 ω_2,将式(2.6.13)两边乘以 dt 并积分,得**角动量定理**:

$$\int_{t_1}^{t_2} M\mathrm{d}t = I_2\omega_2 - I_1\omega_1 \tag{2.6.16}$$

当作用在转动刚体上的合外力矩为零时,根据角动量定理式(2.6.15)或式(2.6.16),刚体在转动过程中角动量保持不变,即 $M=0$ 时,

$$I\omega = 常量 \tag{2.6.17}$$

式(2.6.17)表明,如果刚体所受的合外力矩为零,或者不受外力矩的作用,刚体的角动量保持不变.这个结论称为**角动量守恒定律**.角动量守恒定律与前面介绍的动量守恒定律和能量守恒定律都是自然界的普遍规律.在日常生活中我们可以见到许多利用角动量守恒的例子,比如,芭蕾舞演员在舞台上的旋转表演,跳水运动员离开 10 米跳台在空中的翻转动作等.

例 2.11

如图 2-6-10(a)所示,质量为 m_A 的物体 A 放在水平面上,一根轻绳索跨过一半径为 R、质量为 m_C 的滑轮 C(视为匀质圆盘),绳索一端与物体 A 连接,另一端系在质量为 m_B 的物体 B 上.滑轮与绳索间没有滑动,已知物体 A 与水平面间的摩擦因数为 μ,滑轮与轴承间的摩擦力矩为 M_f.求物体 B 的加速度.

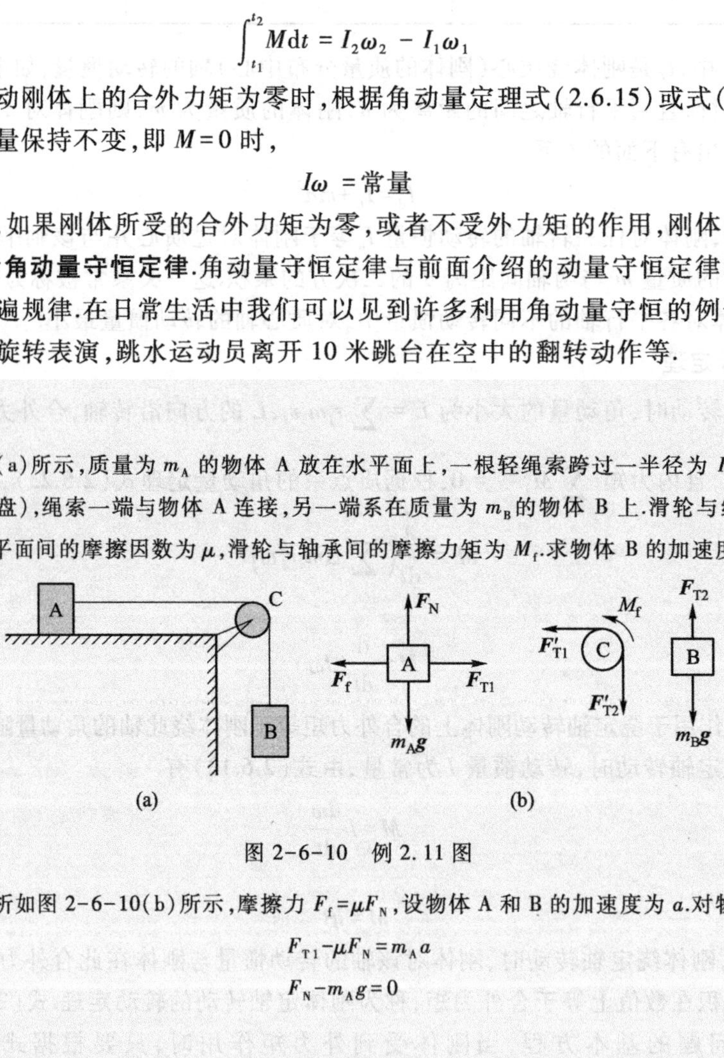

图 2-6-10 例 2.11 图

解 受力分析如图 2-6-10(b)所示,摩擦力 $F_f=\mu F_N$,设物体 A 和 B 的加速度为 a.对物体 A,有

$$F_{T1}-\mu F_N=m_A a$$

$$F_N-m_A g=0$$

对物体 B,有

$$m_B g-F_{T2}=m_B a$$

设滑轮 C 的角加速度为 β,则对滑轮 C,有

$$F_{T2}'R-F_{T1}'R-M_f=I\beta$$

因为 $\beta=\frac{a}{R}, I=\frac{1}{2}m_C R^2, F_{T1}'=F_{T1}, F_{T2}'=F_{T2}$，联立以上各式，可解得

$$a=\frac{2(m_B gR-\mu m_A gR-M_f)}{R(2m_A+2m_B+m_C)}$$

例 2.12

如图 2-6-11 所示，一杂技演员 M 由距水平跷板高度为 h 处自由下落到跷板的一端 A，并把跷板另一端的演员 N 弹了起来.设跷板是长为 l、质量为 m' 的均质板，支撑点在板的中部点 C，跷板可绕点 C 在竖直平面内转动，演员 M、N 的质量都是 m，假定演员 M 落在跷板上 A 处，与跷板的碰撞是完全非弹性碰撞.问演员 N 可弹起多高？

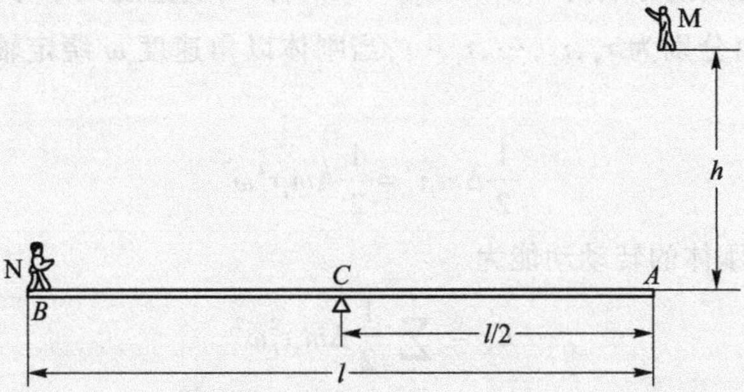

图 2-6-11　例 2.12 图

解　为使讨论简化，把演员视为质点.演员 M 落在板 A 处的速率为 $v_M=\sqrt{2gh}$，现把演员 M、N 和跷板看成一个系统，系统的角动量守恒，设碰撞后演员和板的角速度为 ω，则有

$$mv_M\frac{l}{2}=\left(\frac{1}{12}m'l^2+\frac{1}{2}ml^2\right)\omega$$

由上式解得

$$\omega=\frac{\frac{1}{2}mv_M l}{\frac{1}{12}m'l^2+\frac{1}{2}ml^2}$$

演员 N 将以线速度 $u=\frac{l}{2}\omega$ 跳起，达到的高度 h' 为

$$h'=\frac{u^2}{2g}=\frac{l^2\omega^2}{8g}=\left(\frac{3m}{m'+6m}\right)^2 h$$

4　刚体的转动动能

4.1　力矩的功

刚体绕定轴转动过程中，只有在垂直于转轴的平面内的力才对刚体转动状态的改变有贡献.为了简单起见，假设固定转轴为 Oz，在垂直于转轴的平面 Oxy 内有一外力 $\boldsymbol{F}_i$ 作用于刚体上 P 点，对 Oz 轴的力矩为 $M_i=F_i\sin\varphi\cdot r_i$，如图 2-6-12 所示.在力矩 M_i 作用下，点 P 沿半径为 r_i 的圆周移动弧长 ds_i，对应刚体的角位移为 $d\theta$.

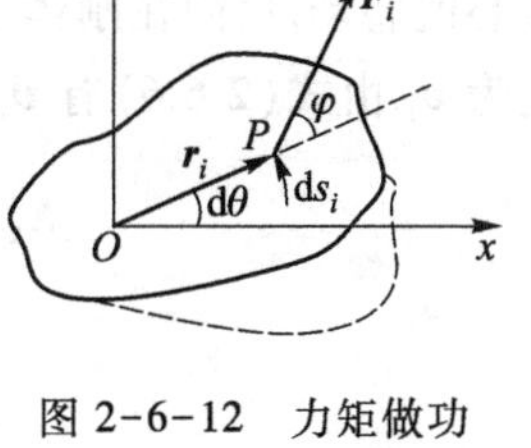

图 2-6-12　力矩做功

刚体绕定轴转动时,与质点的直线运动类似,确定其位置只需要1个空间位置变量,在此两个问题中,力矩与力对应,角位移与线位移对应.当刚体在外力矩 M_i 作用下,从 θ_0转到 θ 时,容易得到外力矩 M_i 所做的功为

$$A_i = \int_{\theta_0}^{\theta} M_i \mathrm{d}\theta$$

若有多个外力作用,令 $M = \sum M_i$ 为作用于刚体的合外力矩,则合外力矩的功为

$$A = \int_{\theta_0}^{\theta} \sum M_i \mathrm{d}\theta = \int_{\theta_0}^{\theta} M \mathrm{d}\theta \tag{2.6.18}$$

4.2 转动动能

设刚体上各质元的质量分别为 $\Delta m_1, \Delta m_2, \cdots, \Delta m_i, \cdots$,线速度大小分别为 $v_1, v_2, \cdots, v_i, \cdots$,各质元到转轴的垂直距离分别为 $r_1, r_2, \cdots, r_i, \cdots$,当刚体以角速度 ω 绕定轴转动时,第 i 个质元的动能为

$$\frac{1}{2}\Delta m_i v_i^2 = \frac{1}{2}\Delta m_i r_i^2 \omega^2$$

对全部质元求和,可得刚体的转动动能为

$$E_\mathrm{k} = \sum_i \frac{1}{2}\Delta m_i r_i^2 \omega^2$$

上式中 $\sum_i \Delta m_i r_i^2$ 是刚体的转动惯量 I,则有

$$E_\mathrm{k} = \frac{1}{2} I \omega^2 \tag{2.6.19}$$

式(2.6.19)表明,刚体绕定轴转动的动能等于刚体的转动惯量与角速度二次方的乘积的一半.

设在合外力矩 M 的作用下,刚体绕定轴转动的角位移为 $\mathrm{d}\theta$,则合外力矩对刚体所做的元功为 $\mathrm{d}A = M\mathrm{d}\theta$,利用转动定理 $M = I\frac{\mathrm{d}\omega}{\mathrm{d}t}$,有

$$\mathrm{d}A = I\omega \mathrm{d}\omega$$

在合外力矩作用下,当刚体的角速率从 ω_1 变到 ω_2 时,对上式积分,并注意给定刚体定轴转动时转动惯量 I 为常量,则有

$$A = \frac{1}{2} I \omega_2^2 - \frac{1}{2} I \omega_1^2 \tag{2.6.20}$$

式(2.6.20)表明,刚体绕定轴转动时,合外力矩所做的功等于刚体转动动能的增量,这就是刚体绕定轴转动时的**动能定理**.

如果转轴不固定,刚体不仅有转动还会有平动,此时可将刚体的运动分解为质心的平动和绕质心的转动.我们在刚体上取任一质元 i,其质量为 Δm_i,该质元相对质心的位置矢量为 $\boldsymbol{r}'_i$,线速度为 $\boldsymbol{v}_i$.由式(2.6.6)有 $\boldsymbol{v}_i = \boldsymbol{v}_C + \boldsymbol{v}'_i$,其中 $\boldsymbol{v}'_i$的大小 $v'_i = r'_i\omega$.则刚体运动的动能为

$$\begin{aligned} E_\mathrm{k} &= \sum_i \frac{1}{2}\Delta m_i (\boldsymbol{v}_C + \boldsymbol{v}'_i)^2 \\ &= \sum_i \frac{1}{2}\Delta m_i v_C^2 + \sum_i \frac{1}{2}\Delta m_i v_i'^2 + \sum_i \Delta m_i \boldsymbol{v}'_i \cdot \boldsymbol{v}_C \end{aligned}$$

式中右边第一项

$$\sum_i \frac{1}{2}\Delta m_i v_C^2 = \frac{1}{2}mv_C^2$$

是质心平动动能，第二项

$$\sum_i \frac{1}{2}\Delta m_i v_i'^2 = \sum_i \frac{1}{2}\Delta m_i r_i'^2\omega^2 = \frac{1}{2}I_C\omega^2$$

是刚体绕质心转动的动能，第三项

$$\sum_i \Delta m_i \boldsymbol{v}'_i\cdot \boldsymbol{v}_C = \frac{\mathrm{d}}{\mathrm{d}t}\sum_i \Delta m_i \boldsymbol{r}'_i\cdot \boldsymbol{v}_C$$

根据质心的定义，应有 $\sum_i \Delta m_i \boldsymbol{r}_i'=0$，于是，第三项为零.所以，刚体的动能为

$$E_k = \frac{1}{2}mv_C^2 + \frac{1}{2}I_C\omega^2 \tag{2.6.21}$$

可见，刚体运动的全部动能等于随质心平动的动能与刚体绕质心转动的动能之和.应注意此式只有对质心才成立.

例 2.13

如图 2-6-13(a)所示，一根质量为 m、长度为 l 的均匀细棒，可绕通过其一端的光滑轴 O 在竖直平面内转动，开始时，细棒处于水平位置，释放后自由向下摆动.试求：(1)细棒转到竖直位置时，细棒质心的速度；(2)此时杆对支点的作用力.

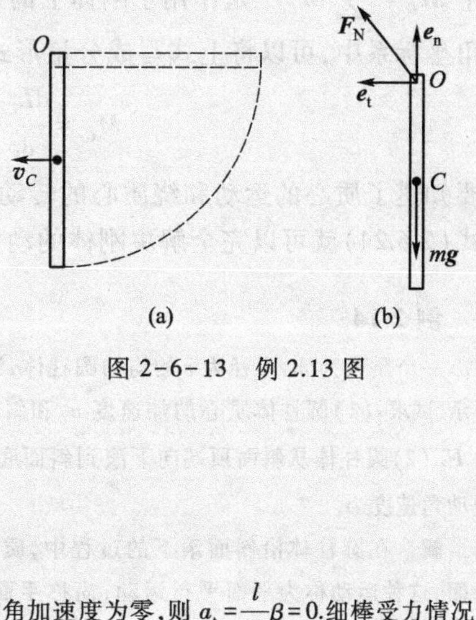

图 2-6-13　例 2.13 图

解　(1) 细棒从水平位置下摆到竖直位置的过程中，重力矩所做的功为 $A=\frac{1}{2}mgl$，由刚体的动能定理，有

$$\frac{1}{2}mgl = \frac{1}{2}I\omega^2 - \frac{1}{2}I\omega_0^2$$

由题意知，$\omega_0=0$，则得细棒转到竖直位置时的角速度为 $\omega=\sqrt{\frac{mgl}{I}}$，因为 $I=\frac{1}{3}ml^2$，$v_C=\frac{l}{2}\omega$，所以，细棒转到竖直位置时，质心的速度为

$$v_C = \frac{1}{2}\sqrt{3gl}$$

(2) 取自然坐标系，当细棒转到竖直位置时，不受力矩作用，故角加速度为零，则 $a_t=\frac{l}{2}\beta=0$.细棒受力情况如图 2-6-13(b)所示，由质心运动定理，有(法向)

$$F_{Nn} - mg = m\frac{v_C^2}{0.5l}$$

所以

$$F_{Nn} = \frac{5}{2}mg$$

即细棒转到竖直位置时，杆作用于支点 O 的力竖直向下，其量值为 $\frac{5}{2}mg$.

5 刚体的一般运动

若刚体在运动过程中不受任何限制,则称这种运动为刚体的一般运动,刚体作一般运动时,确定刚体任意时刻的位置需要6个独立变量(自由度).刚体的一般运动可以看成是质心的平动和绕质心转动的叠加.

对于刚体平动,利用质心运动定理,有

$$\boldsymbol{F}=m\frac{\mathrm{d}^2\boldsymbol{r}_C}{\mathrm{d}t^2} \tag{2.6.22}$$

式中 $\boldsymbol{F}=\sum_i \boldsymbol{F}_i$ 是作用于刚体上的合外力,$\boldsymbol{r}_C$是刚体质心的位置矢量.在直角坐标系中,可以将上式写成分量形式

$$F_x=m\frac{\mathrm{d}^2x_C}{\mathrm{d}t^2},\quad F_y=m\frac{\mathrm{d}^2y_C}{\mathrm{d}t^2},\quad F_z=m\frac{\mathrm{d}^2z_C}{\mathrm{d}t^2} \tag{2.6.23}$$

式中 x_C、y_C、z_C是刚体的质心坐标.

对于刚体绕质心的转动,运用质点系对质心 C 角动量定理,有

$$\boldsymbol{M}_C=\frac{\mathrm{d}\boldsymbol{L}_C}{\mathrm{d}t} \tag{2.6.24}$$

其中 $\boldsymbol{M}_C=\sum \boldsymbol{M}_{Ci}^{(\mathrm{ex})}$ 是作用于刚体上的外力对质心 C 的总力矩,$\boldsymbol{L}_C$是刚体对质心 C 的角动量.在直角坐标系中,可以将上式写成分量形式

$$M_{Cx}=\frac{\mathrm{d}L_{Cx}}{\mathrm{d}t},\quad M_{Cy}=\frac{\mathrm{d}L_{Cy}}{\mathrm{d}t},\quad M_{Cz}=\frac{\mathrm{d}L_{Cz}}{\mathrm{d}t} \tag{2.6.25}$$

只要知道了质心的运动和绕质心的转动,整个刚体的运动就完全清楚了.因此,利用式(2.6.22)和式(2.6.24)就可以完全解决刚体的动力学问题.

例 2.14

一个质量为 m、半径为 r 的均匀圆柱体,沿倾角为 θ 的粗糙斜面由静止开始无滑动地滚下,如图 2-6-14 所示.试求:(1)圆柱体质心的加速度 a_C 和斜面作用于圆柱体的静摩擦力 $\boldsymbol{F}_f$.(2)圆柱体从斜面顶端向下滚到斜面底端时,它的质心速度 $\boldsymbol{v}_C$ 和转动角速度 ω.

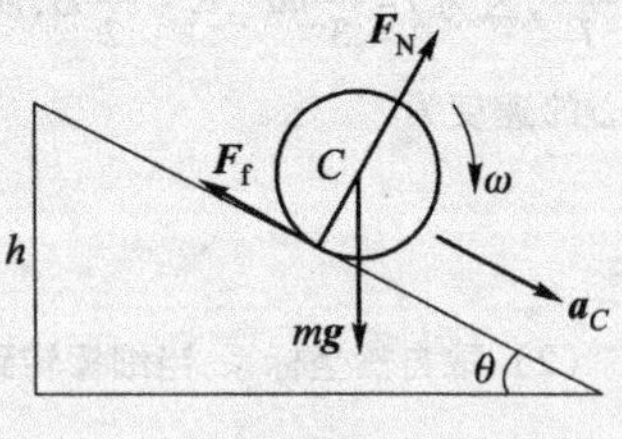

图 2-6-14 圆柱体沿斜面滚下

解 在圆柱体沿斜面滚下的过程中,质心的运动始终平行于竖直平面,这种运动称为平面平行运动,简称**平面运动**,它是刚体一般运动的一个特例.可将圆柱体的滚动分解为质心沿斜面的直线运动和绕过质心的水平轴的转动.

(1) 对于质心的平动,根据质心运动定理,有

$$mg\sin\theta-F_f=ma_C$$

对于圆柱体绕过质心轴的转动,应用对质心的角动量定理,有

$$rF_f=I_C\beta$$

圆柱体无滑滚动,有 $a_C=r\beta$,转动惯量 $I_C=\frac{1}{2}mr^2$,可解得

$$a_C=\frac{2}{3}g\sin\theta$$

$$F_f=\frac{1}{3}mg\sin\theta$$

(2) 圆柱体滚动过程中，其动能有两部分：其一质心平动动能$\frac{1}{2}mv_C^2$，其二绕质心轴转动动能$\frac{1}{2}I_C\omega^2$，根据动能定理式，圆柱体从斜面顶端滚到斜面底端的过程中，重力所做的功等于圆柱体动能的增量，即

$$mgh=\frac{1}{2}mv_C^2+\frac{1}{2}I_C\omega^2$$

圆柱体无滑滚动，有 $v_C=r\omega$，可解得

$$v_C=\sqrt{\frac{4}{3}gh}$$

$$\omega=\frac{1}{r}\sqrt{\frac{4}{3}gh}$$

6 刚体的平衡

刚体相对于惯性系处于静止状态称为刚体的平衡.刚体的平衡是刚体运动的一种特殊情况，所以刚体的平衡方程可以作为特例直接从刚体一般运动的动力学方程式(2.6.22)和式(2.6.24)得出.

若刚体静止，根据式(2.6.22)，外力的矢量和必为零，否则，质心将产生加速度.根据式(2.6.24)，欲使刚体不绕质心转动，所有外力对质心的力矩之和应为零.因此，刚体平衡的条件为

$$\sum \boldsymbol{F}_i=0 \qquad (2.6.26)$$

$$\sum \boldsymbol{M}_{Ci}=0 \qquad (2.6.27)$$

在直角坐标系中，$\boldsymbol{F}_i=F_{ix}\boldsymbol{i}+F_{iy}\boldsymbol{j}+F_{iz}\boldsymbol{k}$，$\boldsymbol{M}_{Ci}=M_{ix}\boldsymbol{i}+M_{iy}\boldsymbol{j}+M_{iz}\boldsymbol{k}$，可将刚体的平衡方程写成分量形式

$$\sum F_{ix}=0,\quad \sum F_{iy}=0,\quad \sum F_{iz}=0 \qquad (2.6.28)$$

$$\sum M_{ix}=0,\quad \sum M_{iy}=0,\quad \sum M_{iz}=0 \qquad (2.6.29)$$

这就是在空间任意力系作用下刚体的平衡方程.表明刚体平衡时，诸外力在每一坐标轴上投影之和为零，诸外力对每一坐标轴的力矩之和也为零.

当刚体的运动受到某些限制时，刚体平衡方程的个数会减少，例如，刚体被限制在 Oxy 平面上运动时，平衡方程的分量形式为

$$\sum F_{ix}=0,\quad \sum F_{iy}=0,\quad \sum M_{iz}=0$$

在讨论平衡问题时，常会遇到三脚架或屋架等杆件结构的平衡问题.工程中把由各杆件两端用铰链连接而成，且受力后几何形状不变的杆件结构系统称为桁架.桁架的种类很多，工程上应用也很广.例如，屋架结构、场馆的网状结构、桥梁、高压输电线塔架等.图 2-6-15 所示北京亚运村的“鸟巢”体育场就是桁架建筑.

图 2-6-15　北京亚运村的“鸟巢”体育场

实际的桁架受力较为复杂,为了便于工程计算常采用以下假设:(1)各杆件都以光滑铰链连接;(2)所有载荷和反力都作用于节点(杆件间的铰链连接点)上,可合成为一个过节点的合力;(3)杆的自重与负荷相比很小,可忽略不计.这样的桁架称为理想桁架.对于理想桁架,各杆件都是二力构件,即只承受拉力或压力,问题就变得简单得多了.

7 进动

下面以大家熟悉的玩具陀螺的转动为例,介绍刚体的进动(如图 2-6-16 所示).陀螺的进动是一个典型的刚体运动问题,而且这种运动在宏观和微观方面都有重要意义.

图 2-6-16 用鞭子抽打,玩具陀螺不会倾倒

大家知道,玩具陀螺不转动时,在重力矩作用下将发生倾倒.但当陀螺高速旋转时,尽管它仍受重力矩的作用,却可以不倒下来.这时陀螺在绕自身对称轴转动的同时,其对称轴还将绕竖直轴 Oz 回转,如图 2-6-17(a)所示.我们把自转轴绕竖直轴的这种转动称为进动,亦称旋进.

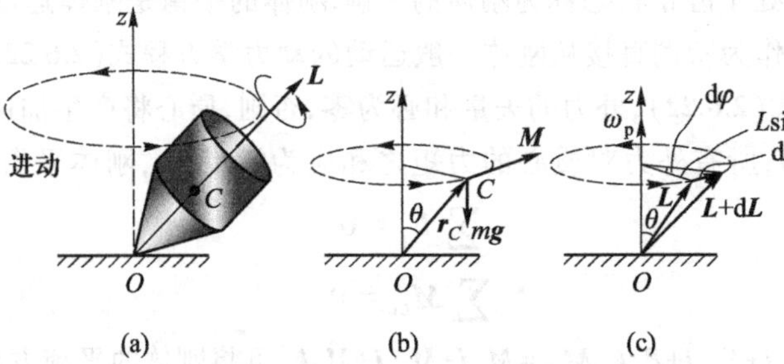

图 2-6-17 陀螺的进动

为什么陀螺在重力矩作用下不倾倒呢?其实,这不过是机械运动矢量性的一种表现.我们知道,在平动过程中,如果质点原有的运动方向与外力方向不一致,质点最后运动的方向既不是原有的运动方向,也不是外力的方向,实际的运动方向是由上述两个方向共同决定的.在转动中,也有类似情况,本来旋转着的刚体,在与它的转动方向不同的外力矩作用下会出现进动现象.根据经验,快速自转陀螺的自转轴总是围绕竖直轴 Oz 转动而扫出一个圆锥面;与此同时,陀螺还绕其自转轴转动,自转角速度为 $\boldsymbol{\omega}$.一般而言,对称陀螺的总角动量 $\boldsymbol{L}$ 与 $\boldsymbol{\omega}$ 同方向.

对于固定点 O 来说,陀螺只受到重力矩 $\boldsymbol{M}=\boldsymbol{r}_C\times m\boldsymbol{g}$ 的作用,其中 $\boldsymbol{r}_C$ 是陀螺质心的位置矢量,$\boldsymbol{M}$ 的方向如图 2-6-17(b)所示.根据角动量定理,在极短时间 dt 内陀螺的角动量将增加 $d\boldsymbol{L}=\boldsymbol{M}dt$,其方向与外力矩的方向相同.因外力矩的方向垂直于 $\boldsymbol{L}$,所以 $d\boldsymbol{L}$ 的方向也与 $\boldsymbol{L}$ 垂直,结果使 $\boldsymbol{L}$ 的大小不变而方向发生变化,如图 2-6-17(c)所示.因此,陀螺的自转轴将从 $\boldsymbol{L}$ 的位置转到 $\boldsymbol{L}+d\boldsymbol{L}$ 的位置上.这样,陀螺就不会倒下而沿一锥面转动,亦即绕竖直轴 Oz 作进动.

现在我们计算陀螺进动的角速度.按定义,进动角速度应为

$$\omega_p=\frac{d\varphi}{dt} \tag{2.6.30}$$

从图 2-6-17(c)可知

$$dL = L\sin\theta d\varphi = I\omega\sin\theta d\varphi$$

式中 ω 为陀螺的自转角速度，$d\varphi$ 为自转轴在 dt 时间内绕 Oz 轴转动的角位移，θ 为自转轴与 Oz 轴间的夹角.根据角动量定理，有

$$dL = M dt$$

由此二式得

$$d\varphi = \frac{M dt}{I\omega\sin\theta}$$

将此式代入式(2.6.30)，可得陀螺进动的角速度为

$$\omega_p = \frac{M}{I\omega\sin\theta} \tag{2.6.31}$$

此式表明，进动角速度 $\boldsymbol{\omega}_p$ 与外力矩成正比，与陀螺自转的角动量成反比.因此，当陀螺自转角速度很大时，进动角速度较小；而在陀螺自转角速度很小时，进动角速度却增大.

进动原理广泛应用于航空、航海、导弹、火箭等系统的定向、导航、自动驾驶等.炮弹的飞行也利用了进动原理，如图 2-6-18 所示，炮弹飞行时，要受到空气阻力的作用.阻力 $\boldsymbol{F}$ 的方向总与炮弹质心速度 $\boldsymbol{v}_C$ 的方向相反，但其合力不一定通过质心.阻力对质心的力矩就会使炮弹在空中翻转.这样，当炮弹射中目标时，有可能使弹尾先触击目标而不引爆，从而丧失威力.为了避免这种事故，就在炮筒内壁上刻出螺旋线.这种螺旋线称为来复线.当炮弹被火药爆炸的力推出炮筒时，还同时绕自己的对称轴高速旋转.由于这种旋转，炮弹在飞行中受到的空气阻力的力矩将不能使它翻转，而只是使它绕着质心前进的方向进动.这样炮弹的轴线始终只与前进的方向有很小的偏离，而弹头就总是指向前方了.

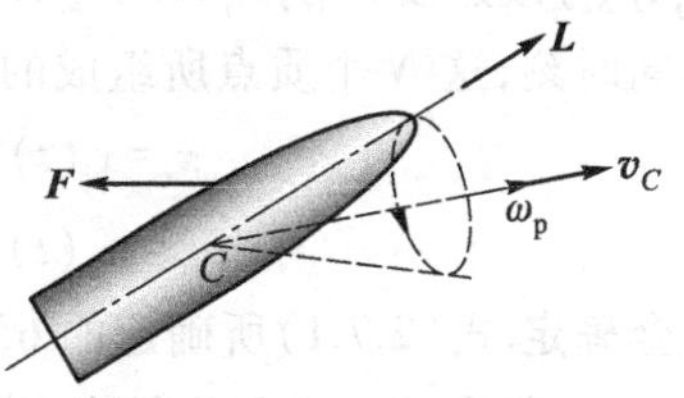

图 2-6-18　炮弹飞行的进动

在微观世界中也常用到进动的概念.例如，原子中的电子同时参与绕核运动和电子本身的自旋，都具有角动量，在外磁场中，电子将以外磁场方向为轴线作进动.这是从物质的电结构来说明物质磁性的理论依据.

§ 2.7　自由度及相关分析

1　相空间

上一章我们用位置矢量 $\boldsymbol{r}$ 确定一个质点相对于参考系的位置.在三维空间中，一个自由质点的空间位置由三个独立变量确定，例如，在笛卡儿坐标系中由三个坐标(x,y,z)确定，各个不同时刻质点的位置由运动方程 $x=x(t)$、$y=y(t)$、$z=z(t)$给出.

给定了三维空间中的一个点，质点的位置就被确定了，但是，由于该质点还可以具有任意的速度，而且由于速度的不同，经过无穷小的时间间隔 dt 之后质点的位置也将不同.所以，在三维空间中不能完全确定一个质点的状态.

如果我们用坐标(x,y,z)表示质点在t时刻的空间位置，用动量(p_x,p_y,p_z)或速度(v_x,v_y,v_z)表示该质点在t时刻的运动情况，则

$$x=x(t),\quad y=y(t),\quad z=z(t)$$
$$p_x=p_x(t),\quad p_y=p_y(t),\quad p_z=p_z(t)$$

能够完全确定一个自由质点在t以后各时刻的状态（包括空间位置和运动情况）.

类似地，如果某力学体系是由2个自由质点组成的，要完全确定该二体系统的状态，我们可以用6个坐标$(x_1,y_1,z_1,x_2,y_2,z_2)$表示该二体系统中每个质点的位置，分别用动量$(p_{1x},p_{1y},p_{1z},p_{2x},p_{2y},p_{2z})$或速度$(v_{1x},v_{1y},v_{1z},v_{2x},v_{2y},v_{2z})$表示该二体系统中每个质点的运动情况.则

$$x_1=x_1(t),\quad y_1=y_1(t),\quad z_1=z_1(t),\quad x_2=x_2(t),\quad y_2=y_2(t),\quad z_2=z_2(t)$$
$$p_{1x}=p_{1x}(t),\quad p_{1y}=p_{1y}(t),\quad p_{1z}=p_{1z}(t),\quad p_{2x}=p_{2x}(t),\quad p_{2y}=p_{2y}(t),\quad p_{2z}=p_{2z}(t)$$

确定了二个质点系统在t以后各时刻的状态.

依此类推，对于由N个自由质点所组成的力学系统，如果我们分别用坐标$(x_1,y_1,z_1,x_2,y_2,z_2,\cdots,x_N,y_N,z_N)$表示该系统中每一个质点的位置，分别用动量$(p_{1x},p_{1y},p_{1z},p_{2x},p_{2y},p_{2z},\cdots,p_{Nx},p_{Ny},p_{Nz})$或速度$(v_{1x},v_{1y},v_{1z},v_{2x},v_{2y},v_{2z},\cdots,v_{Nx},v_{Ny},v_{Nz})$表示该系统中各质点的运动情况，则各个不同时刻，这$N$个质点所组成的力学系统的空间位置和运动情况由

$$\begin{aligned}&x_i=x_i(t),\quad y_i=y_i(t),\quad z_i=z_i(t),\quad i=1,2,\cdots,N\\&p_{ix}=p_{ix}(t),\quad p_{iy}=p_{iy}(t),\quad p_{iz}=p_{iz}(t),\quad i=1,2,\cdots,N\end{aligned}\tag{2.7.1}$$

完全确定.式(2.7.1)所确定的$6N$维空间称为**相空间**.$(x_1,y_1,z_1,\cdots,x_N,y_N,z_N,p_{1x},p_{1y},p_{1z},\cdots,p_{Nx},p_{Ny},p_{Nz})$代表的一点称为**相点**，当时间$t$改变时，力学系统的代表点（相点）将在相空间中运动并描出一条曲线，称之为**相轨迹**，所对应的参数方程就是式(2.7.1).给定一个时间t的值，就有$3N$个坐标的值和$3N$个动量（或速度）的值与之对应，这就完全确定了任一时刻该力学体系在$6N$维相空间中的状态.可见，任意时刻力学体系的状态由相空间中的一个点（相点）确定，力学体系的运动规律由相轨迹给出.

“相”的英文是phase，意为状态，因此相图即为状态图.相图上的每一个点表示了系统在某一时刻的状态（位置和速度），系统的运动规律则用相点的移动来表示.

例如，弹簧振子作简谐运动时，任一时刻t振子的位置由$x=A\cos(\omega_0t+\varphi_0)$表示，该时刻振子的运动情况由速度$v_x=-\omega_0A\sin(\omega_0t+\varphi_0)$描述.我们也可以在相空间中来表述，如图2-7-1所示，相点(x,v)代表某一时刻t振子的状态，在相空间中弹簧振子运动规律由相轨迹给出，相轨迹是一条椭圆曲线，它给出了振子状态的变化规律，图中A为振幅，v_a为速度幅值.

类似地，阻尼振动的运动变化规律也可以在相空间中直观地表示，如图2-7-2所示为阻尼振动的相轨迹.

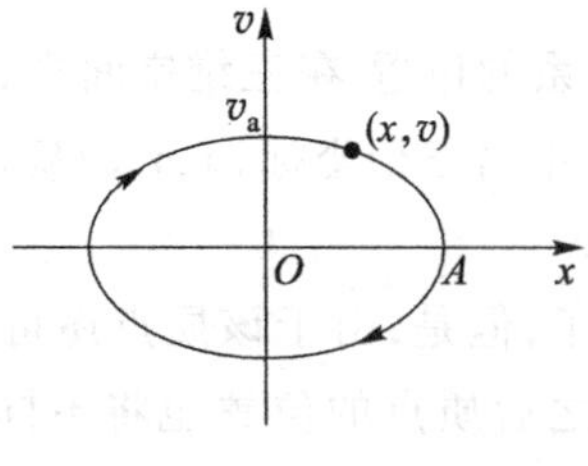

图2-7-1 简谐振动的相轨迹

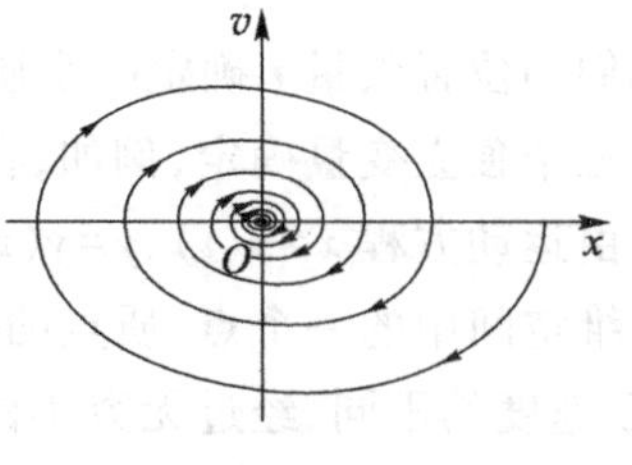

图2-7-2 阻尼振动的相轨迹

2 自由度

完全确定一个力学体系的状态所需要的独立变量，称为这个力学体系的**自由度**.力学体系的独立变量包括位置变量和运动变量.由全部自由度作为独立变量，可构成系统的相空间.给定相空间中的一个点，该力学系统的空间位置和运动情况就被唯一地确定了.至于如何选择确定力学体系状态的独立变量，可根据求解问题是否方便灵活地决定.

下面具体介绍一些本书要讨论的力学体系的自由度.

2.1 自由物体系统的自由度

由自由度的定义可见，完全确定一个自由质点的状态需要6个自由度，其中3个自由度确定质点的空间位置，3个自由度确定该时刻质点的运动情况.某一时刻，一个自由质点的状态可以在笛卡儿直角坐标系中由(x,y,z,v_x,v_y,v_z)表示；也可以在球坐标系中用$(r,\theta,\varphi,v_r,v_\theta,v_\varphi)$确定.描述质点的状态可以根据讨论问题是否方便选取不同的坐标系，但是，自由度的数目总是一定的.

由两个质点组成的系统，如果两个质点都是自由的，对于每一个质点的每一个可能独立运动方向都有2个自由度确定其状态，其中一个自由度确定质点的位置，另一个自由度确定质点的速度，也就是说，确定每一个自由质点状态的自由度数是6，因此，确定由两个自由质点所组成的系统的状态需要12个自由度.类似地，如果一个系统由3个质点组成，则完全确定系统的状态需要18个自由度.依此类推，对于由N个质点所组成的系统，如果系统中每一个质点都是自由的，则确定该质点系的位置需要$3N$个独立变量，描述该质点系各质点的运动速度需要$3N$个独立变量，因此，完全确定由N个质点所组成的质点系的状态需要$6N$个自由度.

刚体是由无穷多个质点组成的质点系，如果考虑每一个质点的自由度，将会使问题变得非常复杂.然而，考虑到刚体各质点之间的刚性约束特点，则会使问题变得很简单.当一个刚体在空间自由运动时，可以将其分解为某一个基点（常取质心）的平动和绕通过质心的轴的转动.如图2-7-3所示，确定刚体质心C的状态，像质点的运动一样，需要6个独立变量$(x_C,y_C,z_C,v_{Cx}、v_{Cy}、v_{Cz})$；确定刚体通过质心轴$CP$的空间方位需要三个方位角$(\alpha,\beta,\gamma)$，由于方向余弦满足

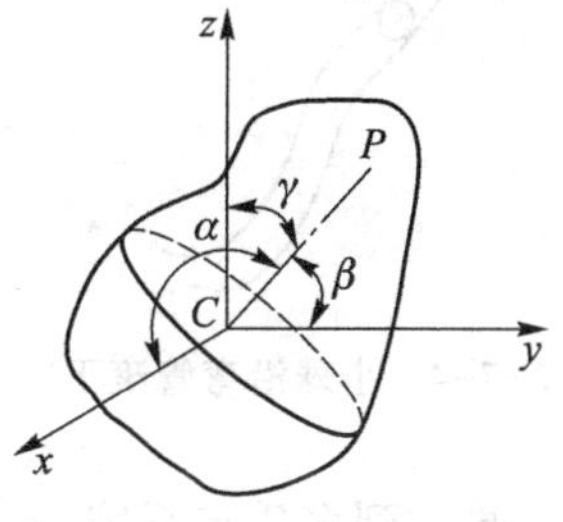

图2-7-3 刚体的自由度

$$\cos^2\alpha+\cos^2\beta+\cos^2\gamma=1$$

因此$\alpha、\beta、\gamma$中只有2个是独立的，而且确定刚体绕CP轴的转动还需要1个独立变量.这样，确定刚体绕通过质心轴的空间方位，需要3个独立变量，确定刚体绕质心轴的转动角速度，还需要3个独立变量，所以，确定一个自由运动刚体的状态，共需要12个自由度，与组成刚体的质点数目无关.

2.2 非自由物体的自由度

自由度描述一个力学体系运动状态的自由程度，力学系统常常存在着各种限制条件（亦称为约束），使物体系统的空间位置和运动速度受到一定限制，相应地其自由度数会减少.当一个质点被固定在某一点时，其状态被完全限制了，或者说自由度被冻结了，因此自由度为零.当一个质点被限制在某一直线或曲线上运动时，确定该质点的位置需要1个独立变量，确定该质点沿直线或曲线运动的速度需要1个独立变量，因此有2个自由度.当一个质点被约束在某一平面或曲面

上运动时,它在垂直于平面方向的位置和速度受到限制,只能在此平面上沿互相垂直的两个方向运动,确定质点在该平面上的位置需要 2 个自由度,确定质点沿该平面上互相垂直的两个方向的运动需要 2 个自由度,因而一共有 4 个自由度.

例如,在重力场中,一个质量为 m 的小球(视为质点)沿弯曲的光滑管道滚下,如图 2-7-4 所示.任意时刻小球在管道各处垂直于管道方向的运动都受到限制,小球只能沿着光滑管道运动,任意时刻小球的速度方向沿管道的切向.因此,确定该小球在管道中的状态需要 2 个自由度,一个自由度确定小球在管道中的位置,另一个自由度确定小球沿光滑管道的运动情况.若选取小球在管道中经历的路程(长度 l)为独立变量来确定某一时刻小球的位置,则小球的速度大小为 $v=\dfrac{\mathrm{d}l}{\mathrm{d}t}$.

由两个质点组成的系统,如图 2-7-5 所示,质点 A 的位置坐标为(x_1,y_1,z_1),质点 B 的位置坐标为(x_2,y_2,z_2).若必须满足两质点间的距离 l 保持不变的限制,即受到

$$(x_2-x_1)^2+(y_2-y_1)^2+(z_2-z_1)^2=l^2$$

的限制,两个质点连线方向的运动速度也受到限制,使其自由度减少 2 个.因此,由两个质点组成的系统如果受到 2 个限制条件,其自由度数为 12-2=10.由 3 个质点组成的系统,若三个质点都是完全自由的运动,则有 18 个自由度.如图 2-7-6 所示,如果受到 AB 两质点间的距离 l_1 保持不变、BD 两质点间的距离 l_2 保持不变、AD 两质点间的距离 l_3 保持不变的限制,空间自由度减少 3 个,而且 AB、BD、AD 质点连线方向的运动速度也受到限制,运动自由度也减少 3 个,因此,其自由度数变为 18-6=12.

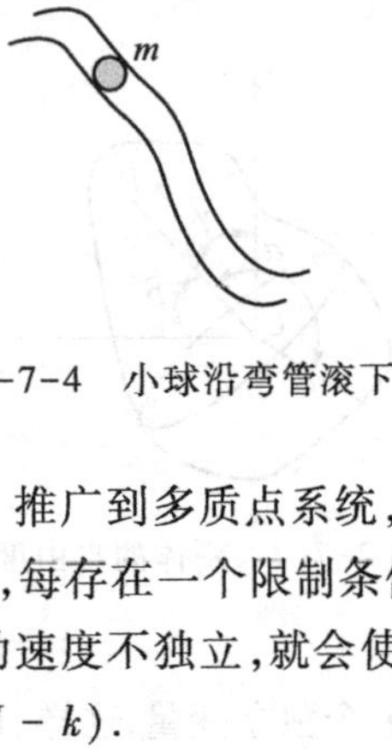

图 2-7-4　小球沿弯管滚下

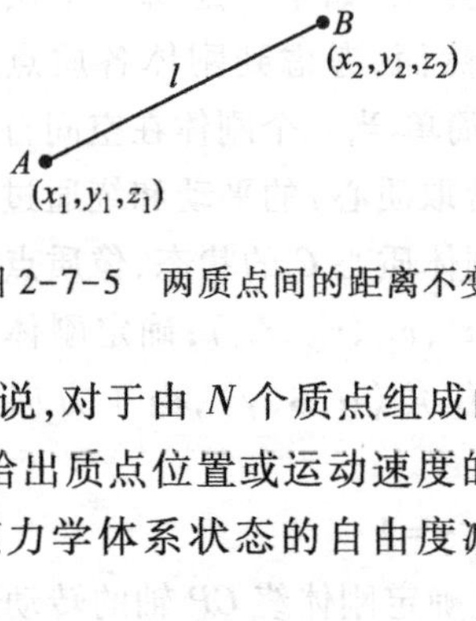

图 2-7-5　两质点间的距离不变

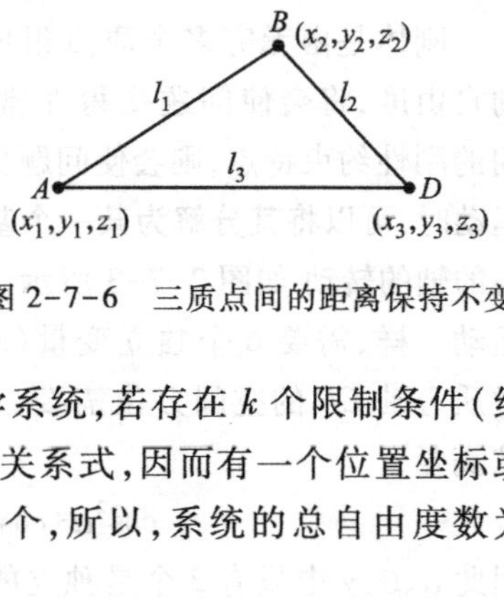

图 2-7-6　三质点间的距离保持不变

推广到多质点系统,一般来说,对于由 N 个质点组成的力学系统,若存在 k 个限制条件(约束),每存在一个限制条件就会给出质点位置或运动速度的一个关系式,因而有一个位置坐标或运动速度不独立,就会使确定该力学体系状态的自由度减少一个,所以,系统的总自由度数为 $(6N-k)$.

当刚体的运动受到某些条件的限制时,刚体可以作少于 12 个自由度的其他形式的运动.刚体平动时,任何一个点(比如质心)的运动就可以代表整个刚体的运动.因为确定一个自由质点的状态,需要 6 个自由度,所以,刚体作平动时的自由度数是 6.当刚体作定轴转动时,我们只需知道刚体绕固定转轴转过了多少角度,就能确定刚体的位置.因此,刚体作定轴转动时,确定其任意时刻的空间位置需要 1 个独立变量,还需要 1 个独立变量确定该时刻刚体的转动快慢.也就是说,刚体作定轴转动时只有 2 个自由度.一个冰壶(刚体)在水平冰道上运动,确定其质心位置需要 2 个自由度,确定质心在冰道上的速度需要 2 个自由度,描述冰壶绕质心轴的转动需要 2 个自由度,因此,冰壶在水平冰道上运动共有 6 个自由度.也就是说,当一个刚体被限制在某一平面内运动时有 6 个自由度.

其实,自由度是一个很宽泛的概念,所谓自由度就是描述力学系统状态时能够自由变化的参量.比如,在量子力学中,力学量完全集所包含的力学量数目就等于体系的自由度,力学量完全集的共同本征函数所张开的相空间就是希尔伯特空间,它构成了体系的一个完全的状态空间,系统的状态可以用希尔伯特空间中的矢量描写.

3 自由度分析的意义

一个自由质点有 6 个自由度,任一时刻质点的状态由 6 维相空间中的一个点确定,初始条件是 $t=0$ 时 6 维相空间中的一个点,质点的运动规律由 6 维相空间中的一条曲线给出;由两个自由质点组成的系统有 12 个自由度,任一时刻两体系统的状态由 12 维相空间中的一个点确定,初始条件是 $t=0$ 时 12 维相空间中的一个点,两个质点的运动规律由 12 维相空间中的一条曲线给出;由 3 个自由质点组成的系统有 18 个自由度,任一时刻系统的状态由 18 维相空间中的一个点确定,初始条件是 $t=0$ 时 18 维相空间中的一个点,该系统的运动规律由 18 维相空间中的一条曲线给出……由 N 个质点组成的力学系统,如果存在 k 个约束,系统的自由度数为 $(6N-k)$.任一时刻系统的状态由 $(6N-k)$ 维相空间中的一个相点确定,初始条件是 $t=0$ 时 $(6N-k)$ 维相空间中的一个相点,该系统的运动规律由 $(6N-k)$ 维相空间中的一条相轨迹给出.可见,分析系统的自由度可以给出非常直观的物理图像.

在牛顿力学中,根据牛顿第二定律,一个质点的动力学规律,由每一个空间自由度所对应的一个以时间为自变量、空间坐标为因变量的二阶常系数微分方程描述.例如,对于有 6 个自由度的质量为 m 的质点,在所选定的参考系中,当该质点受到的全部力为 $\boldsymbol{F}$ 时,写出与质点空间位置自由度相对应的方程,再给出 6 个自由度所对应的初始条件,即 $t=0$ 时,质点的初始位置 x_0, y_0, z_0 和初速度 v_{x0}, v_{y0}, v_{z0},求解此二阶常微分方程组即可.一般来说,对于由 N 个质点组成的系统,如果受到 k 个限制条件,则有 $(6N-k)$ 个自由度.从原则上讲,只要知道系统所受的力,根据牛顿动力学方程写出与空间自由度数对应的二阶常微分方程,再给出与自由度数相对应的初始条件,一个系统的自由度数与求解该系统的动力学方程所需的初始条件是一致的.再求解方程组,便可得到任意时刻系统的运动情况.但实际上,要求解数目如此繁多的运动微分方程是不可能的,目前只有两个质点所组成的系统才能够精确求解.

例如,如图 2-7-7 所示,质量分别为 m_1 和 m_2 的小球(视为质点)被固定在长度为 l、质量忽略不计的细杆两端,在 Oxy 平面上运动,作用于 m_1 的力为 $\boldsymbol{F}_1$,m_2 所受的力为 $\boldsymbol{F}_2$.开始时 $(t=0)$,m_1 静止于 (x_{10}, y_{10}) 处,m_2 静止于 (x_{20}, y_{20}) 处.欲求系统的运动规律.

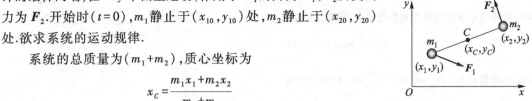

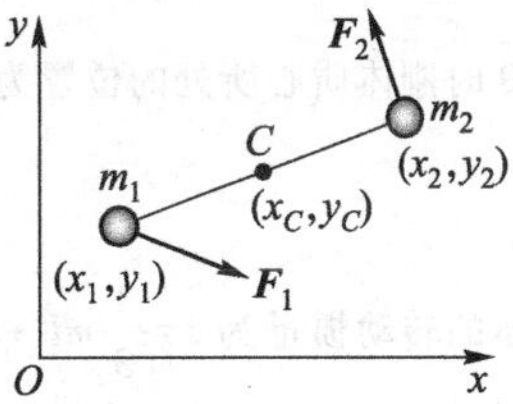

图 2-7-7 两体系统在平面上运动

系统的总质量为 (m_1+m_2),质心坐标为

$$x_C=\frac{m_1x_1+m_2x_2}{m_1+m_2}$$

$$y_C=\frac{m_1y_1+m_2y_2}{m_1+m_2}$$

此两体系统被限制在 Oxy 平面内运动,确定任一时刻系统的位置需要 3 个自由度,确定任一时刻系统的运动速度需要 3 个自由度.列出与位置自由度数相对应的方程,根据质心运动定理,有

$$(m_1+m_2)\frac{d^2x_C}{dt^2}=(F_{1x}+F_{2x})$$

$$(m_1+m_2)\frac{d^2y_C}{dt^2}=(F_{1y}+F_{2y})$$

系统绕通过质心并垂直于 Oxy 平面的轴转动，有

$$I\frac{d^2\theta}{dt^2}=(M_1+M_2)$$

再给出 6 个自由度所对应的初始条件，即 $t=0$ 时，系统的初始位置（x_{C0}, y_{C0}, θ_0）和初速度（v_{Cx}, $v_{Cy}, \dot{\theta}_0$），求解方程组即可得到所需的结果.

物理学研究的对象是组成自然界的物质，研究对象不同，描述其状态的自由度数不同，所采用的研究方法也不同.在研究一个物理问题时，合理地选择系统，使其包含尽可能多的限制条件，系统所受的限制条件越多，自由度数就越少，描述系统动力学规律的方程数也就越少，越易于求解，问题就变得越简单.研究同一力学系统的运动规律，可以有多种描述方式，选择某一种方式描述系统的运动可能更简单，而选择另一些描述方式可能会比较复杂.

在热学中，热力学系统的自由度与系统的能量密切联系，按照经典统计的能量均分定理，处于平衡态的理想气体系统，每个分子的与能量相关的每个微观自由度上都有完全相等的平均能量.对于由 N 个分子所组成的热力学系统，该系统的热能其实就是系统所有微观自由度上的平均能量的总和.在讨论热能做功的过程和规律，以及热能与其他能量形式的转化过程时，如果我们直接从微观自由度的运动出发，以理想气体作为分析和理解问题的具体对象进行讨论，可以使热力学规律的物理图像十分清晰，便于学生更好地认识热能的本质.

例 2.15

如图 2-7-8 所示，质量为 m、长度为 l 的均匀细直杆下端固连接一个质量也为 m 的小球，可绕直杆上端 O 点的光滑水平轴转动，当刚体的质心 C 在 O 轴的正下方时，刚体可保持静止.如果使刚体以 O 为轴偏离平衡位置后释放，则刚体就会绕 O 轴在平衡位置附近来回转动.称此为复摆，也称为物理摆.试求复摆的角速度与 θ 的关系，并画出相应的相图.

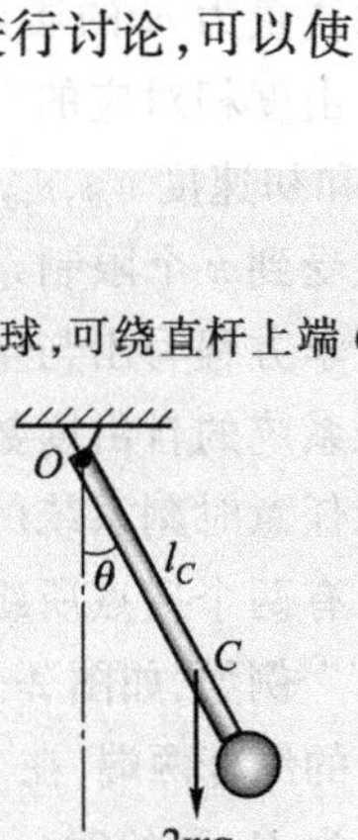

图 2-7-8　例 2.15 图

解　确定刚体的位置只需要 1 个自由度，选取变量 θ 确定其位置坐标.根据质心的定义，均匀细直杆和小球系统的质心为 $l_C=\frac{3}{4}l$.可以从分析系统的能量入手，取 $\theta=0$ 时刚体质心所处的位置为势能零点，则重力势能为

$$E_p=\frac{3}{2}mgl(1-\cos\theta)$$

刚体的转动惯量为 $I=\frac{1}{3}ml^2+ml^2=\frac{4}{3}ml^2$，转动动能为

$$E_k=\frac{1}{2}I\dot{\theta}^2=\frac{2}{3}ml^2\dot{\theta}^2$$

式中 $\dot{\theta}=\frac{d\theta}{dt}$ 是复摆的角速度，机械能为

$$E=E_k+E_p=\frac{2}{3}ml^2\dot{\theta}^2+\frac{3}{2}mgl(1-\cos\theta)$$

为了使结果形式简单，用$\frac{3}{2}mgl$来约化，可得量纲一的能量

$$H=\frac{E}{\frac{3}{2}mgl}=\frac{4l}{9g}\dot{\theta}^2+1-\cos\theta$$

可解得角速度$\dot{\theta}$与θ的关系

$$\dot{\theta}=\pm\sqrt{\frac{9g}{4l}(H-1+\cos\theta)}$$

可以画出相应的势能曲线和相图，如图 2-7-9 所示.

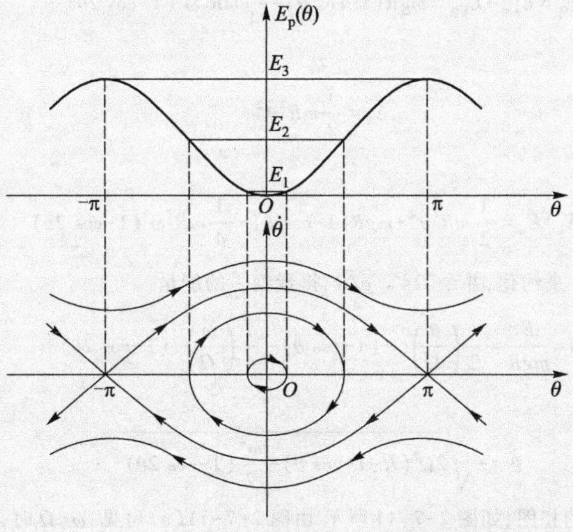

图 2-7-9　例 2.15 的势能曲线和相图

由图 2-7-9(a)可见，势能在$\theta=0$处有一个极小值，这是摆动的稳定平衡点.表示总机械能的水平线与势能曲线之间相差的高度代表动能E_k，因为动能恒为正值，因此，复摆只能在势能曲线低于水平线的范围内才能实现.可见，虚线的位置标示的是振幅.由图 2-7-9(b)可见，摆动角度θ在$-\pi$和$+\pi$之间时，相轨迹是闭合线.超过此范围刚体将单向旋转，也就是说，$\theta=\pm\pi$是刚体往返摆动和单向转动的临界状态.

例 2.16

如图 2-7-10 所示，质量为m的小环D(视为质点)套在半径为R的光滑大圆环上，置于竖直平面内，大圆环绕竖直直径AB以匀角速度ω转动.试求小环在大圆环上位置随时间t变化的变化率与θ的关系，画出相应的相图.

解　在与大圆环一同转动的参考系中，确定小环的位置坐标只需要 1 个自由度，选取变量θ确定小环的位置坐标.小环受力为：重力mg、大圆环的支持力F_N、惯性离心力$F_{惯}=mR\omega^2\sin\theta$.

从能量角度分析，支持力F_N不做功，其余二力只是坐标变量的单值函数，便可视为保守力.取$\theta=0$时小环的位置(即B点)为势能零点，则重力势能为

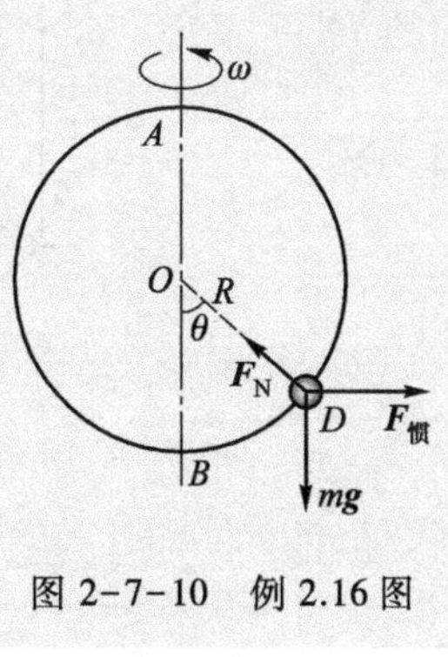

图 2-7-10　例 2.16 图

$$E_{p重}=mgR(1-\cos\theta)$$

对于惯性离心力,由保守力做功与势能的关系,有

$$-\mathrm{d}E_{p惯}=F_{惯}\cos\theta R\mathrm{d}\theta=\frac{1}{2}mR^2\omega^2\sin 2\theta\mathrm{d}\theta$$

积分,得惯性离心势能

$$E_{p惯}=-\frac{1}{2}mR^2\omega^2\int_0^{\theta}\sin 2\theta\mathrm{d}\theta=-\frac{1}{4}mR^2\omega^2(1-\cos 2\theta)$$

总势能为

$$E_p=E_{p重}+E_{p惯}=mgR(1-\cos\theta)-\frac{1}{4}mR^2\omega^2(1-\cos 2\theta)$$

动能为

$$E_k=\frac{1}{2}mR^2\dot{\theta}^2$$

总机械能为

$$E=E_k+E_p=\frac{1}{2}mR^2\dot{\theta}^2+mgR(1-\cos\theta)-\frac{1}{4}mR^2\omega^2(1-\cos 2\theta)$$

为了使结果形式简单,用 mgR 来约化,并令 $\Omega=\sqrt{g/R}$,得量纲一的能量

$$H=\frac{E}{mgR}=\frac{1}{2}\left(\frac{\dot{\theta}}{\Omega}\right)^2+(1-\cos\theta)-\frac{1}{4}\left(\frac{\omega}{\Omega}\right)^2(1-\cos 2\theta)$$

可解得

$$\dot{\theta}=\pm\sqrt{2\Omega^2(H-1+\cos\theta)+\frac{\omega^2}{2}(1-\cos 2\theta)}$$

可画出势能曲线和相应的相图,如图 2-7-11 所示.由图 2-7-11(a)可见,$\omega<\Omega$ 时,势能在 $\theta=0$ 处有一个极小值,相轨迹是围绕中心的一些闭合线.由图 2-7-11(b)可见,$\omega>\Omega$ 时,势能在 $\theta=0$ 处变为极大值,而在其两侧势能出现对称的极小值,在势能 E_1 时,相轨迹分裂成两个较小的闭合曲线,在势能 E_2 时,相轨迹出现分岔现象.

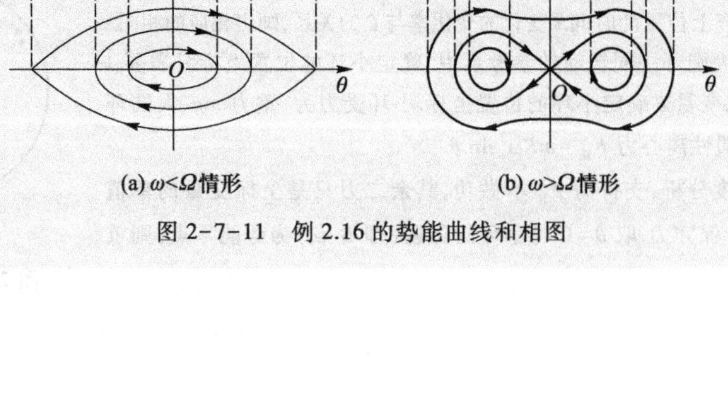

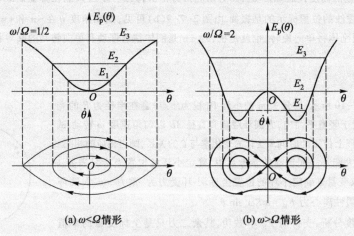

图 2-7-11 例 2.16 的势能曲线和相图

§ 2.8 流体

通常把能够流动的物质称为流体，包括液体和气体，具有代表性的液体是水，具有代表性的气体是空气. 流体与我们日常生活密切相关，我们每天都需要喝水和呼吸新鲜空气. 如果没有流体，汽车不能行驶，飞机无法飞行. 与刚体相比较，流体的显著特征是具有易流动性. 例如，地面上的水顺着弯弯曲曲的各条分支河道汇入大江，最后流入大海，绝无返回原状态的可能. 用扇子轻轻扇动空气，便会感受到徐徐吹来的凉风.

流体是由大量分子组成的具有无穷多自由度的系统，流体力学只研究流体的宏观运动. 例如：在飞机或其他飞行器的飞行过程中，需要关心的是其表面的压强分布和温度分布；在分析流体经管口流出时，需要关心的只是出口断面上的流速和流量. 因此，我们把流体视为由无穷多连续分布的流体微元组成的连续介质. 此流体微元在宏观上是足够小的，可以视为质点；而从微观上看，它包含了大量数目的分子. 显然，这样的流体质点既具有质量又具有弹性. 在前面研究质点力学规律时，我们用位移、速度、加速度等物理量描述其状态. 而流体力学研究的是一种连续介质，描述流体宏观特性的物理量（比如压强、密度、温度、流动速度等）都是空间坐标和时间的连续函数. 我们采用在流体力学中普遍采用的欧拉法，此方法针对流体的易流动性和易变形性，它不着眼于个别流体质点的运动特性，而是着眼于整个流场（充满流体的空间）中的各空间点，研究流体流过各空间点时流动参量随时间的推移而产生变化，从而得到流体在整个空间里的运动规律.

本节介绍流体运动的基本概念及状态方程，建立描述流体运动学规律的连续性微分方程和描述流体动力学规律的欧拉运动微分方程，最后简要介绍数值计算方法的基本思路.

1 流体运动的基本概念

无论气体还是液体都是可压缩的. 液体的压缩量很小，通常可以不考虑液体的可压缩性，比如，一般的液压传动装置就是利用了液体难以压缩的特点. 气体的可压缩性是非常明显的，比如，用不太大的力推动活塞就可以将空气压缩到车辆的轮胎内. 当流体运动时，若其内部出现相对运动，则各流体质点之间或流体各层之间会产生切向的内摩擦力以抵抗其相对运动，流体的这种性质称为黏性. 在静止流体中黏性无法体现，但流体流动时，就明显表现出黏性. 比如，河流中心处的水流动较快，靠近岸边的水却由于黏性几乎不动. 浓稠的蜂蜜流动时比水流动时受到的阻力大，表明蜂蜜的黏性比水的黏性大. 由于水有黏性，海洋中的轮船需要推进器的工作才能向前行驶. 流体中的黏性类似于固体间的摩擦，其机制都是将运动物体的动能转变为热能. 黏性除了因不同流体而异外，主要随温度而变，液体的黏性随温度升高而减小，气体则反之. 自然界中存在的所有真实流体都会有或多或少的黏性，然而，如果在任何情形下都考虑流体的黏性，那么，绝大多数的流体力学问题会因数学上的复杂性而难以求解，甚至无法求解. 在某些问题中，若流体的流动性是主要的，黏性居于极次要的地位，便可认为流体完全没有黏性，这样的理想模型称为无黏性流体（或非黏性流体）. 既不可压缩又无黏性的流体称为理想流体. 在讨论流体运动的问题中，如果起主要作用的因素是流动性和连续性，而压缩性和黏性可作为次要因素忽略不计，便可将该流体当成理想流体. 在一些工程问题中，忽略流体黏性的影响是允许的，相应问题的求解也因此而变得容易.所以,研究无黏性不可压缩流体动力学规律具有理论和应用双重意义.

在讨论刚体运动时,其主要物理量是质量、转动惯量、力和力矩.而对于流体,密度、压强、流速等物理量更为重要.由于流体具有流动性,一般来说,流体的流速 v、密度 ρ、压强 p 等物理量在空间中和时间上都是连续分布的.通常它们是空间点的坐标 x,y,z 和时间 t 的单值连续函数,即

$$v_x=v_x(x,y,z,t)$$
$$v_y=v_y(x,y,z,t)$$
$$v_z=v_z(x,y,z,t)$$
$$\rho=\rho(x,y,z,t)$$
$$p=p(x,y,z,t)$$

充满流体的空间称为**流场**,流场中每一点都对应于一个表示该处流体流动快慢的,各点的流速构成一矢量场称为**流速场**.

为了直观形象地描述流体的运动情况,在流场中假想地画出一系列曲线,使每一瞬时曲线上每一点的切线方向都与处在该点的流体微元的速度方向相一致,这样的曲线称为**流线**.如图 2-8-1 所示为通过实验方法演示流场中流线的照片,可见,流线是流场中某一瞬时流体质点的速度方向线.若在流场中画出许多条流线,则可获得直观、清晰的流动图像,因此,流线是分析流动形态的重要概念.

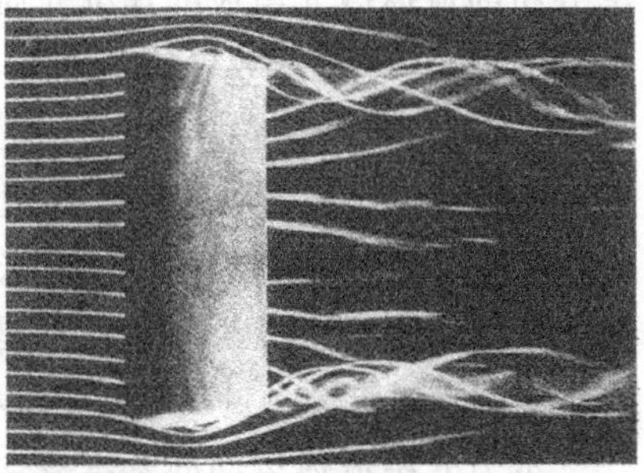

图 2-8-1 演示流线的照片

图 2-8-2 画出了几种常见的典型流线分布,图 2-8-2(a)是粗细不均匀的水平管道中的流线,图 2-8-2(b)是流体垂直于圆柱体流动形成的流线,图 2-8-2(c)为飞机机翼附近的流线分布.显然,流线是流速场内反映流体瞬时流动方向的曲线.由于流场中每一点有唯一确定的流速,因此,同一时刻的不同流线互相不可能相交.流场中流线疏密走向能反映流体速度的变化,流线密集的地方流速大,流线稀疏的地方流速小.

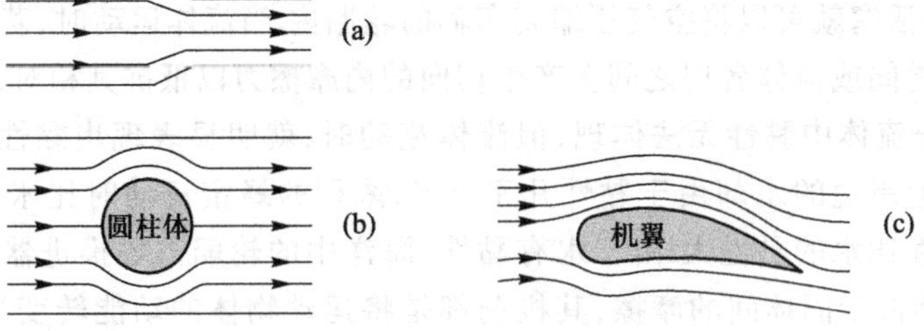

图 2-8-2 几种流线的分布情况

也可以用数学方程来描述流线,设流场中某处流体质元的速度为 $\boldsymbol{v}=v_x\boldsymbol{i}+v_y\boldsymbol{j}+v_z\boldsymbol{k}$,在该点的流线上取微元线段 $\mathrm{d}\boldsymbol{l}=\mathrm{d}x\boldsymbol{i}+\mathrm{d}y\boldsymbol{j}+\mathrm{d}z\boldsymbol{k}$.由于流速与流线相切,$\boldsymbol{v}$ 与 $\mathrm{d}\boldsymbol{l}$ 的矢量积应等于零,即 $\boldsymbol{v}\times\mathrm{d}\boldsymbol{l}=0$,因此有

$$\begin{cases}v_x\mathrm{d}y-v_y\mathrm{d}x=0\\v_y\mathrm{d}z-v_z\mathrm{d}y=0\\v_z\mathrm{d}x-v_x\mathrm{d}z=0\end{cases}\tag{2.8.1}$$

这就是流线方程.

在流体内画微小的封闭曲线(不是流线),并在同一时刻画出通过封闭曲线上各点的流线,则这些流线所围成的细管称为**流管**,如图 2-8-3 所示.根据流线的性质,流体不能穿越流管的表面流入或者流出,就像在真实的管道中流动一样.

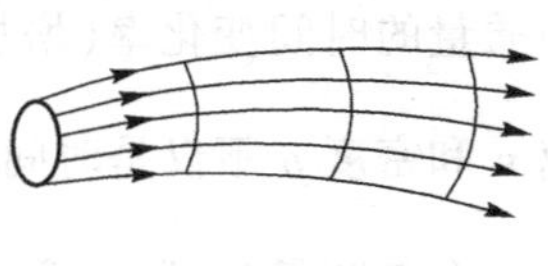

图 2-8-3 流管

一般来说,流场中各点的流速是随时间而变化的.在特殊情况下,尽管空间各点的流速不一定相同,但如果流场中各流体微元的流速不随时间变化,即 $v_x=v_x(x,y,z)$,$v_y=v_y(x,y,z)$,$v_z=v_z(x,y,z)$.这时流场中各点的密度、压强也都不随时间而变化,即 $\rho=\rho(x,y,z)$,$p=p(x,y,z)$.这种流动称为定常流动,亦称恒定流动.例如,接近平静溪流中心处的水的缓慢流动可视为定常流动,有一连串急流时就不是定常流动了.定常流动时,流线和流管均保持固定的形状和位置.

流体力学研究流体的机械运动规律,下面介绍描述流体运动规律的两个基本方程.

2 连续性方程

流体大多处于流动状态,流体的流动性质极其复杂,运动形态千变万化.尽管如此,也有其内在的规律可循.下面我们从质量守恒定律出发,推导描述流体运动规律的连续性方程.为了使问题简化,我们以均匀无黏性流体沿 Ox 轴方向的粗细均匀的水平细管道中的一维流动为例进行讨论.

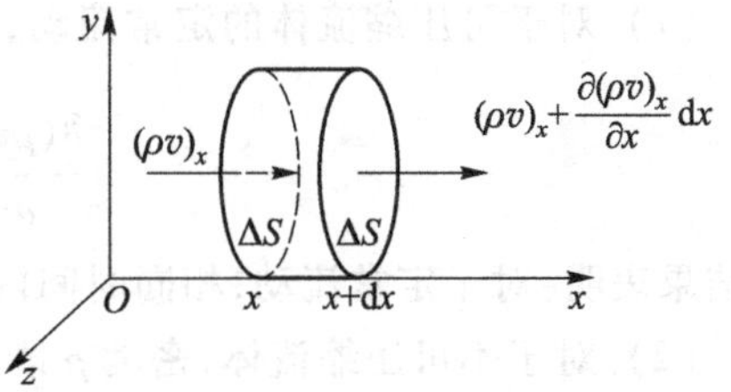

图 2-8-4 空间体积元处流体密度和流速

在水平流管中取一截面积为 ΔS、长度为 dx 的足够小的空间体积元 $\Delta V=\Delta S dx$,如图 2-8-4 所示.均匀无黏性流体可以通过 ΔS 面自由流入、流出该体积元.在体积元左侧 x 处,流体的密度是 $(\rho)_x$,流速(只沿 x 方向)为 $(v)_x$,则在单位时间内经过左侧面流入该体积元的质量应等于截面积为 ΔS、长度为 $(v)_x$ 的柱体体积内所包含的流体质量,即 $(\rho v)_x\Delta S$;在同一段时间内,从体积元右侧流出的质量为 $-\left[(\rho v)_x+\frac{\partial(\rho v)_x}{\partial x}dx\right]\Delta S$,其中 $\frac{\partial(\rho v)_x}{\partial x}$ 是质量沿 x 轴的坐标变化率.因此,单位时间内流入体积元的净质量为 $-\frac{\partial(\rho v)_x}{\partial x}\Delta S dx$.另一方面,体积元内质量增加,则说明它的密度增大了.设它在单位时间内密度的增加率为 $\frac{\partial\rho}{\partial t}$,那么在单位时间内体积元中的质量增加了 $\frac{\partial\rho}{\partial t}\Delta S dx$.由于体积元内没有产生质量的源,质量又不会无缘无故地消失,所以质量是守恒的.那么,在单位时间内体积元中质量的增加量必然等于流入体积元的净质量,即

$$\frac{\partial\rho}{\partial t}\Delta S dx=-\frac{\partial(\rho v)_x}{\partial x}\Delta S dx$$

所以

$$\frac{\partial\rho}{\partial t}=-\frac{\partial(\rho v)_x}{\partial x} \tag{2.8.2}$$

式(2.8.2)给出了一维流动中流速 v_x 和密度 ρ 之间应满足的关系,称为流体一维流动的连续性方程.此式表明,在流体中单位时间内流出体积元的质量与流入该体积元的质量之差应等于该体积元内质量的时间变化率(增加或减少).它实际上是质量守恒在流体中的反映.应该注意,流体的流速 v_x 和密度 ρ 不仅是时间的函数,而且是空间坐标的函数,这里 $\frac{\partial}{\partial t}$ 或 $\frac{\partial}{\partial x}$ 称为偏导数,是指对其中的一个自变量(t 或 x)求导数.

一般情况下,流体在三维空间流动,流速是空间坐标(x,y,z)和时间 t 的函数 $v(x,y,z,t)$,流速 $\boldsymbol{v}$ 不仅有 x 分量 v_x,而且有 y 分量 v_y 和 z 分量 v_z.容易将式(2.8.2)推广到三维情况,有

$$\frac{\partial\rho}{\partial t}+\frac{\partial(\rho v_x)}{\partial x}+\frac{\partial(\rho v_y)}{\partial y}+\frac{\partial(\rho v_z)}{\partial z}=0 \tag{2.8.3}$$

这就是直角坐标系下连续性微分方程的一般形式.连续性方程是描述流体运动的基本方程之一,它是质量守恒定律在流体力学中的反映.连续性方程是不涉及作用力的运动学方程,对无黏性流体或黏性流体都适用.

连续性方程中除了速度 v 是变量之外,流体的密度 ρ 也是变化的.在某些特定条件下,连续性方程式(2.8.3)的形式将得到简化.例如:

(1) 对于可压缩流体的定常流动,密度 ρ 不随时间变化,$\frac{\partial\rho}{\partial t}=0$,式(2.8.3)简化为

$$\frac{\partial(\rho v_x)}{\partial x}+\frac{\partial(\rho v_y)}{\partial y}+\frac{\partial(\rho v_z)}{\partial z}=0 \tag{2.8.4}$$

此结果表明:对于定常流动,相同时间内流入体积元的质量等于流出该体积元的质量.

(2) 对于不可压缩流体,密度 ρ 既不随时间变比,又不随位置变化,式(2.8.3)简化为

$$\frac{\partial v_x}{\partial x}+\frac{\partial v_y}{\partial y}+\frac{\partial v_z}{\partial z}=0 \tag{2.8.5}$$

此结果表明:对于不可压缩流体,流体沿各个方向流速是常量,即流体作定常流动.

在实际工程中,相当多的流动是局限在固体边界内部沿某一方向的流动,即一维流动问题,比如,一维细管道内的流动.对于不可压缩均匀流体的定常流动,流管是静止不动的,且流体内各点的密度也不随时间变化,故由连续性方程式(2.8.2),有 $\rho v=$ 常量.如图 2-8-5 所示,在细管道内取流管,并任取垂直于流线的截面 dS_1 和 dS_2,流体只能由两截面流入和流出,两截面处的流速分别为 v_1 和 v_2,则在单位时间内,从 dS_1 流入的质量必须等于从 dS_2 流出的质量,即

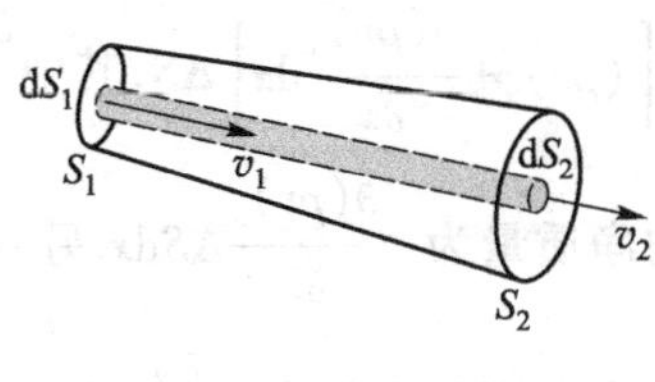

图 2-8-5　一维管道中的流动

$$\rho_1 v_1 dS_1=\rho_2 v_2 dS_2$$

积分并以 $\bar{v}_1$ 和 $\bar{v}_2$ 分别表示管道截面 S_1 和 S_2 处的平均流速,则有

$$\rho_1\bar{v}_1 S_1=\rho_2\bar{v}_2 S_2 \tag{2.8.6}$$

对于不可压缩流体,$\rho_1=\rho_2$,所以

$$\bar{v}_1 S_1=\bar{v}_2 S_2 \tag{2.8.7}$$

这是单向流动的流体的连续性方程,其形式比较简单.此式表明:对于不可压缩均匀流体的定常

流动，通过流管各横截面的流量都相等.利用这一方程，若已知细管道中两个横截面的面积，且已知一个横截面处的平均流速，则可求得另一横截面处的平均流速.由式(2.8.7)还可看出，截面积较大处的平均流速较小，截面积较小处的平均流速较大.

3 欧拉方程

连续性方程是描述流体运动的运动学方程，研究流体的运动规律还需要建立描述流体运动与其所受外力之间关系的动力学方程.一切流体只有在外力的作用下，才能产生一定的运动状态.作用在流体上的力，按其作用方式可以分为表面力和质量力两大类.表面力是指作用在所取的某一部分流体体积表面上的力，也就是该部分体积周围的流体或固体通过接触面作用在其上的力.质量力是指作用在流体某体积内所有流体质元上并与这一体积的流体质量成正比的力，流体力学中最常遇到的质量力是重力和当流体作加速(或减速)运动时出现的惯性力.

为了使问题简化，我们仍以均匀无黏性流体沿 Ox 轴方向的粗细均匀的水平细管道中的一元流动为例进行讨论.

我们可以把流体视为由无穷多无间隙的连续分布的流体微元(视为质元)组成的连续介质.将沿 Ox 方向的水平管道内的流场中的流体分成无穷多个紧密相连的微小立方块，每一个微小立方块流体称为一个流体微元，取其中任一个流体微元(亦称流体质元)，如图 2-8-6 所示.该流体微元的截面面积为 ΔS、长度为 $\mathrm{d}x$，体积为 $\Delta V=\Delta S\mathrm{d}x$.受力情况为：流体微元左侧 $abcd$ 面处，压强为 p，流体微元右侧 $efgh$ 面处，压强为 $p+\mathrm{d}p=p+\frac{\partial p}{\partial x}\mathrm{d}x$，其中$\frac{\partial p}{\partial x}$是压强沿 x 轴的坐标变化率.由于在理想流体介质中不存在切向力，压力总是垂直于所取的表面 ΔS.又因为 ΔS 面积很小(因为流体微元很小)，可以认为在流体微元左右两侧面上压强都是均匀分布的，因此，整个 $abcd$ 面上所受的表面力为 $p\Delta S$，方向沿正 x 方向；整个 $efgh$ 面上所受的表面力为$\left(p+\frac{\partial p}{\partial x}\mathrm{d}x\right)\Delta S$，方向沿负 x 方向.某种外力场作用在流体微元 $\Delta V=\Delta S\mathrm{d}x$ 上的质量力为 $F_x=f_x\rho\Delta S\mathrm{d}x$，其中 f_x 是作用在单位质量流体上质量力的 x 分量，$\rho\Delta S\mathrm{d}x=\mathrm{d}m$ 是流体微元的质量.在合外力作用下该流体微元沿 x 方向的加速度为$\frac{\mathrm{d}v_x}{\mathrm{d}t}$，在 Ox 方向有

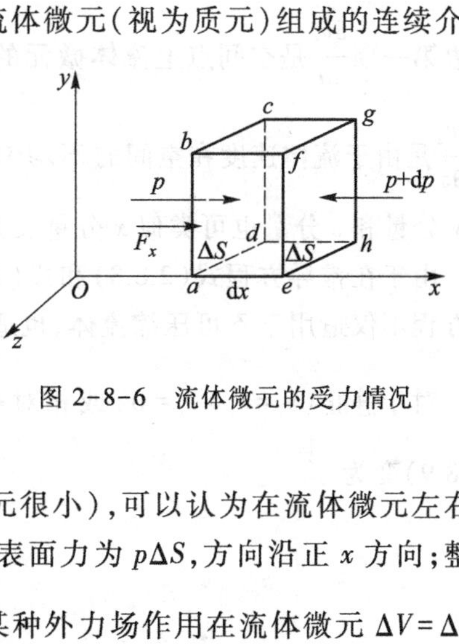

图 2-8-6 流体微元的受力情况

$$f_x\rho\Delta S\mathrm{d}x+p\Delta S-\left(p+\frac{\partial p}{\partial x}\mathrm{d}x\right)\Delta S=\rho\Delta S\mathrm{d}x\frac{\mathrm{d}v_x}{\mathrm{d}t}$$

所以

$$f_x-\frac{1}{\rho}\frac{\partial p}{\partial x}=\frac{\mathrm{d}v_x}{\mathrm{d}t} \tag{2.8.8}$$

在一般情况下，流场在 x、y、z 三个方向都可能不均匀，压强为 $p(x,y,z,t)$，流速 v 不仅有 x 分量 v_x，而且有 y 分量 v_y 和 z 分量 v_z.容易将式(2.8.8)推广到三维情况，有

$$\begin{cases} f_x-\dfrac{1}{\rho}\dfrac{\partial p}{\partial x}=\dfrac{\mathrm{d}v_x}{\mathrm{d}t} \\ f_y-\dfrac{1}{\rho}\dfrac{\partial p}{\partial y}=\dfrac{\mathrm{d}v_y}{\mathrm{d}t} \\ f_z-\dfrac{1}{\rho}\dfrac{\partial p}{\partial z}=\dfrac{\mathrm{d}v_z}{\mathrm{d}t} \end{cases} \tag{2.8.9}$$

称其为欧拉运动微分方程,简称欧拉方程.微分形式的欧拉运动方程描述了无黏性理想流体的受力和其运动间的关系,它是描述无黏性流体动力学规律的基本方程.式(2.8.9)中f_x,f_y,f_z分别是作用在单位质量流体上质量力的x,y,z分量.由于流速不仅是空间坐标(x,y,z)的函数,而且是时间t的函数,即$v_x(x,y,z,t)$,$v_y(x,y,z,t)$,$v_z(x,y,z,t)$,无论是空间点上流体微元的速度随时间变化,还是空间点上流体微元的速度随坐标变化都会产生加速度.将式(2.8.9)右边的加速度展开,比如x分量:

$$\frac{\mathrm{d}v_x}{\mathrm{d}t}=\frac{\partial v_x}{\partial t}+\frac{\partial v_x}{\partial x}\frac{\mathrm{d}x}{\mathrm{d}t}+\frac{\partial v_x}{\partial y}\frac{\mathrm{d}y}{\mathrm{d}t}+\frac{\partial v_x}{\partial z}\frac{\mathrm{d}z}{\mathrm{d}t}=\frac{\partial v_x}{\partial t}+v_x\frac{\partial v_x}{\partial x}+v_y\frac{\partial v_x}{\partial y}+v_z\frac{\partial v_x}{\partial z}$$

右边第一项$\dfrac{\partial v_x}{\partial t}$是空间点上流体微元的速度随时间变化引起的加速度;后面三项$v_x\dfrac{\partial v_x}{\partial x}+v_y\dfrac{\partial v_x}{\partial y}+v_z\dfrac{\partial v_x}{\partial z}$是由于流体速度在空间的不均匀,当流体微元的速度随坐标变化而引起的加速度.加速度的y分量和z分量也可类似x分量展开.

由于在推导方程式(2.8.8)和式(2.8.9)的过程中,对质量力和密度均未作任何限制,所以,该方程不仅适用于不可压缩流体,也适用于可压缩流体.

对于静止($v_x=v_y=v_z=0$)或相对静止($v_x=v_y=v_z=$常量)的流体,此时$\dfrac{\mathrm{d}v_x}{\mathrm{d}t}=\dfrac{\mathrm{d}v_y}{\mathrm{d}t}=\dfrac{\mathrm{d}v_z}{\mathrm{d}t}=0$,式(2.8.9)变为

$$\begin{cases} f_x=\dfrac{1}{\rho}\dfrac{\partial p}{\partial x} \\ f_y=\dfrac{1}{\rho}\dfrac{\partial p}{\partial y} \\ f_z=\dfrac{1}{\rho}\dfrac{\partial p}{\partial z} \end{cases} \tag{2.8.10}$$

式(2.8.10)是静止流体的平衡微分方程式,也称欧拉流体平衡微分方程,它是流体静力学最基本的方程.该方程表明,在静止流体中,某点单位质量流体的质量力与静压强的合力相平衡.欧拉平衡微分方程是欧拉运动微分方程的特例.因为对密度没有任何特殊要求,所以,式(2.8.10)不仅适用于不可压缩流体,也适用于可压缩流体.

从理论上讲,式(2.8.9)加上连续性方程式(2.8.3),完全可以求解四个未知量v_x,v_y,v_z和p.

在运用欧拉方程研究理想流体动力学问题时,常需要对这些微分方程式进行积分.由于它是一组偏微分方程,在一般情况下是难以积分求解的,但在某些特定条件的限制下,可以得到积分解.例如,限定条件为:不可压缩理想流体的定常流动,质量力仅为重力,沿同一流线进行积分.如

图 2-8-7 所示，在流线上任取一点(x,y,z)，并在此处沿流线取微元 $dl(dx,dy,dz)$. 对于理想流体的定常流动，有

$$\frac{\partial v_x}{\partial t}=0,\quad \frac{\partial v_y}{\partial t}=0,\quad \frac{\partial v_z}{\partial t}=0,\quad \frac{\partial p}{\partial t}=0$$

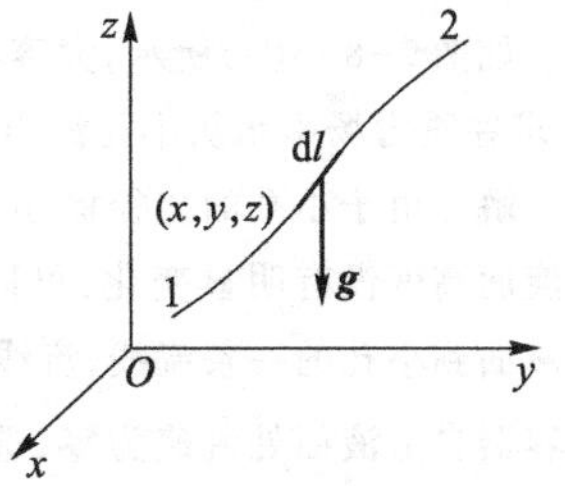

图 2-8-7　流动上的运动分析

若作用于流体上的质量力仅有重力，则 $f_x=0, f_y=0, f_z=-g$（坐标轴 z 竖直向上）.

将式(2.8.9)的第一式两边乘 dx，第二式两边乘 dy，第三式两边乘 dz，然后相加，并利用流线方程式(2.8.1)，可得

$$-g\mathrm{d}z-\frac{1}{\rho}\left(\frac{\partial p}{\partial x}\mathrm{d}x+\frac{\partial p}{\partial y}\mathrm{d}y+\frac{\partial p}{\partial z}\mathrm{d}z\right)=\mathrm{d}\left(\frac{v^2}{2}\right)$$

即

$$\rho g\mathrm{d}z+\mathrm{d}p+\frac{1}{2}\rho\mathrm{d}v^2=0$$

对于不可压缩的均匀流体，ρ 为常量，积分可得

$$\rho gh+p+\frac{1}{2}\rho v^2=C(\text{常量}) \tag{2.8.11a}$$

或沿同一流线从点 1 积分到点 2，有

$$\rho gh_1+p_1+\frac{1}{2}\rho v_1^2=\rho gh_2+p_2+\frac{1}{2}\rho v_2^2 \tag{2.8.11b}$$

这就是质量力仅为重力、不可压缩的理想流体作定常流动时，压强 p、流速 v、位置高度差 h 沿某一流线（或元流）的变化规律，通常称为不可压缩理想流体的伯努利方程. 方程左边第一项表示单位体积流体所具有的重力势能，第二项代表单位体积流体所具有的压强势能，第三项代表单位体积流体所具有的动能. 因此，方程(2.8.11)表明：不可压缩的理想流体在重力作用下作定常流动时，沿同一条流线(或微元流束)上各点的机械能保持不变，但重力势能、压强势能和动能这三种能量之间可以相互转换. 生活中有些现象可以用伯努利方程来解释，例如，高层楼房的自来水的压强常常比较低，这是由于其位置比较高，重力势能大，于是压强势能和动能比较小，水压低，流速小.

如果 $h_1=h_2$，则式(2.8.11b)变为

$$p_1+\frac{1}{2}\rho v_1^2=p_2+\frac{1}{2}\rho v_2^2 \tag{2.8.12}$$

此式表明，流体沿水平管道流动时，如果某处流动速度加快了，该处的压强必定减小，反之，如果流速减慢了，压强必定增大. 也就是说，流线密集(流速相对较大)的地方，压强相对较小，反之亦然.

伯努利方程是能量守恒定律在流体力学中的一种特殊表现形式. 伯努利方程可以帮助我们理解流体的一些现象，例如，在水流湍急的地方，压强小，在水流缓慢的地方，压强大，这是飞机能悬浮在空气中的理论依据之一. 为什么当火车进站时站在月台上的人要与列车保持一定距离？为什么两艘同方向行驶的船靠近时会有相撞的危险？这些问题都可以在这里找到答案.

例 2.17

如图 2-8-8(a)所示,大容器下部侧壁有一小孔,小孔的截面积远小于大容器的截面积,大容器内盛满了水.求在重力场中水从小孔流出的速度和流量.

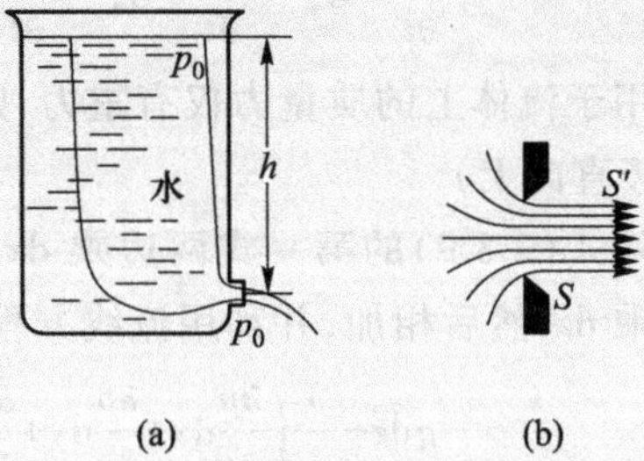

图 2-8-8　小孔流速

解　由于小孔的孔径极小,在较短的观测时间内,大容器内液面高度没有明显变化,可以视为定常流动.取从大容器自由液面到小孔的一条流线,流线两端的压强皆为 p_0(大气压),大容器自由液面处流速为零,选择小孔中心作为势能零点,运用伯努利方程(2.8.11b),有

$$\rho gh+p_0=p_0+\frac{1}{2}\rho v^2$$

式中 h 为小孔到大容器自由水面的高度差,由此可得小孔流速为

$$v=\sqrt{2gh}$$

流速乘以小孔的截面积 S 即得流量.但实际上水从小孔流出时的截面积略有收缩(见图 2-8-8),用有效截面 S'代替 S,可得流量为

$$Q=vS'$$

上述的理想模型具有一定的实际意义,在实际生产和生活中,水库放水、水塔经管道向城市用户输水、医院里挂吊瓶给病人输液等,其共同特点是液体由大容器下部的小孔流出.

例 2.18

文丘里(Venturi)流量计常用于测量液体在管道中的流量或流速.其原理如图 2-8-9 所示,在变截面管的下方,安装一根管内盛有水银(密度 $\rho_汞$)的 U 形管.已知水平管道入口处的截面积为 S_1、压强为 p_1,管道喉部的截面积为 S_2、压强为 p_2,液体密度为 ρ,求液体流量.

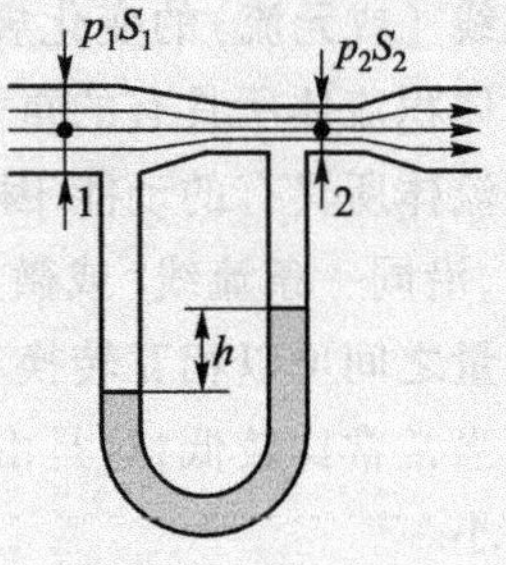

图 2-8-9　例 2.18 图

解　在文丘里管道内流体在重力作用下作定常流动,根据伯努利方程的要求,在管道中心轴线处取一条流线,对该流线上 1、2 两点,有

$$p_1+\frac{1}{2}\rho v_1^2=p_2+\frac{1}{2}\rho v_2^2$$

式中 v_1 和 v_2 分别是 1 和 2 两点处的流速.

在 1 和 2 两处取与管道垂直的截面 S_1和 S_2,由连续性方程,有

$$v_1S_1=v_2S_2$$

设 U 形管左侧管中液体高度为 h_1,右侧管中液体高度为 h_2,即 $h_1-h_2=h$,根据力平衡,有

$$p_1+\rho gh_1=p_2+\rho gh_2+\rho_汞 gh$$

流量

$$Q=v_1S_1=v_2S_2$$

以上四式联立,可解得

$$Q=S_1S_2\sqrt{\frac{2(\rho_汞-\rho)gh}{\rho(S_1^2-S_2^2)}}$$

等式右边除 h 外均为常量,因此,可根据 U 形管中左右两侧水银表面的高度差求出流量.

4　实际流体

自然界存在的所有实际流体都是有黏性的，所以也称为黏性流体.黏性流体与理想流体的主要不同之处是作用在流体质点上的表面力，理想流体只有一个与作用面方位无关的压应力，而黏性流体则有与作用面方位有关的法向应力和切向应力，而且各方向应力的大小也不一定相等.这样，只要用黏性流体质点上的表面力的合力代替理想流体运动微分方程中表面力的合力，便可得到黏性流体的运动微分方程.对照式(2.8.9)我们直接写出描述黏性流体动力学规律的方程为

$$\begin{cases} f_x-\dfrac{1}{\rho}\dfrac{\partial p}{\partial x}+\dfrac{\mu}{\rho}\left(\dfrac{\partial^2 v_x}{\partial x^2}+\dfrac{\partial^2 v_x}{\partial y^2}+\dfrac{\partial^2 v_x}{\partial z^2}\right)=\dfrac{\mathrm{d}v_x}{\mathrm{d}t} \\ f_y-\dfrac{1}{\rho}\dfrac{\partial p}{\partial y}+\dfrac{\mu}{\rho}\left(\dfrac{\partial^2 v_y}{\partial x^2}+\dfrac{\partial^2 v_y}{\partial y^2}+\dfrac{\partial^2 v_y}{\partial z^2}\right)=\dfrac{\mathrm{d}v_y}{\mathrm{d}t} \\ f_z-\dfrac{1}{\rho}\dfrac{\partial p}{\partial z}+\dfrac{\mu}{\rho}\left(\dfrac{\partial^2 v_z}{\partial x^2}+\dfrac{\partial^2 v_z}{\partial y^2}+\dfrac{\partial^2 v_z}{\partial z^2}\right)=\dfrac{\mathrm{d}v_z}{\mathrm{d}t} \end{cases} \tag{2.8.13}$$

方程(2.8.13)就是不可压缩黏性流体的运动微分方程，也称为纳维－斯托克斯方程，简称 N-S 方程.方程式中各项的物理意义是：方程组左边第一项为单位质量力项；左边第二项为表面压应力(压强)项；左边第三项为由黏性引起的表面切应力项，其中 μ 是反映流体黏性大小的物理量，称为流体的动力黏度(也称黏性系数)；方程组右边为单位质量的惯性力(加速度)项.

方程(2.8.13)是更为复杂的非线性偏微分方程.如果在任何情况下都考虑流体的黏性，绝大多数边界条件比较复杂，往往会因数学上的复杂性而难于求解，甚至无法求解.然而，大量理论分析和实验证明，一些流动情形中，忽略流体的黏性影响而将其视为无黏性的理想流体，在工程上是允许的，且问题的求解也就变得很容易.更何况，对黏性流体规律的讨论远超出了本课程的要求范围.因此，我们只讨论不可压缩的非黏性流体.

5　物态方程

在质量力已知的条件下，不可压缩流体运动微分方程中，只有 4 个未知量 v_x,v_y,v_z 和 p，而欧拉运动微分方程和连续性微分方程共有 4 个，这些方程联立就完全可以求解.但是，对于可压缩流体，又多了一个未知量密度 ρ，因此，需要补充一个热力学方程——**物态方程**.

只要在足够长的时间内不受干扰，流体系统将达到平衡状态.例如，将一定质量的气体装在一个给定体积的容器中，如果容器中的气体与外界之间没有能量和物质交换，内部也没有任何形式的能量转化，经过一段较长的时间后，描述气体宏观性质的参量具有确定的值.在平衡状态下，所有的宏观可测的物理量均与时间无关.描述系统状态的变量称为状态变量，显然，压强 p 和密度 ρ 是描述流体系统状态的变量.压强 p 和密度 ρ 也是物质系统热力学状态的特征变量，然而，实验观察表明流体系统的压强不仅是流体密度的函数，也是温度 T 的函数.描述流体状态变量(压强 p、密度 ρ、温度 T)之间关系的方程称为物态方程，即

$$p=p(\rho,T) \tag{2.8.14}$$

密度的变化也可用体积的变化来表示，通常情况物态方程也可表示为

$$p=p(V,T) \tag{2.8.15}$$

一般来说，物态方程的形式是很复杂的，方程的形式与流体的具体性质有关.

6 初始条件和边界条件

在一般情况下外力场的作用是已知的，对不可压缩的流体，其密度 ρ 为常量.求解连续性方程和欧拉方程就可以得到流体的运动规律，但是，满足基本方程组的解有无穷多，要得到给定流动的确定解，还需要给出初始条件和边界条件.

6.1 初始条件

初始条件是指方程组的解在起始瞬时应满足的条件，即 $t=0$ 时，流速(v_x, v_y, v_z)和压强 p 在流场中的分布规律，初始条件是研究非定常流动必不可少的定解条件.在研究流体定常流动时，流场中所有流动参数都与时间无关，因此，不需再给出初始条件.

6.2 边界条件

边界条件是指在运动流体的边界上基本微分方程组应满足的条件.边界条件有两种，一种是速度必须满足的运动边界条件，另一种是压力必须满足的动力边界条件.

（1）运动边界条件

如果流体中有一个固定的边界，比如，水在管道或河道中流动；或者把一个固定的物体放在运动的流体中，如船舶在水中航行，飞机在空气中飞行等，这一类流体与固体分界面是最常见的边界.在流体与固体的分界面上，理想流体只能沿着它们的切线方向流动，不能穿入固定的界面里去，也不能脱离它形成空隙.因此，壁面上流体质点的法向速度 v_{1n}应等于对应点上壁面的法向速度 v_{bn}，即

$$v_{1n}=v_{bn}$$

如果固体壁面静止不动，则 $v_{1n}=0$.对于黏性流体来说，流体是黏附在壁面上的，因此，沿静止固体壁面的切向流速也为零.这就是流体的运动边界条件，也是最常见的边界条件.

（2）动力边界条件

流体在流动过程中，往往有一部分界面是自由界面，在自由界面上，流体的压强必须和外面的压强相同，即在自由界面上

$$p(x,y,z,t)=p_0$$

例如，若流体的自由面和大气接触，则 p_0即为大气压；若流体与真空交界，则 $p_0=0$.这就是流体的动力边界条件.

由于各种具体问题不同，所以在确定边界条件时需要根据实际问题具体分析，从而使所提出的边界条件应该满足恰好能用来确定微分方程中的积分常量的要求.

例 2.19

不可压缩的实际流体在半径为 R 的无限长直圆管道中作定常流动，假设流动过程中温度不变，并且不计质量力.求流速.

解 因为流动是一维的，可取圆管道中心轴为 x 轴.对于不可压缩流体的定常流动，有

$$\frac{\partial v_x}{\partial t}=0$$

$$\frac{\mathrm{d}v_x}{\mathrm{d}t}=v_x\frac{\partial v_x}{\partial x}$$

由题意，得

$$v_y = v_z = 0$$

代人 N-S 方程(2.8.13),有

$$\begin{cases} -\dfrac{1}{\rho}\dfrac{\partial p}{\partial x}+\dfrac{\mu}{\rho}\left(\dfrac{\partial^2 v_x}{\partial x^2}+\dfrac{\partial^2 v_x}{\partial y^2}+\dfrac{\partial^2 v_x}{\partial z^2}\right)=v_x\dfrac{\partial v_x}{\partial x} \\ -\dfrac{1}{\rho}\dfrac{\partial p}{\partial y}=0 \\ -\dfrac{1}{\rho}\dfrac{\partial p}{\partial z}=0 \end{cases}$$

其中第二、第三式表明,p 只是 x 的函数,即在管道每一个截面上 p 为常量,但不同截面上 p 值不同,沿管道 x 轴线有压强差.

对于不可压缩流体,密度 ρ 既不随时间变化,又不随位置变化,由方程(2.8.5),有

$$\frac{\partial v_x}{\partial x}=0$$

此式表明,流速 v_x 只是 y 和 z 的函数,而与 x 无关.

由以上讨论可得

$$\mu\left(\frac{\partial^2 v_x}{\partial y^2}+\frac{\partial^2 v_x}{\partial z^2}\right)=\frac{\partial p}{\partial x}$$

此式左边只是 y 和 z 的函数,右边只是 x 的函数,于是只能等于常量 C,可将此常量 C 定为长度为 l 的一段管道内的压强差 Δp,即 $C=\dfrac{\partial p}{\partial x}=-\dfrac{\Delta p}{l}$,负号表示压强沿 x 轴下降.于是有

$$\frac{\partial^2 v_x}{\partial y^2}+\frac{\partial^2 v_x}{\partial z^2}=-\frac{\Delta p}{\mu l}$$

将此式换为柱坐标形式,有

$$\frac{1}{r}\frac{\mathrm{d}}{\mathrm{d}r}\left(r\frac{\mathrm{d}v_x}{\mathrm{d}r}\right)=-\frac{\Delta p}{\mu l}$$

此方程的一般解为

$$v_x=-\frac{\Delta p}{4\mu l}r^2+C_1\ln r+C_2$$

当 $r=0$ 时,v_x 为有限值,则 $C_1=0$;由边界条件当 $r=R$ 时,$v_x=0$,有 $C_2=-\dfrac{\Delta p}{4\mu l}R^2$.所以,

$$v_x=\frac{\Delta p}{4\mu l}(R^2-r^2)$$

此结果表明,不可压缩的实际流体在无限长的直圆管道中作定常流动时,流速是按旋转抛物面分布的,如图2-8-10 所示.

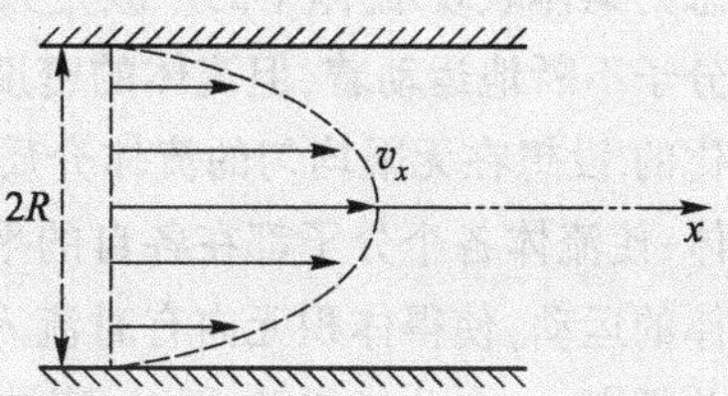

图 2-8-10　圆管道内流速分布

7　数值计算方法

由于欧拉方程和连续性方程是二阶非线性偏微分方程,求解是很困难的,直到目前为止,也只有数十个特解.然而,对于一些用数学解析方法不能求解的流体力学问题,可以利用电子计算机通过数值计算得到解决.数值计算方法的基本思路为:

(1) 对实际的流体力学问题进行合理地简化和科学地抽象,得到一个正确的物理模型,并

用数学语言描述出来.

(2) 确定物理问题的计算区域及与之相应的初始条件和边界条件;对计算区域离散化,将描写流体运动规律的微分方程改写成差分形式的代数方程.

(3) 选择合适的数值计算方法,有限差分法是其中最简单的一种方法,也是工程流动中使用较多的一种方法.

(4) 求解代数方程组,编写和调试程序,上机计算得到近似解.

(5) 对计算结果进行分析,以确定是否符合精度要求.也可用计算机进行可视化和动画处理.

§2.9 流体中的声波

提琴、二胡等弦乐器的弦线振动能产生悦耳的音乐,敲击绷紧的鼓皮会发出"咚咚咚"的声音.人们不禁要问:物体的振动是如何传到人们的耳朵,使鼓膜发生振动,从而使人们主观上感觉到声音的呢?下面我们讨论物体的振动是如何在介质中传播的.

把一个小石子投入平静的水池中,水面就会在小石子落下处凹下去,随后凹下去的地方又凸起来,同时在这个凸起部分的周围,会出现一个凹下去的圆环……这样,就以小石子落下处为中心依次形成凸凹圆环,交替传播开去.这种机械振动在弹性介质中的传播过程所引起的运动形式,就是机械波.由大家很熟悉的水面波动的例子可见,机械波的产生,要有做机械振动的物体(波源),同时还要有能够传播机械振动的弹性介质.

波动是物质运动的一种很普遍的形式,波动现象出现在物理学的许多领域中.本节只介绍波动的基本概念及机械波传播的基本特性,波传播过程中的反射、折射、衍射、散射、吸收等共同特征将在电磁波一章中进行详细讨论.

1 波动的基本概念

机械波是机械振动在空气、水、固体等弹性介质中的传播过程,是弹性介质中大量介质质点振动状态的集体表现.流体中的声波是人们最常见的机械波.在没有声波扰动的平衡态时,虽然组成介质的分子不断地运动着,但流体的密度 ρ 和压强 p 是均匀不变的,任一个体积元内的质量是不随时间变化的.设想在无限均匀的流体介质中有一个刚性物体沿法线方向往复振动,并挤压该物体附近的流体,使流体各个分子都在各自的平衡位置作往复运动,于是在流体分子杂乱运动中附加了一个有规律的运动,使得体积元内有时流入的质量多于流出的质量,有时又反过来,即体积元内的介质一会儿稠密,一会儿又稀疏.所以,声波的传播实际上就是流体介质内稠密和稀疏的交替过程.我们将无限均匀理想流体沿声波传播方向分成无穷多个紧密相连的无限小微元,图 2-9-1(a)表示其中任意相邻的5个流体微元,为简单直观起见,将流体介质里这种微元串类比成由多个弹簧振子相

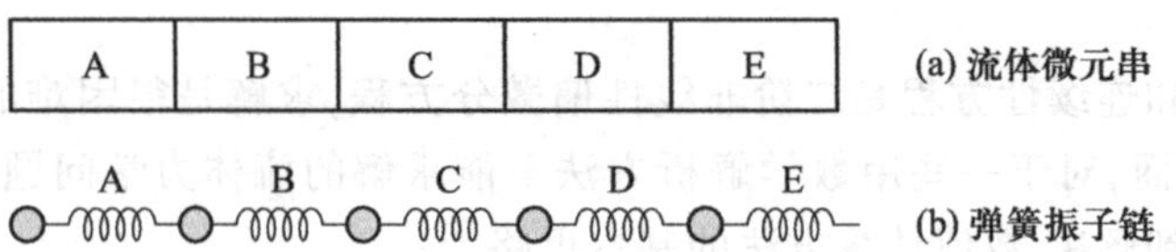

图 2-9-1 流体微元串等效于弹簧振子链

互耦合而成的弹簧振子链，每一个振子的质量相等、弹簧劲度系数相同，如图 2-9-1(b)所示.

设想其中有一个振子 A 因受外界扰动(亦即压缩了这部分流体)而离开其平衡位置开始运动，振子 A 的运动必然推动相邻振子 B，亦即压缩了相邻流体.由于弹性作用，这部分相邻流体被压缩时会产生一个反抗压缩的力，这个力作用于振子 A 并使它恢复到原来的平衡位置.另一方面，由于振子 A 具有惯性，在经过平衡位置时会出现"过冲"，以至又压缩了另一侧面的相邻振子，该相邻振子中也会产生一个反抗压缩的力，使振子 A 又回过来趋向平衡位置……图 2-9-2 直观地画出了振子 A 在几个不同时刻的位置.

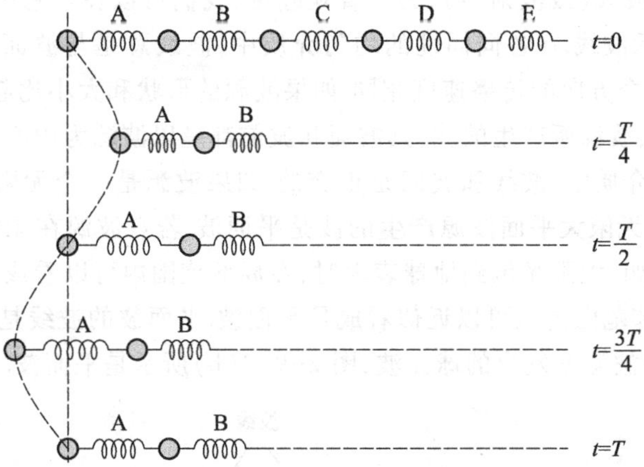

图 2-9-2　振子 A 在几个不同时刻的位置

由于弹性和惯性作用，这个最初得到扰动的振子 A 就在自己的平衡位置附近来回振动起来.由于同样的原因，被振子 A 推动了的振子 B，振子 B 又推动了的振子 C，以至更远的振子 D、E 等，各振子都在各自的平衡位置附近振动起来，只是依次滞后一些时间而已.如此依次作用，使整个流体介质一密一疏地周期性变化，波动就以一定的速度由近及远地传播出去了.可见，人们听到提琴演奏的声音，并不是因为琴弦旁边的空气刺激耳膜，而是由于琴弦的振动引起从琴弦处直到人耳膜处空气质元依次振动，使耳膜处的空气刺激耳膜的结果.

通过上述讨论可见，机械波的产生首先要有作机械振动的物体(称为波源)，其次要有能够传播机械波的弹性介质.

按照介质中质元振动方向与波传播方向的关系，可有横波和纵波之分.波在介质中传播时，如果介质中各质元的振动方向与波的传播方向垂直，这种波称为**横波**.比如，在具有剪切弹性的固体中传播的机械波，固体中每个质元只在自身平衡位置附近振动，由于固体能够产生切变，各质元的振动方向与波的传播方向垂直，因此横波能在固体中传播.如果介质质元的振动方向与波的传播方向相互平行，这种波称为**纵波**.比如，流体中传播的声波，沿着波传播方向的空气由于具有拉伸或压缩弹性，无数多个空气质元时而靠近、时而疏远地振动着，波动就在介质中传播.在理想流体介质中，弹性主要表现在体积改变时出现的恢复力，不会出现切向恢复力.流体介质中声振动传播的方向与流体质元振动方向是平行的，所以，流体介质中传播的声波是纵波.

无论是横波还是纵波，它们都是振动状态的传播.应该注意区别波的传播速度与介质质元的振动速度，在波的传播过程中，介质中各质元并不随波前进，各介质质元只以交替变化的振动速度在各自的平衡位置附近振动.例如,如果将小石块投入平静的湖水中,水面会激起同心圆形波纹向四周传播开来,而漂浮于水面上的树叶只在原处摇曳.这一大家熟知的现象表明,湖水并没有向外流动,向外传播的只是水的振动状态.因此,波的传播速度与介质质元的振动速度是两个不同的概念,不要把两者混淆起来.

波动从波源出发在介质中向各个方向传播,任一时刻介质中相位相同的各点连成的曲面称为等相面,亦称波阵面,简称**波面**.我们把波动过程中最前方的那个波面称为**波前**.显然,波面有无穷多个,而任一时刻的波前只有一个.波面是平面的波称为平面波,波面是球面的波称为球面波.波的传播方向称为波线(或波射线),为了直观起见,我们可以在示意图中沿波的传播方向画一些带有箭头的线表示波线.在各向同性的均匀介质中,波线总是与波面垂直.在各向同性的均匀流体介质中,波沿各个方向的传播速度相同.如果波源的形状和大小比起传播的距离可以忽略不计时,称为点波源.点波源所产生的波,其波面和波前都是以波源为中心的球面,这种波称为球面波.在各向同性均匀介质中,波线和波面是正交的.如果波源是一个无限大的刚性平面物体沿法线方向的振动,由此无限大平面波源产生的波是平面波.若点波源在无穷远处,则在局部范围内波面可视为平面.比如:太阳光传到地球表面时,在局部范围内可以看成是平面光波;很远处传来的声波在很小的局部范围内也可以近似看成是平面波.平面波的波线是与波面正交的平行线.图 2-9-3(a)所示是点波源 S 发出的球面波,图 2-9-3(b)所示是平面波.

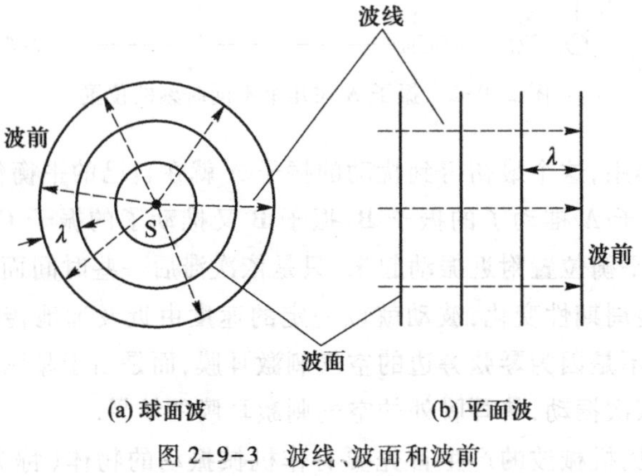

图 2-9-3 波线、波面和波前

在波动过程中,某一振动状态在单位时间内所传播的距离称为波速,用 u 表示.声波的传播速度与介质的特性有关,比如,声波在水中的传播速度约为 1 500 m/s,在空气中的传播速度约为 340 m/s.流体介质中两个相邻密层(或疏层)之间的距离称为波长,用 λ 表示.波长是沿波传播方向相邻同相位两点间的距离.波动传播一个波长的距离所用的时间称为波的周期,用 T 表示.单位时间内波动传播的完整波长的数目,称为波的频率,用 ν 表示.能引起人们产生听觉的是频率在 20~20 000 Hz 之间的机械波.ν 在数值上等于单位时间内波源振动的次数.波长 λ、频率 ν、角频率 ω、周期 T、波速 u 之间的关系为

$$\omega=\frac{2\pi}{T}=2\pi\nu$$

$$u=\lambda\nu=\lambda/T$$

流体中声波的传播实际上是流体介质稠密和稀疏的交替变化过程.显然,这样的变化过程可以

用流体体积元内压强、密度、温度及流体质元的速度等物理量的变化量来描述.假设没有声波时，流体各处的静态密度为 ρ_0，相应的静态压强为 p_0；有声波时，流体各处的实际密度为 ρ，相应的实际压强为 p；则由于波动而引起流体密度涨落为 $\Delta\rho=\rho-\rho_0$，流体压强涨落为 $\Delta p=p-p_0$.常用 ρ'表示 $\Delta\rho$，用 p'表示 Δp，分别是波动引起的附加密度和附加压强.附加压强(声压) p'的成因是很明显的，由于声波是纵波，在稀疏区域，$p<p_0$，声压是负值，在稠密区域，$p>p_0$，声压是正值.必须注意，在声波传播过程中，静态压强 p_0是不变的，由于介质中各种振动作周期性变化，因而声压 p'也作周期性变化.

在声波扰动过程中，流体压强涨落(声压) p'、流体质元速度 v、流体密度涨落 ρ'等物理量的变化是互相关联的，所以，我们必须首先找出它们之间的联系.

2 波动方程

声振动在流体中的传播过程作为一个宏观的物理现象，应满足欧拉方程、连续性方程和状态方程，综合这三个方程就可导出声波的波动方程.为了使问题简化，对声波传播过程和介质进行如下假定：

(1) 介质为无黏性的理想流体，声波在这种介质中传播时无能量损耗.

(2) 没有声波扰动时，流体介质在宏观上处于静止状态，初速度为零；同时介质是均匀的，介质中静态压强 p_0和静态密度 ρ_0都是常量.

(3) 在介质中传播的声波是小振幅声波，介质压强涨落 p'(声压)远小于介质静态压强 p_0，流体质元运动速度 v 远小于声速 u，质点位移 ξ 远小于声波波长 λ，介质密度涨落 ρ'远小于静态密度 ρ_0.声波各参量都是一级微小量.

(4) 声波传播时，介质与毗邻部分不会由于过程引起的温度差而产生热交换，也就是说，声波传播过程是绝热的.

利用这些假设讨论波动过程，不仅可以使分析推导得到简化，而且可以使阐述声波传播的基本规律和特性更加简单明了.人们已经证明这些假设在相当普遍的情况下能很好地被满足，因此，所得出的结果并不失一般性.

2.1 平面声波的波动方程

设想在无限均匀的流体介质中有一个无限大的刚性平面物体沿法线方向往复振动，振动方向取为 Ox 轴，在这种流体中产生的声波仅沿 x 方向传播，而在空间的 y 方向和 z 方向是均匀的，这种波动就是平面波.这是一种比较简单的波形，这种声波的波阵面是平面.下面讨论这种平面波.

声波是流体中各流体微元的小幅度振动形成的，我们从讨论小幅振动出发来研究无限均匀的理想流体中沿 x 方向传播的平面声波的波动方程.由于振动是微小的，流体微元的速度 v 也就很小.声波在流体内传播时，流体密度 ρ 在其平衡值 ρ_0 附近有一微小变化 ρ'，即 $\rho=\rho_0+\rho'$，将此式代入一维连续性方程式(2.8.2)，略去二阶以上小量，并略去 $\boldsymbol{v}_x$的下标 x，则式(2.8.2)简化为

$$\frac{\partial\rho'}{\partial t}=-\rho_0\frac{\partial v}{\partial x} \tag{2.9.1}$$

对于沿 x 方向的一维波动，声波仅沿 x 方向传播，在 y、z 方向是均匀的，流速 v_x只随 x 和 t 而变化 $v_x(x,t)$，因此

$$\frac{\mathrm{d}v_x}{\mathrm{d}t}=\frac{\partial v_x}{\partial t}+v_x\frac{\partial v_x}{\partial x}$$

对于自由流场,无质量力作用,即$f_x=0$.如果流场是空间均匀的,则流速v_x不随空间变化而变化,因此,一维情况的欧拉运动微分方程式(2.8.8)变为$-\dfrac{1}{\rho}\dfrac{\partial p}{\partial x}=\dfrac{\partial v_x}{\partial t}$.将$\rho=\rho_0+\rho'$代入,略去二阶以上小量,并注意$p=p_0+p'$,$\dfrac{\partial p}{\partial x}=\dfrac{\partial p'}{\partial x}$,略去$v_x$的下标$x$,则有

$$\rho_0\frac{\partial v}{\partial t}=-\frac{\partial p'}{\partial x} \tag{2.9.2}$$

由于声波的频率很高,引起流体微元很快的压缩和伸张,在声波传播过程中,流体的压强与密度迅速变化,一般来不及进行热交换,因此,声波过程可以认为是没有热量交换的绝热过程,这样就可以认为压强p仅是密度ρ的函数,则物态方程式(2.8.14)变为$p=p(\rho)$.由声扰动引起的压强和密度的微小增量则满足$\mathrm{d}p=\left(\dfrac{\mathrm{d}p}{\mathrm{d}\rho}\right)_S\mathrm{d}\rho$,这里下标"$S$"表示绝热过程.考虑到压强和密度的变化有相同的方向,当介质被压缩时,压强和密度都增加,即$\mathrm{d}p>0$,$\mathrm{d}\rho>0$,而当介质膨胀时压强和密度都降低,即$\mathrm{d}p<0$,$\mathrm{d}\rho<0$.所以,系数$\left(\dfrac{\mathrm{d}p}{\mathrm{d}\rho}\right)_S$恒大于零,现以$u^2$表示,即

$$\mathrm{d}p=u^2\mathrm{d}\rho \tag{2.9.3}$$

这就是理想流体介质中有声扰动时的状态方程,它描述声场中压强的微小变化与密度的微小变化之间的关系.$u=\sqrt{\left(\dfrac{\partial p}{\partial\rho}\right)_S}$代表了声波传播的速度(波速),在一般情况下$u$仍可能是压强$p$或密度$\rho$的函数,其数值取决于具体介质情况下$p$对$\rho$的依赖关系.例如,若流体为理想气体,其绝热方程为$p\rho^{-\gamma}=$常量,其中$\gamma$为绝热指数(常量),则声速$u=\sqrt{\dfrac{\gamma p}{\rho}}$.波速$u$反映了介质受声扰动时的压缩特性.如果某种介质可压缩性较大(比如气体),即压强的改变引起的密度变化较大,按照定义u值较小,这是因为介质的可压缩性较大,一个体积元状态的变化需要经过较长的时间才能传到周围相邻的体积元,因而声扰动传播的速度就较慢.反之,如果某种介质的可压缩性较小(比如液体),即压强的改变引起的密度变化较小,u值就较大,这是因为介质的可压缩性较小,一个体积元状态的变化很快就传递给相邻的体积元,因而这种介质里的声扰动传播速度就较快.可见,介质的压缩特性反映了声波传播的快慢.再考虑到对于小振幅声波,式(2.9.3)中流体压强的微小改变即为声压p',密度的微小改变即为密度涨落ρ',因而状态方程式(2.9.3)也可表示为

$$p'=u^2\rho' \tag{2.9.4}$$

将式(2.9.1)、式(2.9.2)、式(2.9.4)联立求解,并消去ρ'和v,容易得到

$$\frac{\partial^2 p'}{\partial x^2}-\frac{1}{u^2}\frac{\partial^2 p'}{\partial t^2}=0 \tag{2.9.5}$$

这就是描述平面声波在各向同性的均匀的理想流体介质中沿x方向传播规律的基本方程,称为**波动方程**.当然,也可以由方程组式(2.9.1)、式(2.9.2)、式(2.9.4)消去p'和v或p'和ρ',则可得到关于ρ'或v的类似于式(2.9.5)的波动方程.

波动方程是一种重要的偏微分方程,它主要描述自然界中的各种波动现象(包括横波和纵波).不仅机械波的传播规律可由式(2.9.5)来描写,电磁波也可以用类似的波动方程描写,只需

将式中的声压 p' 用电场强度 E 或磁感应强度 B 取代即可.

波动方程反映的是理想介质中波动现象的共同规律，至于声波的具体传播特性，还必须结合具体波源及具体边界状况来确定.在数学上就是由波动方程式(2.9.5)出发，来求满足边界条件的解.

2.2　波动方程的解

我们感兴趣的主要是在稳定的简谐波源作用下产生的稳态波场.这是由于一方面相当多的声源是随时间作简谐振动的，另一方面，任意时间函数的波动都可以根据傅里叶分析表示成具有各种频率的简谐波的叠加.平面声波的波动方程式(2.9.5)的简谐波解可写为

$$\widetilde{p}'(t,x)=A\mathrm{e}^{\mathrm{i}(\omega t-kx)}+B\mathrm{e}^{\mathrm{i}(\omega t+kx)}$$

的形式，这里 $i=\sqrt{-1}$，式中第一项代表沿正 x 方向传播的波（前进波），第二项代表沿负 x 方向传播的波（反射波）.对于无限均匀流体中平面声波的传播，如果在波传播途径上没有反射体，不出现反射波，则 $B=0$，于是沿 x 方向传播的平面简谐波解（亦称为波函数）为

$$\widetilde{p}'(t,x)=A\mathrm{e}^{\mathrm{i}(\omega t-kx)}$$

假设 $x=0$ 处的波源振动时，在毗邻流体中产生了 $p'_{\mathrm{a}}\mathrm{e}^{\mathrm{i}\omega t}$ 的声压，可得 $A=p'_{\mathrm{a}}$，则上式变为

$$\widetilde{p}'(t,x)=p'_{\mathrm{a}}\mathrm{e}^{\mathrm{i}(\omega t-kx)} \tag{2.9.6}$$

取复数形式的解只是为了运算方便，真正有物理意义的应该是它们的实部，在现代文献中常用的一种表达形式为

$$p'(t,x)=p'_{\mathrm{a}}\cos(\omega t-kx) \tag{2.9.7}$$

式中 p'_{a} 是声压幅值；ω 是波的角频率，也就是波源作简谐振动的角频率；$(\omega t-kx)$ 是波的相位；k 称为波数，由于波函数具有空间周期性，即 $\omega t-kx=\omega t-k(x+\lambda)+2\pi$，所以 $k=2\pi/\lambda$ 表示单位长度上波的相位变化，它的数值等于 2π 长度内包含的完整波的数目.在平面简谐波中，流体压强的变化、流体密度的变化、流体微元的位移等任意物理量都可以用式(2.9.6)的函数形式表示.

式(2.9.7)中 $p'(t,x)$ 不仅是空间位置 x 的函数，而且是时间 t 的函数.下面对 $p'(t,x)$ 的物理意义进行简要讨论：

(1) 当 x 一定（波线上一点 x_0）时，则 $p'(t,x_0)$ 表示距原点 O 为 x_0 处的流体压强涨落随时间周期性变化的规律.

(2) 当 t 一定（t_0 时刻）时，$p'(t_0,x)$ 表示在 t_0 时刻沿波线上各个不同点的流体压强涨落的分布规律.随着波动的传播，流体的密度和压强随时间而周期性变化，流体微元的位移也相应地随时间周期性变化.图 2-9-4 直观地表示了流体中声波（纵波）的传播情况，如图 2-9-4(a)所示，由于流体微元（质点）在各自的平衡位置附近作周期性的振动，使整个流场沿波的传播方向出现了流体疏密周期性的变化.相应地，沿波的传播方向流体压强出现了周期性的变化，图 2-9-4(b)给出了 t_0 时刻流体压强涨落 p' 随位置 x 的变化规律，常称为波形图.波形图中曲线最高处称为波峰（对应 $+p'_{\mathrm{a}}$），曲线最低处称为波谷（对应 $-p'_{\mathrm{a}}$），波峰与波谷之间的相位差为 π.波动传播过程中，整个流场沿波的传播方向出现了流体疏密周期性的变化，由于 $p'(t,x)$ 不仅与空间位置 x 有关，而且与时间 t 有关，因此应该将图 2-9-4 想象成动态曲线.

在同一时刻 t，距离点 O 分别为 x_1 和 x_2 处两点的相位是不同的，由式(2.9.7)可得该两质点的相位为 $\varphi_1=\omega t-kx_1$ 和 $\varphi_2=\omega t-kx_2$，相位差 $\Delta\varphi=\varphi_1-\varphi_2=k(x_2-x_1)$，式中 $x_2-x_1=\Delta x$ 称为波程差.于是，有

$$\Delta\varphi=\frac{2\pi}{\lambda}\Delta x$$

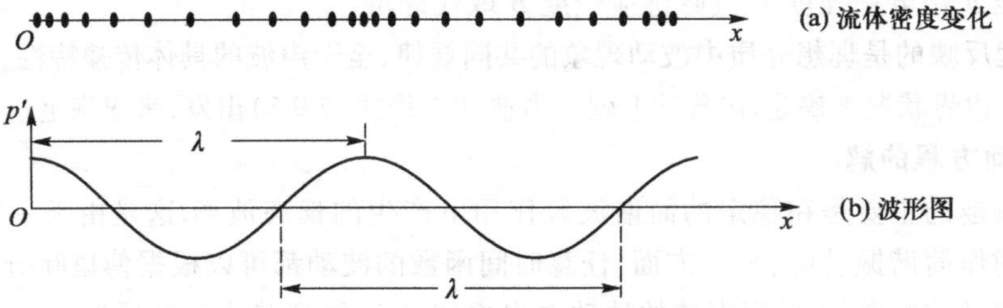

图 2-9-4 流体中密度波的波形图

(3) 如果 x 和 t 都变化时，函数 $p'(t,x)$ 反映了波的传播，声波传播过程中，流体的密度和压强随时间而周期性变化，t 时刻位于任意位置 x 处的波经过时间 Δt 以后传播到了 $(x+\Delta x)$ 处，即

$$p'_a\cos(\omega t-kx)=p'_a\cos[\omega(t+\Delta t)-k(x+\Delta x)]$$

于是有 $\Delta x=u\Delta t$，因为时间间隔 $\Delta t>0$，所以 $\Delta x>0$，这说明式(2.9.7)表征了沿正 x 方向行进的波.

图 2-9-5 直观地反映了这种过程，图中实线代表 t 时刻的波形，虚线代表 $t+\Delta t$ 时刻的波形. 可见，波速 $\boldsymbol{u}$ 就是整个振动状态向前传播的速度，由于振动状态是由相位决定的，波的传播也是振动相位的传播，因此波速 $\boldsymbol{u}$ 也称为"相速度".

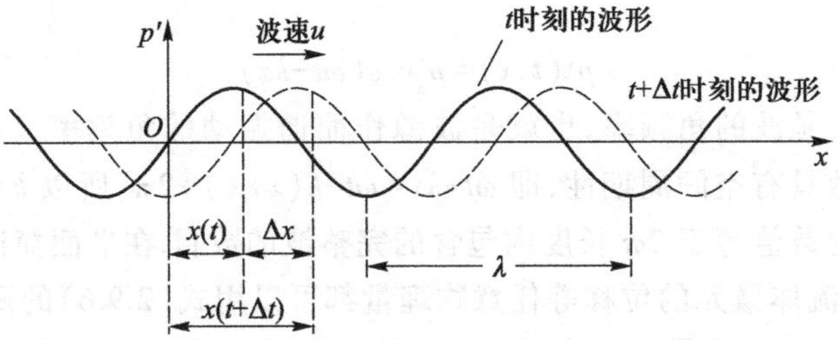

图 2-9-5 波的传播

如果将式(2.9.6)和式(2.9.7)中的 x 变号成 $-x$，就得到沿负 x 方向传播的平面简谐波的波函数

$$\widetilde{p}'(t,x)=p'_a e^{i(\omega t+kx)} \tag{2.9.8a}$$

或

$$p'(t,x)=p'_a\cos(\omega t+kx) \tag{2.9.8b}$$

由式(2.9.6)、式(2.9.7)或式(2.9.8)描述的平面声波在均匀理想流体介质中传播时，声压幅值 p'_a 是不随距离改变的常量. 也就是说，声波在均匀理想流体中传播不会有任何衰减，这就保证了声波在理想流体中传播没有能量损耗.

3 波动与振动的关系

研究流体中的机械波，人们普遍采用流体压强的涨落 $p'(t,x)$ 来描述波动性质，这是因为测量流体的压强比较容易实现，而且通过 $p'(t,x)$ 的测量也可以间接得到流体质点的速度等其他物理量. 机械波传播过程中，由于弹性介质内各质点之间有弹性力相互作用着，介质中沿波线的各个流体质点都在各自的平衡位置附近振动，而且波线上不同质点在各个不同时刻的振动情况是不同的. 如果将式(2.9.7)中的压强涨落函数 $p'(t,x)$ 换成流体质点振动的位移函数 $\xi(t,x)$，将声压幅值 p'_a 换成流

体质点振动的振幅 A,则沿 x 方向传播的平面简谐波的波函数可以用位移函数表示为

$$\xi(t,x)=A\cos(\omega t-kx) \tag{2.9.9a}$$

此式是以流体质点的位移函数表示的波函数.

假设 $x=0$ 处质点作简谐振动的运动方程为 $\xi_0(t)=A\cos\omega t$,式中 A 是振幅,ω 是角频率.如果是无吸收的均匀无限大介质,则各质点的振幅保持不变.若此振动状态以速度为 u 沿 x 轴正方向传播,则此振动状态传到与 O 点相距 x 处的 P 点所需的时间为 $\Delta t=x/u$.于是,点 P 处流体微元的振动状态为

$$\xi(t,x)=A\cos\left[\omega\left(t-\frac{x}{u}\right)\right] \tag{2.9.9b}$$

此式表示波动传播到 x 处,该点流体微元的振动规律.在一般的文献中讨论机械波时,常用介质质元振动的位移函数式(2.9.9)描述介质中的机械波.

对于更一般的情形,若已知距离原点 O 为 x_0的一点 Q 处,质元作简谐振动的运动方程为 $\xi_{x_0}(t)=A\cos(\omega t+\varphi)$,此振动状态以速度为 u 沿 x 轴正方向传播,则相应的波函数为

$$\xi(t,x)=A\cos\left[\omega\left(t-\frac{x-x_0}{u}\right)+\varphi\right]$$

知道了波函数 $\xi(t,x)$,便可求出波动过程中任一处流体质元的振动速度,只需把 x 看成定值,将 $\xi(t,x)$ 对时间 t 求偏导数即可,即

$$v=\frac{\partial\xi(t,x)}{\partial t}=-\omega A\sin(\omega t-kx)$$

应该严格区别波速 u 和介质中质元的振动速度 v.波速 $u=\nu\lambda$ 是由介质的属性决定的,u 反映的是整个振动状态的传播速度,而 $v(t,x)$ 描述的是波动过程中任一处流体质元在其平衡位置附近的振动速度.

机械波是机械振动状态在弹性介质内的传播过程.波动具有时间周期性,即 $p'(t,x)=p'(t+T,x)$,$\xi(t,x)=\xi(t+T,x)$,当波传播到某点时,每相隔一个周期,该点流体微元的振动状态相同.波动具有空间周期性,即 $p'(t,x)=p'(t,x+\lambda)$,$\xi(t,x)=\xi(t,x+\lambda)$,波线上相距一个波长的各点的振动状态相同.从相位来看,波线上相位差为 2π 的各点的振动状态是相同的.

例 2.20

在均匀介质中,一平面简谐波沿 x 轴正方向传播,波速 $u=100$ m/s,已知波线上距离波源(坐标原点 O)为 50 m 处的 P 点的运动方程为 $\xi_P=0.30\cos\left(2\pi t-\frac{2\pi}{3}\right)$ (SI 单位).试求:(1)此平面简谐波的波函数;(2)在波传播方向上,相距 10 m 的两点间的相位差.

解 (1) 设波源(原点 O)作简谐振动的运动方程为

$$\xi_0=A\cos(\omega t+\varphi)$$

则沿 x 轴正向传播的波函数为

$$\xi=A\cos\left[\omega\left(t-\frac{x}{u}\right)+\varphi\right]$$

将 $u=100$ m/s 及 $x=50$ m 代入,得 P 点的运动方程为

$$\xi_P=A\cos[\omega(t-0.5\ \text{s})+\varphi]$$

将此式与题中 P 点的运动方程比较,可得

$$A=0.30\ \text{m},\quad \omega=2\pi\ \text{s}^{-1},\quad \varphi=\frac{\pi}{3}$$

因此,所求的波函数为

$$\xi(t,x)=0.30\cos\left[2\pi\left(t-\frac{x}{100}\right)+\frac{\pi}{3}\right]\ (\text{SI 单位})$$

(2) 由波函数可知,波长为 $\lambda=100$ m,根据波程差与相位差的关系 $\Delta\varphi=\frac{2\pi}{\lambda}\Delta x$,在波传播方向上相距 10 m 的两点间的相位差为 $\Delta\varphi=\frac{\pi}{5}$.

例 2.21

波长为 12 m 的平面简谐波向 x 轴负方向传播.已知 $x=1.0$ m 处质点的振动曲线如图 2-9-6 所示,求此平面简谐波的波函数.

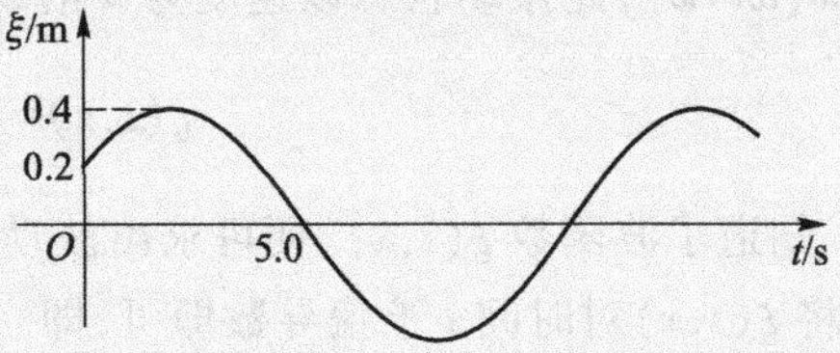

图 2-9-6 例 2.21 图

解 由振动曲线图 2-9-6 可知,振幅 $A=0.40$ m,$t=0$ 时位于 $x=1.0$ m 处的质点在 $A/2$ 处并向 $O\xi$ 正向移动.据此可知 $\varphi_0'=-\pi/3$,又由图 3-5-6 可知,$t=5$ s 时,质点第一次回到平衡位置.容易看出,从 $t=0$ 到 $t=5$ s 时间间隔内,有 $\omega t=\frac{\pi}{3}+\frac{\pi}{2}=\frac{5\pi}{6}$,因而可得角频率 $\omega=\pi/6\ \text{s}^{-1}$.

由此可写出 $x=1.0$ m 处质点作简谐振动的运动方程为

$$\xi(t)=0.40\cos\left(\frac{\pi}{6}t-\frac{\pi}{3}\right)\ (\text{SI 单位})$$

波速

$$u=\lambda/T=\omega\lambda/2\pi=1.0\ \text{m}\cdot\text{s}^{-1}$$

由题意,波动向 x 轴负方向传播,则有

$$\xi(t,x)=0.40\cos\left[\frac{\pi}{6}\left(t+\frac{x-1.0}{1.0}\right)-\frac{\pi}{3}\right]\ (\text{SI 单位})$$

所以,波函数为

$$\xi(t,x)=0.40\cos\left[\frac{\pi}{6}\left(t+\frac{x}{1.0}\right)-\frac{\pi}{2}\right]\ (\text{SI 单位})$$

4 波的能量和能流

声波传到原先静止的流体中,使流体质点在平衡位置附近来回振动起来,从而流体具有了振动动能,同时在流体中产生了压缩和膨胀的形变过程,使流体具有了形变势能,两部分之和就是由于声波扰动使流体得到的能量.随着声波的传播,声能量也跟着转移,因此声波的传播过程实质上就是声振动能量的传播过程.

4.1 波的能量

现以沿正 x 方向传播的平面简谐波为例,对声波的能量传播作简单的分析.在声场中取足够小的体积元,没有声波扰动时,其体积为 V_0,压强为 p_0,密度为 ρ_0.当平面波 $\tilde{p}'(t,x)=p_a'e^{i(\omega t-kx)}$ 传到所取流体微元处时,由式(2.9.2)可求得该流体微元的振动速度为

$$v=-\frac{1}{\rho_0}\int\frac{\partial\widetilde{p}'}{\partial x}\mathrm{d}t=\frac{p'_{\mathrm{a}}}{\rho_0 u}\mathrm{e}^{\mathrm{i}(\omega t-kx)} \tag{2.9.10}$$

式中$\frac{p'_{\mathrm{a}}}{\rho_0 u}=v_{\mathrm{a}}$是流体微元振动速度的幅值.于是,该流体微元的振动动能为

$$\Delta E_{\mathrm{k}}=\frac{1}{2}(\rho_0 V_0)v^2=\frac{V_0 p'^2_{\mathrm{a}}}{2\rho_0 u^2}\mathrm{e}^{\mathrm{i}2(\omega t-kx)} \tag{2.9.11}$$

此外,当流体介质发生压缩和膨胀形变时,流体微元具有弹性势能.当声扰动使该体积元的压强从p_0升高到(p_0+p')时,该体积元具有的势能为

$$\Delta E_{\mathrm{p}}=-\int_0^{p'}p'\mathrm{d}V \tag{2.9.12}$$

式中负号表示在体积元内压强和体积的变化方向相反.压强增加时体积将缩小,此时外力对体积元做功,使它的势能增加,即压缩过程使系统贮存能量;反之,当体积元对外做功时,体积元里的势能就会减小,即膨胀过程使系统释放能量.

根据理想流体介质中有小振幅声波时的状态方程式(2.9.4),微分有$\mathrm{d}p'=u^2\mathrm{d}\rho'$,考虑到体积元在压缩和膨胀的过程中质量保持一定,则体积元体积的变化和密度的变化之间存在着关系$\frac{\mathrm{d}\rho'}{\rho}=-\frac{\mathrm{d}V}{V}$,对于小振幅声波,可简化为$\frac{\mathrm{d}\rho'}{\rho_0}=-\frac{\mathrm{d}V}{V_0}$,于是有

$$\mathrm{d}V=-\frac{V_0}{\rho_0 u^2}\mathrm{d}p'$$

将此关系式代入式(2.9.11),得体积元的势能为

$$\Delta E_{\mathrm{p}}=\frac{V_0}{\rho_0 u^2}\int_0^{p'}p'\mathrm{d}p'=\frac{V_0 p'^2_{\mathrm{a}}}{2\rho_0 u^2}\mathrm{e}^{\mathrm{i}2(\omega t-kx)} \tag{2.9.13}$$

体积元的机械能(动能和势能之和)为

$$\Delta E=\Delta E_{\mathrm{k}}+\Delta E_{\mathrm{p}}=\frac{V_0 p'^2_{\mathrm{a}}}{\rho_0 u^2}\mathrm{e}^{\mathrm{i}2(\omega t-kx)} \tag{2.9.14}$$

由式(2.9.11)、式(2.9.13)、式(2.9.14)可见,声波传播过程中,流体中任何位置处流体微元的动能、势能、机械能均随空间位置x和时间t作周期性变化,且动能和势能的变化是同相位的,它们同时达到最大值,同时达到最小值.

波动能量的特征与简谐振动的能量特征有显著的不同,应注意区别.简谐振动系统是孤立的保守系统,其动能与势能有$\pi/2$的相位差,两者由于系统内保守力做功而相互转化,振动系统的机械能守恒.波动过程中的流体微元是开放系统,与相邻的流体微元有能量的交换,因此机械能不守恒.对某一流体微元而言,它不断地从后面的流体介质获得能量,其能量从零增加到最大值,这是能量输入过程;然后又不断地把能量传递给前面的流体介质,能量又从最大值减小到零,这是能量的输出过程.如此周而复始,随着波的传播,能量就从流体介质的一部分传向另一部分.流体介质中并不积累能量,而是具有传递特性的,这是自由行波的又一个特征.也就是说,波动是能量的传播过程.

对式(2.9.14)取其实部,有

$$\Delta E=\frac{V_0 p_a'^2}{\rho_0 u^2}\cos^2(\omega t-kx) \tag{2.9.15}$$

流体介质中任一点 x 处波的能量是随时间 t 而变化的,通常可取其在一个周期内的平均值,称为平均能量,用$\overline{\Delta E}$表示.因为$\cos^2(\omega t-kx)$在一个周期内的平均值等于$\frac{1}{2}$,所以

$$\overline{\Delta E}=\frac{1}{T}\int_0^T \Delta E\mathrm{d}t=\frac{V_0 p_a'^2}{2\rho_0 u^2}$$

流体介质中单位体积内的平均能量称为平均能量密度,用 $\bar{\varepsilon}$ 表示,即

$$\bar{\varepsilon}=\frac{\overline{\Delta E}}{V_0}=\frac{p_a'^2}{2\rho_0 u^2} \tag{2.9.16}$$

4.2 能流

为描述波动能量的传播特性,引入能流概念.单位时间内垂直通过介质中某一面积的平均能量称为通过该面积的平均能流.如图 2-9-7 示,设想在流体媒质内取垂直于波速 $\boldsymbol{u}$ 的面积 ΔS,则在 $\mathrm{d}t$ 时间内通过 ΔS 面的平均能量等于体积 $\Delta S u\mathrm{d}t$ 中的平均能量,于是通过 ΔS 面的平均能流为 $\bar{\varepsilon}u\Delta S$.在国际单位制中,能流的单位为瓦特(W),因此波的能流也称为波的功率.若取 $\Delta S=1$,则得平均能流密度,用 $\boldsymbol{I}$ 表示.平均能流密度是矢量,其大小为

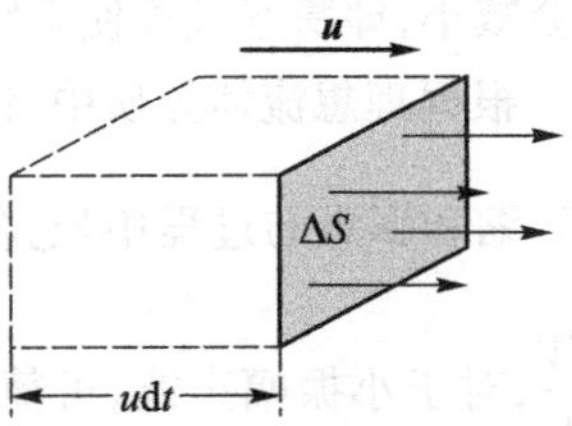

图 2-9-7　波的能流

$$I=\bar{\varepsilon}u=\frac{p_a'^2}{2\rho_0 u} \tag{2.9.17}$$

其方向沿波传播方向.显然,平均能流密度越大,单位时间垂直通过单位面积的能量就越大,表示波动越强烈.平均能流密度在数值上可量度波的强弱,所以平均能流密度的大小又称为声波的强度,简称波强.在国际单位制中,波强的单位为 $\mathrm{W\cdot m^{-2}}$.

需要说明一点:在一般文献中,常用式(2.9.9)的位移函数 $\xi(t,x)$ 描述机械波,由此可得介质质元的振动速度为

$$v=\frac{\partial\xi(t,x)}{\partial t}=-\omega A\ \sin(\omega t-kx)$$

式中 $\omega A=v_a$ 是介质质元振动速度的幅值.与式(2.9.8)中出现的$\frac{p_a'}{\rho_0 u}=v_a$ 比较,有 $p_a'=\rho_0 u\omega A$,带入式(2.9.17),知波强也可表示为

$$I=\frac{1}{2}\rho_0 u\omega^2 A^2 \tag{2.9.18}$$

人们可以听到的声强范围很广,刚好能听见频率为 1 000 Hz 的声音的强度约为$10^{-12}\ \mathrm{W\cdot m^{-2}}$,而能引起耳膜压迫疼痛感的声强高达 10 $\mathrm{W\cdot m^{-2}}$,两者相差10^{13}倍.比较相差如此之大的声强很不方便,于是引入声强级的概念.取$10^{-12}\ \mathrm{W\cdot m^{-2}}$的声强为标准声强,记为 I_0,声强 I 与标准声强 I_0之比的对数称为声强 I 的声强级,用 L 表示,即

$$L=10\cdot\lg\frac{I}{I_0} \tag{2.9.19}$$

其单位为分贝(dB).

5 驻波

前面我们主要讨论了一列波在均匀介质中的传播规律,然而,实际生活中人们常常会观察到几列波同时在一介质中传播的情况.例如,当管弦乐队演奏或几个人同时讲话时,我们能够分辨出各种乐器或每个人发出的声音.投两个石块于静水中,以两个石块为中心而发出两个圆形水面波,当它们彼此穿过而又分开之后,它们仍保持原来的圆形水面波而各自独立地继续传播.通过观察和研究,人们总结出如下规律:(1)几列波在介质中传播并相遇时,每列波都保持其原有的特性(频率、波长、振动方向、传播方向等)按照各自原来的传播方向继续传播,好像其他波不存在一样.(2)在波相遇区域的任一处,介质质点在几列波同时影响下的振动位移是各个独立振动位移的矢量和.这个规律称为**波的叠加原理**.

线性介质中的波动方程是线性偏微分方程,这里讨论位移波,线性波动方程有一个特点:若 ξ_1 和 ξ_2 分别是方程的解,则 $\xi_1+\xi_2$ 也是方程的解.可见,波的叠加原理和波动方程的线性是密切相关的.

5.1 波的相干叠加

一般来说,振动方向、振幅、频率、相位等都各不相同的几列波在介质中相遇叠加时,其情况是相当复杂的.在此我们只讨论满足相干条件的两列简谐波的叠加,这是一种最简单而又最重要的情形.所谓相干条件是指两列波的频率相同、振动方向相同、相位相同或相位差恒定.这样两列简谐波在空间任一点相遇时,相遇处质点的两个分振动有相同的频率、相同的振动方向,有恒定相位差.该处质点的合振动也是简谐振动,其合振幅由相位差决定.对于介质中的不同点,两个分振动有不同的相位差,因此合振幅也不同.在两列波相遇的空间区域内,某些点的振动始终加强,而在另一些点的振动始终减弱或完全抵消,这种现象称为波的干涉现象.干涉现象是波动的重要特征之一.

如图 2-9-8 所示,把两个小球装在同一支架上,使小球的下端紧靠水面,当支架沿垂直方向以一定的频率振动时,两个小球和水面的接触点就成了两个频率相同、振动方向相同、相位相同的点波源(相干波源),它们各自发出一列圆形水面波.在它们相遇的区域内,有些地方的水面起伏得很厉害(图中亮处),说明这些地方的振动加强了;而另一些地方的水面只有微弱的起伏,甚至平静不动(图中暗处),说明这些地方的振动减弱,甚至完全抵消.在这两水面波相遇的区域内,振动的强弱是按一定规律分布的,出现了稳定的波的叠加图样.由于图中两个点波源发出的波是满足相干条件的.由于相邻波峰与波谷之间的相位差是 π,在两列波相遇的区域内,两波峰相遇的地方和两波谷相遇的地方,振动始终加强,合振幅最大;波谷与波谷相遇的地方,振动始终减弱,合振幅最小.因此,在波动传播过程中,整个流场中出现了如图 2-9-8 所示的干涉现象.

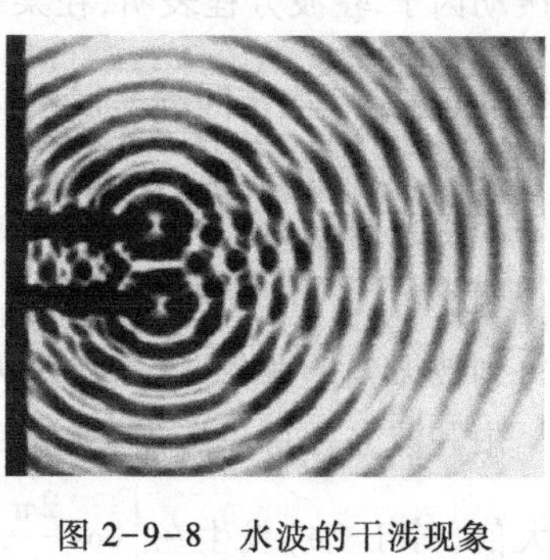

图 2-9-8 水波的干涉现象

5.2 驻波的形成

驻波是干涉现象的特例,它是由同一介质中频率相同、振幅相同,传播速度也相同的两列相干波,在同一直线上沿相反方向传播时叠加而成的特殊干涉现象.

图 2-9-9 是用实验演示驻波的示意图,细线一端系在电振音叉上,另一端通过定滑轮 P 后系一重物使细线拉紧.音叉振动时,细线上产生波动并向右传播(入射波),入射波到达点 B 处发生反射而形成向左传播的反射波.这样入射波和反射波的频率、振幅和振动方向是相同的,它们在同一细线上沿相反方向传播而相互叠加.调节劈尖至适当位置(即调节细线长度)且细线张力大小适当时,可在细线上形成如图所示的振动状态,这就是**驻波**.

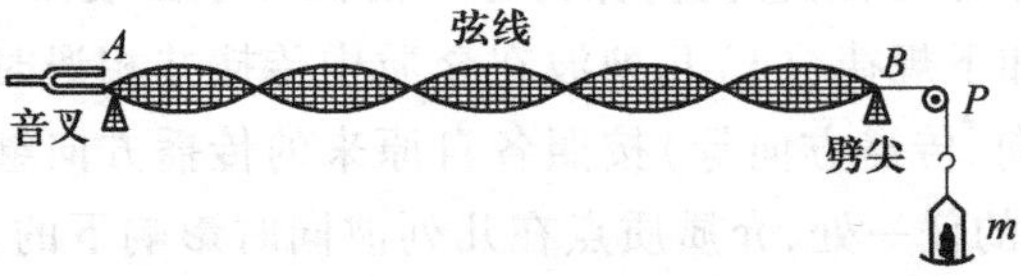

图 2-9-9　弦线上形成的驻波(驻波实验示意图)

驻波是振幅相同、频率相同、初相位相同且沿相反方向传播的两列简谐波叠加后的特殊振动状态.设沿 Ox 轴正方向传播的平面简谐波为

$$\tilde{\xi}_1 = A\mathrm{e}^{\mathrm{i}(\omega t - kx)}$$

沿 Ox 轴负方向传播的平面简谐波为

$$\tilde{\xi}_2 = A\mathrm{e}^{\mathrm{i}(\omega t + kx)}$$

两列波合成 $\tilde{\xi} = \tilde{\xi}_1 + \tilde{\xi}_2$,利用 $\cos kx = \dfrac{1}{2}(\mathrm{e}^{\mathrm{i}kx} + \mathrm{e}^{-\mathrm{i}kx})$,则合成波为

$$\tilde{\xi} = (2A\cos kx)\mathrm{e}^{\mathrm{i}\omega t}$$

其实部可写为

$$\xi = \left(2A\cos\frac{2\pi}{\lambda}x\right)\cos 2\pi\nu t \tag{2.9.20}$$

这就是合成后所得的驻波的波函数,也称为**驻波方程**.

波动方程式(2.9.20)右边第一项只与位置有关,称为振幅因子;第二项只与时间有关称为简谐振动因子.驻波方程表明,在某一给定的坐标 x 处的质点作振幅为 $\left|2A\cos\dfrac{2\pi}{\lambda}x\right|$、频率为 ν 的简谐振动;各质点均作同频率但不同振幅的简谐振动,这一频率就是两相干波的频率.

5.3 驻波的特性

(1) 波腹和波节

图 2-9-9 中,弦线上始终静止不动的各点称为波节;而另一些点的振幅始终取最大值,它等于每列波振幅的两倍,这些点称为波腹.

由驻波方程可以看出,合成后弦线上各点都作同频率的简谐振动,但各点的振幅不同,振幅最大值(等于 $2A$)发生在 $\left|\cos\dfrac{2\pi}{\lambda}x\right| = 1$ 的那些点就是波腹.波腹位置由 $2\pi\dfrac{x}{\lambda} = \pm n\pi$ 决定,所以波

腹位置为

$$x=\pm n\frac{\lambda}{2}\quad(n=0,1,2\cdots)\tag{2.9.21}$$

同样,振幅最小值(等于零)发生在 $\left|\cos\frac{2\pi}{\lambda}x\right|=0$ 的那些点就是波节,波节始终静止不动,即 $2\pi\frac{x}{\lambda}=\pm(2n+1)\frac{\pi}{2}$.所以,波节的位置为

$$x=\pm(2n+1)\frac{\lambda}{4}\quad(n=0,1,2,\cdots)\tag{2.9.22}$$

由式(2.9.21)和式(2.9.22)可见,相邻两波腹(或两波节)间的距离为两相干波的半个波长,即 $x_{n+1}-x_n=\frac{\lambda}{2}$.

(2) 各点的相位

根据式(2.9.22),选择任意相邻两波节的坐标 x_n 和 x_{n+1},代入驻波方程的振幅因子中,分别得到 $2\pi\frac{x_n}{\lambda}=n\pi+\frac{\pi}{2}$和 $2\pi\frac{x_{n+1}}{\lambda}=n\pi+\frac{3}{2}\pi$,由此可见,在相邻两波节之间 $2A\cos\frac{2\pi}{\lambda}x$ 具有相同的符号,表明相邻波节之间各点的振动相位相同.也就是说,相邻波节之间的各点沿相同方向同时达到各自的最大值,又同时沿相同方向通过其平衡位置.

再选择任意相邻两波腹坐标,$x_n=n\frac{\lambda}{2}$和 $x_{n+1}=(n+1)\frac{\lambda}{2}$,代入驻波方程可以看出,相邻两波腹的相位是相反的.也就是说,在波节两侧的各点,同时沿相反方向达到各自位移的最大值,又同时沿相反方向通过其平衡位置.

如果把两个相邻波节之间的所有点称为一个分段,则弦线不仅作分段振动,而且各段作为一个整体同步振动.

(3) 驻波的能量

我们仍以图 2-9-9 所示的弦线上的驻波实验为例来分析.当弦线介质中各质点的位移达到最大时,振动速度都为零,因而其动能都为零.但此时弦线各段都有不同程度的形变,且越靠近波节处弦线形变就越大,因此,此时驻波的能量具有势能的形式,而且基本上集中于波节附近.当弦线上各质点同时回到平衡位置时,弦线的形变完全消失,势能为零,但此时各质点的振动速度都达到各自的最大值,且处于波腹处质点的速度最大,动能也最大,所以此时驻波的能量具有动能的形式,且基本上集中于波腹附近.由此可见,弦线上形成驻波时,动能和势能不断相互转换,在转换过程中形成了能量交替地由波腹附近转移到波节附近,再由波节附近转移到波腹附近.由于形成驻波的两列波能流密度的数值相等,而传播方向相反,所以合起来能流密度为零,也就是说,驻波不传播能量.这与行波完全不同,驻波只是介质的一种特殊振动状态.

以上讨论了弦线上的驻波,但所得到的结论是普遍的,不仅对各种介质中的机械驻波,而且对于电磁波的驻波也是适用的.

5.4 半波损失

在如图 2-9-9 所示的驻波实验中,反射点 B 处形成了驻波的一个波节.波节的形成表明反

射波与入射波在反射点合成的结果使该处的介质质点保持不动,即反射波和入射波在反射点的相位相反,也就是说在反射点反射波有 π 的相位突变.由于相距半个波长的两点相位差为 π,所以一般形象化地称为"半波损失",如图 2-9-10(a)所示.

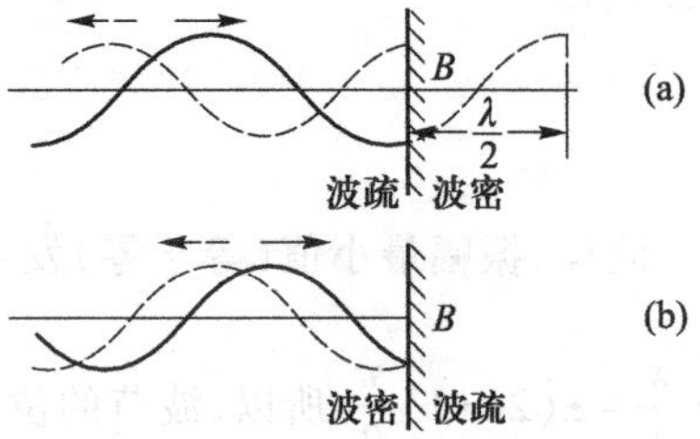

图 2-9-10 入射波与反射波在反射点的相位情况

如果反射点是自由的,合成的驻波在反射点将形成的是波腹,这是因为在反射点反射波的相位与入射波的相位相同,无相位突变,此处介质质点合振动的振幅为最大.

一般情况下,波在两种介质的分界面处反射时,在分界面处究竟是出现波节还是波腹,将取决于波的种类、入射角的大小和两种介质的性质.研究证实,对机械波而言,它由介质的密度 ρ 和波速 u 的乘积 ρu(称为波阻)所决定.我们将 ρu 相对较大的介质称为波密介质;ρu 相对较小的介质称为波疏介质.当波从波疏介质垂直入射到波密介质,在其分界面处被反射回波疏介质时,在反射处形成驻波的波节,反射波有"半波损失";反之,当波从波密介质垂直入射到波疏介质时,反射波无"半波损失",如图 2-9-10(b)所示,分界面处形成驻波的波腹.

相位突变问题不仅在机械波反射时存在,当电磁波反射时也存在.

6 波源

向外辐射波的振动物体称为波源.一般来说,研究波源问题就是求解在一定边界条件下的波动方程,其数学运算较复杂.这里我们仅以常见的弦乐器为例对波源进行简单介绍.

6.1 琴弦的振动

弦乐器(比如常见的提琴、胡琴、琵琶等)是依靠这些乐器上面的几根张紧的细弦的振动来发声的.假设有一根长度为 l、两端固定并被张紧的细弦,它的横截面积和密度都是均匀的,细弦静止时处于竖直平衡位置,维持其平衡的是细弦的张力.若某瞬时有一外力突然作用在细弦上,然后就去掉外力,比如,弹奏一下琴弦.于是琴弦的弹奏点就会在与弦长垂直的方向振动.因为弦是一个整体,弹奏点的振动会在张力作用下依次影响弦线的各部分,使其振动起来,于是振动就会沿着细弦向两个相反方向传播.由于弦乐器的弦线两端是固定的,弦的振动状态在弦两端的固定点之间反射.这种在同一琴弦上(直线上)沿相反方向传播的两列频率相同、振动方向相同、相位相同或相位差恒定的简谐波,叠加合成后在琴弦上形成驻波.驻波又可在周围介质中激发声波,于是,处于驻波振动状态的弦线即成为波源.

由于琴弦的两端都是固定的,只要形成驻波,两端固定点必是波节.因此,琴弦的长度 l 与波长 λ 的关系必须满足条件 $l=n\dfrac{\lambda_n}{2}(n=1,2,3,\cdots)$,式中 λ_n 表示与某一 n 值对应的波长.由关系式 $\nu=u/\lambda$ 可知,弦线上驻波的频率为

$$\nu_n=n\frac{u}{2l}\quad(n=1,2,3,\cdots)\tag{2.9.23}$$

式中 u 为弦线中的波速,这就是说,只有频率满足此条件的一系列波才能在弦线上形成驻波.ν_n 仅与琴弦本身的固有力学参量有关,因此,在弦上可以形成的驻波振动称为弦的固有振动.式(2.9.23)

所决定的频率称为琴弦振动的固有频率.应该注意,它与前一章讨论的质点振动之间是有明显区别的,一个单振子系统仅有一个固有频率,而琴弦的固有频率不止一个,而有 n 个,亦即无限多个.并且琴弦的固有频率的数值不是任意的,其变化也不是连续的,而是以 $n=1,2,3,\cdots$ 的次序离散变化的,因而也称琴弦的这种固有频率为简正频率.与 $n=1$ 对应的频率 $\nu_1=\dfrac{u}{2l}$ 称为基频,基频是弦振动的最低一个固有频率,它所对应的波称为基波.其他与 $n=2,3,4,\cdots$ 对应的各次较高频率 ν_2,ν_3,ν_4,…称为谐频,它们都是基频的整数倍.谐频对应的波称为谐波,$n=2$ 对应的波称为一次谐波,$n=3$ 对应的波称为二次谐波……依次类推.因为琴弦振动所激发的固有频率都是谐频,所以弦乐器的音色一般听起来是和谐的.对声驻波而言,基波和谐波也称为基音和泛音.图 2-9-11 给出了弦线上频率分别为 ν_1,ν_2,ν_3 的三种简正振动的振幅分布图.

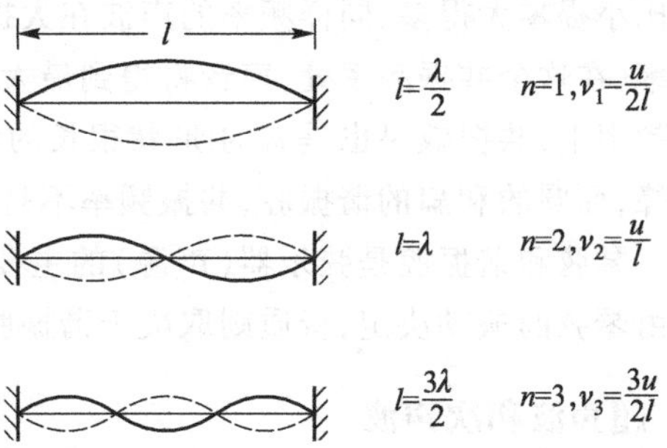

图 2-9-11 两端固定弦的简正振动

对应于每一个简正频率 ν_n 都可以对应有一种振动方式,琴弦作自由振动时,一般 n 个振动方式都可能存在,所以该时刻琴弦振动的总效果应该是各种振动方式的叠加.

弦乐器的发声服从驻波的原理,当拨动琴弦使它振动时,它发出的声音中包含各种频率.在演奏胡琴、小提琴时不断改变手指按压琴弦的位置,实际上就相当于改变弦线的长度,也就改变了弦的基频振动的频率.弦的振动除基频外,还有频率为基频整数倍的谐频.琴弓拉弦的位置决定哪些谐波能激发,哪些谐波不能激发.这样就形成了一定的音色.二胡的弓拉弦的位置比京胡更接近琴桥(亦称琴码),能激发更多的谐波,因此声音比较柔和.提琴的弓拉弦的位置可以改变,可以拉奏出具有不同音色的声音.

6.2 声波谐振腔

弦乐器(比如二胡、提琴等)的琴弦辐射的声音是很微弱的,一方面由于弦线的截面积很小,不能在空气中激起强烈的振动.另一方面,当琴弦向左运动时,弦线左边的空气较稠密而右边的空气较稀疏,空气从左边向右边流动,当琴弦向右运动时,弦线右边的空气较稠密而左边的空气较稀疏,空气从右边向左边流动,结果在琴弦周围形成闭合的空气流,不能在空气中激发疏密相间的纵波.然而,在上一章中已讲过,在受迫振动中,当周期性强迫力的频率接近于(或等于)振动系统的固有频率时,受迫振动的振幅最大,从而发生共振现象.如果将琴弦固定在有较大表面积的谐振腔(在乐器声学中亦称共鸣腔)上,做成提琴或二胡,尽管琴弦本身所引起的空气振动非常有限,然而振动可以通过琴桥(琴码)传导到谐振腔,使振动在谐振腔内多次反复反射并叠加,在谐振腔腔内就像雪崩一样形成很强的振动.谐振腔的共振峰范围很大,对振源可以发出的大多数频率,都可以产生良好的共振,并将声音传播出去.因此,谐振腔对音质和音量起着决定性的作用.

不同乐器的谐振腔的形状是不同的,但它们都有共同的特性:

(1) 为了使声波在谐振腔内得到充分反射,谐振腔必须由坚硬的弹性材料制成.

(2) 为了增大音量及获得好的音色,谐振腔必须具有一定的体积,体积越大则音量越大.例如,小提琴和大提琴发出同样的音高,大提琴的音量一般比小提琴大.钢琴的共鸣腔也称为琴胆,立式钢琴的琴胆尺寸受钢琴高度和厚度的限制,而三角钢琴的琴胆则可以做得更大,这就是三角钢琴音色比立式钢琴音色好的原因.

(3) 为了使低频声波得到放大,谐振腔必须具有一定的长度,才会使低频声波在谐振腔里产生良好的共振.例如:由于小提琴的谐振腔的长度较小,G 弦上 b 以下音的第一谐音几乎不能产生良好的共振,而高频谐音可以产生良好的共振,所以声音感觉很"空";由于大提琴的谐振腔长度比小提琴大得多,同样频率的声波在大提琴上感觉就很厚实.每一种谐振腔都有其特定的共振频率,在这个共振频率处,声音将得到最大的共振效果.然而在别的频率上,特别是靠近共振频率的频率上,共振效果也是有的.形状很长的谐振腔,共振频率非常明显,在频谱上呈现出很尖的共振峰,而圆的和扁的谐振腔,共振频率不是很明显,共振峰很圆滑.

琴弦和谐振腔是弦乐器(声源)的主要部分,它们扮演的角色是不一样的,弦乐器的发音频率由琴弦的振动决定,音质则取决于谐振腔.

7 超声波和次声波

人类可闻声波的频率范围为 20~20 000 Hz,频率大于 20 000 Hz 的声波称为超声波,频率小于 20 Hz 的声波称为次声波.

7.1 超声波

超声波的频率范围为 $2\times10^4\sim5\times10^8$ Hz,超声波在介质中的传播规律与可听声波并无本质的区别.超声波有两大特点:能量大,沿直线传播.

由于超声波的波长短,衍射现象很不显著,基本上是沿直线传播的,在定向探测方面得到广泛应用.如果渔船载有水下超声波发生器,它旋转着向各个方向发射超声波,超声波遇到鱼群会反射回来,渔船探测到反射波就知道鱼群的位置了,这种仪器称为声呐.声呐也可以用来探测水中的暗礁、敌人的潜艇,测量海水的深度.根据同样的道理也可以用超声波探测金属、陶瓷、混凝土制品,甚至水库大坝,检查其内部是否有气泡、空洞和裂纹.

图 2-9-12 蝙蝠靠超声波觅食

蝙蝠发出超声波,并依靠随即探测反射回来的超声波进行导航和觅食,如图 2-9-12 所示.超声波由蝙蝠的鼻孔发出后,可能遇到飞蛾而反射回到蝙蝠的耳朵里.蝙蝠与飞蛾相对于空气的运动使蝙蝠听到的波的频率与它发射的频率有数千赫兹的差别.蝙蝠自动地将这个频率差翻译成它自己与飞蛾的相对速率,从而准确地作出判断以猎取食物.

人体各个内脏的表面对超声波的反射能力是不同的,健康内脏和病变内脏对超声波的反射能力也不一样.平常所说的"B 超"就是根据内脏反射的超声波进行造影,帮助医生分析人体内的病变.

超声波在介质中传播时,介质质点振动的频率很高,因而功率很大.超声波加湿器就是利用这一原理制成的,对于咽喉炎、气管炎等疾病,药力很难达到患病的部位,利用加湿器的原理,把药液雾化,让病人吸入,能够增进疗效.金属零件、玻璃和陶瓷制品的除垢是一件较麻烦的事.如果在放有这些物品的清洗液中通入超声波,清洗液的剧烈振动冲击物品上的污垢,这样物品就能够很快被清洗干净.

7.2 次声波

次声波是一种人耳听不见的声波，其频率范围为 $10^{-4}\sim20$ Hz.在自然现象中，地震、火山爆发、风暴、雷暴、磁暴、陨石落地、大气湍流等都会产生次声波.人类的活动，比如核爆炸、人工爆破、火箭起飞、飞机起降、快速奔驰车辆的振动等也会产生次声波.

次声波的传播不仅遵循声波传播的一般规律，而且由于它的频率很低，在传播时也有自己的特殊性：其一，由于次声波的波长大，容易发生衍射，若在传播过程中遇到障碍物很难被阻挡，常会一绕而过.其二，由于次声波频率很低，在传播过程中衰减很小，因此次声波可以在空气、地面等介质中远距离传播.例如，1961 年，苏联在北极圈内新地岛进行核试验激起的次声波，绕地球传播了 5 圈.

由于次声波具有远距离传播等突出优点，它已受到越来越多的关注，次声波在多种技术领域都有广泛应用.例如，利用次声波具有远距离传播的特点，可研究地球、海洋、大气等的大规模运动，对自然灾害性事件（火山爆发、地震等）进行预报，深入认识自然规律.由于次声波在远距离传播中衰减极小，而且具有很好的隐蔽性，因此可以用于军事侦察.

很强的次声波对人和动物都是有害的.人体的各个器官都有自己的固有频率（一般在 10 Hz 以下），如果次声波与人体的某个器官的固有频率相同，会引起共振.因此，次声波对人的心脏、神经、听觉、视力、语言会产生影响，强大的次声波会导致人的死亡.动物的听觉范围与人不同，人耳听不到的次声波，某些动物却可以听见.因此，大地震前由于前震产生的次声波，狗、猫等动物听见，从而使它们产生烦躁不安等，据此可以对将要来临的大地震进行预测.

8 多普勒效应

站在铁路旁边听列车汽笛声的变化时会发现，当列车从远处高速驶来时，音调变高，列车离去时，音调变低.类似地，若声源静止未动而观察者运动，或者声源和观察者都运动，也会出现观察者接收到声波的频率与声源频率不一致的现象.这种现象称为**多普勒效应**.

波源产生的波在各向同性的均匀介质中传播.为简单起见，我们讨论波源和观察者在同一直线上相对介质运动的情况.下面分两种情况进行讨论.

8.1 波源静止而观察者运动

静止不动的波源 S 产生频率为 ν_S 的声波，以速度 u 向观察者 P 传播，若观察者相对于介质以速度 v_R 向波源方向运动，如图 2-9-13 所示.则波动相对于观察者的传播速度变为 (v_R+u)，于是，观察者接收到的频率 ν_R（完整波数）为 $\nu_R=\dfrac{u+v_R}{\lambda}$，式中 λ 为介质中的波长.由于波源相对于介质静止，波的频率等于波源的频率 ν_S，所以

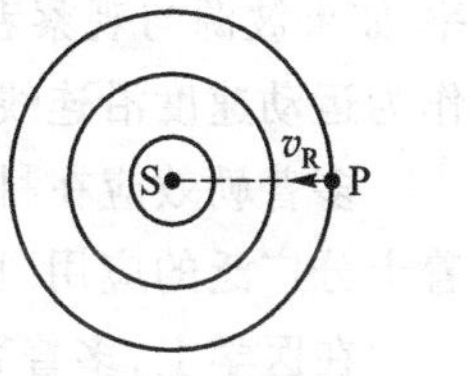

图 2-9-13 波源静止观察者运动

$$\nu_R=\frac{u+v_R}{u}\nu_S \tag{2.9.24}$$

这表明，当观察者向静止的波源运动时，观察者接收到的频率为波源频率的 $\left(1+\dfrac{v_R}{u}\right)$ 倍，即观察者

接收到的频率 ν_R 高于波源的频率 ν_S.

当观察者以速度 v_R 远离静止的波源运动时，同理分析可得观察者接收到的频率 ν_R 低于波源的频率 ν_S，有

$$\nu_R=\frac{u-v_R}{u}\nu_S \tag{2.9.25}$$

8.2 观察者静止而波源运动

当波源运动时，声波在介质中的波长将发生变化.图 2-9-14(a)所示为波源在平静的水中向右运动时所激起的水面波的照片，它显示出沿着波源运动的方向波长（介质中相位差为 2π 的两个振动状态之间的距离）变短了，而背离波源运动的方向波长变长了.如图 2-9-14(b)所示，设波源以速度 v_S 向着观察者 P 运动，波源经过一个周期 T_S 从 S_1 运动到了 S_2，若波源静止时的波长为 $\lambda_0(\lambda_0=uT_S)$，此时介质中的波长为 $\lambda=\lambda_0-v_ST_S$，则波的频率为 $\nu=\dfrac{u}{\lambda}$.由于观察者静止，观察者接收到的频率 ν_R 就是波的频率 ν，所以

(a)

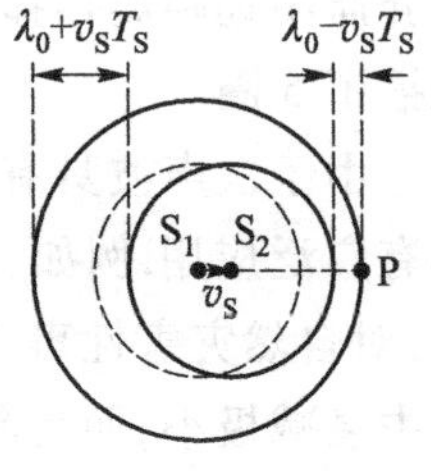

(b)

图 2-9-14 波源运动观察者静止时的多普勒效应

$$\nu_R=\frac{u}{u-v_S}\nu_S \tag{2.9.26}$$

式(2.9.26)表明，当波源向着静止的观察者运动时，观察者接收到的频率高于波源的频率.

类似地分析可得，当波源远离观察者运动时，观察者接收到的频率为

$$\nu_R=\frac{u}{u+v_S}\nu_S \tag{2.9.27}$$

这时观察者接收到的频率小于波源的频率.

综上所述，多普勒效应既取决于观察者相对于介质的速度，也取决于波源相对于介质的速度.无论是波源运动，还是观察者运动，或者两者同时运动，定性地说，只要两者相互接近，观察者接收到的频率就高于原来波源的频率，两者相互远离，观察者接收到的频率就低于原来波源的频率.如果波源与观察者的运动方向并非沿它们的连线，以上结果仍可适用，只是其中的 v_S 和 v_R 应作为运动速度沿连线方向的分量，而垂直于连线方向的分量是不产生多普勒效应的.

多普勒效应在科学研究、工程技术、交通管理、海上船舶的多普勒声呐导航系统等方面都有着十分广泛的应用.下面我们举一个多普勒效应在医疗诊断上应用的实例.

在医学上，多普勒血流计是研究人体血液流动的动力学特征的仪器.通过多普勒血流计对血液流动速度和流量的测量，可以确定血流是否出现障碍，并能确定障碍的程度.据此可以判断心脏和血管的病变，为治疗提供依据.超声波多普勒血流计的基本原理如图 2-9-15 所示，超声波发射器通过探头产生一束频率 1~10 MHz 范围内的超声波束，由于超声波具有较强的穿透本领，它能透过皮肤射入血管，当这一超声波束遇到血管中流动的血细胞（常称为声靶）时，发生散射，其中沿发射方向返回

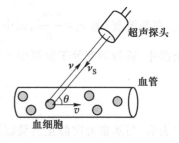

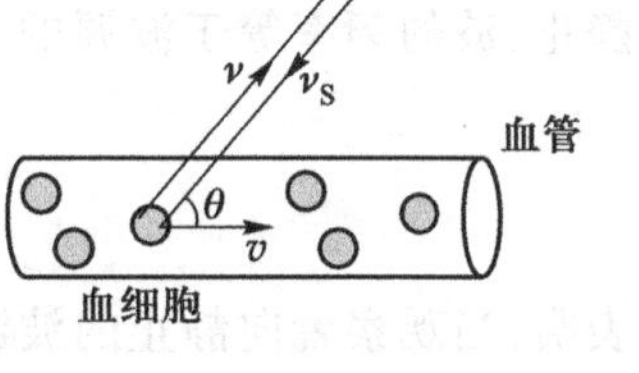

图 2-9-15 多普勒血流计原理

的散射波再被探头接收.

假设探头发射的超声波频率为 ν_S，血流速度(血细胞前进的速度)为 v，血液的流速与超声波束之间的夹角为 θ，超声波在人体组织内的传播速度为 u.当超声波从探头向血细胞传播时，探头是波源，血细胞相当于观察者，那么，观察者以速度 $v\cos\theta$ 向着波源运动.由式(2.9.24)知血细胞接收到的频率为

$$\nu'=\frac{u+v\cos\theta}{u}\cdot\nu_S$$

在超声波从血细胞返回探头时，血细胞相当于波源，探头相当于观察者，此时波源以速度 $v\cos\theta$ 向观察者运动.由式(2.9.26)，探头接收到的从血细胞返回的反射波频率为

$$\nu=\frac{u}{u-v\cos\theta}\cdot\nu'$$

于是有

$$\nu=\frac{u+v\cos\theta}{u-v\cos\theta}\cdot\nu_S=\frac{\left(1+\dfrac{v\cos\theta}{u}\right)^2}{1-\left(\dfrac{v\cos\theta}{u}\right)^2}\cdot\nu_S$$

由于 $v\cos\theta\ll u$，$\left(\dfrac{v\cos\theta}{u}\right)^2\approx0$，故 $\nu=\nu_S+2\nu_S\dfrac{v\cos\theta}{u}$，通过超声波探头发射的和接收的频率之差(多普勒频移)为

$$\Delta\nu=\nu-\nu_S=2\nu_S\frac{v\cos\theta}{u}$$

在 ν_S 和 u 为已知的条件下，只要测得频移值，就可知道血流速度 $v=\dfrac{u}{2\nu_S\cos\theta}\Delta\nu$.在进行多普勒超声心动图检查时，为了获得最大频移信号，应使超声波束与血流方向之间的夹角尽可能趋近于零，这样 $\cos\theta\approx1$，血流速度 $v=\dfrac{u\Delta\nu}{2\nu_S}$.

多普勒效应是波动过程的共同特征，不仅机械波有多普勒效应，电磁波也有多普勒效应.

思考题

2.1 质点的加速度增大，质点的速度是否一定增大？质点速率发生变化，加速度是否一定和速度方向相同.

2.2 研究质点的平面运动，在选定参考点后，为定量研究质点的运动情况，我们可选取平面直角坐标系、平面极坐标系或自然坐标系中的任意一种描述质点的运动，请阐述这三种坐标系中描述同一质点运动的位置坐标、速度和加速度分量之间的关系.

2.3 能否根据质点的加速度随时间的变化关系直接判断质点的运动情况(运动状态和运动轨迹).

2.4 伽利略变换所蕴含的时空观的内涵？

2.5 有源力指的是那些作用在物体上的能够找出施力物体的力.质点运动状态的变化是否只与有源力有关？什么情况下在研究质点的动力学问题时必须考虑无源力(惯性力)的作用？

2.6 质量的定义是否与质点的受力状态和运动状态有关？引力质量和惯性质量等价的依据是什么？

2.7 在何种情况下，我们在实验室中能够得到严格遵守牛顿第二定律给出的力与加速度的关系，即测量加速度等于测量力除以质点的质量.

2.8 静摩擦力能否对质点做功？静摩擦力、滑动摩擦力的产生机制有何不同？

2.9 圆盘上质点是否受到惯性力作用？离心惯性力的作用效果是什么？

2.10 测量引力常量可以帮助我们认识测量位置附近地质结构的理论依据是什么？

2.11 力对质点做功的充要条件是什么？若质点受多个力作用但质点的动能不变，是否每个力都必须不做功？

2.12 简谐振动的固有频率取决于什么？

2.13 阻尼振动损耗系统的什么能量？和简谐振动的能量特点有何不同？

2.14 若要受迫振动与驱动力同相位，则驱动力的频率需满足什么条件？

2.15 简述选取自然坐标系研究质点的曲线运动的好处.

2.16 质点对某参考点的角动量守恒，作用在质点上的力是否一定对质点不做功？

2.17 万有引力作用下质点的运动轨迹有几种可能，主要与那些因素有关？

2.18 假设我们已经有了某个星体绕太阳运动的观测数据，现要判断这个星体是不是太阳的行星，我们需要做些什么工作？

2.19 在实际的卫星发射中，我们计算得到的理论数据还需做些什么修正？

2.20 对于由很多个质点组成的质点系，能否计算每一个质点的运动情况？假设质点系不受外力作用，每一个质点能否都保持静止不动或作匀速直线运动？

2.21 在系统的动量变化中内力起什么作用？有人说：因为内力不改变系统的动量，所以不论系统内各质点有无内力作用，只要外力相同，则各质点的运动情况就相同.这话对吗？

2.22 质点系动量守恒的条件是什么？质点系的动量守恒，是否意味着该系统中一部分质点的速率变大时，另一部分质点的速率一定会变小？

2.23 为什么在碰撞过程中，碰撞两物体系统的动量守恒，而机械能不一定守恒？损失的机械能到什么地方去了？在什么情况下机械能守恒？

2.24 试分析下面的论述是否正确："质点系的动量为零，则质点系的角动量也为零；质点系的角动量为零，则质点系的动量也为零."

2.25 如果刚体所受的合外力为零，其合外力矩是否也一定为零？如果刚体所受合外力矩为零，其合外力是否一定为零？

2.26 在某一瞬时，如果刚体受到的合外力矩不为零，其角加速度可以为零吗？其角速度可以为零吗？

2.27 两个同样大小的轮子，质量也相同.一个轮子的质量主要集中在轮缘，另一个轮子的质量主要集中在轮轴附近.问：(1)如果它们的角速度相同，哪一个飞轮的动能较大？(2)如果它们的角加速度相等，作用在哪一个飞轮上的力矩较大？(3)如果它们的角动量相等，哪一个飞轮转得快？

2.28 你骑自行车前进时，车轮的角动量指向什么方向？当你的身体向左侧倾斜时，对车轮施加了什么方向的力矩？试根据进动原理说明这时你的自行车为什么要向左转弯.

2.29 什么是自由度？分析物体的自由度有何意义？质量为 m 的小环 A(视为质点)套在半径为 R 的光滑的大圆环上，置于竖直平面内.若该大圆环沿水平方向加速运动，确定小环 A 的自由度.

2.30 什么叫流线？流线有什么特点？你能设计一种或几种显示流线的方法吗？电磁学中和流线相类似的线是什么线？

2.31 连续性微分方程的物理意义如何？对于不可压缩流体的定常流动，连续性微分方程的形式如何？

2.32 欧拉运动微分方程是描述流体运动与其所受外力之间的关系的动力学方程.处于静止平衡状态下的流体，所受的各种外力处于平衡状态，满足欧拉平衡微分方程.试说明欧拉运动微分方程和欧拉平衡微分方程的物理意义,二者有什么关系?

2.33 关于流体运动的流向问题,常有下述说法:“流体一定是由高处流向低处——俗语说,‘人往高处走,水往低处流’”,“流体总是从压强大处流向压强小处”,“流体总是从流速大的地方向流速小的地方流”.上述说法是否正确?为什么?正确的说法应如何?

2.34 说明伯努利方程反映了能量的何种关系?在使用伯努利方程分析问题时,我们总是要比较同一流线上的两点.这是指同一时刻上、下游的两个液体微元呢,还是比较同一液体微元从上游流到下游先后的情况?

2.35 什么是振动?什么是波动?振动和波动有什么区别和联系?波速与流体微元的振动速度有什么不同?

2.36 在有波源和无色散(波速与波长无关)介质的条件下传播机械波.(1)若波源频率增加,问该机械波的波长、频率和波速哪一个将发生变化?如何变化?(2)波源频率不变但介质改变,波长、频率和波速又如何变化?

2.37 波动的能量与那些物理量有关?请将波动能量与简谐振动的能量进行比较.

2.38 在驻波的同一个半波中,其各质点振动的振幅是否相同?振动的频率是否相同?振动相位是否相同?

2.39 二胡调音时,要旋动其上部的旋柄,演奏时手指压触弦线的不同部位,二胡就能发出各种音调不同的声音.这都是什么缘故?

2.40 观察者和波源均保持静止,但正在刮风,问有没有多普勒效应?为什么?

习题

2.1 有一质点沿 x 轴作直线运动,t 时刻的坐标为 $x=4.5t^2-2t^3$(SI 单位).试求:(1)第 2 s 内的平均速度;(2)第 2 s 末的瞬时速度;(3)第 2 s 内的路程.

2.2 有一质点沿 x 轴作直线运动,其瞬时加速度的变化规律为 $a_x=-A\omega^2\cos\omega t$.在 $t=0$ 时,$v_x=0$,$x=A$,其中 A,ω 均为正常量,求此质点的运动学方程.

2.3 如习题 2.3 图所示,湖中心有一小船,有人用绳绕过岸上一定高度处的定滑轮拉湖中的小船向岸边运动.设该人以匀速率 v_0 收绳,绳不伸长、湖水静止,求小船的运动学方程、速度和加速度.

2.4 直角坐标中质量为 2 kg 的质点的运动学方程为 $\boldsymbol{r}=(6t^2-1)\boldsymbol{i}+(3t^2+3t+1)\boldsymbol{j}$($t$ 为时间,单位为 s,长度单位为 m).若质点受恒力作用而运动,求力的大小和方向.

2.5 质量为 m 的小球以水平速度$\boldsymbol{v}_0$ 射入水中,如水对小球的阻力 $\boldsymbol{F}$ 与小球的速度 $\boldsymbol{v}$ 的方向相反,且与速度的大小成正比,即 $\boldsymbol{F}=-k\boldsymbol{v}$,$k$ 为阻尼系数.忽略水对小球的浮力,试分析在重力和阻力作用下小球的运动.

2.6 质量为 m 的质点 P 受到引力 $\boldsymbol{F}=-k^2m\boldsymbol{r}$ 的作用,其中 k 为常量,运动开始时,质点 P 在轴 x 上,$OP_0=b$,初速度 v_0 与轴 x 的夹角为 β,如习题 2.6 图所示.试求质点 P 的运动方程.

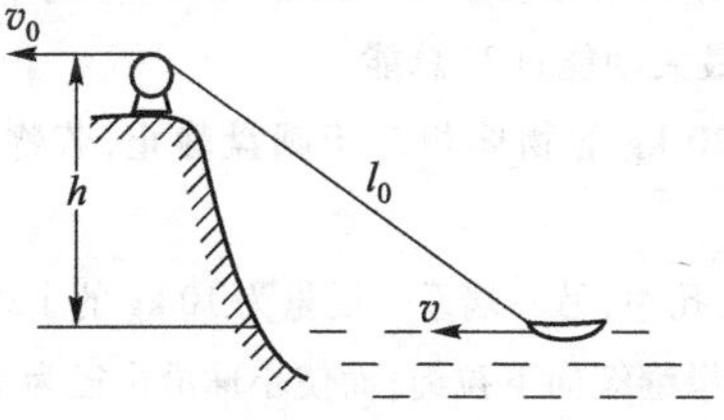

习题 2.3 图

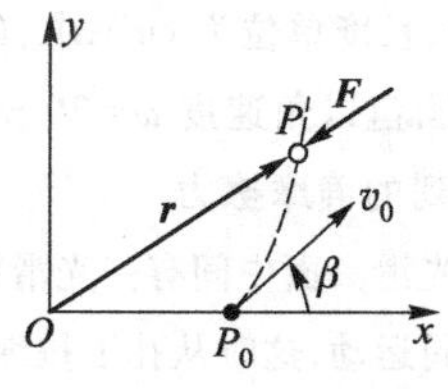

习题 2.6 图

2.7 习题 2.7 图中套管 A 的质量为 m,受绳子牵引沿竖直杆向上滑动.绳子的另一端绕过离杆距离为 l 的滑轮 B 而缠在鼓轮上,当鼓轮转动时,其边缘上各点的速度大小为 v_0.如果滑轮尺寸略去不计,试求绳子的拉力

与距离 x 之间的关系.

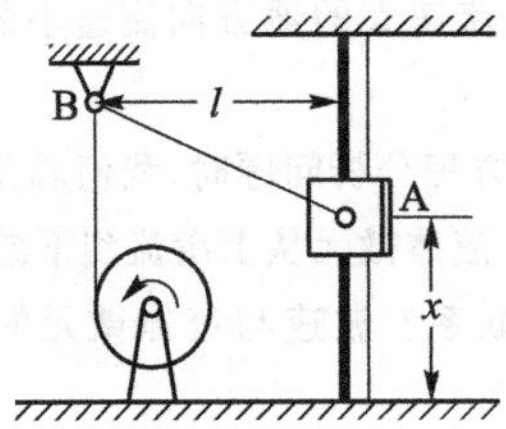

习题 2.7 图

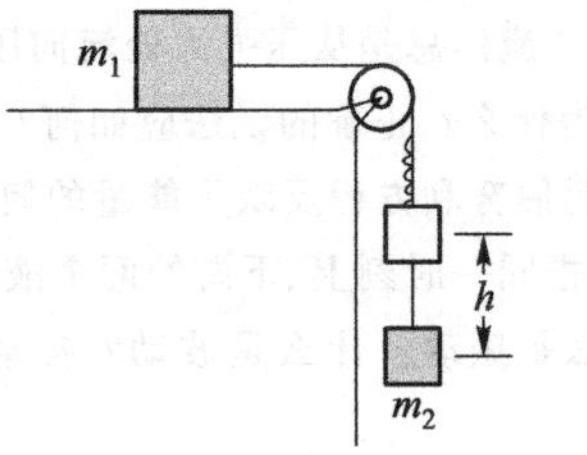

习题 2.8 图

2.8 如图所示,质量为 m_1 的滑块与水平台面间的静摩擦因数为 μ_0,质量为 m_2 的滑块与滑块 m_1 均处于静止.绳不可伸长,绳与滑轮质量可不计,不计滑轮轴摩擦.问将 m_2 托起多高,松手后可利用绳对 m_1 冲力的平均力拖动 m_1? 设当 m_2 下落 h 后经过极端的时间 Δt 后与绳的竖直部分相对静止.

2.9 如图所示,质量为 m 的物体与轻弹簧相连,最初 m 位于使弹簧自然长度处并以速度 $\boldsymbol{v}_0$ 向右运动.弹簧的劲度系数为 k,物体与支撑面间的滑动摩擦因数为 μ.求物体能到达的最远距离 l.

2.10 如图所示的装置,球的质量为 5 kg,轻杆 AB 长 1 m,AC 长 0.1 m,A 点在 O 点正下方,距 O 点 0.5 m,轻弹簧的劲度系数为 800 N/m,杆 AB 在水平位置时恰为弹簧自由状态,此时释放小球,小球由静止开始运动.求小球到竖直位置时的速度(不计摩擦).

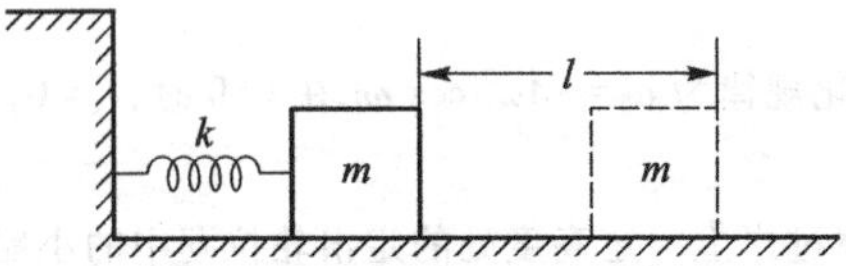

习题 2.9 图

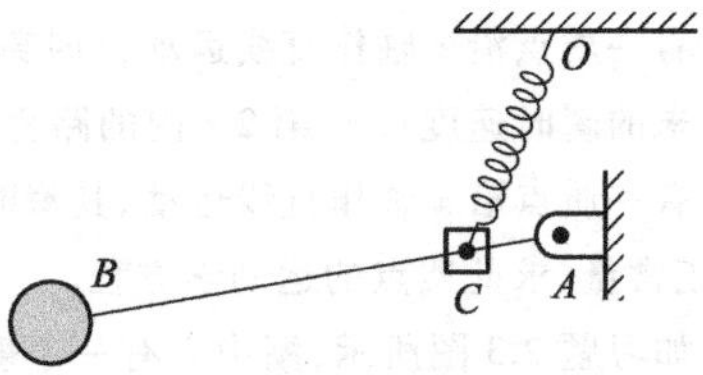

习题 2.10 图

2.11 一质量为 0.2 kg 的质点作简谐振动,其运动学方程为 $x=0.6\cos\left(5t-\dfrac{\pi}{2}\right)$ (SI 单位).求(1)质点的初速度;(2)质点位移为负的二分之一振幅时所受的力.

2.12 一质点沿 x 轴作简谐振动,其圆频率 $\omega=10$ rad/s.试分别写出两种初始状态下的振动方程:(1)初始位移为 $x_0=6.5$ cm,初速度为 $v_0=65.0$ cm/s;(2)初始位移为 $x_0=6.5$cm,初速度为 $v_0=-65.0$ cm/s.

2.13 弹簧下面悬挂质量为 50 g 的物体,物体沿竖直方向的运动学方程为 $x=2\sin 10t$,平衡位置为势能零点(时间单位为 s,长度单位为 cm).求:(1)劲度系数;(2)最大动能;(3)总能.

2.14 水平圆盘以角速度 $\omega=20$ rad/s 转动,质量为 20 kg 的物体相对于圆盘静止,若物体距离圆盘中心 0.1 m,求物体受到的静摩擦力.

2.15 水平光滑桌面中间有一光滑圆孔,轻绳一端伸入孔中,另一端系一质量为 10 kg 的小球,沿半径为 40 cm 的圆周作匀速圆周运动,这时从孔下拉绳的力为 0.001 N.如果继续向下拉绳,而使小球沿半径为 10 cm 的圆周作匀速圆周运动,这时小球的速率是多少? 拉力做功是多少?

2.16 质量为 200 g 的小球 B 以弹性绳在光滑水平面上与固定点 A 相连,弹性绳的劲度系数为 8 N/m,其自由伸展长度为 600 mm.最初小球的位置及初速度 v_0 如图所示.当小球的速率变为 v 时,它与 A 点的距离最大,且等于 800 mm,求速率 v_0 和 v.

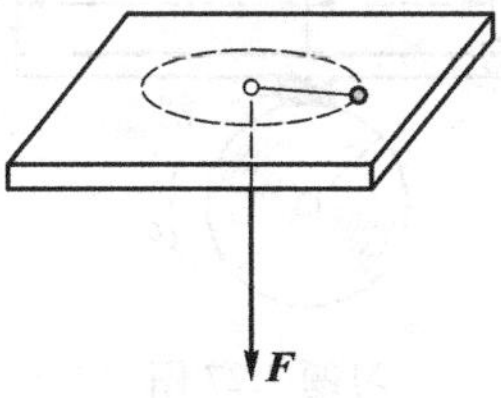

习题 2.15 图

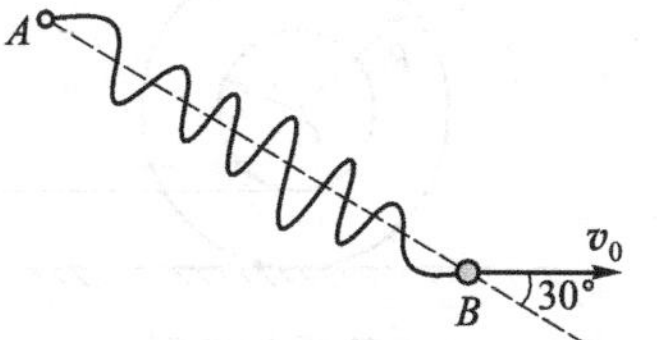

习题 2.16 图

2.17 土星质量为 5.7×10^{26} kg,太阳质量为 2.0×10^{30} kg,二者的平均距离是 1.4×10^{12} m.求:(1)太阳对土星的引力;(2)土星的轨道速度.(设土星沿圆轨道运动.)

2.18 已知地球表面的重力加速度为 9.8 m/s^2,围绕地球的大圆周长为 4×10^7 m,月球与地球直径及质量之比分别是 $D_{月}/D_{地}=0.27$ 和 $m_{月}/m_{地}=0.012\ 3$.试计算从月球表面逃离月球引力场所必需的最小速度.

2.19 一枚炮弹以速率 $\boldsymbol{v}_0$ 沿倾角 θ 的方向发射出去后,在轨道的最高点爆炸为相等的两块,一块沿 45°仰角向斜上方飞出,另一块沿 45°的俯角下冲,求刚爆炸后这两块碎片的速率各为多少?

2.20 如题图所示,质量为 m_1 的钢球、以速率为 v 射向质量为 m_2 的靶,靶中心有一小孔,内有劲度系数为 k 的弹簧,此靶最初处于静止状态,但可在水平面上作无摩擦滑动.求钢球射入靶内弹簧后,弹簧的最大压缩距离.

2.21 如题图所示,质量 m_1 的弹丸 A,穿过如题图所示的摆锤 B 后,速率由 v 减少到 $v/2$.已知摆锤的质量为 m_2,摆线长度为 l,如果摆锤能在垂直平面内完成一个完全的圆周运动,v 的最小值应为多少?

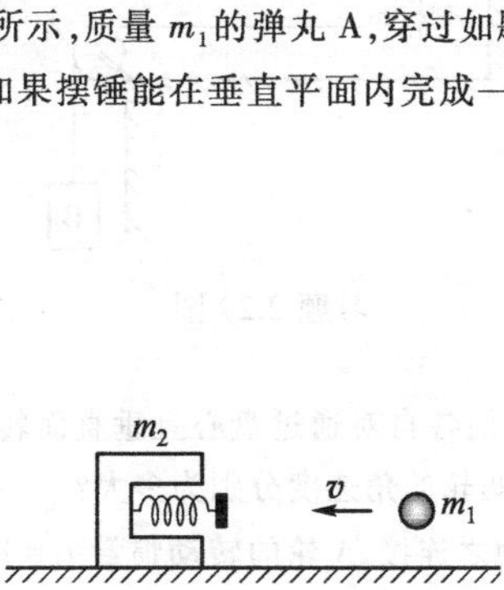

习题 2.20 图

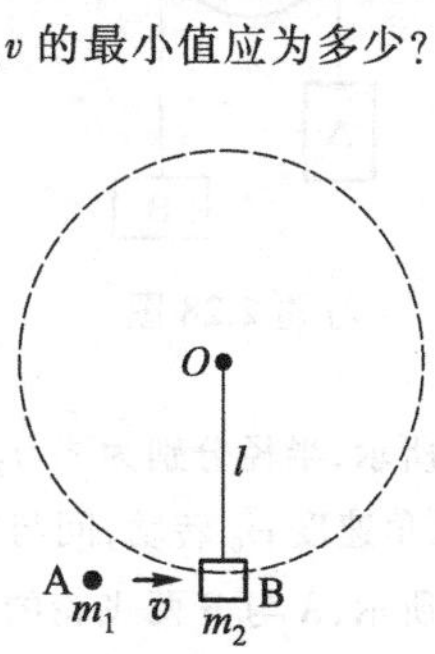

习题 2.21 图

2.22 质量为 7.2×10^{-23} kg,速率为 $6\times10^7\ \mathrm{m\cdot s^{-1}}$ 的粒子 A 与另一个质量为其一半而静止的粒子 B 发生二维完全弹性碰撞,碰撞后粒子 A 的速率为 $5\times10^7\ \mathrm{m\cdot s^{-1}}$.求:(1)粒子 B 的速率及相对粒子 A 原来速度方向的偏角;(2)粒子 A 的偏转角.

2.23 一汽车发动机曲轴的转速,在 12 s 内由 20 r/s 均匀地增加到 45 r/s.试求:(1)发动机曲轴转动的角加速度;(2)在这段时间内,曲轴转过的圈数.

2.24 半径为 $r=0.50$ m 的飞轮在启动时的短时间内,其角速度与时间的平方成正比,在 $t=2$ s 时,测得轮缘上一点的速度值为 $4.0\ \mathrm{m\cdot s^{-1}}$.求:(1)该轮在 $t'=0.5$ s 时的角速度,轮缘上一点的切向加速度和总加速度;(2)该点在 2 s 内所转过的角度.

2.25 如题图所示,轮子的半径为 R,轮中部绕线小轮的半径为 r,细线绕过小轮下方以速度 $\boldsymbol{v}$ 沿水平方向牵动,轮子在水平面上无滑动地滚动.试求轮心 C 点的速度和加速度.

2.26 一燃气轮机在试车时,燃气作用在涡轮上的力矩为 $2.03\times10^3\ \mathrm{N\cdot m}$,涡轮的转动惯量为 $25.0\ \mathrm{kg.m^2}$.当轮的轴速由 2.80×10^3 r/min 增大到 1.12×10^4 r/min 时,所经历的时间 t 为多少?

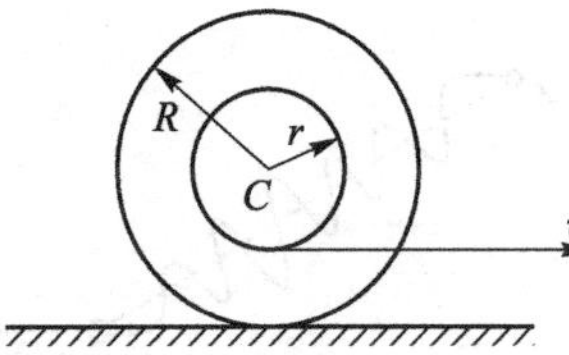

习题 2.25 图

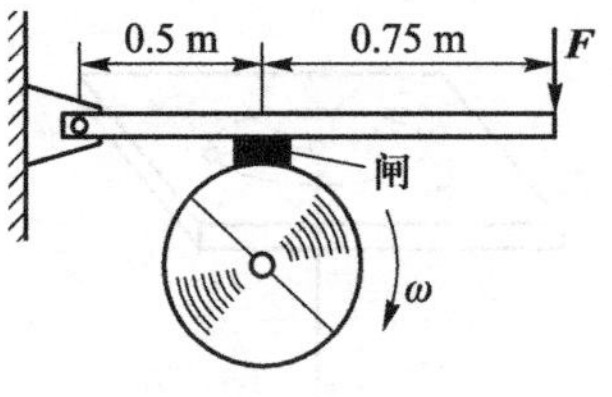

习题 2.27 图

2.27 飞轮的质量为 60 kg,直径为 0.50 m,转速为 1 000 r/min,现要求在 5.0 s 内使其制动,求制动力 $\boldsymbol{F}$,假定闸瓦与飞轮之间的摩擦因数 $\mu=0.40$,飞轮的质量全部分布在轮的外周上,尺寸如题图所示.

2.28 如题图所示的系统,滑轮 C 可视为半径为 $R=0.01$ m、质量为 $m_C=15$ kg 的匀质圆盘,滑轮与绳子间无滑动,若滑块 A 的质量为 $m_A=50$ kg,重物 B 的质量为 $m_B=200$ kg.求重物 B 的加速度及绳中的张力.

2.29 如题图所示,质量可忽略不计的细绳,绕过半径为 30 cm,转动惯量为 0.50 kg · m^2 的定滑轮 A,一端与劲度系数 $k=2.0$ N · m^{-1} 的弹簧连接,另一端悬挂质量为 0.06 kg 的物体 B.当物体 B 落下 0.40 m 时的速率是多大?(设开始时物体静止且弹簧无伸长.)

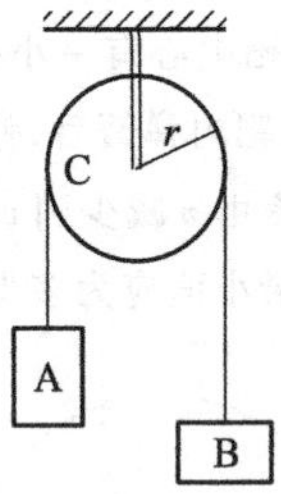

习题 2.28 图

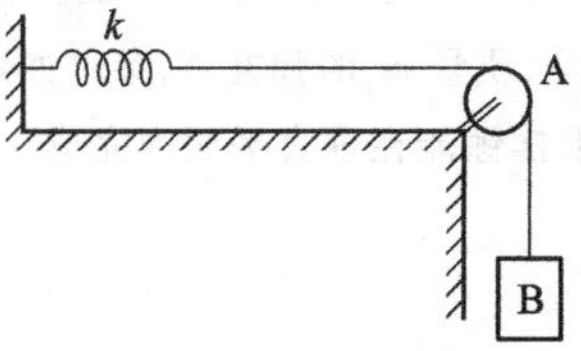

习题 2.29 图

2.30 如题图所示,半径分别为 r_1、r_2 的两个薄伞形轮,它们各自对通过盘心且垂直面转轴的转动惯量为 I_1 和 I_2.开始时轮 Ⅰ 以角速度 ω_0 转动,问与轮 Ⅱ 成正交啮合后,两轮的角速度分别为多大?

2.31 如题图所示,A 与 B 两飞轮的轴杆由摩擦啮合器使之连接,A 轮的转动惯量 $I_1=10.0$ kg · m^2,开始时 B 轮静止,A 轮以 $n_1=600$ r/min 的转速转动,然后使 A 与 B 连接,因而 B 轮得到加速而 A 轮减速,直到两轮的转速都等于 $n_2=200$ r/min 为止.求:(1) B 轮的转动惯量;(2) 啮合过程中损失的机械能.

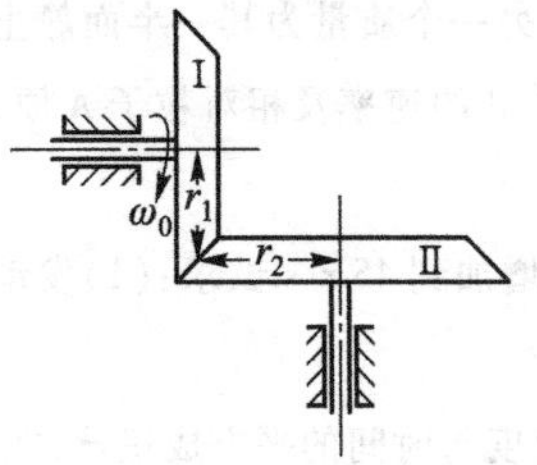

习题 2.30 图

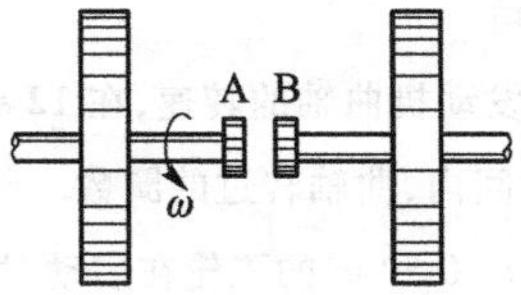

习题 2.31 图

2.32 如题图所示,平板的质量为 m_1,受水平力 $\boldsymbol{F}$ 的作用,沿水平面运动.板与平面间的摩擦因数为 μ,在板上放一半径为 R 质量为 m_2 的实心圆柱,此圆柱只滚动不滑动.求平板的加速度.

2.33 试证明平面运动刚体的动能等于全部质量集中于质心的平动动能与刚体绕质心转动动能之和,即 $E_k=\dfrac{1}{2}mv_C^{\,2}+\dfrac{1}{2}I_C\omega^2$.

2.34 质量为 m_1、半径为 r 的均匀圆柱体放在粗糙水平面上,圆柱体的外面绕有轻绳,绳子跨过一个很轻的滑轮 A,并悬挂一质量为 m_2 的物体 B.设圆柱体只滚不滑,并且圆柱体与滑轮 A 间的绳子是水平的,不计滑轮 A 的作用.试求:圆柱体质心的加速度 a_1;物体 B 的加速度 a_2;绳子中的张力 F_T.

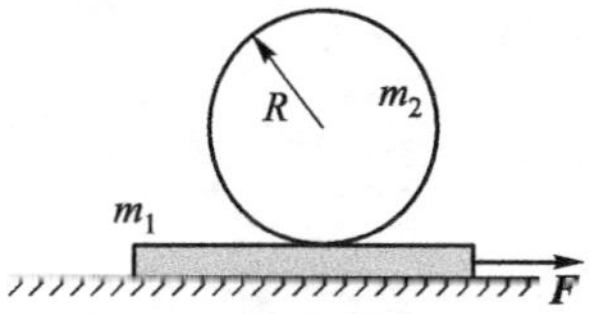

习题 2.32 图

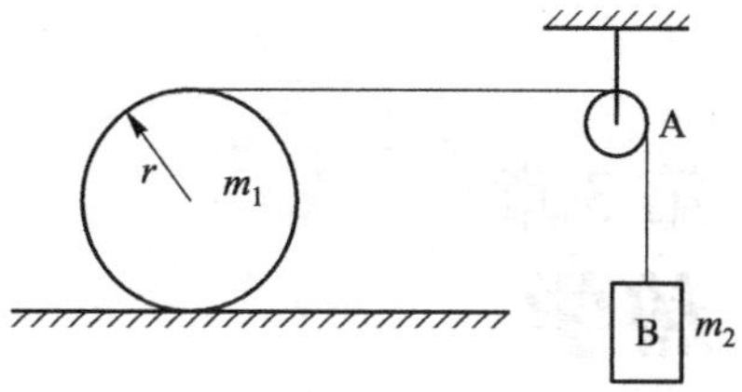

习题 2.34 图

2.35 一潜艇在海中以 16 km/h 的速度航行,潜艇的对称轴与海平面平行,并位于水下 18 m 处(如题图所示).海水密度为 1 030 kg/m^3,潜艇宽 BC=7 m.(1)试求潜艇 A 点处的压强.(2)若 B 点压强为 1.032 9×10^5 kN/m^2,求该处流体质点的速度.

2.36 为测定汽油沿油管流过的流量,将油管 2 处一段制成收缩的,水银压强计的两端分别连接油管 1、2 两处,如题图所示.当汽油流过管子时压强计高度差为 h,求汽油的流量大小.假定汽油为理想不可压缩流体,流动是定常流动.

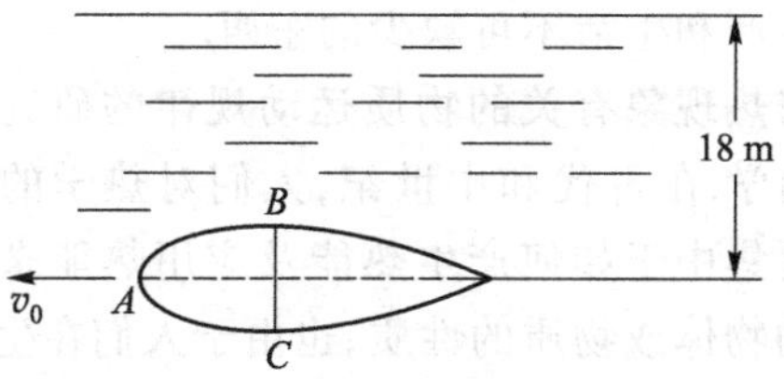

习题 2.35 图

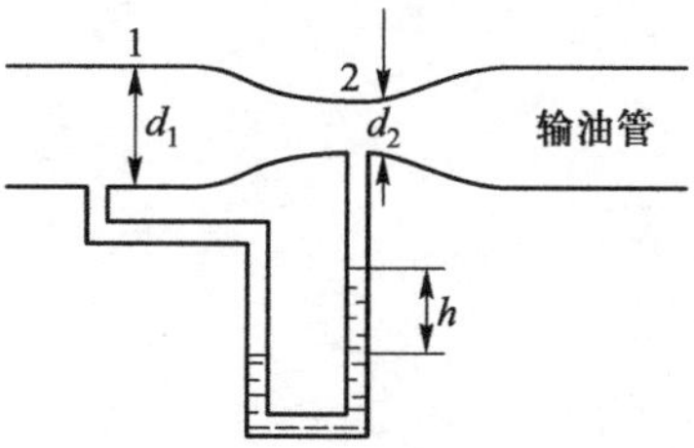

习题 2.36 图

2.37 频率为 100 Hz 的平面简谐波,波速为 330 m · s^{-1}.(1)沿波的传播方向,相位差为60°的两点间相距多远?(2)在某点,时间间隔为 0.5×10^{-2} s 的两个振动状态其相位差为多大?

2.38 波源作简谐振动,其运动方程为 $\xi_0=4.0\times10^{-3}\cos 240\pi t$(SI 单位),由它所形成的波以 30 m · s^{-1}的速度沿一直线传播.(1)求波的周期及波长;(2)写出波函数.

2.39 波源作简谐振动,周期为 0.02 s,若该振动以 100 m · s^{-1}的速度沿直线传播,设 $t=0$ 时,波源处的质点经平衡位置向正方向运动.求:(1)距离波源 15.0 m 和 5.0 m 处质点的运动方程和初相;(2)距离波源分别为 16.0 m 和 17.0 m 的两质点间的相位差.

2.40 一弹性波在介质中传播的速度 u=1 000 m · s^{-1},振幅 $A=1.0\times10^{-4}$ m,频率 ν=1 000 Hz.若该介质的密度为 ρ=800 kg · m^{-3},求:(1)该波的平均能流密度;(2)1 min 内垂直通过面积 $S=4\times10^{-4}$ m^2 的总能量.

2.41 一驻波波函数为 $\xi=0.02\cos 20x\cos 750t$(SI 单位),求:(1)形成此驻波的两行波的振幅和速度各为多少?(2)相邻两波节间的距离多大?(3)$t=2.0\times10^{-3}$ s 时,$x=5.0\times10^{-2}$ m 处质点振动的速度多大?

2.42 利用多普勒效应监测汽车行驶的速度.一固定波源发出频率为 100 kHz 的超声波,当汽车迎着波源驶来时,与波源安装在一起的接收器接收到从汽车反射回来的超声波的频率为 110 kHz.已知空气中的声速为 330 m · s^{-1},求汽车行驶的速度.

第3章 热学

远古时期,人类就能够产生热或者热能,如传说中普罗米修斯偷火、遂人氏钻木取火……火保护了人类,并改造了人类的食物结构,从而大大推动了人类社会的进化.与火有关的热现象是人类生活中最早接触的一种现象.在周口店北京猿人的遗址可以看到50万年以前原始人用火的遗迹.考古发掘出来史前的陶器和上古时期的铜器及铁器,显示出古代用火制造出的器具.随着人类社会的发展,火的用途日益扩大,成为人类生产和生活不可缺少的东西.

对与热现象有关的物质运动规律的研究构成热学或热力学.在古代和中世纪,人们对热学的认识和发展主要集中于如何产生热能及应用热能来改变日常接触的物体或物质的性质,也由于人们在生产和生活上积累的知识不够丰富,热学还不能作为一门系统的科学建立起来.这个时期,人们对热的本质还处在猜想阶段.大约公元前1100年,我国古代的"水、火、木、金、土"五行学说认为,世间万事万物的根本都是这五样东西.大约公元前500年,古希腊毕达哥拉斯提出的"土、水、火、气"四元素学说认为火是自然界的一个独立的基本要素.古希腊还有另一个学说认为火是一种运动的表现形式,这是根据摩擦生热现象提出的,记载于柏拉图的"对话"中.该学说被埋没了约2 000年之久,直到17世纪,实验科学得到发展,它才得到一些科学家和哲学家的支持.

17世纪以后,人类开始利用天然能源(如木材、煤、石油等)替代人的体力劳动,这就是"机械化"及"工业化"的进程.突出的标志是瓦特发明的蒸汽机.天然能源只有通过燃烧等过程产生大量的热能,再由热能转化为机械能,才能驱动工具或机器做功.因而对热现象和热能定量的研究，以及对热能和机械能等能量转化过程的研究就成为非常迫切的科学任务.18 世纪初，产生了计温学和量热学.直到华伦海特改进了水银温度计，并制定了华氏温标，温度的测量才有一个共同的可靠的标准，人们在不同地点测量的温度才能方便地比较，热学开始走上了实验科学的发展道路.有关热能的度量及热能与机械能的转化，18 世纪末和 19 世纪初人们进行了大量的研究.瓦特制成了蒸汽机并在工业中得到广泛应用，实现了人们多年想利用热能转化成机械能的愿望，促进了工业的飞速发展.而工业的发展又对蒸汽机的效率提出了更高的要求.这样，促使人们不但对蒸汽机技术进行研究，而且对水、蒸汽以及其他物质热的性质进行更深入的研究.

关于热的本质的研究，18 世纪初流行的热质说，认为热是一种没有质量的流质，叫热质，它可以渗透到一切物体中，可以从一个物体传到另一物体，热的物体含有较多的热质，冷的物体含有少的热质，它既不能产生也不能消灭.但热质说不能解释摩擦生热等现象.与热质说相对立的学说认为，热是物质运动的表现.直到 1842 年，迈尔第一次提出能量守恒，并指出热是一种能量，能够与机械能相互转换，并从空气的定压比热与定容比热之差算出 1 cal(卡)相当于 3.58 J(焦耳)的功.在此前后，焦耳用了 20 多年时间，实验测定了热功当量，并发表了热功当量的总结论文，说明各种实验所得的结果是一致的，不但粉碎了热质说，而且为确定能量转换和守恒定律奠定了基础.在此基础上，热力学第一定律建立了.

热力学第一定律建立后，热机及其效率的研究成为社会生产机械化和工业化的迫切要求.卡诺提出了热机效率的定理——卡诺定理.后来，克劳修斯和开尔文分析了卡诺定理，认为，要论证卡诺定理，必须有一个新的定律——热力学第二定律，即与能量传送及热功转换有关的过程是不可逆的.热力学第二定律在应用上的重要意义在于寻求可能获得的热机效率的最大值.

热力学两个基本定律建立以后，热力学的进一步发展主要在于把它们应用到各种具体问题中去.人们在具体应用中找到了反映物质各种性质的热力学函数.热力学函数中直接反映热力学第二定律的是熵.热力学第二定律的特点是绝热过程中熵永增不减.热力学第一定律、热力学第二定律是热力学形成独立学科的基础.

20 世纪以来，天然能源的大规模利用成为人类社会发展的重要支柱.迄今为止，人类大规模将天然能源，如煤、石油、天然气、核能等转化为机械能及电能的主要手段仍是通过热能.如何高效地产生热能，高效地将热能转化为机械能、电能已成为愈来愈高的要求，也使得热力学基本原理的重要性更为突出，热力学内容也日渐丰富.近年来，基于节约资源及减缓环境污染的强大要求，节能被提到极大的高度，热力学的应用及发展也更受到社会的重视.

然而，热力学的发展很长时间在宏观上进行.如何从微观上理解热力学定律成为非常重要的物理问题之一.19 世纪中期以来，随着热力学的发展，热力学的微观基础，即从原子、分子运动角度来理解热现象及热能(或称之为统计物理)的发展受到很大重视.首先是气体分子运动论.克劳修斯首先根据分子运动论导出了玻意耳定律.麦克斯韦应用统计概念研究分子运动，得到了分子运动的速度分布定律.玻耳兹曼在速度分布中引进重力场，并给出了热力学第二定律的统计解释.后来，吉布斯发展了麦克斯韦和玻耳兹曼理论，提出了系综理论，即体系的热力学量等于其微观量的统计平均.至此，作为平衡态热力学的基础，平衡态统计物理学也发展成为完整的理论.量子力学诞生以后，统计物理学又由经典统计物理学发展为量子统计物理学，对凝聚态和等离子体中各种物理性质的研究起着重要作用.不过,从宏观热力学角度,很多热力学量无法由统计物理学直接给出或者无法精确给出,如比热.但是,从统计物理学角度去讨论热力学,很多概念要清楚得多.单从热力学的宏观公理出发讨论物理概念,往往会脱离物理基础.反之,单从统计物理学中特定的微观模型出发讨论问题,得到的结果不如热力学更具有普遍性.很长时间以来,热力学和统计物理一直没有得到有效结合,有必要用微观图像建立起热力学的基本概念.目前,由于对热力学第二定律的微观基础还缺少比较完备的认识,非平衡态统计理论虽然也有很大发展,但还不能认为是完整的理论体系.微观过程的可逆性与宏观过程的不可逆性之间的矛盾一直没有得到解决.非平衡态热力学还部分停留于宏观水平.

热学或热力学是物理学的一个重要组成部分,是对宏观物体(如一定体积的气体、一杯液体或一块固体)的热现象及热过程的宏观描述(宏观理论),即对分子热运动平均效果的描述.它是一门宏观科学理论,既不是宇观的科学理论,也不是微观的科学理论.因此,热学不是一门普适性的学科.任何试图把热学的概念或结论推广到整个宇宙或少数微观粒子范围都是错误的.热学涉及的温度在几千摄氏度以内,涉及的压强在几百或几千个大气压以下,时间尺度大于 10^{-9} s 以上.它研究的对象是大量(例如 10^{23} 个)分子或原子组成的宏观物质系统,所研究的问题是大量分子或原子无规的热运动以及和运动状态间的相互转换和热运动对物质性质的影响.

热力学最典型的是气体热力学,包括均匀气体热力学(主要描述气体的整体特性,涉及热力学第一定律和气体的物态方程)和非均匀气体热力学即非平衡态热力学(主要描述气体的局域特性,涉及热力学第二定律).本章从气体分子运动的微观图像出发,从气体微观分子自由度着手,以热能概念为核心,由微观到宏观,对宏观热力学量进行建立;从气体热力学到固体和液体热力学,从平衡态热力学到非平衡态热力学,对热力学定律展开阐述.

首先需要指出的是,热能和机械能是本质相同的两种能量,都以物体为载体.机械能表现为物体的整体运动(动能)或与其他物体相互作用(势能).热能的表现则完全不同.在很多情况下物体的外观、位置可能都没有改变,热能则发生了变化.热能不同表现为冷热不同,即温度的不同.热能似乎是宏观物体内部具有的能量,在很多热学或热力学的教科书中,不太区分热能与内能,有的甚至用内能代替热能.实际上,热能与内能有完全不同的含义.热能是构成宏观物体的原子、分子无规运动机械能的总和,起作用的是机械运动的自由度.宏观物体都是由大量的原子或分子构成.现代物理表明,这些分子或原子及其运动对应的能量,有以下几类:

(1) 分子或原子运动的机械能.有时候我们把分子或原子的机械运动称为热运动.对于晶体,热运动是原子或分子在其平衡位置附近的振动;对于单原子气体,热运动就是原子的平移运动.在标准条件下,原子飞行速度一般为数百米每秒至数千米每秒.对多原子分子,分子机械运动包括分子的平动、转动及分子中原子的振动.气体中的分子相互碰撞,一个分子平均约在 10^{-9} s 与其他分子碰一次,参与碰撞的分子总能量不变,每个分子的动能、转动及振动能都快速变化,但气体总的热能不变.气体的热能是大量分子无规运动的总能量.而物体的机械能则是所有分子在一个方向上有序运动的能量.气体热能是所有分子无序机械运动的总能量,我们将看到这种理解对固体或液体也适用.例如,1 mol 氦气在 0 ℃时的方均根速率为 1 311 m · s^{-1},则氦气分子热运动的动能总和约为 3.4×10^3 J,差不多相当于一个 1 kg 物体以高铁速度飞行时所具有的动能.

（2）原子结合成分子的结合能.化学反应是由不同分子相互作用并最终改变分子的组构的过程.在化学反应中，由于分子组构改变，部分分子结合能可能被吸入或释出，称之为化学能.吸入或释出的化学能一般转化为分子运动的机械能.例如，碳原子与氧分子通过燃烧结合成二氧化碳，释放出其中的能量并转化成分子的机械能，很快加热了周围其他气体.上述碳原子燃烧放出化学能约为通常分子平均热运动能量的几十至数百倍以上.在化学反应中每个参与反应的分子放出或吸收的能量是确定的，这与分子碰撞中能量连续可变是根本不同的.

（3）核能是一个或多个原子核发生核反应放出或吸收的能量.一个核反应放出或吸收的核能约为通常分子热运动平均能量的数十万倍或更高.因此，在日常条件下稳定原子核的核反应是不会被热运动所引发，或者说核能被"冻结".

（4）基本粒子反应所涉及的能量比核能还高得多，因而在日常条件下也被"冻结".

人们最关心的还是宏观物体在日常条件下（应该说温度在数千摄氏度以下）的行为及运动规律.扣除物体整体运动的机械能外，物体的"热能"就是指构成物体原子、分子无规则运动机械能的总和.由于分子、原子相互作用过程中机械能守恒，尽管物体中有大量分子、原子相互作用，分子、原子运动状态也各不相同，但由于内部分子相互作用，体系总热能是不会变的.热能是热力学讨论的主要对象.对包含化学反应的热力学系统，由于每个分子参与化学反应的化学能是确定的，化学反应可看成体系中能量的"源"或"漏"，不影响我们对"热现象"的理解.

这里再次指出，在热学或热力学中，热能 U 的定义是：物体所有分子、原子无规则力学运动机械能的总和，热能的变化量被称为"热量".尽管宏观表现有诸多不同，热能与机械能本质上却是相同的，热能是构成宏观物体的原子、分子无规则运动机械能的总和.热能与内能是两个含义不同的物理量.一般热现象不涉及分子结构和原子核的变化，并且无电磁场相互作用，结合能及电磁相互作用能等均为常量.通常条件下，热力学仅仅讨论热能的变化.

§3.1 气体热力学

气体是物质存在三态中最简单的状态.这主要是从分子运动角度来看,特别是单原子分子气体,分子运动主要是自由飞行,只是偶然地,在极短时间内与另外分子碰撞.气体热力学是热力学中最重要的部分,其物理图像比较直观,容易表述清楚,而且这种物理图像对理解其他物质(如液体、固体等)的热力学规律是很有帮助的.气体热力学的重要性还在于人类利用天然能源的主要方式是通过燃烧等手段从燃料中取得热能,其后将部分热能转化为机械能.热能转化为机械能的过程主要是通过被加热的高温气体膨胀做功来实现.气体热力学是人们一直到现在仍然主要应用的热机(如蒸汽机、内燃机、燃气轮机等)的科学基础,也是当前人们采取节能措施的重要指导原则.

1 气体的微观分子图像

分子运动论指出:物质是由原子和分子组成的;分子在不停地作无规则热运动;分子之间存在着相互作用力.

实验事实证明,物质是由大量分子和原子组成的.按照组成分子的原子数目的不同,可以把分子分为单原子分子,如纯金属、惰性气体分子都是单原子分子;双原子分子,如氧、氢、一氧化碳等气体分子;多原子分子,如水、乙醇等.原子线度的数量级与分子相同,大约在10^{-10} m.目前知道的分子种类不下几百万种,而原子只有107种,其中自然存在的有94种,人工制备的有13种.通常把由这些原子所组成的单质称为元素.

1827年,苏格兰植物学家布朗观察到水里的花粉颗粒处于不停顿、无规则的折线运动之中.进一步的实验还发现,不仅花粉颗粒,其他悬浮在液体中的小颗粒也表现出这种无规则运动.人们称该运动为布朗运动,如图3-1-1所示.实验表明,布朗颗粒的运动速度随温度升高而增加,

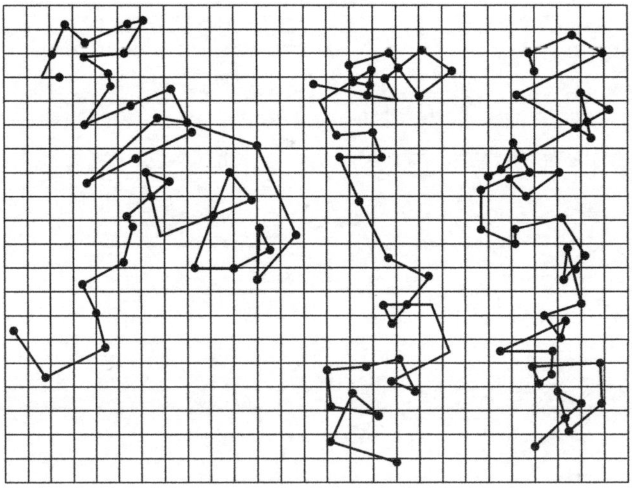

图3-1-1 布朗运动

随颗粒线度增加而减小.1877 年,德耳索指出,布朗运动是由于颗粒在液体中受到液体分子碰撞的不平衡力引起的运动.因此,布朗运动是液体分子不停顿无规则热运动的宏观表现.1905 年,基于分子运动论,爱因斯坦等建立了布朗运动的统计理论.1908 年,法国物理学家皮林进行了胶体粒子的重力沉降与布朗扩散的平衡实验,从实验上证实了爱因斯坦的理论,从而使分子运动论为大家所公认.气体、液体和固体中发生的扩散现象也是分子处于不停顿无规则热运动的实验事实.

通常情况下,气体分子之间平均距离约为分子本身线度的几十倍,甚至上百倍,远大于分子力的有效作用半径,我们可以忽略分子之间的相互作用力.因此,通常情况下气体中分子热运动的作用超过分子力的作用,在宏观上表现为气体总是充满整个容器的体积,易于压缩.然而,固体原子之间的作用力很强,超过了分子的热运动,迫使组成固体的每一个原子在它相邻原子的分子力作用下,保持在平衡位置附近作微小的振动,所以固体原子形成有规则的周期排列,并使固体在宏观上表现出一定的形状和体积,具有一定的机械强度,不易压缩和拉伸.与气体和固体不同,液体分子力大小可以与热运动相当,液体可以看成是分子密集堆砌而成,每个分子都处于一个平衡位置,相邻两分子之间有微小的、可持续的相对移动.因此,液体体积保持不变,但宏观形态可以变动(如可流动等).

理想气体分子本身线度比分子间距小很多,分子的大小可忽略;除碰撞瞬间外,分子间相互作用力可以忽略不计,分子在两次碰撞之间作自由匀速直线运动;处于平衡态的理想气体,分子间及分子与器壁间的碰撞是完全弹性碰撞,碰撞过程中遵循能量和动量守恒定律.一般情况下,理想气体是指单原子分子气体.常温常压下的氦气等惰性气体很接近于理想气体.因此,理想气体的热能是大量无规、混乱运动分子的总动能.

2 气体分子自由度和碰撞

单原子分子气体,分子运动只是在空间移动,分子间只存在瞬时弹性碰撞.如果忽略外加宏观势场,与能量有关的自由度是 3 个方向的动能.

对于双原子分子,如氢气、氧气等,分子质心的位置与能量无关,分子平动的动能分布在 3 个质心速度自由度之间,见图 3-1-2(a).垂直于分子轴线,可以有 2 个转动轴的方向,转动速度有 2 个分量,所以只有 2 个与能量有关的转动自由度,如图 3-1-2(b)所示.由于存在原子间相互作用,两原子的相对位置与能量有关,当然原子相对运动速度也与能量有关,所以尽管分子只在一维方向上振动,如图 3-1-2(c),却有 2 个与能量有关的自由度.因此,双原子分子与能量有关的自由度为 7.对于 3 个或更多原子组成的多原子分子,与能量有关的质心平动自由度仍为 3.转动

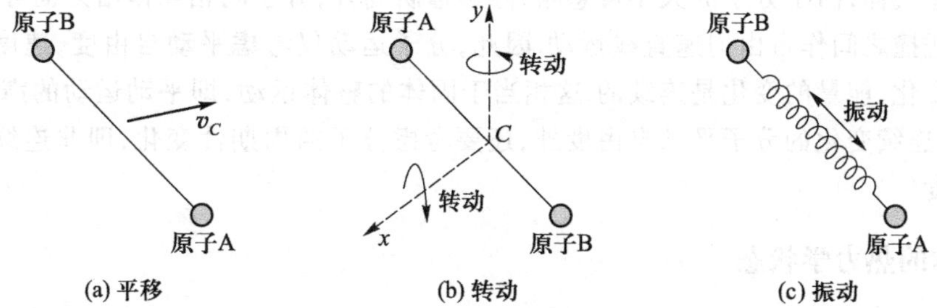

图 3-1-2　双原子分子的运动

轴有 3 个取向分量,角速度也应该有 3 个分量,所以与能量有关的转动自由度为 3.多原子分子的一般振动模式以及与能量有关的振动自由度分析比较复杂,这里就不作深入探讨.

由于原子、分子都是微观粒子,它们的运动规律遵循量子力学规律,而不是宏观的牛顿力学规律.量子力学认为:原子、分子除去在无穷空间平动运动自由度的能量是可以连续变化外,任何周期运动的能量都不是连续变化,只能间断地、一份一份地变化取值,这种间断的能量取值称为能级,如图 3-1-3 所示.

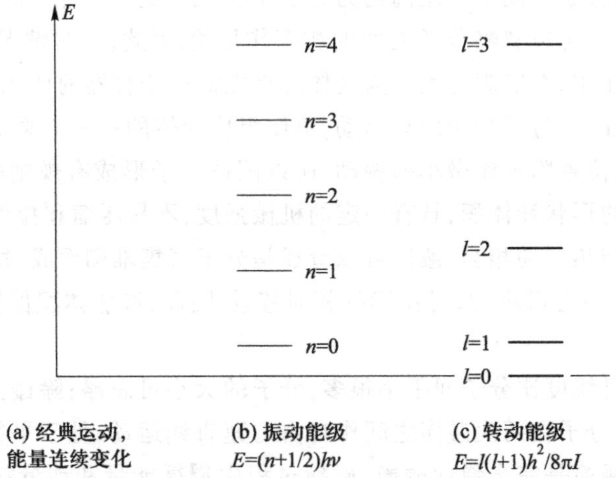

图 3-1-3 振动与转动自由度能级

对于振动型自由度 j 的运动(图 3-1-3),能级的间距是相同的,能量 $E_j=\left(n+\frac{1}{2}\right)h\nu_j, n=0,1,2,3,\cdots$.这里 ν 是振动频率,$h=6.626\ 068\ 96\times10^{-34}\ \mathrm{J\cdot s}$ 是普朗克常量,能级间距 $h\nu$ 称为 j 振动自由度的能量量子.换言之,分子振动能量的增加或减少量是一个最小能量单位(量子 $h\nu$)的整数倍.不同振动模式振动频率不同,振动能量量子取值大小不同.$E_{j0}=\frac{1}{2}h\nu_j$ 是 j 振动自由度的最低能量,称为零点能,或者说振动处于基态.下一个允许的能级 $n=1$ 比 E_{j0} 高出能量 $h\nu_j$.气体分子的振动自由度就是这种情况.

根据量子力学,分子转动自由度能量虽然也是间断取值,但能级间距是不同的(图 3-1-3):$E_l=g_r l(l+1), l=0,1,2,\cdots$.不同转动自由度的 g_r 可以不同,由该自由度的转动惯量决定.基态($l=0$)与第一激发态($l=1$)能量差为 $2g_r$.

对于理想气体,由于分子的大小可忽略,除碰撞瞬间外,分子间相互作用力也可以忽略不计,分子在两次碰撞之间作自由匀速直线运动.因此,分子运动仅考虑平动自由度,速度可以从零到充分大连续变化,能量的变化是连续的.这相当于固体的整体运动,即平动运动的声学支.对于准理想气体,除连续变化的分子平动自由度外,还要考虑分子的周期性变化,即非连续变化的振动和转动自由度.

3 均匀气体的热力学状态

依照分子运动论的观点,理想气体与物质分子结构的一定微观模型相联系.当气体凝结成液体时，体积缩小上千倍（液体密度的数量级为 1 g/cm^3，气体密度的数量级为 10^{-3} g/cm^3，前者比后者大 1 000 倍），而液体中分子几乎是紧密排列的.因此，气体分子的平均间距数量级上大约是本身线度的 10 倍，可以把气体看成平均间距很大的分子集合.如本节前面指出，理想气体的微观模型应具有以下几个要点：(1)分子本身的大小比起它们之间的平均距离可忽略不计；(2)除短暂的碰撞过程外，分子间的相互作用可忽略；(3)分子之间的碰撞是完全弹性的.

实验及近代物理理论都表明，两个分子之间作用可以近似地分成强的短程排斥力及较弱的长程吸引力.排斥力的半径也可近似看成是分子半径 d.在 d 以外若引力对分子自由飞行的作用可忽略，我们也可以近似将分子看成是半径为 d 的小硬球，两分子间只发生瞬时弹性碰撞.相对于气体体积，如果再忽略分子实际大小 d 的效应，分子看成是硬的质点，这就是严格意义下的"理想气体"模型.我们以后还会讨论弱长程吸引力及分子有限大小所带来的修正.

在力学部分已经证明，在没有外力的条件下，两个物体（这里是两个分子）碰撞前后，总的动量和总的动能是守恒的.因此，所有气体分子在一起，不论碰撞发生得多么频繁，气体的总能量和总动量是不会改变的.如果气体被容器约束，器壁与分子碰撞也是弹性的，则每个自由度的总动量都是零，碰撞过程总能量守恒保证气体总的热能不变.由于分子数量极大（每立方厘米 10^{16} 个以上），每个分子发生碰撞也非常频繁（10^9 次每秒左右），碰撞时间极短（标准状况下碰撞时间约是分子自由程时间的 1/10），但分子只有有限多自由度（理想气体分子只有 3 个），因此，可以理解成热能在三个平动自由度之间迅速转移.下面通过一个两粒子发生弹性碰撞的例子分析来形象说明大量分子的碰撞如何使动能在不同自由度间扩散.

设想有两个分子 A 和 B（硬球），其质量为 m、半径为 r，在 x 方向相向而行，分子 A 的速度为 u_1，分子 B 的速度为 $-u_2$，在 y 方向上两球心有高度差 h，如图 3-1-4(a)和(b)所示.碰撞前，如图 3-1-4(a)所示，两个分子的总动能为 $\frac{1}{2}m(u_1^2+u_2^2)$，并集中于 x 方向.在质心坐标系中，质心速度 $v_C=\frac{u_1-u_2}{2}$，而两个分子相对质心的速度分别是 $v_1=\frac{u_1+u_2}{2}$ 及 $v_2=-v_1$.碰撞瞬间如图 3-1-4(b)所示，并引入 $\sin\alpha=h/d=h/2r$，式中 d 是两个分子中心间的距离.图 3-1-4 (c)给出了质心坐标系中两个分子碰撞前后的速度方向，虚线 ab 表示碰撞时两个分子中心的连线.碰撞后，分子 A 的速度为 v_1'，且 $|v_1'|=|v_1|$；分子 B 的速度为 v_2'，且 $|v_2'|=|v_2|$.由图 3-1-4 (c)可见，碰撞后 x 方向的分速度分别是：$v_{1x}'=-v_1\cos 2\alpha$ 及 $v_{2x}'=v_1\cos 2\alpha$；在 y 方向的分速度分别是 $-v_{1y}'=-v_1\sin 2\alpha$ 及 $v_{2y}'=v_1\sin 2\alpha$.返回实验室坐标系，碰撞后两分子在 x 方向及 y 方向总能量分别是 $\frac{1}{2}m(v_C-v_1\cos 2\alpha)^2+$

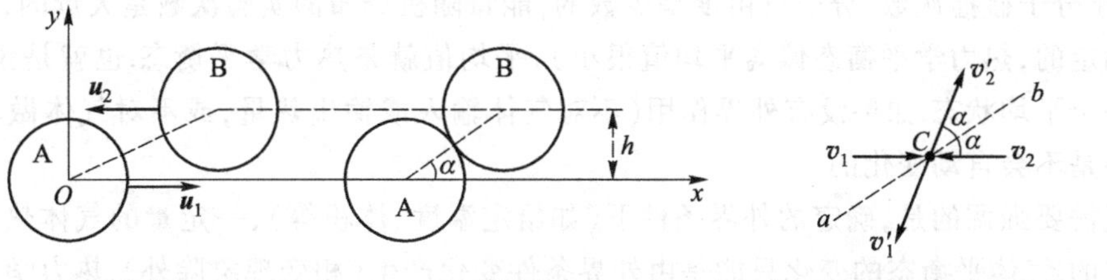

图 3-1-4　质心系中两个分子（硬球）碰撞

$\frac{1}{2}m\ (v_C+v_1\cos 2\alpha)^2$ 及 $m\ (v_1\sin 2\alpha)^2$.

如果假设分子相对入射是随机均匀分布在面积 πd^2中的,当 $h>d$ 时,两分子不碰撞,则在 y 方向一次碰撞平均总能量增加 $\Delta\varepsilon_y=\frac{1}{\pi d^2}\int_0^d\frac{1}{2}m\ (v_1\sin 2\alpha)^2\cdot 2\pi h\mathrm{d}h=\frac{1}{3}mv_1^2=\frac{1}{12}m\ (u_1+u_2)^2$.若 $u_1=u_2$,$\Delta\varepsilon_y=\frac{1}{3}mu_1^2$,即在一次碰撞后每个分子就平均将在 x 方向上能量的三分之一转移到 y 方向上.

以上计算表明,碰撞能有效减少参与碰撞两个分子间各平动自由度的能量差.大量分子的存在,碰撞对能量在不同自由度间均匀化是非常有效的.只要平均每个分子能碰撞数次,各自由度上总能量就基本相同了.短时间内的大量碰撞使得理想气体分子每个自由度上的平均动能都将相等.这被称为理想气体的"能量均分定理".

在标准状况(压强为一个标准大气压和摄氏温度 0 ℃)下,与理想气体分子运动有关的基本参数是:空气分子直径 d 约为 3×10^{-8} cm 左右;气体的分子数密度约为 2.7×10^{19} cm^{-3},因此相邻两个分子的平均间距约为 3×10^{-7} cm,约为分子直径的 10 倍以上.如果分子一个自由度的平均动能是$\frac{1}{2}k_{\mathrm{B}}T$,其中 k_{B} 是玻耳兹曼常量(详见下节),T 是温度,则常温下分子平均速度在几百米/秒到几千米/秒之间.气体分子在连续两次碰撞之间走过的间距平均约为 7×10^{-6} cm,时间间距 t_0约为 10^{-10} s,或 1 s 内一个分子要碰 10^{10}次.在 1 cm^3内,在 10^{-9} s 内气体分子就总共产生差不多 10^{19}次以上的碰撞.这样多次能量随机的重新分配,使得不论初始时能量如何分布,10^{-9} s 后能量在分子间的分配就达到最混乱的状态,三个空间方向总的动能(或平均动能)都相同,其后也不再会变化.我们称这种在一定宏观参数下,分子能量分配最混乱的,不再变化的状态为平衡态.由于相对于人类的感官或宏观尺度的测量,10^{-9} s 太短,因此人们认为,只有平衡态才是人类宏观上能观测到的气体的状态,这就是说,尽管从微观分子角度看,有可能存在有大量的非平衡态;尽管它们与平衡态有很大区别,但由于存在时间太短,宏观观测不能感知.除极特殊情况,对均匀气体,宏观上能观测到的(或者来得及观测到的)气体状态都是平衡态.

平衡态的一个重要微观特点是,分子运动总的能量在各运动自由度之间均分,这就是"能量均分定理".在热力学中只有(或者只讨论)具有确定宏观参数(如温度和体积等)的平衡态,也就是我们以后强调的"气体的热力学状态".热力学平衡态集中于平均值附近,涨落很小(从微观上看,相对于分子碰撞次数,分子自由度是少数的,能量随机分布的实验次数是大量的,从而导致平均值是确定的,热力学平衡态偏离平均值很小),平均值就是热力学平衡态.也就是说,热力学平衡态是一个平均状态.如果没有外界作用(不对气体输入或输出热量,或不对气体做功),气体热力学状态是不会自动变化的.

这里需要强调的是,确定的外界条件下(如给定温度、体积等),一定量的气体热力学状态是唯一确定的.气体平衡态的变化只能是由外界条件变化产生(相变现象除外).热力学讨论均匀平衡态其实是讨论外界条件的变化.外界条件的变化有传热和做功两种方式,而且是可以人为控制的.另外,这里还要强调指出,由于热力学状态是由外界条件唯一确定,因此没有热力学稳定和不稳定性的讨论.

4 理想气体的热能与温度

布朗运动实验揭示了分子运动与热能的直接联系.从分子运动论角度可以定义温度 T 与物体分子一个平动自由度的平均动能 ε 成正比,即

$$\varepsilon=\frac{1}{2}k_{B}T \tag{3.1.1}$$

其中 k_B 是玻耳兹曼常量.如果能量单位取国际单位制单位焦耳(J),温度单位取开尔文(K),则 $k_B=1.380\ 650\ 4(24)\times10^{-23}$ J/K.这是 2006 年国际科技数据委员会(CODATA)推荐的最新数值.在一般的计算中常取近似值 $k_B=1.38\times10^{-23}$ J/K.这种和气体平均动能联系在一起的温度被称为热力学温度或开尔文温度.有时候也用能量的单位表示温度(如果能量单位取电子伏 eV,则温度也可以用电子伏表示).因此,气体总热能应该是

$$U=\frac{1}{2}Nik_{B}T \tag{3.1.2}$$

其中 N 是气体总分子数,i 是分子与能量有关的自由度个数.

热力学中最重要的概念是温度和热能.在科学史上,长期以来这些基本概念是含糊不清的.温度是热力学中特有的一个物理量,源于物体的冷热程度.但人的冷热感觉范围有限,而且靠感觉判断物体的冷热程度既不精确也不完全可靠.历史上,温度从概念引入到定量测量都建立在热力学第零定律基础之上.

热力学第零定律指出:与第三个系统处于热平衡的两个系统,彼此之间也一定处于热平衡.热力学第零定律是实验经验的总结,不是逻辑推理的结果.由该定律可以推证,互为热平衡的系统具有一个数值相等的态函数,称为温度.但要定量地给出温度的数值,还必须制定出一套给出温度量值的办法.一套具体给出温度量值的方法称为一种温标.建立一种温标需要三个要素:测温物质、测温属性和固定标准点(定标点).一般来说,三要素都与物质选择有关,故称为经验温标,即制定一种温标,先要选择一种物质(称为测温物质)系统,然后选择该系统随温度变化明显的状态参量(称为测温属性)来标志温度,而让其余状态参量保持恒定,这样,测温物质系统的温度只是测温属性的函数.该函数关系被称为定标方程.最简单的定标函数关系为线性函数.若测温属性为 x,则温度 T 可表示为

$$T(x)=a+bx \tag{3.1.3}$$

其中 a,b 是待定参量.为确定待定参量,需要选择易于复现的特定状态作为温度的固定点,并规定出固定点的温度数值.仅就固定点而言,早年建立目前还在使用的温标如下.

4.1 华氏温标

华氏温标是德国华伦海特 1714 年建立的,其单位是"华氏度",记为℉.该温标是把 1 个大气压下冰水混合物的温度定为 32 ℉,水的沸点定为 212 ℉.在这样的温标下,人体正常温度为 98.6 ℉.目前只有英美在工程界和日常生活中还保留华氏温标,除此之外,很少使用.

4.2 摄氏温标

摄氏温标是瑞典天文学家摄尔修斯在 1742 年建立的,其单位是"摄氏度",记为℃.该温标把 1 个大气压下冰水混合物的温度定为 0 ℃,沸点定为 100 ℃,这便是现在使用的摄氏温度计的温

标.摄氏温度计目前在生活中和科技中使用最普遍.摄氏温度与华氏温度之间的关系为

$$\frac{t_F}{℉}=32+\frac{9}{5}\frac{t}{℃} \tag{3.1.4}$$

4.3 理想气体温标

其单位是开尔文,记为 K.1954 年以后,国际上规定水的三相点(即水、冰和水蒸气三相共存的平衡态)为基本固定点,并规定这个状态的温度为 273.16 K.由于一定质量的气体,体积不变时,气体压强 p 随温度 T 的升高而增大;压强不变时,体积 V 随温度 T 升高而增大.据此可分别制定出定体温度计和定压温度计.定体温度计的定标方程为

$$T(p)=273.16\frac{p}{p_3}\ \text{K} \tag{3.1.5}$$

其中 p_3 为气体在水的三相点温度时的压强.同样,对于定压气体温度计的定标方程为

$$T(V)=273.16\frac{V}{V_3}\ \text{K} \tag{3.1.6}$$

这里 V_3 为气体温度计测温泡内的气体在水的三相点温度时的体积.

尽管由分子的平均动能定义的绝对温标式(3.1.1)物理意义很清楚,但由于分子运动的平均能量不能直接测量,因而也无法直接测量上述定义的绝对温标.我们可以利用"理想气体"温标将绝对温标与人们日常熟悉的摄氏温标或华氏温标联系起来.考虑如图 3-1-5 所示装置.水银柱 N 和 M 通过毛细管相连,构成气压计.气压计外是标准条件,即一个大气压,冰水共存的 0 ℃.气压计左侧通过毛细管与气泡 B 相接.气泡 B 在外界标准条件下中注入纯氦气(氦气是单原子气体,氦分子机械运动只有三个方向的平移,氦原子间相互作用很接近于弹性碰撞.),直至 N 与 M 没有压差(即 $h=0$).此时 B 中氦气绝对温度定为 T_0,气压 p_0为一个大气压.再将 B 泡置于沸腾的水汽中,增加 M 柱高使 N 柱仍处原位,则 M 柱高变化 h 表示了氦气升温到100 ℃时B内气压的增加,折算出为 p_1.此时我们取氦气的绝对温度为 $T_1=T_0+100$ K.如果认为氦的气压与绝对温度成正比,我们就得到氦气压降为零时的摄氏温度为−273.15 ℃.也就是说,绝对温标的温度单位与摄氏温标相同,即为"度"(水的标准冰点与沸点差 100 度),但其零点在−273.15 ℃或 $T_0=273.15$ K.这里 K(Kelvin)表示绝对温度.绝对温标中的单位(开)是与通常摄氏温标相同的.

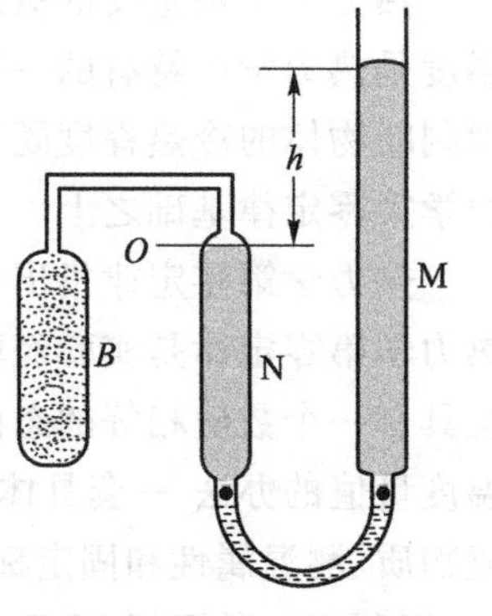

图 3-1-5 理想气体温度计

图 3-1-6 是 5 种不同气体制成的定体温度计测量水的沸点温度所得的结果.可见,不同气体作为测温物质所得的温度只有微小差别,并且随着气体压强的降低,差别越来越小.当气体压强趋于零时,差别消失.实验还发现,用不同性质的气体作为测温物质,定压气体温度计测得的温度的差别也很小,并且当气体压强趋于零时,不管什么气体作为测温物质,也不管是定体温度计还是定压气体温度计,所测得的温度值差别完全消失,即

$$T=\lim_{p\to 0}T(p)=\lim_{p\to 0}T(V) \tag{3.1.7}$$

这种压强趋于零(而温度远高于其液化温度)的气体称为理想气体.以理想气体为测温物质的温标为理想气体温标.理想气体温标测得的温度与测温气体物质的种类无关,仅依赖于各种气体的

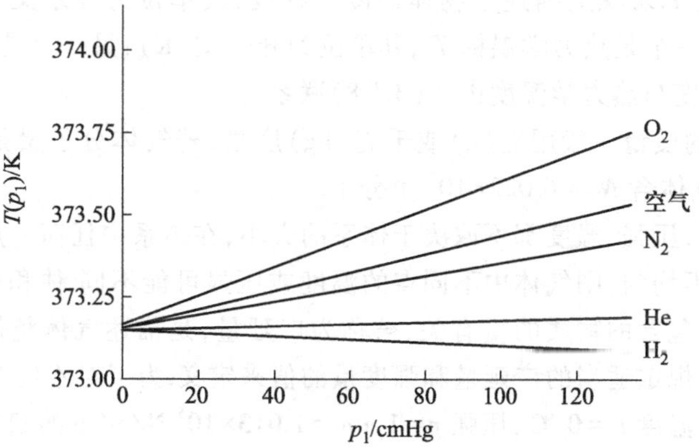

图 3-1-6　不同气体作为测温物质所测得的温度

共性.实际上,现在人们都取理想气体温标作为标准,一切其他温度计都用它进行校准.

值得指出的是,按照式(3.1.1)定义的温标称为热力学温标或绝对温标,与测温物质的特性无关.热力学温标是国际上规定的基本温标.这种温标是无法实现的理论温标.可以证明,在理想气体温标可以使用的范围内,理想气体温标与热力学温标是完全一致的.实际上,热力学温标是通过理想气体温标实现的.

4.4　国际温标

热力学温标虽然可以用理想气体温度计来实现,但建立理想气体温度计技术上非常困难,且测量温度时操作麻烦,修正繁多.为了统一各国的温度计量,1927 年开始建立国际温标.这种温标要求使用方便,容易实现,尽可能与热力学温标一致.几经修改,现在国际采用的是 1990 年国际温标(ITS-90).ITS-90 温标规定热力学温度(用符号 T 表示)为其基本温标,单位为开尔文(K),1 K 定义为水的三相点温度的 1/273.16.国际温标温度与摄氏温度之间有如下关系:

$$T/\mathrm{K}=t/℃+273.15 \tag{3.1.8}$$

摄氏温度的单位为摄氏度,大小与开尔文相等.

5　气体的宏观热力学参量

在人们所直接接触的环境中,气体总得置于容器中,如图 3-1-7 所示.用人们直接测量的一些手段,如长度用米(m)或厘米(cm),时间用秒(s),质量或重量用千克(kg)等,来描述气体的状态,相对分子大小而言,称为宏观参量.气体的宏观参量主要有:

(1) 体积 V.指气体分子所能达到的空间,在国际单位制(SI)中,体积单位为立方米(m^3).另外,常用的单位有升(L)、毫升(mL)等,1 L = 1 000 mL = 1 000 cm^3.

(2) 压强 p.在国际单位制(SI)中,压强的单位为帕(Pa),即 N/m^2;常用的单位有标准大气压(atm),毫米汞柱(mmHg)[又称托(Torr)],巴(bar)、毫巴(mb).1 atm = 1.01×10^5 Pa = 760 mmHg = 760 Torr;1 atm = 1.013 25 bar = 1 013.25 mb;1 mmHg = 133.3 Pa.

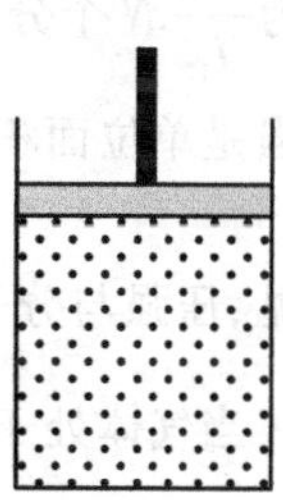

图 3-1-7　容器中的气体

(3) 热力学温度 T.宏观上描述了物体的冷热程度,其单位为开尔文(K).温度的标尺叫温标.常用温标有两种:一个是热力学温标 T,其单位为开尔文(K);另一个是摄氏温标 t,其单位为摄氏度(℃).摄氏温度与热力学温度由式(3.1.8)联系.

(4) 质量.气体的质量一般用克(g)或千克(kg)度量,若气体分子量是 A,则 A 克气体称为 1 mol(摩尔).1 mol 气体含 $N_A=6.022\times10^{23}$ 个分子.

以上四个参数中,压强、温度都不取决于体系的大小,在体系中任何一点都有确定的值,被称为"强度量".若气体不均匀,则气体中不同点的温度或压强可能不同.体积(或容积)及质量与体系的大小以及体系所包含的物质的量有关,被称为广延量,是描述气体整体的参数.一个热力学体系的状态可以通过规定适当的广延量和强度量的值来定义.为了对不同气体进行比较,通常定义气体的标准状态为温度 $t=0$ ℃,压强 $p=1\ \text{atm}=1.013\times10^5\ \text{N/m}^2$ 下的状态.气体的四个宏观参量并不完全独立,其间的关系称为气体的"物态方程",我们将在本节后面详述之.在气体热力学中,所有的气体状态都应该可以用上述宏观参量表述.热力学过程应该是热力学状态变化的过程,即上述宏观参量变化的过程,也就是外界条件变化的过程.所有气体的物态方程均可以由以下理想气体物态方程导出.

6 理想气体的物态方程

对于容器中的理想气体,分子的无规则运动除了分子间相互碰撞外,还有飞到器壁后被器壁弹回的瞬时弹性碰撞.气体表面壁上受到的压强是飞到壁面上分子撞击的结果.

设想刚性立方容器中有 N 个气体分子,如图 3-1-8 所示,容器边长分别为 l_1,l_2,l_3,气体密度是 $n=N/l_1l_2l_3$.气体在 A_1 面上的压强应该是单位时间内所有撞击 A_1 面上分子传给 $A_1=l_1l_2$ 面的冲量总和.由于任一分子 i 与 A_2 或 A_3 等面的碰撞并不改变其在 x 方向速度 v_{ix},而分子间的相互碰撞虽然可以改变一个分子的速度,但诸多碰撞也会再产生一个具有相同速度的分子.因此可以认为,在单位时间内 i 分子撞击 A_1 面的次数是$\dfrac{v_{ix}}{2l_1}$,每次碰撞传递给 A_1 面的动量为 $2mv_{ix}$,则 i 分子传递给 A_1 面的冲量为$\dfrac{mv_{ix}^2}{l_1}$.N 个分子对 A_1面的推力为 $F=\sum_i\dfrac{mv_{ix}^2}{l_1}=\dfrac{2N\varepsilon}{l_1}$;压强是单位面积上气体在 x 方向上的推力,即

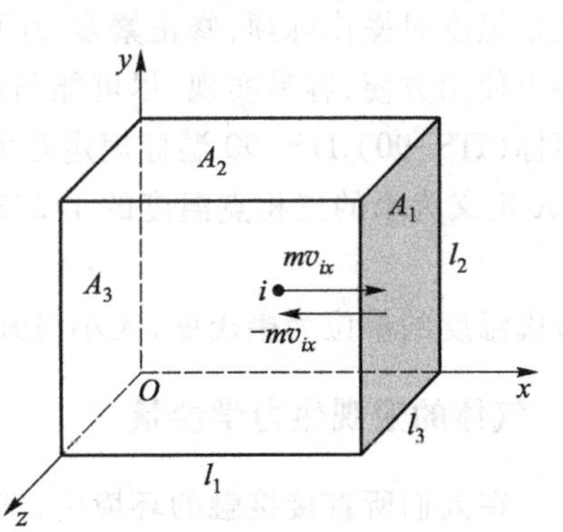

图 3-1-8 气体动理论压强公式的推导

$$p=F/l_2l_3=2n\varepsilon \tag{3.1.9}$$

可见,压强与分子在一个自由度(x 方向上)的平均能量 ε 成正比.

当气体处于热力学平衡态,即能量均分状态,$\varepsilon=\dfrac{1}{2}k_BT$,代入式(3.1.9)可得理想气体的物态方程

$$p=nk_BT \tag{3.1.10}$$

从宏观角度,要直接确定气体分子密度 n 是很不方便的.如果甲、乙两种气体的分子量分别是 A 和 B,则 A 克的甲分子数目与 B 克的乙分子数目是相等的.习惯上,用物质的量来度量气体的量,

A 克甲气体等于 1 mol 的甲气体，同样 B 克乙气体等于 1 mol 的乙气体.气体的物质的量很容易通过质量的测量得到.已经知道，在标准条件（即压强 $p_0 = 1$ atm，温度 $T_0 = 273.15$ K）下，1 mol 理想气体有 6.022×10^{23} 个分子（阿伏伽德罗常量 $N_A = 6.022\times10^{23}$ mol^{-1}），占体积 $V_0 = 22.414$ L.由此，我们可以将气体物态方程（3.1.10）改写成

$$pV = \nu RT \tag{3.1.11}$$

式中 ν 是气体的物质的量，$R = N_A k_B = \dfrac{p_0 V_0}{T_0} = 8.31\ \mathrm{J \cdot K^{-1} \cdot mol^{-1}}$ 是普适气体常量.

值得指出的是，当压强不太大时，理想气体物态方程还可以近似用于一般气体.但当气体压强达到上百个大气压时，一般实际气体与理想气体的差别就很大了，理想气体的物态方程对实际气体就完全不适用了.

上面讨论了单一化学成分的气体，但在实际中碰到的气体往往是包含几种不同化学组分的混合气体，如空气.描述混合气体状态的状态参量除几何参量 V 和力学参量 p 外，还需要由混合气体包含的各种化学组分的物质的量（$\nu_1, \nu_2, \cdots, \nu_i, \cdots$）表示的化学参量.当然，也可以由各化学组分的质量（$m_1, m_2, \cdots, m_i, \cdots$）和摩尔质量（$M_1, M_2, \cdots, M_i, \cdots$）来表示化学参量.

$$\nu_1 = \frac{m_1}{M_1},\quad \nu_2 = \frac{m_2}{M_2},\quad \cdots,\quad \nu_i = \frac{m_i}{M_i},\quad \cdots$$

道尔顿分压定律指出：混合气体的压强等于各组分的分压强之和.这里的组分分压强是指该组分气体具有与混合气体同温度同体积而单独存在时的压强.设 $p_1, p_2, \cdots, p_i, \cdots$ 为各组分的分压强，p 为混合气体的压强，则

$$p = \sum_{i=1} p_i \tag{3.1.12}$$

实验表明，道尔顿分压定律对于压强不大的混合气体只是近似成立，只有对压强趋于零的理想混合气体才严格成立.

如果 T 和 V 分别是混合气体的温度和体积，按照分压的定义和理想气体物态方程，第 i 种组分气体满足方程

$$p_i V = \nu_i RT \tag{3.1.13}$$

对各组分气体满足的上面方程求和，得

$$\sum_i p_i V = \sum_i \nu_i RT = \sum_i \frac{m_i}{M_i} RT \tag{3.1.14}$$

由分压定律知，混合气体压强 $p = \sum\limits_i p_i$.另外，$\nu = \sum\limits_i \nu_i = \sum\limits_i \dfrac{m_i}{M_i}$ 表示混合气体的总的物质的量，则得混合理想气体的物态方程为 $pV = \nu RT$，形式与式（3.1.11）一致.这里的物质的量 ν 等于各组分的物质的量之和.设混合气体的总质量为 m，若定义混合气体的平均摩尔质量为 $\overline{M}$，则

$$\overline{M} = \frac{m}{\nu} = \frac{m}{\sum\limits_i \dfrac{m_i}{M_i}} \tag{3.1.15}$$

则混合理想气体的物态方程可表示为

$$pV=\frac{m}{M}RT \tag{3.1.16}$$

7 理想气体的热容

气体的热能就是气体分子热运动能量总和，即式(3.1.2).它是温度和体积的函数，即 $U=U(T,V)$.1 mol 气体的热能记为 $u(T,V)$.摩尔定容热容 $C_{V,\mathrm{m}}$定义为：体积不变，温度升高 1 ℃所需的热能，即

$$C_{V,\mathrm{m}}=\left[\frac{\partial}{\partial T}u(T,V)\right]_V \tag{3.1.17}$$

假设气体有 N 个分子，每个分子有 i 个与能量有关的自由度，若这些自由度都参与能量均分(如理想气体，或充分高温的气体)，分子每个自由度的平均能量是$\frac{1}{2}k_{\mathrm{B}}T$，则气体总热能应该是 $U(T,V)=\frac{1}{2}Nik_{\mathrm{B}}T$.对物质的量为 ν 的气体，热能为 $U=\frac{1}{2}\nu iRT$.气体的摩尔定容热容是 $C_{V,\mathrm{m}}=\frac{1}{2}iR$，其中 $R=8.31\ \mathrm{J\cdot K^{-1}\cdot mol^{-1}}$.理想气体实际上只有一个状态函数摩尔定体热容 $C_{V,\mathrm{m}}$，再结合物态方程就能完全描述理想气体的特性.气体的摩尔定压热容为 $C_{p,\mathrm{m}}=C_{V,\mathrm{m}}+R$.单位质量的热容，称为比热容，简称比热，用 c 表示.

材料的比热不管在实用上还是理论上都很重要.计算热量的吸收或验证理论的正确性，比热的实验数据都是重要的资料.

通常测量某种材料的比热是将这种材料的物体质量 m_1 先测出来，并测出实验开始时质量为 m_2 装在绝热容器内的水的初始温度 T_2，然后待测物体加热至容易测量的温度 T_1，之后将待测物体投入绝热容器中的水里，等待测物体与水热平衡后，测出它们的温度 T_{f}.水的比热容为 $c_2=4.184\ \mathrm{kJ/(kg\cdot K)}$，则由待测物体放出的热量等于水吸收的热量可得 $m_1c_1(T_1-T_{\mathrm{f}})=m_2c_2(T_{\mathrm{f}}-T_2)$，从而可得待测物体的比热容 $c_1=\frac{m_2c_2(T_{\mathrm{f}}-T_2)}{m_1(T_1-T_{\mathrm{f}})}$.

对于接近理想气体的单原子分子气体，热能的理论值是 $U=\frac{3}{2}\nu RT$，则摩尔定容热容是

$$C_{V,\mathrm{m}}=\frac{3}{2}R \tag{3.1.18}$$

该值与多种单原子分子气体的实验值很接近，如表 3-1-1 所示.

表 3-1-1 几种单原子气体分子的摩尔定容热容值 $C_{V,\mathrm{m}}$($\mathrm{cal\cdot mol^{-1}\cdot K^{-1}}$)

气体	He	Ne	Ar	Kr	Xe
$C_{V,\mathrm{m}}$	2.96	3.08	2.98	2.92	3.00

8 非理想气体的热能和物态方程

非理想气体有两类，一类是由多原子分子构成的气体，分子机械运动除平动外，还包括转动

及振动,但分子间的碰撞还是瞬时的.我们称之为“准理想气体”.另一类是必须考虑分子相互作用的有限力程.常考虑的是范德瓦耳斯相互作用 $E(r)=\frac{B}{r^{12}}-\frac{A}{r^{6}}$.其中 A 和 B 为正的常量,不同原子间 A、B 取值不同,称之为范德瓦耳斯气体.

准理想气体与理想气体的主要差别是分子有“转动”和“振动自由度”.若转动和振动都是“经典运动能量连续变化”,则能量均分适用于所有自由度,可直接写出热能和比热容.实际上转动和振动自由度都可能量子化,在分子碰撞中有可能被“冻结”.与平均动能比较,完全冻结后的自由度就不再对热能有贡献.有相当多的实验结果,存在“部分冻结温度区间”.因此理论上计算热能和比热是十分困难的,即便应用统计力学理论.通常在热力学中是由实验测量比热容和温度关系,再积分求热能.这是准理想气体与理想气体的基本差别.

对于多原子分子气体,若分子与能量有关自由度数为 i,实验测量比热的结果并非如上述简单经典气体的结果.$C_{V,\mathrm{m}}$ 不再是常量,随温度单调上升,偏离 $iR/2$ 很远,如表 3-1-2 所示.

表 3-1-2　一些气体在 0 ℃时的摩尔定容热容 $C_{V,\mathrm{m}}$($\mathrm{cal\cdot mol^{-1}\cdot K^{-1}}$)

双原子分子气体	H_2	O_2	N_2	CO	
$C_{V,\mathrm{m}}$	4.85	5.01	4.97	4.97	
多原子分子气体	CO_2	H_2O	CH_4	C_2H_2	NH_3
$C_{V,\mathrm{m}}$	6.4	5.98	6.28	7.97	6.80

为了进一步了解多原子分子气体摩尔定容热容随温度变化的原因,我们列举了氢分子气体摩尔定容热容在很大范围内随温度变化的实测值,如表 3-1-3 或图 3-1-9 所示.氢分子由两个氢原子结合而成.在极低温度下(-233 ℃),氢气的摩尔定容热容 $C_{V,\mathrm{m}}$ 接近 $3R/2$,这似乎表明只有氢分子平动自由度上的能量对总热能才有贡献.到 0 ℃以上,氢气的 $C_{V,\mathrm{m}}$ 接近 $5R/2$,似乎 2 个转动自由度参加贡献热能.500 ℃以上,氢气 $C_{V,\mathrm{m}}$ 值继续上升,至 2 500 ℃时,$C_{V,\mathrm{m}}$ 值已接近 $7R/2$,这表明两个振动自由度似乎已完全参与了热运动.其他双原子分子气体 $C_{V,\mathrm{m}}$ 值与温度关系也大体类似,只是出现 $C_{V,\mathrm{m}}=5R/2$ 及其后出现 $C_{V,\mathrm{m}}=7R/2$ 的温度各不相同.

表 3-1-3　氢分子气体摩尔定容热容 $C_{V,\mathrm{m}}$($\mathrm{cal\cdot mol^{-1}\cdot K^{-1}}$)

温度/℃	-233	-183	-76	0	500
$C_{V,\mathrm{m}}$	2.98	3.25	4.38	4.85	5.07
温度/℃	1 000	1 500	2 000	2 500	
$C_{V,\mathrm{m}}$	5.49	5.99	6.39	6.69	

根据分子转动和振动的量子理论,上述双原子分子气体摩尔定容热容的变化行为,正是大自然向人类展示的量子效应的宏观表现之一.在极低温度下($k_BT<2g_r$),热能只是来自分子平移运动能量贡献$\left(\varepsilon=\frac{3}{2}k_BT\right)$,分子转动和振动自由度都被冻结,$C_{V,\mathrm{m}}$ 取值接近 $3R/2$.对氢分子,转动能

级 $2g_r$ 比振动能级间距 $h\nu_j$ 小很多,温度在300 K以上,k_BT 大于 $2g_r$,转动由度被"解冻",摩尔定容热容增至 $5R/2$ 左右.氢分子振动自由度的解冻大约在3 000 K左右,摩尔定容热容增至 $C_{V,m}=7R/2$.其他双原子分子气体摩尔定容热容随温度也有类似变化.

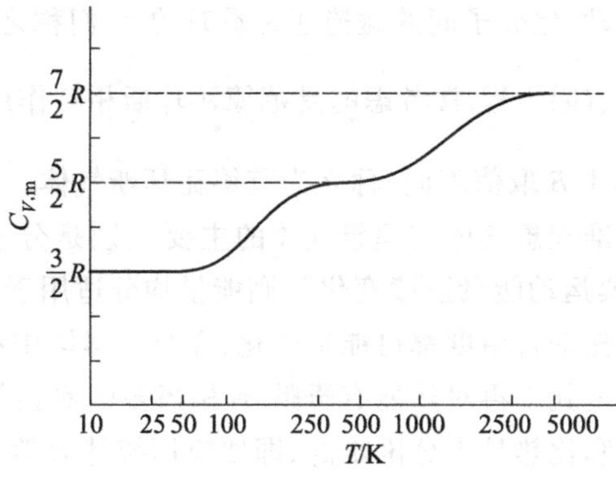

图 3-1-9 氢分子摩尔定容热容随温度的变化

对多原子分子气体,随着温度增加,转动自由度和振动自由度陆续被"解冻",气体摩尔定容热容增加的行为将更为复杂,通常都是用实验方法测量摩尔定容热容作为温度的函数 $C_{V,m}(T)$.不同气体摩尔定容热容随温度的变化,可以从一些出版书的表中查出.而气体的热能则应该由摩尔定容热容的实验值积分得到:

$$u(T)=\int_0^T C_{V,m}(T)\mathrm{d}T \tag{3.1.19}$$

式中温度应取热力学温标.

由于温度和压强都由分子平动自由度的平均能量确定.准理想气体的物态方程与理想气体相同.在一般的压强和温度下,可以把实际气体近似当成理想气体处理.但是,在压强太大或温度太低(接近于其液化温度)时,实际气体与理想气体有显著偏离.为了更精确描述实际气体的行为,人们提出很多实际气体的状态方程,其中最重要、最具有代表性的是范德瓦耳斯方程.

范德瓦耳斯方程是在理想气体状态方程基础上修改得到的半经验方程.理想气体是完全忽略(除分子碰撞瞬间以外)所有分子间的相互作用的气体,而实际气体是不能忽略分子间作用力的,原因是实际气体压强大,分子数密度也大,分子间平均距离比理想气体小得多所致.由第一章知,组成宏观物体的分子间作用力包含引力和斥力.不管分子间作用力是引力还是斥力,都是当分子接近到一定距离后才发生的,也就是说不管分子间的引力还是斥力都是有力程的,而且分子间的引力力程远大于斥力力程.分子间短程但强大的斥力作用使得分子间不能无限靠近,这相当于每个分子具有一定其他分子不能侵入的体积,因而在气体中,单个分子能够活动的空间不是气体所占据的体积 V,而是 $(V-\nu b)$,其中 ν 是气体的物质的量,b 为1 mol气体分子具有的体积.因此,考虑到气体分子间斥力的存在,理想气体的状态方程应修改为 $p(V-\nu b)=\nu RT$.考虑到分子间的引力后,气体的压强也会变化.假设分子引力的力程为 r.气体内部任一个分子 α 只受以 α 为中心 r 为半径的球内分子的作用力.由于球内分子相对于 α 是对称分布,所以它们对 α 分子的引力相互抵消,因而气体内的分子在运动中并不受其他分子引力作用的影响.但是当气体分子运动到距离器壁小于 r 后,分子受其他气体分子的引力将不能抵消,而受一指向气体内部的合引力 F,F 的大小除与气体分子本身性质有关外,还与气体的分子数密度 n 成比例.综合来看,考虑到气体分子间引力的存在,气体压强比仅考虑分子间斥力影响得出的要小一个修正量 Δp,即

$$p=\frac{\nu RT}{V-\nu b}-\Delta p \tag{3.1.20}$$

其中 Δp 称为气体的内压强,它是由于同器壁碰撞前分子受一个指向气体内的力 F 引起的,$F\propto n$,同时 Δp 还与单位时间碰撞单位器壁面积的分子有关.故 Δp 既与 n 有关,又与 F 有关.因

此，$\Delta p\propto n^2$.而 $n\propto\frac{\nu}{V}$，所以 $\Delta p=a\left(\frac{\nu}{V}\right)^2$，代入式(3.1.20)可得实际气体的物态方程

$$\left(p+\frac{a\nu^2}{V^2}\right)(V-\nu b)=\nu RT \tag{3.1.21}$$

这就是范德瓦耳斯气体状态方程.对一定气体，方程中的参量 a 和 b 都是常量，可以由实验测定.表 3-1-4 给出了几种常见气体的 a，b 实验值.

表 3-1-4　常见气体的范德瓦耳斯常量

气体	$a/(\text{atm}\cdot\text{L}^2\cdot\text{mol}^{-2})$	$b/(\text{L}\cdot\text{mol}^{-1})$	气体	$a/(\text{atm}\cdot\text{L}^2\cdot\text{mol}^{-2})$	$b/(\text{L}\cdot\text{mol}^{-1})$
He	0.034 12	0.023 70	O_2	1.360	0.031 83
Ne	0.210 7	0.017 09	CO_2	3.60	0.042 8
Ar	1.345	0.032 19	NH_3	4.19	0.037 3
H_2	0.191	0.021 8	H_2O	5.48	0.030 6
N_2	1.390	0.039 13			

对于 1 mol 气体的范德瓦耳斯方程为

$$\left(p+\frac{a}{V_m^2}\right)(V_m-b)=RT \tag{3.1.22}$$

其中 V_m 为 1 mol 气体的体积.

表 3-1-5 给出了 1 mol 氢气在 0 ℃(273.15 K)不同压强下测得的 pV_m 值和$\left(p+\frac{a}{V_m^2}\right)(V_m-b)$值.从中可以看出，压强在一到几十个大气压范围内，$pV_m$ 和$\left(p+\frac{a}{V_m^2}\right)(V_m-b)$都与 $RT=22.41$ atm·L 值没什么差别，即理想气体物态方程与范德瓦耳斯方程都能反映氢气的性质.但当压强达到 100 atm 时，氢气的 pV_m 值已与 $RT=22.41$ atm·L 出现偏离，到 500 atm 时，偏离已很大.但是氢气的$\left(p+\frac{a}{V_m^2}\right)(V_m-b)$值与 $RT=22.41$ atm·L 值比较，直到 500 atm 时，还相差极小.p 达到 1 000 atm 时，$\left(p+\frac{a}{V_m^2}\right)(V_m-b)$值与 RT 的偏差也才 15.6%.这表明范德瓦耳斯方程在很广的压强范围内都能很好地反映实际氢气的性质.

表 3-1-5　0 ℃，1 mol 氢气在不同压强下的 pV_m 和$\left(p+\frac{a}{V_m^2}\right)(V_m-b)$值

p/atm	$V_m/(\text{L}\cdot\text{mol}^{-1})$	$pV_m/(\text{atm}\cdot\text{L}\cdot\text{mol}^{-1})$	$\left(p+\frac{a}{V_m^2}\right)(V_m-b)$
1	22.41	22.41	22.41
100	0.240 0	24.00	22.6
500	0.061 70	30.85	22.0
1000	0.038 55	38.55	18.9

更准确的实际气体物态方程是昂内斯方程

$$pV_{\mathrm{m}}=A+Bp+Cp^{2}+Dp^{3}+\cdots \tag{3.1.23}$$

其中 $A,B,C,D,\cdots$ 分别叫第一维里系数、第二维里系数、第三维里系数、第四维里系数……它们都是温度的函数.当压强趋于零时,式(3.1.23)应变为理想气体物态方程 $pV_{\mathrm{m}}=RT$,所以第一维里系数 $A=RT$,其他维里系数则需在不同温度下用气体做压缩实验确定.表 3-1-6 列出了几个不同温度下氮气的维里系数的实验值.由表中数值可以看出,B,C,D 的数量级减小很快,所以在实际应用中只取昂内斯方程中的前两项或前三项就够了.

表 3-1-6　氮的维里系数

T/K	$B/(10^{-3}\cdot\mathrm{atm}^{-1})$	$C/(10^{-6}\cdot\mathrm{atm}^{-2})$	$D/(10^{-9}\cdot\mathrm{atm}^{-3})$
100	−17.951	−348.7	−216 630
200	−2.125	−0.080 1	+57.27
300	−0.183	+2.08	+2.98
400	+0.279	+1.14	−0.97
500	+0.408	+0.623	−0.89

9　气体热力学中能量传输过程

在热力学中,热能作为一种能量,是与具体的物体联系在一起的.我们说"某一定量气体的热能是多少",而不能脱开物体直接说"热能是多少".物体的热能可以变化.如果物体 A 热能的变化 $-Q$ 直接导致另一物体 B 热能等量、相反方向的变化,则称物体 A 传送热量 Q 至物体 B.这种热量的直接传送称为传热过程.高温的物体可以自动地直接传递热量给与其接触的低温物体.在热力学的范围内,一定量气体改变热能的途径主要有两种.其一是传热过程,直接传送热量 ΔQ 给外界(另一物体).另一是气体膨胀(或被压缩)对外做功(或做负功),则气体一部分热能转化为外界物体的机械能(或反之).两种方式的结合,是当前热能与机械能大规模相互转化的主要途径.

两个温度不同的物体相互接触,如图 3-1-10 所示.接触面为 S,$T_{\mathrm{A}}>T_{\mathrm{B}}$.在 S 面附近,物体 A 的分子平均平动动能 $\dfrac{3}{2}k_{\mathrm{B}}T_{\mathrm{A}}$,大于在 S 面的另一侧附近物体 B 分子的平均平动动能 $\dfrac{3}{2}k_{\mathrm{B}}T_{\mathrm{B}}$.如果 S 是绝热面,则 T_{A} 与 T_{B} 保持不变.若 S 是导热面,两边分子可以碰撞,则平均有一部分动能将从物体 A 分子转到物体 B 分子上.同样通过碰撞,在边界上失去一部分能量的物体 A 分子将从靠近它们的内部分子得到一些能量;在边界上得到一部分能量的物体 B 分子也会将多得的能量转到物体 B 内部.各物体内部分子间的碰撞将很快(10^{-9} s 内)将这部分失去或得到的能量均分到内部所有分子所有自由度上,分别导致温度 T_{A} 的下降和 T_{B} 的上升.由于碰撞是能量

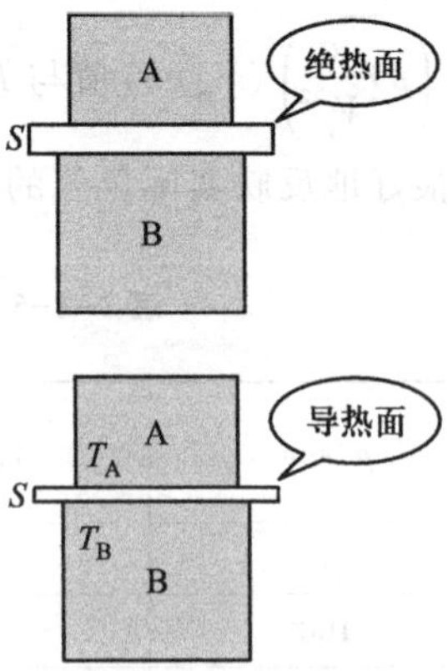

图 3-1-10　不同温度物体间的传热

守恒的，物体 A 所有分子失去的能量当然等于物体 B 所有分子得到的能量.

如果物体是气体，在单纯热传输时体积是不变的.热量的计算是很直接的.前面已经定义，气体容积不变，温度升高 1 K 所吸收的热量为定容热容.1 mol 的气体温度从 T_2升到 T_1所需热量：

$$Q(T_2 - T_1) = \int_{T_2}^{T_1} C_{V,\mathrm{m}}(T)\,\mathrm{d}T \tag{3.1.24}$$

在力学中，功定义为力与位移的乘积.对质点做功导致质点动能变化.在气体热力学中，外界对气体做功，导致气体状态变化，如温度或压强上升、体积减小等.设想气体装于圆桶中，为活塞 S 所封，如图 3-1-11 所示.气体压强为 p，活塞可在内壁无摩擦滑动.若活塞滑动距离 Δl，活塞对气体做功为 $\Delta A' = pS\Delta l = -p\Delta V$.反之，气体对外界做功为 $\Delta A = p\Delta V$.在整个做功过程中，气体压强也会变化，若气体体积从 V_1 变到 V_2，气体对外做功为

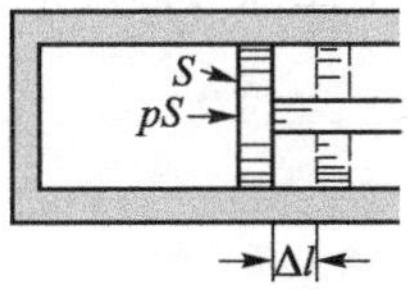

(a) 气体推动活塞做功

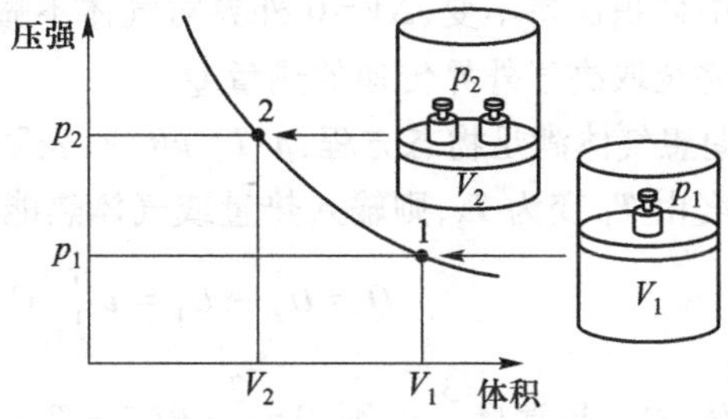

(b) 外界对气体做功

图 3-1-11　气体做功

$$A = \int_{V_1}^{V_2} p(V, T)\,\mathrm{d}V \tag{3.1.25}$$

$p(V, T)$就是物态方程.气体对外做功导致气体热能的减少(体积加大、温度及压强下降)，反之外界对气体做功导致气体热能的增加.

在气体热力学讨论的范围，外界改变气体状态的方式有两种，即传热量和做功.根据总机械能量守恒原理，若 ΔU 是气体热能的增加量，$A = -p\Delta V$ 是外界对气体做功，Q 是外界传给气体的热量，则有

$$\Delta U = A + Q \tag{3.1.26}$$

这就是“热力学第一定律”.它是分析热力学过程最基本的出发点.我们要注意的是，U 是气体状态的函数，即每个气体状态有确定的热能值，ΔU 由过程的初态与终态完全决定.但 A 和 Q 都不是状态的函数，给定初态及终态，可以有不同的途径(也就是不同的外界作用)来达到.在这里我们看到热能和热量的区别，即热能是态函数，而热量不是，它的数值依赖于过程.我们可以说在一定体积和压强下，某温度的气体具有多少热能，但不能说具有多少热量.

值得指出的是，式(3.1.26)中的 A 和 Q 分别代表外界对系统所做的功和外界传递给系统的热量.它们都是代数量，可正可负.外界对系统做负功，表示系统对外界做正功.外界传递给系统负热量，表示系统传递给外界正热量.反之亦然.

10 理想气体的热力学过程

在分子总数不变的情况下，均匀气体热力学状态由外界条件决定.外界条件主要由3个参量：压强 p、温度 T 及体积 V 表述，这三个参量由一个关系相联系：即物态方程 $p(V,T)$.这对所有气体都成立.外界条件的变化引起热力学状态的变化，即所谓的热力学过程.需要指出的是，外界条件变化可能会引起气体不均匀，但由于气体的流动及扩散，均匀化时间约为 10^{-4} s左右，对宏观观测来说均匀化过程仍基本上可忽略，可以认为气体平衡态与外界条件同步变化.热力学过程可表述为热力学参量的变化过程.变化中热力学参量仍满足气体物态方程.

在求解具体的热力学过程中，除了利用上述物态方程外，还要利用热力学第一定律考虑热能的变化.对于理想气体或准理想气体，热能只与温度有关，与体积无关.气体通过热力学过程改变热能及对外做功.我们讨论几种重要的气体热力学过程.

10.1 等容过程

整个过程中体积保持不变，$\Delta V=0$.外界对气体不做功，即 $A=0$.气体热能 U、温度 T 和压强 p 等参量的变化完全取决于外界传递的热量 Q.

$\nu=1$ mol 理想气体满足物态方程：$p/T=\nu R/V$，表明等体过程中压强与温度成正比.若整个等容过程气体温度由 T_1 变为 T_2，则输入热量或气体热能变化为

$$Q=U_2-U_1=\nu\int_{T_1}^{T_2}C_{V,\mathrm{m}}(T)\,\mathrm{d}T \tag{3.1.27}$$

对理想气体，$C_{V,\mathrm{m}}$是常量$\dfrac{3}{2}R$，则 $Q=\dfrac{3}{2}\nu R(T_2-T_1)$.

10.2 等压过程

整个过程中气体的压强保持不变.$\nu=1$ mol气体在等压过程中温度升高1 K所需外界传递的热量$(q)_p=\Delta u+p\Delta V$. 对理想气体或准理想气体而言，热能只是温度的函数，Δu 应该在数值上等于摩尔定容热容 $C_{V,\mathrm{m}}$，再利用理想气体物态方程，可以得到 $p\Delta V=\nu RT$.定义气体的摩尔定压热容 $C_{p,\mathrm{m}}$，则得到气体摩尔热容的重要关系：$C_{p,\mathrm{m}}=C_{V,\mathrm{m}}+R$.实验结果与此关系相当符合.

$\nu=1$ mol 的理想气体，或准理想气体，压强 p 保持恒定，则物态方程可写成 $V/T=\nu R/p=$ 常量，体积与温度成正比.气体体积由 V_1 变为 V_2，温度由 T_1 变为 T_2，$T_2-T_1=\dfrac{p}{\nu R}(V_2-V_1)$；外界对气体做功为

$$A=-p(V_2-V_1) \tag{3.1.28}$$

气体热能变化为

$$U_2-U_1=\nu\int_{T_1}^{T_2}C_{p,\mathrm{m}}(T)\,\mathrm{d}T \tag{3.1.29}$$

若为理想气体，结果更为简单：$U_2-U_1=\dfrac{5}{2}p(V_2-V_1)$.

10.3 等温过程

温度保持不变，$\nu=1$ mol 的理想气体或准理想气体，物态方程可写成 $pV=\nu RT=$ 常量.图3-1-12(a)是通常在 pV 平面上等温过程的表示.该过程是对应不同温度的双曲线.

在等温过程中，由于气体的热能不变，即 $U_2-U_1=0$，气体对外放出的热量 $Q(=-A)$ 等于外界

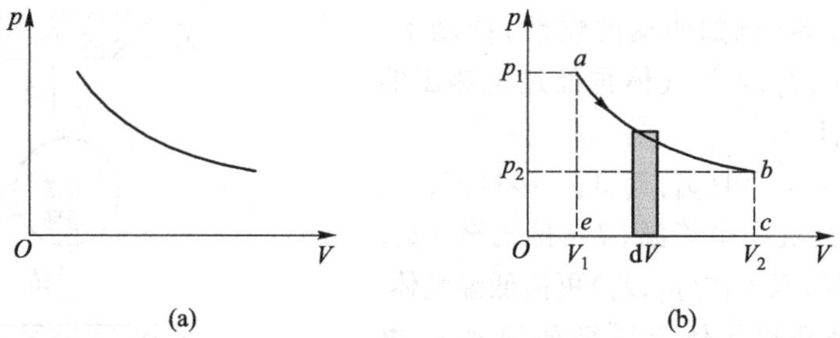

图 3-1-12　等温过程

对气体做的正功.或者说,气体对外界做功等于从外界吸入的热量.图 3-1-12(b)示意了等温过程对外做功.等温过程由点 a 到 b,图形 $abcea$ 所包围的面积就是对外做的纯功.很容易得到

$$A=\int \mathrm{d}A=\int_{V_1}^{V_2} p\mathrm{d}V=\int_{V_1}^{V_2} RT\frac{\mathrm{d}V}{V}=RT\ln\frac{V_2}{V_1} \tag{3.1.30}$$

10.4　绝热过程

在整个热力学过程中,系统始终不与外界交换热量.根据热力学第一定律,由于 $Q=0$,则 $\Delta U=U_2-U_1=-A$,A 是系统对外界做的功.如果经过绝热过程,气体温度由 T_1 变到 T_2,则

$$A=-\Delta U=-\nu\int_{T_1}^{T_2} C_{V,\mathrm{m}}(T)\mathrm{d}T \tag{3.1.31}$$

考虑理想气体的绝热过程,若气体的体积有微小改变 $\mathrm{d}V$,压强改变 $\mathrm{d}p$,温度变化 $\mathrm{d}T$,则由物态方程 $pV=\nu RT$ 得到 $p\mathrm{d}V+V\mathrm{d}p=\nu R\mathrm{d}T$.由绝热条件:$-p\mathrm{d}V=\nu C_{V,\mathrm{m}}\mathrm{d}T$,我们得到$(C_{V,\mathrm{m}}+R)p\mathrm{d}V=-C_{V,\mathrm{m}}V\mathrm{d}p$,理想气体 $C_{p,\mathrm{m}}=C_{V,\mathrm{m}}+R$,令 $\gamma=\dfrac{C_{p,\mathrm{m}}}{C_{V,\mathrm{m}}}$,则得 $\mathrm{d}p$ 与 $\mathrm{d}V$ 之间关系:$\dfrac{\mathrm{d}p}{p}+\gamma\dfrac{\mathrm{d}V}{V}=0$,积分,有 $\ln p+\gamma\ln V=C$(常量),即得到绝热过程中 p 与 V 的关系:

$$pV^{\gamma}=\text{常量} \tag{3.1.32}$$

此关系也称为泊松(Poisson)公式.利用泊松公式,可以求得绝热过程气体对外界做功为

$$A=\int_{V_1}^{V_2} p\mathrm{d}V=\frac{R}{1-\gamma}(T_2-T_1) \tag{3.1.33}$$

比较绝热方程 $pV^{\gamma}=$常量和等温方程 $pV=$常量,因为 $\gamma>1$,所以,在 A 点绝热线的斜率大于等温线的斜率,即$\left(\dfrac{\mathrm{d}p}{\mathrm{d}V}\right)_Q>\left(\dfrac{\mathrm{d}p}{\mathrm{d}V}\right)_T$,于是可在 p-V 图上作出绝热过程曲线,如图 3-1-13 所示.图中实线是绝热线,虚线为等温线.

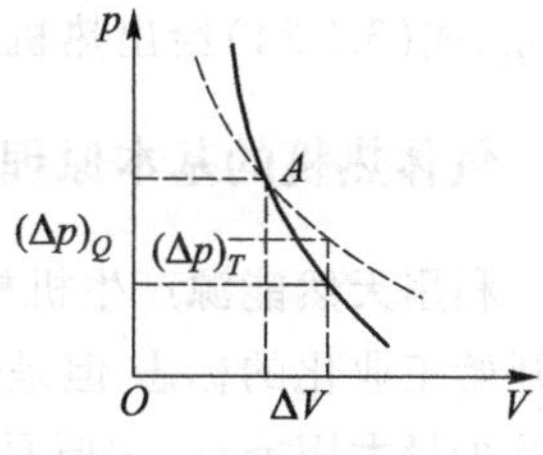

图 3-1-13　绝热线

11　理想气体的卡诺循环

在 p-V 平面,图 3-1-14 中的循环过程 1→2→3→4→1 即卡诺循环.分段热力学过程如下:

(1) 高温热源的温度是 T_1.高温、高压蒸汽(p_1,T_1)充入膨胀室(V_1),即 1 点状态(p_1,T_1,V_1).由 1 点气体等温膨胀到达 $2(p_2,T_1,V_2)$.

(2) 由 $2(p_2,T_1,V_2)$状态出发,气体由作绝热膨胀到达 $3(p_3,T_2,V_3)$,T_2是低温热源的温度.气体在 $3(p_3,T_3,V_3)$点与低温热源接触.

(3) 气体在外界(例如曲柄的惯性)推动下,被等温压缩至 $4(p_4,T_2,V_4)$.气体再经过绝热压缩过程回到 $1(p_1,T_1,V_1)$.

(4) $3(p_3,T_2,V_3)\rightarrow 4(p_4,T_2,V_4)\rightarrow 1(p_1,T_1,V_1)$过程替代了蒸汽机中由等温($T_2$)排气至 (p_3,T_2,V_1)点再用高温高压气体(p_1,T_1)更换低温气体.

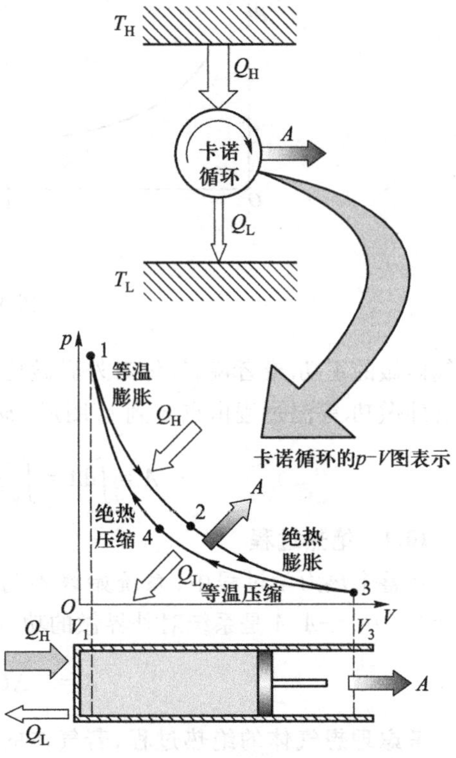

图 3-1-14 卡诺循环

我们关心的是理想气体卡诺循环的效率.由 $1(p_1,T_1,V_1)$到 $2(p_2,T_1,V_2)$是等温过程,气体热能不变.理想气体从热源吸取热量应转化为对外做功:$Q_1=A_1=\nu RT_1\ln\dfrac{V_2}{V_1}$.由 $2(p_2,T_1,V_2)$到 $3(p_3,T_2,V_3)$是绝热过程不吸取热量.由 $3(p_3,T_2,V_3)$到 $4(p_4,T_2,V_4)$是等温压缩过程,传给低温热源的热量等于外界对气体做功:$Q_2=A_2=\nu RT_2\ln\dfrac{V_4}{V_3}$.由 $4(p_4,T_2,V_4)$到 $1(p_1,T_1,V_1)$,气体不传出热量.由热力学第一定律,理想气体对外总做功:$A=A_1-A_2=Q_1-Q_2=\nu RT_1(T_1-T_2)\ln\dfrac{V_2}{V_1}$.由绝热过程 $2\rightarrow 3$ 及绝热过程 $4\rightarrow 1$,我们可以得到$\dfrac{V_2}{V_1}=\dfrac{V_3}{V_4}$.由此得到效率

$$\eta_C=\frac{A}{Q_1}=1-\frac{T_2}{T_1} \tag{3.1.34}$$

式(3.1.34)是热力学最重要的公式之一.真正能够实现的热机必须要有两个热源:高温热源(T_1)与低温热源(T_2)($T_1>T_2$),热量从高温热源传到低温热源,在这过程中部分热量可以通过气体热力学过程,转化为有用的机械功.一般说来,两热源温差愈大,热机效率愈高,但其效率不可能超出 η_C.式(3.1.34)给出热机理论的上限值.

12 气体热机的基本原理

利用天然能源产生机械能,推动工具工作,这就是机械化过程.因此瓦特发明蒸汽机成为人类开始工业化的标志.但是迄今为止,甚至在今后几十年内,人类能大规模应用的天然能源除水力及少量太阳能外,主要是木材、煤、石油、天然气等.能够从这些“燃料”中大规模取出能量的手段就是通过“燃烧”加热气体或液体,得到热能.因此如何有效地从热能转化为机械能就成为能否大规模利用天然能源的关键.这就是为什么在18、19世纪,物理学中热力学的发展受到极大的重视和支持.时至今日,在一片节能声中,热力学再度显示其重要性.能将热能转化为机械能的设备统称为“热机”.蒸汽机、内燃机、燃气轮机等都属于此类.核电站也是在反应堆内将“核能”转化为热能,再通过站内的“热机”将热能转化为机械能,并进而发电.

除了少量的(如热电效应、温差发电等)途径外,能对外做功的介质是气体.因此气体是热机主要的工作介质.热机的基本过程都是:一定容积的高温气体(温度 T_1,体积 V_1);气体膨胀对外做功,当然也要伴随输出一些热量,达到体积 V_2及低温 T_2状态;外界做功将气体在低温 T_2下压回 V_1并加热至 T_1(或将冷气体排除,容积恢复 V_1,再充入温度为 T_1的高温气体).图 3-1-15 所示为蒸汽机的工作过程示意图.

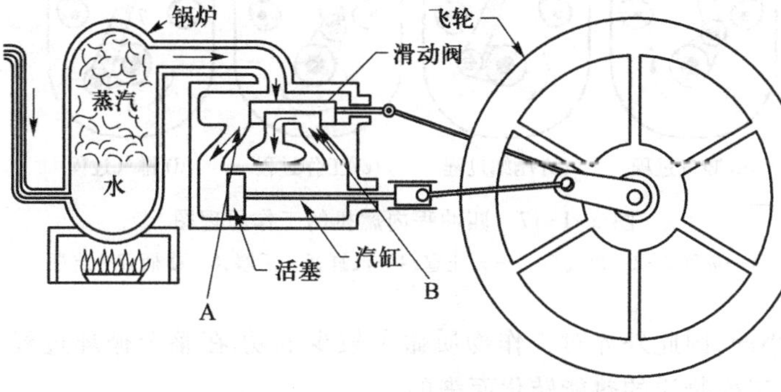

图 3-1-15　蒸汽机的工作过程示意图

蒸汽机的工作原理如图 3-1-16 所示,当滑动阀移动到图(a)的位置时,由进气口进入的高温高压蒸汽与汽缸的左边部分相连通,汽缸的右边部分与排气口相连通,此时高温高压蒸汽推动活塞向右运动,它对活塞做的功通过推杆传输到外部器件.当滑动阀移动到图(b)的位置时,由进气口进入的高温高压蒸汽与汽缸的右边部分相连通,汽缸的左边部分与排气口相连通,此时高温高压蒸汽推动活塞向左运动,它对活塞做的功通过推杆传输到外部器件.蒸汽机就是这样把热能转化为机械能、对外连续地输出功的.

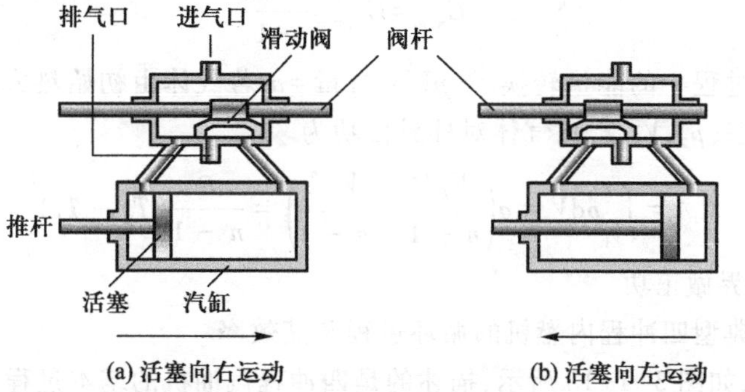

图 3-1-16　蒸汽机的工作原理图

图 3-1-17 显示了一个四冲程内燃机的工作原理示意图.在吸气过程中[见图(a),进气口打开,出气口关闭]汽缸内吸入汽油和空气的混合气体(工作物质);在压缩过程中[见图(b),进气口关闭,出气口关闭]活塞压缩混合气体使其温度升高,这个过程是外界对工作物质做功;在工作程中[见图(c),进气口关闭,出气口关闭]火花塞点火使混合气体爆炸,化学能转化为热能,混合气体变成高温高压的气体,它推动活塞对外界做功;在排气过程中[见图(d),进气口关闭,出气口打开]排出汽缸内的低温低压尾气,完成一个循环过程.然后进入下一个循环过程.因为在做功过程中,工作物质的温度和压强是非常高的,所以对外界做了很多的功.在压缩过程中,气体的

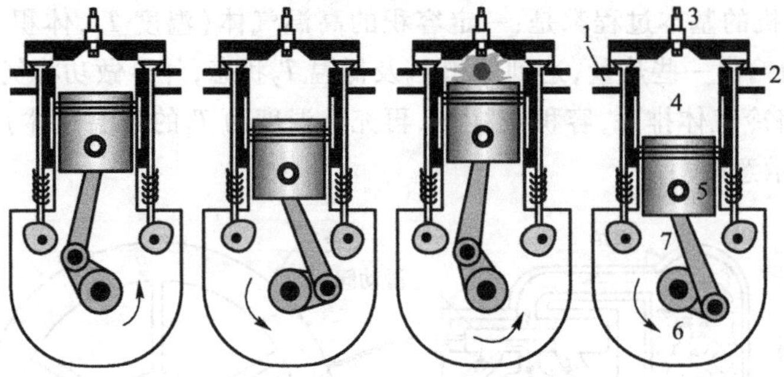

图 3-1-17 四冲程内燃机的工作原理图

1—进气口;2—出气口;3—火花塞;4—汽缸;5—活塞;6—曲柄;7—连杆

温度和压强是比较小的,因此外界对工作物质做了较少的功.在整个循环过程中,内燃机对外界输出了净功,它是从工作物质的热能转化而来的.

其实,热机涉及的过程是"多方过程",即过程中

$$pV^n = \text{常量} \tag{3.1.35}$$

n 是"多方指数".当 $n=1$ 时,为等温过程;若 $n=0$,则是等压过程;实际的绝热过程(有一些漏热)可用多方过程:$\gamma > n > 1$ 表示.

多方过程的摩尔热容(多方过程中,1 mol 物质温度上升 1 K 所吸收的热量)$C_{n,\mathrm{m}}$ 可以以如下方式与等容摩尔热容 $C_{V,\mathrm{m}}$ 相联系.由热力学第一定律:$\Delta U=\Delta Q+A$,考虑到 $C_{V,\mathrm{m}}\mathrm{d}T=C_{n,\mathrm{m}}\mathrm{d}T-p\mathrm{d}V$ 及 $p\mathrm{d}V+V\mathrm{d}p=R\mathrm{d}T$,则

$$C_{n,\mathrm{m}}=C_{V,\mathrm{m}}-\frac{R}{n-1} \tag{3.1.36}$$

现在讨论多方过程中的能量转换.令 $pV^n=\text{常量}=a$.若气体由初始热力学状态(p_1,V_1,T_1)经多方过程过渡到末态(p_2,V_2,T_2),气体对外界做功为

$$A=\int_{V_1}^{V_2}p\mathrm{d}V=a\left(\frac{V_2^{1-n}}{n-1}-\frac{V_1^{1-n}}{n-1}\right)=\frac{R}{n-1}(T_2-T_1) \tag{3.1.37}$$

若 $T_2>T_1$,气体对外界做正功.

以下讨论两种典型四冲程内燃机的循环过程及其效率.

(1) 奥托循环,如图 3-1-18 所示,描述的是四冲程汽油机的基本过程.

态 $1(p_1,T_1,V_1)$ 是在体积 V_1 中吸入可燃性混合气体.由态 $1(p_1,T_1,V_1)$ 绝热压缩至态 $2(p_2,T_2,V_2)$.在态 $2(p_2,T_2,V_2)$ 电点火瞬时引爆可燃性混合气(压强 p_2 突增至 p_3)至状态 $3(p_3,T_3,V_2)$.由态 $3(p_3,T_3,V_2)$ 至态 $4(p_4,T_4,V_1)$ 是绝热膨胀过程,对外做功.在 V_1 中重新充入可燃性混合气体,再回至态 $1(p_1,T_1,V_1)$.奥托循环也是工作在高温热源(T_3)与低温热源(T_1)之间.与卡诺循环相比,从热源吸热(可燃气体燃烧)及放热过程都是等容过程(而非等温过程).可以直接计算理想气体奥托循环的效率.

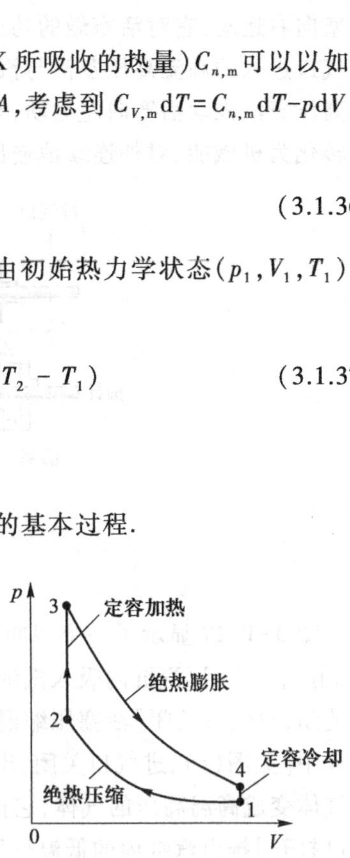

图 3-1-18 奥托循环 $p-V$ 图

对 2→3 等容过程，气体自外界吸热：$Q_1=\nu C_{V,\mathrm{m}}(T_3-T_2)$；对 4→1 等容过程，气体向外界放热：$Q_2=\nu C_{V,\mathrm{m}}(T_4-T_1)$；可得到效率 $\eta_0=1-\dfrac{Q_2}{Q_1}=1-\dfrac{T_4-T_1}{T_3-T_2}$. 再利用两个绝热过程关系，将温度与体积联系起来，得到$\dfrac{T_4-T_1}{T_3-T_2}=\left(\dfrac{V_2}{V_1}\right)^{\gamma-1}$，引入压缩比 $r=V_1/V_2$，则奥托循环的效率为

$$\eta_0=1-\frac{1}{r^{\gamma-1}} \tag{3.1.38}$$

其中压缩比 $r=V_1/V_2$，$\gamma=C_{p,\mathrm{m}}/C_{V,\mathrm{m}}$.

(2) 狄塞尔循环，如图 3-1-19 所示，描述的是四冲程柴油机基本过程.

$2(p_2,T_2,V_2)\to3(p_2,T_3,V_3)$ 是等压膨胀过程，从外界吸热量：$Q_1=\nu C_{p,\mathrm{m}}(T_3-T_2)$，定压膨胀比 $\rho=V_3/V_2$；$3(p_2,T_3,V_3)\to4(p_4,T_4,V_1)$ 是绝热膨胀过程，对外做功，绝热膨胀比 $\delta=V_1/V_3$；$4(p_4,T_4,V_1)\to1(p_1,T_1,V_1)$ 是等容散热过程，系统向外放热 $Q_2=\nu C_{V,\mathrm{m}}(T_4-T_1)$；$1(p_1,T_1,V_1)\to2(p_2,T_2,V_2)$ 是绝热过程，绝热压缩比 $\varepsilon=V_1/V_2$.

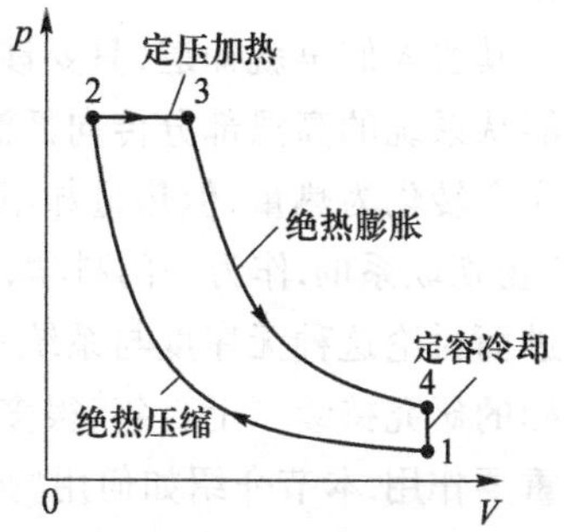

图 3-1-19　狄塞尔循环 p-V 图

类似计算可得狄塞尔循环的效率为

$$\eta_{\mathrm{D}}=1-\frac{1}{\gamma}\cdot\frac{1}{\varepsilon^{\gamma-1}}\cdot\frac{\rho^{\gamma}-1}{\rho-1} \tag{3.1.39}$$

除卡诺循环以及上述两个常见热机循环过程外，典型的热机循环还有兰金循环、勃朗登循、环斯特林循环等.在所有热机循环中，工质(工作介质)都是由初始状态(在 p-V 图上为 T_1,V_1)出发，经历一系列状态变化后又回到初态，系统对外界做了正功.卡诺循环经历有等温压缩、绝热压缩、等温膨胀和绝热膨胀过程；奥托循环经历有绝热压缩、定容加热、绝热膨胀和定容冷却过程；狄塞尔循环经历有绝热压缩、定压加热、绝热膨胀和定容冷却过程.由此可见，所有热机循环均包括有绝热压缩和绝热膨胀过程.这是所有热机循环所必需的.另外，根据不同的机型可以设计其他不同的热力学过程，比如根据汽油机体积变化的限制，设置了定容加热和冷却过程.

§3.2　气体的热力学非平衡过程

我们知道，宏观物体(如一升气体或液体，一块固体等)都是由大量分子构成，物体整体的机械能是物体(即所有构成分子)整体运动的动能和位能(又称势能).从分子角度看，物体机械能是分子系统整体有序一致运动的总能量.气体的热能是所有气体分子无规运动(扣除有序运动)机械能的总和.在前面的讨论中，包括热力学第一定律，只涉及热能是分子运动机械能总和这一特性.在这方面热能和物体机械能并无原则的区别，热量和功可以相互转化，但总量守恒.我们现在要讨论热能的另一基本特性，即大量分子(10^{23} 个左右)的无序运动.正是这一特性，决定了热能是一类具有独特性质的能量，使得热力学成为一门独立的物理学科，并具有独特的基本规律：热力学第二定律.

其实，热力学真正涉及的状态只有两类.一类是均匀的热力学平衡态，具有空间均匀的热力学参量.只在外界条件变化时，热力学状态才改变.另一类是“热力学局域平衡态”.气体的每一小部分都是热力学平衡态，但不同部分的热力学平衡态不同，也就是说，热力学参量是空间不均匀的.尽管外界条件不发生变化，系统状态仍有可能发生变化，如接触但温度或压力不同的两部分气体，或气体中温度由一侧连续降至另一侧.只有处于热力学局域平衡态，系统状态才会自动变化.热力学局域平衡态的变化是人们在自然界观察到的主要非平衡过程，如热传导、扩散和黏性过程等.对非平衡过程的讨论是热力学中的重要内容.非平衡热力学更强调局域平衡态的变化.

其实人们早就知道，只要涉及热能，系统非平衡变化过程就具有一定特殊的指向，例如：热量只能从系统的高温部分传向低温部分；气体只能从系统高密度部分转移扩散到低密度部分；功可以完全转化为热量，但热量却不能全部转化为功等.这种定向、不可逆的变化是与热能的“无序特性”密切联系的.作为一门科学，当然首先要研究如何定量描述和度量系统热力学状态的无序性，并进而讨论这种无序度与系统一些重要特性的联系.应该说，这是热力学的主要内容.对热力学基础的研究持续了上百年，很多知识至今仍对人们设计热机的基本过程，研究如何提高热机效率起重要作用.本节介绍如何用“熵”来度量气体热能的无序性以及热力学第二定律和热机的基本过程.由于理想气体比较简单，过程的物理图像比较请晰，通过对其过程的分析，将有助于初学者对物理学这部分比较困难内容的直观的理解，并建立正确的物理图像.

1 局域平衡态、热力学第二定律的含义

热力学是研究能量及其转化规律的科学，也是研究由大量粒子（或单元）组成的宏观体系变化和发展规律的科学.它除了可以描述整体平衡态，还可以描述局域平衡态.整体平衡态，即均匀系统的平衡态，由外界条件唯一确定，并随外界条件变化而发生改变.系统平衡态的变化遵从物态方程.变化过程满足热力学第一定律.局域平衡态，从统计学的角度看是 10^{-9} s（一个人类无法感知的时间尺度）后系统所处的状态.尽管从微观上讲，系统从初态到局域平衡态的演化遵从一定的统计规律，但是宏观上这么短暂的时间间隔却是无法测量的.局域平衡态是可以自动演化的，即内过程.局域平衡态向平衡态的演化的时间尺度大约是 10^{-4} s或更长.这有可能是一个宏观可测的时间尺度，也就是说，宏观上只能看到局域平衡态的变化.如何描述局域平衡态的演化将是非平衡态热力学的主要内容.而所有包含热能在内的内过程都是有方向的.我们知道，热能除了具有能量特性外，另一特性是具有大量分子的无规则运动.事实上，把热能转化为机械能的热机就是使系统从一个局域平衡态达到另一局域平衡态的机器.孤立看，两个热源都是平衡态，从整体上看则是局域平衡态.因此，对局域平衡态的讨论非常关键.

热力学第二定律指出，无法用宏观手段将分子无规则运动完全转化为有序运动.如何从热力学角度度量这种无序性以及这种无序性与物体各种热力学过程的关系，这就是热力学第二定律的含义.严格意义讲，热力学第二定律是非平衡态热力学的基础.

2 分子分布函数

考虑总分子数为 N 的均匀理想气体.气体的宏观状态是由参量：体积 V、温度 T 及压强 p 来描述.从分子角度描述气体状态却极其复杂.每个分子的运动状态由6个参量：坐标矢量 $\boldsymbol{r}$ 及速度

矢量 $\boldsymbol{v}$ 描述,即 6 维相空间($\boldsymbol{r},\boldsymbol{v}$)中的一个点.$N$ 个分子的运动状态应由 $6N$ 个参量($\boldsymbol{r}_1,\boldsymbol{v}_1,\cdots,\boldsymbol{r}_N,\boldsymbol{v}_N$)描述,即 $6N$ 维相空间的一个点.这是气体的微观运动状态.考虑到分子运动非常快(通常速度达几百米/秒以上),分子总数 N 又那么大,我们根本无法确定某一瞬间的微观运动状态.即使在将来能测得微观运动状态的 $6N$ 个量,我们也无法将它们与气体的真实的宏观表现联系起来.因此必须引入一种中间性的描述方式,该描述既能考虑分子的极大数量及其运动的特点,又比较容易地与气体宏观表现相联系.分布函数是近一百多年来最多被应用的方法.

由于 $\boldsymbol{v}$ 是速度矢量,它包含三个分量(v_x,v_y,v_z).若 t 时刻,在分子速度的三维空间(v_x,v_y,v_z)中,在速度 $\boldsymbol{v}$ 附近很小的速度体积元 $\mathrm{d}\boldsymbol{v}=\mathrm{d}v_x\mathrm{d}v_y\mathrm{d}v_z$ 内有 $\mathrm{d}N(v)$ 个分子,则定义速度分布函数为

$$f(v,t)=\frac{\mathrm{d}N(v)}{N\mathrm{d}v} \tag{3.2.1}$$

即 t 时刻,平衡态理想气体中分子热运动速度出现在 v 附近单位速度间隔内的概率.由于 N 充分大,在任何时刻速度 v 附近 $\mathrm{d}v$ 内都可能存在一定数量的分子,$f(v,t)$ 是 v 的连续函数,又称为理想气体的概率密度函数或者理想气体的分子速度分布函数.显然 $f(v,t)$ 应满足归一条件:

$$\int_0^{\infty}f(v,t)\,\mathrm{d}v=\int_0^{\infty}\mathrm{d}v_x\int_0^{\infty}\mathrm{d}v_y\int_0^{\infty}\mathrm{d}v_z\,f(v,t)=1 \tag{3.2.2}$$

积分是对三维全 $\boldsymbol{v}$ 空间.任何一个满足上述归一化条件的连续函数 $f(v,t)$ 都可看成是气体 t 时刻的一个状态,它包含了充分多气体的微观运动状态.例如,第 1 个分子速度 v_1 与第 2 个分子速度 v_2 的分子微观运动状态与第 1 个分子速度 v_2 第 2 个分子速度 v_1 的微观状态属于同一 $f(v,t)$.显然,不同的分布函数包含的微观状态数也不相同,差别可以很大.但是,一般一个分布函数 $f(v,t)$ 所对应的气体状态也不是我们前面已经定义的气体热力学(宏观)状态.

由速度分布函数,很容易计算气体分子的平均速度

$$\bar{v}=\int_0^{\infty}vf(v,t)\,\mathrm{d}v \tag{3.2.3}$$

也可以计算气体分子在某一方向上的平均平动动能

$$\bar{\varepsilon}_{\mathrm{k}x}=\frac{1}{2}m\int_0^{\infty}v_x^2f(v,t)\,\mathrm{d}v \tag{3.2.4}$$

式中 m 是分子质量.如果是能量均分状态,$f(v,t)$ 只是 $v^2=v_x^2+v_y^2+v_z^2$ 的函数,且速度三个分量的分布也是彼此独立的,则 $\bar{\varepsilon}_{\mathrm{k}x}=\frac{1}{2}k_{\mathrm{B}}T$,$U=3N\bar{\varepsilon}_{\mathrm{k}x}$,这里 T 是气体温度,U 是气体热能.由于每个具有同样确定热能的气体微观运动状态都有同样的存在机会,因此可以认为,在所有具有同样总能量的分布函数中,包含气体微观运动状态愈多的分布函数,其无序度愈大,也愈容易实现.考虑到分子总数 N 极大,无序度最大的分布函数 $f_{\mathrm{m}}(v,t)$ 所包含的微观状态数目会远大于其他同类(具有同样总能量)分布函数所包含的微观状态数.再考虑到气体分子快速运动及大量碰撞,不论气体原来的分布函数如何,气体将很快达到具有 $f_{\mathrm{m}}(v,t)$ 的状态,并不再进一步变化.其实这种趋向 $f_{\mathrm{m}}(v,t)$ 的过程与我们上一节中讨论能量均分过程是一致的.$f_{\mathrm{m}}(v,t)$ 就是平衡态的速度分布函数.

3 均匀平衡态分布函数——麦克斯韦速度分布

假设由 N(N 很大)个相同分子组成的宏观理想气体系统处于平衡状态.因为平衡状态下 N 个分子热运动的情况完全混乱无序,所以理想气体中沿各个方向分子热运动的情况相同.1859

年，英国杰出物理学家麦克斯韦根据平衡态理想气体分子热运动完全混乱无序这一特征，首先得到了平衡态理想气体的分子速度分布函数，后被人称为麦克斯韦速度分布律.麦克斯韦认为，在平衡状态下分子速度任一分量的分布与其他分量的分布无关，即速度三个分量的分布是彼此独立的，并且 v_x, v_y, v_z 的分布规律应该是相同的.也就是说，平衡态理想气体的速度分布函数满足

$$f(v_x,v_y,v_z)=f(v_x)f(v_y)f(v_z) \tag{3.2.5}$$

除此之外，速度的分布应该是各向同性的，即速度分布函数不应与速度的方向有关，只是 $v^2=v_x^2+v_y^2+v_z^2$ 的函数，即

$$f(v_x,v_y,v_z)=f(v_x^2+v_y^2+v_z^2)=f(v^2) \tag{3.2.6}$$

因此，

$$\frac{\partial f(v^2)}{\partial v_x}=\frac{\mathrm{d}f(v^2)}{\mathrm{d}v^2}\cdot\frac{\partial v^2}{\partial v_x}=2v_x\frac{\mathrm{d}f(v^2)}{\mathrm{d}v^2}=\frac{\mathrm{d}f(v_x)}{\mathrm{d}v_x}f(v_y)f(v_z)$$

整理上式，得

$$\frac{\mathrm{d}f(v^2)}{\mathrm{d}v^2}=\frac{\mathrm{d}f(v_x)}{\mathrm{d}v_x^2}f(v_y)f(v_z)$$

两边同除以 $f(v^2)=f(v_x)f(v_y)f(v_z)$，得

$$\frac{1}{f(v^2)}\cdot\frac{\mathrm{d}f(v^2)}{\mathrm{d}v^2}=\frac{1}{f(v_x)}\cdot\frac{\mathrm{d}f(v_x)}{\mathrm{d}v_x^2} \tag{3.2.7}$$

式(3.2.7)等号左边是 $v^2=v_x^2+v_y^2+v_z^2$ 的函数，而右边是 v_x 的函数.该关系对所有 v_x,v_y,v_z 均成立.因此，等式两边只能等于一个与 $v^2=v_x^2+v_y^2+v_z^2$ 和 v_x,v_y,v_z 无关的常量.设此常量为 $-\beta$，则式(3.2.7)可写成

$$\frac{1}{f(v^2)}\cdot\frac{\mathrm{d}f(v^2)}{\mathrm{d}v^2}=\frac{1}{f(v_x)}\cdot\frac{\mathrm{d}f(v_x)}{\mathrm{d}v_x^2}=-\beta$$

即

$$\frac{\mathrm{d}f(v_x)}{f(v_x)}=-\beta\mathrm{d}v_x^2$$

两边积分，得

$$f(v_x)=C_1\mathrm{e}^{-\beta v_x^2} \tag{3.2.8}$$

其中 C_1 是积分常数.因为 $f(v_x)$ 与 $f(v_y)$、$f(v_z)$ 形式相同，所以麦克斯韦分子速度分布函数可写为

$$f(v)=f(v_x,v_y,v_z)=C\mathrm{e}^{-\beta(v_x^2+v_y^2+v_z^2)} \tag{3.2.9}$$

其中 C 为积分常数.由于概率密度分布函数满足归一化条件，即

$$\int_{-\infty}^{\infty}\int_{-\infty}^{\infty}\int_{-\infty}^{\infty}C\mathrm{e}^{-\beta(v_x^2+v_y^2+v_z^2)}\mathrm{d}v_x\mathrm{d}v_y\mathrm{d}v_z=C\int_{-\infty}^{\infty}\mathrm{e}^{-\beta v_x^2}\mathrm{d}v_x\int_{-\infty}^{\infty}\mathrm{e}^{-\beta v_y^2}\mathrm{d}v_y\int_{-\infty}^{\infty}\mathrm{e}^{-\beta v_z^2}\mathrm{d}v_z=1$$

由积分公式 $\int_0^{\infty}\mathrm{e}^{-\lambda x^2}\mathrm{d}x=\frac{1}{2}\sqrt{\frac{\pi}{\lambda}}$，可知 $\int_{-\infty}^{\infty}\mathrm{e}^{-\beta v_x^2}\mathrm{d}v_x=2\int_0^{\infty}\mathrm{e}^{-\beta v_x^2}\mathrm{d}v_x=\sqrt{\frac{\pi}{\beta}}$.因此，由归一化条件可得

$$C=\left(\frac{\beta}{\pi}\right)^{3/2}$$

所以，麦克斯韦分布式(3.2.9)可写为

$$f(v_x,v_y,v_z)=\left(\frac{\beta}{\pi}\right)^{3/2}\mathrm{e}^{-\beta v^2} \tag{3.2.10}$$

常量 β 可由理想气体分子的平均动能 $\overline{\varepsilon}_k=\frac{3}{2}k_BT$ 确定，即

$$\begin{aligned}\overline{\varepsilon}_k&=\frac{1}{2}m\overline{v^2}=\int_{-\infty}^{\infty}\int_{-\infty}^{\infty}\int_{-\infty}^{\infty}\frac{1}{2}m(v_x^2+v_y^2+v_z^2)f(v_x,v_y,v_z)\mathrm{d}v_x\mathrm{d}v_y\mathrm{d}v_z\\&=\frac{1}{2}m\left(\frac{\beta}{\pi}\right)^{3/2}\int_{-\infty}^{\infty}\int_{-\infty}^{\infty}\int_{-\infty}^{\infty}(v_x^2+v_y^2+v_z^2)\mathrm{e}^{-\beta(v_x^2+v_y^2+v_z^2)}\mathrm{d}v_x\mathrm{d}v_y\mathrm{d}v_z=\frac{3}{2}k_BT\end{aligned}$$

由此可得

$$\beta=\frac{m}{2k_BT}$$

这里用到了积分 $\left(\frac{\beta}{\pi}\right)^{1/2}\int_{-\infty}^{\infty}\mathrm{e}^{-\beta v_y^2}\mathrm{d}v_y=1$ 和 $\left(\frac{\beta}{\pi}\right)^{1/2}\int_{-\infty}^{\infty}v_x^2\mathrm{e}^{-\beta v_x^2}\mathrm{d}v_x=\frac{1}{2\beta}$.因此，麦克斯韦速度分布函数为

$$f(v_x,v_y,v_z)=\left(\frac{m}{2\pi k_BT}\right)^{3/2}\mathrm{e}^{-\frac{1}{2}(v_x^2+v_y^2+v_z^2)/k_BT}=\left(\frac{m}{2\pi k_BT}\right)^{3/2}\mathrm{e}^{-\frac{1}{2}mv^2/k_BT} \tag{3.2.11}$$

如果温度为 T 的平衡态理想气体的体积为 V，由式(3.2.11)可得分子速度在 $v+\mathrm{d}v$ 范围内的分子数密度 $n(v+\mathrm{d}v)$ 为

$$\begin{aligned}n(v\sim v+\mathrm{d}v)&=\frac{\mathrm{d}N}{V}=\frac{N}{V}\left(\frac{m}{2\pi k_BT}\right)^{3/2}\mathrm{e}^{-\frac{1}{2}(v_x^2+v_y^2+v_z^2)/k_BT}\mathrm{d}v_x\mathrm{d}v_y\mathrm{d}v_z\\&=n\left(\frac{m}{2\pi k_BT}\right)^{3/2}\mathrm{e}^{-\frac{1}{2}(v_x^2+v_y^2+v_z^2)/k_BT}\mathrm{d}v_x\mathrm{d}v_y\mathrm{d}v_z\end{aligned} \tag{3.2.12}$$

其中 $n=\frac{N}{V}$ 为气体总的分子数密度.

$$n(v_x,v_y,v_z)=\frac{n(v\sim v+\mathrm{d}v)}{\mathrm{d}v}=n\left(\frac{m}{2\pi k_BT}\right)^{3/2}\mathrm{e}^{-\frac{1}{2}(v_x^2+v_y^2+v_z^2)/k_BT} \tag{3.2.13}$$

为气体单位体积内分子速度在 $v(v_x,v_y,v_z)$ 附近单位速度间隔内的分子数，即分子速度在 $v(v_x,v_y,v_z)$ 附近单位速度间隔内的分子数密度. $n(v_x,v_y,v_z)$ 给出了分子数密度随速度变化的分布函数.由式(3.2.12)很容易得出

$$\int_{\text{整个}v\text{空间}}n(v\sim v+\mathrm{d}v)\mathrm{d}v=\int_{\text{整个}v\text{空间}}n_0f(v)\mathrm{d}v=n \tag{3.2.14}$$

这里利用了分布函数的归一化条件 $\int_{\text{整个}v\text{空间}}f(v)\mathrm{d}v=1$.

由式(3.2.11)给出的速度分布函数是平衡态理想气体分子热运动速度出现在速度 $\boldsymbol{v}$ 附近单位速度间隔内的概率.如果采用球坐标表示，速度空间体积元为 $\mathrm{d}v=v^2\sin\theta\mathrm{d}v\mathrm{d}\theta\mathrm{d}\varphi$，则 $v(v,\theta,\varphi)$ 附近 $f(v)\mathrm{d}v$ 用速度空间的球坐标表示为

$$f(v)\mathrm{d}v=f(v,\theta,\varphi)v^2\sin\theta\mathrm{d}v\mathrm{d}\theta\mathrm{d}\varphi=\left(\frac{m}{2\pi k_BT}\right)^{3/2}\mathrm{e}^{-\frac{1}{2}mv^2/k_BT}v^2\sin\theta\mathrm{d}v\mathrm{d}\theta\mathrm{d}\varphi \tag{3.2.15}$$

式(3.2.15)给出了平衡态理想气体中分子热运动速度在速度空间的 $v\sim v+\mathrm{d}v,\theta\sim\theta+\mathrm{d}\theta,\varphi\sim\varphi+\mathrm{d}\varphi$ 体积元内的概率.如果对速度方向积分,即对速度的方位角 θ,φ 在全部空间方向范围积分,得

$$f(v)\,\mathrm{d}v=\left(\frac{m}{2\pi k_{\mathrm{B}}T}\right)^{3/2}\mathrm{e}^{-\frac{1}{2}mv^2}v^2\mathrm{d}v\int_0^{\pi}\mathrm{d}\theta\int_0^{2\pi}\mathrm{d}\varphi=4\pi\left(\frac{m}{2\pi k_{\mathrm{B}}T}\right)^{3/2}\mathrm{e}^{-\frac{1}{2}mv^2}v^2\mathrm{d}v \tag{3.2.16}$$

式(3.2.16)表示平衡态理想气体中分子热运动速度大小在 $v\sim v+\mathrm{d}v$ 范围内的概率.函数

$$f(v)=4\pi\left(\frac{m}{2\pi k_{\mathrm{B}}T}\right)^{3/2}\mathrm{e}^{-\frac{1}{2}mv^2}v^2 \tag{3.2.17}$$

是分子热运动速率在 v 附近单位速率间隔内的概率,或者称为平衡态理想气体中分子热运动速率的概率密度分布函数,也称为麦克斯韦速率分布函数.

从式(3.2.17)可以看出,平衡态理想气体中分子热运动速率太大或太小出现的概率都很小,因为 v 太小时,$f(v)$ 中 v^2 太小,而 v 太大时,$f(v)$ 中 $\mathrm{e}^{-\frac{1}{2}mv^2/k_{\mathrm{B}}T}$ 太小.速率分布函数对应的曲线如图 3-2-1 所示,曲线极大值对应的速率称为最概然速率 v_{p}.它可以由

$$\frac{\mathrm{d}f(v)}{\mathrm{d}v}=4\pi\left(\frac{m}{2\pi k_{\mathrm{B}}T}\right)^{3/2}\left(2v\mathrm{e}^{-\frac{1}{2}mv^2}-v^2\frac{m}{k_{\mathrm{B}}T}v\mathrm{e}^{-\frac{1}{2}mv^2/k_{\mathrm{B}}T}\right)=0$$

求出,即

$$v_{\mathrm{p}}=\sqrt{\frac{2k_{\mathrm{B}}T}{m}}=\sqrt{\frac{2RT}{M}} \tag{3.2.18}$$

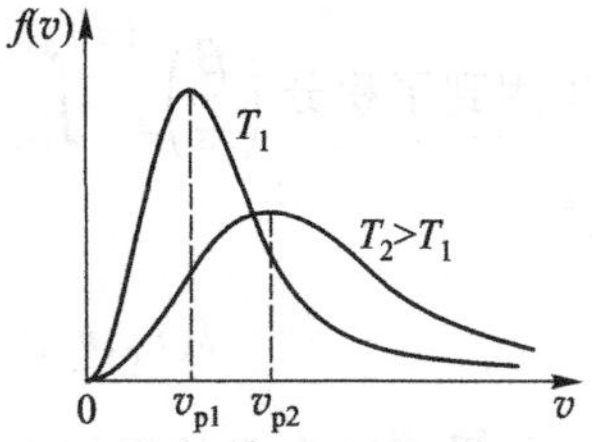

图 3-2-1 麦克斯韦速率分布曲线

其中 R 为普适气体常量,$M=N_{\mathrm{A}}m$ 为气体的摩尔质量.除了最概然速率 v_{p},平衡态理想气体热运动的平均快慢还可以用平均速率 $\bar{v}$:

$$\bar{v}=\sqrt{\frac{8k_{\mathrm{B}}T}{\pi m}} \tag{3.2.19}$$

和方均根速率 $\sqrt{\overline{v^2}}$:

$$\sqrt{\overline{v^2}}=\sqrt{\frac{3k_{\mathrm{B}}T}{m}} \tag{3.2.20}$$

表述.$v_{\mathrm{p}}:\bar{v}:\sqrt{\overline{v^2}}=\sqrt{2}:\sqrt{\frac{8}{\pi}}:\sqrt{3}$.

值得指出的是,由于 N 充分大,若分布函数略微偏离麦克斯韦分布,其所包含的气体微观状态数将急剧下降.正如前面分析,不论气体初始分布函数是什么,由于大量分子碰撞,在很短时间内分布函数即逼近麦克斯韦分布.在标准状况下,气体逼近的时间约为 10^{-9} s.考虑到宏观热力学时间尺度,在一般情况下,宏观观测到的气体状态分布都是麦克斯韦分布.或者说,麦克斯韦分布就是气体热力学状态(用宏观参量 T、p、V 描述)的分布函数.从热力学的角度而言,均匀气体的热力学状态只对应麦克斯韦分布.气体分子的平均动能就是 $\frac{3}{2}k_{\mathrm{B}}T$.这与前面有关能量均分态的分析是一致的.

4 局域平衡态分布函数——玻耳兹曼分子数密度分布

上一节仅讨论了平衡态理想气体的分子速度和速率分布，即麦克斯韦分布.分子的空间位置分布情况没有涉及.事实上，理想气体如果不受外力场作用，或者外力场弱到可以忽略的条件下，气体所占据空间各点均匀，分子的空间分布是均匀的，分子数密度 n 处处相同.如果气体占据空间体积为 V，气体总的分子数为 N，则 $n=\dfrac{N}{V}$.如果平衡态理想气体处于外力场中，由于空间均匀性遭到破坏，平衡态理想气体中的分子空间分布就不均匀了，即 n 不再相同，变成了空间位置 $\boldsymbol{r}$ 函数，$n=n(\boldsymbol{r})=n(x,y,z)$.尽管分子速度变化远比位置变化快，但局域平衡态气体的分子速度和速率分布并不是局域的麦克斯韦分布.

根据统计理论可以证明：在任何保守力场中处于温度为 T 的平衡态理想气体里，$\boldsymbol{r}(x,y,z)$ 处的分子数密度 $n(\boldsymbol{r})$ 是与分子在该处的势能 $\varepsilon_{\mathrm{p}}(\boldsymbol{r})$ 呈 e 的负指数关系，即

$$n(\boldsymbol{r})=n_0\mathrm{e}^{-\varepsilon_{\mathrm{p}}(\boldsymbol{r})/k_{\mathrm{B}}T} \tag{3.2.21}$$

其中 n_0 为分子势能 $\varepsilon_{\mathrm{p}}=0$ 的分子数密度.上式表述的分子数密度遵守的规律称为玻耳兹曼分子数密度分布律.根据玻耳兹曼分子数密度分布律，处于外力场中的平衡态理想气体内 $\boldsymbol{r}(x,y,z)$ 处 $\mathrm{d}V=\mathrm{d}x\mathrm{d}y\mathrm{d}z$ 空间体积元内地气体分子数为 $\mathrm{d}N=n(\boldsymbol{r})\mathrm{d}V=n_0\mathrm{e}^{-\varepsilon_{\mathrm{p}}(\boldsymbol{r})/k_{\mathrm{B}}T}\mathrm{d}x\mathrm{d}y\mathrm{d}z$.注意，这里 $N=\iiint\limits_V n\mathrm{d}V=n_0\mathrm{e}^{-\varepsilon_{\mathrm{p}}(\boldsymbol{r})/k_{\mathrm{B}}T}\mathrm{d}x\mathrm{d}y\mathrm{d}z$.则气体中单个分子在 $\boldsymbol{r}(x,y,z)$ 处 $\mathrm{d}V=\mathrm{d}x\mathrm{d}y\mathrm{d}z$ 空间体积元内出现的概率应为

$$f(x,y,z)\mathrm{d}x\mathrm{d}y\mathrm{d}z=\frac{\mathrm{d}N}{N}=\frac{n_0}{N}\mathrm{e}^{-\varepsilon_{\mathrm{p}}(x,y,z)}\mathrm{d}x\mathrm{d}y\mathrm{d}z=\frac{1}{\iiint\limits_V \mathrm{e}^{-\varepsilon_{\mathrm{p}}(\boldsymbol{r})/k_{\mathrm{B}}T}\mathrm{d}x\mathrm{d}y\mathrm{d}z}\mathrm{d}x\mathrm{d}y\mathrm{d}z \tag{3.2.22}$$

因此，

$$f(x,y,z)=\frac{1}{\iiint\limits_V \mathrm{e}^{-\varepsilon_{\mathrm{p}}(\boldsymbol{r})/k_{\mathrm{B}}T}\mathrm{d}x\mathrm{d}y\mathrm{d}z} \tag{3.2.23}$$

为气体中单个分子在气体内 $\boldsymbol{r}(x,y,z)$ 处单位体积内出现的概率，称为气体分子的位置分布函数.

在重力场中，气体分子受到两种相互对立的作用.无规则热运动使气体分子均匀分布于它们所能达到的空间，而重力则会使气体分子聚集到地面上，这两种作用达到平衡时，气体分子表现为非均匀分布，分子数随高度减小.

根据玻耳兹曼分布律，可以确定气体分子在重力场中按高度分布的规律.如果取坐标轴 z 竖直向上，设在 $z=0$ 处单位体积内的分子数为 n_0，则分布在高度为 z 处体积元 $\mathrm{d}x\mathrm{d}y\mathrm{d}z$ 内的分子数为 $\mathrm{d}N'=n_0\mathrm{e}^{-mgz/k_{\mathrm{B}}T}\mathrm{d}x\mathrm{d}y\mathrm{d}z$，从而分布在高度 z 处单位体积内的分子数为 $n=n_0\mathrm{e}^{-mgz/k_{\mathrm{B}}T}$.从上式看出，在重力场中气体分子的数密度随高度的增大按指数减小.分子质量越大（重力作用显著），分子数密度减小得越快；气体温度越高（分子无规则运动剧烈），分子数密度减小得越缓慢.根据上式，很容易确定气体压强随高度变化的规律.如果把气体看成理想气体，则在一定温度下，其压强与分子数密度 n 成正比：$p=nk_{\mathrm{B}}T$.因此可得 $p=p_0\mathrm{e}^{-Mgz/RT}$，其中 $p_0=n_0k_{\mathrm{B}}T$ 表示在 $z=0$ 的压强，M 为气体的摩尔质量.该式被称为等温气压公式.利用该式可以近似估算出不同高度处的大气压强，即 $z=\dfrac{RT}{Mg}\ln\dfrac{p_0}{p}$.据此式，测定大气压随高度的减小，可判断上升的高度.

由于分子的速度分布与位置分布是相互独立的，位置分布函数和速度分布函数可以乘起来，组成分子在相空间的分布

$$f_{\mathrm{MB}}(\boldsymbol{r},\boldsymbol{v})=f(x,y,z)f(v_x,v_y,v_z)$$

$$=\frac{1}{\iiint\limits_V \mathrm{e}^{-\varepsilon_{\mathrm{p}}(r)/k_{\mathrm{B}}T}\mathrm{d}V}\left(\frac{m}{2\pi k_{\mathrm{B}}T}\right)^{3/2}\mathrm{e}^{-\left[\varepsilon_{\mathrm{p}}(r)+\frac{1}{2}mv^2\right]/k_{\mathrm{B}}T} \tag{3.2.24}$$

$$=\frac{n_0}{N}\left(\frac{m}{2\pi k_{\mathrm{B}}T}\right)^{3/2}\mathrm{e}^{-\varepsilon/k_{\mathrm{B}}T}$$

式中 $\varepsilon=\varepsilon_{\mathrm{p}}(\boldsymbol{r})+\frac{1}{2}mv^2$ 是分子的总能量.$f_{\mathrm{MB}}(\boldsymbol{r},\boldsymbol{v})$称为麦克斯韦-玻耳兹曼分布律，简称 MB 分布. $f_{\mathrm{MB}}(\boldsymbol{r},\boldsymbol{v})$表示处于外力场温度为 T 的平衡态理想气体中的分子在空间 $\boldsymbol{r}$ 处单位空间体积内速度在速度空间 $\boldsymbol{v}$ 处单位速度间隔内出现的概率.这里 N 为气体的总分子数，n_0 为分子势能 $\varepsilon_{\mathrm{p}}(\boldsymbol{r})=0$ 处的分子数密度，$\varepsilon(x,y,z,v_x,v_y,v_z)$为分子总能量.这里需要指出的是对于单原子分子来说就是分子势能 ε_{p} 和平动动能 $\varepsilon_{\mathrm{k}}=\frac{1}{2}mv^2$；对于多原子分子来说，动能 ε_{k} 不仅包括分子的平动动能，还包括分子本部的转动动能和振动动能，ε_{p} 除包括分子的外力势能外，还包括分子内原子之间的相互作用能.

5 分布函数随时间的演化

1872 年，玻耳兹曼提出描述分布函数随时间变化的积分微分方程.对均匀气体，玻耳兹曼方程可写成

$$\frac{\partial f(v,t)}{\partial t}=C_c[f,f] \tag{3.2.25}$$

如图 3-2-2 所示，分布函数随时间的变化率$\frac{\partial f(v_1,t)}{\partial t}$是由两种过程构成：一是速度为 v_1的分子[出现机会是$f(v_1,t)$]，与另一速度为 v_1'[出现机会是$f(v_1',t)$]的分子碰撞后，两个分子速度分别变为 v_2,v_2'，过程简记为 $v_1,v_1'\to v_2,v_2'$. 碰撞过程满足动量守恒：$\boldsymbol{v}_1+\boldsymbol{v}'_1=\boldsymbol{v}_2+\boldsymbol{v}'_2$ 及能量守恒：$v_1^2+v'^2_1=v_2^2+v'^2_2$. 此过程被称为碰撞出状态 v_1的过程，它引起速度为 v_1的分子数减少，因而减小速度 v_1的分布函数 $f(v_1,t)$；另一类过程是前类的逆过程，两个分子速度各是 v_2及 v_2'，出现机会是 $f(v_2,t)f(v_2',t)$，碰撞后出现一个速度为 v_1的分子过程，简记为 $v_2,v_2'\to v_1,v_1'$，此过程被称为碰撞入状态 v_1的过程，它引起分布函数$f(v_1,t)$的增加.对所有可能的 v_1',v_2,v_2' 求和，方程(3.2.25)的碰撞项可写成

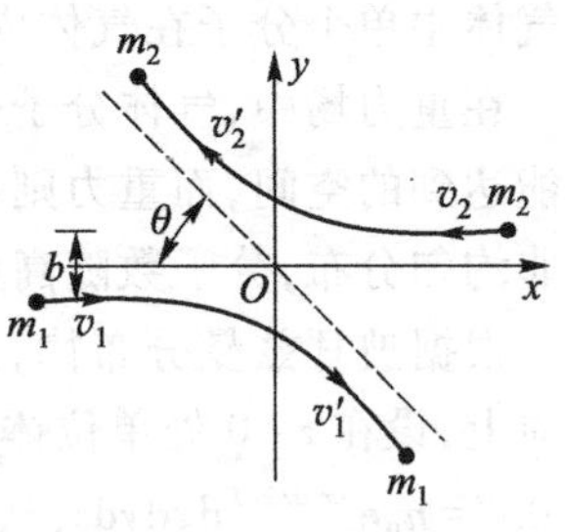

图 3-2-2 分子碰撞

$$C_c[f,f]=-\int\mathrm{d}v'_1\int\mathrm{d}v_2\int\mathrm{d}v'_2W(v_1,v'_1,v_2,v'_2)\left[f(v_1,t)f(v'_1,t)-f(v_2,t)f(v'_2,t)\right] \tag{3.2.26}$$

其中 $W(v_1,v_1',v_2,v_2')$是碰撞截面. 分子碰撞是弹性碰撞过程，两个分子碰撞前和碰撞后的总能量和总动量是守恒的.根据力学运动规律，弹性碰撞过程是可翻转的，即：

$$W(v_1,v_1',v_2,v_2')=W(v_2,v_2',v_1,v_1') \tag{3.2.27}$$

$\int dv_1'\int dv_2\int dv_2'$是三个3维速度空间的体积分，但根据碰撞前后能量守恒：$\frac{1}{2}mv_1^2+\frac{1}{2}mv_1'^2=\frac{1}{2}mv_2^2+\frac{1}{2}mv_2'^2$，及动量守恒：$m\boldsymbol{v}_1+m\boldsymbol{v}_1'=m\boldsymbol{v}_2+m\boldsymbol{v}_2'$，$(\boldsymbol{v}_1',\boldsymbol{v}_2,\boldsymbol{v}_2')$9个变量的变化并不完全独主，实际只有五重独立的积分.

一百多年来，在稀薄气体情况下玻耳兹曼方程经受了大量的实验检验，至今仍是人们处理稀薄气体动力学问题的主要理论工具.玻耳兹曼方程在数学上极为复杂，有关其解的性质、甚至解的存在性都还有很多不清楚之处.读者只需要知道它的基本含义及基本性质，就能够了解气体热力学的基本物理图像.

6 H定理

本节我们将应用玻耳兹曼方程讨论气体分布函数如何随时间变化.

平衡态分布应该是玻耳兹曼方程不随时间变化的解：$C_c[f_m,f_m]=0$.f_m应该满足“细致平衡条件”，即对任一碰撞过程$[v_1,v_1']\leftrightarrow[v_2,v_2']$，取式(3.2.26)中被积函数为零，得$f_m(v_1)f_m(v_1')=f_m(v_2)f_m(v_2')$或$\ln f_m(v_1)+\ln f_m(v_1')=\ln f_m(v_2)+\ln f_m(v_2')$.由于对所有可能的碰撞$[v_1,v_1']\leftrightarrow[v_2,v_2']$，$\ln f_m(v)+\ln f_m(v')$都是守恒量，则$\ln f_m(v)$只能是仅有的五个碰撞守恒量$c$(常量)、$v$(速度)及$\varepsilon=\frac{1}{2}mv^2$(动能)的线性组合：$\ln f_m(v)=c+\boldsymbol{a}\cdot\boldsymbol{v}-\frac{b}{2}mv^2$.

再利用下述要求：

(1) 气体整体平动速度$\int vf_m(v)dv=0$；

(2) 分布函数的归一条件$\int_0^\infty f_m(v)dv=1$；

(3) 分子平均动能$\int\frac{1}{2}mv^2f_m(v)dv=\frac{3}{2}k_BT$.得到

$$a=0,\quad c=\frac{3}{2}\ln\frac{m}{2\pi k_BT},\quad b=\frac{1}{k_BT}$$

这里$f_m(v)$是麦克斯韦分布：

$$f_m(v)=\left(\frac{m}{2\pi k_BT}\right)^{3/2}e^{-\frac{m(v_x^2+v_y^2+v_z^2)}{2k_BT}}$$

为了分析满足玻耳兹曼方程的分布函数$f(v,t)$如何随时间变化，我们引入H函数：

$$H=\int dvf(v,t)\ln f(v,t) \tag{3.2.28}$$

下面计算H函数的时间变化率

$$\begin{aligned}\frac{dH}{dt}&=\int dv[1+\ln f(v,t)]\frac{\partial}{\partial t}f(v,t)\\&=\int dv_1\int dv_1'\int dv_2\int dv_2'W(v_1,v_1',v_2,v_2')(f_1f_1'-f_2f_2')(1+\ln f_1)\\&=-\int dv_1\int dv_1'\int dv_2\int dv_2'W(v_1,v_1',v_2,v_2')(f_1f_1'-f_2f_2')\frac{(\ln f_1f_1'-\ln f_2f_2')}{4}\end{aligned}$$

其中已将 $f(v_1,t)$、$f(v_1',t)$、$f(v_2,t)$、$f(v_2',t)$ 分别简写为 f_1、f_1'、f_2、f_2'，并利用 W 的对称性以及积分对交换 v_1 和 v_2、v_1 和 v_1'、v_2 和 v_2' 的不变性.数学上很容易证明，对所有 $x,x'\geqslant 0$，不等式 $(x-x')(\ln x-\ln x')\geqslant 0$ 都成立，我们得到

$$\frac{\mathrm{d}H}{\mathrm{d}t}\leqslant 0 \tag{3.2.29}$$

这就是 H 定理. H 定理式(3.2.29)表明，不论气体初始状态如何，即无论分布函数 $f(v,t)$ 如何，H 函数变化总是单调不升的.式(3.2.29)中等号只在 $f(v,t)=f_{\mathrm{m}}(v)$ 才成立.玻耳兹曼方程决定了任何分布函数 $f(v,t)$ 都将单调地趋向麦克斯韦分布 $f_{\mathrm{m}}(v)$.其实这就是我们前面多次指出的，由于分子间大量碰撞，气体分子都将变化为最无序的状态，即由麦克斯韦分布 $f_{\mathrm{m}}(v)$ 所描述的平衡态.趋向平衡是由大量分子构成的宏观系统的普遍特性.

玻耳兹曼方程，或 H 定理，能够给出气体系统趋向平衡的速率.详细的分析将不在此叙述.一个重要的基本估计是：正如我们在前面多次提及，在标准状况下，理想气体趋向平衡的时间约为 10^{-9} s 左右，远远短于宏观热力学测试的时间尺度.热力学中的热力学状态就是麦克斯韦分布所表示的平衡态.玻耳兹曼方程，或 H 定理，可以看成是气体热力学的微观基础，它解释了为什么在气体热力学中只需要考虑用宏观参量(p、V、T)表述的平衡态(麦克斯韦分布).气体热力学的热力学过程也只是在不同宏观参量表述的不同平衡态间的过渡.平衡态的名称是相对于存在时间极短的非平衡态而言.在热力学中，并不存在非平衡态，因此也不必引入玻耳兹曼方程.用“热力学状态”来理解“平衡态”是更为确切，且不易被误解的.

7 气体热力学状态的熵

目前，我们只讨论均匀气体的热力学状态及其过程.气体的热力学状态是用压强、温度、密度、体积等来描述，它们当然都与分子数、分子运动自由度的平均热能等相联系.我们提到，还需要有一个量来定量描述气体的另一基本特性，即气体分子运动的混乱程度.这个量应该只对热力学状态(平衡态)定义，它将在分析气体热力学过程中起重要作用.

在 H 定理的讨论中我们已明白，分布函数的变化有一定的方向性.如果 $f_1(v)$ 可以自动随时间变化为 $f_2(v)$，则 $f_2(v)$ 绝对不能自动变回 $f_1(v)$.H 函数标志着分布函数可能变化的方向.借用信息理论的概念，H 函数实际是分布函数 $f(v)$ 所包含的信息量，因而 $(-H)$ 表示分布函数 $f(v)$ 所对应分子系统的混乱程度.如果气体体积和总热能不再变化，气体的分布函数及气体的热力学状态不会变化.因此 H 函数的极小值应该是平衡态(热力学状态)的态函数，是平衡态宏观参量的函数.若气体与外界作用(交换热能或做功)，根据 H 定理，气体将很快趋向新的平衡态，具有新的热力学参量(温度、压强等)，当然也有新的 H 函数的“极小值”.在热力学中讨论的热力学过程(也是在均匀气体中实际观测到的)是气体与外界作用引起热力学状态的变动.因此，可以将 H 函数平衡态的取值定义成热力学中热力学状态函数“熵”，作为热力学状态分子混乱程度的度量.再强调一次，熵不是 H 函数的负值，只是在热力学状态(平衡态，麦克斯韦分布) $-H$ 的取值，因而是热力学态函数.

定义热力学状态的熵为

$$S(N,V,T)=-\frac{N}{V}k_{\mathrm{B}}H_{\mathrm{m}}=-nk_{\mathrm{B}}\int \mathrm{d}v f_{\mathrm{m}}(v)\ln f_{\mathrm{m}}(v) \tag{3.2.30}$$

N 是气体总分子数，V、T 是气体宏观状态参量，$n=N/V$ 是分子数密度.将麦克斯韦分布 $f_{\mathrm{m}}(v)$ 代入

式(3.2.30),利用定积分公式:

$$\int_0^{\infty} x^2 e^{-ax^2} dx = \frac{\sqrt{\pi}}{4a^{3/2}}, \quad \int_0^{\infty} x^4 e^{-ax^2} dx = \frac{3\sqrt{\pi}}{8a^{5/2}}$$

及 $f_m(v)$ 的归一条件 $\int_0^{\infty} f_m(v) dv = 1$,我们得到:

$$S(N,V,T) = Nk_B \ln \frac{V}{N} + \frac{3}{2} Nk_B \ln T + \text{常量}$$

去掉无意义的常量,作为理想气体状态函数的熵可定义为

$$S(N,V,T) = Nk_B \ln \frac{V}{N} + \frac{3}{2} Nk_B \ln T \tag{3.2.31}$$

应该指出,也可以利用排列组合理论计算出麦克斯韦分布 $f_m(v)$ 所包含气体分子微观状态数 Ω,再定义熵 $S = k\ln \Omega$.由此得到理想气体熵的表达式与式(3.2.31)完全一致.要强调指出的是,H 函数对所有用分布函数表示的气体状态都有定义,而"熵"只对热力学状态有意义.

由于真正有意义的是热力学过程中气体熵的变化.气体总分子数 N 一定的系统,若气体温度变化 dT,体积变化 dV,则由式(3.2.31),气体熵的变化为

$$dS = Nk_B \frac{dV}{V} + \frac{3}{2} Nk_B \frac{dT}{T} \tag{3.2.32}$$

对理想气体,物态方程 $pV = Nk_B T$,气体热能变化 $dU = \frac{3}{2} Nk_B dT$,我们得到热力学关系

$$TdS = dU + pdV \tag{3.2.33}$$

再考虑热力学第一定律,则外界输入气体热量

$$dQ = TdS \tag{3.2.34}$$

式(3.2.33)和式(3.2.34)是在热力学中真正普遍应用的关系.

对准理想气体(多原子分子,但气体分子自由飞行的时间远长于完成一次碰撞所需的时间)也是成立的.准理想气体分子是多原子分子,其运动除三个平移自由度的能量分别是 $\varepsilon_1 = \frac{1}{2} mv_x^2$,$\varepsilon_2 = \frac{1}{2} mv_y^2$,$\varepsilon_3 = \frac{1}{2} mv_z^2$(连续取值)外,还有量子化的、具有分立能级的转动和振动自由度,能量分别标记为 $\varepsilon_4, \varepsilon_5, \cdots, \varepsilon_s$,它们取各自能级的间断值.我们将 $\{\varepsilon_1, \varepsilon_2, \varepsilon_3, \varepsilon_4, \cdots, \varepsilon_s\}$ 简记为 $\{\varepsilon\}$.气体状态分布函数 $f(\{\varepsilon\}, t)$ 对连续取值的 $\varepsilon_1, \varepsilon_2, \varepsilon_3$,含义与以前相同,对 $\varepsilon_4, \cdots, \varepsilon_s$ 则表示在各自由度取值能级上的分子数.在利用分布函数求平均值时则不仅要对三个方向速度求积分外,还要对其他每个自由度的能级求和,例如,求分子的平均动能

$$\int dv_x \int dv_y \int dv_z \sum_{\varepsilon_4} \cdots \sum_{\varepsilon_s} \frac{1}{2} mv_x^2 f(\{\varepsilon\}, t) = \int_{\{\varepsilon\}} \frac{1}{2} mv_x^2 f(\{\varepsilon\}, t) = \frac{1}{2} k_B T$$

式中 $\int_{\{\varepsilon\}}$ 代表 $\int d\varepsilon_1 \int d\varepsilon_2 \cdots \int d\varepsilon_s$.我们也可以引入 H 函数:

$$H = \int_{\{\varepsilon\}} f(\{\varepsilon\}, t) \ln f(\{\varepsilon\}, t) \tag{3.2.35}$$

并证明$\frac{dH}{dt}\leqslant 0$.

类似于理想气体,由类玻耳兹曼方程可证明,任意分布函数的 H 函数都很快就逼近对应于麦克斯韦-玻耳兹曼分布的极小值: $H_{MB}=\int_{\{\varepsilon\}} f_{MB}(\{\boldsymbol{\varepsilon}\})\ln f_{MB}(\{\boldsymbol{\varepsilon}\})$.

准理想气体的热力学状态就对应于麦克斯韦-玻耳兹曼分布.同样可以定义准理想气体热力学状态(麦克斯韦-玻耳兹曼分布)的熵:$S(N,V,T)=-\frac{N}{n}k_B H_{MB}$.

虽然我们不能如理想气体情况,简单计算出宏观态熵的具体表达式,但还是可以利用$f_{MB}(\{\boldsymbol{\varepsilon}\})$,得到

$$dS=Nk_B\frac{dV}{V}+\frac{dU}{T} \tag{3.2.36}$$

再用准理想气体物态方程,得到广为使用的热力学关系:

$$TdS=dU+pdV \tag{3.2.33}$$

应用热力学第一定律,传入热量是

$$dQ=TdS \tag{3.2.34}$$

热力学关系式(3.2.33)及式(3.2.34)对所有稀薄气体都适用.例如,如果气体温度不变,外部传输给气体的热量 dQ,则气体熵增加为

$$dS=\frac{dQ}{T} \tag{3.2.37}$$

在前面均匀气体的讨论中,气体热力学状态的变化必定与外界作用有关,一定体积的孤立气体(外界不传递热量也不做功)的热力学状态是不会变的,孤立气体熵也不变.单独观察均匀气体,熵的变化(增加或减少),主要取决于外界作用,整体谈熵没有意义.因此在讨论非均匀气体时,引入"熵"的概念更为重要.

非均匀理想气体的状态也可以用含坐标变量的分布函数 $F(\boldsymbol{r},\boldsymbol{v},t)=n(\boldsymbol{r})f(\boldsymbol{r},\boldsymbol{v},t)$ 来描述.其中 $\boldsymbol{r}$ 是气体中一点的三维坐标矢量,$n(\boldsymbol{r})$是气体在 $\boldsymbol{r}$ 点的密度,$f(\boldsymbol{r},\boldsymbol{v},t)$作为三维速度的函数满足归一条件: $\int f(\boldsymbol{r},\boldsymbol{v},t)d\boldsymbol{v}=1$.由于气体分子数密度很大(数量级为 $10^{19}\ cm^{-3}$),而且分子频繁碰撞(连续两次碰撞时间间隔约 10^{-9} s,飞行空间间隔也就是 $10^{-6}\sim10^{-5}$ cm)都在很小的宏观尺度内,因此$f(\boldsymbol{r},\boldsymbol{v},t)$随速度 $\boldsymbol{v}$ 的变化基本上由 $\boldsymbol{r}$ 点附近的分子碰撞决定,类似于玻耳兹曼方程中的碰撞项:$C_c[f,f].f(\boldsymbol{r},\boldsymbol{v},t)$在约 10^{-9} s后就将逼近在 $\boldsymbol{r}$ 点附近的局域平衡值

$$f_m(\boldsymbol{r},\boldsymbol{v})=\left[\frac{m}{2\pi k_B T(\boldsymbol{r})}\right]^{3/2} e^{-\frac{m(v_x^2+v_y^2+v_z^2)}{2k_B T(r)}} \tag{3.2.38}$$

"局域麦克斯韦分布" $f_m(\boldsymbol{r},\boldsymbol{v})$,表述了密度不均匀分布 $n(\boldsymbol{r})$ 及温度不分布 $T(\boldsymbol{r})$ 的局域平衡态.类似可以定义局域平衡态的热能密度

$$U(\boldsymbol{r})=\frac{3}{2}n(\boldsymbol{r})k_B T(\boldsymbol{r}) \tag{3.2.39}$$

及熵密度

$$S(\boldsymbol{r}) = k_B \int \mathrm{d}\boldsymbol{v} f_m(\boldsymbol{r},\boldsymbol{v}) \ln f_m(\boldsymbol{r},\boldsymbol{v})$$
$$= n(\boldsymbol{r}) k_B \ln \frac{1}{n(\boldsymbol{r})} + \frac{3}{2} n(\boldsymbol{r}) k_B \ln T(\boldsymbol{r}) \qquad (3.2.40)$$

局域平衡态是有可能宏观观测到的,因而仍可以看成是热力学状态,看成由充分多小块平衡态拼成,或者是具有空间不均匀热力学参数的热力学状态.例如,人们常说,热从高温传向低温,就是指具有不均匀温度分布的局域平衡态内部有热量的流动,并指出了流动的方向.局域平衡态中不同相邻小体积边界附近分子也会产生碰撞并相互渗透,从而产生分子或热能的交换.这就是系统内的"传热"或"扩散"过程.当然它们大大慢于每个小体积内趋向平衡的过程.

空间不均匀的分布函数 $f(\boldsymbol{r},\boldsymbol{v},t)$ 满足包含空间变化的玻耳兹曼方程,它包含了由于分子碰撞使分布函数快速趋向局域平衡麦克斯韦分布的过程,以及系统趋向均匀麦克斯韦分布的较慢过程.后者也可看成(或包含)气体局域平衡态不均匀热力学参量趋向平衡态热力学参数的过程.由分布函数 $f(\boldsymbol{r},\boldsymbol{v},t)$ 也可直接计算气体 H 函数.可以证明,上述两种过程都使得 H 函数不断减小.由局域平衡麦克斯韦分布可以计算气体局域平衡态的状态函数和气体的总熵: $S = \int \mathrm{d}\boldsymbol{r} S(\boldsymbol{r})$.和均匀气体的平衡态不同,由于分子碰撞,气体局域平衡态还会自发(没外界作用)转化成其他局域平衡态,变化的方向是由"总熵增加"决定.例如,考虑如图 3-2-3 所示的局域平衡态系统.绝热容器被不动的薄隔板分成体积相等的两部分,各置同量的理想气体,但温度不同: $T_A>T_B$,隔板导热性极好.隔板传热使 T_A 变为 T'_A, T_B 变为 $T'_B=T_B+(T_A-T'_A)$.传热前气体总熵 S 正比于: $\ln T_A+\ln T_B$,传热后 S' 正比于 $\ln T'_A+\ln T'_B$.很容易证明,只当 $T_A>T'_A$,才有 $S'>S$,也就是说,热量只能从物体高温部分传向低温部分,反之不可能.又如图 3-2-4 所示的理想气体自由膨胀过程.一个绝热容器被隔板隔成两部分(体积分别为 V_1 和 V_2),其中 V_1 部分充有 1 mol 温度为 T 的理想气体; V_2 部分是真空.隔板突然移走,气体充满整个容器达到热平衡.由于理想气体在自由膨胀过程中与外界没有物质和能量的交换,所以气体在自由膨胀过程中热能不变,而理想气体热能只是温度的函数,因此,自由膨胀前后理想气体的温度 T 保持不变.根据式(3.2.32),在自由膨胀过程中气体熵的变化量为 $\Delta S=R\ln(V_1+V_2)-R\ln V_1=R\ln\dfrac{V_1+V_2}{V_1}>0$.由此可见,气体在绝热自由膨胀过程中熵是增加的,也就是说气体自由膨胀过程是不可逆的.

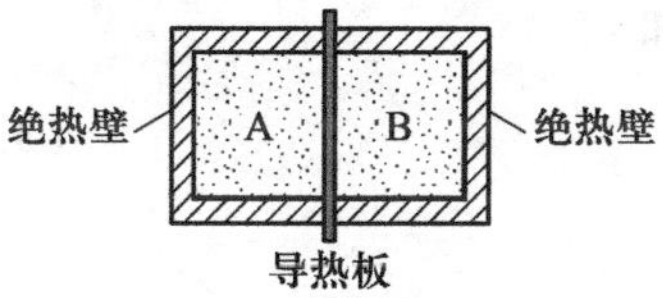

图 3-2-3 局部平衡态系统

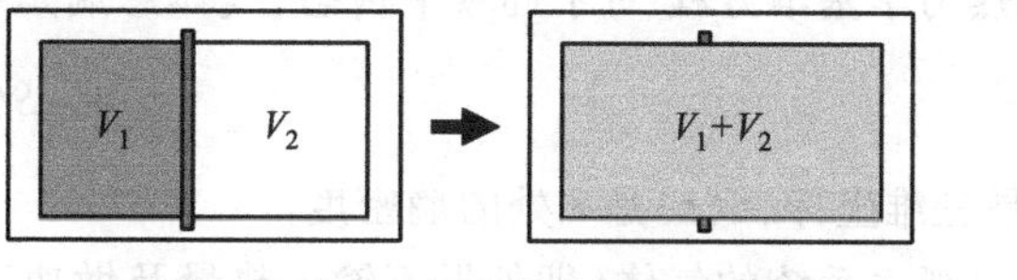

图 3-2-4 理想气体的自由膨胀

8 热力学第二定律

人类早就认识到,宏观热力学过程(或者说有热能参与的过程)与单纯的力学过程有根本的区别.原则上讲单纯的力学过程是可逆的,例如没有摩擦的单摆,动能和势能不断反复转化.但热力学过程是不可逆的,即有一定的方向性.热力学过程及其逆过程都满足热力学第一定律,但却只有一个方向可以实现.例如,热量只能由系统的高温部分传到低温部分,不可能有热量自动从低温部分传向系统的高温部分.外界对气体做功可以完全转化为气体热能,但气体部分热能却不能完全自动转化为功.在还不太明确热能的分子运动机制前,克劳修斯首先认识到,热力学除热力学第一定律外还必定有另一规律来决定热力学过程的方向.于是,他于 1850 年提出热力学第二定律,并表述为:"不可能将热量从低温物体传到高温物体而不引起其他的变化".第二年,开尔文提出了热力学第二定律的另一等价表述:"不可能从单一热源吸取热量,完全转化为功,而不产生其他影响".其后还有人提出另一些热力学第二定律的等价表述.热力学第二定律对热机的发展起了关键的作用.

图 3-2-5 和图 3-2-6 给出了符合热力学第二定律,可以实现的"热机"及"制冷机"的热力学原理图.高温热源的温度 T_H 高于低温热源的温度 T_L.

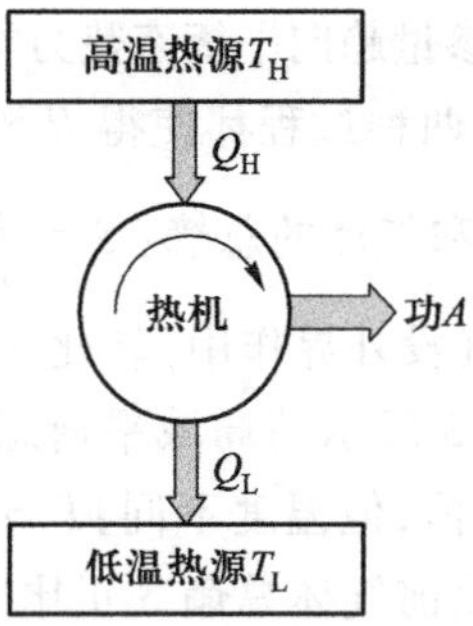

图 3-2-5 热机

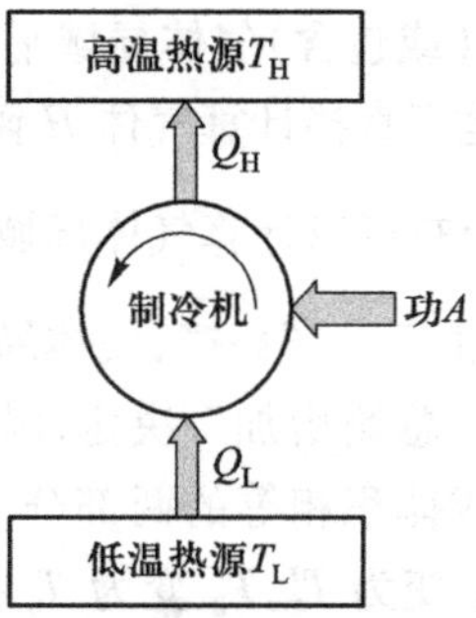

图 3-2-6 制冷机

从气体分子运动论的角度来看,热能的第一个基本属性是:热能是所有分子机械运动的总能量.热力学第一定律正是反映了热力学过程中总能量守恒.热能的另一基本属性是:大量分子运动是无规的.如果能度量热力学状态分子运动的混乱(无规)程度,则热力学第二定律只是表明:系统自发变化(不引起其他改变)中混乱度只增不减.我们在前面通过不同途径,引入熵来度量热力学状态分子运动的混乱度,并解释了由于大量的分子碰撞,熵(或负的 H 函数)在热力学过程中只可能持续增加.对于均匀气体,以 T、V 作为气体热力学状态的宏观参量,可得到

$$T\mathrm{d}S=\mathrm{d}U+p\mathrm{d}V \tag{3.2.33}$$

$$\mathrm{d}Q=T\mathrm{d}S \tag{3.2.34}$$

是热力学基本方程.对于局域平衡态,气体总熵是各局域熵之和

$$S=\int_V S(\boldsymbol{r})\,\mathrm{d}\boldsymbol{r} \tag{3.2.41}$$

$\boldsymbol{r}$ 是三维坐标,$S(\boldsymbol{r})$是 $\boldsymbol{r}$ 处的熵密度.

孤立系统的气体(即外界不输入热量及做功)自发变动,熵变化的方向为

$$\mathrm{d}S\geqslant 0 \tag{3.2.42}$$

则是气体的热力学第二定律的一种表述:"孤立系统的熵不减,只有平衡态的熵不再增加."

我们还可以推论,对于可实现的热力学过程,气体内部过程总是引起气体熵的增加(通常用 $\mathrm{d_i}S\geqslant 0$ 表示),则任何使气体恢复原状态的逆过程必须要由外界对气体输入"负熵"或 $\mathrm{d_e}S=\dfrac{\mathrm{d_e}Q}{T}$.也就是说,没有任何过程可以使气体恢复原状而不改变外界状态.

第二类永动机是指可以从单一热源吸取热量，并将其转化为功，但对周围没有影响的“机器”，如图 3-2-7 所示.这类“机器”不违反热力学第一定律（能量守恒），若能实现则可将地球内部、海洋等作为热源，对人类来说是“取之不尽”的.热力学第二定律表明，第二类永动机是不可能实现的.近二百年来诸多“巧匠”“工程师”制造或发明第二类永动机的试图，无一例外地都以失败告终.这些事例，充分表明了“普及科学”及“相信科学”的重要性.

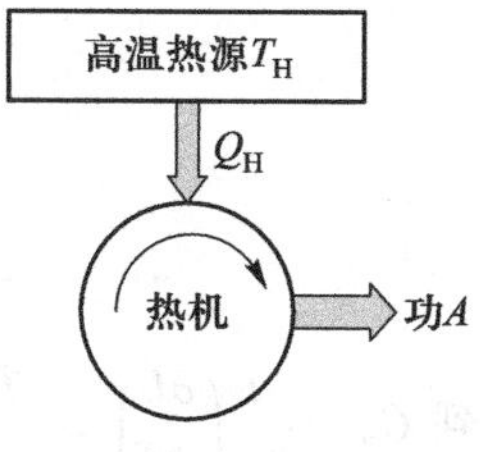

图 3-2-7　第二类永动机示意图

9　卡诺定理

热力学第二定律表明，自然界的过程是有方向性的，即不可逆性.一个系统由某一状态出发，经过某一过程达到另一状态，如果存在另一过程，它使系统和外界完全复原（即系统回到原来状态，同时消除了系统对外界引起的一切影响），则原来的过程称为可逆过程.反之，如果用任何方法都不可能使系统和外界完全复原，则原来的过程称为不可逆过程.理想气体的卡诺循环过程是一个可逆过程.理想气体的卡诺循环的效率就是可逆热机的效率.事实上，卡诺于 1824 年就给出了卡诺定理：

（1）在相同的高温热源和相同的低温热源之间的一切可逆热机，其效率都相等，与工作物质无关.

（2）在相同的高温热源和相同的低温热源之间工作的一切不可逆热机，其效率都小于可逆热机的效率.

在图 3-1-14 中，由于漏热等实际因素，循环曲线在卡诺循环内，对外输出功小于卡诺循环的结果，因此实际热机效率小于卡诺循环的效率.卡诺热机效率给出了所有热机效率的极限.因此，提高热机效率有两个主要方向，其一是尽量提高高温热源的温度或加大高、低热源的温度差；二是尽量减小各方面的损耗.热力学的这个结果，即便对当前设计节能措施，也有重要的指导意义.

10　热力学函数

前面已指出，对均匀热力学平衡态的热力学过程是由外界条件决定，气体系统本身不会自发变化.热力学过程的讨论只需考虑物态方程及热力学第一定律.对处于热力学局域平衡态的系统，由于存在系统内部自发变化的倾向，还需考虑热力学函数——熵.

热力学函数的引入是为了方便描述热力学状态（或热力学过程）的某方面特性，它们都是热力学状态参量（压强 p、温度 T、体积 V、密度 n 等）的函数.至此，我们已经知道了气体的两个热力学函数，即热能 U 和熵 S .以下讨论只取 $\nu=1$ mol 的气体，即总粒子数是确定的.

我们已知

$$C_{V,\mathrm{m}}=\left[\frac{\partial}{\nu\partial T}U(T,V)\right]_V \tag{3.1.17}$$

摩尔定容热容 $C_{V,\mathrm{m}}$ 可由理论计算，或由实验测量得到.再由

$$T\mathrm{d}S=\mathrm{d}U+p\mathrm{d}V \tag{3.2.33}$$

$$dU=\left[\frac{\partial}{\partial T}U(T,V)\right]_V dT+\left[\frac{\partial}{\partial V}U(T,V)\right]_T dV$$
$$=T\left(\frac{\partial S}{\partial T}\right)_V dT+\left[T\left(\frac{\partial S}{\partial V}\right)_T-p\right]dV$$

得到 $C_{V,\mathrm{m}}=\frac{1}{\nu}\left(\frac{\partial U}{\partial T}\right)_V=\frac{T}{\nu}\left(\frac{\partial S}{\partial T}\right)_V$，或

$$\left(\frac{\partial S}{\partial T}\right)_V=\frac{\nu C_V}{T} \tag{3.2.43}$$

再利用一些偏微分关系，可得

$$\frac{1}{\nu}\left(\frac{\partial U}{\partial V}\right)_T=T\left(\frac{\partial p}{\partial T}\right)_V-p \tag{3.2.44}$$

$$\frac{1}{\nu}\left(\frac{\partial S}{\partial V}\right)_T=\left(\frac{\partial p}{\partial T}\right)_V \tag{3.2.45}$$

根据状态方程：$p(T,V)$ 及摩尔定容热容量 $C_{V,\mathrm{m}}$（都可由理论或实验测量直接得到），由式(3.2.43)～式(3.2.45)可求出气体的热能及熵.还有一些热力学函数经常被提到，是因为对讨论相应热力学过程很有用.

定义"自由能"$F=U-TS$. 由 $TdS=dU+pdV$，得

$$dF=-SdT-pdV \tag{3.2.46}$$

对等温过程：$dT=0$，自由能的变化完全是由于外力对气体做功.热力学第二定律表明，系统自发的等温过程只能使自由能持续减小：$dF\leqslant 0$.自由能是指在某一个热力学过程中，系统减少的内能中可以转化为对外做功的部分，它衡量的是在一个特定的热力学过程中系统可对外输出的有用能量.

定义"焓"$H=U+pV$，则

$$dH=TdS+Vdp \tag{3.2.47}$$

或者

$$dH=dQ+Vdp \tag{3.2.48}$$

由于焓的含义非常明确，因此在涉及化学反应过程时，若压强和体积不变，由于反应能只作为热量出现，用焓是很方便的.

也可以定义吉布斯函数：$G=U-TS+pV$，则

$$dG=-SdT+Vdp \tag{3.2.49}$$

若温度与体积不变，气体压强的增加或减少只能是由于总分子数增加或减少所致.吉布斯函数又称为热力学势.在表达式(3.2.49)中，dT 和 dp 都是强度量微分，只有 S 与 V 是广延量，因此在温度及压强不变时，G 也是广延量.在讨论气体质量或粒子数变化情况下，式(3.2.49)可以推广为

$$dG=-SdT+Vdp+\mu d\nu \tag{3.2.50}$$

并有

$$\mu=\left(\frac{\partial G}{\partial \nu}\right)_{T,p} \tag{3.2.51}$$

以及

$$G=\nu g(T,p) \tag{3.2.52}$$

在分子数可变的情况下用吉布斯函数是很方便的，热力学关系是

$$\mathrm{d}U=T\mathrm{d}S-p\mathrm{d}V+\mu\mathrm{d}\nu \tag{3.2.53}$$

$$\mathrm{d}H=T\mathrm{d}S+V\mathrm{d}p+\mu\mathrm{d}\nu \tag{3.2.54}$$

$$\mathrm{d}F=-S\mathrm{d}T-p\mathrm{d}V+\mu\mathrm{d}\nu \tag{3.2.55}$$

对一般学习热力学的读者，只需要知道有这些热力学函数及微分关系式(3.2.53)~式(3.2.55)即可.

11 输运过程

前面已经指出，热力学第二定律实际上主要是指出局域平衡态自发变化的方向.气体的局域平衡态主要由分子数密度分布 $n(\boldsymbol{r})$、局域宏观速度 $\boldsymbol{v}(\boldsymbol{r})$、温度分布 $T(\boldsymbol{r})$ 等所描述，$\boldsymbol{r}$ 是空间坐标矢量.这些参量分布的自发变化，分别受"扩散过程"、"黏性"及"传热过程"所制约.热力学第二定律表明：气体由密度高处向密度低处"扩散"（扩散过程）；动量由动量大处向动量低处传送（黏性过程）；及热量从高温处向低温处传送（传热过程）.这些过程统称为输运过程.非平衡态热力学就是讨论热力学系统局域平衡态变化的规律，亦即讨论这些输运过程.

气体内部之所以能够发生输运过程，首先是由于分子的不停的热运动.当气体内部存在不均匀性的时候，一般就可以说，各处的分子具有不同的特点.(1)当气体各处的温度存在差异时，各处分子热运动的平均动能就不同，温度高处分子平均动能大，温度低处分子平均动能小.由于分子不停的热运动，分子从温度高处运动到温度低处，就会带去较多的能量；反之，分子从温度低处运动到温度高处，平均带去能量较少.这样通过高、低温处分子热运动的交流，总的平均效果，出现热运动由高温处向低温处发生宏观输运.(2)如果气体处于系统内各处宏观流速不同的非平衡态时，从微观角度看，系统内的分子除了进行热运动外还附加一个不同流速的宏观运动.分子运动使不同流速的分子相互交换，就可以使不同地方的分子流动动量得到交换.因此，就会出现宏观的动量由流速大的层向流速低的层传递或输运.这种宏观动量的输运结果，使相邻层之间出现了内摩擦力，也就是黏性力.(3)在混合气体中，当某种气体的分子数密度分布不均匀时，这种气体分子将从数密度大的地方向数密度小的地方迁移，这种现象在宏观上就被称为扩散现象.混合气体内部如果要发生纯扩散过程，那么混合气体内部各处的温度和总压强要均匀，当各处组分的分子数密度不均匀时，就会发生组分气体的纯扩散过程.而对一种气体来说，当内部气体温度均匀，数密度不均匀，则各处压强也不均匀，从而产生气体的定向流动，但不是扩散.为简化，一般仅仅考虑由两种气体分子组成的混合气体中发生的纯扩散过程.同时，还假定两种分子的质量 m 基本相等，这样，混合气体中两种分子的热运动平均速率、分子有效直径等差异均可以忽略不计.下面从分子运动论的角度来阐述热传导、黏性和扩散三种输运过程.

从分子热运动和分子之间的碰撞的微观机制来看，气体的输运过程和热运动的平均自由程 $\overline{\lambda}$ 有关.下面求出 $\overline{\lambda}$ 与分子数密度 n 的关系.设想 A 分子以平均相对速率运动，其余分子不动.跟踪分子 A，看其在一段时间 Δt 内与多少分子相碰.以 A 分子质心的运动轨迹为轴，分子有效直径 d 为半径，作一曲折圆柱体，如图 3-2-8 所示，则凡质心在该圆柱体内的分子

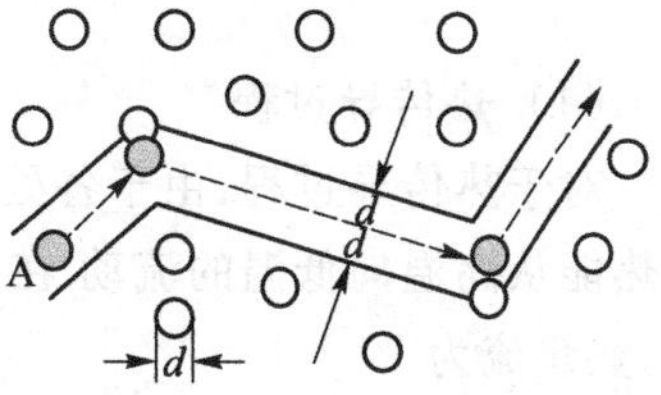

图 3-2-8 分子碰撞次数的计算

都将与 A 相碰.Δt 时间内其他分子与 A 分子平均碰撞的次数等于圆柱体体积中的分子数. 设圆柱体的截面积(分子碰撞截面)为 σ,则 $\sigma=\pi d^2$.而圆柱体的体积为 $\sigma\bar{u}\Delta t$,其中 $\bar{u}$ 为分子间平均相对运动速率.中心在此圆柱体内的分子总数,即在 Δt 时间内与 A 相碰的分子数为 $n\sigma\bar{u}\Delta t$.由此可以算出分子平均碰撞频率 $\bar{Z}=\dfrac{n\sigma\bar{u}\Delta t}{\Delta t}=n\sigma\bar{u}=\sqrt{2}\,n\pi d^2\bar{v}$,其中利用了分子间平均运动速率 $\bar{u}$ 与相对地面平均运动速率 $\bar{v}$ 的关系:$\bar{u}=\sqrt{2}\bar{v}$.然后利用 Δt 时间内分子走的平均路程 $\bar{v}\Delta t$ 以及 Δt 时间内分子平均发生的碰撞次数 $\bar{Z}\Delta t$,可以求出平均自由程

$$\bar{\lambda}=\frac{1}{\sqrt{2}\,n\pi d^2} \tag{3.2.56}$$

标准状况下,多数气体的平均自由程约为10^{-8} m,分子有效直径约为10^{-10} m.因此,$\bar{\lambda}\gg d$,除了分子碰撞的瞬间,分子间的相互作用可以忽略.同时,平均自由程 $\bar{\lambda}$ 又远小于容器的线度,这样分子从容器上部热运动到容器下部,要经过很多次碰撞.而由于分子直径很小,分子间的碰撞主要为二体碰撞,三个或多个分子同时碰撞的可能性很小,可以忽略.在这些假设下,我们可以对气体输运过程进行微观描述.

假设气体分子都以平均速度 $\boldsymbol{v}$ 向不同方向运动,分子每行走长度 $\bar{\lambda}$ 后即与其他分子碰撞一次.在 $z=z_0$ 处有一平行(xy)平面的小面元 $\mathrm{d}S$,如图 3-2-9 所示.可以认为,气体所有分子可分或六群,各以速度 $\boldsymbol{v}$ 向($\pm x,\pm y,\pm z$)六个方向运动,则 $\mathrm{d}t$ 时内间由上方穿过 $\mathrm{d}S$ 的分子数为 $\mathrm{d}N=\dfrac{1}{6}nv\mathrm{d}S\mathrm{d}t$.$\mathrm{d}N$ 个分子在 $z_0+\bar{\lambda}$ 处经过碰撞,具有该处的平均力学量 $K(z_0+\bar{\lambda})\mathrm{d}N$(密度,平均动量,平均能量),飞行到位于 z_0 处的 $\mathrm{d}S$ 上,碰撞后将所带的力学量交与当地分子,补偿同时反向由 $\mathrm{d}S(z_0)$ 飞向 $\mathrm{d}S(z_0+\bar{\lambda})$ 的 $\mathrm{d}N$ 个分子所带走的 $K(z_0)\mathrm{d}N$.同样,$\mathrm{d}N$ 个分子由 $\mathrm{d}S(z_0-\bar{\lambda})$ 处飞向 $\mathrm{d}S(z_0)$ 带来的力学量 $K(z_0-\bar{\lambda})\mathrm{d}N$,补偿出 $\mathrm{d}S(z_0)$ 飞向 $\mathrm{d}S(z_0-\bar{\lambda})$ 的 $\mathrm{d}N$ 个分子所带走的力学量 $K(z_0)\mathrm{d}N$.因此,在 $\mathrm{d}t$ 时间内,$\mathrm{d}S(z_0)$ 上力学量 K 的变化为

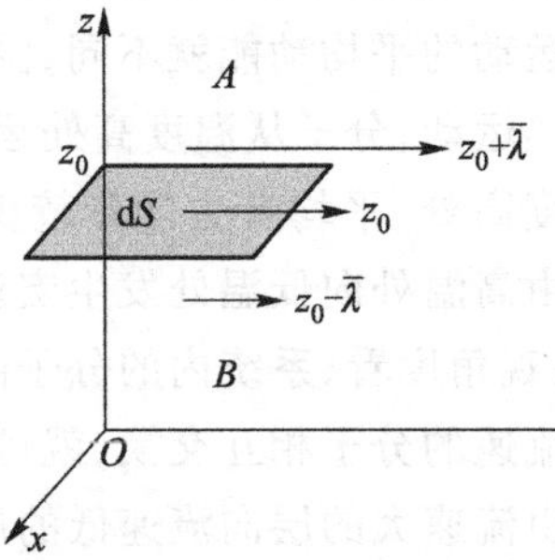

图 3-2-9　气体输运的微观图像

$$[K(z_0+\bar{\lambda})+K(z_0-\bar{\lambda})-2K(z_0)]\mathrm{d}N\propto-2\left[\frac{\mathrm{d}K(z)}{\mathrm{d}z}\right]_{z=z_0}\bar{\lambda}\mathrm{d}N$$

或者,在 $\mathrm{d}S(z_0)$ 处力学量 K 流为

$$-2\left[\frac{\mathrm{d}K(z)}{\mathrm{d}z}\right]_{z=z_0}\cdot\bar{\lambda}\frac{\mathrm{d}N}{\mathrm{d}t}$$

(1) 热传导过程

对于热传导过程,由于各处分子的平均动能不相同,以及分子处于不停的热运动当中,会发生热能从高温向低温的流动.在此过程中发生变化的力学量 K 是分子热运动的平均平动能 $\bar{\varepsilon}$,因此,热量流为

$$\frac{\mathrm{d}Q}{\mathrm{d}t}=-2\left(\frac{\mathrm{d}\bar{\varepsilon}}{\mathrm{d}z}\right)_{z=z_0}\cdot\bar{\lambda}\frac{\mathrm{d}N}{\mathrm{d}t}$$
$$=-\frac{1}{3}n\bar{v}\bar{\lambda}\mathrm{d}S\left(\frac{\mathrm{d}\bar{\varepsilon}}{\mathrm{d}z}\right)_{z_0} \tag{3.2.57}$$

其中负号表示热量从高温传向低温.注意到关系$\left(\frac{\mathrm{d}\bar{\varepsilon}}{\mathrm{d}z}\right)_{z_0}=\left(\frac{\mathrm{d}\bar{\varepsilon}}{\mathrm{d}T}\right)_{z_0}\left(\frac{\mathrm{d}T}{\mathrm{d}z}\right)_{z_0}$,并且假定$\left(\frac{\mathrm{d}\bar{\varepsilon}}{\mathrm{d}T}\right)_{z_0}=C_{V,\mathrm{m}}$,$C_{V,\mathrm{m}}$为 z_0处分子的摩尔定容热容,可以得到

$$\frac{\mathrm{d}Q}{\mathrm{d}t}=-\frac{1}{3}n\bar{v}\bar{\lambda}C_{V,\mathrm{m}}\mathrm{d}S\left(\frac{\mathrm{d}T}{\mathrm{d}z}\right)_{z_0} \tag{3.2.58}$$

实验发现,对于各向同性的物质(不仅仅气体),热传导遵循如下的实验规律:

$$q=-\kappa\Delta S\left(\frac{\mathrm{d}T}{\mathrm{d}z}\right)_{z_0} \tag{3.2.59}$$

其中 q 是单位时间内通过某截面的热量,ΔS 是截面的面积.这里的负号表示实际的热流方向与温度梯度方向相反.这就是热传导的傅里叶定律,κ 是热导率.同微观结果比较,可以很容易地发现热导率的微观表达式为

$$\kappa=\frac{1}{3}n\bar{v}\bar{\lambda}C_{V,\mathrm{m}} \tag{3.2.60}$$

热导率是物质的一个特性参量,单位是($\mathrm{W\cdot m^{-1}\cdot K^{-1}}$),一些物质的热导率在表 3-2-1 中列出.金属(尤其是铜)的热导率较高.

表 3-2-1　一些材料的热导率

物质	空气 1 atm	水蒸气 1 atm	氢气 1 atm	水	甘油	CCl_4
温度/℃	38	100	175	20	0	27
热导率/($\mathrm{W\cdot m^{-1}\cdot K^{-1}}$)	0.027	0.0245	0.251	0.604	0.29	0.104
物质	纯银	纯铜	纯铝	水泥	玻璃	冰
温度℃	0	20	20	24	20	0
热导率/($\mathrm{W\cdot m^{-1}\cdot K^{-1}}$)	418	386	204	0.76	0.78	2.2

(2) 黏性过程

黏性过程发生在分子的定向流速 u 随高度的变化而不同的时候,因此,这一过程中的热力学量 K 是定向运动的动量 mu,其中 m 是分子质量.单位时间内动量的变化量可以写为

$$\frac{\mathrm{d}p}{\mathrm{d}t}=2\left(\frac{\mathrm{d}mu}{\mathrm{d}z}\right)_{z=z_0}\cdot\bar{\lambda}\frac{\mathrm{d}N}{\mathrm{d}t}$$
$$=\frac{1}{3}nm\bar{v}\bar{\lambda}\mathrm{d}S\left(\frac{\mathrm{d}u}{\mathrm{d}z}\right)_{z_0} \tag{3.2.61}$$

根据牛顿黏性定律:

$$F=-\eta\left(\frac{\mathrm{d}u}{\mathrm{d}z}\right)_{z=z_0}\cdot\mathrm{d}S \tag{3.2.62}$$

其中 F 为 dS 面下方流层对上方流层的黏性力，黏性力就是流体内部的摩擦力，η 为黏度. 比较式(3.2.61)和式(3.2.62)可以得到黏度

$$\eta=\frac{1}{3}nmv\overline{\lambda}=\frac{1}{3}\rho v\overline{\lambda} \tag{3.2.63}$$

其中 $\rho=nm$ 是气体密度. 黏度单位为"泊"，简记为 p，$1\ \mathrm{p}=1\ \mathrm{dyn}\cdot\mathrm{s}\cdot\mathrm{cm}^{-2}=0.1\ \mathrm{N}\cdot\mathrm{s}\cdot\mathrm{m}^{-2}$. 有人也用"帕秒"($1\ \mathrm{Pa}\cdot\mathrm{s}=0.1\ \mathrm{p}$)为单位. 黏度随流体的温度变化比较大. 液体的黏度一般随温度上升而下降，但气体的黏度则随温度上升而增大，差不多正比于热力学温度的平方根$\sqrt{T}$. 表 3-2-2 给出一些流体的黏度.

表 3-2-2　一些流体的黏度

气体	温度/℃	$\eta/10^{-4}\mathrm{p}$	液体	温度/℃	$\eta/10^{-2}\mathrm{p}$
空气	20	1.82	水	0	1.79
	670	4.0		20	1.01
水蒸气	0	0.9		100	0.28
	100	1.27	酒精	0	1.84
CO_2	20	1.47		20	1.20
氢	20	0.89	轻机油	15	11.3
	250	1.3	重机油	15	66

(3) 扩散过程

该过程发生在气体分子数密度不均匀的情况，显然，这种条件下，力学量 K 是气体的分子数密度 n，它的变化率为

$$\frac{\mathrm{d}n}{\mathrm{d}t}=-\frac{1}{3}v\overline{\lambda}\,\mathrm{d}S\left(\frac{\mathrm{d}n}{\mathrm{d}z}\right)_{z_0} \tag{3.2.64}$$

实验发现，单位时间内通过 z_0 处横截面 ΔS 上的分子数与分子数密度梯度成比例，也和横截面的大小 ΔS 成比例，即

$$\frac{\mathrm{d}N}{\mathrm{d}t}=-D\Delta S\left(\frac{\mathrm{d}n}{\mathrm{d}z}\right)_{z_0} \tag{3.2.65}$$

式(3.2.65)称为菲克扩散定律. 负号表示分子从密度高处向密度低处扩散，比例系数 D 称为扩散系数，其单位可用 $\mathrm{m}^2\cdot\mathrm{s}^{-1}$. 同微观结果对照，可以得到

$$D=\frac{1}{3}v\overline{\lambda} \tag{3.2.66}$$

在式(3.2.60)、式(3.2.63)及式(3.2.66)中，ρ、$C_{V,\mathrm{m}}$ 可直接测出，v 可由气体热力学温度 T 估计出，平均自由程 $\overline{\lambda}$ 可由分子直径给出估计值. 不同输运系数之比与平均自由程无关，例如，$D\cdot\rho/\eta=1$. 对不同气体，$D\cdot\rho/\eta$ 的实际测量值在 1.3~1.5 之间. 此外，由于 ρ 与 $\overline{\lambda}$ 对压强 p 的依赖关系正相反，二者乘积 $\rho\overline{\lambda}$ 与 p 无关，这就导致 η 与 κ 和压强 p 无关. 实验证实了这个推论.

§ 3.3 热力学的基本原理

基于气体分子运动论，我们介绍了气体热力学的主要概念、物理图像以及热力学第一、第二定律的基本内容.在固体及液体中，尽管从微观上看，分子已经不能自由移动，但仍然存在大量的、与数倍分子总数相近的机械运动自由度，它们之间也存在类似碰撞的相互作用.气体热力学的主要规律，如热力学第一、第二定律，普遍适用于物质三态.

1 固体和液体的运动模式

在通常条件下，人们直接感知的宏观物体有三种存在状态，即气态、液态、固态.不同状态物体都是由大量的分子、原子构成，但结合方式并不相同，因而物体不同状态的宏观外貌及宏观运动特性有极大差别.例如，水在 0 ℃以下是固体冰，其中水分子在空间规则排列.若温度变化范围较小，不同温度下冰保持形状不变，体积变化很小（热胀冷缩），可以近似认为冰的体积不变.液体水中相邻分子排列基本有序，但允许有极微的错动（所谓“短程有序、长程无序”），因而水的宏观外形可以任意变化，但总体积基本不变.100 ℃以上水蒸气中水分子（除碰撞外）基本是自由飞行（当然还有分子转动及振动），因而气体体积及外形都可变，由容器决定.这些差别也就决定了不同物态的宏观热力学参量也不完全相同.前面已讲了，对气体状态，热力学参量是体积、温度、压强及其间的关系，即物态方程.对固体，除总质量或总分子数等不变参量外，主要热力学参量是温度（除超高压情况外，压强变化影响很小，体积的很小变化也可由温度变化及热胀系数直接算出）.液体的主要热力学参量也是温度，其密度或体积变化很小，或可由热涨系数直接算出.液体形状由容器决定，或者由流体力学方程确定其变化及运动.

由以上所述，物体的热能是组成物体分子、原子的“机械运动”总能量.在气体中，分子基本上在自由飞行，多原子分子还有转动和分子内部振动等自由度.分子间的相互作用是近乎瞬时的弹性碰撞，能量通过碰撞在不同运动自由度间转移，经过极短时间（大约 10^{-9} s）后达到总能量在不同自由度间“均分”.

在固体中，分子运动完全是另一种形态.由于长程吸引及短程排斥力，分子、原子排列成整齐的空间晶格.当然，它们也不可能静止停留在格点（平衡点）上，而是围绕格点振动.由于不同格点上分子及原子间的相互作用，任一格点上的运动势必会影响其他相邻格点上分子的运动.因此，不同格点上分子的振动并不是独立的，而是有序地组合成不同模式、不同频率和波长的波，称为格波.每个格波应该看成是一个自由度，格波的振幅决定该自由度的能量.固体有多少分子、原子，就有与分子、原子运动自由度同数量的格波.格波就是固体中分子的运动自由度.为说明格波的物理意义，以下以一维单原子链和一维双原子链为例分析固体中格波及格波自由度的总数.

我们先看由单原子组成的一维链，每个原子的质量为 m，平衡时两原子间距为 a，布拉维格矢 $R_s=sa$，原子 s 偏离平衡位置位移为 u_s，如图 3-3-1 所示.

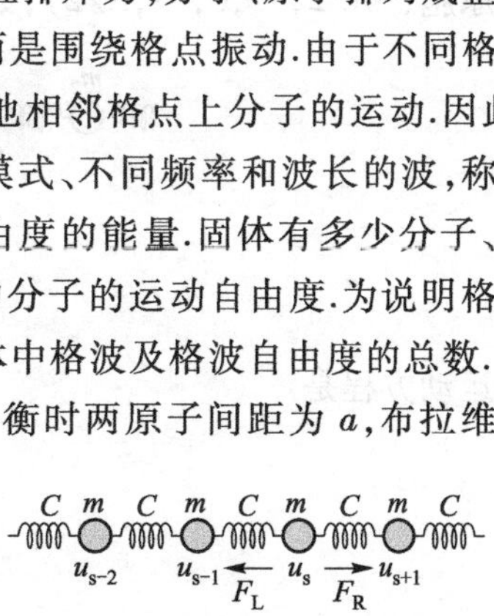

图 3-3-1 一维单原子链示意图

若u_s 远小于平衡间距 a，则两原子$(s,s+1)$的相互作用力可近似用弹性力表示：

$$F_R=C(u_{s+1}-u_s)$$

原子 s 的运动方程可以写为

$$m\frac{d^2u_s}{dt^2}=C(u_{s+1}+u_{s-1}-2u_s) \tag{3.3.1}$$

该线性微分方程的解应取形式：$u_s(t)=A\exp[i(kx_s-\omega t)]$，其中 $x_s=sa$，s 取分立值.将其代入式(3.3.1)中，得到"色散关系"

$$\omega^2=\frac{4C}{m}\sin^2\left(\frac{ka}{2}\right) \quad 或 \quad \omega=\sqrt{\frac{4C}{m}}\sin\left(\left|\frac{ka}{2}\right|\right) \tag{3.3.2}$$

假设一个包含有 $N+1$ 个原胞$\left(s=-\frac{N}{2},1-\frac{N}{2},\cdots,-1+\frac{N}{2},\frac{N}{2}\right)$首尾相接的环状链.它包含有限数目的原子（$N+1$ 个原子，即一个原胞包含一个原子），保持所有原胞完全等价.利用周期性边界条件，即 $u_{-N/2}=u_{N/2}$，显然只有在$\frac{kNa}{2}=n\pi$ 时成立，其中 $n=-\frac{N}{2},1-\frac{N}{2},\cdots,-1+\frac{N}{2},\frac{N}{2}$取整数.这样可以得到 $k=\frac{n}{N}\cdot\frac{2\pi}{a}$.

图 3-3-2 给出了一维单原子链系统振动频率随波矢量的变化关系，图中通过-0.5 和 0.5 的两条竖线对应着第一布里渊区.链上有 $N+1$ 个原子，可允许有 $N+1$ 支波存在.亦即，一维链上原子一维运动的自由度数为原子数.若 $k=\pm\pi/a$，ω 取最大值：$\omega=\sqrt{\frac{4C}{m}}$.当 k 接近零时，有：

$$\omega\approx\sqrt{\frac{C}{m}}ka=\sqrt{\frac{Ca}{m/a}}k=\sqrt{\frac{Ca}{\lambda}}k=kv_s \tag{3.3.3}$$

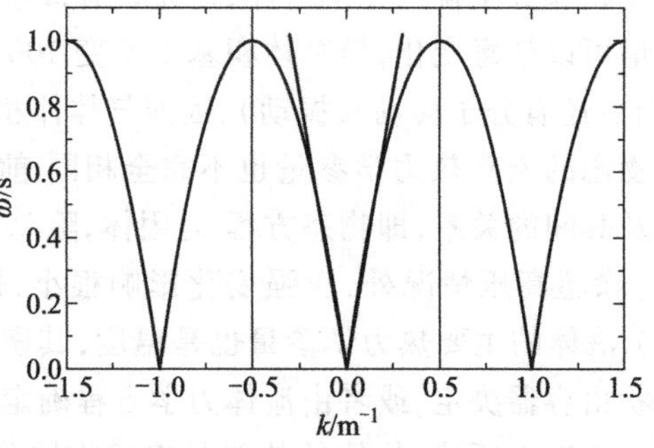

图 3-3-2 一维单原子链振动频率随波矢量的变化关系

其中 v_s 可看成波速.

如果一维链中含有两种不同原子，每个原胞中包含两个原子，质量分别为 m_1 和 m_2.共 $N+1$ 个原胞（$-N/2,\cdots,0,\cdots,N/2$），如图 3-3-3 所示.

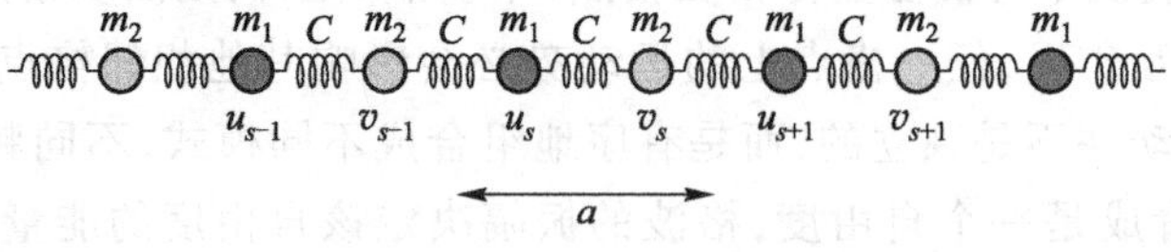

图 3-3-3 一维双原子链示意图

则运动方程是

$$\begin{aligned} m_1\frac{d^2v_s}{dt^2}&=C(u_s+u_{s+1}-2v_s)\\ m_2\frac{d^2u_s}{dt^2}&=C(v_s+v_{s-1}-2u_s) \end{aligned} \tag{3.3.4}$$

令式(3.3.4)的试探解为 $u_s(t)=u\exp[\mathrm{i}(kx_s-\omega t)]$ 和 $v_s(t)=v\exp[\mathrm{i}(kx_s-\omega t)]$.同样令 $s=-\frac{n}{2}$, $1-\frac{n}{2},\cdots,-1+\frac{n}{2},\frac{n}{2}$.应用周期性边界条件:$u_{-n/2}=u_{n/2}$ 和 $v_{-n/2}=v_{n/2}$,k 只能取值:$k=\frac{2\pi}{na}N$,其中 N 取整数,$N=-n/2,1-n/2,\cdots,n/2-1,n/2$.

将两个试探解代入到式(3.3.4)中,可以得到

$$\begin{pmatrix} \omega^2 m_2-2C & C[1+\exp(-\mathrm{i}ka)] \\ C[1+\exp(\mathrm{i}ka)] & \omega^2 m_1-2C \end{pmatrix}\begin{pmatrix} u \\ v \end{pmatrix}=0$$

上式矩阵的本征值为一维振子链的色散方程

$$\omega^4-2C\omega^2\left(\frac{1}{m_2}+\frac{1}{m_1}\right)+\frac{4C^2}{m_2 m_1}\sin^2\left(\frac{ka}{2}\right)=0 \tag{3.3.5}$$

求解上式的色散方程,得到

$$\omega^2=C\left(\frac{1}{m_2}+\frac{1}{m_1}\right)\left[1\pm\sqrt{1-\frac{4m_2m_1}{(m_2+m_1)^2}\sin^2\left(\frac{ka}{2}\right)}\right] \tag{3.3.6}$$

可以看出这是两支格波:低频的一支称为声学支,如图 3-3-4 所示的下方分支;高频的一支称为光学支,如图 3-3-4 所示的上方分支.在 $k=\pi/a$ 时,两个分支频率分别为

$$\begin{cases} \omega_o=\sqrt{\dfrac{2C}{m_2}} \\ \omega_p=\sqrt{\dfrac{2C}{m_1}} \end{cases} \tag{3.3.7}$$

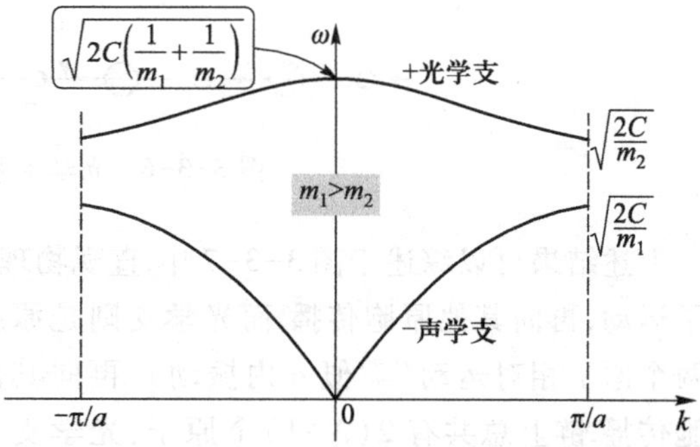

图 3-3-4 光学波与声学波

在 $k=0$ 附近,$\frac{4m_2m_1}{(m_2+m_1)^2}\sin^2\left(\frac{ka}{2}\right)\approx\frac{4m_2m_1}{(m_2+m_1)^2}\left(\frac{ka}{2}\right)^2\ll1$,可将式(3.3.6)根号部分按照 k^2 展开,得到长声学波频率为

$$\omega_p=\sqrt{\frac{C}{2(m_2+m_1)}}ka \tag{3.3.8}$$

上式表明,长声学波频率正比于波数,这是和弹性波情况 $\omega_p=v_p k$ 相似.比较两式可以得到长声学波的波速为

$$v_p=a\sqrt{\frac{C}{2(m_2+m_1)}}$$

也可以写为

$$v_p=\sqrt{\frac{Ca}{\dfrac{2(m_2+m_1)}{a}}}=(\text{伸长模量/密度})^{1/2} \tag{3.3.9}$$

对于长声学波频率,当 $k\to0$ 时,$\omega_p\to0$,因此有$(u/v)=1$.这说明两种原子的运动是一致的,

振幅和相位没有差别，类似一个粒子运动，再向其他原胞传播.运动图像如图 3-3-5 所示.在一个波长内，m_1，m_2 作同方向运动，犹如一个粒子.

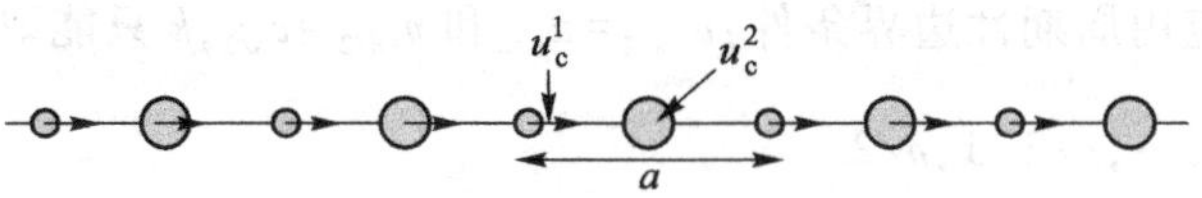

图 3-3-5　长声学波振子的运动

另一是光学支，即图 3-3-4 所示的上方分支.当 $k\to 0$ 时，光学支频率为，$\omega_o\to\sqrt{2C\left(\dfrac{m_1+m_2}{m_1m_2}\right)}$.

这时有$\dfrac{u}{v}=-\dfrac{m_1}{m_2}$，这说明原胞内两个原子振动有完全相反的相位，两个原子相对运动，运动中保持它们的质心不动，如图 3-3-6 所示.

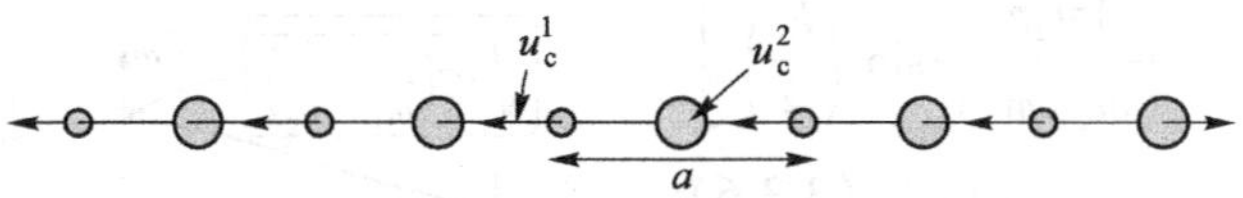

图 3-3-6　光学支两个原子的运动情况

上述结果可以综述于图 3-3-7 中.直观物理图像如下：声学支是原胞 a 内两个原子近似一个原子运动，再向其他原胞传播.而光学支则是原胞内两个原子相对运动（类似 a 内振动），再向其他原胞传播.链上总共有 $2(N+1)$ 个原子，光学支与声学支总共也是 $2(N+1)$ 支波.若一维链上有 N 个原胞，每个原胞中有 κ 个不同原子.我们同样可以证明，链上共有 κN 个一维运动的原子，形成 κN 个波.

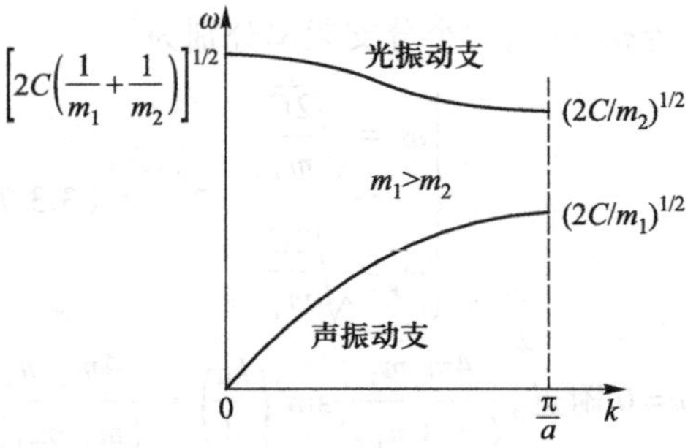

图 3-3-7　光学波与声学波

对于原胞中包含 p 个原子的三维晶体，类似于式（3.3.1）和式（3.3.4）的运动方程式为 $3p$，3 来自于每个原子在空间的运动有 3 个自由度，相应的格波解有 $3p$ 个. 对于 $p=1$ 的简单晶格，与一维单原子链类似，只有声学支.不同之处在于，在一维单原子链中，只有 1 个自由度，相应有 1 个声学支，原子振动的方向与波传播的方向一致，称为纵声学支（Longitudinal Acoustic branch，简写为 LA）.现在除去纵波外，还可能有两个原子振动方向与波传播方向垂直的横声学支（Transverse Acoustic branch，简写为 TA）存在.对于纵模和横模，原子间相互作用的力常量是不同的，LA 和 TA 通常并不简并.对于单原子链，或实际晶体在某些对称方向，两支 TA 模是简并的.

对于 $p>1$ 的复式晶格，类似于双原子链，除声学支外还有光学支，在 $q=0$ 处有非零的振动频率 ω.自然除去纵光学支（Longitudinal Optical branch，简写为 LO）外，还有横光学支（Transverse Optical banch，简写为 TO）.在 $3p$ 支中，除 3 个声学支外，其余 $3p-3$ 均为光学支.

在理想晶体点阵中，每个格波都是自由传播的，是独立运动的自由度.每个格波的能量都可连续变化.用量子力学求解 N 个分子构成点阵的运动，也可以得到 $3N$ 个波解，但每个波都是"量子化"的，每个格波的能量只能是其最小能量（"声子"）$h\nu_{ki}$ 的整数倍，ν_{ki} 是该格波的频率. 单纯从热力学角度（只看大量分子热运动），我们可将固体看成"声子气体"，每个格波都可看成是声子气体的组元，格波的能量就相当于气体分子运动的能量.由于晶体中相近原子或分子间还存在较弱的"非简谐"相互作用，以及存在大量杂质、缺陷、晶界等，破坏了晶格周期性，不同格波之间能量也可转换，可看成声子间（类似于气体中自由运动分子的）"弹性散射"过程.因而在经过"极短时间"后，总能量在不同格波间"均分".从热力学角度看，固体可看成有固定体积的"声子气体".

液体不是物质固体态与气体态的过渡，而是在一定热力学参量（温度、压强）范围内独立的"物态相".液体可以看成是分子密集堆砌而成，每个分子都处于一个"平衡位置"，相邻两分子只能有极微小、可持续的相对移动.因此液体体积保持不变，但宏观形态可以变动（如可流动等）.分子也可以围绕其平衡点振动，当然由于分子间相互作用，不同相邻分子的振动也有耦合，形成不同频率，波长、模式的波，有的波可传播很远，有的也可以较局域.我们可能较难写出所有波的具体表达式，但从分子的力学运动方程（牛顿运动方程或量子力学薛定谔方程）可以看出，不论振动解是何种形式，频率和波长如何分布，独立振动解或独立运动自由度总数应该是基本不变的.非晶态固体与液体情况较接近，也是由分子无序堆砌而成，相邻分子有可能作微小的相对移动.

因此，在通常热力学讨论的范围内（温度在几千摄氏度以内，压强在几百或几千大气压以下），不论是气体、液体或固体，都可以看成是充分多（相当于分子总数或数倍于分子总数）运动的"准粒子"集合.每个准粒子相当于一个自由度，自由度总数不变，但各个自由度的运动是混乱的，彼此之间存在着耦合，并通过耦合可以传热.在众多自由度中，有一支"类声波"，即 $\omega(k\to0)\to0$，对热贡献最大.如果不计膨胀，固体或液体热力学与固定体积气体热力学是等价的，可以用气体热力学的分子运动图像来理解固体或液体中热力学过程和基本定律.

2 固体和液体热力学与气体热力学的关系

本书一开始就指出，物体的"热能"是构成物体所有分子、原子无序"机械运动"能量的总和.如果不计"核能"，则物体内部原子、分子的能量，即所谓"内能"，主要包括两大部分：化学能与热能.前者是原子结合成分子或结合成固体或液体的"结合能".在大多数情况下，单个分子的结合能比该分子机械运动的能量大很多，而且是确定的数值.举一个例子：由两个氢原子结合成氢分子的结合能是 4.49 eV（电子伏），而温度为 300 K 的氢气中单个氢分子的平均动能是 0.026 eV.热力学只讨论物体系统中涉及热能的变化规律，如果热力学问题涉及化学反应，则化学反应能的吸收或放出可以看成热能的"漏"或"源".当然上述"结合能"还可分成由自由原子结合成自由分子的结合能量（在气体中的分子），以及由这些分子结合或固体、液体的结合能（相变涉及的潜热）.我们前面也已指出，物体处于不同的"物态"（气体、液体或固体），其中分子、原子处于不同的结合状态，物体宏观状态也很不一样，但所有原子、分子机械运动自由度总数却是不变的（或者由于某些特殊原因，有相对极小的差别）.例如：晶体冰块中格波的总数与冰块变为水蒸气中水分子力学运动自由度的总数是相同的.物体的热能就是这些力学运动自由度运动能量的总和.由于原子、分子数量巨大，各自由度相互作用

(碰撞),其间能量频繁交换,使得各自由度平均能量都相等(能量均分).对照理想气体情况,不论物体处于固态、液态或气态,我们都可以用其中"最接近经典力学运动"自由度上的平均能量来定标该物体的"温度".在气体中,这种"最接近经典力学运动"自由度就是分子平移运动自由度;对于温度不特别低的固体或液体来说,就是频率最低的声频波分支,或纵波分支.

在固体或液体中,原子或分子的运动遵循量子力学规律,每一格波能量变化都是"量子化"的,或者说都只有整数个该模式的"声子".$\varepsilon=\frac{1}{2}k_{B}T$可以看成是在热力学温度$T$时,分子热运动的平均能量.如果某一格波模式的"声子"能量远小于$\frac{1}{2}k_{B}T$,则此格波模式中可以存在多个声子,格波的平均能量是$\varepsilon=\frac{1}{2}k_{B}T$,最低频的声频波分支就是这种情况.如果格波模式的"声子"能量大于$\frac{1}{2}k_{B}T$,则此模式不能被温度激发,或者称之为被"冻结".容易证明,任何固体或液体中总有几支"低频波",其频率随波长的增加(长波极限)趋于零.因此,即使在较低温度下,固体或液体中也还是有充分多自由度参加热运动,当然也还有部分自由度是冻结的.在通常情况下,固体或液体中不是所有格波都参与"热运动".类似于气体中的分子,固体或液体中的能量也迅速在参与热运动的格波模式之间转换.这就是为什么对固体或液体,热能的概念、热力学基本物理图像和物理规律与气体是一样的.

我们已经指出,在固体或液体中,原子、分子的间距及排列是由相邻原子、分子的相互作用势决定的.在通常条件下(即温度在数千摄氏度、压强在数千大气压以内),固体和液体的体积可以认为不受压强的影响,温度变化对体积的影响可以用热膨胀系数来修正,不必考虑这小的体积变化对外做的功.因此,对一定量的固体或液体,热力学状态也就是格波的"平衡态"或"能量均分态".物体的宏观热力学参量只有温度T.物体的热能是热力学状态的函数,也就是温度的函数:$U(T)$.固体或液体热能的变化只能是与外界的传热这程.

以上的讨论是为了使我们了解热能的本质,以及了解如何度量和传递热能.热能度量的单位还应该是一般能量度量单位,即焦耳、卡路里、千卡等.由于固体或液体可以和气体达到热平衡,因而其热力学状态的温度与前面气体温标是一致的.当然,对绝大多数固体或液体,近独立运动自由度或格波的计算都极其困难,甚至是近乎不可能的,也无法确切估计有多少自由度被"热冻结".一般定义单位质量物质温度升高1 K所需的热能为该物质的"比热容"c.如果仍用摩尔来度量物质的量,则相应引入"摩尔热容"C_{m}.显然,摩尔热容是温度的函数$C_{m}(T)$,它是容易被测量的.但如果温度充分高,固体中所有的格波自由度都参与热运动,亦即每个粒子都完全参与振动.N个粒子共$3N$个振动自由度,摩尔热容C_{m}应该是$3R$.表3-3-1给出一些固体材料在300 K时的C_{m}/R值.这里定义的热容与气体的定体热容含义是一致的.在表3-3-1中,温度相对较高时,金属的值C_{m}/R略高于3.这是因为除金属离子在格点上振动外,部分"自由电子"的平动自由度也参与了热运动(但大部分"自由电子"被冻结).另外从表中也可看出,金刚石、硼和硅中的大部分格波在室温下仍被冻结.要到1 000 ℃以上,金刚石的C_{m}/R值才达到3.

表 3-3-1　固体的摩尔热容

物质	铝 Al	金刚石 C	铁 Fe	金 Au	硅 Si	铜 Cu
$\frac{C_m}{R}$	3.09	0.68	3.18	3.2	2.36	2.97
物质	锡 Sn	铂 Pt	银 Ag	锌 Zn	硼 B	
$\frac{C_m}{R}$	3.34	3.16	3.09	3.07	1.26	

物体(不论是固体、液体或气体)的热能都只与温度有关.由热容(对气体,则是定体热容)就可以求得物体的热能:

$$U(T)=\nu\int_0^T C_m(T)\,dT \tag{3.3.10}$$

其中 ν 是物体的物质的量.如果要将物体由温度 T_1 提升至温度 T_2,要供给的能量或热量至少应为

$$E(T_2,T_1)=\nu\int_{T_1}^{T_2} C_m(T)\,dT \tag{3.3.11}$$

如果不考虑固体或液体的介电性质、磁化性质或弹性形变,从热力学的角度,固体或液体也可看成是系统中气体热量的源或漏,给出热量源或漏的度量,但温度与气体温度相等.对固体及液体:$E(T_2,T_1)=Q$.

总之,不论对气体、固体或液体,热能都是分子、原子机械运动的能量总和.热力学中热能被参与热运动的自由度所均分,因而温度的概念对物质三态都是一样的.热力学第一定律都可写成:

$$\Delta U=-p\Delta V+Q \tag{3.3.12}$$

只是固体或液体物态方程为 $V=$常量,即在对固体或液体的式(3.3.12)中,ΔV 始终取为零.

为了引入固体或液体热力学状态熵的概念及物理意义,我们必须先对照气体状态熵的物理图像.气体分子运动可分成整体有序运动及无规运动两部分.热能度量总的分子运动能量,熵度量气体热力学状态分子无序运动的“无序度”.分子在确定的外界约束(例如固定体积,外界不与气体交换能量)下,气体的热力学状态是稳定的,不会自动改变.气体热力学状态的变化是由与外界交换能量所引发.交换能量有两种方式,一是无规热能的直接传送,即热传导过程;二是部分无规运动与有序运动的转化,即做功.后者涉及有序运动,不改变气体的无序度,不改变气体的熵,而前者直接引起气体熵的变化,即前面的式(3.2.34)

$$dQ=TdS$$

dQ 是传入气体的热量.固体或液体内格波运动的复杂性,使人很难想象如何度量其中分子热运动的无序程度,而它们又能直接与气体传输热量,引起气体由式(3.2.34)给出的熵的变化式.因此很容易再由该式的负值给出固体或液体熵的变化,再由绝对熵为零的约定,就得到热力学状态的熵值.同样也可将熵的概念和取值推广到固体和液体的局域平衡态,只是和温度、热能密度等强度量一样,物体的熵密度也可以是不均匀的,是空间坐标的函数.

在外界条件确定下,均匀固体或液体的热力学状态也是稳定的,不再变化.又由于体积不变及式(3.2.34),作为态函数的热能 U 及作为态函数的熵 S 都不再给出状态新的信息.熵密度的引

入,主要对分析局域平衡态的变化有重要意义.但从严格意义上讲,"分析局域平衡态的变化"已进入"非平衡态热力学"或"非平衡态统计物理"的范畴.

一般非平衡态热力学讨论的是非连续变化的局域平衡态,如两块不同温度的物体放在一起,也可以是连续变化的非均匀局域平衡态.对后者由于处理困难,采取线性近似,这就要求非均匀性较弱.如输运过程中热流与温度梯度成正比,并不考虑温度梯度的平方或二次微商项.当系统处于非平衡态时,内部出现各种不均匀性;如果是流体,一般还会出现流动.所以在非平衡态下,系统的性质不但和空间位置有关,还与时间有关.在自然界中,非平衡现象是大量的,普遍存在的;而平衡是相对的有条件的.为此,必须发展非平衡态的热力学理论.实际上,在热力学理论建立不久,开尔文就试图处理不可逆过程;到了 20 世纪三四十年代,昂萨格、卡西米尔、普里高津和德格鲁脱等人建立了非平衡态热力学的线性理论,该理论适用于描述偏离平衡态不远的非平衡态性质.这时,对非平衡态的描述,可以采用局域平衡近似:把整个系统分成很多个小块(宏观小,足以反映空间不均匀性;微观大,包含足够多的粒子,使得统计平均有意义),每一小块的性质近似是均匀的,可以用描写平衡态的状态变量来描写(如温度、压强、化学势等).同时,每一小块还存在各自的热力学函数如热能、焓等.另外,对于流体系统,如果有宏观流动,还要考虑小块质心的位置与速度.

对于系统的任一小块,假设:在平衡态下的熵与热能、体积及各组元物质的量之间的关系仍然成立,即

$$TdS = dU + pdV - \sum_i \mu_i dN_i \tag{3.3.13}$$

上述各量都是小块的.对上式可以这样理解,对小块而言,熵仍然是热能、体积、组元的函数,并且保持与平衡态时相同的微分关系.因此,可以用来表示局域平衡态中小块的熵.

热力学第二定律对不可逆过程有

$$dS > \frac{dQ}{T_e} \tag{3.3.14}$$

其中 T_e 代表热源(或环境)的温度.把上式用到局域平衡态,并把它改成等式的形式:

$$\begin{cases} dS = d_e S + d_i S \\ d_e S = \dfrac{dQ}{T_e} \\ d_i S > 0 \end{cases} \tag{3.3.15}$$

其中 $d_e S$ 代表由于小块从周围吸收热量而引起它的熵的改变,这部分可正可负:正表示从周围吸热;负表示向周围放热.下面将会看到,这一项可用熵流来表示.与 $d_e S$ 不同,$d_i S$ 代表由于不可逆过程在小块内产生的熵,这一项是恒正的,这样就保证了与式(3.3.14)一致.仅对于可逆过程有 $d_i S = 0$,这时有 $dS = d_e S = \dfrac{dQ}{T_e}$.

定义熵产生率 θ 如下:

$$\theta \equiv \frac{\partial_i s}{\partial t} \tag{3.3.16}$$

θ 代表单位时间单位体积内的熵产生.这里使用小写的 s 代表单位体积的熵,即熵密度,因此小块

的熵 S 就是 $S=Vs$，V 是小块的体积.一般来说，熵密度是坐标 $\boldsymbol{r}$ 与时间 t 的函数，即 $s=s(\boldsymbol{r},t)$.熵产生率中对时间偏微商是指对某固定的 $\boldsymbol{r}$ 而求的.

如果不考虑小块体积的变化，则式(3.3.15)可以用熵密度的变化来表示，考虑 dt 事件内的变化率，则有

$$\frac{\partial s}{\partial t}=\frac{\partial_{\mathrm{e}} s}{\partial t}+\frac{\partial_{\mathrm{i}} s}{\partial t} \tag{3.3.17}$$

上式右方第一项由于小块从周围吸收热量引起的变化，可以表达为

$$\frac{\partial_{\mathrm{e}} s}{\partial t}=-\nabla \cdot \boldsymbol{J}_s \tag{3.3.18}$$

其中 $\boldsymbol{J}_s$ 为熵流密度.因此，式(3.3.17)可以写为

$$\frac{\partial s}{\partial t}=-\nabla \cdot \boldsymbol{J}_s+\theta \tag{3.3.19}$$

上式通常被称为熵平衡方程.但是它不同于一般的守恒定律，因为方程右边多了一项熵产生率 θ，有时 θ 也被称为熵源强度.

如果所研究的是流体，还要考虑质量守恒定律和动量守恒定律.动量守恒定律比较复杂，这里不予考虑，质量守恒定律可以写为

$$\frac{\partial n}{\partial t}+\nabla \cdot \boldsymbol{J}_n=0 \tag{3.3.20}$$

其中 n 代表粒子数密度，$\boldsymbol{J}_n$ 为粒子流密度(也可以用质量密度和质量流密度来表达).

当系统处于非平衡态的时候，系统内一般存在温度梯度、化学势梯度、电势梯度等，从而可以引起能量、离子和电荷的迁移，被称为输运过程.实际上，当梯度不太大的时候系统对平衡态的偏离不大，处于非平衡态的线性区，因此由梯度引起的各种“流”与梯度成正比.通常称这些热力学梯度为热力学力.当然，这些线性关系仅仅适用于热力学力比较小的情形，实际上，流与力之间存在更为复杂的交叉效应.例如温度梯度不但可以引起热流，还可以引起扩散流；浓度梯度可以引起热流；导体中的电势梯度同样可以引起热流；温度梯度引起电流等.这些都是交叉效应.

流与力的更一般的表达形式可以写为

$$J_k=\sum_{\lambda=1}^{n} L_{k\lambda} X_\lambda \tag{3.3.21}$$

其中 $\boldsymbol{J}=(J_1,J_2,\cdots,J_n)$ 表示热力学流有 n 个分量，相应的热力学力 X 也有 n 个分量 $(X_1,X_2,\cdots,X_n)$，$\boldsymbol{L}$ 为动力学系数.如果把上式写为矩阵形式

$$\boldsymbol{J}=\begin{bmatrix} J_1 \\ J_2 \\ \vdots \\ J_n \end{bmatrix}=\begin{bmatrix} L_{11} L_{12} \cdots L_{1n} \\ L_{21} L_{22} \cdots L_{2n} \\ \vdots \quad \vdots \qquad \vdots \\ L_{n1} L_{n2} \cdots L_{nn} \end{bmatrix}\begin{bmatrix} X_1 \\ X_2 \\ \vdots \\ X_n \end{bmatrix}=\hat{\boldsymbol{L}} \cdot \boldsymbol{X} \tag{3.3.22}$$

那么系数 $\boldsymbol{L}$ 构成的矩阵中，对角元表示的是线性关系，而所有的非对角元反映的是交叉效应.

3 热平衡条件

系统的热力学平衡总是在一定的外界条件制约下达到的.以下讨论不同条件下的热平衡.

首先讨论孤立系统的热平衡.孤立系统是指不受外界影响的系统或物体.所谓不受外界影响是指外界既不向系统传送热量(正或负),也不对其做功.因而系统的热能和体积都不会变化.其实这就是前面一直讨论的系统的热力学状态,以温度和体积为热力学参量,也就是所谓的“平衡态”.热力学只讨论平衡态.对均匀系统,熵也只定义在平衡态上.只要外界条件不变,系统热力学参量不变,热力学状态就不会变.若外界对系统的某一部分有一微小作用传热或做功,根据热力学第二定律,系统最终在新的平衡态停留.

假设热力学系两部分 A 和 B 分别处于平衡态(对总系统来说是局域平衡态),温度分别是 T_{A} 和 T_{B}.两个系统热接触后,有热量 $\mathrm{d}U>0$ 从 A 传至 B,引起 A 系统熵 S_{A} 的变化是 $\mathrm{d}S_{\mathrm{A}}=-\dfrac{\mathrm{d}U}{T_{\mathrm{A}}}$,同时引起 B 系统熵 S_{B} 变化为 $\mathrm{d}S_{\mathrm{B}}=\dfrac{\mathrm{d}U}{T_{\mathrm{B}}}$.若 T_{A} 与 T_{B} 不相等,则 A+B 总系统熵 $S_{\mathrm{A+B}}$ 变化为:$\mathrm{d}S_{\mathrm{A+B}}=\mathrm{d}S_{\mathrm{A}}+\mathrm{d}S_{\mathrm{B}}=\left(\dfrac{1}{T_{\mathrm{B}}}-\dfrac{1}{T_{\mathrm{A}}}\right)\mathrm{d}U$.热力学第二定律要求孤立系统 A+B 总熵恒不减,因而要求:或者 $T_{\mathrm{A}}>T_{\mathrm{B}}$ 及 $\mathrm{d}U>0$.或者 $T_{\mathrm{A}}<T_{\mathrm{B}}$ 及 $\mathrm{d}U<0$.A+B 达到热平衡态,总熵最大,则有 $\mathrm{d}S_{\mathrm{A+B}}=0$,$T_{\mathrm{A}}=T_{\mathrm{B}}$.这里,我们一般地证明,热力学第二定律要求热量由高温物体传向低温物体,要使两个物体接触达到热平衡,就要求总系统处于温度相等的热力学平衡态.

其次讨论定温条件下的热平衡.在热力学中,所谓“大热库”是指热容足够大的系统,以致它与通常有限大热力学系统交换热量后,其温度变化充分小而无法测到,可以认为它在与其他系统交换热量时保持温度不变.例如,相对于 1 小块金属,一大缸水可看成是一个大热库.

考虑热力学系统 B 与温度为 T 的大热库 B′接触.若将 B 与 B′合看成一超系统 B_S.合并后 B(保持体积不变)最终温度必达到 B′的温度 T,这是热平衡态.B 的体积不变,则其热能变化 $\mathrm{d}U$ 只能是由 B′传送热量 $\mathrm{d}Q=\mathrm{d}U$ 而引起,并有 $\mathrm{d}S'=-\dfrac{\mathrm{d}U}{T}$.由于 B_S是孤立系,平衡态的熵应取极大值,对任意微小扰动:$\mathrm{d}S_S=(\mathrm{d}S+\mathrm{d}S')=0$.由此得到 B 系熵的微小变化:$\mathrm{d}S=\dfrac{\mathrm{d}U}{T}$或 $T\mathrm{d}S-\mathrm{d}U=0$.由于 T 是恒定的,我们有:

$$\mathrm{d}(TS-U)=-\mathrm{d}F=0 \tag{3.3.23}$$

$F=U-TS$ 是热力学系统 B 的态函数,被定义为自由能.式(3.3.23)表明,在恒温条件下,热平衡态的自由能最小.

由式(3.3.23),我们得到

$$\Delta F=-p\Delta V-S\Delta T \tag{3.3.24}$$

如果以 T 及 V 作自变量 $F(T,V)$,则有:

$$\left(\frac{\partial F}{\partial V}\right)_T=-p,\quad \left(\frac{\partial F}{\partial T}\right)_V=-S \tag{3.3.25}$$

最后讨论开放系统的热平衡.若热力学系统的分子总数固定,仅温度、压强或体积等变化,我们称之为闭合系统,相应的热力学第二定律

$$T\Delta S=\Delta U+p\Delta V \tag{3.3.26}$$

引入吉布斯函数或称热力学势:

$$G=U-TS+pV \quad 或 \quad \Delta G=-S\Delta T+V\Delta p \tag{3.3.27}$$

由于 T 与 p 都是强度量，S 与 V 中分子数 N 成正比，因此 ΔG 与分子总数成正比.式(3.3.27)可直接推广到开放系，即系统与大分子源接触，在恒温恒压条件下分子数可变，$G=\nu\mu$，其中 ν 是系统的物质的量，μ 是 1 mol 的吉布斯势，称为“化学势”.对于开放系，热力学第二定律写成：

$$\mathrm{d}G=-S\mathrm{d}T+V\mathrm{d}p+\mu\mathrm{d}\nu \tag{3.3.28}$$

若热力学系统的温度与压强恒定(可以考虑是与一恒温恒压的大热源接触)，依据热力学第二定律，对于所有可能的变动，热力学平衡态的吉布斯函数最小：$\Delta G>0$，亦即对平衡态 ΔG 展开到泰勒级数第二级.$\Delta G=\delta G+\dfrac{\delta^2 G}{2}$.平衡态的稳定条件是：$\delta G=0$；$\delta^2 G>0$.

§3.4 相变

“相”是宏观物体在一定热力学参量下的存在形式.例如，在一个大气压下，水在 0 ℃以下所有分子结成固体冰，在 0 ℃以上至 100 ℃以下，所有分子都处于液态中，这就是通常的水；在 100 ℃以上所有水分子都可自由飞翔，成气态即水蒸气.固相、液相都是所有分子的结合体.但在固相中每个分子平均结合能与在液相中不同.此两相之间总的结合能之差，称为潜热.

1 相变过程

均匀物质在不同温度、压强或体积的热力学状态由相图表示.图 3-4-1 所展示的是水的 $p-T$ 相图.在 DB 段的左方是固态水——冰，在 BD 段的右方是液态水，从左方横穿过 BD 到右方就是冰随着温度的升高溶解成液态水的过程.在 BD 线上的点代表了液-固相共存的状态.同样，DC 线的右方是水的气相状态.从 DC 段的左方横穿 DC 段到右方即液态水沸腾成水蒸气的过程.图 3-4-1 中 1 个大气压的横虚线穿过 DB 线段即日常看到的冰溶解过程；虚线继续右延到 DC 段，并在 100 ℃时穿过 DC，即日常的沸腾.线段 AD 是固态直接相变为气态，即升华过程.D($p=611$ Pa，$t=0.01$ ℃)点比较特殊.在此点上固、液、气相都存在，称为三相点.C($p=221\times10^5$Pa，$t=374$ ℃)点称为临界点，在临界温度以上不论压强多高，不再能区分液相与气相.其他物质也有类似的相图，如 CO_2相图展示于图 3-4-2 中.必须指出，水的相图 3-4-1 与大多数其他物质，如 CO_2的相图 3-4-2 存在一明显差别，即水的固-液相变曲线 BD 的斜率为负，温度愈高相变点压

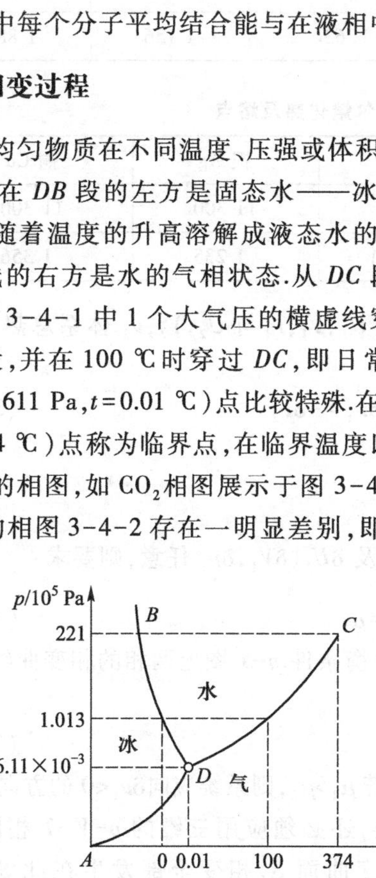

图 3-4-1　水的三相图

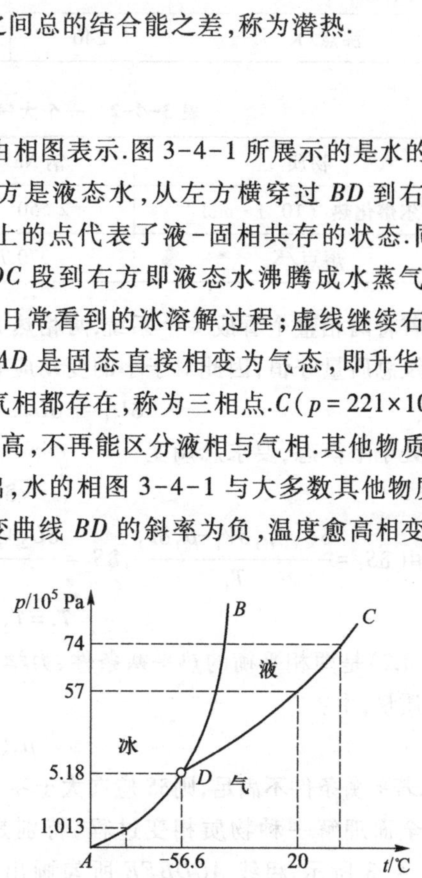

图 3-4-2　二氧化碳的三相图

强愈低；而大多数物质（如 CO_2）固-液相变曲线斜率为正，温度愈高相变压强愈大.这是由于水的特性：在固-液相变点冰的密度比液体水的密度要低所致.有关水相图的一些特点在自然界中的重要意义，我们在以后还会提及.

在我们所讨论的相变（通常称为一级相变，如固态、液态、气态间相变）范围内，由于所有分子或原子在不同相中的结合状态不同，结合能不同，在相变过程中必然要放出或吸收宏观大小的能量，称为潜热.表 3-4-1 给出一些物质的摩尔汽化热及沸点；表 3-4-2 给出一些物质的摩尔熔化热及熔点.以 1 mol 固体银为例.若从低温加热到 1 235 K，由于不能瞬间将 1.235 mJ 能量输入，只能保持温度不变，逐渐将更多的部分银变为液相.因此，相变曲线上的点是表示两相共存，但两相比例可以改变.

表 3-4-1　一个大气压下，一些物质摩尔汽化热及沸点

物质	氯化氢 HCL	二氧化硫 SO_2	氧 O_2	甲烷 CH_4	氮 N_2
摩尔汽化热/(10^3 J · mol^{-1})	16.16	24.54	6.825	8.166	5.569
沸点/K	188	263	90.2	112	77.3
物质	氨 NH_3	水 H_2O	汞 Hg	钠 Na	铅 Pb
摩尔汽化热/(10^3 J · mol^{-1})	23.35	40.68	59.03	91.28	192.6
沸点/K	240	373	630	1 156	1 887

表 3-4-2　一个大气压下，一些物质摩尔熔化热及熔点

物质	钠 Na	汞 Hg	银 Ag	铜 Cu
摩尔熔化热/(10^3 J · mol^{-1})	2 550	2 340	11 300	11 300
熔点/K	370.7	234.1	1 235	1 356

若将两相整个看成一个系统.两相热力学参量分别是 U_1,V_1,ν_1 与 U_2,V_2,ν_2.体系总热能，总体积及总质量守恒，因此对于小的变动应有

$$\delta U_1=-\delta U_2,\quad \delta V_1=-\delta V_2,\quad \delta\nu_1=-\delta\nu_2 \tag{3.4.1}$$

体系处于平衡态，要求总熵变：

$$\delta S=\delta S_1+\delta S_2=0$$

由 $\delta S_1=\dfrac{\delta U_1+p_1\delta V_1-\mu_1\delta\nu_1}{T_1}$，$\delta S_2=\dfrac{\delta U_2+p_2\delta V_2-\mu_2\delta\nu_2}{T_2}$，以及 $\delta U_1,\delta V_1,\delta\nu_1$ 任意，则要求：

$$T_1=T_2,\quad p_1=p_2,\quad \mu_1=\mu_2 \tag{3.4.2}$$

式(3.4.2)是两相平衡的热平衡条件、力学平衡条件及相平衡条件.$p-T$ 图上两相的相变曲线即固定总质量，由：

$$\mu_1(T,p)=\mu_2(T,p) \tag{3.4.3}$$

决定.若平衡条件不满足，则δS 应向大于零方向变化.例如，若 $\mu_1>\mu_2$，则系统应向$\delta\nu_1<0$ 的方向变化.

全面理解一种物质相变过程，特别是理解相变速程，还必须应用三维的 $p-V-T$ 相图，如图 3-4-3 所示.粗线 $AGDBFE$ 所勾画出的曲面称为相变曲面 S，相变全部发生在此 S 曲面上.在 $p-V-T$ 三维空间中，固定体积 V 的平面（二维 $p-T$ 平面）与 S 面的截线（C-Ⅰ-Ⅵ 线）

就是图 3-4-1 的 $p-T$ 相变曲线.现在我们看 S 面在固定压强(p=常量)平面上的投影,即图 3-4-3 中VT面上的线,称为 $T-V$ 相变曲线,如图 3-4-4 所示.图 3-4-4 也表述出相变过程.过程(1)输入热量加热固体;过程(2)输入热量补充潜热使固体逐渐全部熔化成液体,因此整个过程中温度不变,固态与液态相共存;过程(3)输入热量加热液体;过程(4)输入热量补充汽化热,使共存的液体与气体态中液体转化为气体,相变过程中温度不变,整体体积由于气体量增加而增加;过程(5)是加热气体.物质在过程(2)及过程(4)中都处于两相混合.

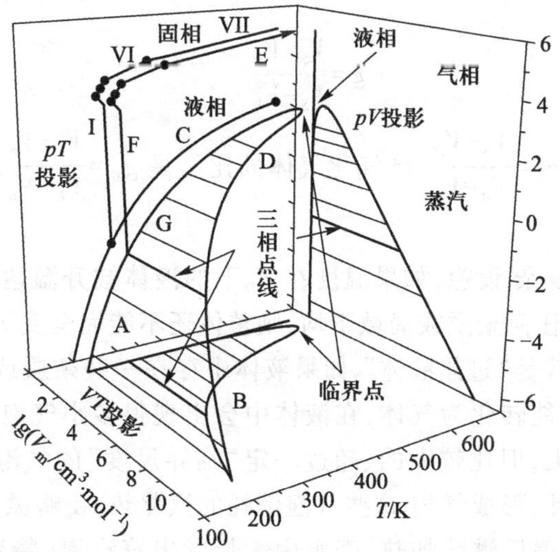

图 3-4-3 水的三维($p-T-V$)相图

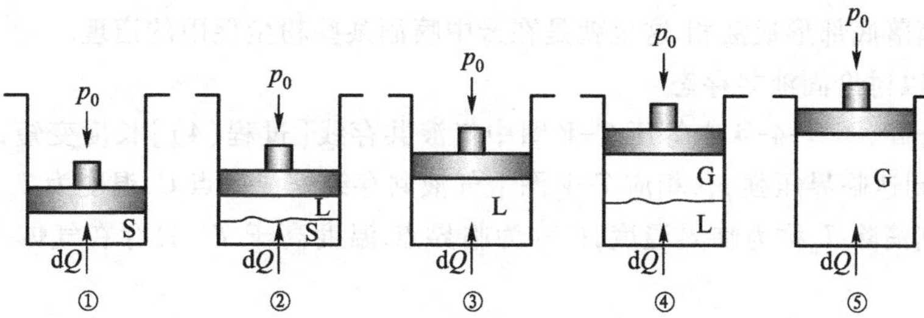

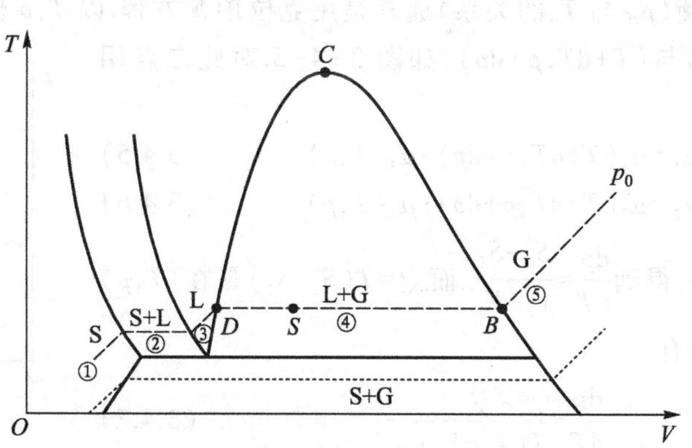

图 3-4-4 相变过程

2 多相共存

固定压强的 T-V 图 3-4-4 中，过程(4)是一个等温的气化过程.这表明，在凝结压强 p_D 下，温度达到为相变温度 T_D时，系统可以取 DB 上任一点 S，体积为 V_S.D 点系统完全处于液态，体积为 V_D，B 点是在压强 p_D 下系统完全处于气态，体积为 V_B.系统处于 S 点表明，有部分液体变为压强 p_D 的气体(外界已供给了这部分汽化热)，而共存的液体和气体的比例 g 即线段 DS 与 SB 长度之比：

$$g=\frac{V_S-V_D}{V_S-V_B} \tag{3.4.4}$$

或者，未气化液体的比例是 $g_L=\dfrac{V_S-V_D}{V_B-V_D}$，已气化气体的比例是 $g_G=\dfrac{V_E-V_S}{V_E-V_D}$.$p_D$ 称为饱和蒸汽压，气化的气体称为饱和蒸汽.

当然，实际情况远比此复杂.设想，如果温度在 T_D下的液体被升温达到 T_D后，外界继续供给热量.若液体完全均匀，没有任何杂质或局域不均，则整体还不能完全变为气体，多输入的热量只能使液体温度继续升高，这就是“过热液体”.如果液体中存在一些杂质或有小的局域热不均匀，则围绕此局域附近的分子可能转化为气体，在液体中会出现很多小气泡.如果这种气泡太小，则不能继续长大，很可能就消失，但比较大的、超过一定“临界尺度”的气泡则可以继续长大，并最后逸出液体，堆积于液体之外，形成气相.这些气泡消耗的汽化热，使略微过热的液体不能继续迅速升温.我们看到，烧开水沸腾后继续加热，壶水中大量冒出蒸汽泡(特别在比较更热的壶壁附近)并逸出，直至水“烧干”，完全气化.同样单相气体降温低于沸点后也不可能一下完全转化为液体，这就是过冷的蒸汽.但若存在很多微颗粒，则气体分子可能附于其上，形成小的液滴.液滴继续加大最终滴落底部形成液相.这也就是在云中喷洒某些粉尘促雨的道理.

类似地，可以讨论固液共存态.

考虑压强升高，图 3-4-4 中等压 T-V 图中气液共存线[过程(4)]长度变短，气体和液体体积差愈来愈小.到达临界压强 p_c，相应 T-V 图上气液共存线缩成一点 C，温度为 T_c，气体和液体密度或体积的差别消除.T_c称为临界温度，C 称为临界点.温度高于 T_c，只存在气体.则 T-V 图上只有气相线 BG.

分析两相平衡(p_D 与 T_D的关系)通常是用克拉珀龙方程.以 T,p 作为独立变量，在两相平衡曲线上两点(T,p)与$(T+dT,p+dp)$，如图 3-4-5.对此二点用相平衡条件，则

$$d\mu_1=\mu_1(T+dT,p+dp)-\mu_1(T,p) \tag{3.4.5}$$

$$d\mu_2=\mu_2(T+dT,p+dp)-\mu_2(T,p) \tag{3.4.6}$$

由 $d\mu=-SdT+Vdp$，得到$\dfrac{dp}{dT}=\dfrac{S_2-S_1}{V_2-V_1}$，而 $Q=T(S_2-S_1)$是在(T,p)点相变的潜热，则有

$$\frac{dp}{dT}=\frac{Q}{T(V_2-V_1)} \tag{3.4.7}$$

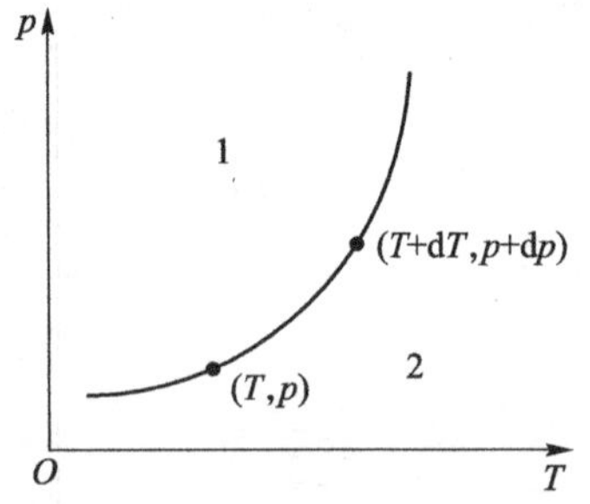

图 3-4-5

给出了在(T,p)平面上相平衡曲线的走向(克拉珀龙方程).我们看到,相平衡曲线上的$\frac{dp}{dT}$不仅取决于相变潜热取值Q,且与两相体积差有关.对大多数材料的来说,由固相熔化成液相,吸收潜热,体积增加,$\frac{dp}{dT}>0$,这是正常情况.但冰、铋等少数物质,在相变点固态体积反大于液态体积,$\frac{dp}{dT}$为负.

在图 3-4-5 中,若压强下降,相应 $T-V$ 图的液气共存线与固液共存线愈来愈靠近,降低到一定压强 p_T,二者取平相接,过程(3)消失,则存在的是气-液-固三相共存线.(p_T,T_T)称为三相点.在三相点之下($T<T_T$),$T-V$ 图中只存在气固共存线.

3 蒸发与升华

在图 3-4-1 的相变点,只要供给潜热足够快,温度不变,物质从一个相整体突变至另一相.在非相变点,两相也可共存,一相逐渐缓慢地部分转化为另一相,这就是通常两相之间所谓的"蒸发"、"凝结"、"升华"等过程.为叙述方便,我们以液体蒸发为气体为例:如图 3-4-6 所示.图 3-4-6(a),桶上面无盖,液面上蒸发出的水汽由上方扩散离桶,蒸发将持续进行,液面逐渐下降.图 3-4-6(b)桶上面有盖,液面上水汽分子积累成有一定压强的水汽,由气体返回液体的分子数率也随气压升高不断增加.当水汽压达到一确定值 p_S,蒸发与凝结达到平衡.p_S 称为温度 T 时的饱和蒸汽压.在开口桶情况下[图 3-4-6(a)],由于扩散,液面上水汽分压始终低于饱和蒸汽压,蒸发持续进行.

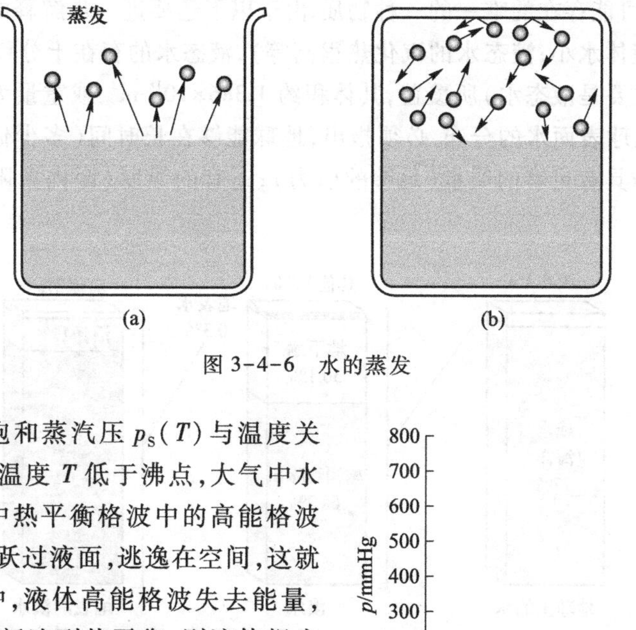

图 3-4-6　水的蒸发

图 3-4-7 给出饱和蒸汽压 $p_S(T)$ 与温度关系.从分子角度看,若温度 T 低于沸点,大气中水汽分压又很低,则水中热平衡格波中的高能格波有可能推动一些分子跃过液面,逃逸在空间,这就是蒸发过程.此过程中,液体高能格波失去能量,液体在极短时间内重新达到热平衡,则液体损失热能,使液体温度(至少液表面附近)微降.若水不断蒸发,液体整体温度也将略低于原外界温度.蒸发出的水分子也由于补偿气化能,剩余自由运动热能较少,导致在液面上气体热平衡后气体温度

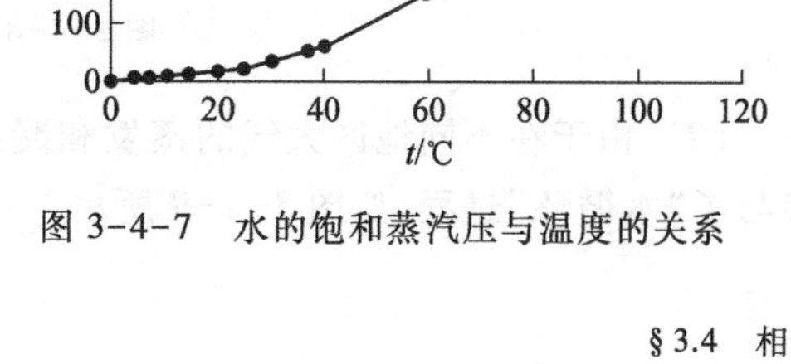

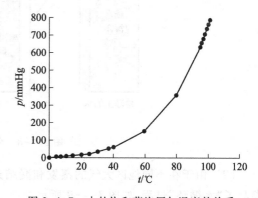

图 3-4-7　水的饱和蒸汽压与温度的关系

也将略降.这是夏日人们喷水降温及人体出汗降温的基本原因.

由于饱和蒸汽与液面下的液体是等温平衡的两相,液体与气体的化学势应该相等,因此可以利用克拉珀龙方程式(3.4.7)来求 $p_S(T)$.若气体用准理想气体物态方程($pV=\nu RT$)描述,并忽略液体的体积,则有:$\frac{dp_S}{dT}=\frac{p_SQ}{\nu RT^2}$.若简单认为潜热是一常量,不随温度变化,则解得 $\ln p_S=-\frac{Q}{\nu RT}+A$,$A$ 为积分常量.饱和蒸汽压为

$$p_S=p_0e^{-1/RT} \tag{3.4.8}$$

上式尽管不十分准确,但至少表明,饱和蒸汽压随温度升高而急速增加.

若图 3-4-6 中容器内置的不是液体水而是固态冰,少数高能分子仍可能由固态中脱出成为气体分子.这就是升华过程.同样可求出升华过程饱和蒸汽压与温度关系,形式上也应和式(3.4.8)差别不大.

4 自然界中的水循环

我们用"自然界"来表示地球表层、海洋、大气层及其中活跃的生物界.无疑,水是自然界形成当前状态,特别是生命存在,最重要的物质.从物理学角度看,地球的自然条件与大量存在水的特性如此"奇妙"地配合,使得人们相信,在宇宙中寻找类似地球现状行星的可能性是极其极其小的.我们这里只列出水的一些重要的特性.

(1) 水是自然界自然条件范围内(例如在 1 个大气压附近,温度在-100 ℃~100 ℃以内),固、液、气三相都有可能存在的唯一的一种物质.由于以下还要进一步解释的一些特性(如在 0 ℃附近,冰的密度比液体水小;液态水的汽化热很高等),液态水的存在十分稳定.据统计,地球表面75%的面积为水(主要是液态水)所覆盖,其体积约 1.386×10^{18} m^3,或重量为 1.386×10^{18} t.

图 3-4-8 是地球表面水的分布.必须指出,地球能够在长时间(多少亿年)在地表保持那么多液态水,是与地球具有足够的质量(足够的引力);适宜的温度(距内太阳的距离合适)等因素有关.

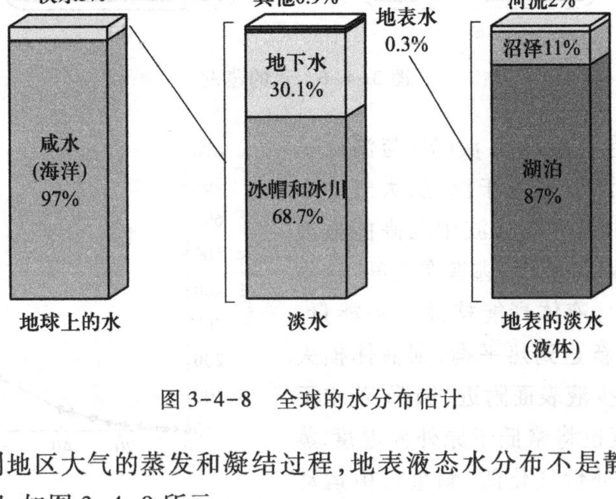

图 3-4-8 全球的水分布估计

(2) 由于在不同地区大气的蒸发和凝结过程,地表液态水分布不是静止于各地区,部分水参与了"水循环"过程,如图 3-4-9 所示.

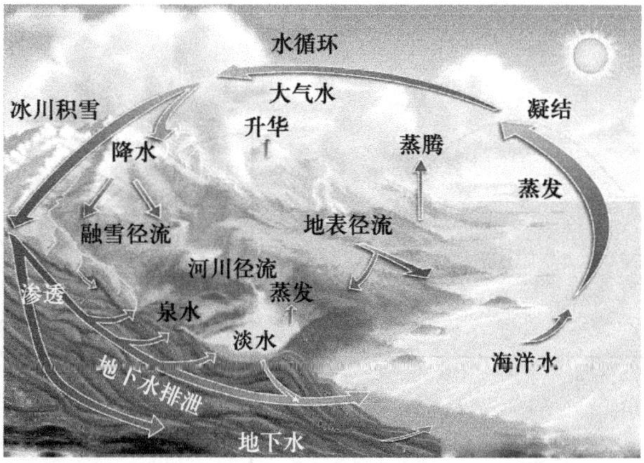

图 3-4-9　自然界的水的循环

地面水(主要是海水)蒸发成水气,通过气流转移到陆地,凝结成小水珠(云),并进一步凝聚降雨或降雪到地面,成进入河流或渗入地下,最后又排入海洋.循环过程“海水-水气-纯水-海水”称为自然界的“水循环”.液体水有比较大的汽化热,见图3-4-10.水的比较大的汽化热使得水循环不太激烈(例如在同样气温条件下,海水蒸发量不那么大,降雨不那么强,洪水比较小等),这对于形成更合适的地表条件,对生物的生存、进化都更为有利.在自然界发生的水的相变过程,使地表水形成一个活跃的“水循环”过程,对自然界的“进化”起了决定性作用.液态水有较大的比热,温度在 0 ℃到 100 ℃之间,摩尔热容大约都在 18 $cal\cdot mol^{-1}\cdot K^{-1}$(固态金属,冰或水汽等的摩尔热容都小于 10 $cal\cdot mol^{-1}\cdot K^{-1}$),汽化热也比较高,因此大量的地表水能较好地调节地表温度.

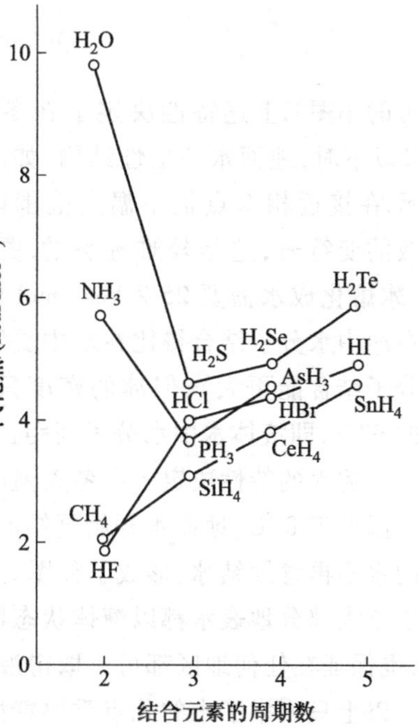

图 3-4-10　液体水的汽化热

(3) 液态水是非常好的,它是普适性的溶剂,相当多的非金属物质(特别是含有氢、氧、碳、氯的化合物,如甲醇、氨、盐等)都可溶于水中.因此,不仅仅生命可能起源于水中,目前仍有超过一半的生物生活在水中;而且即使生活在陆地上的生物体本身也都含有相当比例的水.例如,人体就含有 55%~78%的水分,血液含水分在 80%以上,大脑含水分 70%.生物体内各器官间甚至细胞间信息的传递、生化过程的调节等,也主要是靠在体内移动的各种溶液,水是生命的基本过程,如新陈代谢、光合作用的直接参与者.大量液态水的存在是生命存在和进化、发展的必要条件.

(4) 水在标准条件(一个大气压,0 ℃)附近的“反常特性”,也是自然界能够发展的重要因素.图 3-4-11 是水在冰点上、下,水或冰的密度与温度的关系.在 4 ℃以上,液态水的密度随温度上升而下降,这是正常的热膨胀过程.但在 0 ℃至 4 ℃之间,水变为负膨胀系数材料(见图 3-4-11 中

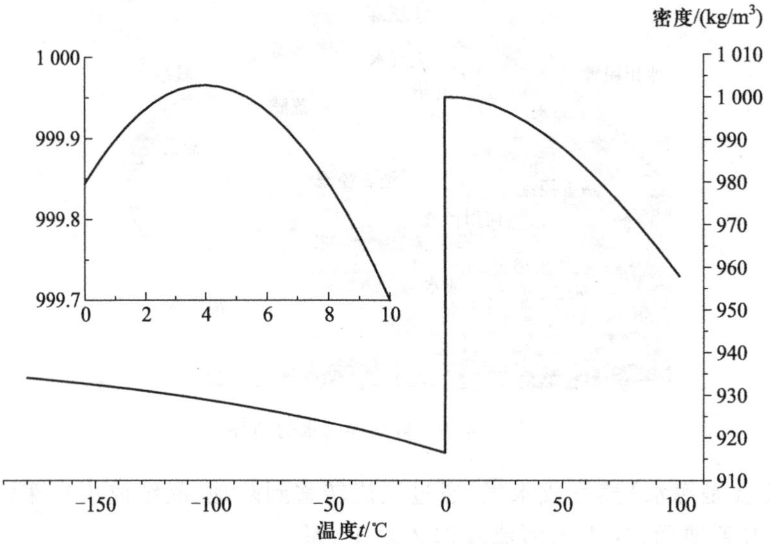

图 3-4-11 水或冰的密度与温度的关系

左边的小图).上述特性决定了在冬天温度在0 ℃以下时,地面水的层性结构,如图 3-4-12 所示.在接近相变点很小温度范围内,水膨胀系数的变符号,这是较难理解的.更为反常的是:冰熔化成水需要 25.2 kcal/mol 的熔化热,即在冰中水分子结合得比在水中更紧(平均每个分子结合能更大),但冰的密度只约为水密度的 92%,即液体水中水分子间距比冰中小.

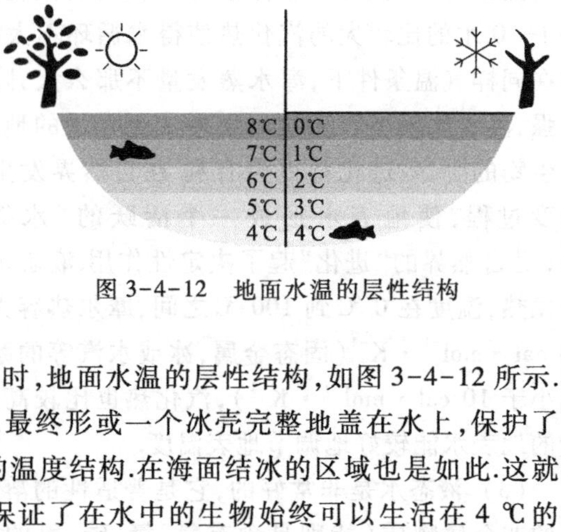

图 3-4-12 地面水温的层性结构

上述水的特性决定了在冬天温度在 0 ℃以下时,地面水温的层性结构,如图 3-4-12 所示.冬天气温低于 0 ℃,地面水开始凝结的冰浮在水上,最终形或一个冰壳完整地盖在水上,保护了下面的水不再继续结冰,形成了如图 3-4-12 所示的温度结构.在海面结冰的区域也是如此.这就保证了绝大部分地表水都以液体状态覆盖于地表,保证了在水中的生物始终可以生活在 4 ℃的水中,也保证在任何地区都可以取得液态水.

以上只列举了水的几点重要特性以及其在自然界的作用.人们对水的认识仍有很多需进一步推进.

思考题

3.1 布朗运动是怎样产生的?它对热能的理解有什么重要意义?

3.2 温度的实质是什么?对于单个分子能否说它的温度是多少?对于 100 个分子的系统呢?一个系统至少要有多少个分子我们说它的温度才有意义?微观上如何理解分子与分子、分子与器壁碰撞是非弹性的?请举例说明分子与器壁之间是非弹性碰撞.

3.3 推导气体压强公式时,认为单位体积中气体分子分为六组,它们分别向长方容器六个器壁运动,试问为什么可以这样考虑？为什么可以不考虑分子间相互碰撞，分子改变运动方向而碰不到器壁这一因素？

3.4 请谈谈物态方程在平衡态热力学中的地位和作用.高速运动的卡车上有一个氧气瓶，问瓶中的气体是否处于热力学状态？如果卡车突然停下，问氧气瓶中气体的压强和温度将如何变化？

3.5 麦克斯韦分布是一个统计平均的结果，对此应如何理解？

3.6 在蒸汽压缩式制冷机中，从冷凝器流出的液体经节流后温度降低了，并有部分液体变为同温的蒸汽，试解释为什么温度降低反而使液体蒸发？

3.7 谈谈你对热力学第二定律的理解？

3.8 有人说从形式上来看，仅仅有一个概念在时间上是不对称的，称为熵.这就使我们有理由认为，可以在不依赖任何参系的情况下用热力学第二定律判定时间的方向.也就是说，我们将取统计上无序性增加的方向为时间的正方向，或取熵增加的方向为时间的正方向.你认为这种论点是否正确？

3.9 水总是表面先结冰而油脂凝结都是从容器底部开始的，试说明其原因.

3.10 恒温器中放有氢气瓶，现将氧气通入瓶内，某些速度大的氢分子具备与氧分子复合成水的条件，并释放热量.问瓶内剩余氢分子的速度分布会改变吗？若氢气瓶为一绝热容器，情况又如何？

3.11 试问在定压下进行的 $2H_2+O_2 \longrightarrow 2H_2O$ 的气体反应是系统对外做功还是外界对系统做功？

3.12 某种电离化气体由彼此排斥的离子组成，当这种气体经历绝热真空自由膨胀时，气体的温度将如何变化？为什么？

3.13 为什么可用克拉珀龙方程是否成立来验证热力学第二定律的正确性？

习题

3.1 构成某热力学系统的微观粒子的自由度随系统温度的变化关系为 $i(T)=\alpha T^3$，试写出该系统的在热力学状态下的热能表达式.

3.2 国际实用温标规定：用于 13.803 K（平衡氢三相点）到 961.78 ℃（银在 0.101 MPa 下的凝固点）的标准测量仪器是铂电阻温度计.若铂电阻在温度为 0 ℃ 及 T 时分别为 R_0 及 $R(T)$，定义 $W(T)=R(T)/R_0$.在不同温区内 $W(T)$ 对 T 的依赖关系不同.在上述测温范围内大致有 $W(T)=1+\alpha T+\beta T^2$.若在 0.101 MPa 下，对应于冰的熔点、水的沸点、硫的沸点（温度为 444.67 ℃）电阻值分别为 11.000 Ω、15.247 Ω、28.887 Ω，试确定常量 α 和 β.

3.3 某理想气体作绝热膨胀，在任一瞬间满足 $pV^\gamma=K$，其中 γ 和 K 都是常量，试证明系统由状态 (p_i, V_i) 变为状态 (p_f, V_f) 的过程中所做功为 $W=\dfrac{p_iV_i-p_fV_f}{\gamma-1}$.

3.4 已知范德瓦耳斯气体物态方程为 $\left(p+\dfrac{\alpha}{V_m^2}\right)(V_m-b)=RT$，其热能为 $U_m=cT-\dfrac{\alpha}{V_m^2}+d$，其中 a、b、c、d 均为常量.试求该气体从 V_1 等温膨胀到 V_2 时所做的功；该气体在定体下温度升高 ΔT 所吸收的热量.

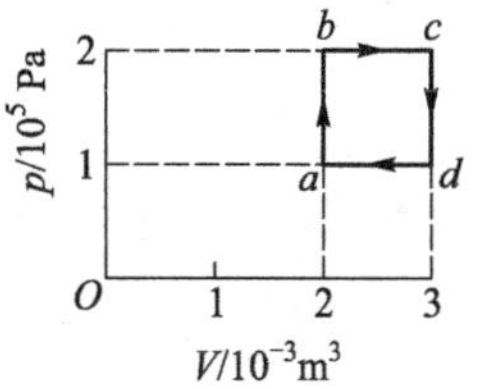

习题 3.5 图

3.5 1 mol 单原子分子理想气体经历如图所示的循环过程，试求：每个循环中系统从外界吸收的热量、对外做的功；证明：$abcd$ 四态下，温度满足 $T_aT_c=T_bT_d$.

3.6 1 mol 单原子分子理想气体，经历如右图所示的循环，连接 ac 两点的曲线方程为 $p=p_0V^2/V_0^2$，a 点的温度为 T_0.试以 T_0 和摩尔气体常量 R 表示 Ⅰ、Ⅱ、Ⅲ 过程中系统与外界交换的热量；求此循环的效率.

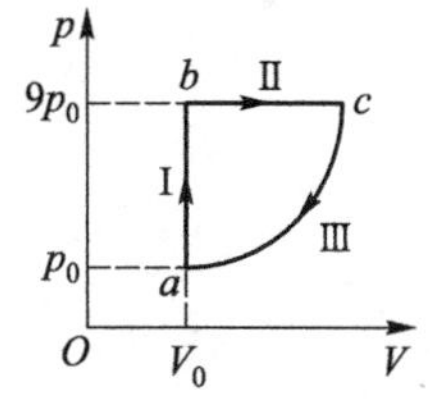

习题 3.6 图

3.7 如图所示，双原子理想气体经历 $abcd$ 过程.图中 ab 为等压过程，bc 为等体过程，cd 为等温过程.试求气体在整个过程中吸收的热量、系统热能的增量及对外所做的功.

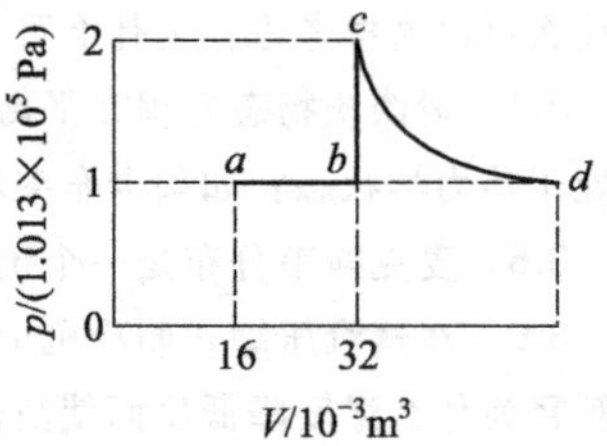

习题 3.7 图

3.8 由熵的定义和麦克斯韦速度分布计算平衡态下单原子理想气体系统的熵 $S(N,V,T)$.

3.9 已知某理想气体的摩尔熵为 $S=\dfrac{5}{2}R+R\ln\left[\left(\dfrac{V}{V_\mathrm{m}}\right)\left(\dfrac{T}{T_0}\right)^{\frac{3}{2}}\right]$,其中 V_m 为摩尔体积.试求系统的摩尔定容热容 $C_{V,\mathrm{m}}$ 和摩尔定压热容 $C_{p,\mathrm{m}}$.

3.10 假定在 100 ℃和 1.01×10^5 Pa 下水蒸气的潜热是 2.26×10^6 J · kg^{-1},比容(单位质量的体积)是 1 650×10^{-3} m^3 · kg^{-1},试计算在汽化过程中所提供的能量用于做机械功的百分比. 1 kg 水在正常沸点下汽化时,其热能和熵的变化分别是多少?

3.11 组成地壳和地球表层的石头的热导率约为 2 W · m^{-1} · K^{-1},从地球内部向外表面单位面积的热流约为 20 mW/m^2.设地球表面温度为 300 K,试估算深度为 1 km、10 km 和 100 km 处的温度;估算温度为 1 600 ℃时的深度(注:在此温度下地壳具有延伸性,使其上的板块可以缓慢移动).

第4章 电磁学

电磁运动是物质的又一种基本运动形式.研究物质电磁运动的学科就是电磁学,具体来说是研究电现象、磁现象、电磁相互作用、电磁场与物质的相互作用规律的学科.电磁现象是自然界中普遍存在的一种现象,从人们的日常生活到工业生产,甚至到军事领域,从各种新技术的开发和应用到高尖端的科学研究,无一不和电磁学有关.因此理解和掌握电磁运动的基本规律,在理论和实践上都具有极其重要的意义.本章我们将从电荷产生的电场、电流产生的磁场、电磁场与物质的相互作用、电与磁的相互作用以及电路理论等几个方面展开讨论.

§4.1 库仑定律

1 电荷

在很早以前,人们就发现了琥珀被毛织物摩擦后,能够吸引羽毛、头发等轻小物体.后来发现,不同的两种物体相互摩擦后,都能够吸引轻小物体.物体有了这种吸引轻小物体的性质称为带了电,或者带了电荷.带电的物体称为**带电体**.大量的实验证明,物体所带的电荷只有两种,一种称为"正电荷",另一种称为"负电荷".带同号电荷的物体互相排斥,带异号电荷的物体相互吸引.

为什么摩擦可以起电呢?这就和物质的结构有关了,在正常情况下,原子核所带的正电荷总和与核外电子所带的负电荷总和相等,物体呈现电中性.如果不同材料的物体之间相互摩擦,会使得其中一个物体中的核外电子脱离核的束缚而丢失,另一个物体得到电子,从而破坏了电中性.那么失去电子的物体就带了正电,得到电子的物体就带上了负电.这时我们就说物体带了电荷,物体所带电荷的多少称为电荷量,常用 Q 或 q 表示,其单位为库仑(C).库仑可以用电子的电荷量来定义,1 库仑大约等于 6.24×10^{18} 个电子的电荷量的绝对值.

实验证明,无论是摩擦起电过程,还是其他方法使物体带电的过程,正负电荷总是成对出现的,而且这两种电荷的量值相等.比如,当我们把带负电的物体移近导体时,导体中的自由电子在负电荷的排斥力作用下向远离带电体的一端移动,结果导体的这一端因电子过少而带正电,另一端因为电子过多而带负电,这就是静电感应现象.当我们撤去带电体以后,导体上的正负电荷也同时消失.由此可见,当一种电荷消失时,也必然伴随着等量异号的电荷同时消失.**在一个与外界没有电荷交换的系统内,无论经过怎样的物理过程,系统内的正、负电荷代数和都保持不变,这一规律被称为电荷守恒定律**.近代科学实验证明,电荷守恒定律不仅在一切宏观过程中成立,而且被一切微观过程所普遍遵守,是物理学中的基本定律之一.

到目前为止,大量的实验表明,在自然界中,任何带电体的电荷量都只能是某一基本电荷量 e 的整数倍,即 $q=ne$,其中 n 只能取整数.这说明物体的电荷量不能连续变化,电荷量只能取分立、不连续量值的性质,称为**电荷的量子化**,这个基本电荷的量值 e 就是电子电荷量的绝对值或质子的电荷量,称为元电荷.元电荷大小(2006 年国际科学技术数据委员会推荐)

$$e=1.602\ 176\ 487(40)\times10^{-19}\ \mathrm{C}$$

一般在计算中,常取近似值 $e=1.6\times10^{-19}$ C.

通过力学的学习大家知道,物体的运动状态(比如位置矢量、速度等)是相对的,随参考系的不同而不同.但是物体所带的电荷量是绝对的,与参考系无关,即无论带电体相对于观察者的运动状态如何,测得的电荷量是相同的,这就是电荷量的**相对论不变性**.

2 库仑定律

在发现电现象两千多年之后,人们才开始对电现象进行定量的研究.1784 年,法国物理学家库仑利用扭秤实验直接测量了两个带电球体之间的作用力.在实验的基础上,他提出了两个点电荷之间相互作用的规律,即库仑定律.这里所谓的**点电荷**是一个理想化的物理模型,当两个带电体本身的线度比它们之间的距离小很多时，带电体可近似地当成点电荷，即不考虑其大小和形状.点电荷和力学中质点的概念类似，是从实际的带电体抽象出来的，只具有相对的意义，它本身不一定是很小的带电体.

库仑定律表述为：在真空中，两个静止的点电荷之间的相互作用力，其大小与两点电荷电荷量的乘积成正比，与点电荷之间距离的平方成反比，作用力的方向在两个点电荷的连线上，同号电荷互相排斥，异号电荷互相吸引.

图 4-1-1　库仑定律

如图 4-1-1 所示，假设两个点电荷的电荷量分别为 q_1、q_2，两点电荷之间距离为 r，则点电荷 q_1 对点电荷 q_2 的作用力 $\boldsymbol{F}_{12}$ 为

$$\boldsymbol{F}_{12}=\frac{q_1q_2}{4\pi\varepsilon_0 r^2}\boldsymbol{e}_{12} \tag{4.1.1}$$

式中的 $\boldsymbol{e}_{12}$是由点电荷 q_1 指向点电荷 q_2 的方向上的单位矢量，ε_0 是真空电容率，其量值的推荐值为 $\varepsilon_0=8.854\ 187\ 817\cdots\times10^{-12}\ \mathrm{F\cdot m^{-1}}$，实际计算中常取 $\varepsilon_0=8.85\times10^{-12}\ \mathrm{F\cdot m^{-1}}$.

静止电荷间的静电作用力，又称为库仑力.当 q_1 和 q_2 同号时，$\boldsymbol{F}_{12}>0$，即表现为排斥力；当 q_1 和 q_2 异号时，$\boldsymbol{F}_{12}<0$，即表现为吸引力.同理，可以得到电荷 q_1 受到电荷 q_2 的作用力

$$\boldsymbol{F}_{21}=\frac{q_1q_2}{4\pi\varepsilon_0 r^2}\boldsymbol{e}_{21} \tag{4.1.2}$$

显然 $\boldsymbol{F}_{12}=-\boldsymbol{F}_{21}$，因此两个静止点电荷之间的库仑力遵守牛顿第三定律.近代物理实验证明，库仑定律在两个点电荷的距离小到 10^{-17} m 或者大到 10^{7} m 时都是成立的.

当空间中存在两个以上的点电荷时，按照力的叠加原理，作用在其中任意一个点电荷上的力是其他点电荷对其作用力的矢量和(即两个点电荷之间的作用力并不因为第三个电荷的存在而有所改变).

如果空间中有 n 个点电荷 $q_1,q_2,q_3,\cdots,q_n$，它们对另一点电荷 q_0 的作用力分别为 $\boldsymbol{F}_{10},\boldsymbol{F}_{20},\cdots,\boldsymbol{F}_{n0}$，则点电荷 q_0 受到的库仑力为

$$\boldsymbol{F}=\boldsymbol{F}_{10}+\boldsymbol{F}_{20}+\cdots+\boldsymbol{F}_{n0}=\sum_{i=1}^{n}\boldsymbol{F}_{i0} \tag{4.1.3}$$

即库仑力的叠加原理.原则上，利用库仑定律和库仑力的叠加原理，可以求解任意带电体之间的静电作用力.

例 4.1

在氢原子中，电子与质子之间的距离约为 4.3×10^{-11} m，求它们之间的库仑力与万有引力，并比较它们的大小.

解　氢原子核和电子可看成点电荷，将 $e=1.6\times10^{-19}$ C 代入库仑定律，有

$$F_{电}=\frac{1}{4\pi\varepsilon_0}\frac{e^2}{r^2}=8.2\times10^{-8}\ \mathrm{N}$$

将电子质量 $m_e=9.1\times10^{-31}$ kg、质子质量 $m_p=1.67\times10^{-27}$ kg 代入万有引力定律，得

$$F_{万}=G\frac{m_em_p}{r^2}=3.6\times10^{-47}\ \mathrm{N}$$

可见 $F_{电}\gg F_{万}$.因此，在讨论带电粒子间的作用力时，一般可忽略万有引力的影响.

§4.2 真空中的静电场

1 电场

经典力学中的力,如弹性力、摩擦力等,都是通过物体之间相互接触才发生作用的.然而对于两个点电荷来说,它们并没有相互接触,但它们之间的确存在库仑力.这个力是如何作用的呢?

其实,库仑力的作用方式类似于力学中的万有引力(即两个物体并不接触但它们之间存在万有引力)作用.我们知道引力是通过引力场发生作用的,类似地,库仑力也是通过一个电荷产生的电场对另一个电荷施加力的作用,把这种场称为**电场**.作用过程可以表示如下

电场是一种客观存在的特殊形态的物质.只要电荷处于电场中,就会受到力的作用,电场力就会对电荷做功,因此电场具有能量.

相对于观察者静止的电荷在空间产生的电场称为**静电场**,即空间的电场分布不随时间变化.静电场是我们研究电磁学的基础.本节课的任务是研究静电场的基本性质.

2 电场强度

2.1 电场强度

电荷可以产生电场,但是电场是看不见摸不着的,该如何描述电场本身及其物理性质呢?显然,我们应该从电场的外在表现即对电荷的作用力入手来进行讨论.为此首先引入**试验电荷**的概念.试验电荷应满足如下要求:(1)电荷量足够小,小到把它放入电场中后,原来的电场几乎没有变化;(2)线度足够小,小到可以看成点电荷,相当于只处在空间一个确定的点上.

设在真空中有静止点电荷 Q,则在其周围存在静电场.把试验电荷 q_0 放入电场中的某点,由库仑定律可知,试验电荷在电场中某点受到力 $\boldsymbol{F}$ 不仅和电场的性质有关,还和试验电荷本身的电荷量有关.但是试验电荷所受到的电场力 $\boldsymbol{F}$ 与试验电荷电荷量的比值 $\boldsymbol{F}/q_0$ 与电荷量 q_0 无关,而仅与试验电荷所在点的电场性质有关.因此,我们将这一比值定义为电场中给定点的**电场强度**,简称场强,用 $\boldsymbol{E}$ 表示,即

$$\boldsymbol{E}=\frac{\boldsymbol{F}}{q_0} \tag{4.2.1}$$

式(4.2.1)为电场强度的定义式.它表明:电场中某点的电场强度其大小等于单位试验电荷在该点所受到的电场力,方向与正电荷在该点受的力的方向相同.

一般地,电场强度 $\boldsymbol{E}$ 是空间坐标的函数,不同的场点电场强度不同,各点的电场强度构成一矢量场 $\boldsymbol{E}(\boldsymbol{r})$.如果各点 $\boldsymbol{E}$ 的大小、方向都相同,这样的电场称为均匀电场,是一种理想的电场.电场强度的单位为牛/库($\mathrm{N\cdot C^{-1}}$)或伏/米($\mathrm{V\cdot m^{-1}}$).

在真空中,点电荷 Q 放在坐标原点 O,试验电荷 q_0 放在空间 P 点,位置矢量为 $\boldsymbol{r}$,由库仑定律

可知试验电荷受到的电场力为

$$\boldsymbol{F}=\frac{Qq_0}{4\pi\varepsilon_0 r^2}\boldsymbol{e}_r$$

由电场强度的定义式可得

$$\boldsymbol{E}=\frac{\boldsymbol{F}}{q_0}=\frac{Q}{4\pi\varepsilon_0 r^2}\boldsymbol{e}_r \tag{4.2.2}$$

这就是点电荷的场强公式,其中 $\boldsymbol{e}_r$ 是由场源 O 点指向场点 P 的单位矢量.由式(4.2.2)可以看出,如果 $Q>0$,则 $\boldsymbol{E}$ 与 $\boldsymbol{r}$ 同方向,即在正的点电荷周围的电场中,任意一点的场强沿该点的矢径方向[见图 4-2-1(a)];如果 $Q<0$,则 $\boldsymbol{E}$ 与 $\boldsymbol{r}$ 反向,即在负的点电荷周围的电场中,任意一点的场强沿该点矢径的负方向[见图 4-2-1(b)].此外,点电荷电场具有球对称性,在以点电荷为球心的任意球面上,电场强度大小处处相等,方向处处与球面正交.

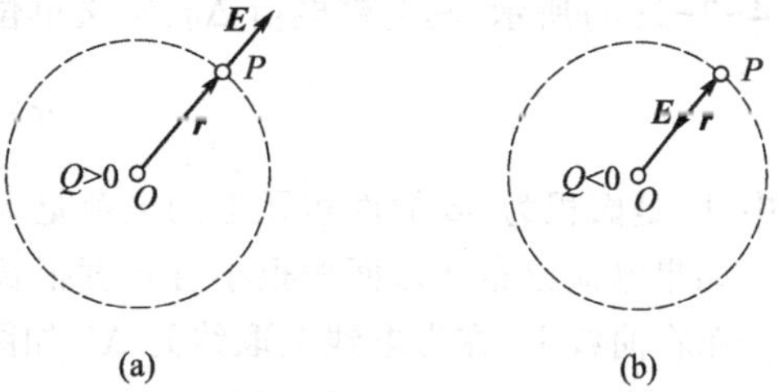

图 4-2-1　点电荷的电场

2.2　电场的叠加

对于多个点电荷 $Q_1,Q_2,\cdots,Q_n$,系统产生的电场的电场强度,可以利用矢量的叠加原理和库仑定律得出.在 P 点放一试验电荷 q_0,根据库仑力的叠加原理,可知试验电荷受到的作用力为 $\boldsymbol{F}=\sum\limits_{i=1}^{n}\boldsymbol{F}_i$,因而 P 点的电场强度为

$$\boldsymbol{E}(\boldsymbol{r})=\frac{\sum\limits_{i=1}^{n}\boldsymbol{F}_i}{q_0}=\sum_{i=1}^{n}\boldsymbol{E}_i(\boldsymbol{r}_i)$$

即

$$\boldsymbol{E}=\sum_{i=1}^{n}\boldsymbol{E}_i=\sum_{i=1}^{n}\frac{Q_i}{4\pi\varepsilon_0 r_i^2}\boldsymbol{e}_{r_i} \tag{4.2.3}$$

其中 $\boldsymbol{E}_i$ 是点电荷 Q_i 单独存在时的电场.**点电荷系统产生的电场中某点的场强等于各个点电荷单独存在时在该点产生的场强的矢量和**.这就是电场强度的叠加原理.

如果电荷是连续分布的,电荷体系所激发的电场的电场强度也可以由场强的叠加原理和数学上的积分方法进行计算.

一般情况下电荷连续分布在一定体积内,在带电体上取体积 ΔV,如图 4-2-2(a),ΔV 内的

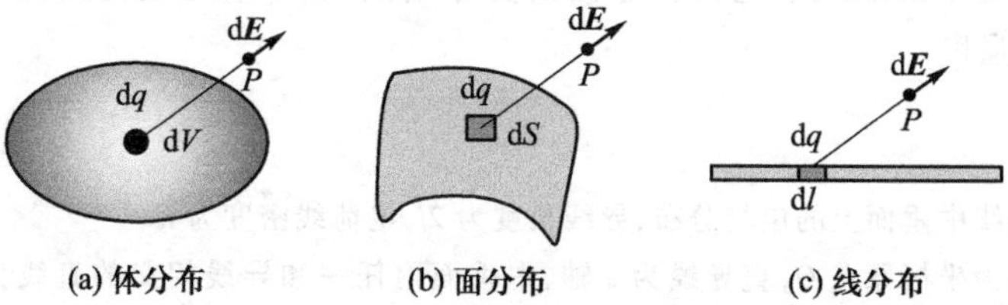

图 4-2-2　三种电荷分布

电荷量为 Δq,定义单位体积中分布的电荷为电荷体密度,表示如下

$$\rho=\lim_{\Delta V\to 0}\frac{\Delta q}{\Delta V}=\frac{dq}{dV} \tag{4.2.4}$$

其中 dq 是体积微元 dV 上的电荷量,ρ 的单位是库/米^3(C/m^3).

如果电荷分布在厚度很薄且表面积很大的薄层内,若不考虑其沿厚度方向的分布,把它近似看成电荷分布在表面上,此时描述电荷分布的物理量就是电荷面密度,在带电面上取面积 ΔS,如图 4-2-2(b)所示,其上带电荷 Δq,定义单位面积中分布的电荷为电荷面密度,表示如下

$$\sigma=\lim_{\Delta s\to 0}\frac{\Delta q}{\Delta S}=\frac{dq}{dS} \tag{4.2.5}$$

其中 dq 是面积为 dS 的面积元上的电荷量,σ 的单位是库/米^2(C/m^2).

如果电荷分布在截面积很小且长度很长的棒上,我们若不考虑其沿截面方向的分布,把它看成分布在曲线上,在带电线上取线元 Δl,如图 4-2-2(c),其上带电荷 Δq,定义单位长度中分布的电荷为电荷线密度,表示如下

$$\lambda=\lim_{\Delta l\to 0}\frac{\Delta q}{\Delta l}=\frac{dq}{dl} \tag{4.2.6}$$

其中 dq 是长为 dl 的线元上的电荷量,λ 的单位是库/米(C/m).

任何电荷连续分布的带电体系都可以分为许多微元电荷,这些微元电荷称为电荷元,记为 dq.根据点电荷的概念,电荷连续分布的体系中的电荷元可以看成点电荷,所以电荷元 dq 产生的元场强为

$$d\boldsymbol{E}=\frac{dq}{4\pi\varepsilon_0 r^2}\boldsymbol{e}_r \tag{4.2.7}$$

式中 $\boldsymbol{e}_r$ 是由电荷元 dq 指向场点的单位矢量.由场强的叠加原理,把点电荷体系的电场强度公式中的求和变为积分就是电荷连续分布时的电场强度

$$\boldsymbol{E}=\int d\boldsymbol{E}=\int\frac{dq}{4\pi\varepsilon_0 r^2}\boldsymbol{e}_r \tag{4.2.8}$$

积分遍及整个电荷分布区域.则连续体分布、面分布、线分布电荷体系的电场强度分别为

$$\boldsymbol{E}=\iiint_V\frac{\rho dV}{4\pi\varepsilon_0 r^2}\boldsymbol{e}_r \tag{4.2.9}$$

$$\boldsymbol{E}=\iint_S\frac{\sigma dS}{4\pi\varepsilon_0 r^2}\boldsymbol{e}_r \tag{4.2.10}$$

$$\boldsymbol{E}=\int_l\frac{\lambda dl}{4\pi\varepsilon_0 r^2}\boldsymbol{e}_r \tag{4.2.11}$$

空间各点的电场强度完全取决于电荷在空间的分布情况.如果给定电荷的分布,原则上就可以计算出任意点的电场强度.

例 4.2

求均匀带电直导线中垂面上的电场分布,导线长度为 $2l$,电荷线密度为 λ.

解 选导线中点为坐标原点 O,直导线为 z 轴、中垂面内任一和导线相交的直线为 r 轴建立坐标系.如图 4-2-3 所示,带电导线以 O 为中心分成上下对称的许多对,如 dz、dz',这组电荷元所产生的电场强度 $d\boldsymbol{E}$、$d\boldsymbol{E}'$

叠加后垂直于 r 轴的分量互相抵消，最后只有沿 r 轴的分量，即

$$E = E_r = \int_{-l}^{l} \frac{\lambda \mathrm{d}z}{4\pi\varepsilon_0(r^2+z^2)}\cos\theta$$

$$= 2\int_0^{l} \frac{\lambda r \mathrm{d}z}{4\pi\varepsilon_0(r^2+z^2)^{3/2}}$$

$$= \frac{\lambda l}{2\pi\varepsilon_0 r}\frac{1}{\sqrt{r^2+l^2}}$$

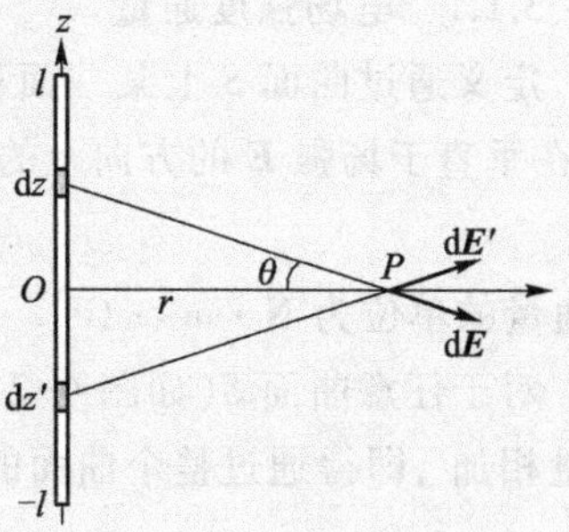

图 4-2-3　带电直导线的电场

保持电荷密度不变，当导线趋于无限长时，$l\to\infty$，任何垂直于它的平面都可以看成是中垂面，所以无限长带电直导线周围的电场强度为

$$E = \frac{\lambda}{2\pi\varepsilon_0 r} \tag{4.2.12}$$

即无限长带电直导线的电场强度方向垂直于直导线，大小和场点到导线的垂直距离 r 成反比.对于有限长带电细棒，当 $r \ll l$ 时，在靠近中部附近区域，式(4.2.12)近似成立.

3　高斯定理　环路定理

3.1　电场强度通量　高斯定理

为了形象地描述电场的分布，可以在电场中画出一系列曲线，这些曲线上每一点的切线方向与该点的场强方向相同，这样作出的曲线称为**电场线**，简称为 $\boldsymbol{E}$ 线.为了使得电场线也能表示电场中某点场强的大小，我们规定：电场中任意一点场强的大小正比于在该点附近垂直通过单位面积的电场线的数目，即

$$E \propto \frac{\mathrm{d}N}{\mathrm{d}S_{\perp}} \tag{4.2.13}$$

式中，$\mathrm{d}S_{\perp}$ 为垂直于电场方向的面元，$\mathrm{d}N$ 为通过此面元的电场线数目.由式(4.2.13)可知，电场线越密处，电场越强；电场线越疏处，电场越弱.均匀电场的电场线应该是一系列等间距的平行直线.图 4-2-4 给出了几种常见的电场线图.从图中可以看出，静电场的电场线具有以下的特点：

（a）电场线起自正电荷或无限远处，终止于负电荷或无限远处，在无电荷处不中断；

（b）静电场的电场线是不闭合曲线；

（c）任何两条电场线在没有电荷分布的地方不相交.

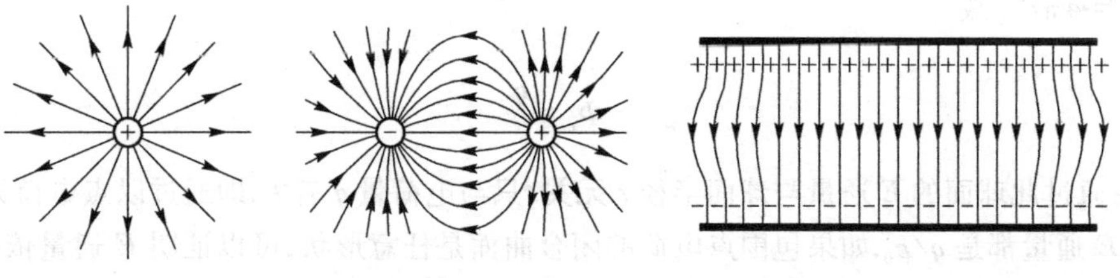

(a) 正点电荷　(b) 一对等量异号电荷　(c) 带等量异号电荷的平行板

图 4-2-4　几种常见的电场的电场线

3.1.1 电场强度通量

定义通过曲面 S 上某一面积元 $d\boldsymbol{S}$ 的电场强度通量（$\boldsymbol{E}$ 通量）$d\Phi_e$ 等于该处的场强与面积元 $d\boldsymbol{S}$ 在垂直于场强 $\boldsymbol{E}$ 的方向上的投影面积的乘积，即

$$d\Phi_e = EdS_{\perp} = EdS\cos\theta = \boldsymbol{E}\cdot d\boldsymbol{S} \tag{4.2.14}$$

$\boldsymbol{E}$ 通量的单位为 $N\cdot m^2\cdot C^{-1}$.

对于任意曲面 S（如图 4-2-5 所示），则可以把曲面分为很多微小的面元，所有面元 $d\boldsymbol{S}$ 的 $\boldsymbol{E}$ 通量相加，即得通过整个曲面的 $\boldsymbol{E}$ 通量：

$$\Phi_e = \iint_S \boldsymbol{E}\cdot d\boldsymbol{S} \tag{4.2.15}$$

对于闭合曲面，规定 $d\boldsymbol{S}$ 的方向指向曲面外侧，因此当电场线由曲面内向外穿出时，$\theta<90°$，$\boldsymbol{E}$ 通量为正；反之，当电场线穿入闭合曲面内时，$\theta>90°$，$\boldsymbol{E}$ 通量为负.

结合式(4.2.13)，可以看出，穿过曲面的 $\boldsymbol{E}$ 通量的绝对值与通过它的电场线的条数成正比.

3.1.2 高斯定理

一定数量的电荷产生的电场，通过给定闭合曲面 S 的 $\boldsymbol{E}$ 通量应该是一定的，那么这两者之间到底有什么样的确定关系呢？下面我们从最简单的点电荷产生的电场入手来探讨.

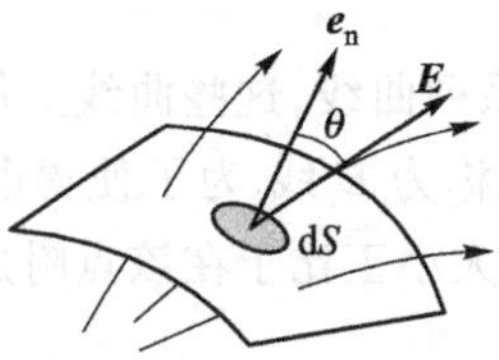

图 4-2-5 电场强度通量的计算

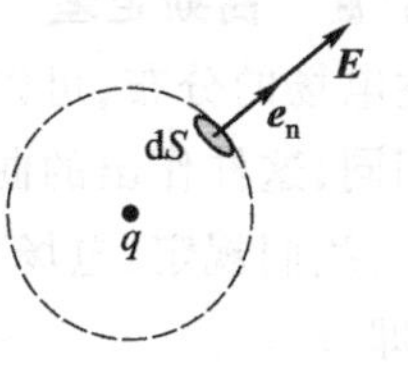

图 4-2-6 包围点电荷的球面 $\boldsymbol{E}$ 通量

如图 4-2-6 所示，设在真空中有一带正电的点电荷 q，取以点电荷为球心半径为 r 的一个球面 $\boldsymbol{S}$，由 $\boldsymbol{E}$ 通量的定义和点电荷的场强公式，可以得到通过球面上面元 dS 的 $\boldsymbol{E}$ 通量

$$d\Phi_e = \boldsymbol{E}\cdot d\boldsymbol{S} = EdS = \frac{q}{4\pi\varepsilon_0 r^2}dS$$

通过整个球面的 $\boldsymbol{E}$ 通量为

$$\Phi_e = \oiint_S \boldsymbol{E}\cdot d\boldsymbol{S} = \frac{q}{4\pi\varepsilon_0 r^2}\oiint_S dS$$

由于 $\oiint_S dS = 4\pi r^2$，故

$$\Phi_e = \frac{q}{\varepsilon_0} \tag{4.2.16}$$

上式表明：通过此球面的 $\boldsymbol{E}$ 通量与球面半径 r 无关，只与电荷量 q 有关.即通过以点电荷为球心的任意球面的 $\boldsymbol{E}$ 通量都是 q/ε_0.如果包围点电荷的闭合曲面是任意形状，可以证明 $\boldsymbol{E}$ 通量依然是 q/ε_0；如果闭合曲面内有若干点电荷，则通过闭合曲面的 $\boldsymbol{E}$ 通量应该是面内所有电荷的代数和除以 ε_0.

真空中的静电场的**高斯定理**可以表述为：**静电场中通过任意闭合曲面 S 的 $\boldsymbol{E}$ 通量 Φ_e，等于该闭合曲面所包围的电荷的代数和除以 ε_0，与闭合曲面外的电荷无关**，即

$$\Phi_e = \oint\!\!\!\oint_S \boldsymbol{E} \cdot \mathrm{d}\boldsymbol{S} = \frac{1}{\varepsilon_0}\sum_{\substack{i \\ (S内)}} q_i \tag{4.2.17}$$

如果闭合曲面 S 内的电荷是连续体分布，则其表达式为

$$\Phi_e = \oint\!\!\!\oint_S \boldsymbol{E} \cdot \mathrm{d}\boldsymbol{S} = \frac{1}{\varepsilon_0}\iiint_V \rho_e \mathrm{d}V \tag{4.2.18}$$

利用数学公式散度定理 $\oint\!\!\!\oint_S \boldsymbol{E} \cdot \mathrm{d}\boldsymbol{S} = \iiint_V \nabla \cdot \boldsymbol{E}\mathrm{d}V$ 可得出高斯定理的微分形式

$$\nabla \cdot \boldsymbol{E} = \frac{\rho_e}{\varepsilon_0} \tag{4.2.19}$$

高斯定理表明：通过闭合曲面（常称为高斯面）的 $\boldsymbol{E}$ 通量只与闭合面所包围的净电荷有关，也就是说，$\boldsymbol{E}$ 通量与闭合面内的电荷如何分布、闭合面的形状以及闭合面外的电荷无关；实际上从电场线的角度不难理解这一点，由于闭合曲面外的电荷发出的电场线一定穿过闭合曲面两次，因而对闭合曲面的 $\boldsymbol{E}$ 通量是零.必须注意式(4.2.17)中左边的电场强度，是闭合面上面积元处的场强，它是由闭合面内及面外所有电荷共同产生的.

高斯定理是描述静电场性质的定理之一，它说明静电场是有源场.通过高斯定理可以分析电场线的起点与终点、电场线的疏密与场强的关系，请读者自行讨论.

当电场分布具有球对称、轴对称和面对称性时，通过选取适当的闭合高斯面，利用高斯定理可以求解出电场强度.下面通过具体例子加以说明.

例 4.3

求半径为 R、均匀带正电荷 q 的球壳内外的电场分布.

解 首先分析电场分布的对称性.考虑壳外空间任一场点 P（如图 4-2-7 所示）.在球面上任取一面积元 $\mathrm{d}S$，它在场点 P 产生的元电场为 $\mathrm{d}\boldsymbol{E}$，由于电荷均匀分布在球壳上，在球面上必然存在着另一面元 $\mathrm{d}S'$，二者关于 OP 连线完全对称（O 是球心），面元 $\mathrm{d}S$ 和面元 $\mathrm{d}S'$ 上的电荷在 P 点产生的元电场 $\mathrm{d}\boldsymbol{E}$ 和 $\mathrm{d}\boldsymbol{E}'$ 也关于 OP 对称，因而它们的矢量和沿 OP 连线，整个带电球壳可以分割成一对对的对称面元，因此总电场方向沿 OP 连线.在以 OP 为半径的球面上，场强大小相等具有球对称性，方向沿半径方向向外.

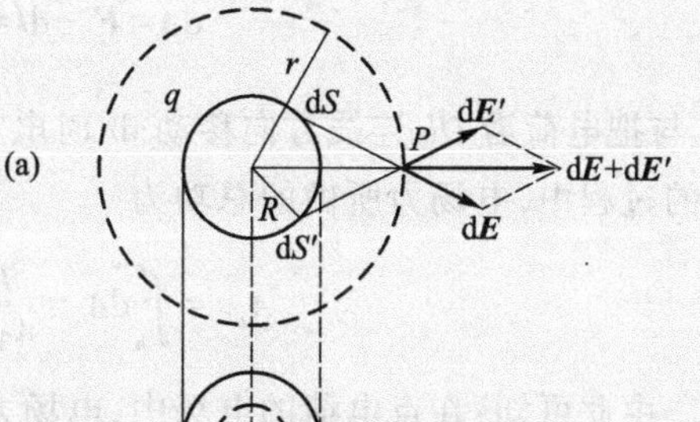

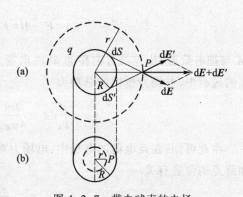

图 4-2-7 带电球壳的电场

选取过场点 P 的半径为 r 的同心球面为高斯面，根据高斯定理

$$\Phi_e = \oint\!\!\!\oint_S \boldsymbol{E} \cdot \mathrm{d}\boldsymbol{S} = \frac{1}{\varepsilon_0}\sum_{\substack{i \\ (S内)}} q_i$$

当 P 点在球外时［如图 4-2-7(a)所示］，

$$E \cdot 4\pi r^2 = \frac{q}{\varepsilon_0}$$

得

$$E = \frac{q}{4\pi\varepsilon_0 r^2} \quad (r>R)$$

当 P 点在球内时[如图 4-2-7(b)所示],
$$E\cdot 4\pi r^2=0$$
$$E=0\quad (r<R)$$

概括起来,球壳内外的电场为

$$\boldsymbol{E}=\begin{cases}\dfrac{q}{4\pi\varepsilon_0 r^2}\boldsymbol{e}_r & (r>R)\\ 0 & (r<R)\end{cases}\tag{4.2.20}$$

上式表明:均匀带电球壳在外部空间产生的电场,与把球壳上电荷集中在球心的点电荷的电场相同.

由例题可见,当场强具有对称性时,利用高斯定理计算场强要简捷得多.如果一个圆柱面的侧面上场强大小相等,称为轴对称,此时常常取该圆柱面(底面与场强方向垂直)为高斯面;如果某一平面上场强大小相等,称为面对称,此时可以选取平面上的一部分(圆形或正方形)和其他面(其法线与场强方向垂直)构成闭合的高斯面.

3.2 静电场环路定理

设静止的点电荷 q 位于 O 点,如图 4-2-8 所示,在它产生的电场中将试验电荷 q_0 沿任意曲线由 a 点移动至 b 点,探讨此过程中电场力所做的功.

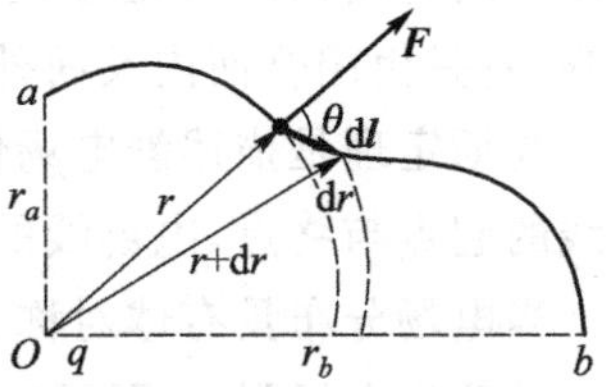

图 4-2-8 静电场力做功

作用于 q_0 的电场力为

$$\boldsymbol{F}=\frac{qq_0}{4\pi\varepsilon_0 r^2}\boldsymbol{e}_r$$

如果 q_0 发生位移 $\mathrm{d}\boldsymbol{l}$,电场力所做的元功为

$$\mathrm{d}A=\boldsymbol{F}\cdot\mathrm{d}\boldsymbol{l}=F\cos\theta\mathrm{d}l=F\mathrm{d}r=\frac{q_0q}{4\pi\varepsilon_0 r^2}\mathrm{d}r$$

$\mathrm{d}A$ 与把电荷沿 Ob 连线方向移动 $\mathrm{d}r$ 时电场力所做的功相等,因此当把 q_0 由 a 点沿曲线移动至 b 点的过程中,电场力所做的总功为

$$A_{ab}=\int_a^b\mathrm{d}A=\frac{q_0q}{4\pi\varepsilon_0}\int_{r_a}^{r_b}\frac{1}{r^2}\mathrm{d}r=\frac{q_0q}{4\pi\varepsilon_0}\left(\frac{1}{r_a}-\frac{1}{r_b}\right)$$

由此可知:在点电荷的电场中,电场力对试验电荷所做的功与路径无关,只与试验电荷起点和终点的位置有关.

对于点电荷体系的电场,总场强 $\boldsymbol{E}=\sum\limits_{i=1}^{n}\boldsymbol{E}_i$,把试验电荷 q_0 由 a 点沿任意路径移动到 b 点,电场力所做的总功为

$$A_{ab}=\int_L\boldsymbol{F}\cdot\mathrm{d}\boldsymbol{l}=q_0\sum_i\int_L\boldsymbol{E}_i\cdot\mathrm{d}\boldsymbol{l}_i=\sum_i\frac{q_0q_i}{4\pi\varepsilon_0}\left(\frac{1}{r_a}-\frac{1}{r_b}\right)\tag{4.2.21}$$

由此可以推出结论:**静电场力做功与路径无关,只与试验电荷起点和终点的位置有关**.因此,静电场是保守力场或有势场,当单位正电荷沿任意闭合回路运动一周,容易证明电场力做的功为零,即

$$\oint_l\boldsymbol{E}\cdot\mathrm{d}\boldsymbol{l}=0\tag{4.2.22}$$

上式表明，在静电场中电场强度 $\boldsymbol{E}$ 的环流为零，称为静电场的**环路定理**.由数学上的斯托克斯公式 $\oint_l \boldsymbol{E}\cdot \mathrm{d}\boldsymbol{l}=\iint_S \nabla\times\boldsymbol{E}\cdot \mathrm{d}\boldsymbol{S}$ 可得

$$\nabla\times\boldsymbol{E}=0 \tag{4.2.23}$$

式(4.2.23)就是环路定理的微分表达式，由矢量分析可知，静电场是无旋场，所以静电场的电场线不闭合.

4 电势

4.1 电势

静电场和引力场一样是保守力场.在保守力场中，可以引入势能的概念.就像质点处在地球的引力场中，系统具有重力势能一样，电荷在静电场中，与静电场构成的系统就具有相互作用能，称为**电势能**，用 W 表示.设将试验电荷 q_0 由电场中点 a 移到另一点 b，电场力做功为 A_{ab}，起点 a 和终点 b 的电势能分别表示为 W_a、W_b，由能量守恒定律可知，电场力所做的功等于系统电势能的减少量，即

$$A_{ab}=q_0\int_a^b \boldsymbol{E}\cdot \mathrm{d}\boldsymbol{l}=W_a-W_b \tag{4.2.24}$$

当电场力做正功时，系统的电势能减小；电场力做负功时，系统的电势能增加.

电势能是电荷和电场间的相互作用能，是电荷和电场组成的系统所共有的.它和重力势能一样是一种势能，与电荷在空间的位置有关，其值具有相对性，但电荷在电场中两点之间的电势能之差却是确定的.为了确定电荷在电场中某点的电势能，应选择电势能的参考点.若选定 b 点为电势能的参考点，并令 $W_b=0$，则 a 点的电势能为

$$W_a=q_0\int_a^b \boldsymbol{E}\cdot \mathrm{d}\boldsymbol{l} \tag{4.2.25}$$

由式(4.2.25)可知，电势能不但与 a、b 点位置有关，还与试验电荷的大小有关.但是比值 W_a/q_0 却与试验电荷无关，只与电场的性质及点 a、b 的位置有关，于是我们定义该比值为电场中 a 点的**电势**，用 φ_a 表示，即

$$\varphi_a=\frac{W_a}{q_0}=\int_a^b \boldsymbol{E}\cdot \mathrm{d}\boldsymbol{l} \tag{4.2.26}$$

也就是说，电场中任意点 a 的电势 φ_a 等于单位正电荷在该点时系统具有的电势能，或者等于把单位正电荷从该点移至电势能零点的过程中电场力所做的功.

电势是个相对量，要确定电场中某点的电势，必须先选择电势的参考点.只要保证积分有意义，电势参考点可以随意选择.一般地，对于场源电荷分布在有限区域内的电场，通常选取无穷远处为电势参考点，并令 $\varphi_\infty=0$，此时电势表示为

$$\varphi_a=\int_a^\infty \boldsymbol{E}\cdot \mathrm{d}\boldsymbol{l} \tag{4.2.27}$$

在实际生活中，常把大地或仪器机壳选为零电势参考点；对于尺寸“无限大”的带电体，则不能选取无穷远处为电势参考点，一般把参考点选在有限远点.

电场中任意两点 a 和 b 的电势之差，称为**电势差**，可定义为

$$U_{ab}=\varphi_a-\varphi_b=\int_a^b \boldsymbol{E}\cdot \mathrm{d}\boldsymbol{l} \tag{4.2.28}$$

可见,静电场中任意两点的电势差与电势的零点选择无关,其数值等于将单位正电荷从一点移动到另一点的过程中,静电力所做的功.

在国际单位制中,电势和电势差的单位都是伏特,简称为伏(V).即 1 V(伏特)= 1 J·C^{-1}(焦耳每库仑).

下面首先讨论点电荷的电势.对于电荷量为 q 的点电荷的电场,若选无穷远处为电势零点,由电势的定义可知,在与 q 相距为 r 的 a 点,电势为

$$\varphi_a = \int_a^\infty \boldsymbol{E} \cdot \mathrm{d}\boldsymbol{l} = \int_r^\infty \frac{1}{4\pi\varepsilon_0}\frac{q}{r^2}\mathrm{d}r = \frac{q}{4\pi\varepsilon_0 r} \tag{4.2.29}$$

可见在 $\varphi_\infty = 0$ 的前提下,点电荷的电势和电荷量成正比,和距离成反比,具有球对称性.

若真空中有 n 个点电荷,其电荷量分别为 $q_1, q_2, \cdots, q_n$,则它们在空间 a 点产生的电势为

$$\begin{aligned}\varphi_a &= \int_a^\infty \boldsymbol{E} \cdot \mathrm{d}\boldsymbol{l} \\ &= \int_a^\infty (\boldsymbol{E}_1 + \cdots + \boldsymbol{E}_n) \cdot \mathrm{d}\boldsymbol{l} \\ &= \sum_{i=1}^n \varphi_i \\ &= \sum_{i=1}^n \frac{q_i}{4\pi\varepsilon_0 r_i}\end{aligned} \tag{4.2.30}$$

式中 r_i 分别为各个点电荷到 a 点的距离.上式表明:在点电荷系的电场中,某一点的电势等于各点电荷单独存在时在该点电势的代数和.这一结论称为**电势的叠加原理**

例 4.4

如图 4-2-9 所示,两个点电荷$+q$ 和$-q$ 相距为 l,这样的电荷系称为电偶极子,电偶极矩为 $\boldsymbol{p}_e = q\boldsymbol{l}$,$\boldsymbol{l}$ 的方向由负电荷指向正电荷.计算电偶极子电场中任一点的电势.

解 设电偶极子中心位于原点,沿 z 轴放置,则电场中 $P(r,\theta,\varphi)$ 点的电势为两个电荷各自在 P 点产生的电势的叠加

$$\varphi = \frac{q}{4\pi\varepsilon_0}\left(\frac{1}{r_+} - \frac{1}{r_-}\right)$$

其中 $r_+^2 = r^2 + \frac{l^2}{4} - rl\cos\theta$, $r_-^2 = r^2 + \frac{l^2}{4} + rl\cos\theta$.

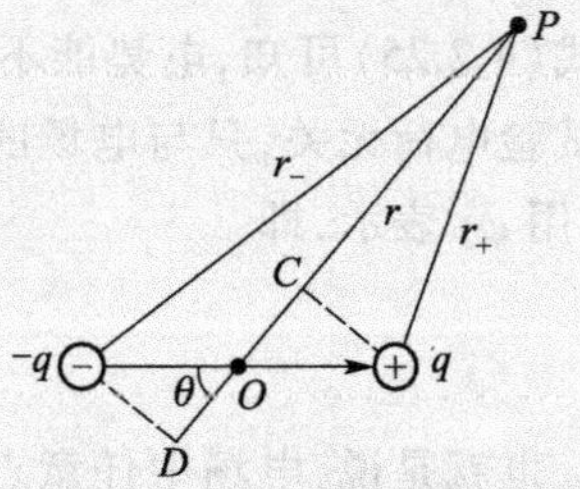

图 4-2-9 电偶极子的电势

下面进行近似运算.由$+q$、$-q$ 分别作 PO 的垂线,交点为 C、D.当 $r \gg l$ 时,C、D 两点可近似看成以 P 点为圆心、以 r_+,r_-为半径的圆弧与 PO 的交点,因此

$$r_+ \approx r - \frac{l}{2}\cos\theta, \quad r_- \approx r + \frac{l}{2}\cos\theta$$

代入电势的表达式,得

$$\varphi = \frac{q}{4\pi\varepsilon_0}\frac{l\cos\theta}{r^2 - \frac{l^2}{4}\cos^2\theta}$$

忽略 l^2 项,得

$$\varphi \approx \frac{q}{4\pi\varepsilon_0}\left(\frac{l\cos\theta}{r^2}\right)=\frac{p_e\cos\theta}{4\pi\varepsilon_0 r^2}=\frac{\boldsymbol{p}_e\cdot\boldsymbol{e}_r}{4\pi\varepsilon_0 r^2} \tag{4.2.31}$$

由此可见，当 $r>>l$ 时，**电偶极子的电势与电偶极矩大小成正比，与距离平方成反比，还与 OP 与电偶极矩的夹角有关**.实际上许多物理问题都可以简化为电偶极子模型，例如电介质可以看成由许多分子偶极矩构成，当它处在电场中时可以看成电偶极子和外电场的相互作用；另外在电磁波的辐射中，电偶极辐射也是很典型的例子.这些我们将在后面详细讲解.

对于电荷连续分布的有限大小的带电体的电势，把带电体看成是由无数电荷元 $\mathrm{d}q$ 组成，则整个带电体产生的电场的电势就等于这些电荷元电势的叠加，即

$$\varphi=\int \mathrm{d}\varphi=\iiint_V \frac{\mathrm{d}q}{4\pi\varepsilon_0 r}=\frac{1}{4\pi\varepsilon_0}\iiint_V \frac{\rho_e \mathrm{d}v}{r} \tag{4.2.32}$$

如果带电体是无限大的，式(4.2.32)不适用，此时电势参考点不能选在无限远处.

例 4.5

求均匀带电圆环轴线上任一点的电势.设半径为 R，所带电荷量为 q.

解 如图 4-2-10 所示，以圆环中心为原点轴线为 x 轴.选无穷远处为电势零点.在圆环上任取圆弧 $\mathrm{d}l$ 为电荷元，电荷量为 $\mathrm{d}q$，它在 P 点的电势为

$$\mathrm{d}\varphi=\frac{1}{4\pi\varepsilon_0}\frac{\mathrm{d}q}{r}=\frac{\lambda\mathrm{d}l}{4\pi\varepsilon_0\sqrt{R^2+x^2}}$$

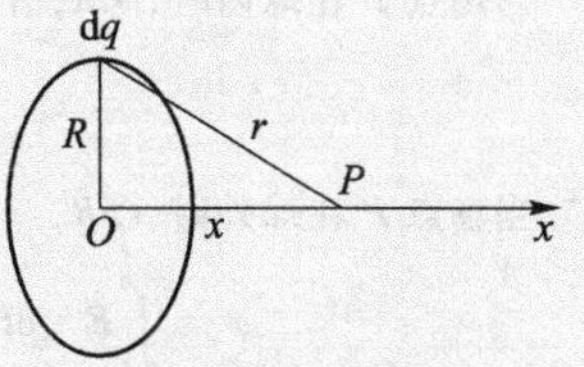

图 4-2-10 带电圆环轴线上的电势

由电势叠加原理可得 P 点的电势为

$$\varphi=\oint_l \frac{\lambda}{4\pi\varepsilon_0\sqrt{R^2+x^2}}\mathrm{d}l=\frac{1}{4\pi\varepsilon_0}\frac{q}{\sqrt{R^2+x^2}}$$

讨论 (1) 若 P 点距 O 点很远，即 $x>>R$，则

$$\varphi=\frac{q}{4\pi\varepsilon_0 x}$$

此时相当于电荷集中在圆环中心的点电荷的电势.

(2) 当 P 点位于圆环中心时，$x=0$，则

$$\varphi=\frac{q}{4\pi\varepsilon_0 R}$$

可见，均匀带电圆环中心电势最大.如果电荷分布在半径为 R 的薄圆盘上，电荷面密度为 σ，轴线上的电势又是多少？请大家讨论.

例 4.6

求均匀带电的半径为 R 的球壳内外的电势分布.(1)以无穷远点为电势参考点；(2)以球壳中心为电势参考点.

解 在例题 4-3 中已经得到均匀带电的球壳内外的电场强度为

$$\boldsymbol{E}=\begin{cases}\dfrac{q}{4\pi\varepsilon_0 r^2}\boldsymbol{e}_r & r>R\\ 0 & r<R\end{cases}$$

(1) 以无穷远点为电势参考点.

沿半径方向积分,当场点 P 在球内时,$r<R$,见图 4-2-11(a),

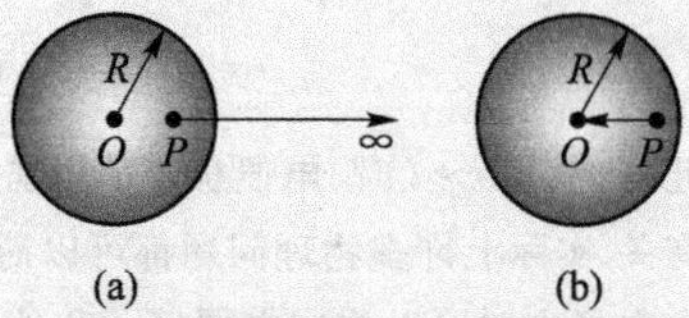

图 4-2-11 带电球壳的电势

$$\varphi=\int_r^R \boldsymbol{E}_{内}\cdot \mathrm{d}\boldsymbol{l}+\int_R^\infty \boldsymbol{E}_{外}\cdot \mathrm{d}\boldsymbol{l}=\int_R^\infty \boldsymbol{E}_{外}\cdot \mathrm{d}\boldsymbol{l}$$

$$=\int_R^\infty \frac{q}{4\pi\varepsilon_0 r^2}\mathrm{d}r=\frac{q}{4\pi\varepsilon_0 R}$$

当场点 P 在球外时,$r>R$,

$$\varphi=\int_r^\infty \boldsymbol{E}_{外}\cdot \mathrm{d}\boldsymbol{l}=\int_r^\infty \frac{q}{4\pi\varepsilon_0 r^2}\mathbf{e}_r\cdot \mathrm{d}r\mathbf{e}_r=\int_r^\infty \frac{q}{4\pi\varepsilon_0 r^2}\mathrm{d}r=\frac{q}{4\pi\varepsilon_0 r}$$

球内空间电势是相等的,球外空间电势相当于把电荷集中在球心的点电荷的电势,归纳起来

$$\varphi=\begin{cases}\dfrac{q}{4\pi\varepsilon_0 r} & r>R\\[2ex] \dfrac{q}{4\pi\varepsilon_0 R} & r<R\end{cases}$$

(2) 以球壳中心 O 点为电势参考点.

当场点 P 在球内时,$r<R$,沿半径方向积分,见图 4-2-11(b),

$$\varphi=\int_r^0 \boldsymbol{E}_{内}\cdot \mathrm{d}\boldsymbol{l}=0$$

当场点 P 在球外时,$r>R$,

$$\varphi=\int_r^0 \boldsymbol{E}\cdot \mathrm{d}\boldsymbol{l}=\int_r^R \boldsymbol{E}_{外}\cdot \mathrm{d}\boldsymbol{l}+\int_R^0 \boldsymbol{E}_{内}\cdot \mathrm{d}\boldsymbol{l}=\int_r^R E_{外}\,\mathrm{d}r=\frac{q}{4\pi\varepsilon_0}\left(\frac{1}{r}-\frac{1}{R}\right)$$

由此例可以看出,选取不同的参考点,得到的电势会不同,但不会影响电势差.球壳内外的电势差都是$\dfrac{q}{4\pi\varepsilon_0 R}-\dfrac{q}{4\pi\varepsilon_0 r}$.

4.2 等势面

在静电场中,电势的值一般是连续变化的,是空间坐标的标量函数,构成一标量场.我们把标量场中电势值相等的点构成的曲面称为**等势面**.它们满足方程

$$\varphi(x,y,z)=C \tag{4.2.33}$$

当常量 C 取等间隔的一系列值时,可以作出一系列等势面.图 4-2-12 是点电荷的等势面(其中虚线是等势面,实线是电场线),从中可以看出点电荷的等势面是一系列以点电荷为中心的同心球面,由里向外间距依次变大.图 4-2-13 给出了电偶极子的等势面图(图中虚线部分),其等势面不再是规则的同心球面,电荷分布不同等势面形状不同.特别地,电偶极子连线的中垂面是一等势面.对于多电荷体系的电场的等势面会更加复杂.

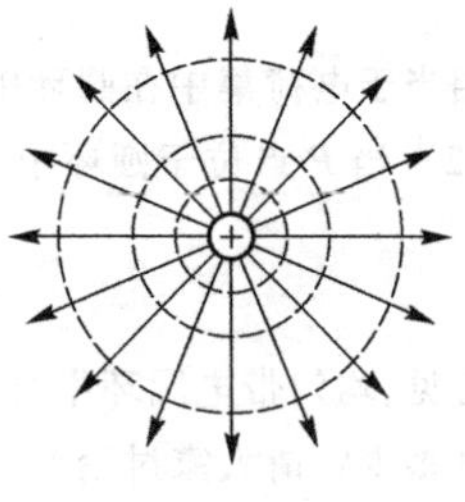

图 4-2-12 点电荷的等势面

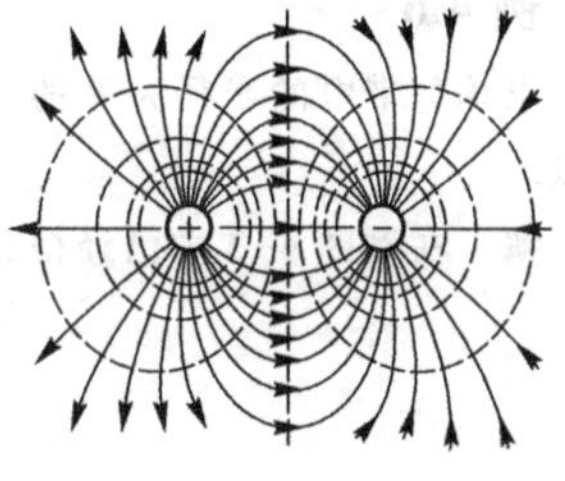

图 4-2-13 电偶极子的等势面

虽然不同的电荷分布体系其电场的等势面不同,但它们却具有以下的性质:(1) 等势面较密的地方场强较强,较疏的地方场强较弱;(2) 等势面处处与电场线垂直.前者可以直接由电

势差的定义式看出,后者可以这样理解,如果电场线不与等势面垂直的话,场强就会有沿等势面方面的分量,那么电荷沿等势面移动时电场力做功不为零,因此,电场线和等势面处处互相垂直.

4.3 电势的梯度

由电场分布通过积分运算可以得到空间的电势分布函数,那么反过来,已知空间电势分布函数,必然可以通过微分运算得到电场分布.

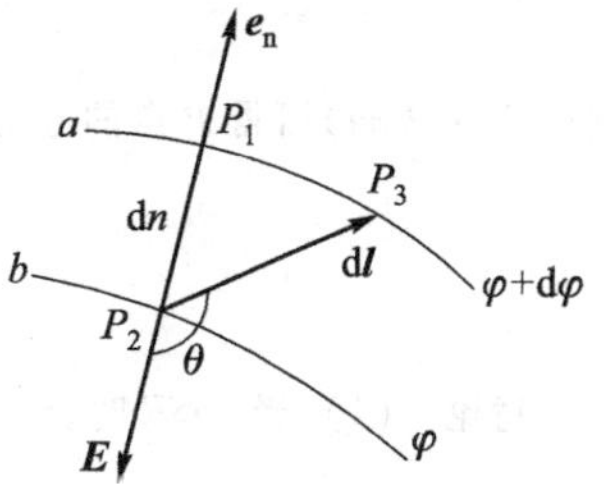

图 4-2-14 场强与等势面

如图 4-2-14 所示,在电场中选取两个无限靠近的等势面 a 和 b,电势分别是 φ,$\varphi+\mathrm{d}\varphi$,垂直距离为 $\mathrm{d}n$.设 $\boldsymbol{e}_n$ 是等势面的法向单位矢量,由低电势指向高电势.由式(4.2.28)可得等势面 a 和 b 电势差(即 P_1,P_2 两点电势差)

$$\mathrm{d}\varphi=-E\mathrm{d}n$$

$$E=-\frac{\mathrm{d}\varphi}{\mathrm{d}n}$$

整理可得

$$E=\frac{\mathrm{d}\varphi}{\mathrm{d}l\cos\theta}=-\frac{\mathrm{d}\varphi}{\mathrm{d}n},\quad \mathrm{d}\varphi=\boldsymbol{E}\cdot\mathrm{d}\boldsymbol{l}=E\mathrm{d}l\cos\theta$$

其中,$\mathrm{d}n=|\mathrm{d}l\cos\theta|$,$\mathrm{d}l\cos\theta$ 是 $\mathrm{d}\boldsymbol{l}$ 在电场强度 $\boldsymbol{E}$ 方向的投影,投影方向和电场强度方向相反,写成矢量式

$$\boldsymbol{E}=-\frac{\mathrm{d}\varphi}{\mathrm{d}n}\boldsymbol{e}_n$$

亦即,φ 沿 $\boldsymbol{e}_n$ 方向的微商最大,其余方向的微商等于它乘以 $\cos\theta$.这正是数学中的 φ 梯度,它沿着 $\boldsymbol{e}_n$ 方向,大小等于$\dfrac{\mathrm{d}\varphi}{\mathrm{d}n}$,用 grad φ 或$\nabla\varphi$ 来表示.沿其余方向的微商 $\dfrac{\partial\varphi}{\partial l}$ 是梯度 grad φ 在该方向上的投影.

$$\boldsymbol{E}=-\frac{\mathrm{d}\varphi}{\mathrm{d}n}\boldsymbol{e}_n=-\mathrm{grad}\ \varphi=-\nabla\varphi \tag{4.2.34}$$

此矢量式说明:**静电场中各点的电场强度等于电势梯度的负值**.

在直角坐标系中

$$\boldsymbol{E}=-\nabla\varphi=-\left(\frac{\partial\varphi}{\partial x}\boldsymbol{e}_x+\frac{\partial\varphi}{\partial y}\boldsymbol{e}_y+\frac{\partial\varphi}{\partial z}\boldsymbol{e}_z\right) \tag{4.2.35}$$

由式(4.2.35)可见,在研究静电场的时候,已知电势分布,就可以得到电场强度的分布.利用电势完全可以描述静电场,例如利用等势面图,同样可以直观地反映出电场的强弱分布和方向.更重要的是电势是个标量,相对于电场强度的矢量运算,电势的计算过程更加简便.所以解决实际问题时,常常先计算出电势,再利用场强与电势的微分关系计算场强.

例 4.7

均匀带电的半径为 R 的圆盘,电荷面密度为 σ,求圆盘轴线上与盘心相距为 x 的 P 点电场强度.

解 由例4-5的结果可以计算出,圆盘轴线上P点电势为

$$\varphi=\frac{\sigma}{2\varepsilon_0}\left(\sqrt{x^2+R^2}-x\right)$$

则由式(4.2.34)可得P点的电场强度

$$\boldsymbol{E}=-\nabla\varphi=-\boldsymbol{e}_x\frac{\partial\varphi}{\partial x}=\boldsymbol{e}_x\frac{\sigma}{2\varepsilon_0}\left(1-\frac{x}{\sqrt{R^2+x^2}}\right)$$

讨论 (1) 当$x>>R$时,$x/\sqrt{x^2+R^2}=\left(1+\frac{R^2}{x^2}\right)^{-\frac{1}{2}}\approx 1-\frac{R^2}{2x^2}$,电场

$$\boldsymbol{E}\approx\frac{\sigma R^2}{4\varepsilon_0 x^2}\boldsymbol{e}_x=\frac{q}{4\pi\varepsilon_0 x^2}\boldsymbol{e}_x$$

这里利用了$(1+x)^\alpha=1+\alpha x+\frac{\alpha(\alpha-1)}{2!}x^2+\cdots+\frac{\alpha(\alpha-1)\cdots(\alpha-n+1)}{n!}x^n$,$\alpha$为任意实数.在$(-1,1)$内收敛.

可见,在远处,圆盘电荷产生的电场相当于将电荷集中在盘心的一个点电荷产生的电场.

(2) 当$x<<R$或者$R\to\infty$(σ不变)时,

$$\boldsymbol{E}=\frac{\sigma}{2\varepsilon_0}\boldsymbol{e}_x \tag{4.2.36}$$

相当于无限大带电平面附近的电场.可见无限大带电平面周围的电场是均匀电场,电场强度和电荷面密度成正比,方向垂直于带电平面.

5 带电体在电场中受力及其运动

5.1 带电粒子在电场中受的力

设一个电荷量为q的带电粒子处在电场$\boldsymbol{E}$中,它受到的电场力

$$\boldsymbol{F}=q\boldsymbol{E}$$

在电场力的作用下,粒子的运动状态会发生改变,它的运动学方程就可以利用力学中的知识来解决.

如果是电荷连续分布的带电体,它受到的电场力等于各个电荷元受的电场力的矢量和

$$\boldsymbol{F}=\int_V \boldsymbol{E}\mathrm{d}q$$

阴极射线示波器中就利用了电场实现电子束的聚焦、偏转和加速.

5.2 电偶极子在均匀电场中受的力和力矩

设在均匀电场$\boldsymbol{E}$中放置电偶极矩为$\boldsymbol{p}_e=q\boldsymbol{l}$的电偶极子.如图4-2-15所示,由于正负电荷在均匀电场中受到的电场力大小相等,方向相反,因此合力为零.但是整个电偶极子会受到一个力矩作用.以过电偶极子的中心O垂直于纸面的轴为转轴,电偶极矩和电场强度的夹角为θ,则合力矩的大小为

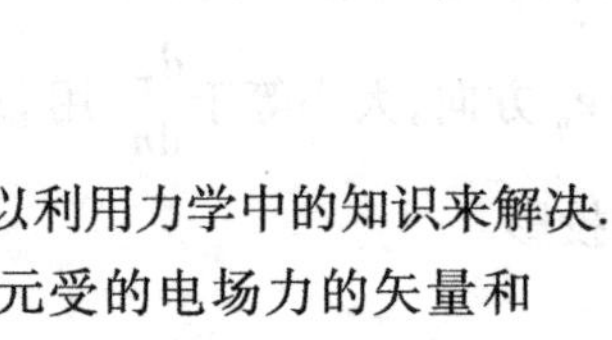

图4-2-15 均匀电场中电偶极子受的力

$$\begin{aligned}M&=M_++M_-\\&=F_+\frac{l}{2}\sin\theta+F_-\frac{l}{2}\sin\theta\\&=qEl\sin\theta=p_eE\sin\theta\end{aligned}$$

写成矢量表达式为

$$\boldsymbol{M}=\boldsymbol{p}_e\times\boldsymbol{E} \tag{4.2.37}$$

由式(4.2.37)可知：

(1) 当 $\theta=0$ 时，即电偶极矩和电场同方向，力矩为零，是平衡位置；

(2) 当 $\theta=90°$时，即电偶极矩和电场方向垂直，力矩最大；

(3) 当 $\theta=180°$时，即电偶极子和电场反方向时，力矩为零，但只要稍微偏离这个位置，就会继续旋转，属于不稳定平衡点.

通过以上讨论可以看出，在均匀电场中，电偶极子受到的合力为零，但会受到电场的力矩作用，这个力矩会使电偶极子向外电场方向偏转，直到偶极矩和电场方向一致为止.如果电偶极子处在非均匀电场中，电偶极子受到的合力将不为零，同时会受力矩作用，式(4.2.37)仍然适用.

§4.3 静电场与物质的相互作用

前面我们讨论了真空中静电场的性质和规律.如果电场中存在物质，如导体和电介质时，电场和物质之间会有什么样的相互影响呢？本节就来讨论这种相互影响的规律，同时还将介绍电容器和电场的能量.

1 静电场与导体的相互作用

1.1 导体的静电平衡

当带电体中电荷宏观上静止不动，从而电场分布不随时间发生变化，我们就说该体系达到了**静电平衡**.金属是最常见的导体，其内部含有大量的自由电子.本节我们就以均匀的金属导体为例进行分析.这里的“均匀”是指质料均匀、温度均匀.当导体不带电也不受外电场的作用时，带负电的自由电子作热运动并均匀分布在导体中，净余电荷为零，整个导体对外不显电性.

若将导体放入场强为 $\boldsymbol{E}_0$ 的外电场中，导体中的自由电子除了作热运动之外，还将会在电场力的作用下作定向漂移，从而引起电荷的重新分布.如图 4-3-1 所示，在导体一侧因电子的堆积而出现负电荷，在另一侧由于相对缺少电子而出现等量的正电荷，这就是**静电感应现象**.由静电感应产生的电荷叫**感应电荷**，感应电荷产生的电场称为**附加电场**，用 $\boldsymbol{E}'$表示，在导体内附加电场方向和外电场相反.因此，导体内部电场为两种电场的叠加，总电场

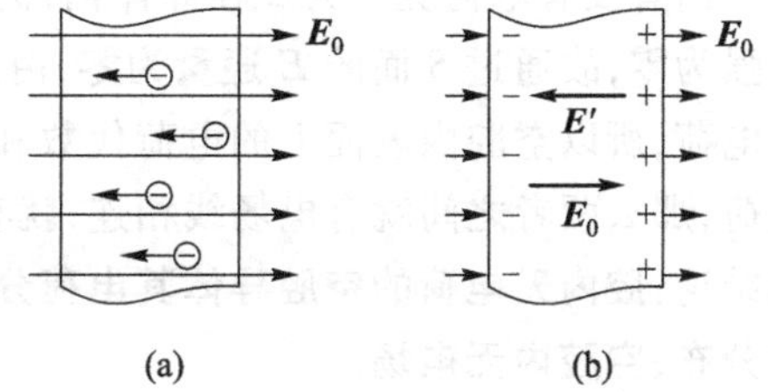

图 4-3-1 导体的静电平衡

$$\boldsymbol{E}=\boldsymbol{E}_0+\boldsymbol{E}' \tag{4.3.1}$$

随着过程的进行，表面处的感应电荷量值不断增加，因而内部附加电场 $\boldsymbol{E}'$也随之增大，导体内部的总电场在不断减小，当 $\boldsymbol{E}=\boldsymbol{E}_0+\boldsymbol{E}'=0$ 时，导体内的自由电子受到的电场力为零，定向移动将停止，这时整个系统达到了静电平衡.

当导体处于静电平衡状态时，导体内部电场强度处处为零，这就是均匀导体静电平衡的条

件.由导体静电平衡的条件可以导出以下两个推论:

(1) 导体是个等势体,导体表面为一等势面.

在导体内取任意两点 a 和 b,两点间的电势差为

$$\varphi_a-\varphi_b=\int_a^b \boldsymbol{E}\cdot \mathrm{d}\boldsymbol{l}=0$$

即

$$\varphi_a=\varphi_b \tag{4.3.2}$$

故在静电平衡时,**导体中电势处处相等,导体**是个**等势体,导体表面为一等势面**.

(2) 导体以外靠近表面处电场强度与导体表面垂直.

1.2 静电平衡时导体上电荷的分布

1.2.1 实心导体

如图 4-3-2 所示,在一导体内部任作一个高斯面 S.在静电平衡时,导体内部的场强为零,所以通过导体内部任一高斯面的 $\boldsymbol{E}$ 通量必为零,即

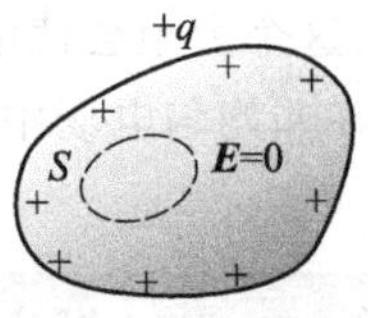

图 4-3-2 带电实心导体上的电荷分布

$$\oiint_S \boldsymbol{E}\cdot \mathrm{d}\boldsymbol{S}=0$$

又由高斯定理

$$\oiint_S \boldsymbol{E}\cdot \mathrm{d}\boldsymbol{S}=\frac{1}{\varepsilon_0}\sum_{\substack{i\\(S内)}} q_i$$

所以

$$\sum_i q_i=0$$

即高斯面所包围的电荷的代数和为零.由于高斯面的形状和大小是任意的,可以得到如下结论:**静电平衡时,实心导体内部没有净余电荷分布,电荷只能分布在导体的表面上**.

1.2.2 空腔导体

对于空腔导体可以分为腔内无电荷和腔内有电荷两种情况.

首先讨论第一种情况.如图 4-3-3(a)所示,由前面的讨论知导体内部没有净余电荷,那么腔内表面有没有电荷呢? 为此在导体内部紧贴内表面作高斯面 S(图中虚线表示).由于导体内部场强为零,故通过 S 面的 $\boldsymbol{E}$ 通量为零,由高斯定理可知,S 面内的电荷代数和为零,由于空腔中没有电荷,所以空腔内表面上的电荷代数和为零.如果内表面某处有正电荷,另一处必有等量的负电荷,那么两者之间就有电场线相连,就有电势差存在,这与导体是个等势体相矛盾.由此可以得出结论:**腔内无电荷的空腔导体其电荷分布在导体外表面上,空腔内表面和导体内部处处没有电荷分布;空腔内无电场**.

当腔内有带电体,所带电荷量为 q(设 $q>0$)时,如图 4-3-3(b)所示,首先设导体本身不带电,用前面同样的方法,得出 S 面内电荷代数和等于零,由于空腔中存在电荷 q,所以在空腔的内表面必然出现等量异号的电荷 $-q$.根据电荷守恒定律,在导体的外表面就会有等量的感应电荷 q 出现.实际上就是导体处在点电荷 $+q$ 的电场中,在电场作用下,自由电子沿电场的反方向向内表面移动,使得内表面堆积了负电荷而

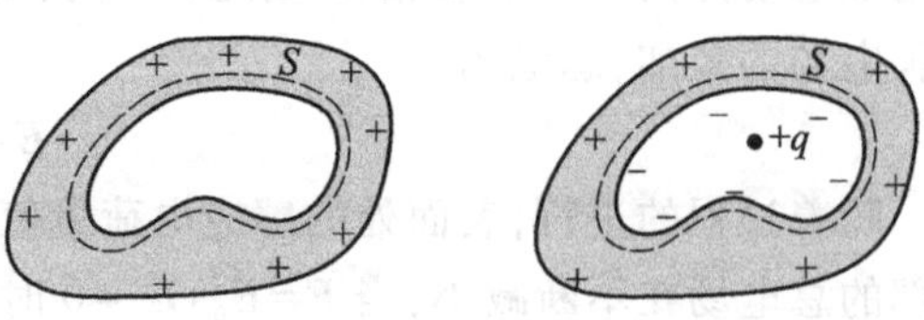

(a) 腔内无带电体 (b) 腔内有带电体

图 4-3-3 静电平衡时空腔导体上的电荷分布

带了负电，外表面由于缺少电子而带正电.如果导体本身带电荷 Q，分布在导体腔外表面上的电荷量为 $Q+q$，分布在导体腔内表面上的电荷量仍为 $-q$.

可见，**空腔内有带电体存在时，导体上的净电荷分布在其内表面和外表面上**.

范德格拉夫起电机就是利用了空腔导体的这种性质，图 4-3-4 是起电机的结构示意图.与电源正极连接的尖端导体 E 不断向传送带喷射电荷，接地导体板 B 的作用是加强喷射，当传送带经过另一个尖端导体 F 时，电荷通过尖端导体传导至大金属壳的外表面，使它相对于地的电势不断升高.范德格拉夫起电机主要用于加速带电粒子.

从前面的分析可知，在静电平衡时，腔内无带电体的导体空腔，无论导体腔本身带电或是处于外电场中，和实心的导体一样，内部没有电场.这样导体腔的表面好像"保护"了它所包围的区域，使其不受空腔外表面上的电荷或者外界电场的影响.这种现象称为**静电屏蔽**，如图 4-3-5 所示.

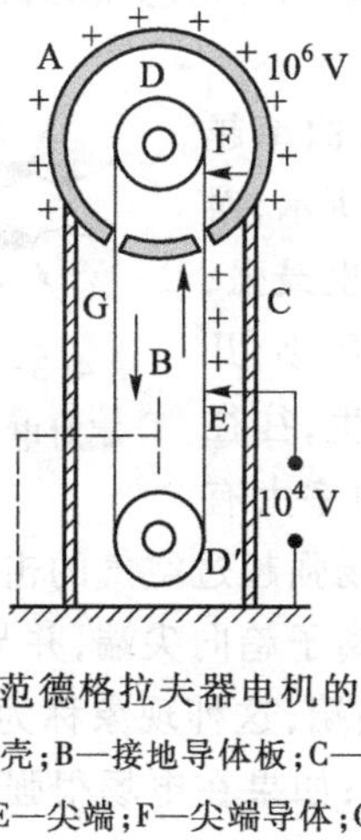

图 4-3-4 范德格拉夫器电机的结构示意图

A—大金属壳；B—接地导体板；C—绝缘支柱；
D—转轮；E—尖端；F—尖端导体；G—传送带

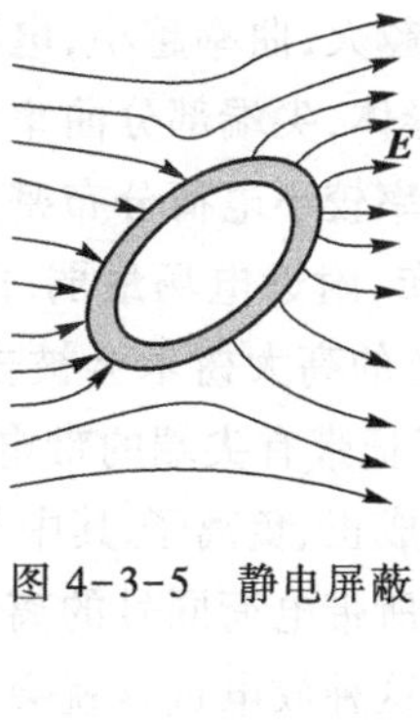

图 4-3-5 静电屏蔽

如果空腔中有带电体，则由于静电感应，在腔的内外表面会感应出等量异号的电荷，外表面的感应电荷必然会对导体外部的电场产生影响.为了消除这种影响，可以将导体外壳接地，这样外壳上的感应电荷就会和大地中的异性电荷中和，其电场相应消失.因此接地导体壳对其所包围的电荷的电场也起到了一个屏蔽作用，使得腔外空间电场不受导体壳内电荷的影响，这个也称为静电屏蔽.静电屏蔽在实际生活和生产实践中有很重要的应用.在精密测量中，为了精密仪器不受外界电场的干扰，通常在仪器外边加上金属外壳或者金属网状外罩.在通信中，为了避免外界对于传递弱信号的导线的干扰，往往在导线外边包裹一层金属丝编织的屏蔽层.电力部门进行高压带电作业时，作业人员穿的均压服也是由金属丝网制成的，可以起到屏蔽和分流的作用.在高压设备中，往往将设备的外壳接地，来消除它对其他仪器的影响.

1.3 导体表面附近的电场

静电平衡时，导体内部的电场为零，但其表面以外附近的电场并不为零.导体表面附近的电场可以由高斯定理计算得出.如图 4-3-6，设导体的表面电荷面密度为 σ_e，跨越导体表面取一垂直于表面的扁

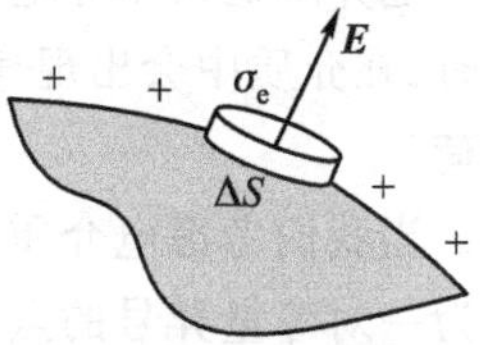

图 4-3-6 带电导体表面附近电场

平的无限小圆柱面 S 为高斯面，设圆柱面的底面积为 ΔS，高度 $h\to 0$.

由于导体内部电场处处为零，所以下底面积分为零，又因为侧面积趋近于零，所以侧面的积分也为零，由于底面无限小，可以认为上底面上电场均匀，故

$$\oiint_S \boldsymbol{E}\cdot d\boldsymbol{S}=\iint_{\Delta S} E dS = E\Delta S$$

由高斯定理

$$E\Delta S=\sigma_e \Delta S/\varepsilon_0$$

$$E=\frac{\sigma_e}{\varepsilon_0} \tag{4.3.3}$$

上式表明，导体表面附近的电场强度大小和该处电荷面密度成正比，方向垂直于表面.

1.4 孤立导体表面电荷面密度与其表面曲率的关系

我们关注一个导体时，空间往往还存在其他带电体或导体，它们之间会相互作用相互影响.如果导体距离其他带电体或导体很远，以至于它们对该导体的影响可以忽略时，在物理上把该导体称为**孤立导体**.

实验表明：孤立导体表面电荷面密度与其表面曲率有关，曲率越大，电荷面密度越大；曲率越小，电荷面密度越小.如图 4-3-7 所示，对于具有尖端的导体，尖端部分曲率最大，电荷分布最密集，电场也最强；平坦的地方，曲率较小电荷分布密度较小；凹进去的地方，曲率更小，几乎没有电荷分布，附近电场最弱.日常生活中雷击事件时有发生，往往在高高的山顶上的高大树木会被击中，就是与高山及树木的曲率大有关.不仅如此，当把带有尖端的带电导体放置在空气中时，如果场强超过空气的击穿场强时，空气就会被电离，形成正、负离子.其中与尖端所带电荷符号相反的离子趋向尖端，并与尖端上的电荷中和，而与尖端所带电荷同号的离子则受排斥力而加速离开尖端，这种现象称为**尖端放电**.如果电场不是很强，这种放电过程就会比较平稳地悄无声息地进行；如果在电场很强的情况下，放电就会以爆裂的火花放电方式进行，并在短暂的时间内释放出大量的能量.雷击事件就属于后者.

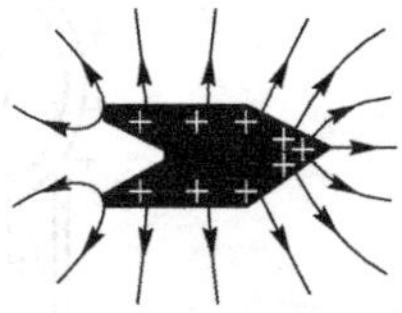

图 4-3-7 导体表面曲率对电荷分布的影响

尖端放电不仅仅损耗了大量的电能，还会对精密测量和通信造成干扰，所以在许多高压电器设备中，所有的金属元件都应避免带有棱角，一般做成球形曲面，使用的导体要表面光滑而平坦，都是为了避免尖端放电.利用尖端放电的原理，人们发明了避雷针，将大量的电荷导入了大地而中和了，有效地避免了建筑物遭受雷击.

2 静电场与电介质的相互作用

2.1 电介质的极化

电介质是指不导电的物质，即绝缘体，其内部没有可以移动的电荷.当把电介质放在外电场中时，在介质中会出现净余的正、负电荷，我们称这种现象为**介质的极化**，出现的电荷称为**极化电荷**.

当我们考虑电介质的最小单元（称为介质分子）的电性时，由于分子尺度很小，可以把它等效为一对等量异号的点电荷（电偶极子），分别位于正、负电荷等效中心.在没有外电场作用时，如果分子的正、负电荷等效中心重合，如 H_2、N_2、O_2、CO_2 和 CH_4 等，则称其为无极分子；如果分子的正、负电荷等效中心不重合，如 H_2O、HCl 和 CO 等，则称为有极分子，相当于一个电偶极矩为 $\boldsymbol{p}_e=$

ql 电偶极子，其中 q 表示电荷量，$\boldsymbol{l}$ 表示从负电荷等效中心指向正电荷等效中心的矢量，则 $\boldsymbol{p}_e$ 称为分子的电偶极矩.对于无极分子，无外电场时，分子电偶极矩等于零.

下面我们分别说明这两类介质极化的微观机制.

(1) 无极分子介质的位移极化

无外电场时，无极分子的正负电荷中心重合[见图 4-3-8(a)]，若加上外电场，正、负电荷受到的电场力方向相反，中心错开，形成一个电偶极子，称为诱导电偶极子[见图 4-3-8(b)].每个分子在外电场作用下都会形成一个沿外电场方向排列的电偶极子.这些电偶极子最终会沿电场方向排列成一条条“链子”，链上相邻的偶极子间正负电荷互相靠近.如果是均匀介质，则内部处处仍然是电中性的，但在介质与外电场垂直的两个表面上就出现了净余的正、负电荷，这就是极化电荷，如图 4-3-8(c)所示.极化电荷不能在介质中自由移动，也不能离开电介质转移到其他带电体上，所以又称为束缚电荷.这种由于外电场作用引起正负电荷发生相对位移的极化，称为**位移极化**.显然，外电场越强，正负电荷中心间的相对位移越大，外电场诱导的电偶极矩就越大，电介质表面的极化电荷就越多，介质极化的程度就越高.

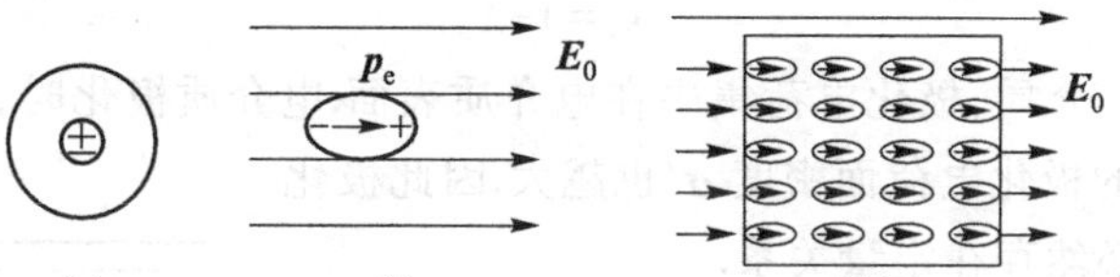

图 4-3-8　无极分子极化示意图

(2) 有极分子介质的取向极化

有极分子本身具有一定的电偶极矩.当没有外电场时，由于分子的无规则的热运动，电偶极子的排列是杂乱无章的[见图 4-3-9(a)]，因而对外不显电性.若加上外电场，每个电偶极子都将受到一个力矩的作用，如图 4-3-9(b).在此力矩的作用下，电偶极子将转向外电场的方向，如图 4-3-9(c)所示.虽然由于分子的热运动，各电偶极子的排列并不是十分整齐，但对于整个电介质来说，在垂直于电场方向的两个表面上，也将产生极化电荷.撤去外电场，由于分子的无规则的热运动，绝大多数介质的又恢复到原来状态.这种由于外电场存在，使得分子电偶极矩都趋向于沿外电场方向排列，而出现正、负极化电荷的现象通常称为**取向极化**.实际上，在有极分子介质中，不但存在取向极化而且也存在位移极化，只是取向极化相对占优势.

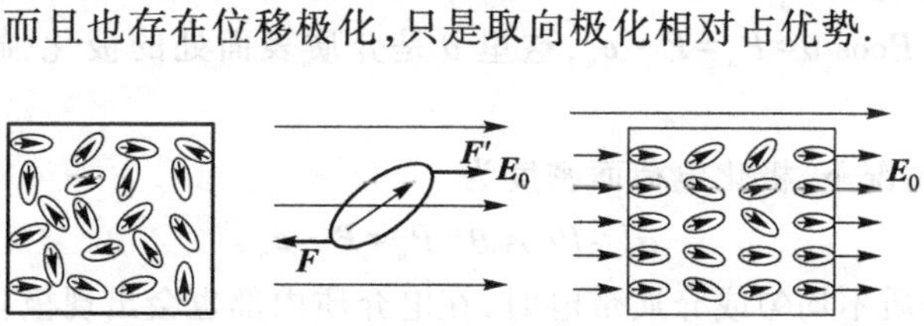

图 4-3-9　有极分子极化示意图

2.2　极化强度矢量和极化电荷的关系

虽然不同电介质的极化机理不尽相同，但是在宏观上，都表现为电介质中出现极化电荷，同时介质内部出现电偶极矩.从上面分析可以看出如果外电场越强，沿外电场方向的电偶极矩就越大,说明极化程度越高.为了定量地描述介质的极化状态,我们引入极化强度矢量.

定义极化强度矢量等于单位体积内分子电偶极矩的矢量和.用 $\boldsymbol{P}$ 表示,即

$$\boldsymbol{P}=\frac{\sum \boldsymbol{p}_{\mathrm{e}}}{\Delta V} \tag{4.3.4}$$

式中 ΔV 是包含大量分子的无限小体积元.极化强度矢量反映了电介质极化的强弱和方向.如果电介质中极化强度矢量处处相等,称为均匀极化.在国际单位制中,极化强度的单位是 $\mathrm{C\cdot m^{-2}}$.

实验证明,对于各向同性的均匀电介质,$\boldsymbol{P}$ 与该点处的场强 $\boldsymbol{E}$ 成正比,在国际单位制中,这个关系可写成

$$\boldsymbol{P}=\chi_{\mathrm{e}}\varepsilon_0\boldsymbol{E}=(\varepsilon_{\mathrm{r}}-1)\varepsilon_0\boldsymbol{E} \tag{4.3.5}$$

式中 ε_{r} 称为介质的相对电容率,$\varepsilon_0\varepsilon_{\mathrm{r}}$ 称介质的电容率,用 ε 表示;比例因数 χ_{e} 称为介质的电极化率,是一个与电介质的性质有关的物理量.不同的电介质 χ_{e} 值不同.对于均匀介质,极化率是一个常量;如果介质不均匀,则极化率是空间位置的函数.对于各向同性线性电介质,相对电容率 ε_{r} 与极化率 χ_{e} 之间满足如下关系

$$\varepsilon_{\mathrm{r}}=1+\chi_{\mathrm{e}} \tag{4.3.6}$$

对于均匀不带电的介质,极化电荷集中在电介质表面.电介质极化时,极化的程度越高(即 $\boldsymbol{P}$ 越大),电介质表面上的极化电荷面密度 σ' 也越大.因此极化电荷与极化强度之间必然存在定量关系.

如图 4-3-10 所示,两个带等量异号电荷的平行导体板,中间充满均匀介质,导体板上的自由电荷面密度分别为 $\pm\sigma_0$,介质表面的极化电荷面密度为 $\pm\sigma'$.在介质内取面积为 ΔS、高为 l 的一段柱体(图 4-3-10 中阴影部分),则在柱体内分子的电偶极矩之和

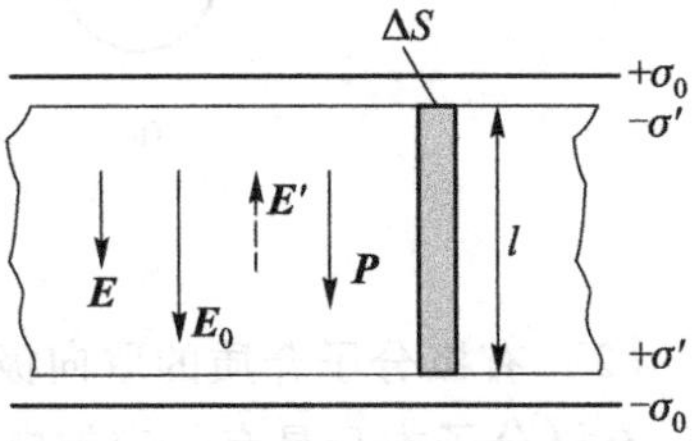

图 4-3-10　极化介质中电场

$$\sum p_{\mathrm{e}}=\sigma'\Delta S l$$

因此,极化强度的大小为

$$P=\frac{\sum p_{\mathrm{e}}}{\Delta V}=\frac{\sigma'\Delta S l}{\Delta S l}=\sigma'$$

考虑介质表面电荷的正负,$\sigma'_{上}=-P$,$\sigma'_{下}=P$.设介质表面法线 $\boldsymbol{e}_{\mathrm{n}}$ 由介质里指向介质外,再考虑极化强度的方向,$\sigma'=P\cos\theta=P_{\mathrm{n}}=\boldsymbol{P}\cdot\boldsymbol{e}_{\mathrm{n}}$,这里 θ 是介质表面处的极化强度与法线单位矢量的夹角.

可以证明在一般情况下,极化电荷面密度为

$$\sigma'=P\cos\theta=P_{\mathrm{n}}=\boldsymbol{P}\cdot\boldsymbol{e}_{\mathrm{n}} \tag{4.3.7}$$

一般情况下,当介质不均匀或介质带电时,在电介质内部也会出现极化电荷分布,可以证明,电介质内部闭合曲面 S 内的极化电荷的代数和 $\sum\limits_{S} q'$ 为

$$\sum_{S内} q'=-\oiint_S \boldsymbol{P}\cdot\mathrm{d}\boldsymbol{S} \tag{4.3.8}$$

这就是极化强度 $\boldsymbol{P}$ 与极化电荷分布之间的普遍关系式,它表明任意闭合曲面的极化强度 $\boldsymbol{P}$ 的通量,等于该闭合曲面内的极化电荷总量的负值.

2.3 介质中的高斯定理和环路定理

电介质被电场极化后,其界面出现了束缚电荷,这些束缚电荷产生的电场称为附加电场,用 $\boldsymbol{E}'$表示(如图 4-3-10 所示).这时总电场 $\boldsymbol{E}$ 是外加电场 $\boldsymbol{E}_0$ 和附加电场 $\boldsymbol{E}'$的矢量和

$$\boldsymbol{E}=\boldsymbol{E}_0+\boldsymbol{E}'$$

在介质内部附加电场 $\boldsymbol{E}'$方向总是和外电场 $\boldsymbol{E}_0$ 方向相反,使得介质中的原电场被削弱,故也称其为退极化场,但是介质中总电场不为零.

现在来讨论总电场对闭合面的 $\boldsymbol{E}$ 通量.极化电荷同自由电荷一样,产生的场的性质相同,高斯定理对极化电荷的电场也成立.即

$$\oiint_S \boldsymbol{E}_0 \cdot \mathrm{d}\boldsymbol{S} = \frac{1}{\varepsilon_0}\sum_{S内} q_0$$

$$\oiint_S \boldsymbol{E}' \cdot \mathrm{d}\boldsymbol{S} = \frac{1}{\varepsilon_0}\sum_{S内} q'$$

上面两式相加得

$$\oiint_S (\boldsymbol{E}_0 + \boldsymbol{E}') \cdot \mathrm{d}\boldsymbol{S} = \oiint_S \boldsymbol{E} \cdot \mathrm{d}\boldsymbol{S} = \frac{1}{\varepsilon_0}\sum_{S内} (q_0 + q') \tag{4.3.9}$$

在一般问题中,只会给出外加电场和电介质的分布情况,极化电荷的分布是未知的,因此利用式(4.3.8),消去式(4.3.9)右边的极化电荷项,使之不显含极化电荷,得

$$\oiint_S (\varepsilon_0 \boldsymbol{E} + \boldsymbol{P}) \cdot \mathrm{d}\boldsymbol{S} = \sum_{S内} q_0$$

现在引入一个辅助性的物理量电位移矢量 $\boldsymbol{D}$,

$$\boldsymbol{D}=\varepsilon_0\boldsymbol{E}+\boldsymbol{P} \tag{4.3.10}$$

上面的公式改写为

$$\oiint_S \boldsymbol{D} \cdot \mathrm{d}\boldsymbol{S} = \sum_{S内} q_0 = \iiint_V \rho_0 \mathrm{d}V \tag{4.3.11}$$

式(4.3.11)表明,通过任意闭合曲面的电位移矢量的通量等于该闭合曲面所包围的自由电荷的代数和.这就是存在介质时**电场的高斯定理**,是电磁学的一条普遍的规律.它的优越性在于方程右侧不出现极化电荷,但这并不是表示电位移矢量与极化电荷无关.当没有介质时,$\boldsymbol{P}=0$,式(4.3.11)就变为真空中的高斯定理式(4.2.18).

由于极化电荷与自由电荷产生的电场都是保守力场,因此介质的静电场也满足环路定理

$$\oint_L \boldsymbol{E} \cdot \mathrm{d}\boldsymbol{l} = 0$$

对于各向同性线性电介质,$\boldsymbol{P}=(\varepsilon_r-1)\varepsilon_0\boldsymbol{E}$,利用式(4.3.10),电位移矢量可以写为

$$\boldsymbol{D}=\varepsilon_0\varepsilon_r\boldsymbol{E}=\varepsilon\boldsymbol{E} \tag{4.3.12}$$

在国际电位制中,电位移矢量的单位为库/米^2($\mathrm{C\cdot m^{-2}}$).

需要注意的是,与导体的静电感应不同,介质极化达到静电平衡时,介质内部的电场并不为零,这是因为把电介质放入静电场中,电介质原子中的电子受原子核电场力的作用,只能在原子范围内作微观的相对位移,而不能像导体中的自由电子那样脱离所属的原子自由运动,所以退极化场 $\boldsymbol{E}'$总是小于 $\boldsymbol{E}_0$,总电场也就不等于零.

由式(4.3.11)可以看出在电场具有对称性时,只要已知自由电荷的分布就可以计算电位移

矢量，再由式(4.3.12)就可以得出电场强度.利用数学中的散度定理

$$\oiint_S \boldsymbol{D}\cdot d\boldsymbol{S}=\iiint_V \nabla\cdot\boldsymbol{D}dV$$

高斯定理的微分形式为

$$\nabla\cdot\boldsymbol{D}=\rho_0 \tag{4.3.13}$$

例 4.8

如图 4-3-11 所示，半径为 R 的均匀介质球放置在均匀外电场 $\boldsymbol{E}_0$ 中，介质的相对电容率为 ε_r.试求介质中的电场及介质表面的极化电荷面密度 σ'.

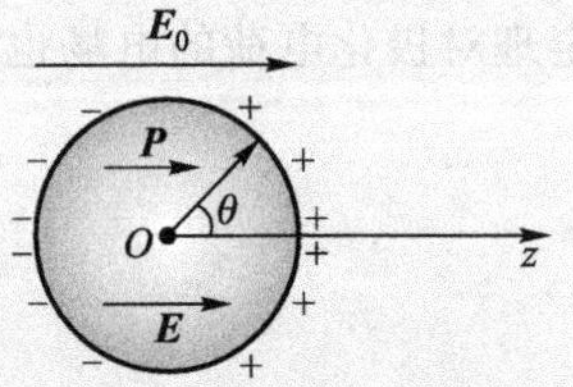

图 4-3-11　均匀极化介质球极化电荷分布

解　由于介质均匀且外电场均匀，所以极化是均匀极化，设极化强度为 $\boldsymbol{P}$，方向与外场方向一致，极化电荷分布在介质球表面，则极化电荷密度为

$$\sigma'=\boldsymbol{P}\cdot\boldsymbol{e}_n=P\cos\theta$$

在左半球面 $\cos\theta<0$，出现负的极化电荷；右半球面 $\cos\theta>0$，出现正的极化电荷，左右对称.由对称性可以计算极化电荷在球心 O 点的电场强度为

$$E'=\oiint_S \frac{\sigma' dS}{4\pi\varepsilon_0 R^2}\cos\theta=\int_0^{\pi}\frac{P}{2\varepsilon_0}\sin\theta\cos^2\theta d\theta=\frac{P}{3\varepsilon_0}$$

方向和外场方向相反.球内总电场为

$$E=E_0-E'=E_0-\frac{P}{3\varepsilon_0}$$

又因为

$$\boldsymbol{P}=\varepsilon_0(\varepsilon_r-1)\boldsymbol{E}$$

由以上两式可以解得

$$P=\frac{3\varepsilon_0(\varepsilon_r-1)}{\varepsilon_r+2}E_0$$

所以总电场为

$$E=\frac{3}{\varepsilon_r+2}E_0$$

介质球面面上的极化电荷面密度 σ' 为

$$\sigma'=P_n=\frac{3\varepsilon_0(\varepsilon_r-1)}{\varepsilon_r+2}E_0\cos\theta$$

3　电容器及其电容

3.1　孤立导体的电容

使一个孤立导体带上电荷量 Q 的电荷，它将具有一定的电势，以半径为 R 的孤立导体球为例，若选取无穷远处为电势零点，它的电势为

$$\varphi=\frac{Q}{4\pi\varepsilon_0 R}$$

由上式可以看出，导体球的电荷量与电势成正比，比例系数 $4\pi\varepsilon_0 R$ 是一个与电势、电荷量无关的

常量,只由导体球的尺寸和形状决定.理论和实践证明,任意形状的孤立导体,随着所带电荷量的增加,电势将按相同比例增加.我们把所带电荷量与电势的比值定义为孤立导体的电容用 C 表示,可写成

$$C=\frac{Q}{\varphi} \tag{4.3.14}$$

其物理意义是使导体电势升高一个单位所需的电荷量,反映了导体储存电荷的能力.导体球的电容为

$$C=4\pi\varepsilon_0 R \tag{4.3.15}$$

在国际单位制中,电容的单位为法拉(F),$1\ \text{F}=1\ \text{C}\cdot\text{V}^{-1}$.在实际应用中,法拉这个单位实在太大(若把地球看成一导体球,它的电容大约只有 7×10^{-4} F).所以在实际中常用微法(μF)、皮法(pF)为计量单位,其换算关系为

$$1\ \text{pF}=10^{-6}\ \mu\text{F}=10^{-12}\ \text{F}$$

3.2 电容器的电容

两个导体靠近而又相互绝缘,若二者电势差不受外界影响,所组成的系统称为**电容器**,每一个导体称为电容器的极板,极板间可以填充介质.设极板所带的电荷量为 $+Q$、$-Q$,它们的电势分别为 φ_1、φ_2,该电容器的电容定义为:**导体所带的电荷量与两导体间的电势差的比值**,即

$$C=\frac{Q}{U}=\frac{Q}{\varphi_1-\varphi_2} \tag{4.3.16}$$

电容器的电容由两个导体的形状、大小、相对位置、填充的介质决定的,与所带电荷量无关.从电容器的角度来看孤立导体的电容,相当于孤立导体与无穷远处的导体构成的电容器的电容.下面介绍几种常见的电容器.

(1) 平行板电容器

最简单的电容器是平行板电容器,它由两块靠得很近的平行导体极板所组成(图 4-3-12).设极板的电荷面密度为 $\pm\sigma_0$,略去边缘效应,由例 4.7 结果可知平行板电容器极板间的场强大小为

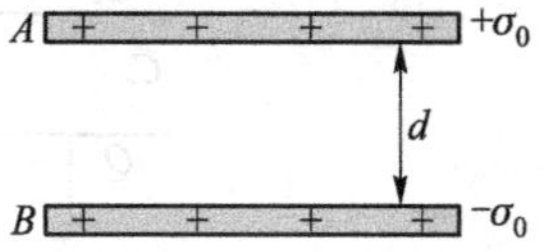

图 4-3-12 平行板电容器

$$E=\frac{\sigma_0}{\varepsilon_0}$$

两极板间的电势差为

$$\varphi_A-\varphi_B=\int_A^B \boldsymbol{E}\cdot\mathrm{d}\boldsymbol{l}=\frac{\sigma_0}{\varepsilon_0}d$$

由电容的定义,可得平行板电容器的电容为

$$C=\frac{q}{\varphi_A-\varphi_B}=\frac{\varepsilon_0 S}{d} \tag{4.3.17}$$

可见,平行板电容器的电容和极板面积 S 成正比,和极板间距离 d 成反比.面积越大,电容越大;距离越小,电容越大.理想的平行板电容器把电场局限在两导体板之间的空间.电容器极板外电场为零.其实不管什么样的电容器都有一个共同的特点:利用两个导体把电场局限在一定空间,空间之外电场为零.

(2) 同轴柱形电容器　同心球形电容器

实际的电容器有各种各样,常见的有圆柱形电容器、球形电容器(见图 4-3-13)等.圆柱形电容器可以看成平行板电容器卷成圆筒变化而来,为了增大电容器的容量,常常采用均匀而且比较薄的导体薄层中间加介质层卷曲制成,卷曲面积越大电容越大.同心球形电容器是由两个球形导体壳构成,请读者推导同轴柱形和同心球形电容器的电容.

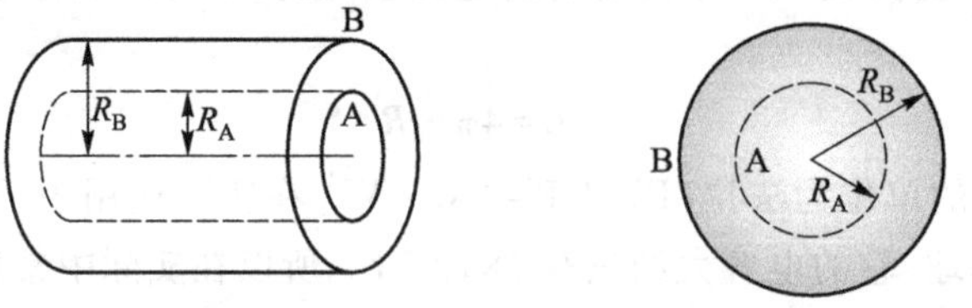

(a) 同轴圆柱形电容器　(b) 同心球形电容器

图 4-3-13　常见电容器

3.3　电介质对电容器电容的影响

在实际应用中,为了满足不同需要,常在两个导体之间填充电介质,便形成了电介质电容器.

如图 4-3-14(a)所示,把一个填充相对电容率 ε_r 的介质电容器和真空电容器并联在电路中,它们的形状、大小、间距相同.当两电容器电压相同时,极板上的自由电荷并不相等,因为介质极化表面会出现极化电荷,附加电场使介质中的电场减小,电压也随之减小,因此为了保持电压 U 不变,极板上自由电荷必须增加,电介质电容器极板上的自由电荷 Q 与真空电容器极板上的自由电荷 Q_0 的关系为 $Q=\varepsilon_r Q_0$.请大家证明这一关系.

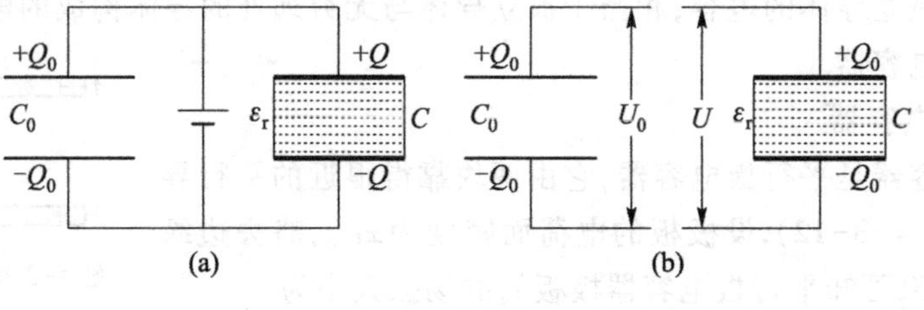

图 4-3-14　电介质对于电容器电容的影响

因而,充满电介质电容器的电容为

$$C=\frac{Q}{U}=\frac{\varepsilon_r Q_0}{U}=\varepsilon_r C_0 \tag{4.3.18}$$

即:在维持电容器两极板电压不变的情况下,极板间充满电介质的电容器的电容为真空电容的 ε_r 倍.

如图 4-3-14(b)所示,如果将电容器充满电后断开电源,使两极板上的电荷量维持恒定,然后给极板间填充电介质,测得电介质电容器两极板间的电压 U,真空电容器两极板间的电压 U_0,它们之间的关系是 $U=U_0/\varepsilon_r$ 同样可以得到,电介质电容器的电容为

$$C=\frac{Q}{U}=\frac{Q_0}{U_0/\varepsilon_r}=\varepsilon_r C_0$$

即:在维持电容器两极板电荷量不变的情况下,极板间充满电介质的电容器的电容为真空电容的

ε_r 倍.

综上所述:**电容器两极板间充满各向同性均匀电介质时,其电容是真空电容器电容的 ε_r 倍.**

$$C=\varepsilon_r C_0 \tag{4.3.19}$$

例如,充满介质的平行板电容器的电容

$$C=\varepsilon_r C_0=\varepsilon_r\frac{\varepsilon_0 S}{d}=\varepsilon\frac{S}{d} \tag{4.3.20}$$

空气的相对电容率近似为 1,其他电介质的相对电容率都大于 1.可见填充介质后电容器的电容增大.可以用来制造电容大、体积小的电容器,有助于实现电子设备的小型化.

当电容器极板上加上电压时,极板间就有电场,电压越大,电场强度也越大.当电场强度增大的某一最大场强 E_b 时,电介质分子发生电离,从而使电介质分子失去绝缘性,这时电介质被击穿.电介质能够承受的最大场强 E_b 称为电介质的击穿场强.此时,两极板间的电压称为击穿电压 U_b.表 4-3-1 给出了一些介质的相对电容率和击穿场强.

表 4-3-1　一些常见电介质的相对电容率和击穿场强

电介质	相对电容率 ε_r	击穿场强/(kV · mm^{-1})
空气(标况下)	1.000 4	3
纸	3.4	16
变压器油	4.4	14
陶瓷	4.7~6.8	6~20
云母	3.7~7.4	80~200
电木	4.0~7.6	10~20
玻璃	4.0~10	10~14

所以在实际选用电容器时,除了要注意电容值之外,还有一个重要的参量必须考虑,那就是耐压值,即击穿电压.例如,标有"200 μF/100 V"的电容器,表示电容为 200 μF,允许最大工作电压为 100 V.如果工作电压超过其耐压值,电容器两极板间的电介质就可能被击穿而漏电,从而破坏电容器.

电容器在实际中有着广泛的应用.在交流电路中,如滤波整流、谐振电路、相移电路、自动控制等场合都离不开电容器.利用电容传感器可将非电学物理量(如位移、振动振幅、压力、料位、湿度、电介质厚度等)转化成易于测量、传输、处理的电学物理量(如电压、电阻、电容等),即非电学物理量→传感器→电学量;它是感知、获取和检测信息的窗口,是自动控制设备中不可缺少的元件,自动控制系统获取的信息都要通过传感器将其转化为容易传输和处理的电信号.图 4-3-15 就是测量油罐液面的

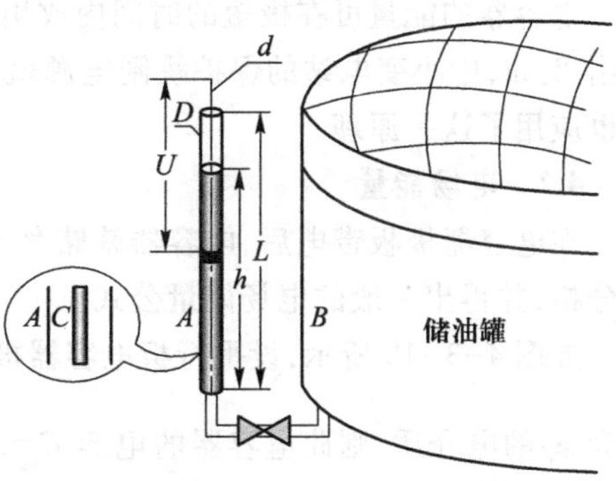

图 4-3-15　利用电容传感器测量液面高度

高度电容传感器,同轴的绝缘的导体圆管、导体棒与油罐连通,导体圆管内径为 D,导体棒的外径为 d,D 和 d 均远小于管长 L,充入导体圆管和导体棒之间的油面高度就是油罐内液面的高度.导

体圆管与导体棒之间接上电压为 U 的电源，圆管上的电荷与液面高度 h 有以下关系（请同学们证明）：

$$Q=CU=\left[\frac{2\pi\varepsilon_0 L}{\ln D/d}+\frac{2\pi\varepsilon_0(\varepsilon_r-1)h}{\ln D/d}\right]U$$

4 电场的能量

4.1 电容器储存的电能

电容器的基本功能是储存电荷，当已充电的电容器两极板短路时，可以看到放电火花，因而电容器储存了能量.在电容器的充电过程中（见图 4-3-16），电源克服静电力做功，把负电荷由带正电的正极板搬运到负极板，电源所做的功就等于电容器储存的静电能.

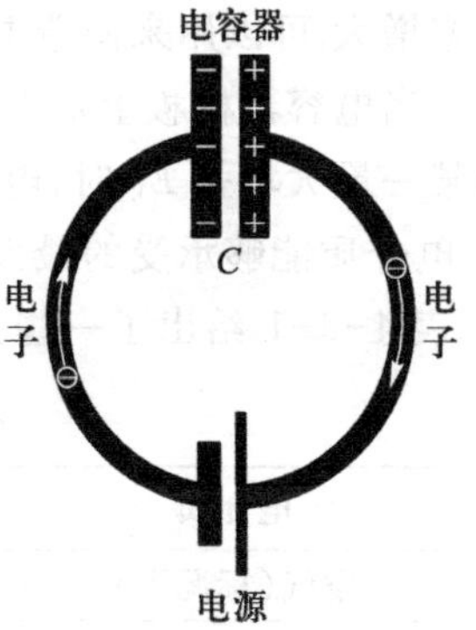

图 4-3-16 电容器充电

实际上电容器的充电过程，就是建立电场的过程.设在充电过程中的某一时刻，电容器极板上的电荷量绝对值为 q，两板间电压为 u，这时电源把电荷 $-\mathrm{d}q$ 从正极板搬运到负极板所做的功等于电荷 $-\mathrm{d}q$ 从正极板到负极板后电势能的增加，即

$$(-\mathrm{d}q\varphi_-)-(-\mathrm{d}q\varphi_+)=\mathrm{d}q(\varphi_+-\varphi_-)=u\mathrm{d}q \qquad (4.3.21)$$

在整个充电过程中，电源所做的功全部转化为电容器储存的静电能，

$$即\ W_e=\int_0^Q u\mathrm{d}q=\int_0^Q \frac{q}{C}\mathrm{d}q=\frac{1}{2}QU$$

利用 $Q=CU$，上式还可以表示成

$$W_e=\frac{1}{2}\frac{Q^2}{C}=\frac{1}{2}CU^2=\frac{1}{2}QU \qquad (4.3.22)$$

式中 U、Q 是充电完毕时电容器两极板间的电压和极板电荷量.

电容器的能量可在极短的时间内放出，瞬间产生较大的功率，所以在现实生活中有很广泛的应用.例如，中小变电站的保护跳闸电源就是靠电容器储存的能量来提供的，照相机闪光灯的照明也应用了这一原理.

4.2 电场能量

在电容器极板带电后，电容器就储存了能量.那么能量储存在哪里？下面以平行板电容器为例分析，并得出一般的电场能量公式.

如图 4-3-10 所示，设平行板电容器极板面积为 S，两极板相距为 d，极板间充满了相对电容率为 ε_r 的电介质，则此电容器的电容 $C=\dfrac{\varepsilon_0\varepsilon_r S}{d}$.当电容器充电到电压为 U 时，电容器储存的能量为

$$W_e=\frac{1}{2}CU^2=\frac{1}{2}\left(\frac{\varepsilon_0\varepsilon_r S}{d}\right)U^2$$

将 $U=Ed$ 代入上式，得

$$W_e=\frac{1}{2}\left(\frac{\varepsilon_0\varepsilon_r S}{d}\right)(Ed)^2$$
$$=\frac{1}{2}(\varepsilon_0\varepsilon_r E^2)(Sd)$$
$$=\frac{1}{2}(\varepsilon_0\varepsilon_r E^2)V$$

式中 $V=Sd$ 表示电容器极板间的体积.上式说明,电容器储存的能量与电介质、电场强度、电场占据的空间体积有关.对于平行板电容器,电场仅存在于两极之间,因此能量就储存在电场之中.由于平行板电容器的电场处处均匀,能量也是均匀分布的.定义单位体积储存的电场能量为电场能量密度

$$w_e=\frac{W_e}{V}=\frac{1}{2}\varepsilon_0\varepsilon_r E^2=\frac{1}{2}\varepsilon E^2 \tag{4.3.23}$$

由于 $\boldsymbol{D}=\varepsilon\boldsymbol{E}$,上式又可写为

$$w_e=\frac{1}{2}DE=\frac{1}{2}\boldsymbol{D}\cdot\boldsymbol{E} \tag{4.3.24}$$

由上式可以看出,能量和场是不可分割的,有电场的地方就有能量分布.虽然上式是从平行板电容器储能推出的,但理论证明,这一公式是普遍成立的.

对于任何一个带电体系,如果已知其电场分布,则其所储存的电场能量为

$$W_e=\iiint_V w_e\,dV=\iiint_V\left(\frac{1}{2}\boldsymbol{D}\cdot\boldsymbol{E}\right)dV \tag{4.3.25}$$

积分遍及存在电场的区域.

例 4.9

真空中半径为 R、所带电荷量为 Q 的球壳,电荷均匀分布.试求电场的总能量.

解 例 4.3 中已经由高斯定理解出电场强度

$$\boldsymbol{E}=\begin{cases}\dfrac{Q}{4\pi\varepsilon_0 r^2}\boldsymbol{e}_r & (r>R)\\ 0 & (r<R)\end{cases}$$

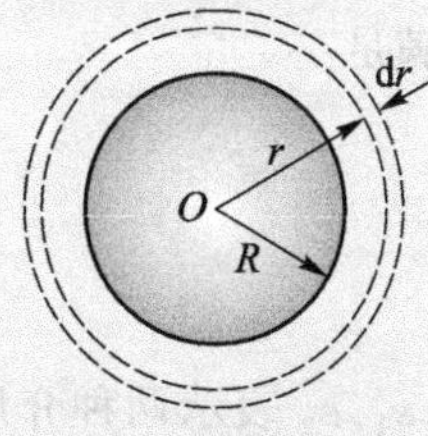

图 4-3-17 均匀带电球壳的电场能

球壳内无电场,能量分布于球壳外区域.由于电场具有球对称性,取半径为 r、厚度为 dr 的球壳为体积元,如图 4-3-17 所示,体积元 $dV=4\pi r^2dr$,则均匀带电球壳电场的总能量为

$$W_e=\iiint_V\frac{1}{2}\varepsilon_0E^2dV=\int_R^\infty\frac{Q^2}{8\pi\varepsilon_0 r^2}dr=\frac{Q^2}{8\pi\varepsilon_0 R}$$

§4.4 电势的泊松方程 边界条件

1 泊松方程

当电场中存在介质或者导体时,会对电场产生影响,除了极少的简单的有对称性的问题可以

用高斯定理解决,其余的复杂问题,往往需要求解电场的微分方程$\nabla \cdot \boldsymbol{D}=\rho_0$,但是由于$\boldsymbol{D}$是矢量,所以求解起来比较复杂.如果求解区内介质是均匀的(或者分区均匀),则有

$$\boldsymbol{D}=\varepsilon \boldsymbol{E}$$

代入$\nabla \cdot \boldsymbol{D}=\rho_0$中,再利用$\boldsymbol{E}=-\nabla\varphi$得

$$\nabla \cdot \boldsymbol{D}=\varepsilon \nabla \cdot \boldsymbol{E}=\varepsilon \nabla \cdot (-\nabla\varphi)=-\varepsilon \nabla^2\varphi=\rho_0$$

$$\nabla^2\varphi=-\frac{\rho_0}{\varepsilon} \tag{4.4.1}$$

上式便是静电势满足的微分方程——泊松方程,方程右边的ρ_0是自由电荷体密度.如果已知空间的自由电荷分布、介质分布,同时给出求解区域的边界条件,就可以解出空间电势分布,那么电场分布就很容易得到.

若$\rho_0=0$,上式则化为

$$\nabla^2\varphi=0 \tag{4.4.2}$$

式(4.4.2)称为**拉普拉斯方程**(Laplace equation).

2 边界条件

求解式(4.4.1)或式(4.4.2)时还必须知道求解区域边界上的边界条件,区域V内电场才能唯一确定,边界条件有两种情况.

(1) 求解区内为电介质,边界条件为:已知边界上的电势$\varphi|_S$或者电势的法向导数$\left.\frac{\partial\varphi}{\partial n}\right|_S$.

(2) 若求解区内还有导体,边界条件为:已知边界上的电势$\varphi|_S$或者电势的法向导数$\left.\frac{\partial\varphi}{\partial n}\right|_S$.同时还要知道每个导体的电势或电荷量.

在求解区内不同介质分界面处,电势还满足边值关系,如果是两种介质的分界面,在边界上电势满足

$$\begin{cases}\varphi_1|_S=\varphi_2|_S \\ \varepsilon_2\left.\dfrac{\partial\varphi_2}{\partial n}\right|_S-\varepsilon_1\left.\dfrac{\partial\varphi_1}{\partial n}\right|_S=-\sigma_0\end{cases} \tag{4.4.3}$$

其中,ε_1,ε_2表示两种介质的绝对电容率.σ_0表示界面上的自由电荷面密度.$\boldsymbol{n}$是界面法线方向的矢量,由介质1指向介质2.

如果是求解区内介质与导体的分界面,情况就不同了.当导体静电平衡时,导体是个等势体,导体表面是等势面;因此φ_1是常量,由式(4.4.3)可得边值关系:

$$\begin{cases}\varphi|_S=C \\ \left.\dfrac{\partial\varphi}{\partial n}\right|_S=-\dfrac{\sigma_0}{\varepsilon}\end{cases} \tag{4.4.4}$$

式(4.4.4)中的φ就是介质中的电势φ_2,这里略去了角标.

利用泊松方程和边界条件就可以求解一般的静电场问题.对于复杂的有界空间的电场,难以解出精确解,可以借助于计算机编程,利用泊松方程的差分形式进行数值求解.泊松方程的一般

差分形式为

$$\varphi_{j,k}^{n+1}=\frac{1}{4}\left(\varphi_{j+1,k}^{n}+\varphi_{j,k+1}^{n}+\varphi_{j-1,k}^{n}+\varphi_{j,k-1}^{n}+\frac{\rho}{\varepsilon_0}h^2\right) \tag{4.4.5}$$

其中,j,k 分别代表数值计算时网格的列和行数,n 代表迭代次数,h 表示矩形网格的步长.边界条件将变为边界上个网格点的电势值,通过多次迭代,就可以得到复杂边界空间的电场的解.

例 4.10

两个均匀带电的无限大平行导体平面,电荷面密度分别为$\pm\sigma_e$,它们的法线平行于 z 轴,其中一个面位于 $z=0$ 处,电势固定为 0;另一个面位于 $z=d$ 处,电势固定为 φ_d.二平面之间为真空,如图 4-4-1 所示,试用泊松方程求区域 $0\leqslant z\leqslant d$ 内的电势分布和电场强度.

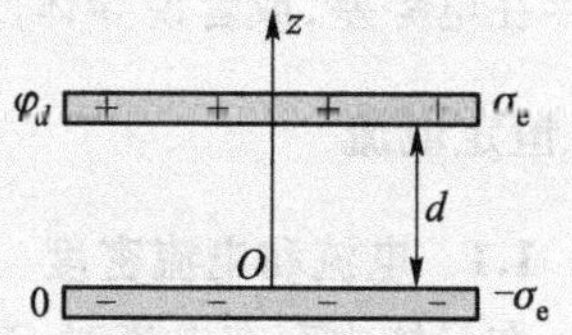

图 4-4-1　二无限大导体平面板间的电势分布

解　由于极板间无电荷分布,因此电势满足$\nabla^2\varphi=0$,已知边界条件为 $\varphi|_{z=0}=0,\varphi|_{z=d}=\varphi_d$.

直角坐标系中电势的方程可表示为

$$\nabla^2\varphi=\frac{\partial^2\varphi}{\partial x^2}+\frac{\partial^2\varphi}{\partial y^2}+\frac{\partial^2\varphi}{\partial z^2}=0$$

由对称性可知,φ 与 x, y 无关,仅是 z 的函数,上式简化为

$$\frac{\mathrm{d}^2\varphi}{\mathrm{d}z^2}=0$$

积分可得

$$\varphi(z)=C_1+C_2z$$

由边界条件:$\varphi|_{z=0}=0,\varphi|_{z=d}=\varphi_d$ 可以确定常数为

$$C_1=0,\quad C_2=\varphi_d/d$$

于是

$$\varphi(z)=\varphi_d z/d$$

电势随 z 线性变化,板间电场强度为

$$\boldsymbol{E}=-\nabla\varphi=-\frac{\partial\varphi}{\partial z}\boldsymbol{e}_z=-\frac{\varphi_d}{d}\boldsymbol{e}_z$$

利用边值关系式(4.4.4)$\left.\frac{\partial\varphi}{\partial n}\right|_{z=d}=-\left.\frac{\partial\varphi}{\partial z}\right|_{z=d}=-\frac{\sigma_e}{\varepsilon_0}$,可以给出

$$\varphi_d=\frac{\sigma_e d}{\varepsilon_0}$$

由此可见,**两个无限大带等量异号电荷导体平板间的电场是均匀电场,电场强度和极板的电荷面密度成正比,方向由高电势指向低电势**.实际上这个系统就是一个理想平行板电容器.对于静电问题实际中通常是利用电势的泊松方程求解边值问题,再分析电场分布.

§4.5　恒定电流

在绝缘体中电子被原子核约束住,不能自由移动,而在导体(如金属)中部分电子可自由移

动，自由电子的热运动往往是杂乱无章的.如果导体内存在电场，导体中的自由电荷将在电场作用下作定向运动，我们把定向运动的电荷流称为“电流”.

除了金属导体中的自由电子定向移动可以形成电流之外，电解质溶液中离子的定向运动、某些条件下气体中的离子和电子的定向运动都可以形成电流.我们把这种由离子或自由电子相对于导体作定向运动形成的电流称为传导电流.由此可见物体内形成传导电流需要两个条件：其一是内因条件，就是物体内要有可以自由移动的电荷，即必须是导体；其二就是外部条件，导体两端要存在电势差，或者说导体内要有电场.

1 恒定电流

1.1 电流和电流密度

在导体内存在电流时，自由电子是由低电势处向高电势处定向移动；正电荷的运动方向则相反.人们通常把正电荷移动的方向定义为电流的方向.

为了描述电流的强弱，我们引入电流的概念.定义单位时间内通过导体任一横截面积的电量为**电流**，用 I 表示：

$$I=\frac{\mathrm{d}q}{\mathrm{d}t} \tag{4.5.1}$$

若导体中的电流大小、方向不随时间改变，则称为**恒定电流**.载有恒定电流的导体中的电场称为恒定电场.电流是标量，其单位为安培(A)，$1\ \mathrm{A}=1\ \mathrm{C}\cdot\mathrm{s}^{-1}$.在国际单位制中，安培是这样定义的：真空中相距为1米的圆截面极小的两根无限长平行直导线中载有相同电流时，若每米长度导线上的相互作用力正好等于 2.0×10^{-7} N，则导线中的电流定义为1 A.

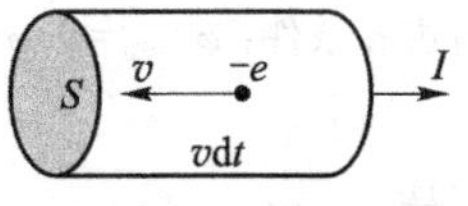

图 4-5-1 电流和电子漂移速度的关系

从微观角度考虑，电流的强弱应与自由电荷的多少、定向运动的速度(也称定向漂移速度)以及导体的尺寸有关.下面我们来讨论它们之间的定量关系.

如图 4-5-1 所示，设在导体中自由电子的数密度为 n，电子的电荷量为 $-e$，假定每个电子的定向漂移速度为 v，在时间间隔 $\mathrm{d}t$ 内，电子的位移为 $\mathrm{d}l=v\mathrm{d}t$，横截面积为 S，长为 $v\mathrm{d}t$ 的圆柱体内的自由电子都会通过横截面 S，此圆柱体内的自由电子数为 $nSv\mathrm{d}t$，电荷量为 $\mathrm{d}q=-neSv\mathrm{d}t$，因而通过导体横截面的电流为

$$I=\frac{\mathrm{d}q}{\mathrm{d}t}=-\frac{neSv\mathrm{d}t}{\mathrm{d}t}=-neSv \tag{4.5.2}$$

可见在导体尺寸一定的情形下，电流正比于自由电子数密度和漂移速度的乘积.

电流只能用于描述通过导体中某一截面的自由电子的整体效果.当导体形状不规则时，各处的电流方向不再一致，为了细致地描述导体内各点电流的分布情况，需要引入一个新的物理量——电流密度 $\boldsymbol{J}$.

电流密度 $\boldsymbol{J}$ 是矢量，其方向和大小规定如下：导体中任一点电流密度的方向为该点正电荷运动的方向(电场的方向)；电流密度的大小等于在单位时间内，通过该点附近垂直于正电荷运动方向的单位面积的电荷量，即

$$J=\frac{\mathrm{d}q}{\mathrm{d}S_{\perp}\mathrm{d}t}=\frac{\mathrm{d}I}{\mathrm{d}S_{\perp}} \tag{4.5.3}$$

单位为 $A \cdot m^{-2}$.将式(4.5.2)代入上式可得

$$\boldsymbol{J}=-ne\boldsymbol{v}$$

如果已知电流密度,通过面元 d$\boldsymbol{S}$ 的电流可以表示为

$$dI=JdS_{\perp}=\boldsymbol{J}\cdot d\boldsymbol{S}$$

那么通过任意曲面的电流为

$$I=\int dI=\iint_S \boldsymbol{J}\cdot d\boldsymbol{S} \tag{4.5.4}$$

此式表明电流密度和电流强度的关系是矢量场和它的通量的关系,电流密度是矢量场,称为电流场.电场可以借助电场线形象展现,类似地,在电流场中也可以按一定规则作出电流线,规定电流线的切线方向为电流密度的方向,电流线的疏密表示电流密度的相对强弱.图 4-5-2 示意的是截面变化的导体中的电流线.

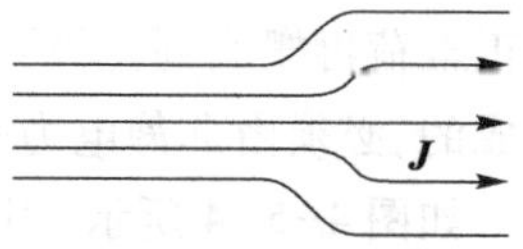

图 4-5-2 截面变化的导体中的电流线

1.2 电流的连续性方程

与力学中的流线类似,电流线也满足流线方程,即电流的连续性方程.对于任意一个闭合曲面 S,如图 4-5-3 所示,根据电流的定义,在单位时间内从闭合曲面内向外流出的电荷,等于通过闭合曲面的总电流

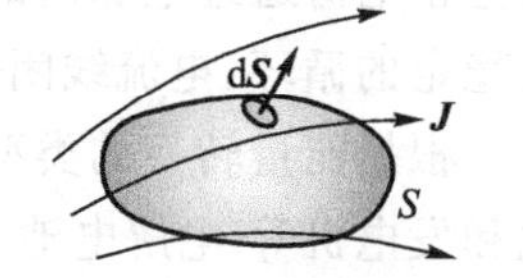

图 4-5-3 电流连续性方程

$$\frac{dQ}{dt}=I=\oint\!\!\!\!\oint_S \boldsymbol{J}\cdot d\boldsymbol{S}$$

根据电荷守恒定律,在单位时间内通过闭合曲面 S 向外流出的电荷,应等于此闭合曲面内单位时间所减少的电荷,即

$$\frac{dQ}{dt}=-\frac{dQ_{内}}{dt}$$

因而联系上面的两个式子,可得

$$\oint\!\!\!\!\oint_S \boldsymbol{J}\cdot d\boldsymbol{S}=-\frac{dQ_{内}}{dt}=-\iiint_V \frac{\partial\rho_e}{\partial t}dV \tag{4.5.5}$$

上式就是电流连续性方程,利用数学中的高斯公式可以得到电流连续性方程的微分形式

$$\nabla\cdot\boldsymbol{J}=-\frac{\partial\rho_e}{\partial t} \tag{4.5.6}$$

其中 ρ_e 为电荷密度.

对于恒定电流,电流密度、电荷分布不随时间发生变化,所以

$$\frac{\partial\rho_e}{\partial t}=0$$

故由式(4.5.5)可得

$$\oint\!\!\!\!\oint_S \boldsymbol{J}\cdot d\boldsymbol{S}=0 \tag{4.5.7}$$

由上式知恒定电流场中单位时间内流入闭合曲面的电荷等于流出闭合曲面的电荷,任何地方都不会有电荷堆积;电流线不可能在任何地方中断,是无头无尾的闭合曲线.

2 电源及其电动势

要在导体中形成恒定电流,必须存在恒定电场,也就是导体两端的电势差必须维持恒定.如果把一个已充电的电容器与一个导体连接,这时电子在电场力作用下由负极通过导线向正极运动,导体中会出现电流,但随着时间的推移,电容器两极上的电荷会越来越少,导体两端的电势差也随之减小,因而电流会越来越小,直到衰减为零.可见此电流不是恒定电流.如果有一种装置,能把运动到正极的电子源源不断地再通过另一路径搬回到负极(或者等效地说成把运动到负极的正电荷再搬回到正极),这样就保证了导体两端的电势差恒定.但是这一任务靠静电力是不能完成的,必须由非静电力来承担,能够提供非静电力的装置就是**电源**.

如图 4-5-4 所示,用导线将电阻和电源连接.刚刚接通时,极板 A 和 B 分别带有正负电荷.在电场力的作用下,正电荷从正极 A 通过导线移到负极 B,然后借助电源内部的非静电力,再把正电荷通过电源内部搬运到正极,这样才使电荷的流动形成稳定的循环,电流线闭合.

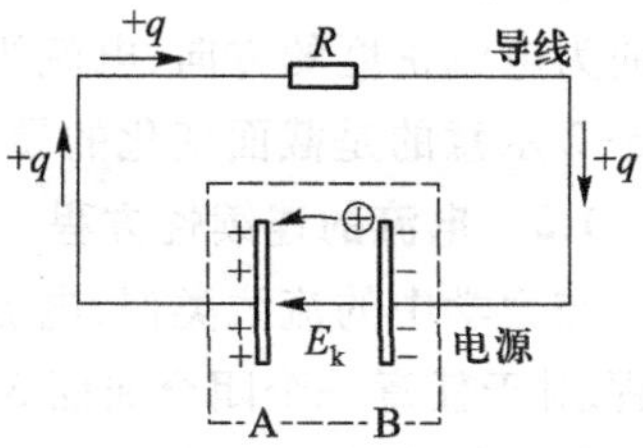

图 4-5-4 电源电动势

根据能量转换的类型,电源可分为电解电池、蓄电池、光电池和发电机等.电解电池、蓄电池是把化学能转化为电能;光电池是把光能转化为电能,如太阳能电池;发电机是把机械能转化为电能.

电源在电路中的作用是把其他形式的能量转换为电能.衡量电源转化能量能力大小的物理量称为电源的电动势,它反映了电源中非静电力做功的本领.在电源内部,把单位正电荷从负极移到正极的过程中非静电力所做的功定义为电源的**电动势**.

如图 4-5-4,设在电源内部,非静电力场强为 $\boldsymbol{E}_k$,作用在电荷 q 上的非静电力为 $\boldsymbol{F}_k=q\boldsymbol{E}_k$.于是非静电力所做的功为

$$A_k=\int_{-\atop\text{经电源}}^{+}q\boldsymbol{E}_k\cdot\mathrm{d}\boldsymbol{l}$$

电源的电动势为

$$\mathscr{E}=\frac{A_k}{q}=\int_{-\atop\text{经电源}}^{+}\boldsymbol{E}_k\cdot\mathrm{d}\boldsymbol{l} \qquad (4.5.8)$$

电动势是标量.为了便于判断在电流通过时非静电力做功的正负,通常规定电动势的方向为从负极经电源内部到正极.电动势的大小只取决于电源本身的性质,一定的电源具有一定的电动势,而与外电路无关.

电动势的单位与电势的单位相同,为伏特(V).电源内部也有电阻,称为内阻;电源正极与负极之间的电势差称为**路端电压**,与电源的电动势是不同的.

在电源内部,除了存在非静电场 $\boldsymbol{E}_k$ 外,还有静电场 $\boldsymbol{E}$,二者方向相反;在电源外部,只有静电场.

3 欧姆定律及其微分形式

3.1 欧姆定律

要形成电流必须有导线连接,当导线两端加了电压 U 后,在金属导线中就会形成电场,自由

电子在电场作用下定向移动，但是在移动过程中电子会和晶格发生碰撞，引起晶格的振动，会使导体温度升高，同时一些杂质也会阻碍电子的定向移动，因此在形成电流的过程中，导线中的晶格和杂质的振动会阻碍电子的定向移动，我们把这种阻碍作用称为**电阻**，用 R 来表示，其单位为欧姆(Ω)，$1\ \Omega=1\ \mathrm{V}\cdot\mathrm{A}^{-1}$.

实验证明，一段均匀金属导体中的电流 I 与其两端的电压 U 成正比，即

$$I=\frac{U}{R} \tag{4.5.9}$$

上式称为一段均匀导体的**欧姆定律**.若令 $G=1/R$，则式(4.5.9)变为

$$I=GU \tag{4.5.10}$$

其中 G 称为这段导体的电导，表征导体导电本领的大小，单位为西门子(S)，$1\ \mathrm{S}=1\ \Omega^{-1}$.

对于材料均匀粗细均匀的导体，导体的电阻与它的长度 l 成正比，与它的横截面积 S 成反比，即

$$R=\rho\frac{l}{S} \tag{4.5.11}$$

式中 ρ 为电阻率，与导体材料的性质和温度等因素有关，单位为 $\Omega\cdot\mathrm{m}$，电阻率的倒数 $\gamma=\frac{1}{\rho}$ 称为电导率.对于不均匀的导体，将其沿电流方向分割为许多厚度为 $\mathrm{d}l$ 的薄片.每个薄片的电阻为

$$\mathrm{d}R=\rho\frac{\mathrm{d}l}{S}$$

总电阻可以表示为

$$R=\int\rho\frac{\mathrm{d}l}{S} \tag{4.5.12}$$

对于不同物质，电阻率相差很大.一般地，纯金属约为 $10^{-8}\ \Omega\cdot\mathrm{m}$；合金约为 $10^{-6}\ \Omega\cdot\mathrm{m}$；半导体为 $10^{-5}\sim10^{-6}\ \Omega\cdot\mathrm{m}$；绝缘体为 $10^{8}\sim10^{17}\ \Omega\cdot\mathrm{m}$.相应的，它们的用途各不相同. 电阻率小的金属可以用作导线，电阻率大的可以用作电阻丝.

一般来说，电荷的运动是电场力对电荷做功的结果，电流的分布是由导体中电场决定的.根据一段均匀电路的欧姆定律可以得出电流场中电流密度 $\boldsymbol{J}$ 和电场强度 $\boldsymbol{E}$ 的关系.

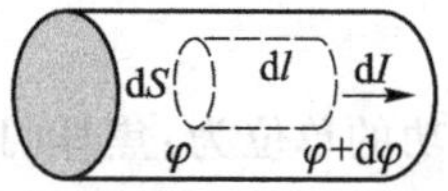

图 4-5-5 欧姆定律的微分形式

如图 4-5-5 所示，在存在电流的导体中取一长为 $\mathrm{d}l$、横截面积为 $\mathrm{d}S$ 的小圆柱体，圆柱体的轴线与电流流向平行.设小圆柱体两端面上的电势为 φ 和 $\varphi+\mathrm{d}\varphi$.根据欧姆定律，通过截面 $\mathrm{d}S$ 的电流为

$$\mathrm{d}I=\frac{\varphi-(\varphi+\mathrm{d}\varphi)}{\mathrm{d}R}=-\frac{\mathrm{d}\varphi}{\mathrm{d}R}$$

其中 $\mathrm{d}R=\rho\frac{\mathrm{d}l}{\mathrm{d}S}$ 为小圆柱体的电阻，因而

$$\mathrm{d}I=-\frac{1}{\rho}\frac{\mathrm{d}\varphi}{\mathrm{d}l}\mathrm{d}S$$

即

$$\frac{\mathrm{d}I}{\mathrm{d}S}=-\frac{1}{\rho}\frac{\mathrm{d}\varphi}{\mathrm{d}l}$$

根据电流密度的定义和场强与电势的关系 $E=-\frac{d\varphi}{dl}$,上式可以写成

$$J=\frac{E}{\rho}$$

写成矢量形式

$$\boldsymbol{J}=\boldsymbol{E}/\rho=\gamma\boldsymbol{E} \tag{4.5.13}$$

这就是**欧姆定律**的微分形式,它表明通过导体中任一点的电流密度,等于该点的场强与导体的电阻率之比值.电流场中电场越强电流密度就越大,电场决定了电流.上式对于非恒定电流也是成立的.

3.2 一段含源电路的欧姆定律

在电源内,既有静电力,又有非静电力,欧姆定律的微分形式就要写成

$$\boldsymbol{J}=\gamma(\boldsymbol{E}+\boldsymbol{E}_k), \tag{4.5.14}$$

考虑电源放电,由电源负极 B 经内部到正极 A 对上式两端作线积分:

$$\int_{\substack{B\\ \text{经电源}}}^{A}\frac{\boldsymbol{J}\cdot d\boldsymbol{l}}{\gamma}=\int_{\substack{B\\ \text{经电源}}}^{A}\boldsymbol{E}\cdot d\boldsymbol{l}\cdot+\int_{\substack{B\\ \text{经电源}}}^{A}\boldsymbol{E}_k\cdot d\boldsymbol{l}$$

$$\int_{\substack{B\\ \text{经电源}}}^{A}\frac{Idl}{\gamma S}=-U_{AB}+\mathscr{E}$$

$$IR_r=-U_{AB}+\mathscr{E}$$

$$U_{AB}=\mathscr{E}-IR_r \tag{4.5.15}$$

U_{AB}是电源的端电压,R_r 是电源的内电阻.式(4.5.15)便是一段**含源电路的欧姆定律**.电源放电时,端电压 $U_{AB}<\mathscr{E}$,当电流 $I=0$(电源开路)或者 $R_r=0$ 时,$U_{AB}=\mathscr{E}$.如果电源被充电,电源内部电流方向是由正极 A 指向负极 B,此时 $U_{AB}=\mathscr{E}+IR_r$.

如果再对图 4-5-4 所示的电路应用欧姆定律,$U_{AB}=IR$,代入式(4.5.15)得

$$\mathscr{E}=I(R+R_r) \tag{4.5.16}$$

这就是**全电路欧姆定律**.

3.3 电功率

若电路两端的电压为 U,则当 $q=It$ 的电荷通过电路时,电场力做的功(也称电流的功)

$$W=qU=UIt \tag{4.5.17}$$

电功的单位为:焦耳(J).

电场力在单位时间内完成的功叫电功率,即

$$P=\frac{W}{t}=UI \tag{4.5.18}$$

电功率的单位为:瓦特(W)或千瓦(kW).

我们日常生活中用到的电磁炉、电热水器等都是利用电流的热效应工作的.电流的热效应的实质是:电场力做功使电子的定向运动动能增大,同时电子又不断地和晶体点阵上的原子实碰撞,把定向运动能量传递给原子实,使它的热振动加剧,因此导体的温度升高.

若电路中只含有电阻 R,则电场力所做的功全部转化为热能,利用欧姆定律 $U=IR$,有

$$Q=I^2Rt \tag{4.5.19}$$

即热能与电流的平方、电阻和通电时间成正比.电功率为

$$P=I^2R \tag{4.5.20}$$

上式表明:电功率和电流的平方成正比,和电阻成正比,这就是**焦耳定律**.微分形式为

$$w=\gamma E^2 \tag{4.5.21}$$

其中 w 为单位体积内的热功率,称为热功率密度.式(4.5.21)表明导体中单位体积内的热功率与某点的电场强度平方成正比,即电场越强的地方,产生的热功率越大.

现在来讨论恒定电路中能量的转化.给一段含源电路欧姆定律式(4.5.14)两边同乘以电流 I 得

$$\begin{cases}UI=\mathscr{E}I-I^2R_{\mathrm{i}} & \text{放电}\\ UI=\mathscr{E}I+I^2R_{\mathrm{r}} & \text{充电}\end{cases} \tag{4.5.22}$$

对于放电情形右边第一项表示非静电力在单位时间内的功,即电源的功率;第二项是内电路消耗的焦耳热功率.左边表示电源向外电路输出的功率,表明放电情形非静电力的功全部转化为内电路焦耳热和外电路消耗的功率.充电情形,UI 表示外电路输给电源的功率,$\mathscr{E}I$ 是抵抗电源中非静电力的功率,它转化为非静电能储存在电源内.应该指出能量转化关系式(4.5.22)中虽然没有出现电场能量,但电场却是实现能量转化的必要前提,没有电场就没有电流,另一方面电源内部的非静电力要抵抗电场力做功,才将非静电能转化为电路里的电能.

4 稳恒电路分析

电路就是由电源、导线和用电器连接起来的通路.当电路中的通有恒定电流时,称其为稳恒电路.这里着重讨论求解稳恒电路问题的基本方法.

4.1 串并联电路

尽管电路的连接比较复杂,但是基本的连接方式只有两种,串联和并联.下面我们从最简单的串并联电路开始讨论.

4.1.1 串联电路

把多个电阻一个接着一个地连接在一起,使电流只有一条通路,这样的连接方式称为**串联**(图 4-5-6).根据电流的恒定条件,电路中任一点都没有电荷的堆积,单位时间通过导线各处横截面的电荷量相同,也就是通过各电阻元件的电流 I 相等;根据电势差定义,串联电路两端的总电压

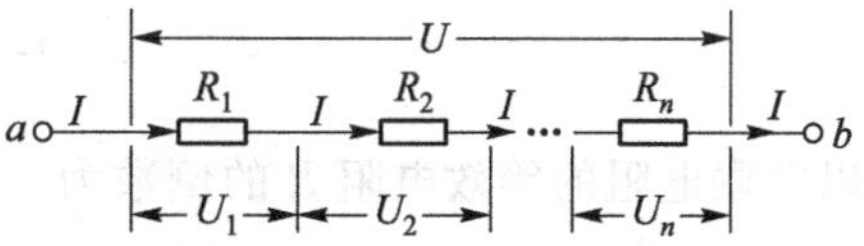

图 4-5-6 电阻的串联

$$U=\int_a^b \boldsymbol{E}\cdot \mathrm{d}\boldsymbol{l}=\int_{R_1}\boldsymbol{E}\cdot \mathrm{d}\boldsymbol{l}+\int_{R_2}\boldsymbol{E}\cdot \mathrm{d}\boldsymbol{l}+\cdots+\int_{R_n}\boldsymbol{E}\cdot \mathrm{d}\boldsymbol{l}=U_1+U_2+\cdots+U_n \tag{4.5.23}$$

其中 $U_n=\int_{R_n}\boldsymbol{E}\cdot \mathrm{d}\boldsymbol{l}$ 是电阻 R_n 两端的电压.

若各电阻元件遵循欧姆定律,即

$$U_1=IR_1,\quad U_2=IR_2,\quad \cdots,\quad U_n=IR_n$$

说明在电阻串联电路中,电压分配和电阻成正比.将上式代入式(4.5.23)可得

$$U=I(R_1+R_2+\cdots+R_n)$$

所以电阻串联后总电阻 R 为

$$R=\frac{U}{I}=R_1+R_2+\cdots+R_n \tag{4.5.24}$$

即串联电阻的等效电阻等于各电阻之和.

由功率公式可知,各电阻元件上消耗的功率为

$$P_1=U_1I=I^2R_1,\quad P_2=U_2I=I^2R_2,\quad \cdots,\quad P_n=U_nI=I^2R_n \tag{4.5.25}$$

所以,电阻串联时功率的分配与电阻正比,电阻越大,功率越大.

4.1.2 并联电路

把多个电阻的一端连接在一起,另一端同样连接,使电路有两个公共连接点和多条通路,这样的连接方式叫**并联**(图 4-5-7).并联电路的基本特点是各电阻元件两端的电压 U 相同;为了讨论各电阻元件上的电流与总电流的关系,我们作一个闭合曲面,将图中的 a 点(各支路的汇集点)包围起来,然后作电流密度的闭合面积分,利用恒定条件式(4.5.7)得:

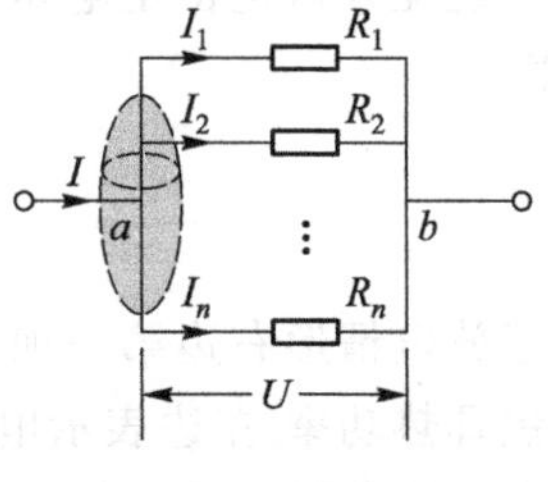

图 4-5-7 电阻的并联

$$\iint_{S_0}\boldsymbol{J}\cdot\mathrm{d}\boldsymbol{S}+\iint_{S_1}\boldsymbol{J}_1\cdot\mathrm{d}\boldsymbol{S}+\iint_{S_2}\boldsymbol{J}_1\cdot\mathrm{d}\boldsymbol{S}+\cdots+\iint_{S_n}\boldsymbol{J}_n\cdot\mathrm{d}\boldsymbol{S}=0$$

其中 $S_0,S_1,S_2,\cdots S_n$ 是各支路与曲面相交的面积,由于 $\iint_{S_0}\boldsymbol{J}_0\cdot\mathrm{d}\boldsymbol{S}=-I_0$, $\iint_{S_n}\boldsymbol{J}_n\cdot\mathrm{d}\boldsymbol{S}=I_n$,所以有

$$-I+I_1+I_2+\cdots+I_n=0$$

即并联电路两端的总电流等于各支路电流之和

$$I=I_1+I_2+\cdots+I_n \tag{4.5.26}$$

若各电阻元件遵循欧姆定律,则有

$$I_1=\frac{U}{R_1},\quad I_2=\frac{U}{R_2},\quad \cdots,\quad I_n=\frac{U}{R_n} \tag{4.5.27}$$

表明在电阻并联电路中,电流分配和电阻成反比.将式(4.5.27)代入式(4.5.26)可得

$$I=U\left(\frac{1}{R_1}+\frac{1}{R_2}+\cdots+\frac{1}{R_n}\right)$$

所以并联电阻的等效电阻 R 的倒数为

$$\frac{1}{R}=\frac{1}{R_1}+\frac{1}{R_2}+\cdots+\frac{1}{R_n} \tag{4.5.28}$$

即并联电阻的等效电阻的倒数等于各电阻的倒数之和.

由功率公式可知,各电阻元件上消耗的功率为

$$P_1=UI_1=\frac{U^2}{R_1},\quad P_2=UI_2=\frac{U^2}{R_2},\quad \cdots,\quad P_n=UI_n=\frac{U^2}{R_n} \tag{4.5.29}$$

可见并联电阻功率的分配与电阻成反比,电阻越大,功率越小.例如,一般的家用电器都是以并联的方式连接的,所以 100 W 的灯泡的电阻比 40 W 的灯泡的电阻值小.

例 4.11

将一个标称为“220 V 24 W”和一个标称为“220 V 100 W”灯泡串联起来,接在 220 V 的电源上,两灯泡的功率之比为多少,哪一个灯泡亮一些?

解 当两灯泡并联在 220 V 的电源上时,它们消耗的功率为其标称功率,即

$$P_1=25\ \text{W},\quad P_2=100\ \text{W}$$

由于并联时功率 P_1、P_2 与电阻 R_1、R_2 成反比,即

$$\frac{P_1}{P_2}=\frac{R_2}{R_1}$$

又因为串联时功率 P_1'、P_2'与电阻 R_1、R_2 正比,即

$$\frac{P_1'}{P_2'}=\frac{R_1}{R_2}=\frac{P_2}{P_1}=\frac{100\ \text{W}}{25\ \text{W}}=4$$

可见,串联时标称功率大的灯泡实际功率反而小了.所以“220 V 24 W”灯泡更亮一些.

4.2 复杂电路的基尔霍夫定律

用欧姆定律只能处理一些简单电路的问题.而许多实际问题,其电阻的连接既不是并联,又不是串联,这类电路称为复杂电路.

一个复杂电路可以是多个电源与电阻的复杂连接,需要一些概念描述,把任意一条电源与电阻的串联(或电阻与电阻串联)而成的通路称为**支路**,三条或更多条支路的连接点称为**节点**[如图 4-5-8(a)].把几条支路构成的闭合通路称为**回路**[如图 4-5-8(b)].支路也就是两节点间的一段电路.

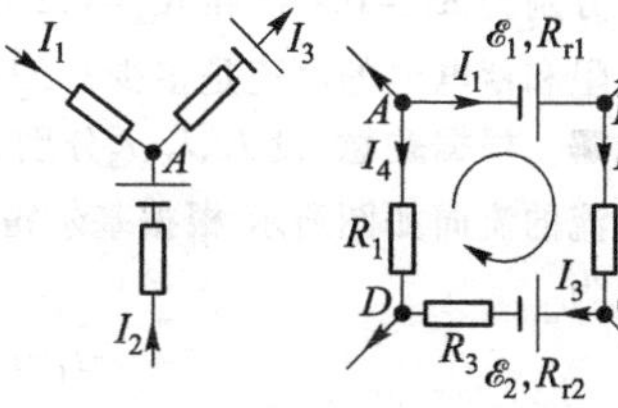

(a) 节点　(b) 回路

图 4-5-8　节点和回路

电路的典型问题就是在给定电源电动势、内阻、电阻的条件下,计算每一支路的电流;或者已知某些支路的电流,要求出某些电阻或电动势.基尔霍夫方程组是稳恒电路遵守的普遍规律,分为第一方程组和第二方程组.

(1) 基尔霍夫第一方程组

基尔霍夫第一方程组也叫节点电流方程组.它描述的是汇集于电路中任一节点处各支路电流之间的关系.其理论基础是电流的恒定条件,这一点在讨论电阻并联时已有论证.基尔霍夫第一定律的内容是:汇集于任一节点处电流的代数和等于零.数学表达式是

$$\sum_{k=1}^{n} \pm I_k = 0 \tag{4.5.30}$$

其中,n 表示汇集于节点处的支路数.电流的正负规定为:流出节点的电流为正,流入节点的电流为负;如果电路中电流的方向难以确定,可以假定电流 I 的正方向,当计算结果 $I>0$ 时,表示电流的方向与假定的方向一致;当 $I<0$ 时,表示电流的方向与假定的方向相反.

对于图 4-5-8(a)所示的节点 A,可以写出电流方程为

$$-I_1-I_2+I_3=0$$

如果电路中有 n 个节点,则可得$(n-1)$个独立的方程.它们一起构成基尔霍夫第一方程组.

(2) 基尔霍夫第二方程组

基尔霍夫第二方程组也称为**回路电压方程组**,其理论基础是静电场的环路定理.根据环路定理:绕回路一周,电场力做功为零,即电势降落为零.因此基尔霍夫第二定律可以表述为:沿回路绕行一周时,各电源与电阻上电势降落的代数和为零.数学表达式为

$$\sum_i \pm I_i R_i + \sum_i \pm \mathscr{E}_i = 0 \tag{4.5.31}$$

上式中 R 已经包含了电源内阻,式中的正负号规定如下:

(a) 当选定的回路绕行方向与某段支路上的电流标定方向一致时,该电阻的电势降落 IR 之前取正号,否则取负号;

(b) 当选定的回路绕行方向从某个电源的正极指向负极时,电动势之前取正号,否则取负号.

所以在使用基尔霍夫第二定律时要先选定回路的绕行方向,沿回路的绕行方向,电势降低为正值,电势升高为负值.

对于 n 个节点 p 条支路的复杂电路,共有 p 个未知电流,可以列出 $(n-1)$ 个独立的节点电流方程和 $[p-(n-1)]$ 个独立的回路电压方程,即共有 p 个独立的方程,与未知电流数相同,因此基尔霍夫方程组是可解的,并且解是唯一的.应用基尔霍夫方程组原则上可以解决任何复杂的稳恒电路问题.

例 4.12

如图 4-5-9 所示,蓄电池的电动势分别为 $\mathscr{E}_1=2.15$ V 和 $\mathscr{E}_2=1.9$ V,内阻分别为 $R_{r1}=0.1\ \Omega$ 和 $R_{r2}=0.2\ \Omega$,负载电阻为 $R=2\ \Omega$.问:(1) 通过负载电阻和蓄电池的电流是多少?(2) 两蓄电池的输出功率为多少?

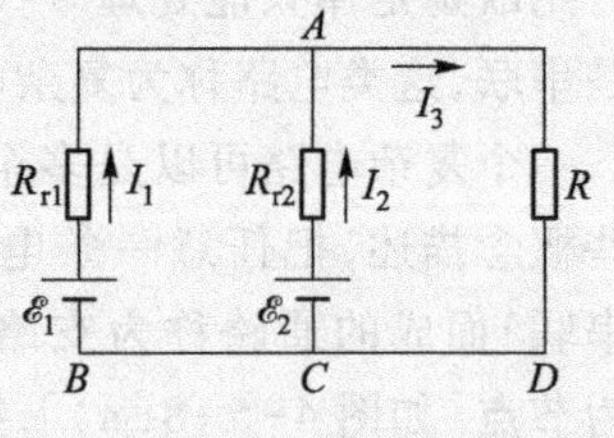

图 4-5-9 例 4.12 图

解 根据题意,设 I_1、I_2、I_3分别为通过蓄电池和负载电阻的电流,并设电流的流向如图所示.根据基尔霍夫第一定律,可以得到节点 A 的电流方程为

$$-I_1-I_2+I_3=0$$

又根据基尔霍夫第二定律,对回路 $ACBA$ 和 $ADCA$,可分别得到电压方程,设回路的绕行方向为顺时针方向,则有

$$I_1R_{r1}-I_2R_{r2}-\mathscr{E}_1+\mathscr{E}_2=0$$

$$I_2R_{r2}+I_3R-\mathscr{E}_2=0$$

把有关数值代入上面的式子,可得到

$$\begin{cases}I_1+I_2-I_3=0\\0.1I_1-0.2I_2=0.25 \quad (\text{SI 单位})\\0.2I_2+2I_3=1.9\end{cases}$$

解此方程组,得

$$I_1=1.5\ \text{A},\quad I_2=-0.5\ \text{A},\quad I_3=1\ \text{A}$$

负载电阻两端的电压为

$$U=I_3R=1\times2\ \text{V}=2\ \text{V}$$

蓄电池 $\mathscr{E}_1$ 的输出功率为

$$P_1=I_1U=1.5\times2\ \text{W}=3\ \text{W}$$

蓄电池 $\mathscr{E}_2$ 的输出功率为

$$P_2=I_2U=-0.5\times2\ \text{W}=-1\ \text{W}$$

消耗在负载电阻上的功率为

$$P_3=I_3^2R=1^2\times2\ \text{W}=2\ \text{W}$$

讨论 $I_2=-0.5\text{A}<0$,说明通过蓄电池 $\mathscr{E}_2$ 的电流实际方向与假设的相反;蓄电池 $\mathscr{E}_2$ 输出功率 $P_2<0$,说明不仅没有输出功率,相反从外部获得了功率,处于被充电状态.由此可知,电动势不同的几个蓄电池并联后供给负载的电流,并不一定比一个蓄电池大,有时电动势较小的蓄电池却变成了电路中的负载,在使用时应该尽量避免这种情况出现.

复杂电路除了利用基尔霍夫定律求解,还可以用等效电源定理、叠加原理、三角形与星形变换原理等分析,在电工学课程中,将详细讨论.

§4.6 恒定磁场及其性质

前面我们研究了静止电荷产生的静电场的性质与规律.在运动电荷周围,不但存在电场,而且还存在磁场.大量电荷的定向运动会形成电流,恒定电流产生的磁场是不随时间变化的,称为恒定磁场.本节我们研究恒定电流产生的磁场、描述磁场的物理量磁感应强度以及恒定磁场的性质.

1 磁现象

在日常生活中,小至磁铁、电报、电话、收音机和各种电子设备,大到发电机、电动机、变压器等电力设备,还有我们熟知的磁悬浮列车等都和磁现象有关.人们认识磁现象经过了漫长而曲折的过程,早在公元前 3 世纪,人们就发现了磁铁矿石吸引铁片的现象.我国是世界上发现磁现象最早的国家之一,著名的"司南勺"被认为是最早的磁性指南器具,后来发展为指南针,并于 12 世纪用于航海.

如果物体能够吸引吸引铁(Fe)、钴(Co)、镍(Ni)等,就说它具有了**磁性**.具有了磁性的物体称之为**磁体**,长期保持磁性的物体就是永久磁体.如果把条形磁铁放在铁粉中然后取出,发现在两端吸引的铁粉更多(如图 4-6-1),磁性也就最强,磁性最强的部分称为磁铁的**磁极**.一支能够在水平面内自由转动的磁针,在平衡时总是指向南北方向.指向地球南极的叫南极,用 S 表示,指向地球北极的叫北极,用 N 来表示.同性磁极相斥,异性磁极相吸.设想把小磁针从中间切开,每一小块是不是只有一个磁极?不是的!实验发现,每一小块仍然有南北两极!自然界没有只有一个磁极的磁体.

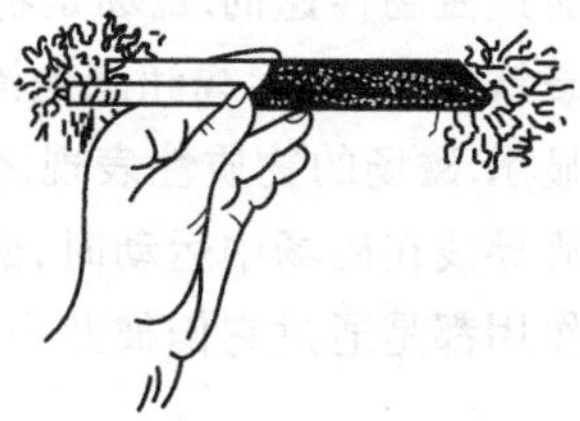

图 4-6-1 磁铁的磁性

人们对于客观世界的认识是不断深入的.丹麦的科学家奥斯特(Hans Christian Oersted)于 1819 年实验发现,当导线中通上电流时,附近的磁针会受到力的作用而发生了偏转,如图 4-6-2 所示,从而揭示了电流的磁效应,这就是著名的奥斯特实验.此后法国科学家安培(André-Marie Ampère)又相继发现磁铁周围的载流导线会受到力的作用,两个载流导线之间也会发生相互作用,运动的带电粒子在磁铁周围也会发生偏转.由此,人们就得出了一个结论:电流具有磁效应,电和磁是相互联系的.

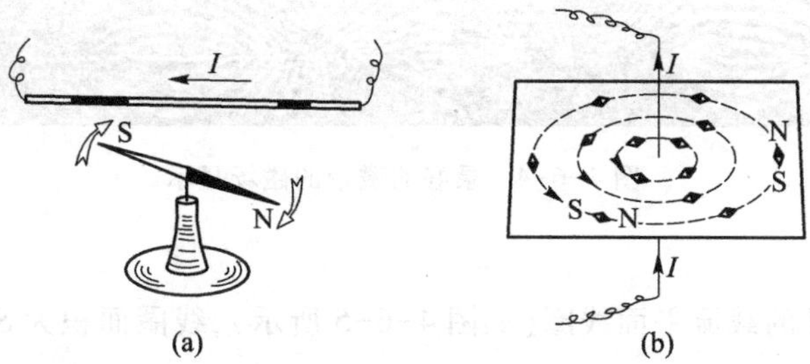

图 4-6-2 奥斯特实验

随着人们对于物质结构认识的不断深入,对于物质磁性的本质也清楚了.由物质结构可知,物质由原子、分子组成,原子、分子中的电子绕核运动,就会形成小的回路电流,称为**分子电流**,它相当于最小的基元磁体.物质的磁性就是这些分子电流对外磁效应的总和.如果这些分子电流毫无规则地排列,它们的磁效应就会互相抵消,物质就不会显示磁性.当这些分子电流出现某种有规则的排列时,就会对外界产生磁效应.

综上所述,磁铁和电流的磁现象起源于电荷的运动,磁力就是运动电荷之间的一种相互作用力.磁现象与电现象之间有着密切的联系.

2 磁场的描述

2.1 磁场

实验表明磁铁和磁铁之间、电流和磁铁之间、电流和电流之间都存在相互作用,所有这些都可以归结为运动电荷之间的作用.与静电力类似,这种作用也不需要相互接触就可以发生.其实在运动电荷(或电流)周围空间存在一种特殊形态的物质,称之为**磁场**.运动电荷之间的相互作用是通过磁场传递的.磁场是物质,它是真实存在的,可以用磁粉显示,如图 4-6-3 所示,分别为条形磁铁、载流直导线和圆电流线圈的磁场显示图.如图 4-6-4 是录好的磁带上磁粉磁化后磁场的显示.磁场的物质性表现之一是磁场对磁体、运动电荷或载流导线有磁力的作用;表现之二是载流导线在磁场中运动时,磁力要做功,从而显示出磁场具有能量.电流、运动电荷和磁铁之间相互作用都是通过它们彼此产生的磁场实现的.

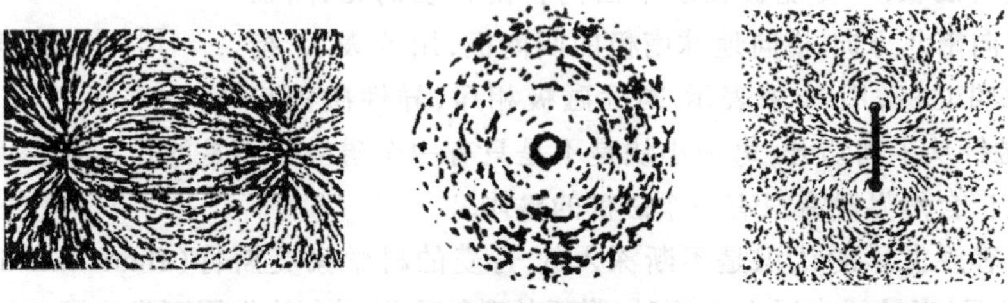

(a) 条形磁铁　(b) 直导线电流　(c) 圆环电流

图 4-6-3　磁粉显示磁场存在

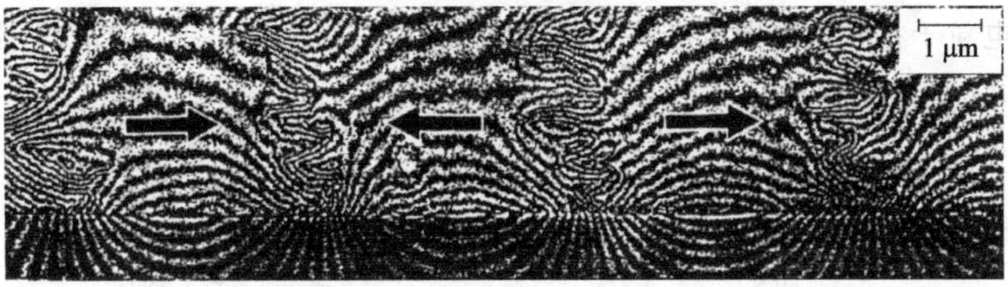

图 4-6-4　录好的磁带的磁场显示

2.2 磁感应强度

考虑一个电流为 I 的载流平面线圈(如图 4-6-5 所示),线圈面积为 S,定义载流线圈的**磁偶极矩**

$$\boldsymbol{m}=IS\boldsymbol{e}_{\mathrm{n}} \tag{4.6.1}$$

简称为磁矩，其中 $\boldsymbol{e}_n$ 表示线圈面积的法线方向单位矢量，和电流方向成右手螺旋关系.

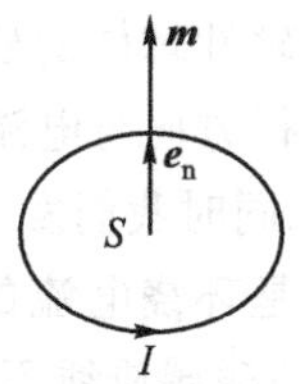

图 4-6-5　磁矩的定义

为了描述磁场的强弱和方向，我们引入一个物理量——磁感应强度 $\boldsymbol{B}$.采用与静电场引入电场强度类似的办法.在磁场中放入一个试探电流线圈，磁矩 $\boldsymbol{m}_0=I_0S\boldsymbol{e}_n$，要求电流足够小，不至于引起原来场源的电流分布发生变化，并且线度足够小，这样才可以准确地反映场点情况.固定场源电流线圈，把试验电流线圈放入磁场中某点，不断改变线圈平面的方向来测量线圈受到力矩的大小，结果发现，试探电流线圈受到的力矩和其线圈平面取向(试探磁矩 $\boldsymbol{m}_0$ 的方向)密切相关.在某一个特殊方向受到的力矩为零，且在这个特殊方向上试探线圈可以达到稳定平衡.于是我们把这个特殊方向定义为磁感应强度的方向.实验还发现：在另一方向上它受到的力矩最大，用 M_{max} 表示，而且当我们改变试探磁矩 $\boldsymbol{m}_0$ 的大小时，力矩的最大值也会发生变化，但是比值 $\dfrac{M_{max}}{m_0}$ 是和试探磁矩 $\boldsymbol{m}_0$ 无关的常量，这一比值可以反映该点磁场的特性.因此定义该点磁感应强度的大小为

$$B=\frac{M_{max}}{m_0} \tag{4.6.2}$$

在 SI 中，磁感应强度的单位为特斯拉(T).

$$1\ \mathrm{T}=1\ \mathrm{N}\cdot\mathrm{A}^{-1}\cdot\mathrm{m}^{-1}$$

地球赤道附近的磁场大约为 0.3×10^{-4} T，南北两极处磁场大约为 0.6×10^{-4} T.常见的永磁体的磁场为 1.0×10^{-2} T.可见特斯拉这个单位比较大，常用的单位还有高斯(Gs)，

$$1\ \mathrm{Gs}=10^{-4}\ \mathrm{T}$$

磁感应强度 $\boldsymbol{B}$ 的大小、方向都相同的磁场叫**均匀磁场**，否则，称为非均匀磁场.

2.3　磁感应线

为了形象地描述磁场，仿照电场线的做法，在磁场中画出一系列曲线，称为磁感应线，曲线上的切线方向代表该点磁感应强度 $\boldsymbol{B}$ 的方向，曲线的疏密程度表示磁感应强度 $\boldsymbol{B}$ 的强弱.定义在与磁感应线垂直的单位面积上穿过的磁感应线的数目为磁感应线密度，在数值上正比于该点磁感应强度的大小.即：磁感应强度 $\boldsymbol{B}$ 大的地方，磁感应线密；磁感应强度 $\boldsymbol{B}$ 小的地方，磁感应线疏.

图 4-6-6 是载流长直导线、载流螺线管和载流圆线圈的磁感应线.图 4-6-7 是均匀磁化后

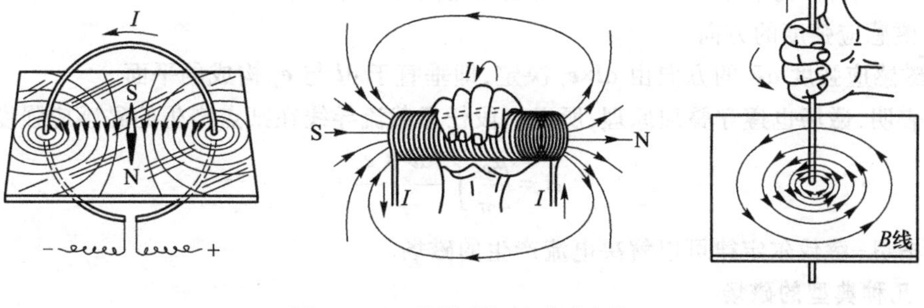

图 4-6-6　常见磁场的磁感应线

的磁性球体的磁感应线.从图中可以看出:磁感应线的绕行方向与电流流向之间的关系可用右手螺旋定则判定.同时我们发现:磁感应线具有以下特性:(1)磁感应线是环绕电流的无头尾的闭合曲线,无起点无终点;(2)磁感应线不相交.与静电场的电场线特性对比可以看出,磁感应线和静电场线完全不同,它们的性质应该不同.

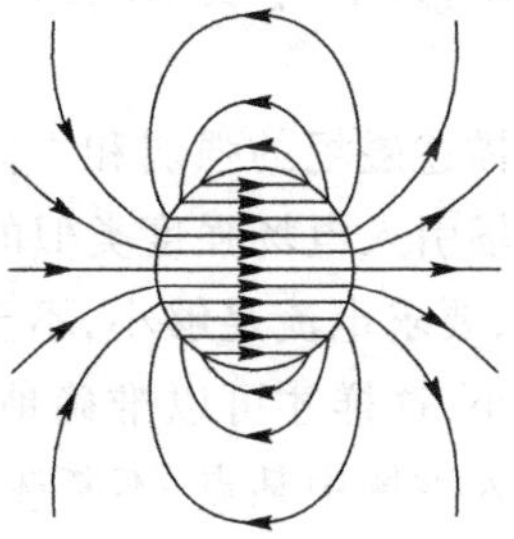
图 4-6-7 球形磁铁的磁感应线

需要说明的是:空间的磁场是客观存在的,且是连续的;而磁感应线是根据前述规定人为画出的,是分立的.磁感应线只是描述磁场的一种手段,能形象地描绘出磁场在空间整体的情况.磁粉显示磁场的磁感应线是因为磁粉颗粒受到磁场作用后会按磁场方向大致排列.此方法被普遍用于显示不同情况、不同领域磁场的整体特性,成为各领域研究、分析的重要手段.

3 毕奥-萨伐尔定律

3.1 毕奥-萨伐尔定律

为了得到磁感应强度和电流之间的直接关系,科学家做了大量的工作.毕奥、萨伐尔、拉普拉斯通过实验,并进行数学分析,得出如下结论:真空中闭合回路中的电流元 $I\mathrm{d}\boldsymbol{l}$ 在场点 P 所产生的磁感强度 $\mathrm{d}\boldsymbol{B}$ 表达式为

$$\mathrm{d}\boldsymbol{B}=\frac{\mu_0}{4\pi}\frac{I\mathrm{d}\boldsymbol{l}\times\boldsymbol{e}_r}{r^2} \tag{4.6.3}$$

这一结论称为**毕奥-萨伐尔定律**,式中 μ_0 称为真空的磁导率,其值为 $\mu_0=4\pi\times10^{-7}\ \mathrm{N}\cdot\mathrm{A}^{-2}$;$\boldsymbol{r}$ 是电流元到场点 P 的矢量;$\boldsymbol{e}_r$ 是 $\boldsymbol{r}$ 方向上的单位矢量(如图 4-6-8 所示),下面具体说明:

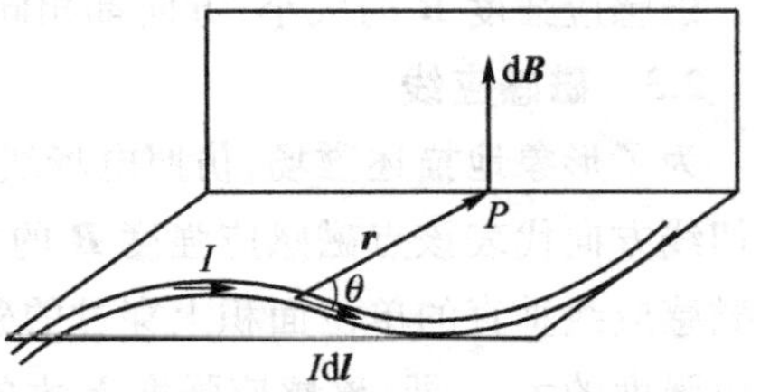

图 4-6-8 毕奥-萨伐尔定律

(1) 磁感应强度的大小

$$\mathrm{d}B=\frac{\mu_0}{4\pi}\frac{I\mathrm{d}l\sin\theta}{r^2} \tag{4.6.4}$$

式中 θ 是 $\boldsymbol{r}$ 与 $I\mathrm{d}\boldsymbol{l}$ 之间夹角.可见磁感应强度的大小正比于电流元大小,反比于距离的平方,同时还与电流元的方向有关.

(2) 磁感应强度的方向

P 点磁感应强度 $\mathrm{d}\boldsymbol{B}$ 的方向由 $\mathrm{d}\boldsymbol{l}\times\boldsymbol{e}_r$ 决定,即垂直于 $\mathrm{d}\boldsymbol{l}$ 与 $\boldsymbol{e}_r$ 构成的平面.

实验表明,磁场也遵守叠加原理,所以一段任意载流导线在某点产生的磁感应强度

$$\boldsymbol{B}=\frac{\mu_0}{4\pi}\int\frac{I\mathrm{d}\boldsymbol{l}\times\boldsymbol{e}_r}{r^2} \tag{4.6.5}$$

应用毕奥-萨伐尔定律可以解决电流产生的磁场.

3.2 几种典型的磁场

(1) 载流长直导线的磁场

如图 4-6-9 所示，过场点 P 作直导线的垂线，垂足为原点，将长直导线分割为许多电流元，距原点为 l 处的电流元 $I\mathrm{d}\boldsymbol{l}$ 在 P 点产生的磁感强度为

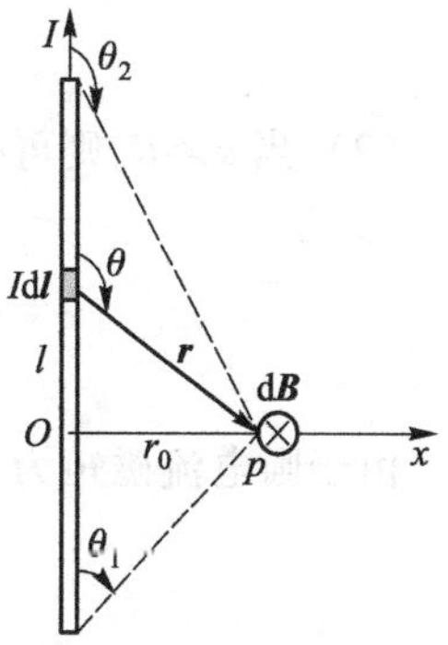

图 4-6-9 载流长直导线的磁场

$$\mathrm{d}\boldsymbol{B}=\frac{\mu_0}{4\pi}\frac{I\mathrm{d}\boldsymbol{l}\times\boldsymbol{e}_r}{r^2}$$

其方向垂直于纸面向内，大小为

$$\mathrm{d}B=\frac{\mu_0}{4\pi}\frac{I\mathrm{d}l\sin\theta}{r^2}$$

由图可以看出 $r=\dfrac{r_0}{\sin(\pi-\theta)}=\dfrac{r_0}{\sin\theta}$

$$l=r_0\cot(\pi-\theta)=-r_0\cot\theta,\quad \mathrm{d}l=\frac{r_0\mathrm{d}\theta}{\sin^2\theta}$$

于是
$$\mathrm{d}B=\frac{\mu_0}{4\pi}\frac{I\sin\theta\mathrm{d}\theta}{r_0}$$

由于所有电流元在 P 点产生的磁感强度方向相同，如图 4-6-9 所示，直接积分得

$$B=\frac{\mu_0}{4\pi}\int_{\theta_1}^{\theta_2}\frac{I\sin\theta\mathrm{d}\theta}{r_0}=\frac{\mu_0 I}{4\pi r_0}(\cos\theta_1-\cos\theta_2) \tag{4.6.6}$$

如果是“无限长”导线，则 $\theta_1=0$，$\theta_2=\pi$，由上式可得

$$B=\frac{\mu_0 I}{2\pi r_0} \tag{4.6.7}$$

若 P 点位于导线延长线上，$\theta_1=0,\theta_2=0$ 或 $\theta_1=\pi,\theta_2=\pi$ 则有 $B=0$.

(2) 圆电流轴线上的磁场

如图 4-6-10 所示，圆线圈半径为 R，载有电流 I，将圆电流分割为许多小圆弧，电流元 $I\mathrm{d}\boldsymbol{l}$ 在 P 点产生的磁感强度的大小为

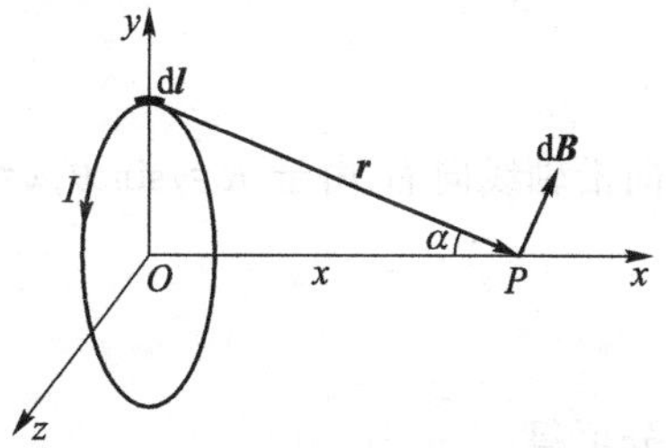

图 4-6-10 圆电流轴线上的磁场

$$\mathrm{d}B=\frac{\mu_0}{4\pi}\frac{I\mathrm{d}l}{r^2}\sin 90^\circ=\frac{\mu_0}{4\pi}\frac{I\mathrm{d}l}{r^2}$$

由于圆电流关于 x 轴对称，电流元磁场 $\mathrm{d}B$ 垂直于 x 轴的分量相互抵消，从而总磁场的垂直于轴线的分量为零，总磁场方向沿轴线方向.所以 P 点 $\boldsymbol{B}$ 的大小

$$B=\int\mathrm{d}B\sin\alpha=\frac{\mu_0 I}{4\pi}\int\frac{\mathrm{d}l\sin\alpha}{r^2}$$

由于 $\sin\alpha=\dfrac{R}{r}$，$r=\sqrt{x^2+R^2}$，因此

$$B=\frac{\mu_0 I}{4\pi r^2}\sin\alpha\int_0^{2\pi R}\mathrm{d}l=\frac{\mu_0}{2}\frac{R^2 I}{r^3}=\frac{\mu_0}{2}\frac{R^2 I}{(R^2+x^2)^{3/2}} \tag{4.6.8}$$

讨论：(1) 当 $x=0$ 时，得到圆心处的磁感强度为

$$B_0=\frac{\mu_0 I}{2R} \tag{4.6.9}$$

（2）当 $x\gg R$，则可得

$$B\approx\frac{\mu_0}{2}\frac{IR^2}{x^3}=\frac{\mu_0}{2\pi}\frac{IS}{x^3}$$

由于圆电流磁矩为 $\boldsymbol{m}=IS\boldsymbol{e}_n$，则圆电流轴线上的磁感强度可写成

$$\boldsymbol{B}=\frac{\mu_0}{2\pi}\frac{\boldsymbol{m}}{x^3} \tag{4.6.10}$$

（3）一对相同的圆形线圈彼此平行且共轴，电流同向且大小相等.利用式(4.6.8)可以讨论轴线上的磁场，当间距等于半径时，轴线中点附近磁场最均匀(请读者自己证明)，这样的线圈称为亥姆霍兹线圈.利用亥姆霍兹线圈可以得到较大范围的均匀磁场，故在生产和科研中有较大的实用价值，也常用于弱磁场的计量标准.

（4）载流螺线管轴线上的磁场.

如图4-6-11所示.设螺线管的半径为 R，线圈中通有电流 I，沿管长方向每单位长度上均匀密绕 n 匝，求轴线上任一场点 P 的磁感应强度.

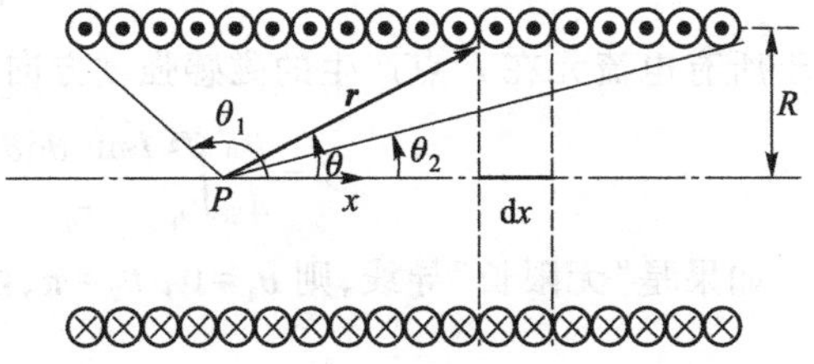

图 4-6-11　无限长载流直螺线管的磁场

沿轴线方向将螺线管分割为许多宽度为 $\mathrm{d}x$ 的平行的圆形元线圈，元线圈中心到轴线上的 P 点的距离为 x，电流为 $\mathrm{d}I=nI\mathrm{d}x$，利用式(4.6.8)，它在 P 点产生的元磁感应强度的大小

$$\mathrm{d}B=\frac{\mu_0}{2}\frac{nIR^2\mathrm{d}x}{r^3}$$

方向沿轴线向右.由于 $R=r\sin\theta$，$x=R\cot\theta$ 和 $\mathrm{d}x=-\dfrac{R}{\sin^2\theta}\mathrm{d}\theta$，则

$$\mathrm{d}B=-\frac{\mu_0 nI}{2}\sin\theta\mathrm{d}\theta$$

积分可得

$$B=-\frac{\mu_0 nI}{2}\int_{\theta_1}^{\theta_2}\sin\theta\mathrm{d}\theta=\frac{\mu_0 nI}{2}(\cos\theta_2-\cos\theta_1) \tag{4.6.11}$$

讨论两种特殊情形：

（1）当螺线管为无限长时，有 $\theta_1=\pi$，$\theta_2=0$，于是轴线上的磁场

$$B=\mu_0 nI \tag{4.6.12}$$

其实上式也是无限长螺线管内的磁场公式，它是均匀的，方向平行于轴线.实际的螺线管总是有限长的，以 l 表示长度，则当 $l\gg R$ 时，可称为细长螺线管，细长螺线管轴线上各点的磁场(除靠近两端的点外) $B\approx\mu_0 nI$.

（2）当 P 点在螺线管的左端面上，另一端无限长时，有 $\theta_1=\dfrac{\pi}{2}$，$\theta_2=0$，于是 P 点磁场

$$B=\frac{\mu_0 nI}{2}$$

4 磁场的高斯定理

4.1 磁通量

如图 4-6-12 所示，在磁场中给定曲面 S，则穿过曲面上面元 $\mathrm{d}\boldsymbol{S}$ 的磁通量为

$$\mathrm{d}\Phi_{\mathrm{m}}=B\cos\theta\mathrm{d}S=\boldsymbol{B}\cdot\mathrm{d}\boldsymbol{S}$$

通过整个曲面 S 的磁通量

$$\Phi_{\mathrm{m}}=\int_S\boldsymbol{B}\cdot\mathrm{d}\boldsymbol{S}\tag{4.6.13}$$

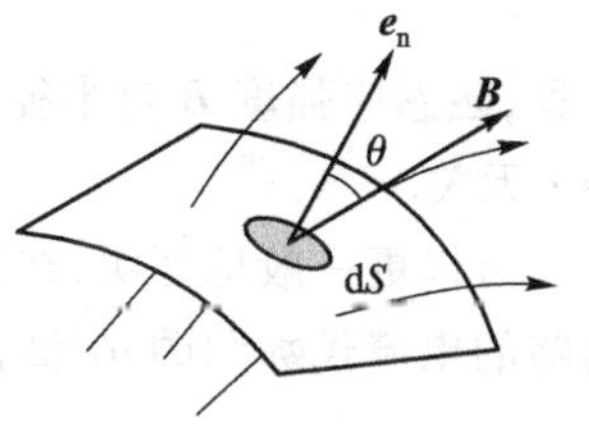

图 4-6-12　磁通量的计算

磁通量的单位是韦伯(Wb).1 Wb=1 T·m².

磁通量是标量，其正负由磁感应强度和面法线的夹角 θ 决定.对于非闭合曲面，曲面的法线方向可以任意规定；而对于闭合曲面，规定单位法线矢量 $\boldsymbol{e}_{\mathrm{n}}$ 的方向向外.在磁感应线从曲面内穿出的地方，$0\leqslant\theta<\pi/2$ 时，磁通量为正；在磁感应线从曲面外穿入的地方，当 $\pi/2<\theta<\pi$ 时，磁通量为负.穿过曲面的磁通量的绝对值与穿过该面的磁感应线的数目成正比.

4.2 磁场的高斯定理

实验和理论都表明，通过任意闭合曲面的磁通量等于零，这就是**磁场的高斯定理**.数学表达式为

$$\oiint_S\boldsymbol{B}\cdot\mathrm{d}\boldsymbol{S}=0\tag{4.6.14}$$

磁场**高斯定理**又叫磁通量连续性原理.

这一定理说明磁感应线是无头无尾的闭合曲线.因此对任意一闭合曲面来说，有多少条磁感应线进入闭合曲面，就一定有多少条磁感应线穿出该曲面.因此磁场是无源场，而静电场是有源场.

5 磁场的安培环路定理

5.1 安培环路定理

静电场的电场线不闭合，电场的环流 $\oint_L\boldsymbol{E}\cdot\mathrm{d}\boldsymbol{l}$ 等于零.由于磁场的磁感线是闭合的，磁场的环流就不等于零，那么磁场的环流 $\oint_L\boldsymbol{B}\cdot\mathrm{d}\boldsymbol{l}$ 和哪些量有关系呢？下面我们利用载流直导线产生的磁场来分析.

如图 4-6-13 所示，假设导线很长，通有电流 I，可以把它看成无限长载流直导线，则以导线为轴线取一半径为 r 的圆环为路径，计算磁场的环流.由式(4.6.7)可知，圆环上磁场的大小处处相等为 $B=\dfrac{\mu_0 I}{2\pi r}$，方向沿环的切线方向，则环流为

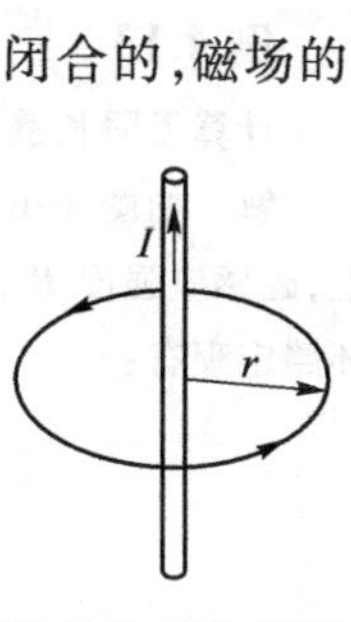

图 4-6-13　载流直导线的磁场

$$\oint_L \boldsymbol{B}\cdot d\boldsymbol{l}=\oint_L B dl=\oint_L \frac{\mu_0 I}{2\pi r}dl=\mu_0 I$$

所以

$$\oint_L \boldsymbol{B}\cdot d\boldsymbol{l}=\mu_0 I$$

可见,磁感应强度 $\boldsymbol{B}$ 对半径为 r 的圆环的环流等于穿过回路的电流的 μ_0 倍,而与积分路径的半径 r 无关.

可以更一般地证明,在真空中的磁场中,**磁感应强度 B 对于任意闭合回路的环流等于穿过回路的电流代数和的 μ_0 倍**,表示为

$$\oint_L \boldsymbol{B}\cdot d\boldsymbol{l}=\mu_0 \sum_{L内} I \tag{4.6.15}$$

这一结论称为磁场的**安培环路定理**.可见一般情况下,磁感应强度的环流并不为零,这表明磁场是非保守场,也说明磁场中不能引入势能的概念.

式(4.6.15)右边电流的符号是这样规定的:当电流方向与回路的绕向服从右手定则时,取正号,反之取负号.

如果电流是体分布,安培环路定理可以表示为

$$\oint_L \boldsymbol{B}\cdot d\boldsymbol{l}=\mu_0 \iint_S \boldsymbol{J} d\boldsymbol{S} \tag{4.6.16}$$

利用数学上的斯托克斯定理可以得

$$\oint_L \boldsymbol{B}\cdot d\boldsymbol{l}=\iint_S \nabla\times\boldsymbol{B}\cdot d\boldsymbol{S}=\mu_0\iint_S \boldsymbol{J}\cdot d\boldsymbol{S}$$

由于 S 是以 L 为边界的任意曲面,所以可得

$$\nabla\times\boldsymbol{B}=\mu_0\boldsymbol{J} \tag{4.6.17}$$

式(4.6.17)即是真空中安培环路定理的微分形式,它表明恒定磁场是一个有旋场,磁感应线是闭合曲线.

5.2 安培环路定理应用举例

当磁场具有对称性时,根据磁场的对称性,选择适当形状的环路,利用安培环路定理可以求解磁场分布.

例 4.13

计算无限长载流圆柱体的磁场分布.设电流 I 均匀分布在导体截面上,导体半径为 R.

解 如图 4-6-14 所示,由电流的对称性可知磁场分布也具有轴对称性.在以导体为轴,半径为 r 的圆周上,磁感应强度 $\boldsymbol{B}$ 大小相等,方向沿圆周的切线方向,选此圆环为环路,方向与磁感应线方向一致,利用安培环路定理有:

$$\oint_l \boldsymbol{B}\cdot d\boldsymbol{l}=B\cdot 2\pi r=\mu_0\sum_{L内} I$$

$$B=\frac{\mu_0}{2\pi r}\sum_{L内} I$$

当 $r>R$ 时, $\sum_{L内} I=I$,

$$B=\frac{\mu_0 I}{2\pi r}$$

当 $r<R$ 时，$\sum\limits_{L内} I = \frac{I}{\pi R^2}\pi r^2 = \frac{r^2}{R^2}I$，

$$B=\frac{\mu_0}{2\pi r}\frac{r^2}{R^2}I=\frac{\mu_0 Ir}{2\pi R^2}$$

所以

$$B=\begin{cases}\dfrac{\mu_0 I}{2\pi r} & (r>R)\\[2ex] \dfrac{\mu_0 Ir}{2\pi R^2} & (r\leqslant R)\end{cases}$$

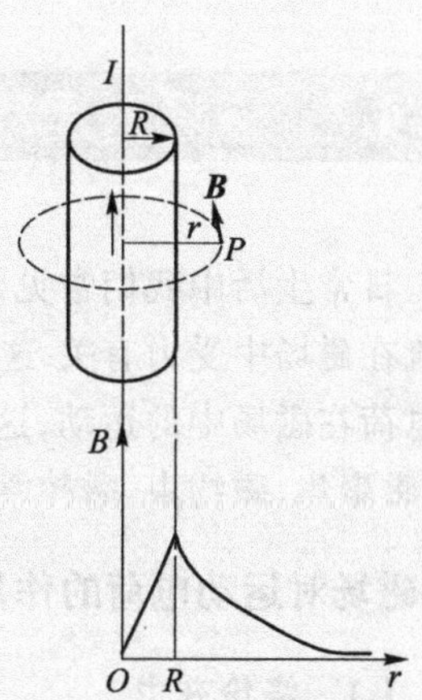

图 4-6-14 无限长圆截面载流直导体的磁场

由此可见，对于无限长载流圆柱体，在圆柱体外部磁场分布相当于把电流全部集中在轴线上的直线电流的情形；在圆柱体内部，磁感应强度与该点到轴线的距离成正比.

若电流为面分布，即电流 I 均匀分布在圆柱面上，同样的方法可得空间的磁场分布为

$$B=\begin{cases}\dfrac{\mu_0 I}{2\pi r} & (r>R)\\[2ex] 0 & (r<R)\end{cases}$$

例 4.14

设均匀密绕螺绕环的总匝数为 N，电流为 I，内侧和外侧的半径分别为 R_1 和 R_2，如图 4-6-15 所示. 试求其磁场分布.

解 由对称性分析可知，磁场具有对称性，半径为 r 的同轴圆周上，磁感应强度 $\boldsymbol{B}$ 大小相等，方向沿圆周的切线方向. 选此圆周为环路方向为逆时针，如图 4-6-15 所示，磁感强度 $\boldsymbol{B}$ 沿此环路的环流为

$$\oint_L \boldsymbol{B}\cdot \mathrm{d}\boldsymbol{l} = B\oint_L \mathrm{d}l = B\cdot 2\pi r$$

图 4-6-15 螺绕环的磁场

在螺绕环内部（$R_1<r<R_2$），环路内包围电流的代数和为 $\sum\limits_{L内} I = NI$，

根据环路定理 $B2\pi r=\mu_0 NI$，即

$$B=\frac{\mu_0 NI}{2\pi r}$$

在螺绕环外部（$r<R_1$，$r>R_2$），环路内包围电流的代数和为 $\sum\limits_{L内} I = 0$，则

$$B=0$$

所以

$$B=\begin{cases}0 & (r<R_1, r>R_2)\\[2ex] \dfrac{\mu_0 NI}{2\pi r} & (R_1<r<R_2)\end{cases}$$

因此，密绕螺绕环外部无磁场分布，磁场分布在螺绕环内部，磁感应强度和半径成反比.

§4.7 磁场对运动电荷及电流的作用

日常生活中我们常见的各种电动工具、电动车、磁电式电流计、直流电动机等的工作原理和电流在磁场中受力有关.这一节我们就来讨论磁场对于运动电荷及电流的作用.并在此基础上研究电荷在磁场中的运动,这个问题在近代物理学的许多方面有广泛应用,比如粒子加速器、质谱仪、磁聚焦、磁约束、磁控管等.

1 磁场对运动电荷的作用

1.1 洛伦兹力

磁场的基本性质就是对放入其中的运动电荷产生力的作用,这种作用力称为**洛伦兹力**.从实验可得,速度为 $\boldsymbol{v}$ 的运动电荷 q 在磁场中受的洛伦兹力可以表示为

$$\boldsymbol{F}=q\boldsymbol{v}\times\boldsymbol{B} \tag{4.7.1}$$

此式称为**洛伦兹力公式**.洛伦兹力 $\boldsymbol{F}$ 的大小为

$$F=|q|vB\sin\theta \tag{4.7.2}$$

从式(4.7.2)可以看出,洛伦兹力的大小不但与 q、$\boldsymbol{v}$ 和 $\boldsymbol{B}$ 的大小成正比,而且和 $\boldsymbol{v}$ 与磁场 $\boldsymbol{B}$ 的夹角 θ 有关.当 $\boldsymbol{v}/\!/\boldsymbol{B}$ 时,$\theta=0$ 或 π,$F=0$,运动电荷不受磁场力作用;当 $\boldsymbol{v}\perp\boldsymbol{B}$ 时,$\theta=\pi/2$,$F=|q|vB$,此时运动电荷受到磁场力最大.由式(4.7.1)可以看出,洛伦兹力 $\boldsymbol{F}$ 垂直于粒子的运动速度 $\boldsymbol{v}$,所以洛伦兹力始终对运动电荷不做功,不改变带电粒子的速率和动能,只改变其速度方向.

如果在某一区域既存在电场又存在磁场,运动的带电粒子则会同时受到电场力和磁场力的作用,即

$$\boldsymbol{F}=q(\boldsymbol{E}+\boldsymbol{v}\times\boldsymbol{B}) \tag{4.7.3}$$

1.2 带电粒子在磁场中的运动

前面我们已经讨论了运动电荷在磁场中受到的洛伦兹力,它的特点是只改变带电粒子的运动方向,不改变它的动能.那么带电粒子在磁场作用下,究竟会做什么样的运动呢?

下面我们以均匀磁场为例,讨论带电粒子在磁场中的运动.设磁感应强度为 $\boldsymbol{B}$,带正电荷 q 的粒子的初速度为 v,分三种情况来讨论:

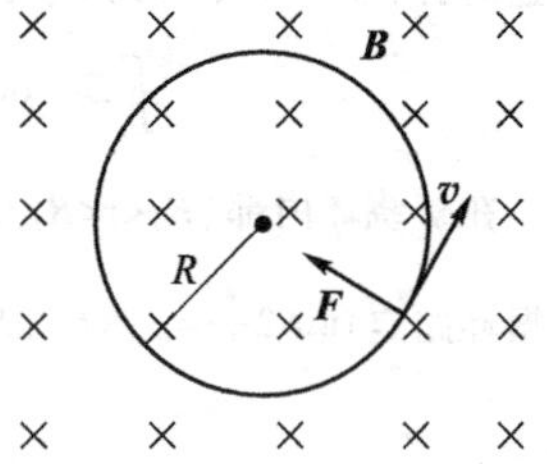

图 4-7-1 带电粒子在磁场中的圆周运动

(1) $\boldsymbol{v}/\!/\boldsymbol{B}$

当 $\theta=0$ 或 π 时,磁场对运动粒子的作用力 $\boldsymbol{F}=0$,带电粒子作匀速直线运动,不受磁场的影响.

(2) $\boldsymbol{v}\perp\boldsymbol{B}$

当 $\theta=\pi/2$ 时,带电粒子垂直于磁场的方向进入磁场,洛仑兹力的大小为

$$F=qvB$$

洛仑兹力的方向始终与速度 $\boldsymbol{v}$ 垂直,洛仑兹力的作用只改变速度方向,不改变速度大小,带电粒子将作匀速圆周运动,如图 4-7-1 所示.

由牛顿第二定律，得

$$qvB = m\frac{v^2}{R}$$

其中 m 为粒子的质量，所以圆周运动的轨道半径

$$R = \frac{mv}{qB} \tag{4.7.4}$$

粒子圆周运动的周期（粒子运动一周所用的时间）

$$T = \frac{2\pi R}{v} = \frac{2\pi m}{qB} \tag{4.7.5}$$

相应的频率（带电粒子在单位时间内运动的周数）为

$$f = \frac{1}{T} = \frac{qB}{2\pi m} \tag{4.7.6}$$

从式（4.7.4）可以看出：粒子圆周运动的半径 R 和粒子的运动速度成正比，和磁场 $\boldsymbol{B}$ 的大小成反比.所以粒子速度越小，磁场越强，轨道半径 R 越小.此外粒子运动周期 T 与带电粒子的速度和轨道的半径无关，只与磁感应强度成反比，磁场越强，周期越小，频率越大.

（3）$\boldsymbol{v}$ 与 $\boldsymbol{B}$ 有任意夹角 θ

一般情况下，粒子运动速度 $\boldsymbol{v}$ 与磁场 $\boldsymbol{B}$ 有一个夹角 θ，这时可以把速度 $\boldsymbol{v}$ 分解成平行于磁场 $\boldsymbol{B}$ 的分量 $v_{/\!/}$ 与垂直于磁场 $\boldsymbol{B}$ 的分量 $v_{\perp}$，即

$$\begin{cases} v_{/\!/} = v\cos\theta \\ v_{\perp} = v\sin\theta \end{cases}$$

粒子的运动也可以分解为沿磁场方向的运动和垂直于磁场方向的运动.在沿磁场方向，粒子受的力 $F_{/\!/}=0$，粒子作匀速直线运动；而在垂直于磁场的方向，粒子受的力 $F_{\perp}=qvB\sin\theta$，粒子作匀速圆周运动，轨道半径为

$$R = \frac{mv_{\perp}}{qB} = \frac{mv}{qB}\sin\theta \tag{4.7.7}$$

因此，带电粒子同时参与上述两个运动，作等距的螺旋线运动，如图 4-7-2 所示.回旋周期为

$$T = \frac{2\pi R}{v_{\perp}} = \frac{2\pi m}{qB} \tag{4.7.8}$$

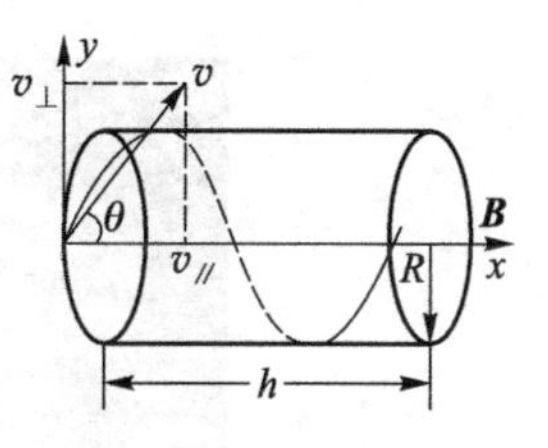

图 4-7-2　带电粒子在磁场中的螺旋线运动

相应地粒子回旋频率为

$$f = \frac{1}{T} = \frac{qB}{2\pi m} \tag{4.7.9}$$

带电粒子在螺旋线上每旋转一周所前进的距离称为螺距，螺距大小

$$h = v_{/\!/}T = \frac{2\pi m}{qB}v\cos\theta \tag{4.7.10}$$

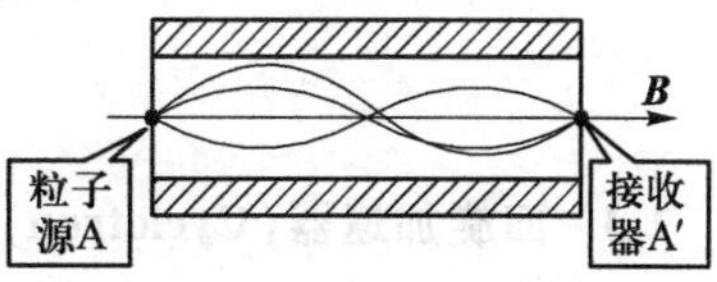

图 4-7-3　磁聚焦原理

可见，螺距 h 与 $v_{\perp}$ 无关，只与 $v_{/\!/}$ 成正比.若有多个带电粒子同时进入磁场，它们的 $v_{/\!/}$ 相同，则其螺距是相同的，经过一个周期后又会聚于一点，如图 4-7-3 所示.利用这个原理，

可实现磁聚焦.在电子显微镜等许多真空器件中有广泛应用.

由于带电粒子作螺旋线运动,回旋半径与磁感应强度成反比,因此磁场越强,回旋半径越小,根据这一规律,带电粒子就被约束在磁感应线附近,只能沿磁感线作纵向移动,一般不能横向跨越,如图4-7-4,这种利用磁场将带电粒子约束在一定范围内的方法称为磁约束.如果磁场由两个共轴的圆线圈产生,磁场两端强,中间弱,见图4-7-5,带电粒子运动至两端强磁场区时,磁场力的纵向分力反向,因此粒子作反向螺旋线运动,共轴的圆线圈就像是两个反射镜,将粒子限制在两个圆线圈之间,因而称为磁镜.若磁场是环形的,则带电粒子会被约束在环形磁场中运动.在可控热核反应装置中,为了避免高温等离子体(温度可以达到上亿摄氏度)融化器壁,常采用闭合环形磁约束结构(托卡马克装置),如图4-7-6所示.把高温等离子体束缚在有限的空间区域内,从而实现热核反应.参与聚变反应的粒子将不断沿环形磁感线方向旋进,但不与器壁接触,从而实现对高温等离子体的磁约束.

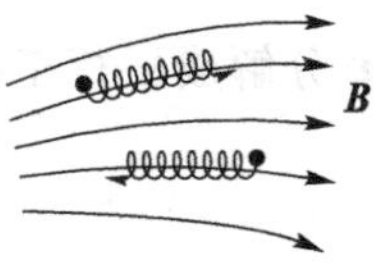

图4-7-4　磁约束

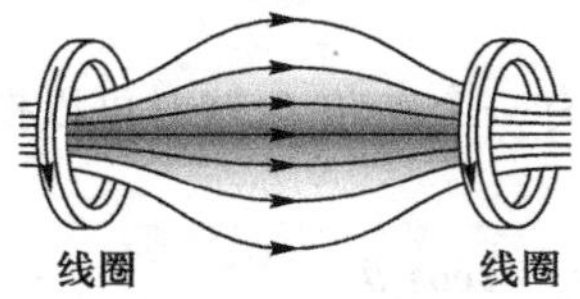

图4-7-5　磁镜

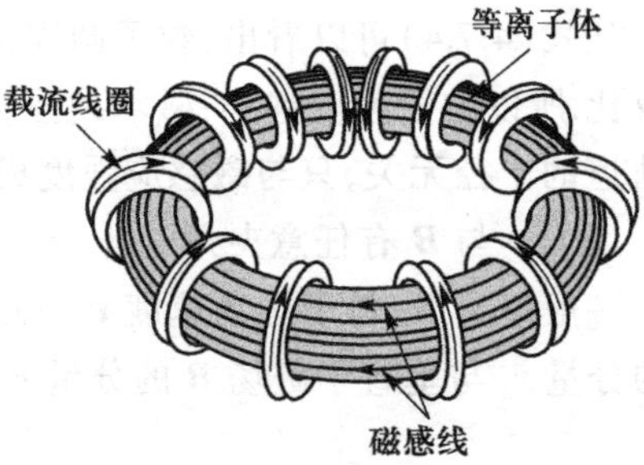

图4-7-6　核聚变磁约束装置

在自然界,发生在高纬度地区的绚丽的极光[见图4-7-7(a)]大家并不陌生,它是怎样形成的呢?我们知道地球也是一个磁体,周围有磁场,如图4-7-7(b)所示,南北极区域磁场较强.当太阳风(等离子体)吹到地球附近时,受地球磁场的作用,进入地球的两极地区,轰击高层大气而发光,受到轰击的不同元素的气体发出的光的颜色不同,氧发出绿色和红色的光,氮发出紫色的光,氩发出蓝色的光,这样就形成我们看到的美丽极光.

(a) 北极光

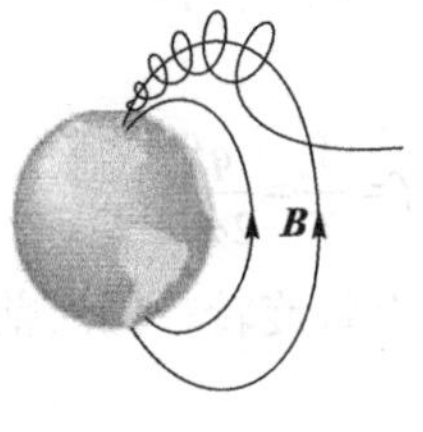

(b) 带电粒子在地球磁场中的运动

图4-7-7　地球磁场与北极光

1.3　回旋加速器(Cyclotron)

在核物理中,为了研究原子核或其他粒子的性质,常常用高能带电粒子去轰击原子核或其他粒子,观察其中的反应.这就需要把粒子加速到具有很高的速度,回旋加速器就是用来加速粒子的一种装置.

回旋加速器的基本原理就是使带电粒子在电场与磁场作用下得以往复加速达到很高的能量.在这一过程中,电场和磁场分别起到了不同的作用.在电场的作用下,带电粒子得到加速;而在磁场的作用下,带电粒子作回旋运动,才会使往复加速成为可能.

回旋加速器的结构很复杂,其核心部分D型盒放置在真空容器中,如图4-7-8所示.两半圆形金属盒D_1、D_2间留一狭缝,中心附近放置离子源(如质子、氘核或α粒子源等).在D_1、D_2两极上加高频交变电压,这样在缝隙间形成一个交变电场,而由于静电屏蔽作用,在D型盒内部电场很弱.整个D型盒处在由电磁铁产生的磁场中,磁场方向垂直于D型盒的底面.

现在我们来讨论带电粒子在回旋加速器中的运动情况,如图4-7-9所示,设在某一时刻D_2的电势高于D_1,一个带正电的粒子从离子源发出,在缝隙中被电场加速,以速度v_1进入半盒D_1的无电场区.在D_1内,粒子在磁场作用下沿回旋半径为$R_1=\frac{mv_1}{qB}$的半圆运动回到缝隙边缘,如果这时交变电场改变方向,粒子又被加速,速度由v_1变成v_2,进入D_2的无电场区,又沿半径为$R_2=\frac{mv_2}{qB}$的半圆再次回到缝隙边缘.在这两个过程中,虽然半径变大了,但是粒子沿两个半圆运动的时间都是回旋周期的一半,这样,带电粒子在交变电场与磁场的作用下,不断地被加速,运动的半径越来越大,直到粒子到达D型盒电极的边缘,最后被引出加速器.

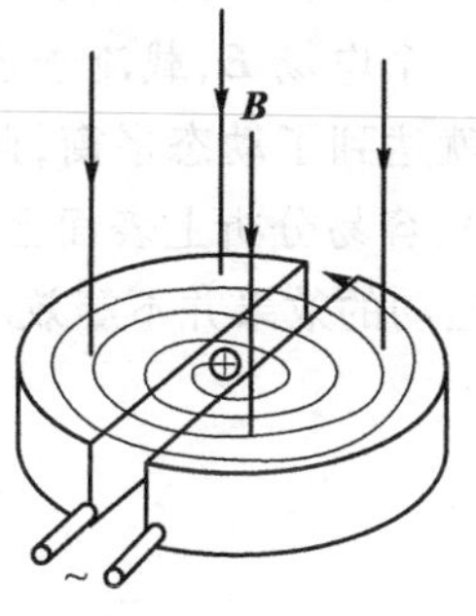

图4-7-8 回旋加速器的D型盒

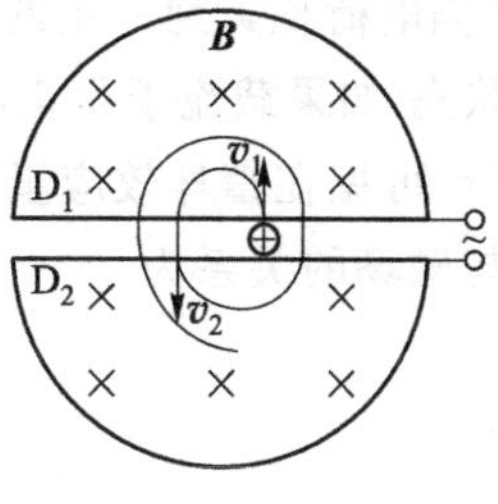

图4-7-9 回旋加速器的原理

设粒子D型盒半径为R_0,当粒子到达D型盒边缘时,粒子的速率达到最大值

$$v_m=\frac{qBR_0}{m} \tag{4.7.11}$$

同时,粒子动能也达到了最大值

$$E_{kmax}=\frac{1}{2}mv_m^2=\frac{1}{2}m\left(\frac{BqR_0}{m}\right)^2=\frac{q^2B^2R_0^2}{2m} \tag{4.7.12}$$

可见,粒子的最大动能E_k和磁感应强度及D型盒的半径的平方成正比.因此从原理上说,要增大粒子的能量,可以从增大电磁铁的截面(即增大D型盒的面积)着手,但实际上这是很困难的,例如,要在1.4 T的磁场中,使质子产生获得400 GeV的能量,磁铁半径就要1.1 km,这样大的电磁铁,非常昂贵,制造也困难.另一方面由于相对论效应,当粒子的速度很大时,其质量不再是常量,

会随速度的增加而变大，回旋的周期将不断增长，就不能保证粒子每次经过两极间的电场区总被加速，就要选择其他类型的加速器了.因此回旋加速器不可能对粒子无限制地加速.质子同步加速器就解决了这两个难题，一是磁场和加速电场的频率不再像传统回旋加速器那样是固定的，而是在加速循环时随时间变化，环行的质子的频率就与加速电场的频率保持一致.二是质子沿圆形轨道运动，而不是螺旋线运动.因而磁铁只需沿圆形轨道延伸，不必遍及整个轨道包围的面积.然而要实现高的能量，轨道半径仍然必须很大.位于伊利诺伊州的费米国家加速器实验室的质子同步加速器具有 6.3 km 的周长，可以产生能量为 1 TeV(10^{12} eV)的质子.

1.4 霍耳效应(Hall effect)

如图 4-7-10 所示，把一块宽 b，厚为 d 的金属导体薄片放在磁场 $\boldsymbol{B}$ 中，纵向流有电流 I，则在薄片的横向两端就会出现一定的电势差.这种现象是霍耳于 1869 年发现的，称为霍耳效应，产生的电压叫霍耳电压.实验表明，在磁场不太强时，霍耳电压与电流 I、磁感应强度 B 成正比，而与导电板的厚度 d 成反比，即

$$U_{\mathrm{H}}=K\frac{BI}{d} \tag{4.7.13}$$

式中 K 为霍耳系数，一般由材料的性质决定.

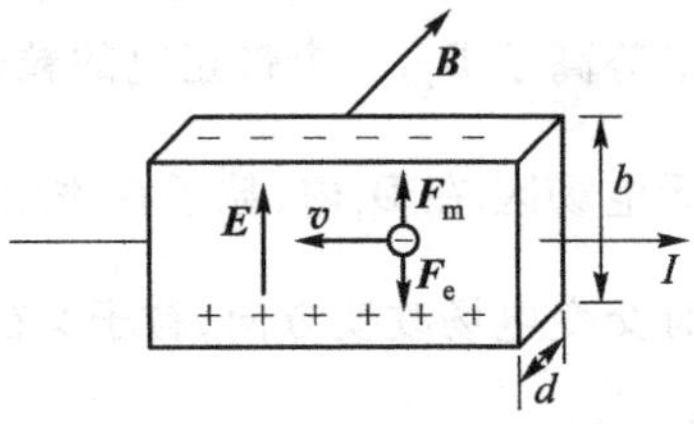

图 4-7-10　霍耳效应示意图

霍耳效应是由于运动的带电粒子受到磁场力的作用产生的.在载流金属导体中载流子是负电荷，负电荷以平均速度 v 运动，在磁场中受洛伦兹力的作用，其大小为$F_{\mathrm{m}}=|q|vB$，方向沿$-(\boldsymbol{v}\times\boldsymbol{B})$方向(如图 4-7-10 所示)，因此在上表面内侧就会积累负电荷，下表面会积累正电荷，这些电荷在两侧面之间产生一个电场 $\boldsymbol{E}$，载流子还将受到电场力 $\boldsymbol{F}_{\mathrm{e}}$ 的作用.当两侧电荷积累到一定的程度，使得 $\boldsymbol{F}_{\mathrm{m}}+\boldsymbol{F}_{\mathrm{e}}=0$，就达到了动态平衡，此时两侧面间的电压达到稳定状态.如果载流子是正电荷(例如 P 型半导体)，容易分析上表面会积累正电荷，下表面积累负电荷，可见在霍耳效应里，正负电荷相反方向的运动的效果并不等效.

霍耳电压与磁场的关系为

$$q\frac{U_{\mathrm{H}}}{b}=qvB$$

于是

$$U_{\mathrm{H}}=bvB$$

将电流 I 用粒子运动速率 v 用表示

$$I=nqvbd,\quad v=\frac{I}{nqbd}$$

所以

$$U_{\mathrm{H}}=\frac{BI}{nqd} \tag{4.7.14}$$

把式(4.7.13)和式(4.7.14)对比可得霍耳系数

$$K=\frac{1}{nq} \tag{4.7.15}$$

可见，霍耳系数 K 和载流子数密度 n、电荷量 q 成反比.金属导体载流子数密度 n 较大，则霍耳系数 K 较小，相应的霍耳电压 U_{H} 就较小；而半导体载流子数密度 n 较小，霍耳系数 K 较大，霍

耳电压 U_H 较大，霍耳效应较显著.我们还可以发现，霍耳系数的符号由载流子的电荷量 q 的正负来决定，所以根据实验测得的霍耳系数正负可以判断载流子的类型.

霍耳效应在科学技术领域有广泛的应用，如测量技术、电子技术、自动化技术、磁流体发电技术等.根据霍耳效应制作的半导体元件叫霍耳元件，它具有结构简单、牢固、使用方便、成本低廉等优点，得到了越来越广泛的应用，如利用霍耳元件可以测量磁场、测量大电流、测量载流子浓度、研究半导体掺杂等.

2 磁场对载流导线的作用

2.1 安培力

载流导线处在磁场中，也会受到磁场的作用力.在其上取长为 $\mathrm{d}l$ 的电流元 $I\mathrm{d}\boldsymbol{l}$，它受到的安培力

$$\mathrm{d}\boldsymbol{F}=I\mathrm{d}\boldsymbol{l}\times\boldsymbol{B} \tag{4.7.16}$$

上式表明：磁场对于电流元的作用力与电流元所在处的磁感应强度的大小，以及 $I\mathrm{d}\boldsymbol{l}$ 和 $\boldsymbol{B}$ 之间的夹角的正弦成正比；其方向由 $I\mathrm{d}\boldsymbol{l}\times\boldsymbol{B}$ 确定.这一关系称为**安培定律**.对于有限长载流导线，受到的安培力等于各电流元所受的作用力的矢量和

$$\boldsymbol{F}=\int_L I\mathrm{d}\boldsymbol{l}\times\boldsymbol{B} \tag{4.7.17}$$

如果各电流元受力方向一致，则合力大小为

$$F=\int_L IB\mathrm{d}l\sin\theta \tag{4.7.18}$$

对于长为 L、电流为 I 的载流直导线处在均匀磁场 $\boldsymbol{B}$ 中，受到的安培力为 $F=BIL\sin\theta$.

（1）当电流方向和磁场方向平行时，$\theta=0$ 或 $\theta=\pi$，$F=0$，导线不受磁场力作用.

（2）当导线和磁场垂直时，$\theta=\dfrac{\pi}{2}$，$F=BIL$，导线受到的磁场力最大.

从微观方面考虑，电流实质上是大量定向运动的电荷流，那么安培力的实质和洛伦兹力有什么关系呢？下面我们来讨论.如图 4-7-11 所示.假设载流导体处在均匀磁场中，磁场方向与电流垂直，在其上取长为 $\mathrm{d}l$ 的电流元 $I\mathrm{d}\boldsymbol{l}$，设导线横截面积为 S，自由电子的数密度为 n，定向漂移速度为 $\boldsymbol{v}$，则 $\mathrm{d}l$ 中自由电子的总数为 $\mathrm{d}N=nS\mathrm{d}l$.每个自由电子所受的洛伦兹力为

$$\boldsymbol{F}_{\mathrm{L}}=e\boldsymbol{v}\times\boldsymbol{B}$$

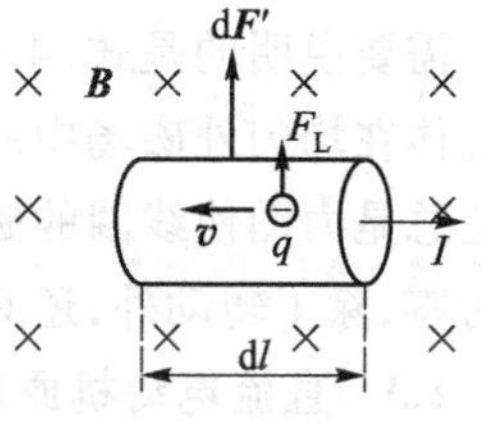

图 4-7-11　洛伦兹力与安培力的关系

由于电子不会越出金属导线，它所获得的冲量最终都会传递给金属的晶格骨架，宏观上看起来是金属导线受到了这个力.$\mathrm{d}N$ 个电荷受力的总和：

$$\mathrm{d}\boldsymbol{F}'=\boldsymbol{F}_{\mathrm{L}}\mathrm{d}N=neS\mathrm{d}l\boldsymbol{v}\times\boldsymbol{B}$$

由于 $I=enSv$，所以

$$\mathrm{d}\boldsymbol{F}'=I\mathrm{d}\boldsymbol{l}\times\boldsymbol{B}$$

可见长为 $\mathrm{d}l$ 的一段导体内的电子受到的洛伦兹力与电流元 $I\mathrm{d}\boldsymbol{l}$ 受到的安培力相等，方向相同.所以安培力是导体中作定向运动的自由电子到的受洛伦兹力的宏观表现.应当说明导体中每个自由电子还有热运动速度，也有对应的洛伦兹力，但是由于热运动是无规则的，由热运动引起的洛

伦兹力朝各个方向的概率相等,矢量和为零,所以对宏观的安培力没有贡献.

2.2 磁场对载流线圈的作用

首先讨论均匀磁场对于矩形载流线圈的作用.如图 4-7-12(a)所示,在均匀磁场 $\boldsymbol{B}$ 中,放置矩形线圈 $abcd$(宽为 l_1,长为 l_2),可绕轴 OO'转动.线圈中的电流为 I,线圈平面的法线方向 e_n 与磁场 $\boldsymbol{B}$ 的夹角为 θ,则 ad、bc 两边受力大小为

$$F_{ad}=BIl_1\sin\left(\frac{\pi}{2}+\theta\right)=-BIl_1\cos\theta$$

$$F_{bc}=BIl_1\sin\left(\frac{\pi}{2}-\theta\right)=BIl_1\cos\theta$$

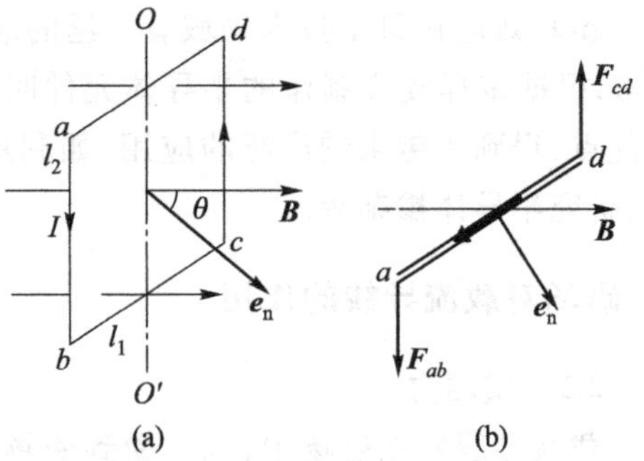

图 4-7-12 磁场对载流线圈的作用

这两个力大小相等,方向相反,平行于轴线作用在同一直线上.因而合力为零,不产生力矩.导线 ab、cd 都与磁场垂直,它们受到的磁场力的大小

$$F_{ab}=F_{cd}=BIl_2$$

两者大小相等,方向相反,故合力为零.但二力不作用在同一直线上,如图 4-7-12(b)所示,所以产生一个力矩 $\boldsymbol{M}$,大小为

$$M=F_{ab}\frac{l_1}{2}\sin\theta+F_{cd}\frac{l_1}{2}\sin\theta=BIl_1l_2\sin\theta=BIS\sin\theta \tag{4.7.19}$$

其中,$S=l_1l_2$ 表示线圈的面积.

由式(4.7.19)可以看出,当 $\theta=\frac{\pi}{2}$时,线圈与磁场 $\boldsymbol{B}$ 平行,力矩达到最大值,此时线圈处于不稳定状态;当 $\theta=0$,线圈与磁场 $\boldsymbol{B}$ 垂直,力矩 $M=0$,线圈处于稳定平衡状态,$\theta=\pi$,虽然 $M=0$,但不是稳定平衡状态.

利用磁矩 $\boldsymbol{m}=IS\boldsymbol{e}_n$,把上式写成矢量形式:

$$\boldsymbol{M}=\boldsymbol{m}\times\boldsymbol{B} \tag{4.7.20}$$

需要说明的是式(4.7.20)对任意形状的平面线圈都成立.所以任意形状的平面载流线圈作为整体在均匀外磁场中所受的合外力为零(请读者自己证明),但是受到一个力矩的作用,这个力矩总是力图使线圈的磁矩转到与磁感应强度一致的方向.在非匀强磁场中,线圈所受的合外力不为零,除了转动外,还有向磁场强的地方的平动.

2.3 直流电动机原理

直流电动机也叫直流马达,是一种使用直流电源的动力装置.其工作原理是利用通电线圈在磁场中受到磁力矩的作用.图 4-7-13 是一个最简单的单匝线圈的电动机模型,矩形线圈放置在一对磁极提供的磁场中.线圈受到的磁力矩会使线圈顺时针旋转[如图 4-7-13(a)];当线圈转到法线与磁场方向平行时[如图 4-7-13(b)],就不再受到磁力矩作用,但是由于惯性线圈会继续转动,通过这一位置[如图 4-7-13(c)].为了使得线圈继续顺时针旋转,力矩方向保持不变,就需要把电流方向反过来,为此在线圈的两端接上换向器.换向器由一对相互绝缘的半圆形截片组成,它们通过固定的电刷与直流电源相连.通过换向器,通电线圈就受到一个方向的磁力矩作用,连续不断地旋转下去.

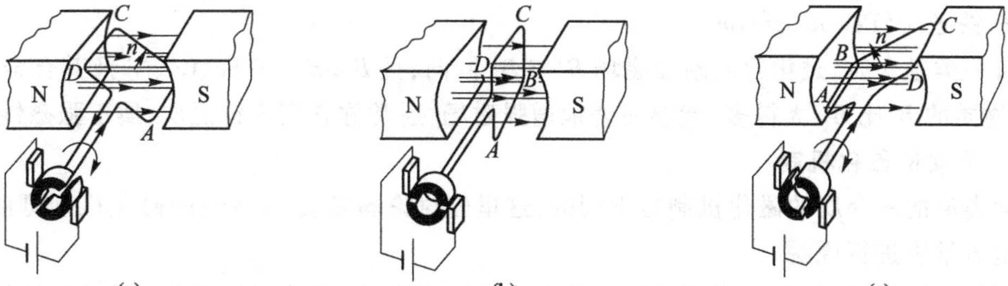

图 4-7-13　直流电动机原理

实际的直流电动机是由嵌在铁芯槽里的多匝线圈组成的鼓形电枢作为转子的.这样的电动机转速稳定,并且可以通过调节电源电压进行调速.所以一般的调速设备,都采用直流电动机.磁电式电流计也是利用通电线圈在磁场中转动来测量电流的.

§4.8　磁介质

前面我们讨论了真空中磁场的基本规律.如果磁场中存在实物时,磁场将如何变化,会有什么有趣的现象发生呢?实验表明,磁场会对物质产生作用,同时物质反过来也会对磁场产生影响.受磁场作用会使自身状态发生改变的物质称为**磁介质**.事实上,自然界一切实际的物质都可以看成磁介质,所以研究磁场与物质相互作用具有非常重要的意义.本节我们就来讨论磁场与介质的相互作用及其基本规律.

1　介质的磁化

1.1　介质中的磁场

与电介质在电场作用下会发生极化类似,把磁介质放入磁感应强度为 $\boldsymbol{B}_0$ 的外磁场中,在外磁场作用下磁介质的状态会发生改变,称为**磁化**.被磁化的介质也会产生附加磁场,用 $\boldsymbol{B}'$ 表示,则磁介质中磁感应强度 $\boldsymbol{B}$ 应为外磁场和附加磁场的矢量和,即

$$\boldsymbol{B}=\boldsymbol{B}_0+\boldsymbol{B}' \tag{4.8.1}$$

实验表明,介质中附加磁场 $\boldsymbol{B}'$ 的方向及强弱随磁介质性质的不同而不同.根据 $\boldsymbol{B}'$ 与 $\boldsymbol{B}_0$ 方向是否相同,我们可以把磁介质可以分类如下.

(1) 顺磁质(Paramagnetic Substance)

这类介质磁化率 $\chi_m>0$,磁化后,内部附加磁场 $\boldsymbol{B}'$ 与外加磁场 $\boldsymbol{B}_0$ 方向相同,$B>B_0$,使介质中原磁场得到稍许增强.如氧、铝、钨、铂、铬等物质.

(2) 抗磁质(Diamagnetic Substance)

这类介质磁化率 $\chi_m<0$,磁化后,内部附加磁场 $\boldsymbol{B}'$ 与外加磁场 $\boldsymbol{B}_0$ 方向相反,$B<B_0$,可以使介质中原磁场稍许减弱.如氮、水、铜、银、金、铋等,超导体是理想的抗磁体.

以上这两类物质 $|\chi_m|\ll 1$,磁化后,附加磁场 $\boldsymbol{B}'$ 比原磁场 $\boldsymbol{B}_0$ 小得多(通常只有 $\boldsymbol{B}_0$ 的十万分之几),把它们通称为弱磁性介质.

(3) 铁磁质(Ferromagnetic)

还有一类磁介质,磁化后的附加磁场 $\boldsymbol{B}'$ 与 $\boldsymbol{B}_0$ 同向,且 $B \gg B_0$,如 Fe、Co、Ni 及其合金、铁氧体等.这类物质的 $\boldsymbol{B}'$ 比 $\boldsymbol{B}_0$ 大得多,能够显著地增强磁场,通常称它们为铁磁质,属于强磁性物质.

1.2 介质的磁化机制

不同类型的磁介质的磁化机制是不同的,这里先讨论弱磁质.弱磁质的磁化机理可以用安培的分子电流学说进行说明.

根据原子结构可知,电子绕原子核运动会形成环形电流,具有轨道磁矩,同时电子的自旋会形成自旋磁矩.一个分子中所有电子的磁矩和核磁矩的矢量和称为分子的固有磁矩 $\boldsymbol{m}$,简称为分子磁矩.核磁矩比电子的磁矩要小得多,通常会忽略不计.安培认为介质中每个分子中的电子的运动相当于一个环形电流(称为分子电流).如果这些分子电流取向一致就会对外产生磁场,显示磁性.

(1) 顺磁质磁化机理——取向磁化

顺磁质的分子具有固有磁矩.没有磁场时,由于分子热运动,这些分子电流的取向是杂乱无章的,在磁介质中的任一宏观体积中,分子磁矩相互抵消,因此对外不显示磁性,处于未磁化状态,如图 4-8-1(a)所示.

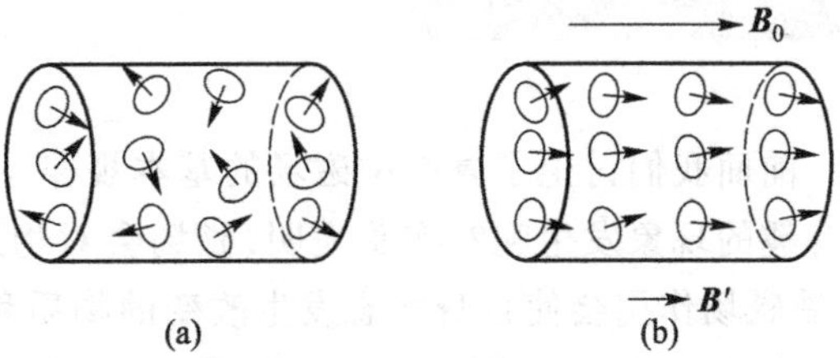

图 4-8-1 顺磁质的取向磁化

当顺磁质放在磁场 $\boldsymbol{B}_0$ 中时,各分子磁矩除了受到热运动作用外还要受到磁力矩 $\boldsymbol{M}=\boldsymbol{m}\times\boldsymbol{B}_0$ 的作用,都会不同程度的转向外磁场 $\boldsymbol{B}_0$ 的方向,总的分子磁矩就会产生一个附加磁场 $\boldsymbol{B}'$,与外磁场 $\boldsymbol{B}_0$ 同方向[如图 4-8-1(b)],于是介质中的总磁场

$$\boldsymbol{B}=\boldsymbol{B}_0+\boldsymbol{B}'>\boldsymbol{B}_0$$

介质中的磁场大于原来的外加磁场.我们把这种由于外磁场作用使得分子磁矩都向外磁场方向转动称为取向磁化.

(2) 抗磁质磁化机理

抗磁质的电结构和顺磁质不同,其分子中各种磁矩相互抵消,分子固有磁矩等于零,对外不显示磁性;因此在外磁场受的力矩等于零.考虑单个电子,由于每个电子绕原子核作圆周的运动,磁矩 $\boldsymbol{m}_0=-\dfrac{er^2}{2}\boldsymbol{\omega}_0$.可以证明,不论磁场方向如何,在磁场洛伦兹力作用下每个电子轨道运动的角速度会发生改变,其改变量 $\Delta\boldsymbol{\omega}$ 总是与 $\boldsymbol{B}_0$ 同向,由于轨道磁矩的改变量 $\Delta\boldsymbol{m}$(感生磁矩)与 $\Delta\boldsymbol{\omega}$ 方向相反,所以每个电子轨道运动的改变会产生一个和外磁场 $\boldsymbol{B}_0$ 方向相反的附加感生磁矩 $\Delta\boldsymbol{m}$,如图 4-8-2 所示.分子内所有电子附加的感生磁矩 $\Delta\boldsymbol{m}$ 叠加起来就会形成一个与外场反方向的附加磁场 $\boldsymbol{B}'$.故抗磁质内部,总的磁场

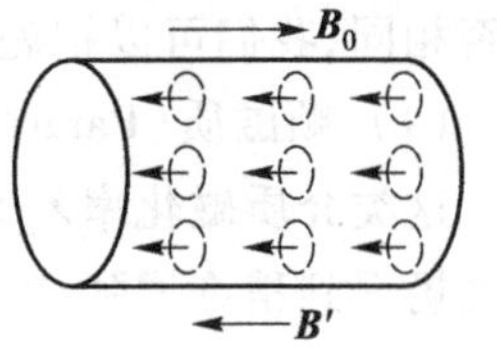

图 4-8-2 抗磁质的磁化

$$\boldsymbol{B}=\boldsymbol{B}_0+\boldsymbol{B}'<\boldsymbol{B}_0$$

磁场被削弱.这就是抗磁质的磁化机制.

需要说明的是，顺磁质磁化过程中，在分子电流沿外磁场取向的同时，每个电子的轨道磁矩也会变化，也会产生与外场反方向的附加磁场，只不过顺磁效应比抗磁效应强得多，抗磁性被掩盖了，表现出的是顺磁性.表 4-8-1 给出了一些顺磁质和抗磁质的磁化率值，其绝对值通常在 $10^{-5} \sim 10^{-6}$范围内.

表 4-8-1 顺磁质和抗磁质的磁化率

顺磁质	磁化率	抗磁质	磁化率
锰(18℃)	12.4×10^{-5}	铋(18℃)	-1.70×10^{-5}
铬(18℃)	4.5×10^{-5}	铜(18℃)	-0.108×10^{-5}
铝(18℃)	0.82×10^{-5}	氢(20℃)	-2.47×10^{-5}

1.3 磁化强度(Magnetization)

由上面的讨论可以看出，无论哪种磁介质，磁化后都产生了附加磁矩.因此为了描述介质磁化方向和磁化程度，引入物理量磁化强度 $\boldsymbol{M}$，它等于磁介质中单位体积内的所有的分子磁矩的矢量和，即

$$\boldsymbol{M}=\frac{\sum \boldsymbol{m}}{\Delta V} \tag{4.8.2}$$

其中 ΔV 是磁介质中的宏观无限小体积元，$\sum \boldsymbol{m}$ 为 ΔV 内所有分子磁矩的矢量和.磁化强度的单位为 $\mathrm{A\cdot m^{-1}}$.

顺磁质中，分子磁矩沿外磁场方向排列，磁化强度 $\boldsymbol{M}$ 方向和外磁场方向 $\boldsymbol{B}_0$ 一致，所以附加磁场方向沿外磁场方向；抗磁质中，分子感生磁矩和与外磁场方向 $\boldsymbol{B}_0$ 反向，即磁化强度 $\boldsymbol{M}$ 方向与外磁场方向 $\boldsymbol{B}_0$ 相反.

磁介质磁化后会在介质中产生束缚电流，称其为**磁化电流**，用 I'表示.磁化电流在磁介质中产生的附加磁场 $\boldsymbol{B}'$. I'和磁化强度之间存在如下普遍关系式

$$\oint_L \boldsymbol{M}\cdot \mathrm{d}\boldsymbol{l}=\sum_{L内} I' \tag{4.8.3}$$

即磁化强度沿任一闭合路径 L 的线积分等于穿过此闭合回路所围成的面积的磁化电流的代数和.

如果磁化电流只分布于磁介质表面，利用式(4.8.3)可得面磁化电流密度(单位垂直长度上通过的电流)

$$\boldsymbol{i}'=\boldsymbol{M}\times\boldsymbol{e}_{\mathrm{n}} \tag{4.8.4}$$

式中$\boldsymbol{e}_{\mathrm{n}}$ 是磁介质表面的外法线方向单位矢量.

2 有磁介质时的安培环路定理 高斯定理

介质磁化引起了磁化电流，磁介质中磁感应强度 $\boldsymbol{B}=\boldsymbol{B}_0+\boldsymbol{B}'$，磁化电流的磁场与传导电流的磁场遵从相同的规律，因此总磁感应强度沿任一闭合回路的环流也应包含磁化电流的贡献，即

$$\oint_L \boldsymbol{B}\cdot \mathrm{d}\boldsymbol{l}=\mu_0\left(\sum_{L内} I+\sum_{L内} I'\right) \tag{4.8.5}$$

其中 $\sum_{L内} I$ 表示穿过回路 L 的传导电流代数和，$\sum I'$ 表示穿过回路 L 磁化电流的代数和.把式(4.8.3)代入式(4.8.5)可得

$$\oint_L \boldsymbol{B}\cdot\mathrm{d}\boldsymbol{l}=\mu_0\left(\sum_{L内} I+\oint_L \boldsymbol{M}\cdot\mathrm{d}\boldsymbol{l}\right)$$

整理可得

$$\oint_L\left(\frac{\boldsymbol{B}}{\mu_0}-\boldsymbol{M}\right)\cdot\mathrm{d}\boldsymbol{l}=\sum_{L内} I \tag{4.8.6}$$

为了简化，引入一个辅助物理量 $\boldsymbol{H}$，令

$$\boldsymbol{H}=\frac{\boldsymbol{B}}{\mu_0}-\boldsymbol{M} \tag{4.8.7}$$

称为**磁场强度**，它和磁化强度具有相同的单位，即安/米（$\mathrm{A\cdot m^{-1}}$）.由式(4.8.6)和式(4.8.7)可得

$$\oint_L \boldsymbol{H}\cdot\mathrm{d}\boldsymbol{l}=\sum_{L内} I=\iint_S \boldsymbol{J}\cdot\mathrm{d}\boldsymbol{S} \tag{4.8.8}$$

式(4.8.8)称为介质中的**安培环路定理**.

真空中，$\boldsymbol{M}=0$，则 $\boldsymbol{B}=\mu_0\boldsymbol{H}$，这时式(4.8.8)就退化为真空中的安培环路定理式(4.6.15).此外，在介质中磁感应线仍然为闭合曲线，所以高斯定理仍然成立，

$$\oiint_S \boldsymbol{B}\cdot\mathrm{d}\boldsymbol{S}=0 \tag{4.8.9}$$

实验证明，在各向同性线性非铁磁介质中，磁化强度 $\boldsymbol{M}$ 和磁场强度 $\boldsymbol{H}$ 满足线性关系

$$\boldsymbol{M}=\chi_m\boldsymbol{H} \tag{4.8.10}$$

磁化率 χ_m 和相对磁导率 μ_r 满足关系式

$$\mu_r=1+\chi_m \tag{4.8.11}$$

利用式(4.8.7)、式(4.8.10)、式(4.8.11)可得，在各向同性线性非铁磁介质中，磁感应强度 $\boldsymbol{B}$ 和磁场强度 $\boldsymbol{H}$ 满足线性关系

$$\boldsymbol{B}=\mu_0\mu_r\boldsymbol{H} \tag{4.8.12}$$

3 铁磁质

铁磁质是应用最广泛的一种磁介质.在室温下，纯化学元素铁(Fe)、钴(Co)、镍(Ni)等具有铁磁特性.一般的，铁和其他金属或非金属元素的合金也是铁磁质.日常生活中，我们常见的磁铁、各类电机中的铁芯、用于记录信息的磁带、磁盘、计算机的存储元件的材料铁氧体等都是铁磁质.因此，对于铁磁质磁化性能的了解和掌握具有很重要的意义.下面我们分别从磁化规律、磁化机理等方面进行讨论.

3.1 铁磁质的磁化规律

研究铁磁材料的磁化规律就是研究磁化强度 $\boldsymbol{M}$ 与磁场强度 $\boldsymbol{H}$ 或磁感应强度 $\boldsymbol{B}$ 与磁场强度 $\boldsymbol{H}$ 之间的依赖关系.把要研究的材料做成闭合环状，在外均匀地密绕线圈构成螺绕环，当线圈中通有电流 I 时，螺绕环中磁场强度为 $H=nI$.为了测量螺绕环中磁感应强度 $\boldsymbol{B}$，可以在螺绕环外绕上次级线圈并接上冲击电流计，利用电磁感应可以测出小线圈中的感应电动势，从而测出磁感应强度 $\boldsymbol{B}$.而磁化强度

$$M=\frac{B}{\mu_0}-H \tag{4.8.13}$$

这样就可以得出 $M-H$ 曲线或 $B-H$ 曲线.

（1）磁化曲线

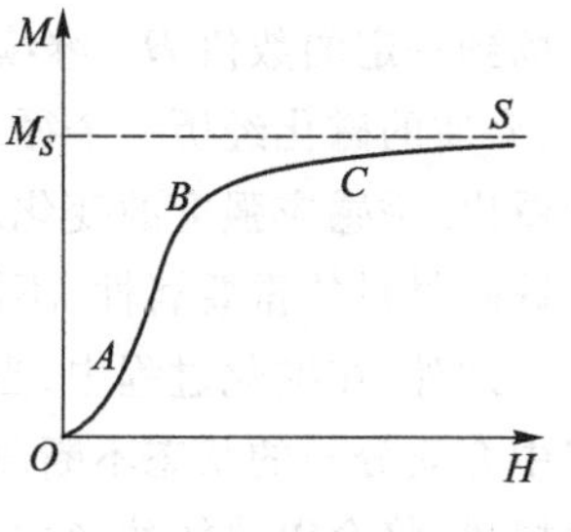

图 4-8-3　$M-H$ 曲线

图 4-8-3 是实验得出的铁磁质的典型磁化曲线（$M-H$ 曲线），它反映了铁磁性物质共同的磁化特点.从图中可以看出，随着外加磁场强度 H 的增加，磁化强度一起增加.在开始的时候，增加磁场强度，M 增加得比较缓慢（OA 段），接着 M 随 H 的增加急剧增加（AB 段），随后又缓慢增大（BC 段）.如果再继续增加磁场时，M 值几乎不再变化（CS 段），这时磁化已经趋于饱和.饱和时的磁化强度称为饱和磁化强度，用 $\boldsymbol{M}_S$ 表示.从未磁化到饱和磁化的这段磁化曲线 OS，称为**初始磁化曲线**.$M-H$ 曲线是非线性的.

磁感应强度 B 随磁场强度 H 的变化曲线和 $M-H$ 曲线类似.如图 4-8-4 所示，饱和时的磁感应强度称为饱和磁感应强度，用 $\boldsymbol{B}_S$ 表示.尽管铁磁质的磁感应强度和磁场强度不是线性关系，仍然可以借鉴线性介质中 B 和 H 的关系定义铁磁材料的磁导率为 $\mu=\mu_0\mu_r=B/H$，铁磁质的磁导率不再是常量，变化关系可以由 $\mu-H$ 曲线表示（见图 4-8-5）.从图中可以看出，磁化开始时，磁导率 $\mu_{起始}$ 很小，随着磁场的增加磁导率急剧增大到最大值 $\mu_{最大}$，然后迅速减小，最后趋于饱和.其中的 $\mu_{起始}$、$\mu_{最大}$ 分别称为起始磁导率和最大磁导率.在实际应用中，参数 $\mu_{起始}$、$\mu_{最大}$、$\boldsymbol{M}_S$ 很重要，标志着软磁材料性能的好坏.

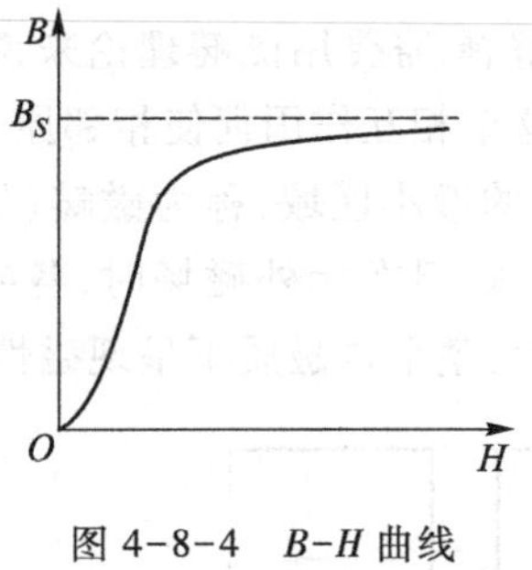

图 4-8-4　$B-H$ 曲线

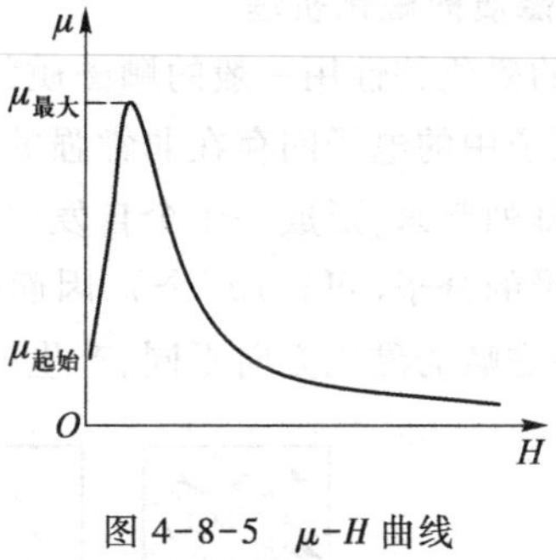

图 4-8-5　$\mu-H$ 曲线

（2）磁滞回线

起始磁化特性曲线只给出了当外加磁场增强时，铁芯中磁感应强度变化的特性.在实际应用中往往会遇到交变电流激发的交变磁化场的情况，这时磁场强度 $\boldsymbol{H}$ 作周期性变化，那么磁感应强度 $\boldsymbol{B}$ 将如何变化呢？

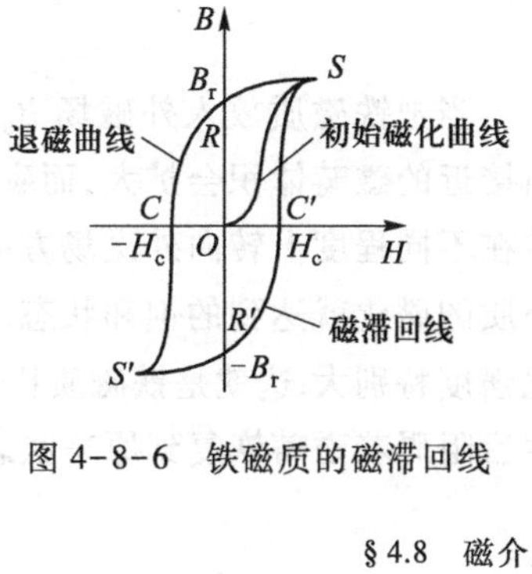

图 4-8-6　铁磁质的磁滞回线

图 4-8-6 给出了这种情况下的整个磁化过程.当磁场强度变化一个周期时，铁磁质的磁化曲线是一条闭合曲线.从图中可以看出，当铁磁质起始磁化达到饱和后，如果逐渐减小外加磁化场到零，介质的磁化状态并未恢复到未磁化状态，仍保留一定的磁性（R 点），此时的磁感应强度 $\boldsymbol{B}_r$ 称为**剩磁**.若要把剩磁消去，使介质中的磁感应强度变为零，必须加反向的磁化

场($H<0$).当加的反向磁化场达到某一定值时,介质才能完全退磁.使介质能够完全退磁所需要的反向磁化场的大小称为矫顽力,用 $\boldsymbol{H}_c$ 表示.从具有剩磁到完全退磁的这一段曲线 RC 称为**退磁曲线**.如果继续增加反向磁化场,介质又会被反向磁化到饱和状态(CS'段).当反向磁化场减小为零时,介质的磁感应强度又不为零,产生反方向的剩磁,为了消去反向剩磁需要再加正向的磁化场到一定的数值 $\boldsymbol{H}_c$,继续增加外加磁场,最后还会达到饱和状态.当外加磁化场变化一个周期时,介质的磁化经历一个循环过程,形成一个封闭曲线 $SRCS'R'C'S$,称为**磁滞回线**.从这个过程可以看出,磁感应强度的变化总是滞后于外加磁化场的变化,把这种现象称为**磁滞现象**.磁滞回线是铁磁材料的重要属性,不同的铁磁材料具有不同的磁滞回线.

此外,在磁化过程中,当铁磁材料在交变磁场的作用下反复磁化时将会发热,因为在这一过程中介质分子的状态不断改变,所以分子振动加剧,温度升高.这部分能量是由产生磁化场的电源提供,将会以热能的形式损耗掉,把这种反复磁化过程中能量的损失称为**磁滞损耗**.实验和理论都证明,磁滞回线包围的面积越大,磁滞损耗越大.在电机设备中经常要用到铁磁质,所以这种损耗是非常有害的,必须尽量减小.

从以上磁化可以看出,铁磁质的相对磁导率 μ_r 非常高(一般可达 $10^2\sim10^4$,最高可达 10^6),可以使磁场增强;$M-H$ 关系、$B-H$ 关系不仅不是线性的,而且不是单值的.对于一定的 H,M、B 的数值等于多少与介质经历的磁化过程和状态有关,即磁导率 μ_r 不再是常量;铁磁质对温度有较强的依赖关系,还需说明当高于某一临界温度时,铁磁质的铁磁性消失,这个临界温度叫**居里温度** T_c.铁的居里温度为 $T_c=1\ 043$ K,钴的 $T_c=1\ 388$ K,镍的 $T_c=627$ K.当温度超过居里点后,铁磁质就转变为顺磁质.

3.2 铁磁质的磁化机理

铁磁质的磁化特性用一般的顺磁质的磁化理论不能解释.需要用磁畴理论来说明.在铁磁质中,相邻的原子中的电子间存在非常强的交换耦合作用,这个相互作用促使相邻原子中电子的自旋磁矩平行排列起来,形成一个个自发磁化达到饱和状态的微小区域,称为磁畴(图 4-8-7).磁畴中含有大量的分子(可达10^{15}个),因而磁畴的磁矩非常大.但在无外磁场时,各磁畴的排列是不规则的,各磁畴的磁化方向不同,产生的磁效应相互抵消,整个铁磁质不呈现磁性.

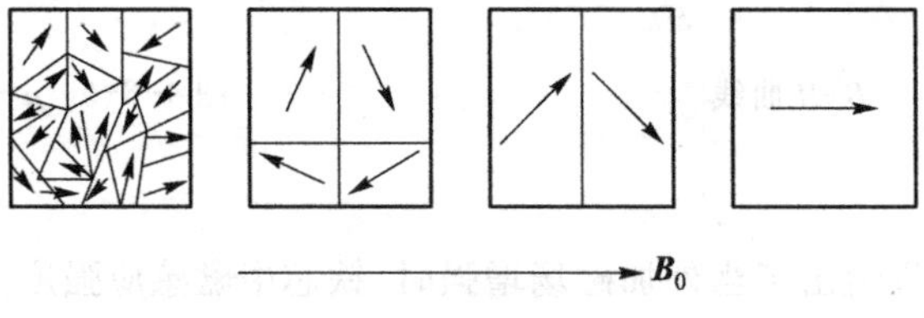

图 4-8-7 铁磁质磁化机制示意图

当把铁磁质放入外磁场 B_0 中,其内部会出现磁畴壁移动和磁畴转向.磁化方向与外磁场方向接近的磁畴体积会扩大,而磁化方向与外磁场方向相反的磁畴体积缩小,同时,体积扩大的磁畴在不同程度上转向外磁场方向,介质就显示出宏观的磁性.当所有的磁畴都沿外磁场排列好,介质的磁化就达到的饱和状态.饱和磁化强度 $\boldsymbol{M}_s$ 就等于每个磁畴中原有磁化强度,所以它的磁化强度特别大.这就是铁磁质比顺磁质磁性强得多的原因.介质中的掺杂以及内应力在磁化场去掉后阻碍着磁畴恢复到原来状态,这就是造成磁滞现象的原因.当铁磁质受到强烈震动或者在高温下由于剧烈热运动影响时，磁畴结构就会瓦解，和磁畴联系的一系列铁磁性质就会全部消失.所以任何铁磁质都有一个临界温度，当高于这个临界温度，铁磁质就会变成顺磁质.

3.3 铁磁质分类

铁磁质材料根据化学成分和性能分成金属磁性材料和非金属磁性材料(铁氧体).

金属磁性材料是以铁、钴、镍等为主要成分再加入其他元素经过高温熔炼、机械加工和热处理而制成.根据矫顽力，可以将金属磁性材料分为软磁材料和硬磁材料.矫顽力 H_c 很小的材料称为软磁材料，这种材料在交变磁场中剩磁易于被清除，同时由于矫顽力很小，磁滞回线比较狭窄[见图4-8-8(a)]，回线面积较小，所以磁滞损耗比较小.因此软磁材料常用于制造电机、变压器、电磁铁等的铁芯，另外我们经常见到的各种电子设备的各种电感元件、继电器、电磁铁的铁芯都是软磁材料.

矫顽力 H_c 很大的金属磁性材料称为硬磁材料.磁滞回线比较“肥胖”，如图 4-8-8(b)所示，回路面积比较大.剩磁 B_r 也很大，撤去磁场后仍可长久保持很强的磁性，适于制成永久磁铁，或用作“磁记录”材料，制作成磁带、磁盘，载有声音图像信息的电流的磁场会使磁带、磁盘上的磁记录介质磁化，不同的磁化状态就代表了不同的信息，这样就完成了记录，播放时，利用电磁感应的原理，再把存储在记录介质内的信息转换成电流，还原为声音图像信息.矫顽力 H_c 和剩磁 B_r 是表征硬磁材料性能好坏的两个重要参量，此外最大磁能积(磁铁内部 B 和 H 乘积的最大值)也很重要.因为实验证明：当气隙中的磁场强度和气隙体积给定后，所需磁铁的体积和最大磁能积 BH 成反比.所以最大磁能积越大，磁铁本身的体积就越小.这样可以实现器件的小型化.

非金属磁性材料也称为铁氧体，它是由三氧化二铁和其他二价的金属氧化物(如 NiO，ZnO，MnO 等)的粉末混合烧结而成，由于它的制备工艺过程类似陶瓷，所以常称为又瓷性磁.铁氧体的区别于金属磁性材料的显著特点是具有很高的电阻率，一般在 $10^4 \sim 10^{11}\ \Omega \cdot m$，有的甚至达 $10^{14}\ \Omega \cdot m$，比金属磁性材料的电阻率($10^{-7}\ \Omega \cdot m$)大得多，因而涡流损耗小，常用于高频场合中.它的磁滞回线近似为矩形，如图 4-8-8(c)所示.电子计算机就是利用铁氧体的特性来存储信息的，正向和反向两个磁化状态可代表二进制中的“0”和“1”，可实现信息的磁记录.

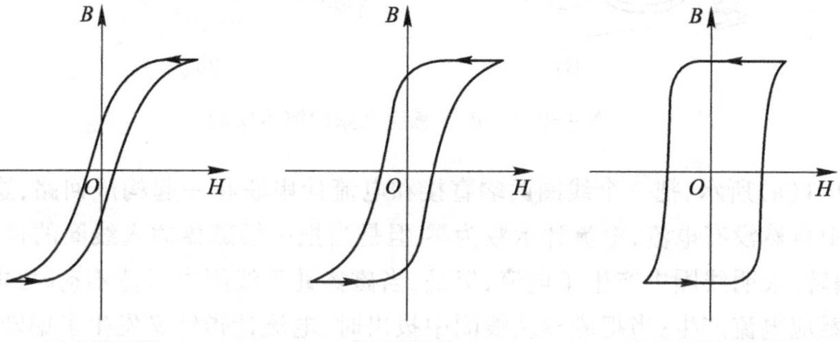

(a) 软磁材料　(b) 硬磁材料　(c) 矩形铁氧体材料

图 4-8-8　铁磁质的磁滞回线

§ 4.9 电磁感应

电磁感应现象是电磁学领域最为重大的发现之一，它揭示了电和磁相互联系相互转化的本质.在工程技术中,利用电磁感应原理制造的发电机、电动机、变压器等电力设备为人们利用自然界的能源提供了条件.即便是在日常生活中,利用电磁感应原理制造的电磁炉等设备也给人们的生活带来了很大的便利.事实证明,电磁感应在电工、电子技术、电气化、自动化方面的广泛应用对推动社会生产力和科学技术的发展发挥了重要的作用.本节着重介绍电磁感应的现象、本质及规律.

1 电磁感应定律

1.1 电磁感应现象

1820 年,奥斯特(Oersted)发现了电流的磁效应,从一个侧面揭示了电与磁之间的联系.于是人们自然联想到:既然电流可以产生磁场,那么磁场是否也可以产生电流呢?许多科学家对此进行了大量艰辛的探索.英国物理学家法拉第(M.Faraday)于 1831 年首次发现随时间变化的磁场会使附近导体回路中产生电流.人们把这种现象称为电磁感应现象.为了更加清楚地说明电磁感应现象实质,我们看下面几个典型的演示实验.

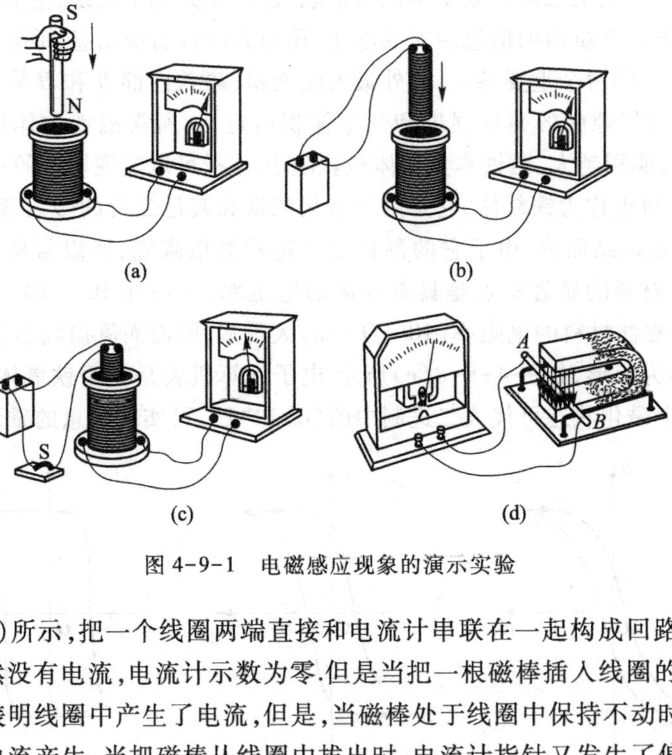

图 4-9-1 电磁感应现象的演示实验

如图 4-9-1(a)所示,把一个线圈两端直接和电流计串联在一起构成回路,这时由于没有电源,线圈回路中自然没有电流,电流计示数为零.但是当把一根磁棒插入线圈的过程中,电流计的指针发生了偏转,表明线圈中产生了电流,但是,当磁棒处于线圈中保持不动时,电流计指针又指在零点,没有感应电流产生;当把磁棒从线圈中拔出时,电流计指针又发生了偏转,并且和插入时偏转方向相反,把这种现象称为电磁感应现象.同时实验还发现,插入或拔出磁棒的速度愈快,电流计指针偏转角度愈大,即感应电流愈大.这就说明磁铁和线圈之间有相对运动时,就会产生感应电流,运动方向不同,感应电流方向不同.

如果把上述实验中的磁棒换作通电线圈,如图 4-9-1(b)所示,再重复上面的实验,也可以得到类似的实验现象.通电线圈和另一线圈之间有相对运动时,也会产生电磁感应现象.

分析上面两个实验,感应电流的产生与磁棒(通电线圈)相对线圈的运动有关.相对运动的结果会使线圈处的磁场发生变化,那么感应电流的产生究竟是由于线圈中磁场的变化还是由于物质间的相对运动呢？我们继续看下一个演示实验.

如图 4-9-1(c)所示，如果在通电线圈电路中接一个开关 S，然后把通电线圈插入另一线圈中保持不动.在闭合开关的过程中，电流计指针发生了偏转，表明线圈中产生了感应电流；闭合开关一段时间后，电流计指针回到零点，然后再断开开关，此过程中，电流计指针同样发生了偏转，但方向相反.这说明线圈中电流发生变化时，在另一线圈中也会产生感应电流.显然产生电磁感应的原因不能简单地归结为磁棒(通电线圈)相对于线圈的运动.

由磁场的知识可以知道，当线圈中电流发生变化时，它所产生的磁场就会发生变化，于是另一线圈处的磁场发生了变化.从这个实验得出，两个线圈保持相对静止，大线圈处的磁场发生变化时，就会在线圈中产生感应电流.这种认识是否全面呢？我们继续看下一个实验.

如图 4-9-1(d)所示，把一个接有电流计的导体棒 AB 放入均匀磁场中，导体棒可以沿水平面在一个绝缘支架上来回运动，磁场方向由上向下.当导体棒不动时，电流计指针不偏转，无感应电流；当导体棒向右运动时，电流计指针发生了偏转，即在线圈回路中产生了感应电流；而当导体棒向左运动时，产生的感应电流方向相反.在这个实验中，磁场是均匀的，所以当导体棒 AB 运动时，磁场没有发生变化.导体棒的运动只改了线圈回路的面积，由此可以看出，不能简单地把感应电流产生的原因归结为磁场的变化.

综合上面四个实验，不管是磁场的变化，还是线圈面积的变化，都使通过线圈的磁通量发生了变化.因此，产生感应电流的条件可以归结为：穿过线圈的磁通量发生变化时，线圈回路中会产生感应电流.磁通量的变化才是产生电磁感应现象的真正原因.

1.2 法拉第电磁感应定律

电磁感应发生时，在线圈回路中就会产生感应电流，说明在线圈回路有电动势存在，把这种由于磁通量变化引起的电动势称为**感应电动势**.即使不形成闭合回路，感应电流不存在，但是感应电动势却仍然存在，所以感应电动势比感应电流更能反映电磁感应的本质.

研究发现：当穿过闭合回路所包围面积的磁通量发生变化时，回路中就产生感应电动势，感应电动势正比于磁通量对时间的变化率.这就是**法拉第电磁感应定律**.若采用国际单位制，此定律可以表示为

$$\mathscr{E}_{\mathrm{i}}=-\frac{\mathrm{d}\boldsymbol{\Phi}_{\mathrm{m}}}{\mathrm{d}t} \tag{4.9.1}$$

式(4.9.1)中的负号表明了感应电动势 $\mathscr{E}_{\mathrm{i}}$ 的方向.

下面讨论感应电动势的方向.感应电动势与磁通量都是标量，没有方向，只有正负之分.因此这里所谓方向是对它们的正负而言的.为此，必须先标定回路的绕行方向，把它作为电动势的参考方向，然后用右手螺旋定则定出回路包围的面积的正法线方向 $\boldsymbol{e}_{\mathrm{n}}$，再判断磁通量 $\boldsymbol{\Phi}_{\mathrm{m}}$ 的正负及其变化率$\frac{\mathrm{d}\boldsymbol{\Phi}_{\mathrm{m}}}{\mathrm{d}t}$的正负，最后利用法拉第电磁感应定律得出电动势的正负，当 $\mathscr{E}_{\mathrm{i}}>0$ 时，方向与绕行方向一致；当 $\mathscr{E}_{\mathrm{i}}<0$ 时，与绕行方向相反.

如图 4-9-2 所示，图 4-9-2(a)是把一个磁棒 N 极向下插入线圈之中.设线圈 L 的绕行方向沿逆时针方向(图中虚线)，这样线圈平面法线方向向上，和磁场 $\boldsymbol{B}$ 的夹角大于 90°，则磁通量 $\boldsymbol{\Phi}_{\mathrm{m}}<0$.当磁棒以速度 $\boldsymbol{v}$ 插入线圈时，磁场增强，穿过线圈的磁通量绝对值增加，即$\frac{\mathrm{d}\boldsymbol{\Phi}_{\mathrm{m}}}{\mathrm{d}t}<0$.由

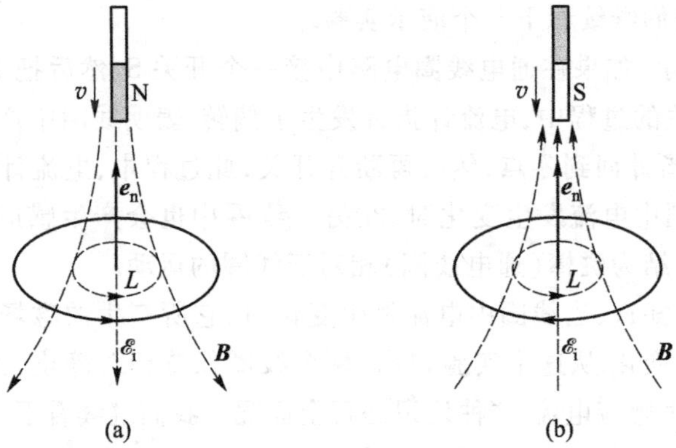

图 4-9-2 感应电动势方向和磁通量变化率的关系(其中虚线表示磁感线)

式(4.9.1)可知,$\mathscr{E}_i>0$.这就说明感应电动势的方向和规定的线圈绕向一致,沿逆时针方向.图 4-9-2(b)是磁棒S极向下插入线圈之中,磁通量 $\Phi_m>0$,磁场增强,$\frac{d\Phi_m}{dt}>0$,$\mathscr{E}_i<0$,感应电动势 $\mathscr{E}_i$ 的方向和线圈的绕向相反,沿顺时针方向.

对于 N 匝线圈来说,若各匝线圈回路中的磁通量分别为 $\Phi_1,\Phi_2,\cdots,\Phi_N$,由于各匝线圈是串联的,则整个线圈中的感应电动势为

$$\mathscr{E}_i=-\frac{d}{dt}(\Phi_1+\Phi_2+\cdots+\Phi_N)=-\frac{d\Psi}{dt} \tag{4.9.2}$$

其中 $\Psi=\Phi_1+\Phi_2+\cdots+\Phi_N$ 称为磁通匝链数,简称磁链.如果各匝线圈中的磁通量都相同,即 $\Psi=N\Phi_m$,则感应电动势可写为

$$\mathscr{E}_i=-N\frac{d\Phi_m}{dt} \tag{4.9.3}$$

如果回路的电阻为 R,则回路中的感应电流大小为

$$I=\frac{\mathscr{E}_i}{R}=-\frac{1}{R}\frac{d\Psi}{dt} \tag{4.9.4}$$

上式表明,感应电流的大小和磁通量的变化率成正比,磁通量变化越快,感应电流越强,而与磁通量本身的大小无关.对式(4.9.4)进行积分可得感应电荷的电荷量

$$q=\int_{t_1}^{t_2}I\mathrm{d}t=\frac{1}{R}(\Psi_1-\Psi_2) \tag{4.9.5}$$

式中的 q 表示在 $t_1\to t_2$ 时间间隔中通过线圈截面的感应电荷的电荷量.由此可见,回路中的感应电荷量只与磁通量的变化有关,而与磁通量无关.利用这一原理可以制作用于测量磁感应强度的磁通计.

1.3 楞次定律

用法拉第电磁感应定律判断感应电动的方向,需要有一套严格的符号法则,略显繁琐.有没有更简洁的判断方法呢?楞次通过分析各个实验,总结出如下规律:

感应电流的方向,总是使它产生的磁场阻碍引起感应电流的磁通量的变化.

这就是**楞次定律**的第一种表述.依据这个定律,当导体回路中磁通量绝对值减小时,感应电

流产生的磁场要阻止磁通量的减小,感应电流的磁场方向应与原磁场方向相同,便能确定感应电流的方向,然后判断感应电动势方向;反之,当导体回路中磁通量绝对值增加时,感应电流的磁场方向应与原磁场方向相反,阻止磁通量继续增加.

下面分析图 4-9-2(a)中的感应电动势方向.磁棒 N 极向下插入导体回路的过程中,通过回路的磁通量绝对值增加,因而感应电流的磁场方向与原磁场方向相反,应向上,那么感应电流是逆时针方向,感应电动势也就是逆时针方向.如果把有感应电流的导体回路看成一磁棒,那么它的 N 极在上,S 极在下,从磁极间的作用来看,同名磁极相斥,磁棒受到的导体回路的斥力将阻止磁棒进一步插入.再来看图 4-9-3 所示情形,在方向垂直于纸面向里的均匀磁场 $\boldsymbol{B}$ 中放置一矩形导体线框 $abcd$,线圈平面垂直于磁场方向,导线 ab 可沿 cb 和 da 边滑动,当导线 ab 在外力 $\boldsymbol{F}_{外}$ 作用下向右运动时,线圈中会产生的感应电动势,利用楞次定律可知感应电流方向是逆时针的,这样载有感应电流的导线 ab 就会受到与外力 $\boldsymbol{F}_{外}$ 方向相反的安培力 $\boldsymbol{F}_{m}$ 的作用,阻止导线向右运动.

综合以上分析楞次定律还可以表述为:**感应电流的效果,总是反抗引起感应电流的原因**.这里的"效果"可以是感应电流的磁场,也可以指感应电流受的安培力、力矩等;"原因"可以是磁场的变化,也可以指导体受到的外力等.楞次定律描述的感应电流的方向,也是能量守恒定律的必然结果.在图 4-9-3 所示情形中,如果感应电流方向不是楞次定律描述的逆时针方向,而是顺时针方向,那么安培力 $\boldsymbol{F}_{m}$ 向右,也就是说只要给导线一个初速度,即使撤掉外力,导线 ab 在安培力 $\boldsymbol{F}_{m}$ 作用下也会继续加速运动,那是违背能量守恒定律的.

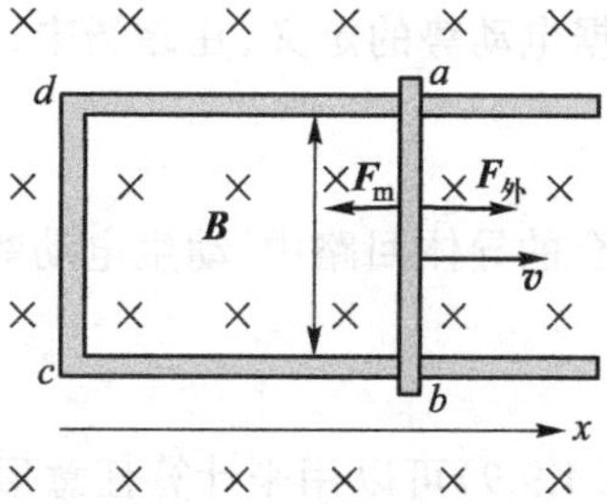

图 4-9-3 动生电动势

2 动生电动势

当穿过线圈的磁通量发生变化时,就会产生感应电动势.根据引起磁通量变化原因的不同,可以把感应电动势分为动生电动势和感生电动势.仅仅由于磁场的变化引起的感应电动势称为**感生电动势**;由于导体或导体回路在磁场中运动而产生的电动势称为**动生电动势**.

2.1 动生电动势

如图 4-9-3 所示,导线 ab 在均匀磁场 $\boldsymbol{B}$ 中沿 cb 和 da 边运动,线圈中产生的感应电动势就是动生电动势.设 ab 长为 l,在 t 时刻,距离 cd 边为 x,规定线圈绕向是顺时针的,则穿过回路面积的磁通量为

$$\Phi_{m}=BS=Blx$$

如果导线 ab 以速度 v 向右运动,回路中磁通量将发生变化,由法拉第电磁感应定律可知,回路中感应电动势为

$$\mathscr{E}_{i}=-\frac{d\Phi_{m}}{dt}=-\frac{d(Blx)}{dt}=-Blv \tag{4.9.6}$$

其中的"-"号说明感应电动势的方向和规定的线圈的绕向相反,是逆时针方向.在这一过程,只有 ab 运动切割磁感线,其他边均不动,所以动生电动势只存在于导体 ab 内,相当于一个电源,

a 为电源正极，b 为电源负极，对应的电动势为

$$\mathscr{E}_{ba}=Blv \tag{4.9.7}$$

为了更加清楚地揭示动生电动势产生的根本原因，我们作进一步的讨论.根据电动势的定义，电动势是非静电力做功的表现，那么引起动生电动势的非静电力是什么呢？当导体 ab 以速度 v 在磁场中运动时，导线中电子也随之运动，因此受到方向向下的洛伦兹力 $\boldsymbol{F}_{\mathrm{m}}$ 的作用，洛伦兹力驱使电子由 a 端向 b 端运动，于是 b 端积累了负电荷，a 端积累了正电荷.这两种电荷在导体中产生静电场，所以，电子还要受到静电力 $\boldsymbol{F}_{\mathrm{e}}$ 的作用，方向向上，当 $\boldsymbol{F}_{\mathrm{m}}=\boldsymbol{F}_{\mathrm{e}}$ 时，ab 两端保持稳定的电势差.

因此，洛伦兹力是运动的导体中产生动生电动势的根本原因，非静电力就是洛仑兹力，若以 $\boldsymbol{E}_{\mathrm{k}}$ 表示非静电场强，则有

$$\boldsymbol{E}_{\mathrm{k}}=\frac{\boldsymbol{F}_{\mathrm{m}}}{-e}=\boldsymbol{v}\times\boldsymbol{B} \tag{4.9.8}$$

根据电动势的定义，在磁场中运动导体 ab 中的动生电动势为

$$\mathscr{E}_{\mathrm{i}}=\int_a^b \boldsymbol{E}_{\mathrm{k}}\cdot\mathrm{d}\boldsymbol{l}=\int_a^b(\boldsymbol{v}\times\boldsymbol{B})\cdot\mathrm{d}\boldsymbol{l} \tag{4.9.9}$$

闭合的导体回路中，动生电动势为

$$\mathscr{E}_{\mathrm{i}}=\oint_L(\boldsymbol{v}\times\boldsymbol{B})\cdot\mathrm{d}\boldsymbol{l} \tag{4.9.10}$$

式(4.9.9)可以用来计算任意形状的导体中的动生电动势；需要说明的是：动生电动势只存在于运动的导体上，静止的导体上没有电动势，只是提供电流的通路；若只有一段导体，则该段导体内有动生电动势，但无电流；$\mathscr{E}_{\mathrm{i}}>0$ 时，方向与积分方向一致. $\mathscr{E}_{\mathrm{i}}<0$ 时，方向与积分方向相反.

2.2 交流发电机原理

下面分析动生电动势产生过程中的能量转换，还是以图 4-9-3 所示为例.设导体中电流 I，则感应电动势做功的功率

$$P=I\mathscr{E}_{\mathrm{i}}=IBlv$$

导体运动时受到的安培力大小为 $F_{\mathrm{m}}=BIl$，方向向左，为了使导体棒匀速向右运动，外力 $\boldsymbol{F}_{外}$ 必须与安培力 $\boldsymbol{F}_{\mathrm{m}}$ 平衡，外力做功的功率为

$$P_{外}=\boldsymbol{F}_{外}\cdot\boldsymbol{v}=IBlv$$

与感应电动势的功率相等.电路中感应电动势提供的电能是由外力做功所消耗的机械能转化而来.可见通过导体在磁场中的运动可以把机械能转化为电能.这就为人们制造交流发电机提供了理论依据.

如图 4-9-4 所示，面积为 S 的矩形线圈，共有 N 匝，放在均匀磁场中，可绕 OO'轴转动，磁感强度 $\boldsymbol{B}$ 与 OO'轴垂直.若线圈以角速度 ω 转动，则在线圈中会产生感应电动势.

设在 $t=0$ 时，线圈平面的法线 $\boldsymbol{e}_{\mathrm{n}}$ 与磁感应强度 $\boldsymbol{B}$ 的方向相同，那么在时刻 t，$\boldsymbol{e}_{\mathrm{n}}$ 与 $\boldsymbol{B}$ 之间的夹角 $\theta=\omega t$，此时，穿过 N 匝线圈的磁通量为

$$\Phi_{\mathrm{m}}=NBS\cos\theta=NBS\cos\omega t$$

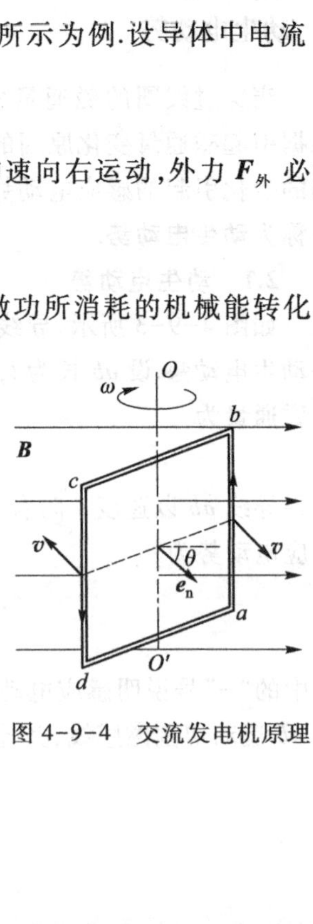

图 4-9-4 交流发电机原理

由电磁感应定律可得线圈中的感应电动势为

$$\mathscr{E}_{\mathrm{i}}=-\frac{\mathrm{d}\Phi_{\mathrm{m}}}{\mathrm{d}t}=-\frac{\mathrm{d}}{\mathrm{d}t}(NBS\cos\omega t)=NBS\omega\sin\omega t$$

令 $\mathscr{E}_{\mathrm{m}}=NBS\omega$，则

$$\mathscr{E}_{\mathrm{i}}=\mathscr{E}_{\mathrm{m}}\sin\omega t \tag{4.9.11}$$

式(4.9.11)表明，感应电动势 $\mathscr{E}_{\mathrm{i}}$ 是时间 t 的正弦函数，称为简谐电动势，在简谐电动势的作用下，闭合线圈中的电流也是简谐变化.这就是交流发电机工作的基本原理.例如风力发电机、水力发电机等，都是把机械能转化为电能.

3　感生电动势

3.1　感生电动势

动生电动势是由于导体在磁场中运动时，自由电荷在洛伦兹力的作用下运动形成的.那么当导体静止，磁场变化时产生的感生电动势又是怎样形成的？这显然与磁场力无关，而应该是电场力的作用形成的.麦克斯韦通过细致分析认为：变化的磁场在空间激发了涡旋电场，涡旋电场作用于导体中的自由电荷，使电荷运动从而形成了感生电动势，也就是说形成感生电动势的非静电力是涡旋电场.闭合回路里的感生电动势可以表示为

$$\mathscr{E}_{\mathrm{i}}=\oint_L \boldsymbol{E}_{旋}\cdot\mathrm{d}\boldsymbol{l} \tag{4.9.12}$$

应当指出涡旋电场与导体是否存在无关，与静电场的性质不同，是无源的非保守场，电场线是闭合线.如果空间既有电荷产生的静电场 $\boldsymbol{E}_{\mathrm{S}}$，又有变化磁场产生的涡旋电场 $\boldsymbol{E}_{旋}$，总场

$$\boldsymbol{E}=\boldsymbol{E}_{\mathrm{S}}+\boldsymbol{E}_{旋} \tag{4.9.13}$$

由于静电场的环路积分等于零，利用法拉第电磁感应定律，总电场的环路积分

$$\oint_L \boldsymbol{E}\cdot\mathrm{d}\boldsymbol{l}=\oint_L \boldsymbol{E}_{旋}\cdot\mathrm{d}\boldsymbol{l}=-\frac{\mathrm{d}\Phi_{\mathrm{m}}}{\mathrm{d}t}=-\frac{\mathrm{d}}{\mathrm{d}t}\iint_S \boldsymbol{B}\cdot\mathrm{d}\boldsymbol{S} \tag{4.9.14}$$

当回路不随时间变化时，式(4.9.14)又可以写成

$$\oint_L \boldsymbol{E}\cdot\mathrm{d}\boldsymbol{l}=\oint_L \boldsymbol{E}_{旋}\cdot\mathrm{d}\boldsymbol{l}=-\iint_S \frac{\partial\boldsymbol{B}}{\partial t}\cdot\mathrm{d}\boldsymbol{S} \tag{4.9.15}$$

式(4.9.15)应当是电磁场的普遍规律.它表明，变化着的磁场会产生涡旋电场；而且 $\boldsymbol{E}_{旋}$ 与 $\dfrac{\partial\boldsymbol{B}}{\partial t}$ 的方向服从左手螺旋关系.

涡旋电场的存在已被许多实验证实.电子感应加速器便是利用它来加速电子的.用被加速的电子(人工 β 射线)轰击各种靶时，将产生穿透力极强的人工 γ 射线.用于核反应、工业探伤及医疗等.下面我们介绍一下电子感应加速器的工作原理.

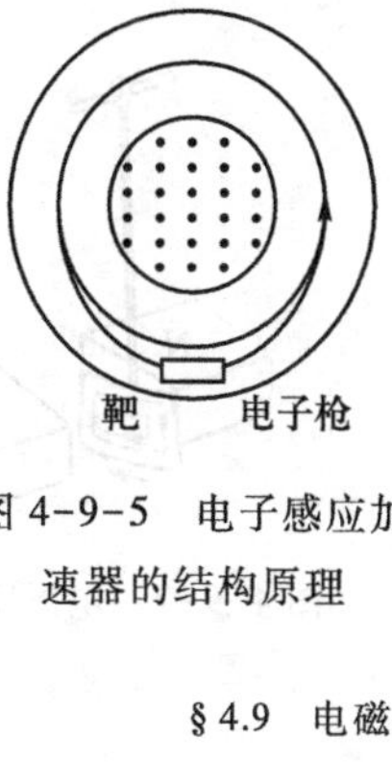

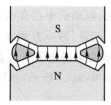

图 4-9-5　电子感应加速器的结构原理

图 4-9-5 是电子感应加速器的结构原理图.磁场是电磁铁产生的，励磁电流是正弦交变电流，因而磁场也是正弦变化的，并且两极间的磁场是轴对称性.这样在两极间就会产生轴对称性的涡旋电场.在电磁铁两极之间设置一个环形真空室，真空室内有电子枪将电子沿切向

方向发射，这样电子就在涡旋电场的作用下被加速.

要保证电子一直被加速，而且一直作圆周运动，涡旋电场必须是顺时针方向，洛伦兹力必须指向环形真空室中心.由于磁场是正旋变化的，所以涡旋电场的方向和洛伦兹力的方向是变化的，图 4-9-6 是一个周期内涡旋电场的方向随磁场的变化情况，因此只有第一个 1/4 周期满足上述两个条件.所以在第一个 1/4 周期结束时就将电子引出轨道.

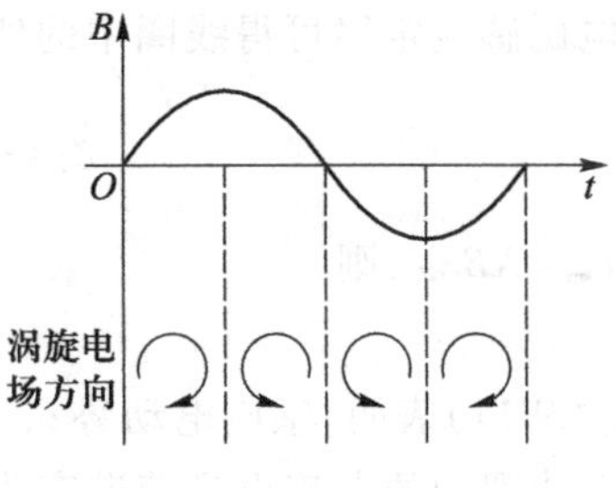

图 4-9-6　电子感应加速器中涡旋电场方向

当然要使电子在稳定的轨道上运动，还得从磁场分布角度考虑.利用牛顿定律以及式(4.9.15)，可得

$$\frac{\mathrm{d}B_R}{\mathrm{d}t}=\frac{1}{2}\frac{\mathrm{d}\bar{B}}{\mathrm{d}t} \tag{4.9.16}$$

即轨道上磁感应强度的变化率等于轨道包围的平面内平均磁感应强度变化率的一半.

电子感应加速器与回旋加速器比较，不受相对论效应的限制，可将电子加速到 10^5 eV ~ 10^2 MeV，但要受到电子因加速而向外辐射能量的限制.

3.2　涡电流

前面学习了当通过导体回路中的磁通量变化时，回路中就会有感应电流.如果是块状的导体，处在变化的磁场中，内部会不会有感应电流？答案是肯定的.把块状导体可以看成许多薄层构成，每一薄层内都感应电流，因此感应电流是涡旋状的，因而叫涡电流，简称涡流.

涡电流有着广泛的应用.在一些电磁仪表中，常利用电磁阻尼使摆动的指针迅速停下来，还有电气火车的电磁制动器，其工作原理如图 4-9-7 所示，把铝片悬挂在电磁铁的两极间，如果没有磁场，铝片摆动需要相当长时间才能停下来；当电磁铁通电时，铝片摆动时穿过运动铝片的磁通量是变化的，铝片内将产生涡流.根据楞次定律感应电流的效果总是反抗引起感应电流的原因.因此铝片的摆动会受到阻滞而停止，这就是电磁阻尼.除此之外利用涡电流的热效应可以进行无接触加热，冶炼贵重金属的高频感应炉、家庭用的电磁炉等就是其中的例子.

在有些情况下，涡电流的热效应会有很大的危害.例如在变压器[如图 4-9-8(a)所示]、发电机、电动机中都有铁芯，铁芯处在变化的磁场中，内部会产生涡流，使铁芯温度升高，一方面浪费了能量，另一方面也会降低导线间的绝缘材料性能，甚至烧坏绝缘材料.所以要尽可能减小涡流.通常采用电阻率较高的互相绝缘的硅钢片、半导体磁性薄片压叠在一起代替整块材料，如图 4-9-8(b)所示，这样涡流就比整块铁芯[图 4-9-8(c)]的要小得多.

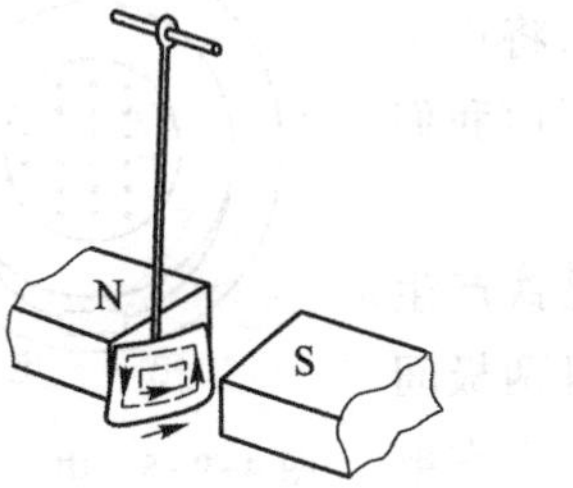

图 4-9-7　电磁阻尼的原理

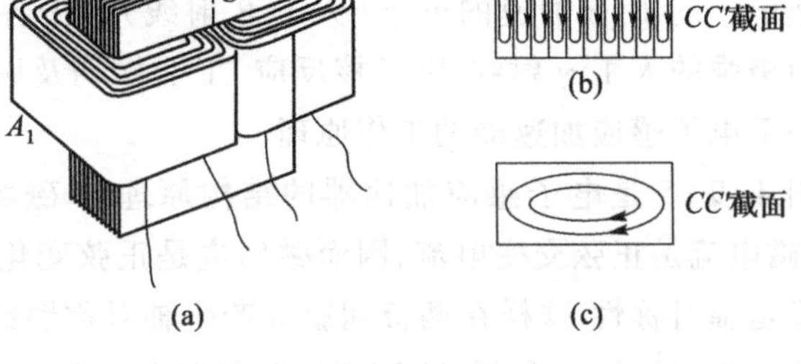

图 4-9-8　变压器中的涡流

4 自感和互感

4.1 自感(Self-Inductance)

在日常生活中我们经常会用到日光灯,日光灯中一个必不可少的元件就是镇流器,它的作用之一就是稳定电流.镇流器是怎样稳定电流的呢?下面我们就来讨论这个问题.

从镇流器的结构来看就是一个用导线绕制而成的线圈,当通上交流电后,由于电流的变化,引起磁场对线圈的磁通量变化,产生感应电动势,线圈中出现感应电流.根据楞次定律可知,感应电流的作用总是反抗电流的变化,即当电流增大时,线圈中的感应电流与原电流方向相反,阻止电流增大;当电流减小时,感应电流和原电流方向相同,阻止电流的减小,因此可以起到稳定电流的作用.

这种由于线圈电流发生变化,使得穿过自身的磁通量发生变化,从而在线圈中产生感应电动势的现象称为**自感现象**,相应的电动势称为**自感电动势**.

设闭合回路中电流为 I,没有铁磁质时,根据毕奥-萨伐尔定律,在空间任一点产生的磁感应强度 $\boldsymbol{B}$ 与电流 I 正比,因此穿过此回路的磁通量也正比于电流 I,即

$$\Phi_m = LI \tag{4.9.17}$$

比例系数 L 称为回路的**自感系数**,简称自感.实验表明自感系数由回路的大小、形状、匝数以及周围磁介质的性质决定,与是否通电无关.根据式(4.9.17),自感系数在数值上等于当回路中的电流为 1 A 时,穿过的磁通量的绝对值.

由法拉第电磁感应定律可以得出自感电动势:

$$\mathscr{E}_i = -\frac{d\Phi_m}{dt} = -\left(L\frac{dI}{dt} + I\frac{dL}{dt}\right)$$

若回路形状、大小及周围介质不随时间变化时,即自感为常量,$\frac{dL}{dt}=0$,故

$$\mathscr{E}_i = -L\frac{dI}{dt} \tag{4.9.18}$$

上式表明:当 L 恒定时,自感电动势的大小与电流的变化率成正比,感应电动势将反抗回路中电流的变化,即电流增加时,自感电动势与原电流方向相反;反之,与原电流方向相同.

将式(4.9.18)变形得

$$L = -\frac{\mathscr{E}_i}{dI/dt} \tag{4.9.19}$$

回路中的自感系数在数值上等于回路中的电流变化率为 $1\ A\cdot s^{-1}$时,在回路中产生的自感电动势的绝对值.如果电流变化率相同,则自感系数大的线圈中产生的自感电动势大,即阻碍作用越强,回路电流越不容易改变.因而回路的自感有使回路的电流保持不变的性质,与力学中物体的惯性有些相似,故称为**电磁惯性**;因此自感系数 L 就是回路电磁惯性的量度.

在国际单位制中,自感的单位为亨利(H).

$$1\ H = 1\ Wb\cdot A^{-1}$$

自感现象在日常生活及工程技术中都有很广泛的应用.除了日光灯中的镇流器,还有无线电技术和电工技术中的扼流圈、电子仪器中的滤波装置等都要用到自感.同时自感也会带来危害,

例如在断开大电流电路时，由于电流变化率很大而产生很大的自感电动势，就会产生强烈的电弧，可能烧坏电闸引发事故，应该采用灭弧装置避免事故发生，如电业部门会在输电线路上加装一种特殊的灭弧开关——油开关以避免电弧的产生.

4.2 互感(Mutual Inductance)

在实际中常会用到两个或两个以上的线圈，变压器就是由初级线圈和次级线圈构成的.

如图 4-9-9 所示，当线圈 1 中的电流 I_1 发生变化时，其周围空间的磁场也随之变化，从而引起附近的线圈 2 中的磁通量变化，在线圈 2 中产生感应电动势，这种现象称为**互感现象**，相应的电动势称为**互感电动势**.这样的两个电路叫互感耦合电路.同样当线圈 2 中的电流 I_2 发生变化时，线圈 1 中也会产生感应电动势.

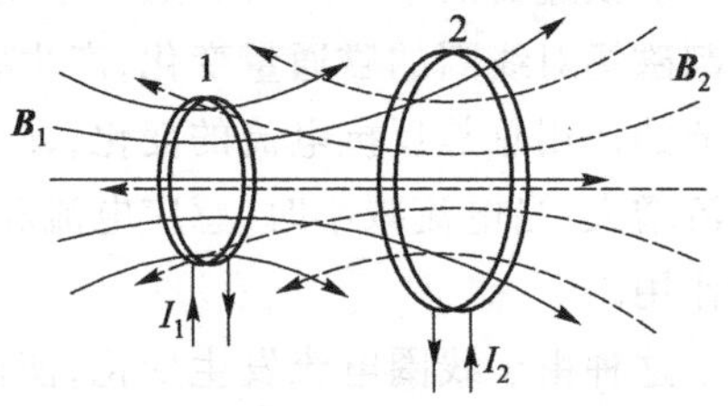

图 4-9-9 互感现象

令 Φ_{12} 表示线圈 1 的磁场通过线圈 2 的磁通量，Φ_{21} 表示线圈 2 的磁场对线圈 1 的磁通量.由毕奥-萨伐尔定律可知，磁感应强度正比于产生它的电流，所以有

$$\Phi_{12}=M_{12}I_1 \tag{4.9.20a}$$

$$\Phi_{21}=M_{21}I_2 \tag{4.9.20b}$$

式中的 M_{12}、M_{21} 叫互感系数.实验表明互感系数与线圈形状大小、匝数、相对位置及介质的性质有关，实验与理论表明 $M_{12}=M_{21}$.令 $M_{12}=M_{21}=M$，则

$$M=\frac{\Phi_{12}}{I_1}=\frac{\Phi_{21}}{I_2}$$

互感系数在数值上等于其中一个线圈中的电流为 1 A 时，穿过另一线圈的磁通量.在国际单位制中，互感系数 M 的单位也是亨利(H).

根据法拉第电磁感应，线圈 1 中电流 I_1 发生变化，在线圈 2 中引起感应电动势：

$$\mathscr{E}_{12}=-\frac{\mathrm{d}\Phi_{12}}{\mathrm{d}t}=-M\frac{\mathrm{d}I_1}{\mathrm{d}t} \tag{4.9.21a}$$

同理，线圈 2 中电流 I_2 变化，在线圈 1 中产生的感应电动势

$$\mathscr{E}_{21}=-\frac{\mathrm{d}\Phi_{21}}{\mathrm{d}t}=-M\frac{\mathrm{d}I_2}{\mathrm{d}t} \tag{4.9.21b}$$

由式(4.9.21a)和式(4.9.21b)可得互感系数：

$$M=-\frac{\mathscr{E}_{12}}{\mathrm{d}I_1/\mathrm{d}t}=-\frac{\mathscr{E}_{21}}{\mathrm{d}I_2/\mathrm{d}t} \tag{4.9.21c}$$

该式说明：互感系数 M 在数值上等于其中任一线圈中电流变化率为 $1\ \mathrm{A\cdot s^{-1}}$ 时，在另一个线圈中互感电动势的大小.当线圈中电流变化率一定时，M 越大，在另一个线圈中产生的互感电动势也越大.可见互感系数 M 是表征线圈间互感强弱的物理量，是两个电路耦合程度的量度.

一些电子线路及电器设备中经常应用互感，把一个电路储存的能量或信号耦合到另一个电路，例如变压器、感应线圈等.互感现象在有些场合应尽量避免，例如电话线与电力输送线之间、收音机各回路之间会因互感现象产生有害的干扰.只有了解互感现象的物理本质，就可以设法改变电器间的分布位置，尽量减小回路间相互耦合的影响.

下面简单介绍变压器工作原理.变压器是把电能从一个电路耦合到另一个电路的电磁装置.在交流电路中,借助变压器能够变换交流电压和电流.变压器在电子设备中占有很重要的地位,电源设备中交流电压和直流电压几乎都是由变压器通过变换、整流而获得.变压器同时变换的不是一个而是几个电参量.在电路的隔离、匹配及阻抗变换等方面绝大多数是通过变压器来实现的.

简单的变压器原理如图 4-9-10.它由闭合的导磁体(铁芯)和两个绕在铁芯上的线圈(绕组)构成.与交流电源相连接的绕组称作初级线圈;另一绕组与负载相连,称作次级线圈.当初级线圈中通入交流电以后,就会产生一个交变的磁场,变化的磁通量通过铁芯就会进入次级线圈,在次级线圈中产生感应电动势和感应电流.同时感应电流和感应电动势反过来通过电磁感应又会影响初级线圈.这就是变压器工作的基本原理.

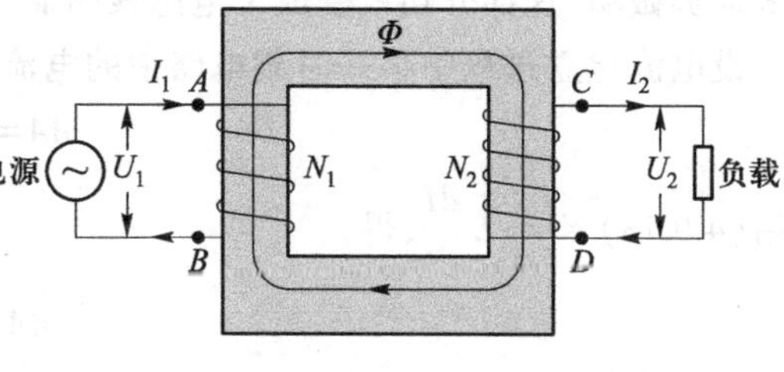

图 4-9-10　理想变压器工作原理

我们设线圈中每匝的磁通量 Φ_m 都相等,即无漏磁.忽略线圈的电阻和铁芯的损耗,假定两组线圈的感抗趋于无限大,这样的变压器称为理想变压器.设初级、次级线圈的匝数分别为 N_1、N_2,则通过初级、次级线圈的磁链为 $\Psi_1=N_1\Phi_m$、$\Psi_2=N_2\Phi_m$,于是初级、次级线圈中的感应电动势分别为

$$\mathscr{E}_1=-\frac{d\Psi_1}{dt}=-N_1\frac{d\Phi_m}{dt} \tag{4.9.22a}$$

$$\mathscr{E}_2=-\frac{d\Psi_2}{dt}=-N_2\frac{d\Phi_m}{dt} \tag{4.9.22b}$$

由于忽略了电阻和损耗,初级和次级线圈的路端电压分别为

$$U_1=-\mathscr{E}_1=N_1\frac{d\Phi_m}{dt} \tag{4.9.23a}$$

$$U_2=-\mathscr{E}_2=N_2\frac{d\Phi_m}{dt} \tag{4.9.23b}$$

由式(4.9.23a)、式(4.9.23b)可得

$$\frac{U_1}{U_2}=\frac{N_1}{N_2} \tag{4.9.24}$$

式(4.9.24)表明线圈的路端电压和线圈的匝数成正比,通过改变初、次级线圈匝数,就可以达到改变电压的目的.在不考虑磁损耗时,电流与电压乘积不变,即输出功率等于输入功率.

5　磁场能量

磁场和电场一样也具有能量.在电流激发磁场的过程中,也是要供给能量的.在回路电流建立的过程中,由于各回路的自感及回路之间的互感作用,回路中的电流要经历一个从零到稳定值的暂态过程.在这个过程中,电源必须提供能量以来克服自感电动势和互感电动势而做功,这个功最后转化为载流回路的能量和回路电流间的相互作用能,即磁场具有能量.磁场的能量就是储存于磁场中.

对于由电源、电阻和电感组成的电路中,电源供给的能量分成两部分:一部分转换成热能;一部分转换成线圈磁场的能量.

(1) 电感储存的能量

当把电感线圈与直流电源接通后,由于自感作用,电路中的电流并不是突变的,而是由零逐渐增大的,最终达到稳定值 I.电源要使电流增加,自感电动势要使电流减小,因而电源要抵抗自感电动势做功,这部分功就变成了电感线圈储存的磁场能量.下面我们定量讨论.

设电流建立过程中某一时刻电路中的电流为 i,$\mathrm{d}t$ 时间内电源抵抗自感电动势做的功为

$$\mathrm{d}A=-i\mathscr{E}_{\mathrm{i}}\mathrm{d}t$$

利用(4.9.18) $\mathscr{E}_{\mathrm{i}}=-L\dfrac{\mathrm{d}I}{\mathrm{d}t}$,得

$$\mathrm{d}A=Li\mathrm{d}i$$

对上式积分得

$$A=\int_0^I Li\mathrm{d}i=\frac{1}{2}LI^2$$

这部分功就变成了电感线圈储存的磁场能量,即

$$W_{\mathrm{m}}=\frac{1}{2}LI^2 \tag{4.9.25}$$

(2) 磁场的能量

磁场的性质是用磁感应强度来描述的,那么磁场能量也应该用磁感应强度表示.下面以长直螺线管为例讨论磁场能量的一般表达式.当载有电流 I 时,充满线性介质的无限长螺线管内的磁感应强度为 $B=\mu nI$,自感系数为 $L=\mu n^2V$,所以磁场能量可以表示为

$$W_{\mathrm{m}}=\frac{1}{2}LI^2=\frac{1}{2}\mu n^2V\left(\frac{B}{\mu n}\right)^2=\frac{B^2}{2\mu}V$$

则单位体积内磁场的能量为

$$w_{\mathrm{m}}=\frac{W_{\mathrm{m}}}{V}=\frac{B^2}{2\mu} \tag{4.9.26}$$

式中的 w_{m} 称为磁场能量密度,其单位为焦耳每立方米($\mathrm{J\cdot m^{-3}}$).对于各向同性线性介质,由于 $B=\mu H$,磁场能量密度

$$w_{\mathrm{m}}=\frac{B^2}{2\mu}=\frac{1}{2}\mu H^2=\frac{1}{2}\boldsymbol{B}\cdot\boldsymbol{H} \tag{4.9.27}$$

需要指出的是:式(4.9.27)虽然是从螺线管这个特例推导出来的,但它是普遍成立的,对非均匀磁场也适用.在有限体积 V 内的磁场能量为

$$W_{\mathrm{m}}=\iiint_V w_{\mathrm{m}}\mathrm{d}V=\iiint_V\frac{1}{2}\boldsymbol{B}\cdot\boldsymbol{H}\mathrm{d}V \tag{4.9.28}$$

§ 4.10 交流电路

在我们的日常生活中,从电力的产生、传输、配送到电视、收音机信号的发送和接收,都和交流电有着密切的联系.交流电广泛应用于电力工程、无线电技术和电磁测量中.本节将着重讨论

交流电路的概念及基本分析方法.

1 交流电的概念

如果电路中电源电动势 $\mathscr{E}(t)$ 随时间变化，则各段电路中电压 $u(t)$ 和电流 $i(t)$ 都将随时间变化，这种电路称为**交流电路**.如果电源电动势 $\mathscr{E}(t)$ 随时间按余弦（或正弦）规律变化，这种交流电称为**简谐交流电**，如图 4-10-1 所示.

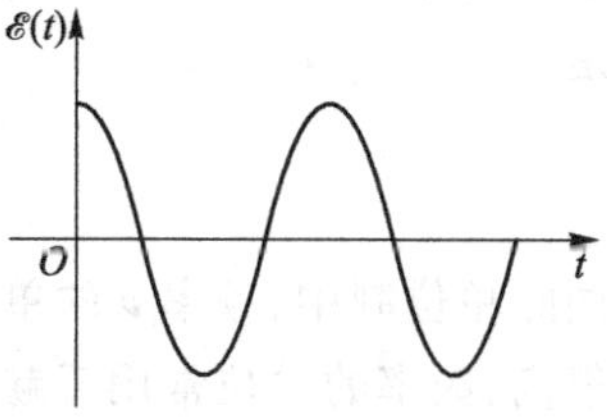

图 4-10-1 简谐交流电

交流电随时间变化的波形是多种多样的.在电力系统中，电源是简谐交流发电机，产生的是简谐波[图 4-10-2(a)]，电子示波器用来扫描的信号是锯齿波[图 4-10-2(b)]，电子计算机中采用的是矩形脉冲[图 4-10-2(c)]，激光通信中用来载波的是尖脉冲[图 4-10-2(d)]，广播电台发射的信号是在中波 434 kHz至 1 604 kHz 的调幅波[图 4-10-2(e)]，而电视台和通信系统发射的信号兼有调幅波和调频波[图 4-10-2(f)].

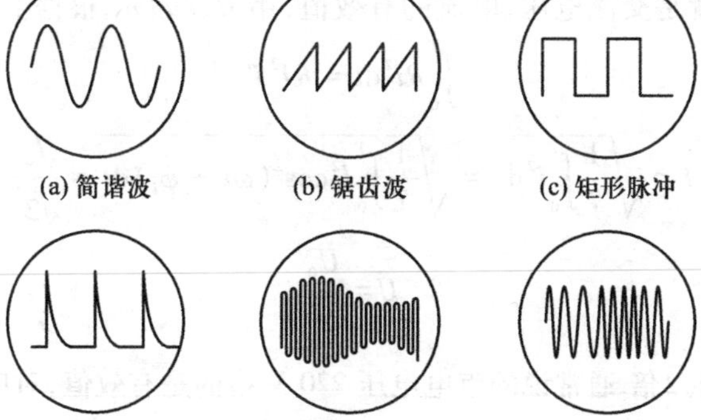

图 4-10-2 各种形式的交流电

尽管交流电的波形多种多样，其中最重要最基本还是简谐交流电.因为任何非简谐形式的交流电都可以看成不同频率简谐交流电的叠加；另外还因为不同频率的简谐成分在线性电路中彼此独立、互不干扰.下面我们主要讨论简谐交流电.

1.1 简谐交流电的描述

简谐交流电的任何变量如电动势 $\mathscr{E}(t)$、电压 $u(t)$、电流 $i(t)$ 都可以写成时间 t 的正弦函数或余弦函数的形式.一般常采用余弦形式：

$$\begin{cases}\mathscr{E}(t)=\mathscr{E}_0\cos(\omega t+\varphi_e)\\ u(t)=U_0\cos(\omega t+\varphi_u)\\ i(t)=I_0\cos(\omega t+\varphi_i)\end{cases}\tag{4.10.1}$$

从以上表达式可以看出，描述任何一个简谐量都需要三个特征量，即频率、峰值和相位.

(1) 频率

式(4.10.1)中的 ω 是交流电的角频率,它与频率 ν 之间的关系为

$$\omega=2\pi\nu \quad \text{或} \quad \nu=\frac{\omega}{2\pi}$$

其中 ν 指单位时间内交流电作周期性变化的次数,它与交流电变化一周的时间即周期 T 的关系是

$$\nu=\frac{1}{T} \quad \text{或} \quad T=\frac{1}{\nu}$$

在国际单位制中,频率 ν 的单位是赫兹(Hz).如常用的市电为 50 Hz.在无线电技术中的交流电频率很高,频率的单位常用千赫(kHz)或兆赫(MHz)表示,它们的换算关系为

$$1\ \text{kHz}=10^3\ \text{Hz},\quad 1\ \text{MHz}=10^3\ \text{kHz}$$

(2) 峰值和有效值

简谐交流电在变化过程中,有最大值也称为峰值.式(4.10.1)中的 $\mathscr{E}_0$、U_0、I_0 分别是电动势、电压和电流的峰值.实际测量的交流电压、交流电流的数值都指的是有效值.有效值是指在相同时间内交流电通过电阻时产生的焦耳热与直流电通过这一电阻时产生的焦耳热相同,那么对应的直流电的电压、电流就是交流电压、电流的有效值,用 U、I 表示.根据上述定义有

$$\int_0^T Ri^2\mathrm{d}t = RI^2T$$

$$I=\sqrt{\frac{1}{T}\int_0^T i^2\mathrm{d}t}=\sqrt{\frac{1}{T}\int_0^T I_0^2\cos^2(\omega t+\varphi_i)\mathrm{d}t}=\frac{I_0}{\sqrt{2}}$$

同理

$$U=\frac{U_0}{\sqrt{2}} \tag{4.10.2}$$

可见,峰值等于有效值的 $\sqrt{2}$ 倍.通常说的市电电压 220 V 指的是有效值,对应的峰值为 $U_0=311$ V.

(3) 相位

简谐交流电表示式中的 $\omega t+\varphi_e$、$\omega t+\varphi_u$、$\omega t+\varphi_i$ 称为相位,其中 φ_e、φ_u、φ_i 称为初相位.如果两个简谐量之间有相位差 $\Delta\varphi=\varphi_2-\varphi_1$,说明它们变化的步调不一致.如果相位差 $\Delta\varphi=\varphi_2-\varphi_1=\pi$,表示二者反相,如果 $\Delta\varphi=\varphi_2-\varphi_1=0$,二者同相.

1.2 交流电路的元件

交流电路的构成除了交流电源和电阻外,一般还有电感和电容元件.因此,交流电路比直流电路表现出更加复杂的物理特性.首先,电阻、电感、电容元件各自的性能明显不同,特别是电容和电感元件处处表现出相反的性质,所以三种元件分别扮演着不同的角色,互相制约又互相配合,形成各种各样的交流电路,表现出比直流电路更丰富的性能,可以满足更多的实际需要.其次,交流电路中,电压和电流之间的关系更加复杂.直流电路中,电阻上的电流和电压不随时间变化,它们的比值大小等于电阻值 R,而在交流电路中,电流和电压之间除了有大小的比值关系,还有相位关系.为了反映这种关系,定义电压 $u(t)$ 和电流 $i(t)$ 的峰值(或有效值)之比为该元件的**阻抗**,用 Z 表示:

$$Z=\frac{U_0}{I_0}=\frac{U}{I} \tag{4.10.3}$$

此外电压和电流之间存在相位差

$$\varphi=\varphi_u-\varphi_i \tag{4.10.4}$$

这样在交流电路中，元件的特性用阻抗 Z 和相位差 φ 来表征.

下面分别讨论三种理想元件在交流电路中的阻抗和电压与电流的相位差.

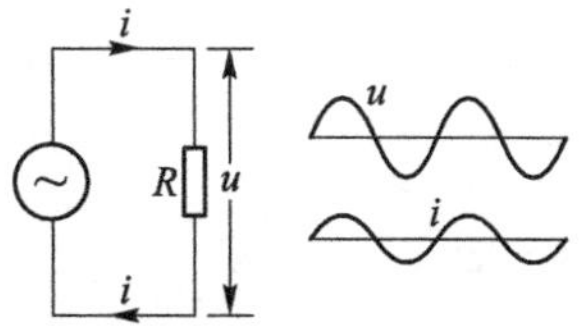

图 4-10-3　电阻元件

1.2.1　电阻元件

对交流电路的电阻元件，欧姆定律仍然适用.设电阻两端的电压为 $u(t)=U_0\cos(\omega t+\varphi_u)$，电流

$$i(t)=\frac{u(t)}{R}=\frac{U_0}{R}\cos(\omega t+\varphi_u)=I_0\cos(\omega t+\varphi_i) \tag{4.10.5}$$

其中 $I_0=U_0/R$ 为电流的峰值.由此可见，电阻元件上的电压和电流的相位相同，如图 4-10-3 所示.电压和电流的峰值之比就是阻抗，其值等于电阻值，即

$$\begin{cases}Z_R=R\\ \varphi=0\end{cases} \tag{4.10.6}$$

1.2.2　电容元件

直流电不能通过电容器，而交流电却可以通过电容器，并且频率越高，越容易通过.即电容器具有“隔直流通交流”的功能.那么电流真的从电容器的极板间通过了吗？仔细分析不难发现，电流不可能通过电容器极板间的绝缘介质.所以这里所谓的“通交流”是指连接两极板的导线中有电流.那么这个电流是如何产生的呢？其实当给电容器两个极板加上交变电动势 $\mathscr{E}(t)$ 后，电容器就处于充电、放电的交替变化状态，在充放电过程中就会在电路中产生交变电流，看起来只要有电流 $i(t)$ 流入一个极板，就会有同样的电流 $i(t)$ 流出另一极板，所以形象地说交流电“通过”了电容器，但其实质却是电容器在交变电动势 $\mathscr{E}(t)$ 作用下的充放电过程.

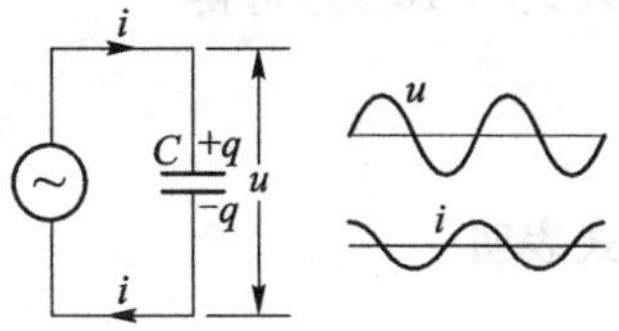

图 4-10-4　电容元件

如图 4-10-4 在交流电路中，设极板上的电荷量 $q(t)$、电压 $u(t)$ 和电路中电流 $i(t)$ 都随时间作简谐变化，选电荷量 $q(t)$ 的初相位为零，则

$$\begin{cases}q(t)=Q_0\cos\omega t\\ i(t)=I_0\cos(\omega t+\varphi_i)\\ u(t)=U_0\cos(\omega t+\varphi_u)\end{cases} \tag{4.10.7}$$

电路中的电流等于极板上电荷量对于时间的微商：

$$i(t)=\frac{\mathrm{d}q(t)}{\mathrm{d}t}=-\omega Q_0\sin\omega t=\omega Q_0\cos\left(\omega t+\frac{\pi}{2}\right) \tag{4.10.8}$$

由电容器电容的定义可知电压：

$$u(t)=\frac{q(t)}{C}=\frac{Q_0}{C}\cos\omega t \tag{4.10.9}$$

把式(4.10.7)与式(4.10.8)、式(4.10.9)对比可得

$$U_0=\frac{Q_0}{C},\quad I_0=\omega Q_0 \tag{4.10.10}$$

$$\varphi_u = 0, \quad \varphi_i = \frac{\pi}{2} \tag{4.10.11}$$

根据阻抗和相位差的定义，电容元件的阻抗、电压与电流的相位差为

$$\begin{cases} Z_C = \dfrac{U_0}{I_0} = \dfrac{1}{\omega C} \\ \varphi = \varphi_u - \varphi_i = -\dfrac{\pi}{2} \end{cases} \tag{4.10.12}$$

式(4.10.12)表明：①电容元件的阻抗（容抗）与频率成反比.即频率越大，容抗越小，电流越容易通过，也就是说电容具有高频短路、直流开路的性质.②电容器上电压的相位落后电流相位 π/2，即电压的变化落后于电流的变化四分之一周期.

1.2.3 电感元件

如图 4-10-5 所示，当把电感元件接入交流电路中，就有交变电流 $i(t)$ 通过电感线圈，在线圈中产生自感电动势

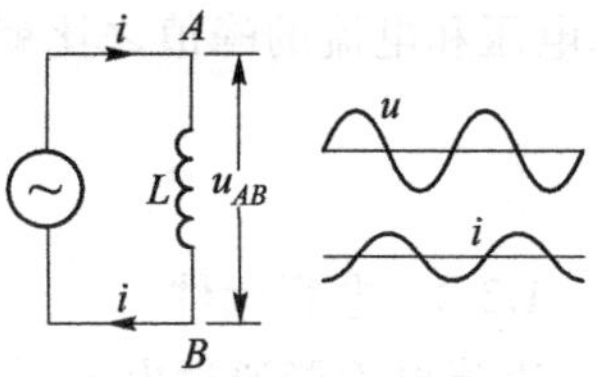

图 4-10-5 电感元件

$$\mathscr{E}_L = -L\frac{\mathrm{d}i}{\mathrm{d}t}$$

这个自感电动势相当于交变电源，则线圈两端的电压为

$$u = -\mathscr{E}_L = L\frac{\mathrm{d}i}{\mathrm{d}t} \tag{4.10.13}$$

设电压 $u(t)$ 和电流 $i(t)$ 都随时间作简谐变化，选电流 $i(t)$ 的初相位为零，则

$$i(t) = I_0 \cos \omega t \tag{4.10.14}$$

代入式(4.10.13)可得

$$u = L\frac{\mathrm{d}i}{\mathrm{d}t} = -\omega L I_0 \sin \omega t = \omega L I_0 \cos\left(\omega t + \frac{\pi}{2}\right) \tag{4.10.15}$$

上式表明

$$U_0 = \omega L I_0, \quad \varphi_u = \frac{\pi}{2}$$

于是得电感元件的阻抗（感抗）、电压与电流的相位差为

$$\begin{cases} Z_L = \dfrac{U_0}{I_0} = \omega L \\ \varphi = \varphi_u - \varphi_i = \dfrac{\pi}{2} \end{cases} \tag{4.10.16}$$

从以上分析可以看出，电感元件表现出和电容元件完全相反的特性，表现在：①电感元件的阻抗（感抗）与频率成正比.即频率越大，感抗越大，也就是说电感具有阻高频、通低频的性质.②电感元件上电压的相位超前电流 π/2，即电压的变化总是超前电流的变化四分之一周期.

实际元件一般可以看成是三种理想元件的适当连接.如果总电压与总电流的相位差 $\varphi = \varphi_u - \varphi_i < 0$，电路总体就表现为电容性；当 $\varphi = \varphi_u - \varphi_i > 0$ 就表现为电感性；如果 $\varphi = \varphi_u - \varphi_i = 0$，就表现为电阻性.

2 交流电路分析

交流电路讨论的基本问题与直流电路一样，就是电路中某一元件上电压和通过的电流之间的关系，以及串联电路中的电压分配、并联电路中电流分配和功率在电路中的分配等问题.通常的分析方法有矢量图解法和复数解法等.这里主要讨论复数解法.

2.1 简谐交流电的复数表示

简谐交流电除了用实数表示成余弦形式外，通常也可以用复数表示，其中复数的实部就是实数表达式.复数形式的电压、电流称为**复电压**、**复电流**，分别表示为

$$\begin{cases}\tilde{U}(t)=U_0\mathrm{e}^{\mathrm{i}(\omega t+\varphi_u)}=\tilde{U}_0\mathrm{e}^{\mathrm{i}\omega t}\\ \tilde{I}(t)=I_0\mathrm{e}^{\mathrm{i}(\omega t+\varphi_i)}=\tilde{I}_0\mathrm{e}^{\mathrm{i}\omega t}\end{cases}\tag{4.10.17}$$

其中，$\mathrm{i}=\sqrt{-1}$，$\tilde{U}_0$、$\tilde{I}_0$ 称为复振幅，表示为

$$\begin{cases}\tilde{U}_0=U_0\mathrm{e}^{\mathrm{i}\varphi_u}\\ \tilde{I}_0=I_0\mathrm{e}^{\mathrm{i}\varphi_i}\end{cases}\tag{4.10.18}$$

为了描述复电压和复电流的关系，定义**复阻抗**为复电压与复电流之比

$$\tilde{Z}=\frac{\tilde{U}}{\tilde{I}}=\frac{\tilde{U}_0}{\tilde{I}_0}=\frac{U_0}{I_0}\mathrm{e}^{\mathrm{i}(\varphi_u-\varphi_i)}\tag{4.10.19}$$

复阻抗的模和辐角分别表示阻抗值、电压和电流的相位差：

$$\begin{cases}Z=|\tilde{Z}|=\dfrac{U_0}{I_0}\\ \varphi=\arg(\tilde{Z})=\varphi_u-\varphi_i\end{cases}\tag{4.10.20}$$

同理，定义**复导纳**为

$$\tilde{Y}=\frac{\tilde{I}}{\tilde{U}}=\frac{\tilde{I}_0}{\tilde{U}_0}=\frac{I_0}{U_0}\mathrm{e}^{\mathrm{i}(\varphi_i-\varphi_u)}\tag{4.10.21}$$

复导纳的模和辐角分别为

$$\begin{cases}Y=|\tilde{Y}|=\dfrac{I_0}{U_0}\\ \arg(\tilde{Y})=-\varphi=\varphi_i-\varphi_u\end{cases}\tag{4.10.22}$$

由此可见，复阻抗可以完全概括一段电路两端的电压及通过电流的关系，模表示电压与电流之比即阻抗，辐角表示相位差 φ.

对于交流电路中的三种基本元件，它们的阻抗和相位差各不相同，因此对应的复阻抗也不同，分别为

$$\begin{cases}\tilde{Z}_R=R\\ \tilde{Z}_L=\omega L\mathrm{e}^{\mathrm{i}\frac{\pi}{2}}=\mathrm{i}\omega L\\ \tilde{Z}_C=\dfrac{1}{\omega C}\mathrm{e}^{-\mathrm{i}\frac{\pi}{2}}=-\dfrac{\mathrm{i}}{\omega C}\end{cases}\tag{4.10.23}$$

相应的复导纳为

$$\begin{cases}\tilde{Y}_R=\dfrac{1}{R}\\ \tilde{Y}_L=-\dfrac{\mathrm{i}}{\omega L}\\ \tilde{Y}_C=\mathrm{i}\omega C\end{cases}\tag{4.10.24}$$

2.2 交流电路的复数解法

(1) 串联电路

如图 4-10-6 所示,在串联电路中,通过各元件的电流 $i(t)$ 相等,即复电流 $\tilde{I}(t)$ 相同,总复电压等于各段的复电压之和

$$\tilde{U}=\tilde{U}_1+\tilde{U}_2+\cdots+\tilde{U}_n\tag{4.10.25}$$

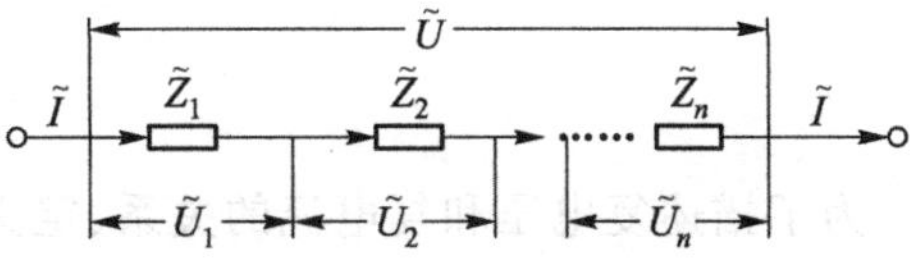

图 4-10-6 复阻抗的串联

所以总的复阻抗

$$\tilde{Z}=\frac{\tilde{U}}{\tilde{I}}=\frac{\tilde{U}_1}{\tilde{I}}+\frac{\tilde{U}_2}{\tilde{I}}+\cdots+\frac{\tilde{U}_n}{\tilde{I}}=\tilde{Z}_1+\tilde{Z}_2+\cdots+\tilde{Z}_n\tag{4.10.26}$$

即串联电路中总的复阻抗等于各个元件复阻抗之和.由于串联电路中各个元件复电流相等,所以

$$\frac{\tilde{U}_1}{\tilde{Z}_1}=\frac{\tilde{U}_2}{\tilde{Z}_2}=\cdots=\frac{\tilde{U}_n}{\tilde{Z}_n}\tag{4.10.27}$$

例 4.15

用复数法求解 RL 串联电路.

解 由式(4.10.26)可知

$$\tilde{Z}=\tilde{Z}_R+\tilde{Z}_L=R+\mathrm{i}\omega L$$

故电路的总的阻抗为

$$Z=|\tilde{Z}|=\sqrt{R^2+(\omega L)^2}$$

相位差为

$$\varphi=\arg(\tilde{Z})=\arctan\frac{\omega L}{R}$$

此例可以看出,串联的两个元件的总阻抗 $Z\neq Z_R+Z_L$.

(2) 并联电路

如图 4-10-7 所示,在并联电路中,各元件的电压相等,即复电压 $\tilde{U}(t)$ 相同,总电流等于通过各支路电流的叠加

$$\tilde{I}=\tilde{I}_1+\tilde{I}_2+\cdots+\tilde{I}_n \tag{4.10.28}$$

所以总的复导纳

$$\tilde{Y}=\frac{\tilde{I}}{\tilde{U}}=\frac{\tilde{I}_1}{\tilde{U}}+\frac{\tilde{I}_2}{\tilde{U}}+\cdots+\frac{\tilde{I}_n}{\tilde{U}}=\tilde{Y}_1+\tilde{Y}_2+\cdots+\tilde{Y}_n \tag{4.10.29}$$

即并联电路的复导纳等于各支路复导纳之和.复阻抗可以表示为

$$\frac{1}{\tilde{Z}}=\frac{1}{\tilde{Z}_1}+\frac{1}{\tilde{Z}_2}+\cdots+\frac{1}{\tilde{Z}_n} \tag{4.10.30}$$

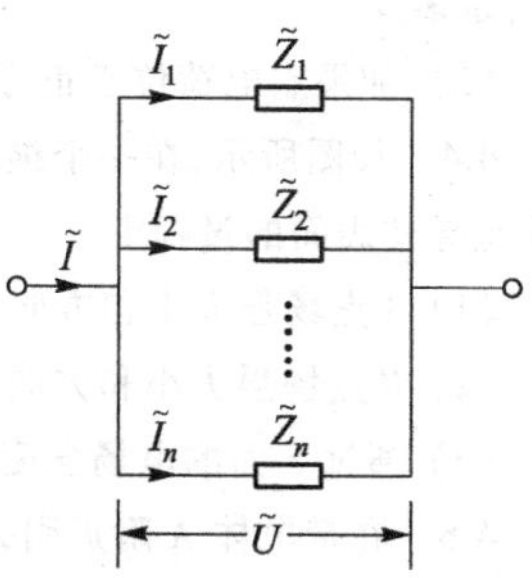

图 4-10-7　复阻抗的并联

由于并联电路中各个元件复电压相等,所以

$$\tilde{I}_1\tilde{Z}_1=\tilde{I}_2\tilde{Z}_2=\cdots=\tilde{I}_n\tilde{Z}_n \tag{4.10.31}$$

由式(4.10.26)和式(4.10.30)可以看出,交流电路复阻抗的串并联公式和直流电路中电阻的串并联公式具有相同的形式,不过要注意交流电路中复阻抗是复数,它的模代表阻抗,辐角代表相位差.

对于一个复杂网络,总复阻抗可表示为 $\tilde{Z}=r+\mathrm{i}x$,它的实部称为网络的有功电阻,与损耗对应;虚部 x 称为电抗,虚部 $x>0$,说明网络呈电感性,虚部 $x<0$,说明网络呈电容性.

例 4.16

用复数法求解 RC 并联电路.

解　由式(4.10.29)可知

$$\tilde{Y}=\tilde{Y}_R+\tilde{Y}_C=\frac{1}{R}+\mathrm{i}\omega C$$

$$\tilde{Z}=\frac{1}{\tilde{Y}}=\frac{1}{\dfrac{1}{R}+\mathrm{i}\omega C}$$

故电路的总的阻抗为

$$Z=|\tilde{Z}|=\frac{1}{\sqrt{\dfrac{1}{R^2}+(\omega C)^2}}$$

相位差为

$$\varphi=\arg(\tilde{Z})=-\arg(\tilde{Y})=-\arctan(\omega CR).$$

当然简谐交流电路还有其他解法,比如矢量图解法等,读者可以参考其他书籍.有关复杂的简谐交流电交流的解法,在电工学中有详细讲解,我们在这里不再赘述.

思考题

4.1　任何带电的绝缘导体,只要一接地,电荷就会转移到地球上,这样的说法正确吗?

4.2　在一个带正电的大导体附近 P 点放置一个试探电荷 $q_0(q_0>0)$,实际测得它受力 F;若是考虑到电荷 q_0 不够足够小,则 $\dfrac{F}{q_0}$ 比 P 点的场强 E 大还是小?

4.3　(1) 一个点电荷位于边长为 a 的正方形面的中心垂线上,距离为 $\dfrac{a}{2}$,电场穿过正方形面的电场强度通量是多少？

(2) 如果点电荷位于正方形的一个顶点上，通过的正方形面的电场强度通量又是多少？

4.4 如图所示，在一个绝缘不带电的导体球周围做一个同心高斯面 S，试定性回答，在我们将一个正点电荷 q 移至导体表面的过程中

(1) A 点场强大小和方向怎样改变？

(2) B 点场强大小和方向怎样改变？

(3) 通过 S 面的电场强度通量怎样变化？

4.5 在带电体 A 附近引入另一带电体 B，能否实现

(1) B 的引入不改变 A 表面附近的电场强度，举例说明.

(2) B 的引入不改变 A 表面的电势.

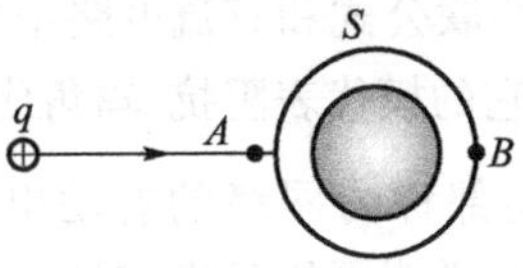

思考题 4.4 图

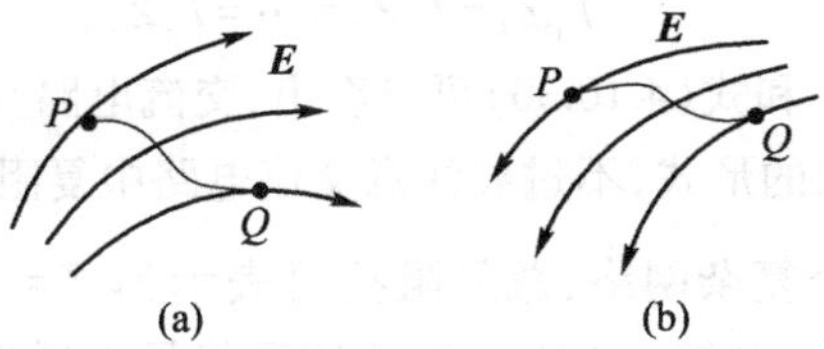

思考题 4.6 图

4.6 (1) 在如图(a)所示情形里，把一个正电荷从 P 移动到 Q，电场力的功 A_{PQ} 是正还是负？系统的电势能是增加还是减小？P、Q 两点的电势哪点的高？

(2) 若移动的是负电荷，情况怎样？

(3) 若电场线的方向如图(b)所示，情况如何？

4.7 本章例题 4.7 中式(4.2.43)中曾给出无限大带电面两侧的场强 $E=\dfrac{\sigma_e}{2\varepsilon_0}$，这个公式对于靠近有限大小带电面的地方也应适用.这就是说，根据这个结果，导体面元 ΔS 上的电荷在紧靠它的地方产生的场强也应是$\dfrac{\sigma_e}{2\varepsilon_0}$，它比式(4.3.3)的场强小一半.这是为什么？

4.8 万有引力和静电力都服从平方反比律，都存在高斯定理.有人幻想把引力场屏蔽起来，这能否做到？在这方面引力与静电力有什么重要差别？

4.9 (1) 用丝线悬挂着两个相互靠近的相同的金属球.今使两球带上同号电荷.试问两球间存在着斥力还是引力？分析电荷量相等和不等两种情况.

(2) 如果两个球的半径不同，带上同号等量电荷，情况如何？

4.10 (1) 将一个带正电的物体 A 移近一个不带电的绝缘的导体 B 时，导体的电势升高还是降低？为什么？

(2) 试论证：导体 B 上每种符号感应电荷的数量不多于 A 上的电荷量.

4.11 如图所示，在金属球 A 内有两个球形空腔，且此金属球整体上不带电.在两空腔中心各放置一点电荷 q_1 和 q_2.此外在金属球 A 之外远处放置一点电荷 q(q 至 A 的中心距离 $r \gg$ 球 A 的半径 R).作用在 A、q_1、q_2、q 这四个物体上的静电力各是多少？

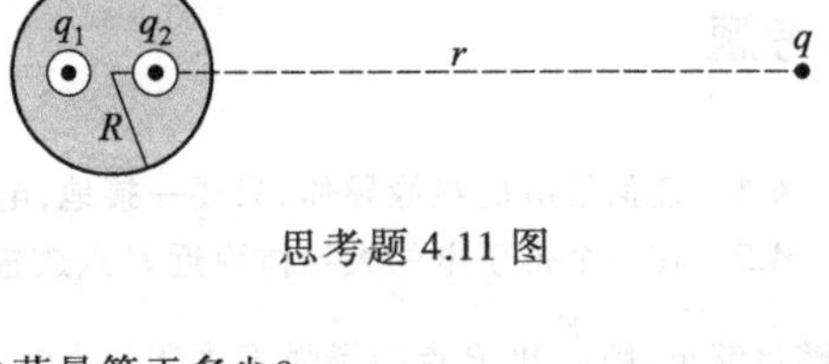

思考题 4.11 图

4.12 把一个点电荷 q 放在无限大均匀介质中，相对电容率为 ε_r，介质中电场强度是多少？点电荷周围的极化电荷的电荷量等于多少？

4.13 电流从铜球上的一点流进去，从相对的一点流出来，铜球内电流的大致分布如何？各部分产生的焦耳热情况是否相同？

4.14　当一盏 25 W 110 V 的电灯泡连接在一个电源上时，发出正常的光.而一盏 500 W 110 V 的电灯泡连接在同一个电源上时，只发出暗淡的光.这可能吗？说明原因.

4.15　(1) 在没有电流的空间区域里，如果磁感应线是平行直线，磁感应强度 $\boldsymbol{B}$ 的大小在沿磁感应线和垂直它的方向上是否可能变化(即磁场是否一定是均匀的)？

(2) 若存在电流，上述结论是否还对？

4.16　有一非均匀磁场呈轴对称分布，磁感应线由左至右逐渐收缩(见思考题 4.16 图).将一圆形载流线圈共轴地放置其中，线圈的磁矩与磁场方向相反，试定性分析此线圈受力的方向.

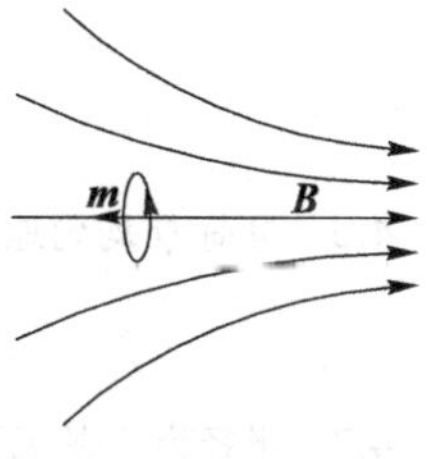

思考题 4.16 图

4.17　把一根柔软的金属螺旋形弹簧挂起来，使下端和盛在杯里的水银刚好接触着，与电源和开关构成串联电路.问当开关闭合后弹簧将发生什么现象？并解释此现象.

4.18　本题图所示是一个已磁化的永磁细棒，磁化强度为 $\boldsymbol{M}$，试求图中标出各点的 $\boldsymbol{B}$ 和 $\boldsymbol{H}$.

4.19　在 §4.7 节里，提到了运动电荷在磁场中受到洛伦兹力，洛伦兹力对电荷不做功；可是在 §4.9 节里又说动生电动势是洛伦兹力对导体中载流子做功形成的，试解释之.

4.20　在如本题图所示的电路中，S_1，S_2 是两个相同的小灯泡，L 是一个自感系数相当大的线圈，其电阻数值上与电阻 R 相同由于存在自感现象，试推想开关 S 接通和断开时，灯泡 S_1，S_2 先后亮暗的顺序如何？

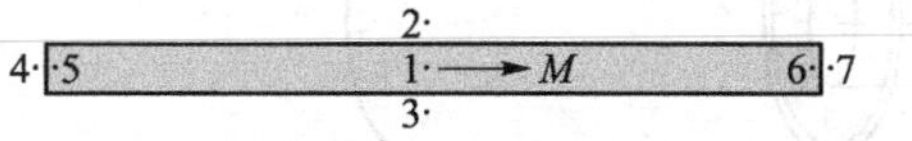

思考题 4.18 图

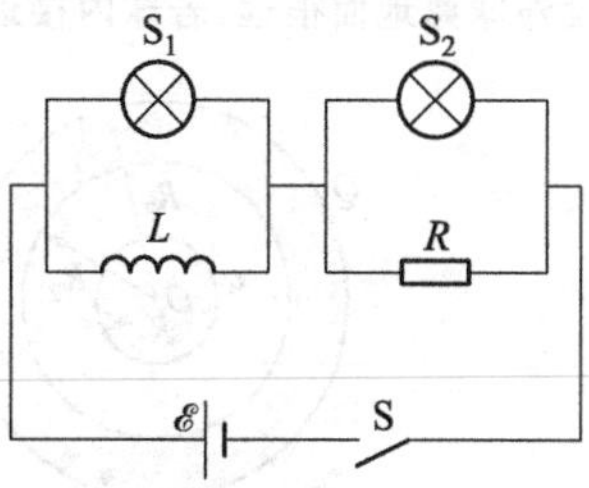

思考题 4.20 图

习题

4.1　把某一电荷 Q 分成两部分，分别是 q 和 $Q-q$，且两部分相隔一定距离.如果使这两部分有最大的库仑斥力，则 Q 与 q 有什么关系？

4.2　真空中有两个电子以相同速度 $\boldsymbol{v}$ 同方向同时开始平行地水平飞行.开始两个电子相距为 r_0，因库仑力作用在飞行中产生与 $\boldsymbol{v}$ 垂直的速度分量 v_r(如本题图所示)，两个电子距离逐渐变大为 r(此即阴极射线的散焦现象)，试求 v_r 随 r 变化的函数关系.

4.3　实验表明：在靠近地面处有相当强的电场，$\boldsymbol{E}$ 垂直于地面向下，大小约为 100 V/m；在离地面 1.5 km 高的地方，$\boldsymbol{E}$ 也是垂直于地面向下的，大小约为 25 V/m.

(1) 试计算从地面到此高度大气中电荷的平均体密度；

(2) 如果地球上的电荷全部均匀分布在表面，求地面上电荷面密度.

4.4　无限大均匀带电薄板，电荷面密度为 σ，在平板中部有一半径为 r 的小圆孔.求圆孔中心轴线上与薄板相距为 x 处的电场强度.

4.5　如本题图所示，静电场中有这样一个扇形区域，电场线的形状是以 O 点为中心的同心圆弧，证明该区域电场强度与该点离 O 点的距离 r 成反比.

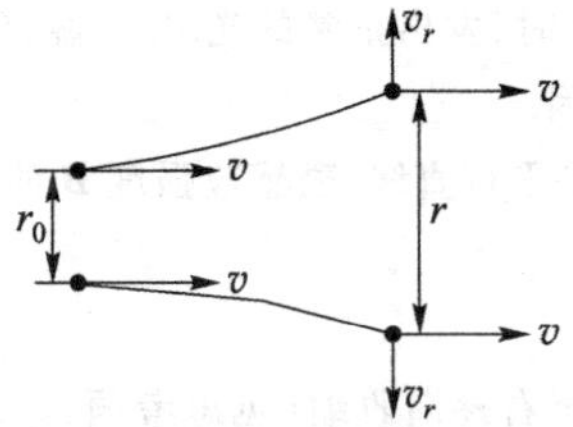

习题 4.2 图

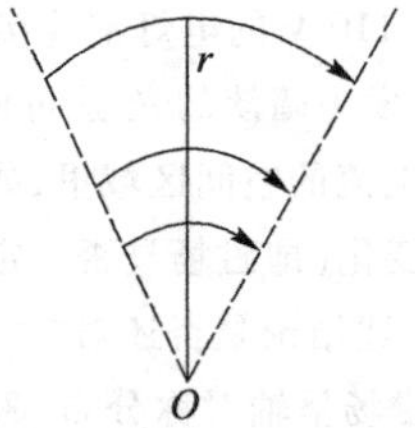

习题 4.5 图

4.6 电荷 Q 均匀地分布在半径为 R 的球体内,选电势参考点在无限远,试证明离球心 r 处($r<R$)的电势

$$\varphi=\frac{Q(3R^2-r^2)}{8\pi\varepsilon_0 R^3}$$

4.7 半径为 R 的无限长圆柱体内均匀带电,电荷体密度为 ρ,把电势参考点选在轴线上,求柱体内外的电势.

4.8 半径为 R_1 的导体球带有电荷 q,球外有一个内外半径为 R_2、R_3 的同心导体球壳,壳上带有电荷 Q(见本题图).

(1) 求两球的电势 φ_1 和 φ_2;

(2) 求两球的电势差 $\Delta\varphi$;

(3) 以导线把球和壳连接在一起后,φ_1、φ_2 和 $\Delta\varphi$ 分别是多少?

(4) 在情形(1)、(2)中,若外球接地,φ_1、φ_2 和 $\Delta\varphi$ 是多少?

(5) 设外球离地面很远,若球内接地,情况如何?

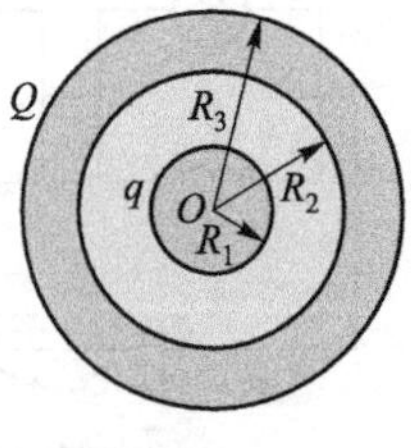

习题 4.8 图

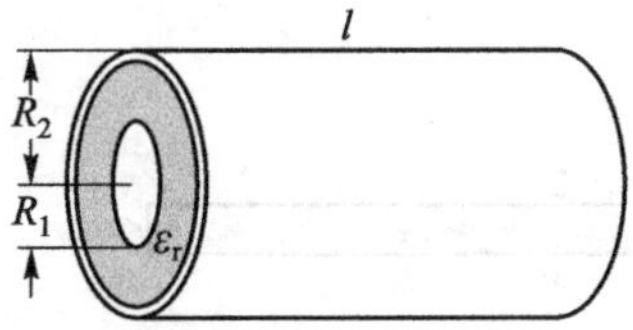

习题 4.9 图

4.9 圆柱形电容器是由半径为 R_1 的导线和与它同轴的导体圆筒构成的,圆筒的内半径为 R_2,其间充满了相对电容率为 ε_r 的介质(见本题图).设导线沿轴线的电荷线密度为 λ,圆筒的电荷线密度为 $-\lambda$,略去边缘效应,求:

(1) 两极的电势差 $\Delta\varphi$;

(2) 介质中的电场强度 $\boldsymbol{E}$、电位移 $\boldsymbol{D}$、极化强度 $\boldsymbol{P}$;

(3) 介质表面的极化电荷面密度 σ'_e;

(4) 电容 C.(它是真空时电容 C_0 的多少倍?)

4.10 如图所示一平行板电容器充满三种不同的电介质,相对介电常量分别为 ε_{r1}、ε_{r2} 和 ε_{r3}.极板面积为 S,两极板的间距为 $2d$,略去边缘效应,计算此电容器的电容.

4.11 如本题图所示,平行板电容器的极板面积为 S,间距为 d.试问:

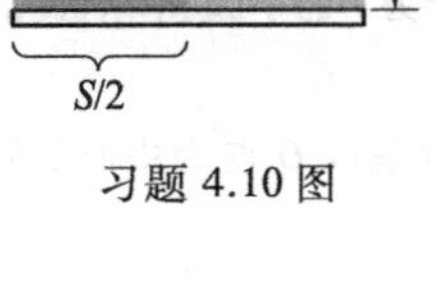

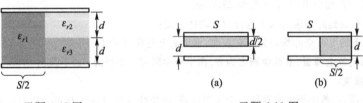

习题 4.10 图

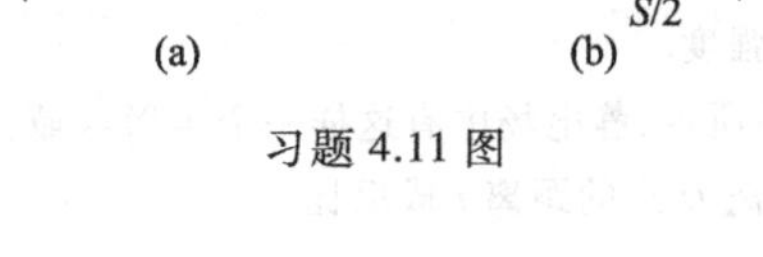

习题 4.11 图

(1) 将电容器接在电源上，插入厚度为$\frac{d}{2}$的均匀电介质板[图(a)]，相对电容率为 ε_r，介质内 $\boldsymbol{E}_{内}$、介质外电场 $\boldsymbol{E}_{外}$ 之比为多少？它们和未插入介质之前电场 $\boldsymbol{E}_0$ 之比为多少？

(2) 在问题(1)中，若充电后拆去电源，再插入电介质板，情况如何？

(3) 将电容器接在电源上，插入面积为$\frac{S}{2}$的均匀电介质板[图(b)]，介质内、外电场之比为多少？它们和未插入介质之前电场之比为多少？

(4) 在问题(3)中，若充电后拆去电源，再插入电介质板，情况如何？

(5) 图(a)、(b)中电容器的电容各为真空时的几倍？

4.12 (1) 平行板电容器极板是边长为 a 的正方形，间距为 d，电荷量为 $\pm Q$. 把一块厚度为 d、相对电容率为 ε_r 的介质板插入一半，介质板受的力是多少？方向如何？

(2) 如果电容器接在电源上维持电压为 U，介质板完全插入后，计算静电能的改变、电场对电源做的功和电场对介质板做的功.

4.13 在相对电容率为 ε_r 的无限大均匀介质中，有一半径为 R 的导体球，电荷量为 Q，求：

(1) 介质与球体接触面上的极化电荷面密度；

(2) 电场能量；

(3) 电场能量的一半分布在半径为多大的球面内.

4.14 厚度为 t，电导率为 γ 的无限大平板中镶有一个半径为 r_0 的圆柱形电极，电势为 $+\varphi_0$，由此电极沿径向流出的电流为 I. 如本题图所示. 求板上距离电极为 r 处的电势.

4.15 用电导率为 γ(常量)的金属制成一根长度为 l、底面半径分别为 a 和 b 的锥台形导体，见本题图，求它的电阻.

4.16 证明如图电路，只有当$\frac{I_1}{I_2}=\frac{R_2}{R_1}$时，电源的总输出功率最小.

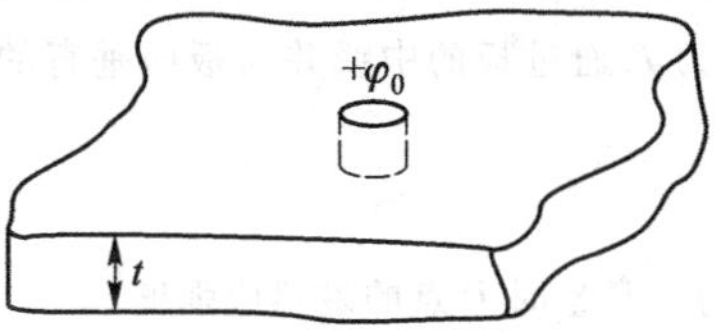

习题 4.14 图

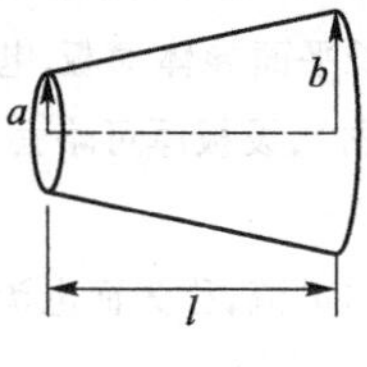

习题 4.15 图

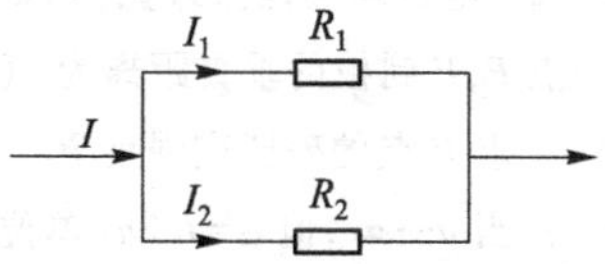

习题 4.16 图

4.17 如本题图所示，O 点接地.

(1) 求 A 点和 B 点电势；

(2) 若三个电容器起始时不带电，求它们与 A、B、O 相接的各极板上的电荷.

4.18 已知一系列相同电阻 R，按图所示连接，计算 AB 间等效电阻.

4.19 一电路如图所示，已知 $\mathscr{E}_1=6.0\ \text{V}$，$\mathscr{E}_2=12.0\ \text{V}$，它们的内阻可忽略不计，$R_1=4\ \Omega$，$R_2=6\ \Omega$ 流过 R_2 的电流为 $I=1.0\ \text{A}$，方向如图所示.

(1) 试求通 X 元件的电流 I_X；

(2) X 元件是什么？

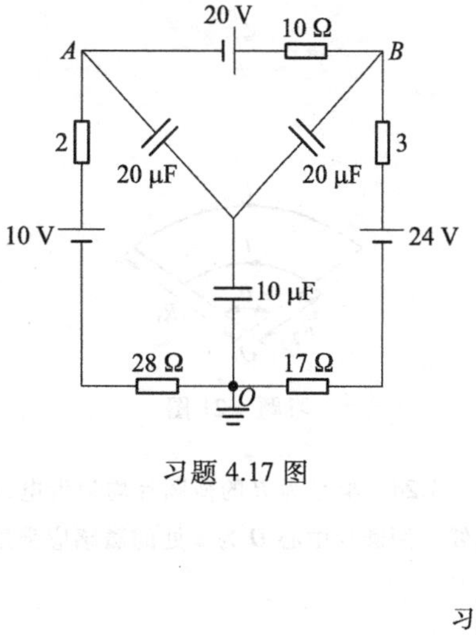

习题 4.17 图

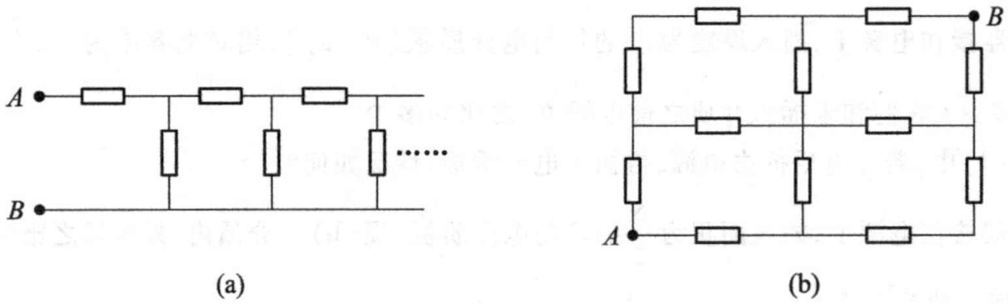

习题 4.18 图

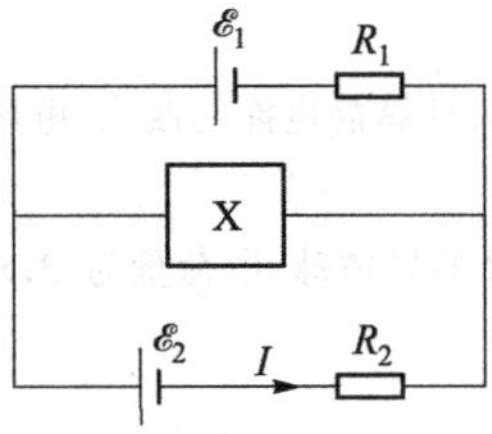

习题 4.19 图

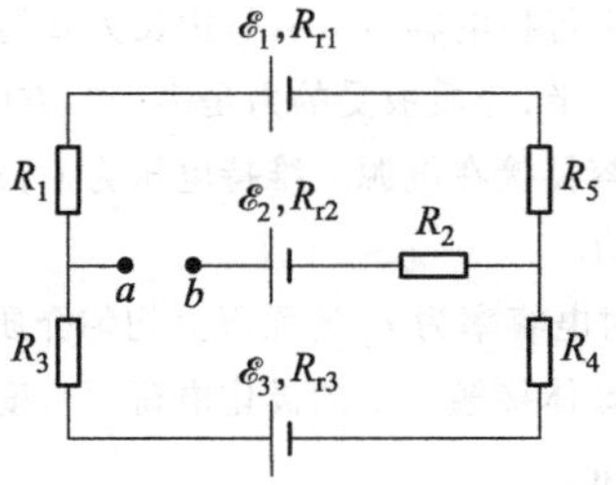

习题 4.20 图

4.20 一电路如本题图所示，已知 $\mathscr{E}_1 = 12\ \text{V}$，$\mathscr{E}_2 = 9\ \text{V}$，$\mathscr{E}_3 = 8\ \text{V}$，$R_{r1} = R_{r2} = R_{r3} = 1.0\ \Omega$，$R_1 = R_3 = R_4 = R_5 = 2\ \Omega$，$R_2 = 3\ \Omega$.求：

（1）a、b 断开时的 U_{ab}；

（2）a、b 短路时通过 $\mathscr{E}_2$ 的电流的大小和方向.

4.21 载流导线形状如本题图所示，计算圆弧中心 O 处的磁感应强 $\boldsymbol{B}$.

4.22 长直导线中流过电流为 I，如本题图，计算在它的径向剖面中，通过回路 $abcd$、回路 $EFMN$ 的磁通量.

4.23 电流均匀地流过宽为 $2a$ 的无穷长平面导体薄板.电流大小为 I，通过板的中线并与板面垂直的平面上有一点 P，P 到板的垂直距离为 x（见本题图），设板厚可略去不计.

（1）求 P 点的磁感应强度 B.

（2）当 $a \to \infty$，但 $\alpha = I/2a$（单位宽度上的电流，称为面电流密度）为一常量时 P 点的磁感应强度.

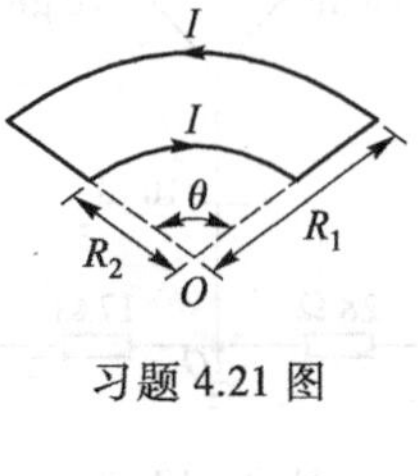

习题 4.21 图

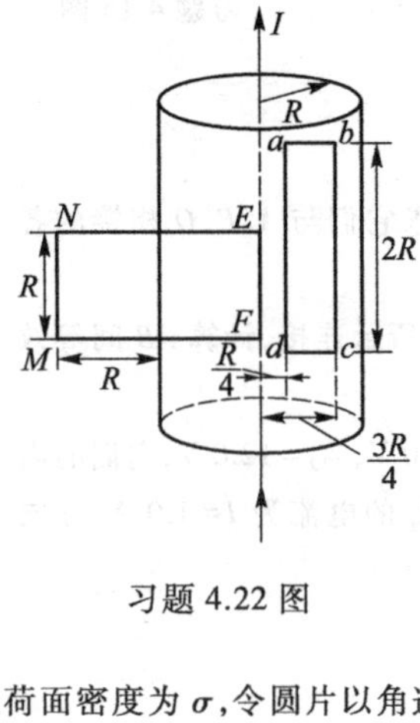

习题 4.22 图

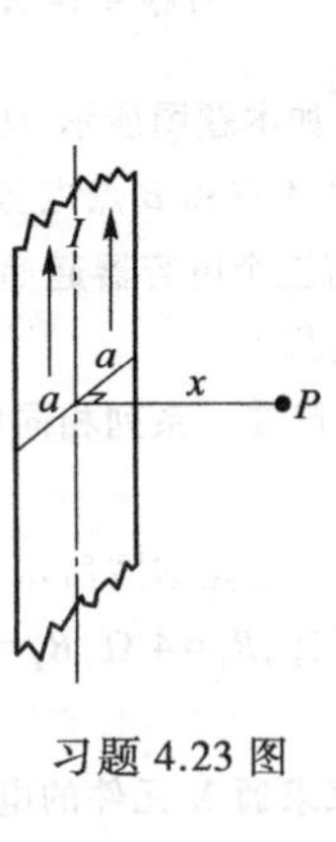

习题 4.23 图

4.24 半径为 R 的薄圆片均匀带电，电荷面密度为 σ，令圆片以角速度 ω 绕垂直于圆片过中心的轴旋转，求轴线上距圆片中心 O 为 x 处的磁感应强度.

4.25 有一根很长的载流导体直圆管,内半径为 a,外半径为 b,电流为 I,电流沿轴线方向流动,并且均匀分布在管壁的横截面上(见本题图).空间某一点到管轴的垂直距离为 r,求:(1) $r<a$,(2) $a<r<b$,(3) $r>b$ 处的磁感应强度.

4.26 附图表示一根扭成任意形状的导线,在导线 A、B 两点之间载有电流,导线放在一个与均匀磁场 $\boldsymbol{B}$ 垂直的平面内,求导线 AB 受到的作用力.

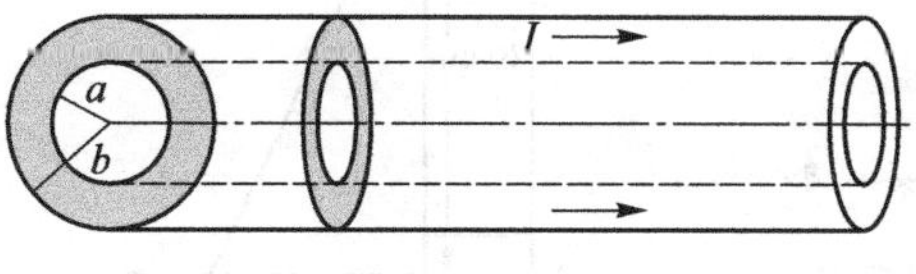

习题 4.25 图

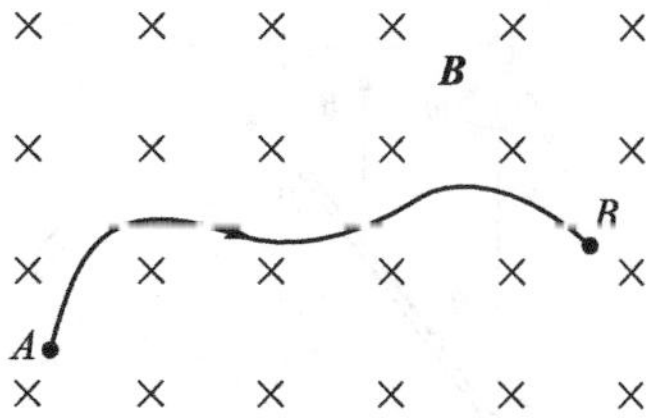

习题 4.26 图

4.27 设电子质量为 m,电荷为 $-e$,以角速度 ω 绕带正电的质子作圆周运动.当加上外磁场 $\boldsymbol{B}$(方向与电子轨道平面垂直)时,设电子轨道半径不变,角速度变为 ω',证明:磁场不太强时,电子角速度的变化近似等于

$$\Delta\omega=\omega'-\omega=\pm\frac{1}{2}\frac{e}{m}B$$

4.28 如本题图所示,有一根长为 l 的直导线,质量为 m,用绳子平挂在外磁场 $\boldsymbol{B}$ 中,导线中通有电流 I,I 的方向与 $\boldsymbol{B}$ 垂直.

(1) 求绳子张力为零时的电流 I.当 $l=50$ cm,m$=10$ g,$B=1.0$ T 时,I 等于多少?

(2) 在什么条件下导线会向上运动?

4.29 一无穷长圆柱形直导线外包一层相对磁导率为 μ_r 的圆筒形磁介质,导线半径为 R_1,磁介质外半径为 R_2(见本题图),导线内有电流 I 通过.

(1) 求介质内、外的磁场强度和磁感应强度的分布,并画 $H-r$ 和 $B-r$ 曲线;

(2) 求介质内、外表面的磁化面电流密度 i'.

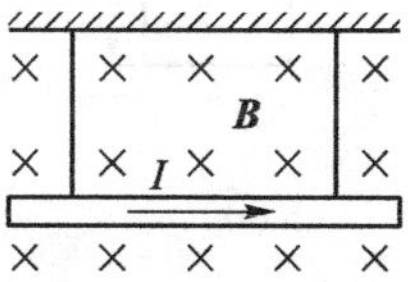

习题 4.28 图

习题 4.29 图

4.30 矩磁材料具有矩形磁滞回线[见本题图(a)],反向场一旦超过矫顽力,磁化方向就立即反转.矩磁材料的用途是制作电子计算机中存储元件的环形磁芯.图(b)所示为一种这样的磁芯,其外直径为 0.8 mm,内直径为 0.5 mm,高为 0.3 mm,这类磁芯由矩磁铁氧体材料制成.若磁芯原来已被磁化,其方向如图所示.现需使磁芯中自内到外的磁化方向全部翻转,导线中脉冲电流 i 峰值至少需多大?设磁芯矩磁材料的矫顽力 $H_c=20$e(奥斯特).

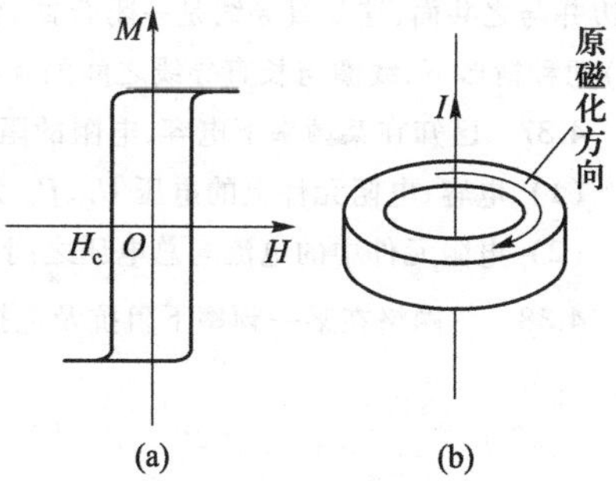

习题 4.30 图

4.31 如图所示.长为 L 的导体棒 OP,处于均匀磁场中,并绕 OO' 轴以角速度 ω 旋转,棒与转轴间夹角恒为 θ,磁感应强度 $\boldsymbol{B}$ 与转轴平行,求 OP 棒在图示位置处的电动势.

4.32 如图所示，导体回路与磁场垂直，磁感应强度随时间的变化规律为 $B=kt(k>0)$，$t=0$ 时刻导体棒 ab 位于 $x=0$ 处，然后以速度 $\boldsymbol{v}$ 向右运动，求任意时刻导体回路中的感应电动势.

4.33 如图所示，长直导线中的电流 I 沿导线向上，并以 $\frac{\mathrm{d}I}{\mathrm{d}t}=2\ \mathrm{A/s}$ 的速度均匀增长.在导线附近有一个与之共面的直角三角形线框，其一边与导线平行.求此线框中产生的感应电动势的大小和方向.

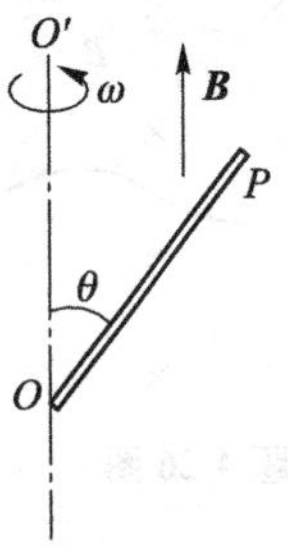

习题 4.31 图

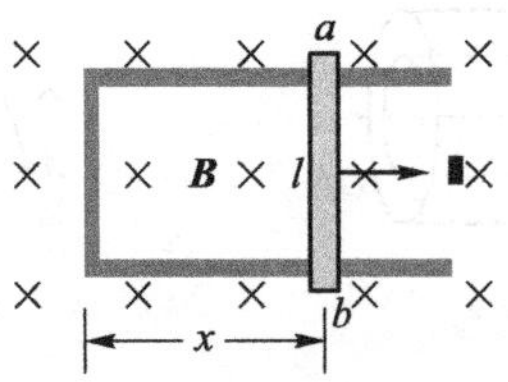

习题 4.32 图

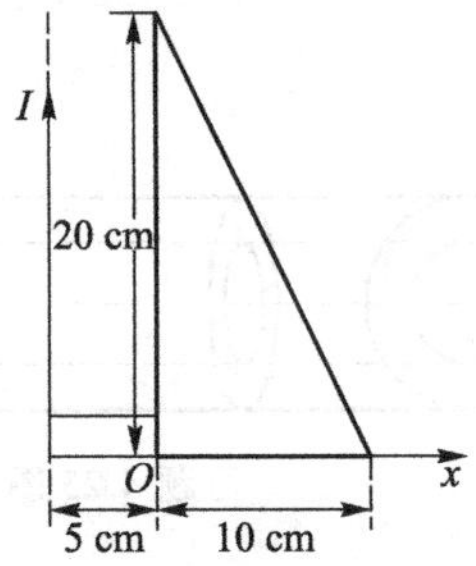

习题 4.33 图

4.34 在半径为 R 的圆柱形空间中，存在着均匀磁场 $\boldsymbol{B}$，方向与轴线平行，如本题图所示.有一长为 L 的金属棒 ab 的置于磁场中，令磁场的变化率 $\frac{\mathrm{d}B}{\mathrm{d}t}=k(k>0$，是一常量$)$，计算 ab 中的电动势.

4.35 一圆形线圈由 50 匝表面绝缘的细导线绕成，圆面积为 $S=4.0\ \mathrm{cm}^2$，放在另一个半径 $R=20\ \mathrm{cm}$ 的大圆形线圈中心，两者同轴，如本题图所示，大线圈由 100 匝表面绝缘的细导线绕成.

(1) 求这两线圈的互感；

(2) 当大圆形导线中的电流每秒减少 50 A 时，求小线圈中的感应电动势.

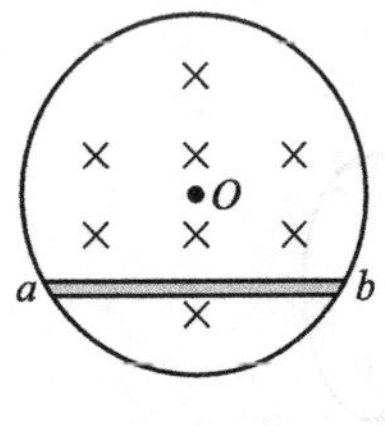

习题 4.34 图

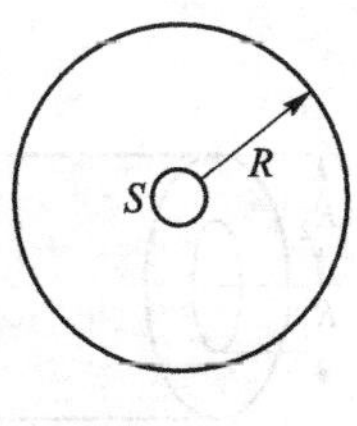

习题 4.35 图

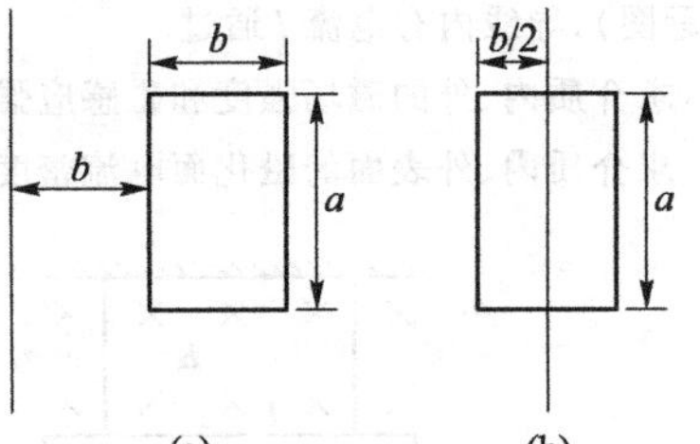

习题 4.36 图

4.36 如本题图，一矩形线圈长 $a=20\ \mathrm{cm}$，宽 $b=10\ \mathrm{cm}$，由 100 匝表面绝缘的导线绕成，放在很长的直导线旁边并与之共面，这长直导线是一闭合回路的一部分，其他部分离线圈都很远，影响可忽略不计.求图中(a)和(b)两种情形下，线圈与长直导线之间的互感.

4.37 已知在某频率下电容、电阻的阻抗数值之比为 $Z_C:Z_R=3:4$，若在串联电路两端加总电压 $U=100\ \mathrm{V}$.

(1) 电容、电阻元件上的电压 U_C、U_R 为多少？

(2) 电阻元件中的电流与总电压之间的相位差.

4.38 一网络在某一频率下阻抗及电抗分别为 $2\ \Omega$ 及 $-\sqrt{3}\ \Omega$，求该网络的有功电阻和辐角.

第5章

电磁波及信息传输

麦克斯韦系统地研究了前人的成果，特别是总结了库仑、安培以及法拉第等人的理论，在此基础上麦克斯韦提出了涡旋电场和位移电流的假设，将电磁现象的规律归纳成体系完整的，具有普遍意义的电磁场理论，并预言了电磁波的存在.赫兹等人在实验上证实了麦克斯韦电磁理论的正确性，证实了光波只是某一波段的电磁波，揭开了电磁通信和信息社会发展的新篇章.当今，电磁波传输已成为人类传输和获取信息（特别是远距离传送信息）的最主要手段，成为人类信息社会的重要支柱.

§5.1 麦克斯韦方程组

1 矢量运算与微分

在电磁学中会常常用到矢量运算和矢量微分,在矢量运算中常用的有:矢量点乘和叉乘,分别表示为 $\boldsymbol{A}\cdot\boldsymbol{B}$ 和 $\boldsymbol{A}\times\boldsymbol{B}$.在直角坐标系中它们之间的乘积关系可表示为

$$\begin{aligned}\boldsymbol{A}\cdot\boldsymbol{B}&=(A_x\boldsymbol{i}+A_y\boldsymbol{j}+A_z\boldsymbol{k})\cdot(B_x\boldsymbol{i}+B_y\boldsymbol{j}+B_z\boldsymbol{k})\\&=A_xB_x+A_yB_y+A_zB_z\end{aligned}\tag{5.1.1}$$

$$\boldsymbol{A}\times\boldsymbol{B}=\begin{pmatrix}\boldsymbol{i}&\boldsymbol{j}&\boldsymbol{k}\\A_x&A_y&A_z\\B_x&B_y&B_z\end{pmatrix}=(A_yB_z-A_zB_y)\boldsymbol{i}+(A_zB_x-A_xB_z)\boldsymbol{j}+(A_xB_y-A_yB_x)\boldsymbol{k}\tag{5.1.2}$$

矢量微分有梯度、散度和旋度.梯度运算可表示为

$$\mathrm{grad}\ \boldsymbol{A}=\frac{\partial A}{\partial x}\boldsymbol{i}+\frac{\partial A}{\partial y}\boldsymbol{j}+\frac{\partial A}{\partial z}\boldsymbol{k}$$

或用算符表示为

$$\nabla\boldsymbol{A}=\frac{\partial A}{\partial x}\boldsymbol{i}+\frac{\partial A}{\partial y}\boldsymbol{j}+\frac{\partial A}{\partial z}\boldsymbol{k}\tag{5.1.3}$$

式中 $\nabla=\frac{\partial}{\partial x}\boldsymbol{i}+\frac{\partial}{\partial y}\boldsymbol{j}+\frac{\partial}{\partial z}\boldsymbol{k}$,称为哈密顿算符.

散度运算:

$$\mathrm{div}\ \boldsymbol{A}=\frac{\partial A}{\partial x}+\frac{\partial A}{\partial y}+\frac{\partial A}{\partial z}$$

用算符表示为

$$\nabla\cdot\boldsymbol{A}=\frac{\partial A}{\partial x}+\frac{\partial A}{\partial y}+\frac{\partial A}{\partial z}\tag{5.1.4}$$

旋度运算:

$$\begin{aligned}\mathrm{rot}\ \boldsymbol{A}&=\nabla\times\boldsymbol{A}=\begin{pmatrix}\boldsymbol{i}&\boldsymbol{j}&\boldsymbol{k}\\\frac{\partial}{\partial x}&\frac{\partial}{\partial y}&\frac{\partial}{\partial z}\\A_x&A_y&A_z\end{pmatrix}\\&=\left(\frac{\partial A_z}{\partial y}-\frac{\partial A_y}{\partial z}\right)\boldsymbol{i}+\left(\frac{\partial A_x}{\partial z}-\frac{\partial A_z}{\partial x}\right)\boldsymbol{j}+\left(\frac{\partial A_y}{\partial x}-\frac{\partial A_x}{\partial y}\right)\boldsymbol{k}\end{aligned}\tag{5.1.5}$$

满足关系 $\nabla\cdot\boldsymbol{A}\neq0$ 的矢量 $\boldsymbol{A}$ 场为有源场;满足 $\nabla\times\boldsymbol{A}\neq0$ 的场为有旋场.

在矢量分析中有两个重要公式,其一,斯托克斯公式给出了一个矢量 $\boldsymbol{A}$ 沿闭合路径 l 的积分与以 l 为边界的任意曲面 S 面积分之间的关系

$$\oint_l \boldsymbol{A} \cdot \mathbf{d}\boldsymbol{l} = \int_S (\nabla \times \boldsymbol{A}) \cdot \mathbf{d}\boldsymbol{S} \tag{5.1.6}$$

其二,奥-高公式给出了一个矢量 $\boldsymbol{A}$ 沿闭合曲面 S 的积分与以 S 为边界的体积 V 积分之间的关系

$$\oint_S \boldsymbol{A} \cdot \mathrm{d}\boldsymbol{S} = \int_V (\nabla \cdot \boldsymbol{A}) \cdot \mathrm{d}V \tag{5.1.7}$$

2 涡旋电场和位移电流

从前面学过的电磁场性质知道,磁感应线与静电场线不同.静电场线总是从止电荷出发,终止于负电荷,电场线有头有尾.而磁感应线没有起始,是封闭曲线,即磁感应线永远构成闭合回路.磁感应线通过任何一个封闭的曲面,一定是进去多少出来多少,不会中断.因此磁通量对一个封闭曲面一定满足关系

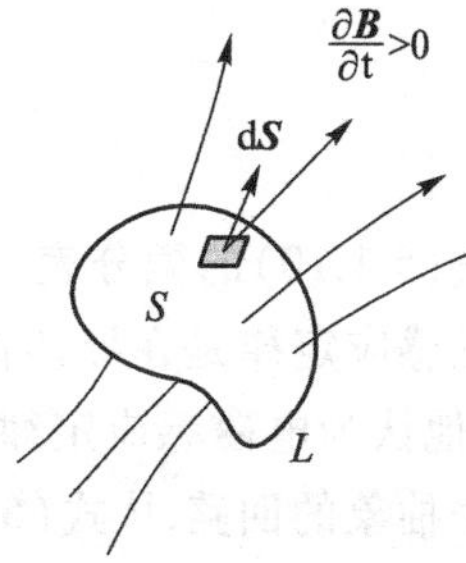

图 5-1-1 导体回路中产生感应电动势的示意图

$$\Phi_{\mathrm{m}} = \oint_S \boldsymbol{B} \cdot \mathrm{d}\boldsymbol{S} = 0$$

常将此式称为磁通量的连续性原理.

2.1 涡旋电场

上一章 4.9 节我们已经学过电磁感应现象,知道了随时间变化的磁场会使附近导体回路中产生电流的现象.由这种方法产生的电流称为感应电流,它条件的是:穿过线圈的磁通量发生变化时,线圈回路中会产生感应电流.电磁感应发生时,导致线圈回路中产生感应电流的原因是导体内部存在一个电势差,称为电动势,它是一种非静电力.正是这种电动势的作用驱动电子移动而产生电流,我们把这种由于磁通量变化产生的电动势称为感应电动势.即使不形成闭合回路,感应电流不存在,而感应电动势仍然存在,所以电磁感应现象产生的原因应该是在导体内部产生了感应电动势.由此总结出电磁感应定律:闭合线圈中的感应电动势与通过该线圈内部的磁通量变化率成正比.设 L 为闭合线圈,S 为以 L 为边界的曲面,$\mathrm{d}\boldsymbol{S}$ 为 S 上的一个面元,如图 5-1-1 所示.按照惯例,规定 L 的绕行方向与 $\mathrm{d}\boldsymbol{S}$ 的法线方向成右手螺旋关系.实验表明,当通过 S 的磁通量随时间增加时,在线圈 L 上的感应电动势 $\mathscr{E}_{\mathrm{i}}$ 与所规定的 L 绕行方向相反,因此感应电动势可表示为

$$\mathscr{E}_{\mathrm{i}} = -\frac{\partial}{\partial t}\int_S \boldsymbol{B} \cdot \mathrm{d}\boldsymbol{S} \tag{5.1.8}$$

磁通量随时间变化,可分为两种情况.第一种是磁场不变,导体回路变化;第二是导体回路不变,而磁场随时间变化.由于导体中的感应电动势是自由电荷受到了非静电力的作用所致.对应上面所说的两种变化情况,第一种情况的非静电力是指洛伦兹力;而第二种情况的非静电力是由于磁场随时间变化而激发的感生电场.由此可见,变化的磁场激发了电场,这就是电磁感应现象,这是电场和磁场内部矛盾运动的表现.电磁感应现象的实质是变化的磁场在其周围空间激发了感应电场 $\boldsymbol{E}_{\mathrm{i}}$,它不是静电场.感应电场 $\boldsymbol{E}_{\mathrm{i}}$ 与静电场 $\boldsymbol{E}$ 的共同点就是对电荷有作用力;与静电场不同的地方它不是由电荷激发而是由变化的磁场激发,其电场线是闭合的,因此称为涡旋电场,它不是保守场,它的环路积分不为零,即满足关系 $\oint_l \boldsymbol{E}_{\mathrm{i}} . \mathrm{d}\boldsymbol{l} \neq 0$. 前面所提的感应电动势则是感应电场 $\boldsymbol{E}_{\mathrm{i}}$

对单位电荷在闭合回路中所做的功,可表示为

$$\mathscr{E}_{\mathrm{i}}=\oint_{l}\boldsymbol{E}_{\mathrm{i}}\cdot\mathrm{d}\boldsymbol{l} \tag{5.1.9}$$

当 $\boldsymbol{E}_{\mathrm{i}}$ 和 $\boldsymbol{B}$ 是空间和时间的连续函数,且具有连续的空间和时间导数,若回路 l 是空间中的一条固定回路,由式(5.1.8)和式(5.1.9)有

$$\oint_{l}\boldsymbol{E}_{\mathrm{i}}\cdot\mathrm{d}\boldsymbol{l}=-\int_{S}\frac{\partial\boldsymbol{B}}{\partial t}\cdot\mathrm{d}\boldsymbol{S} \tag{5.1.10}$$

由于 S 是以 l 为边界的任意曲面,应用斯托克斯公式 $\oint_{l}\boldsymbol{E}_{\mathrm{i}}\cdot\mathbf{d}\boldsymbol{l}=\int_{S}(\nabla\times\boldsymbol{E}_{\mathrm{i}})\cdot\mathbf{d}\boldsymbol{S}$,可以得到微分表示式

$$\nabla\times\boldsymbol{E}_{\mathrm{i}}=-\frac{\partial\boldsymbol{B}}{\partial t} \tag{5.1.11}$$

这是式(5.1.10)的微分表示,这一公式给出了电场与磁场之间更为广义的关系.前面所学的法拉第电磁感应定律是在导体构成回路的条件下得到的,而麦克斯韦则给出了更为广义的回路构成条件,他认为电磁感应定律的正确性与回路的材料无关,回路可以是导体,也可以是介质,也可以是一个抽象的回路.从式(5.1.11)左边所满足 $\nabla\times\boldsymbol{E}_{\mathrm{i}}\neq0$ 的关系也可以看到,这时的感应电场是一个有旋场,因此称它为涡旋电场.

由式(5.1.10)和式(5.1.11)可知,当磁场不随时间变化时,就退化为静电场,所满足的无旋性基本方程为

$$\begin{cases}\oint_{l}\boldsymbol{E}\cdot\mathrm{d}\boldsymbol{l}=0\\ \nabla\times\boldsymbol{E}=0\end{cases} \tag{5.1.12}$$

对于静电场而言其电场线不是封闭曲线,对应的环路积分为零,因此是保守场.

2.2 位移电流

前面研究了变化的磁场激发电场问题,那么电场是否也可以激发磁场呢?根据上一章4.8节中的式(4.8.8),在介质中的恒定磁场中,磁场强度 $\boldsymbol{H}$ 的环流等于穿过回路的传导电流

$$\oint_{l}\boldsymbol{H}\cdot\mathrm{d}\boldsymbol{l}=\int_{S}\boldsymbol{J}\cdot\mathrm{d}\boldsymbol{S}$$

$\boldsymbol{J}$ 是传导电流密度.利用斯托克斯公式 $\oint_{l}\boldsymbol{H}\cdot\mathrm{d}\boldsymbol{l}=\int_{S}\nabla\times\boldsymbol{H}\cdot\mathrm{d}\boldsymbol{S}$,由于 S 是以 l 为边界的任意曲面,所以有

$$\nabla\times\boldsymbol{H}=\boldsymbol{J} \tag{5.1.13}$$

这是恒定磁场的安培环路定理的微分形式.它表明恒定电流激发的磁场是一个有旋场,磁感线是闭合曲线.对式(5.1.13)两边取散度运算可得 $\nabla\cdot\boldsymbol{J}=0$,这便是恒定电流的条件,因此上式只对恒定场成立.但是,若在一个包含电容器在内的闭合回路中,由于电容器的两个极板之间是绝缘介质,自由电子不能通过.电荷运动到极板上时会在两个极板上积累.在交流电路中,电容器交替的充放电,但在两个极板之间始终没有传导电流通过.所以电流 j 在该处实际上是中断的.在非恒定电流情况下,一般有 $\nabla\cdot\boldsymbol{J}=-\frac{\partial\rho}{\partial t}\neq0$,因此式(5.1.13)与电荷守恒定律发生矛盾.面对这一矛盾,由

于电荷守恒定律是普遍规律,需要修订的是恒定条件下得到的式(5.1.13),这就是麦克斯韦所解决的问题.根据第 4 章式(4.3.11),

$$\oint_S \boldsymbol{D}\cdot \mathrm{d}\boldsymbol{S}=\int_V \rho \mathrm{d}V$$

它表明,通过任意闭合曲面的电位移矢量的通量等于该曲面所包围的自由电荷.应用奥-高公式,有

$$\nabla\cdot\boldsymbol{D}=\rho \tag{5.1.14}$$

麦克斯韦分析了式(5.1.14),在非恒定情况下,该表示式成立.将电流连续性方程与上式联立,便可得到

$$\nabla\cdot\left(\boldsymbol{J}+\frac{\partial \boldsymbol{D}}{\partial t}\right)=0, \tag{5.1.15}$$

令 $\boldsymbol{J}_{\mathrm{d}}=\dfrac{\partial \boldsymbol{D}}{\partial t}$称为位移电流密度.麦克斯韦认为传导电流可以产生磁场,而位移电流也可以产生磁场.因此,原来的安培环路定理中还应该加上位移电流,式(5.1.15)便是全电流连续性方程.最后式(5.1.13)的右边应该也包含着位移电流,即修正为

$$\nabla\times\boldsymbol{H}=\boldsymbol{J}+\boldsymbol{J}_{\mathrm{d}}=\boldsymbol{J}+\frac{\partial \boldsymbol{D}}{\partial t} \tag{5.1.16}$$

对上式两边作曲面积分,并应用斯托克斯公式 $\int_S(\nabla\times\boldsymbol{H})\cdot\mathbf{d}\boldsymbol{S}=\oint_l \boldsymbol{H}\cdot\mathbf{d}\boldsymbol{l}$, 便可得到积分形式的方程

$$\oint_l \boldsymbol{H}\cdot \mathrm{d}\boldsymbol{l}=\iint_S\left(\boldsymbol{J}+\frac{\partial \boldsymbol{D}}{\partial t}\right)\cdot \mathrm{d}\boldsymbol{S} \tag{5.1.17}$$

麦克斯韦在这个方程中通过位移电流深刻地揭露了变化的电场和磁场间的内在联系.由位移电流密度的定义 $\boldsymbol{J}_{\mathrm{d}}=\dfrac{\partial \boldsymbol{D}}{\partial t}$和电位移矢量表示 $\boldsymbol{D}=\varepsilon_0\boldsymbol{E}+\boldsymbol{P}$ 可以得到

$$\boldsymbol{J}_{\mathrm{d}}=\frac{\partial \boldsymbol{D}}{\partial t}=\varepsilon_0\frac{\partial \boldsymbol{E}}{\partial t}+\frac{\partial \boldsymbol{P}}{\partial t} \tag{5.1.18}$$

可见在一般的介质中,位移电流由两部分组成,式(5.1.18)右边第一项与随时间变化的电场相关,它在真空中也可以存在,是基本构成部分,它不代表任何形式的电荷移动;第二项是由极化强度随时间变化而引起的,称为极化电流,它表示介质中束缚电荷的移动.换句话说,位移电流并不是"电流",而是与随时间变化的电场有关;位移电流和传导电流的唯一共同点是它们都激发磁场,并且所激发的磁场规律相同.位移电流的实质是电场的时间变化率,它是麦克斯韦首先引入的,位移电流的正确性由以后的电磁波广泛应用所证实.

在真空中电位移矢量与电场强度的关系为 $\boldsymbol{D}=\varepsilon_0\boldsymbol{E}$,若面积不随时间变化,且在真空中没有传导电流($\boldsymbol{J}=0$),则式(5.1.17)可以改写为

$$\oint_l \boldsymbol{H}\cdot \mathrm{d}\boldsymbol{l}=\varepsilon_0\frac{\partial}{\partial t}\int_S \boldsymbol{E}\cdot \mathrm{d}\boldsymbol{S}=\varepsilon_0\frac{\partial \Phi_{\mathrm{e}}}{\partial t}$$

其中 Φ_{e} 为电场强度通量.此方程称为麦克斯韦感应定律,它描述了一个变化的电场强度通量会感应出一个磁场.这一公式与前面的式(5.1.10)具有相同的形式,说明磁通量和电场强度通量随

时间变化均可导致相互产生.

3 麦克斯韦方程组

在第四章中,我们从实验事实出发,分别研究了静电场和恒定磁场的基本性质以及它们所遵循的规律.麦克斯韦在前人研究成果的基础上,提出了"涡旋电场"和"位移电流"两个重要假设,找到了变化的电场和变化的磁场之间的联系,建立了统一的电磁场理论.

自由电荷产生的静电场(库仑场)是有源无旋场,我们用 $\boldsymbol{E}_c$ 和 $\boldsymbol{D}_c$ 表示静电场,则有 $\nabla \cdot \boldsymbol{D}_c=\rho$, $\nabla\times\boldsymbol{E}_c=0$,这里 ρ 是自由电荷密度.除静止电荷激发无旋电场外,随时间变化的磁场还会感生涡旋电场 $\boldsymbol{E}_i$,涡旋电场是有旋无源的,即 $\nabla\times\boldsymbol{E}_i=-\dfrac{\partial \boldsymbol{B}}{\partial t}$, $\nabla\cdot\boldsymbol{E}_i=0$.在一般情况下,电场可以由自由电荷和变化的磁场共同激发,若用 $\boldsymbol{D}$ 表示总电位移,用 $\boldsymbol{E}$ 表示总电场强度,则

$$\nabla\cdot\boldsymbol{D}=\rho \tag{5.1.19}$$

$$\nabla\times\boldsymbol{E}=-\frac{\partial \boldsymbol{B}}{\partial t} \tag{5.1.20}$$

对于磁场来说,恒定的传导电流产生的磁场是无源有旋场,即 $\nabla\cdot\boldsymbol{B}=0$, $\nabla\times\boldsymbol{H}=\boldsymbol{J}$,这里 $\boldsymbol{J}$ 是传导电流密度.不仅传导电流可以激发磁场,随时间变化的电场也可以激发涡旋磁场 $\nabla\times\boldsymbol{H}=\dfrac{\partial \boldsymbol{D}}{\partial t}$. 由传导电流激发的磁场和由变化的电场激发的磁场,虽然它们激发的方式不同,但它们所激发的磁场都是有旋无源场,磁感应线都是闭合的,即

$$\nabla\cdot\boldsymbol{B}=0 \tag{5.1.21}$$

$$\nabla\times\boldsymbol{H}=\boldsymbol{J}+\frac{\partial \boldsymbol{D}}{\partial t} \tag{5.1.22}$$

式(5.1.19)~式(5.1.22)系统完整地描述了电磁场普遍规律,为了后面使用方便,我们将这4个方程写在一起,即

$$\begin{cases}\nabla\cdot\boldsymbol{D}=\rho\\ \nabla\times\boldsymbol{E}=-\dfrac{\partial \boldsymbol{B}}{\partial t}\\ \nabla\cdot\boldsymbol{B}=0\\ \nabla\times\boldsymbol{H}=\boldsymbol{J}+\dfrac{\partial \boldsymbol{D}}{\partial t}\end{cases} \tag{5.1.23}$$

式(5.1.23)称为**麦克斯韦方程组**.由微分形式的麦克斯韦方程组式(5.1.23)可以看出,方程组第二式和第四式分别表示电场和磁场的旋度,方程组第一式和第三式分别表示电场和磁场的散度.方程第二式表示了随时间变化的磁场激发变化的电场.在方程组第四式中,当真空中传导电流 $\boldsymbol{J}=0$ 时,方程可变为 $\nabla\times\boldsymbol{B}=\mu_0\varepsilon_0\dfrac{\partial \boldsymbol{E}}{\partial t}$.这表明随时间变化的电场会激发变化的磁场;这种电场和磁场之间的相互作用中,电场和磁场可通过本身的相互激发而运动传播,由近及远地传播就形成了电磁波.它揭示出电磁场可以独立于电荷之外单独存在.

麦克斯韦方程组式(5.1.23)不是从几个公理中推导出来的,而是根据科学实验总结出来的

电磁运动规律.麦克斯韦首先在理论上预言了电磁波的存在,并指出光波就是电磁波中的一部分,这是麦克斯韦方程的巨大贡献.后来的赫兹实验和近代无线电的广泛实践完全证实了麦克斯韦方程组的正确性.

利用麦克斯韦方程组求解电磁场问题时,还需知道描述介质中电磁性质的特性方程.一般情况下,描述介质宏观电磁场特性的方程为

$$\boldsymbol{D}=\varepsilon_0\boldsymbol{E}+\boldsymbol{P},\quad \boldsymbol{B}=\mu_0(\boldsymbol{H}+\boldsymbol{M}),\quad \boldsymbol{J}=\gamma\boldsymbol{E}$$

根据第 4 章式(4.3.5),对于各向同性的均匀电介质,$\boldsymbol{P}$ 与该点处的场强 $\boldsymbol{E}$ 成正比,$\boldsymbol{P}=\varepsilon_0\chi_e\boldsymbol{E}$;根据第 4 章式(4.8.10),在各向同性线性非铁磁介质中,磁化强度 $\boldsymbol{M}$ 和磁场强度 $\boldsymbol{H}$ 满足线性关系 $\boldsymbol{M}=\chi_m\boldsymbol{H}$.代入上式,可以得到各向同性线性介质的特性方程

$$\begin{cases}\boldsymbol{D}=\varepsilon\boldsymbol{E}\\ \boldsymbol{B}=\mu\boldsymbol{H}\\ \boldsymbol{J}=\gamma\boldsymbol{E}\end{cases}\tag{5.1.24}$$

其中的 $\mu=\mu_0(1+\chi_m)$ 为介质磁导率;$\varepsilon=\varepsilon_0(1+\chi_e)$ 为介质的电容率,在真空中为 ε_0;γ 为电导率.它们表示了场与介质之间的关系.

表 5-1-1　基本物理量及其单位

基本单位	电磁单位	基本常量
时间 t:秒(s)	自由电荷密度 ρ:库/米^3($\mathrm{C\cdot m^{-3}}$)	光速 $c=3\times10^8$ m/s
	传导电流密度 $\boldsymbol{j}$:安/米^2($\mathrm{A\cdot m^{-2}}$)	真空电容率 ε_0 8.85×10^{-12} F/m(F:法)
	电场 $\boldsymbol{E}$:牛/库($\mathrm{N\cdot C^{-1}}$)或伏/米($\mathrm{V\cdot m^{-1}}$)	介质中的电容率 $\varepsilon=\varepsilon_0(1+\chi_e)$
长度 L:米(m)	电位移矢量 $\boldsymbol{D}$:库/米^2($\mathrm{C\cdot m^{-2}}$)	电导率 γ:西/米(S/m)
	磁场强度 $\boldsymbol{H}$:安/米($\mathrm{A\cdot m^{-1}}$)	
	磁感应强度 $\boldsymbol{B}$:特(T)	

4　电磁场的边界条件

在应用微分形式的麦克斯韦方程组求解不同材料构成系统中的电磁场问题时,由于会涉及不同介质之间电场和磁场在界面上的关系问题,必须在边界两边应用麦克斯韦积分方程.为此,只需对微分形式的麦克斯韦方程组式(5.1.23)积分,并应用斯托克斯公式和奥-高公式,便可得到麦克斯韦方程组的积分形式

$$\begin{cases}\oint_S \boldsymbol{D}\cdot\mathrm{d}\boldsymbol{S}=\int_V\rho\mathrm{d}V\\ \oint_l \boldsymbol{E}\cdot\mathrm{d}\boldsymbol{l}=-\int_S\dfrac{\partial\boldsymbol{B}}{\partial t}\cdot\mathrm{d}\boldsymbol{S}\\ \oint_S \boldsymbol{B}\cdot\mathrm{d}\boldsymbol{S}=0\\ \oint_l \boldsymbol{H}\cdot\mathrm{d}\boldsymbol{l}=\iint_S\left(\boldsymbol{j}+\dfrac{\partial\boldsymbol{D}}{\partial t}\right)\cdot\mathrm{d}\boldsymbol{S}\end{cases}\tag{5.1.25}$$

在两种不同介质的分界面上,根据介质的不同,可分成几种边界条件.

4.1 磁介质界面上的边界条件

研究两个磁介质界面连接处场的强度变化关系,可在两个磁介质界面上作如图 5-1-2 所示的闭合微小曲面,再利用关系:$\oint_S \boldsymbol{B}\cdot \mathrm{d}\boldsymbol{S}=0$,便可得到磁感应强度法线分量连续条件

$$\boldsymbol{e}_{\mathrm{n}}\cdot(\boldsymbol{B}_2-\boldsymbol{B}_1)=0 \quad 或 \quad B_{2\mathrm{n}}=B_{1\mathrm{n}} \tag{5.1.26}$$

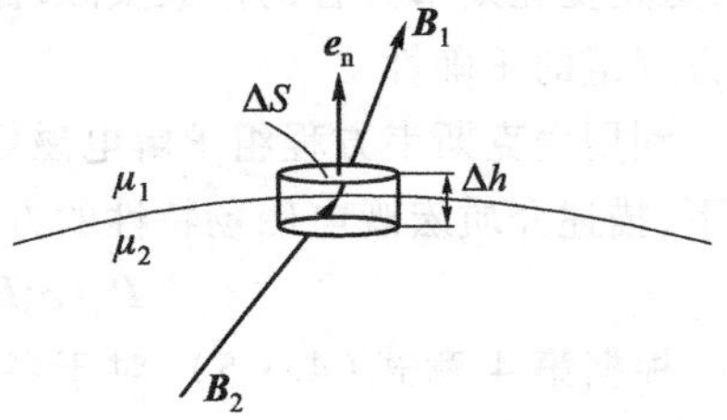

图 5-1-2 两个不同磁介质界面间的磁场关系

同样的办法,利用 $\oint_l \boldsymbol{H}\cdot \mathrm{d}\boldsymbol{l}=\iint_S\left(\boldsymbol{J}+\dfrac{\partial \boldsymbol{D}}{\partial t}\right)\cdot \mathrm{d}\boldsymbol{S}$ 关系,并考虑到两个介质分界面上没有传导电流,且由于矩形回路的面积很小并趋于零,如图 5-1-3 所示,因此方程中的右边为零,这样便得到了磁场强度在切向分量的连续性条件:

$$\boldsymbol{e}_{\mathrm{n}}\times(\boldsymbol{H}_2-\boldsymbol{H}_1)=0 \quad 或 \quad H_{2\mathrm{t}}=H_{1\mathrm{t}} \tag{5.1.27}$$

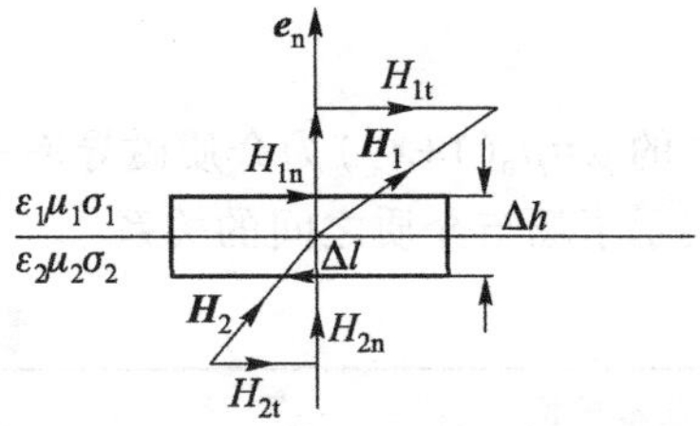

图 5-1-3 两个不同介质界面间的磁场关系

4.2 电介质界面上的边界条件

由于在电介质界面上没有自由电荷,根据 $\oint_S \boldsymbol{D}\cdot \mathrm{d}\boldsymbol{S}=\int_V \rho \mathrm{d}V$,因此方程右边的积分为零.仿照磁介质界面的做法,同样可以得到两个介质分界面法向方向的连续性条件:

$$\boldsymbol{e}_{\mathrm{n}}\cdot(\boldsymbol{D}_2-\boldsymbol{D}_1)=0 \quad 或 \quad D_{2\mathrm{n}}=D_{1\mathrm{n}} \tag{5.1.28}$$

同样的,在两个介质界面上利用 $\oint_l \boldsymbol{E}\cdot \mathrm{d}\boldsymbol{l}=-\int_S \dfrac{\partial \boldsymbol{B}}{\partial t}\cdot \mathrm{d}\boldsymbol{S}$,可以得到在切向方向的连续性条件为

$$\boldsymbol{e}_{\mathrm{n}}\times(\boldsymbol{E}_2-\boldsymbol{E}_1)=0 \quad 或 \quad E_{2\mathrm{t}}=E_{1\mathrm{t}} \tag{5.1.29}$$

4.3 导体界面上的边界条件

利用上面的方法,同时考虑到在导体界面上有自由电荷,可以得到

$$\boldsymbol{e}_{\mathrm{n}}\cdot(\boldsymbol{D}_2-\boldsymbol{D}_1)=\sigma_{\mathrm{eo}} \quad 或 \quad D_{2\mathrm{n}}-D_{1\mathrm{n}}=\sigma_{\mathrm{eo}} \tag{5.1.30}$$

其中 σ_{eo} 是导体界面上的自由电荷面密度.正是由于传导电流的存在,因此要将电流的连续性方程 $\oint_S \boldsymbol{J}\cdot \mathrm{d}\boldsymbol{S}+\dfrac{\partial}{\partial t}\int_V \rho \mathrm{d}V=0$ 运用到两个导体界面上,同样可以得到传导电流法向分量的连续性条件

$$\boldsymbol{e}_{\mathrm{n}}\cdot(\boldsymbol{J}_2-\boldsymbol{J}_1)=\frac{\partial \sigma_{\mathrm{eo}}}{\partial t} \tag{5.1.31}$$

对于导体而言,由于界面上存在传导电流,因此可将式(5.1.27)改写为

$$\boldsymbol{e}_{\mathrm{n}}\times(\boldsymbol{H}_2-\boldsymbol{H}_1)=\boldsymbol{J} \tag{5.1.32}$$

其中 $\boldsymbol{J}$ 为界面传导电流线密度.而式(5.1.31)和式(5.1.32)对导体界面同样适用.

5 电磁波源与传播

严格来讲,若给定整个空间中自由电荷密度分布 $\rho(x,t)$、传导电流密度分布 $\boldsymbol{J}(x,t)$、不同介

质的 ε 和 μ 的分布以及不同介质区域间的边界条件，就可以由麦克斯韦方程组解出全空间的电磁场及其变化规律.但对具体问题的求解却非常困难.例如：从点光源(S)发光，通过一个凸透镜(L)到其后屏幕(M)上成像，如图 5-1-4 所示.用几何光学方法可以很容易画出成像的光路图.但若直接用麦克斯韦方程组求解，则首先要求解光源区内及其附近的电磁场，再利用在透镜面上的边界条件求得透镜玻璃内的电磁场，并进而求透镜后空间的电磁场，从而得到屏幕上的像.对较为复杂一点的问题，求解各部分空间偏微分方程几乎是不可能的.但电磁场主要用于信息传输，在这类问题中，电磁波源[$\rho(x,t)$ 或 $J(x,t)$ 不等于零]的区域相对于电磁波自由传播区间是很小的，我们可以将波源及电磁波在均匀介质(包括真空中)中的传播分为不同的区域，以便分别讨论，而且通常对电磁波的观察和测量主要在均匀介质中.

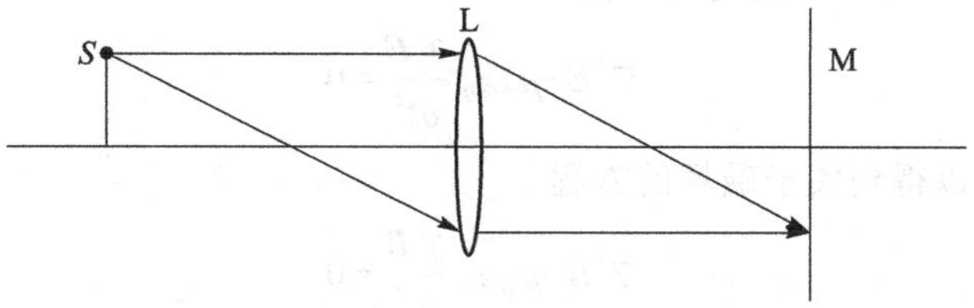

图 5-1-4　点光源经过透镜在屏幕上成像示意图

不同频率电磁波的源是不同的，如光波源、毫米波源及米波源，这些我们将在后面有详细的讨论.电磁波理论主要应用于讨论电磁波在不同均匀介质、不同条件下的传播特性.这也是本章节的主要内容.

§5.2　电磁波的传播

通常在均匀介质空间(例如，在空气和真空中，自由电荷密度及传导电流密度都为零)中，变化电磁场会产生电磁波.在此区域内，麦克斯韦方程组是线性齐次方程组.两个相同边界条件下电磁波解的线性叠加仍是方程组的解，或者说，同一区域中所有电磁波的解构成线性空间.因此，两个电磁波源所产生的总的电磁波是两个波源分别产生的电磁波之和，这个结论对于实际应用十分重要.

1　均匀介质中的电磁波波动方程

麦克斯韦方程组式(5.1.23)中的第二、第四两个公式，由于 $\partial \boldsymbol{B}/\partial t$ 和 $\partial \boldsymbol{D}/\partial t$ 两项的存在，意味着只要存在变化的磁场就会在其附近激发有旋电场；而所激发的有旋电场一般也会随时间变化，因而它又反过来在附近激发变化的有旋磁场.交替变化的有旋磁场和有旋电场相互激发，在空间传播出去，就形成了电磁波.

已经发射出去的电磁波，即使在激发它的波源消失后仍然会继续存在，向前传播.下面我们从麦克斯韦方程出发，导出电磁波的波动方程.

在没有电荷和电流分布($\rho=0, \boldsymbol{J}=0$)的均匀介质(或真空介质中)中，由于电场和磁场相互激发，由麦克斯韦方程组式(5.1.23)，可得电磁场运动规律所满足的齐次麦克斯韦方程

$$\begin{cases}\nabla\times\boldsymbol{E}=-\dfrac{\partial \boldsymbol{B}}{\partial t}\\ \nabla\times\boldsymbol{B}=\mu_0\varepsilon_0\dfrac{\partial \boldsymbol{E}}{\partial t}\\ \nabla\cdot\boldsymbol{E}=0\\ \nabla\cdot\boldsymbol{B}=0\end{cases}\tag{5.2.1}$$

利用式(5.2.1)中的第二式消除第一式中的磁场,便可得到关于电场的微分方程.例如,取其中的第一式的旋度并利用第二式,有$\nabla\times\nabla\times\boldsymbol{E}=-\dfrac{\partial}{\partial t}(\nabla\times\boldsymbol{B})=-\mu_0\varepsilon_0\dfrac{\partial^2\boldsymbol{E}}{\partial t^2}$.根据矢量运算关系$\nabla\times\nabla\times\boldsymbol{E}=\nabla(\nabla\cdot\boldsymbol{E})-\nabla^2\boldsymbol{E}=-\nabla^2\boldsymbol{E}$,可以得到波动方程

$$\nabla^2\boldsymbol{E}-\mu_0\varepsilon_0\frac{\partial^2\boldsymbol{E}}{\partial t^2}=0$$

利用同样的方法也可以得到关于磁场的方程

$$\nabla^2\boldsymbol{B}-\mu_0\varepsilon_0\frac{\partial^2\boldsymbol{B}}{\partial t^2}=0$$

令$c=1/\sqrt{\mu_0\varepsilon_0}$,便可得到

$$\begin{cases}\nabla^2\boldsymbol{E}-\dfrac{1}{c^2}\dfrac{\partial^2\boldsymbol{E}}{\partial t^2}=0\\ \nabla^2\boldsymbol{B}-\dfrac{1}{c^2}\dfrac{\partial^2\boldsymbol{B}}{\partial t^2}=0\end{cases}\tag{5.2.2}$$

c是电磁波在真空中的传播速度.这便是在真空介质中的电磁波波动方程,其解包含了各种形式的电磁波.在真空中(这是绝大多数情况),所有电磁波的相速度(包含各种频率的电磁波,例如无线电波、光波、X射线和γ射线等)都以速度$c=3\times10^8$ m/s传播,真空中的光速c是一个基本的物理常量之一.

尽管各类波的波动方程都类似,但电磁波和水波有本质的区别.水波必须有介质(水),水波是水局部周期性起伏、变化并向周围传播.而电磁波没有承受的介质,只是电场和磁场在真空中或介质中的周期性变化和传播.在真空中,所有电磁波都以同一光速传播,如果存在介质,介质只影响或改变电磁场($\boldsymbol{E}$与$\boldsymbol{D}$不同,$\boldsymbol{H}$与$\boldsymbol{B}$不同),介质本身的物性并不改变.这就是19世纪末,有无"以太"之争的最终结论(迈克耳孙-莫雷实验).

2 平面电磁波

按照激发和传播条件的不同,电磁波的场强可以有各种不同的形式,例如,无线广播天线发射出的是球面波,沿传输线或波导定向传播的波,由激光器发出的通常是高斯光束.它们都是波动方程的解.但由于所有电磁波构成线性空间,可以选择一组电磁波作为基组,其他电磁波可以表达为此基组电磁波的线性组合.最经常而且最方便的是选择所有平面电磁波作为基组,平面电磁波也具有最为直观的物理意义.

2.1 波动方程的平面波解

波动方程式(5.2.2)的解包含了各种形式的电磁波形式,其中最为简单的是平面波解.用复

数来表示电磁场,则沿着 z 方向传播的电磁波解可以写成:

$$\begin{cases}\boldsymbol{E}(z,t)=\boldsymbol{E}_0\mathrm{e}^{\mathrm{i}(\omega t-kz)}\\\boldsymbol{H}(z,t)=\boldsymbol{H}_0\mathrm{e}^{\mathrm{i}(\omega t-kz)}\end{cases}\tag{5.2.3}$$

其中 ω 和 k 分别是电磁波的频率和波数.指数因子$(\omega t-kz)$表示平面波的相位,它是表征平面电磁波状态的物理量.其中频率和周期 T、波数 k 和波长 λ 的关系为

$$\omega=2\pi/T,\quad k=2\pi/\lambda\tag{5.2.4}$$

当 $\omega t-kz=$常量时,对于某一时刻,垂直于 z 轴的平面称为等相位面,如图 5-2-1 所示.对 $\omega t-kz=$常量求微分可以得到

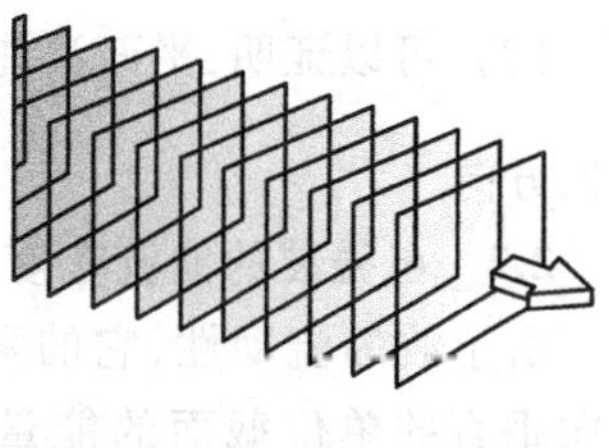

图 5-2-1　平面电磁波的等相位面

$$u_{\mathrm{p}}=\frac{\mathrm{d}z}{\mathrm{d}t}=\frac{\omega}{k}\tag{5.2.5}$$

这是等相位面传播的速度,称为**相速度**,它是波的恒定相位状态的传播速度.由式(5.2.5)可以得到 $u_{\mathrm{p}}T=\lambda$.由于以上平面电磁波式(5.2.5)中的 z 方向可以取成空间中的任何一个方向,因此平面电磁波的一般表达式是在式(5.2.5)中用矢量 $\boldsymbol{k}$ 及位置矢量 $\boldsymbol{r}$ 代替 k 及 z,用矢量 E_k 代替 E_0:

$$\begin{cases}\boldsymbol{E}(z,t)=\boldsymbol{E}_k\mathrm{e}^{\mathrm{i}(\omega t-\boldsymbol{k}\cdot\boldsymbol{r})}\\\boldsymbol{H}(z,t)=\boldsymbol{H}_k\mathrm{e}^{\mathrm{i}(\omega t-\boldsymbol{k}\cdot\boldsymbol{r})}\end{cases}\tag{5.2.6}$$

波动方程式(5.2.2)的解通常采用复函数[如 $\mathrm{e}^{\mathrm{i}(\omega t-\boldsymbol{k}\cdot\boldsymbol{r})}$]表示,而不直接用可测量的相应实函数[如 $E\cos(\omega t-\boldsymbol{k}\cdot\boldsymbol{r})$]描写物理量的变化.这是因为用复函数进行线性运算,特别是微分、积分运算比较简便、明了,对所得结果再取实部与取实部后再运算的结果相同.更为重要的是,若将 $\boldsymbol{E}_k\mathrm{e}^{\mathrm{i}(\omega t-\boldsymbol{k}\cdot\boldsymbol{r})}$ 看成是一个波,则其波前同相位面是沿 $\boldsymbol{k}$ 方向以相速度前进,和通常水的“行波”类似,也被称之为电磁行波.如果定义了电磁场的能量密度,则行波的能流密度的方向也与波矢方向平行,流速也等于波的相速度.实际上,绝大多数问题都是涉及电磁波的传播,可以实实在在将其看成是一个向前行进的波.由平面波组成的球面波,也可看成是由中心点源向四周发射电磁波或电磁能.在均匀介质中,单色电磁波的波动方程为

$$\nabla^2\boldsymbol{E}-\frac{1}{u_{\mathrm{p}}^2}\frac{\partial^2\boldsymbol{E}}{\partial t^2}=0$$

其中 $u_{\mathrm{p}}=1/\sqrt{\mu\varepsilon}$,它是电磁波在介质中的传播速度.在真空中由于 $\varepsilon_{\mathrm{r}}=\mu_{\mathrm{r}}=1$,有 $u_{\mathrm{p}}=c$.电磁波在可见光范围内时,人们通常用折射率 n 表示电磁波在介质和真空中两个相速度之比

$$n=c/u_{\mathrm{p}}=\sqrt{\varepsilon_{\mathrm{r}}\mu_{\mathrm{r}}}\tag{5.2.7}$$

在非铁磁物质中 $\mu_{\mathrm{r}}\approx1$,所以数值上 $n\approx\sqrt{\varepsilon_{\mathrm{r}}}$.这个公式在理论上将光学与电磁学联系在一起,它表明光波仅仅是一定频率范围内的电磁波.

由麦克斯韦方程和平面波解式(5.2.6)可以证明,电场和磁场满足关系 $\boldsymbol{E}=-\sqrt{\dfrac{\mu}{\varepsilon}}\boldsymbol{e}_k\times\boldsymbol{H}$ 和 $\boldsymbol{H}=\sqrt{\dfrac{\varepsilon}{\mu}}\boldsymbol{e}_k\times\boldsymbol{E}$(其中 $\boldsymbol{e}_k$ 表示波传播方向的单位矢量,它与波矢量方向相同),它表明电场和磁场相互垂直,两者同时垂直于电磁波的传播方向,因此平面电磁波是横波.总结**平面电磁行波的性**

质为：

（1）电磁波是横波，$\boldsymbol{E}$ 和 $\boldsymbol{B}$ 与传播方向 $\boldsymbol{k}$ 垂直.

（2）$\boldsymbol{E}$ 和 $\boldsymbol{B}$ 相互垂直，$\boldsymbol{E}\times\boldsymbol{B}$ 沿着波矢 $\boldsymbol{k}$ 方向.

（3）可以证明，平面波能流密度为 $\boldsymbol{S}=\sqrt{\dfrac{\varepsilon}{\mu}}E^2\boldsymbol{e}_k$，其平均值为 $\langle \boldsymbol{S}\rangle=\dfrac{1}{2}\sqrt{\dfrac{\varepsilon}{\mu}}E_0^2\boldsymbol{e}_k$，能流方向为波矢方向.

2.2 电磁波的能流密度

由于波的流动性，它的强弱通常是以能流密度来度量.**能流**是指单位时间内通过与波传播方向垂直的单位截面的能量.电磁波所携带的是电磁能，由上一章已知，电场和磁场的能量密度（单位体积的能量）分别是 $w_e=\dfrac{1}{2}\boldsymbol{E}\cdot\boldsymbol{D}$ 和 $w_m=\dfrac{1}{2}\boldsymbol{B}\cdot\boldsymbol{H}$.对平面电磁波，用 $S(z)$ 表示沿着 z 方向传播的能流密度，若电场在 x 方向，则磁场在 y 方向.这样在图 5-2-2 中的长方形体积 $\Delta x\Delta y\Delta z$ 中包含的电磁能为 $(w_e+w_m)\Delta x\Delta y\Delta z$.单位时间内电磁能的减少在数学上应等于这个量对时间偏微商的负值.于是有

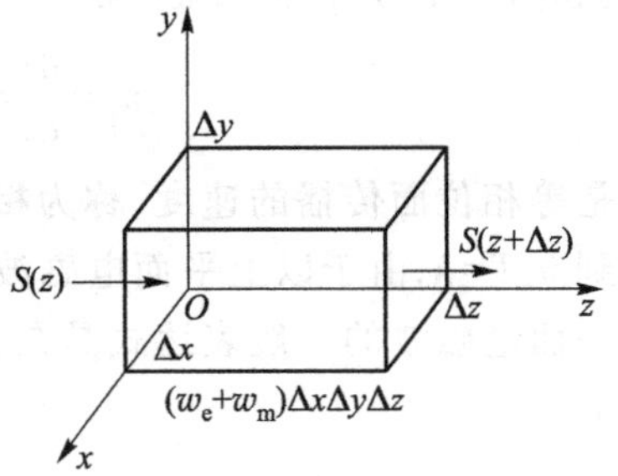

图 5-2-2 单位体积中的能流变化

$$[S(z+\Delta z)-S(z)]\Delta x\Delta y=-\frac{\partial}{\partial t}(w_e+w_m)\Delta x\Delta y\Delta z$$

或

$$\frac{S(z+\Delta z)-S(z)}{\Delta z}=\frac{\partial}{\partial t}(w_e+w_m)$$

当取 $\Delta z\to 0$ 的极限时，可以得到

$$\nabla_z\cdot\boldsymbol{S}=-\left[\frac{\partial}{\partial t}\left(\frac{1}{2}\boldsymbol{E}\cdot\boldsymbol{D}\right)+\frac{\partial}{\partial t}\left(\frac{1}{2}\boldsymbol{B}\cdot\boldsymbol{H}\right)\right]$$

在没有电流的各向同性均匀介质中，$\boldsymbol{D}=\varepsilon\boldsymbol{E}$，$\boldsymbol{B}=\mu\boldsymbol{H}$，代入上式右边，展开后得

$$\nabla_z\cdot\boldsymbol{S}=-\varepsilon\boldsymbol{E}\cdot\frac{\partial\boldsymbol{E}}{\partial t}-\mu\boldsymbol{H}\cdot\frac{\partial\boldsymbol{H}}{\partial t}$$

利用电场与磁场间的关系 $\nabla\times E=-\dfrac{\partial\boldsymbol{B}}{\partial t}=-\mu\dfrac{\partial\boldsymbol{H}}{\partial t}$ 和 $\nabla\times\boldsymbol{H}=\varepsilon\dfrac{\partial\boldsymbol{E}}{\partial t}$，上式变为

$$\nabla_z\cdot\boldsymbol{S}=-\boldsymbol{E}\cdot(\nabla\times\boldsymbol{H})+\boldsymbol{H}\cdot(\nabla\times\boldsymbol{E})$$

再利用矢量运算关系 $\boldsymbol{H}\cdot(\nabla\times\boldsymbol{E})-\boldsymbol{E}\cdot(\nabla\times\boldsymbol{H})=\nabla\cdot(\boldsymbol{E}\times\boldsymbol{H})$，代入上式，有 $\nabla_z\cdot\boldsymbol{S}=\nabla_z\cdot(\boldsymbol{E}\times\boldsymbol{H})$.因此，能流密度的一般形式为

$$\boldsymbol{S}=\boldsymbol{E}\times\boldsymbol{H} \tag{5.2.8}$$

这便是电磁波能流密度的表达式.由于电磁波是沿着 $\boldsymbol{k}$ 方向传播，其能量的传播方向与波的传播方向是一致的.在真空中由于平面电磁波满足关系：$\boldsymbol{E}=-\sqrt{\mu/\varepsilon}\,\boldsymbol{e}_k\times\boldsymbol{H}$ 和 $\boldsymbol{H}=\sqrt{\varepsilon/\mu}\,\boldsymbol{e}_k\times\boldsymbol{E}$，因此有 $\varepsilon\boldsymbol{E}^2=\boldsymbol{B}^2/\mu$.这样在平面电磁波中，电场和磁场能量相等，坡印廷矢量可以表示为：$\boldsymbol{S}=(\boldsymbol{E}\times\boldsymbol{H}^*+\boldsymbol{E}^*\times\boldsymbol{H})/2$，其中 $\boldsymbol{H}^*$ 和 $\boldsymbol{E}^*$ 分别是 $\boldsymbol{H}$ 和 $\boldsymbol{E}$ 的复共轭.

在空间任意一点处，坡印廷矢量的方向表示该点功率流的方向，其数值大小表示通过与能量流动方向相垂直的单位面积的功率，其单位为 W/m^2.还可以证明，式(5.2.8)具有普遍性，可应用于非平面波电磁场.

3 电磁波的叠加原理

前面已经指出，电磁波是波动方程在真空或均匀介质空间的解.在绝大多数的实际情况中，电磁场都不太强，介质的介电常量等都不随电磁场强度而变化（和真空一样），是常量.波动方程是线性方程，边界条件也是线性的.因此波动方程解的线性叠加，即两个或多个电磁波之和也是电磁波，也满足波动方程.描述电磁波的波函数的微分和积分同样也是线性的.平面电磁波是分布在全空间的电磁波.

下面讨论电磁驻波.考虑相向传播的两个具有相同振幅和频率的平面电磁波（行波）的电场部分分别表示为

$$\boldsymbol{E}_1(z,t)=\boldsymbol{E}_{01}\mathrm{e}^{\mathrm{i}(\omega t-kz)},\quad \boldsymbol{E}_2(z,t)=\boldsymbol{E}_{01}\mathrm{e}^{\mathrm{i}(\omega t+kz)} \tag{5.2.9}$$

两个波具有相同的振幅、频率和波数，所不同的仅仅是传播方向不同.因此可以看成是一束电磁波被约束在两个反射器之间，两个反射器构成一个谐振腔.两个波分别是入射波和反射波.根据叠加原理，叠加后的电场为

$$\begin{aligned}\boldsymbol{E}(z,t)&=\boldsymbol{E}_{01}\mathrm{e}^{\mathrm{i}\omega t}(\mathrm{e}^{-\mathrm{i}kz}+\mathrm{e}^{\mathrm{i}kz})\\&=2\boldsymbol{E}_{01}\cos(kz)\mathrm{e}^{\mathrm{i}\omega t}\end{aligned} \tag{5.2.10}$$

相应的强度为

$$|\boldsymbol{E}(z,t)|^2=4\ |\boldsymbol{E}_{01}|^2\cos^2(kz) \tag{5.2.11}$$

方程中与时间无关的部分称为振幅：$2\boldsymbol{E}_{01}\cos(kz)$，它是一个周期函数.在传播空间中，当 $kz=n\pi$ $(n=0,1,2,3,\cdots)$时电场振幅最大，为 $|\boldsymbol{E}(z,t)|^2_{\max}=4\ |\boldsymbol{E}_{01}|^2$，这些位置称为波腹；而 $kz=(n+1/2)\pi(n=0,1,2,3,\cdots)$时电场振幅为零，$|\boldsymbol{E}(z,t)|^2_{\min}=0$，对应这些位置称为波节.将 $k=2\pi/\lambda$ 带入上 $kz=n\pi$ 式中，可得到 $z=n\dfrac{\lambda}{2}$.可见若电磁波在长度为 L 两个全反射器构成的腔之间传播，产生驻波的条件便是腔长为半波长的整数倍.能够形成驻波的这些频率或波长称为该腔的一个模式.

上面叠加的结果表明，叠加后的电场在有些地方会加强（振幅增加到原来的 2 倍，强度是原来的 4 倍），有些地方会减弱（强度和振幅为零）.这说明不同电磁波之间的相位具有固定的相位差时，或者说电磁波之间的相位具有一定的关联性时，它们的叠加便会产生类似于驻波的结果，即有些地方会加强，有些地方会减弱.我们称这样的叠加为相干叠加，总的电磁波称为相干电磁波.

对于一些由多个不相关的振动源组成的电磁波源，每个源发出一个波列，各波列之间的相位是随机的、不相关的、但传播是独立的（例如，一般光源都是由大量原子、分子组成，每个原子、分子随机地、独立发射电磁波），因此，对于这样的两个波列 $\boldsymbol{E}_1=\boldsymbol{E}_{10}\cos(\omega_1t-\boldsymbol{k}_1\cdot\boldsymbol{r}_1)$ 和 $\boldsymbol{E}_2=\boldsymbol{E}_{20}\cos(\omega_2t-\boldsymbol{k}_2\cdot\boldsymbol{r}_2)$ 的叠加，可以写为

$$|\boldsymbol{E}|^2=|\boldsymbol{E}_1+\boldsymbol{E}_2|^2=|\boldsymbol{E}_1|^2+|\boldsymbol{E}_2|^2+2|\boldsymbol{E}_{10}\cdot\boldsymbol{E}_{20}|\cos[(\omega_1-\omega_2)t+(\boldsymbol{k}_1\cdot\boldsymbol{r}_1-\boldsymbol{k}_2\cdot\boldsymbol{r}_2)] \tag{5.2.12}$$

其中 ω_1 和 ω_2 等都在短时间内随机变动.经过若干个波周期后,上面交叉项的平均值接近于零,最后只有前两项有贡献:$\langle|\boldsymbol{E}|^2\rangle=|\boldsymbol{E}_1|^2+|\boldsymbol{E}_2|^2$.这样的波源所发出的电磁波是由非相干的平面电磁波构成,称之为非相干波.特别是通常的光源,都是由约10^{13}至10^{15}个独立发射光的原子或分子构成.每个原子或分子发光的频率和时间都可能略有不同,叠加成的总光强显然是非相干的.非相干光的每一个平面波的组分都可认为是独立传播,互不干扰.除了特特殊的光源(如激光)外,自然界的光波都是非相干光.对于通常的光源,每个原子或分子独立地随机发射一段短的相干光束.以钠原子辐射的波长为589.0 nm的谱线宽度约为20 MHz,因此,在真空中其波列的长度约为15 m.若线宽达到100 MHz,其波列的长度也有3 m.因此这一段的长度不但远大于可见或红外光的波长,而且也远长于整个光路(从光波受调制开始至接收测量为止),所以整个点光源发射的光仍可看成是不同相干光束独立传播至终点再彼此强度叠加的结果.这个结论对讨论光学问题有特别重要的意义.

4 群速度

考虑两个振幅相同,频率和波矢量有着微小差异($\delta\omega$ 和 δk),在 z 方向传播的两个平面单色波的叠加情况.叠加后总的波函数可以写为:

$$\boldsymbol{E}(z,t)=\boldsymbol{E}_0\mathrm{e}^{\mathrm{i}(\omega t-kz)}+\boldsymbol{E}_0\mathrm{e}^{\mathrm{i}[(\omega+\delta\omega)t-(k+\delta k)z]}$$

令 $\bar{\omega}=\omega+\dfrac{1}{2}\delta\omega$,$\bar{k}=k+\dfrac{1}{2}\delta k$,这样上式可以简化为

$$\begin{aligned}\boldsymbol{E}(z,t)&=\boldsymbol{E}_0[\mathrm{e}^{-\mathrm{i}(\delta\omega t-\delta kz)/2}+\mathrm{e}^{\mathrm{i}(\delta\omega-\delta kz)/2}]\mathrm{e}^{\mathrm{i}(\bar{\omega}t-\bar{k}z)}\\&=2\,\boldsymbol{E}_0\cos[(\delta\omega t-\delta kz)/2]\mathrm{e}^{\mathrm{i}(\bar{\omega}t-\bar{k}z)}\end{aligned}$$

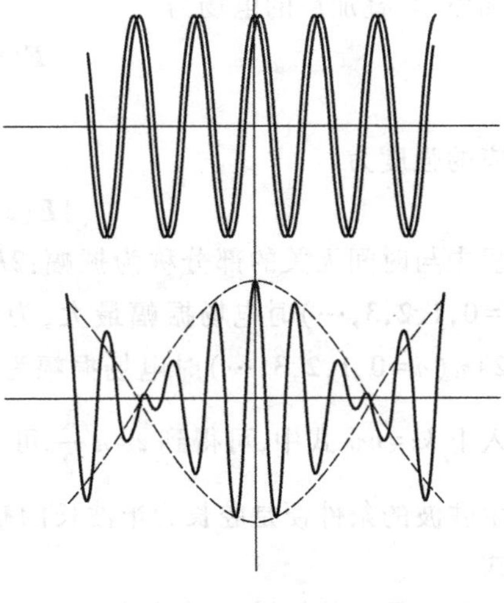

图 5-2-3 不同频率的单色波叠加形成波包

其中的相位因子 $\bar{\omega}t-\bar{k}z$ 表示叠加后的电磁波以新的频率和波矢量传播;前面的 $2E_0\cos[(\delta\omega t-\delta kz)/2]$ 是叠加后电场的振幅,它是时间和空间的函数.振幅的状态是由余弦函数中的相位因子 $(\delta\omega t-\delta kz)/2$ 来确定.由于 $\delta\omega$ 和 δk 远小于 $\bar{\omega}$ 和 $\bar{k}$,因此振幅与 $\mathrm{e}^{\mathrm{i}(\bar{\omega}t-\bar{k}z)}$ 相比是慢变化,慢变化的轮廓形成波包,如图 5-2-3 所示.当其相位因子为常量时对应着振幅传播时的等相位面.对其作微分运算可得

$$\frac{\mathrm{d}z}{\mathrm{d}t}=u_{\mathrm{g}}=\frac{\delta\omega}{\delta k}\tag{5.2.13}$$

u_{g} 称为群速度.由于 $\delta\omega$ 和 δk 很小,因此可以写为微分形式

$$u_{\mathrm{g}}=\frac{\mathrm{d}\omega}{\mathrm{d}k}\tag{5.2.14}$$

群速度表示合成波振幅 $2E_0\cos\left[\dfrac{1}{2}(\delta\omega t-\delta kz)\right]$ 中等相位面传播速度,因此它反映的是波包的传播速度.由于相速度表示为 $u_{\mathrm{p}}=\dfrac{\omega}{k}$,所以有 $\omega=ku_{\mathrm{p}}$,依据群速度定义,两者间的关系为

$$u_g=\frac{d(ku_p)}{dk}=u_p+k\frac{du_p}{dk}=u_p-\lambda\frac{du_p}{d\lambda} \tag{5.2.15}$$

上式是群速度与相速度之间的关系,其中第二项反映出相速度与波长变化之间的关系,因此群速度与色散相关.在真空中无色散,不同波长的单色波相速度相同,即$\frac{du_p}{d\lambda}=0$.这时群速度与相速度相等.当$\frac{du_p}{d\lambda}>0$(称为正常色散)时,群速度小于相速度.当$\frac{du_p}{d\lambda}<0$(反常色散)时,群速度大于相速度.当介质的色散很小时,构成波包的各单色波相速度相差较小,波包在传播过程中发散较慢,群速度才可近似地表示为波的能量传播速度.当介质的色散作用很强时,会导致波包弥散、变形,群速度就失去意义了.

5 傅里叶分析概述

利用基本的运动状态来表示复杂的运动状态是物理学中常用的方法.简谐振动或简谐波是最基本的一种运动方式,任意的非简谐波可分解成不同频率、不同振幅的简谐波的叠加,数学中的表述方法就是傅里叶分析.下面介绍怎样将任意函数展开成傅里叶级数或用傅里叶积分来表示.

假设$f(x)$是以$2l$为周期的函数,即满足关系$f(x+2l)=f(x)$,且在区间$[-l,l]$上绝对可积.则三角函数:

$$\frac{a_0}{2}+\sum_{n=1}^{\infty}\left[a_n\cos\left(\frac{n\pi}{l}x\right)+b_n\sin\left(\frac{n\pi}{l}x\right)\right] \tag{5.2.16}$$

称为函数$f(x)$的傅里叶级数,记为

$$f(x)\sim\frac{a_0}{2}+\sum_{n=1}^{\infty}\left[a_n\cos\left(\frac{n\pi}{l}x\right)+b_n\sin\left(\frac{n\pi}{l}x\right)\right] \tag{5.2.17}$$

式中a_n和b_n满足下式关系:

$$\begin{cases} a_n=\dfrac{1}{l}\displaystyle\int_{-l}^{l}f(x)\cos\left(\frac{n\pi}{l}x\right)\,dx \quad (n=0,1,2,\cdots) \\ b_n=\dfrac{1}{l}\displaystyle\int_{-l}^{l}f(x)\sin\left(\frac{n\pi}{l}x\right)\,dx \quad (n=1,2,3,\cdots) \end{cases} \tag{5.2.18}$$

在上述条件下若$f(x)$为奇函数,则$f(x)$的傅里叶级数为

$$f(x)\sim\sum_{n=1}^{\infty}b_n\sin\left(\frac{n\pi}{l}x\right) \tag{5.2.19}$$

式中$b_n=\frac{2}{l}\int_0^l f(x)\sin\left(\frac{n\pi}{l}x\right)dx\ (n=1,2,3,\cdots)$;若$f(x)$为偶函数,则$f(x)$的傅里叶级数为

$$f(x)\sim\frac{a_0}{2}+\sum_{n=1}^{\infty}a_n\cos\left(\frac{n\pi}{l}x\right) \tag{5.2.20}$$

式中

$$a_n=\frac{2}{l}\int_0^l f(x)\cos\left(\frac{n\pi}{l}x\right)dx \quad (n=0,1,2,\cdots)$$

例 5.1

将矩形函数

$$g(t)=\begin{cases}1 & (nT\leqslant t\leqslant nT+T/2)\\ 0 & (t<nT \text{ 或 } t>nT+T/2)\end{cases}$$

作傅里叶级数展开

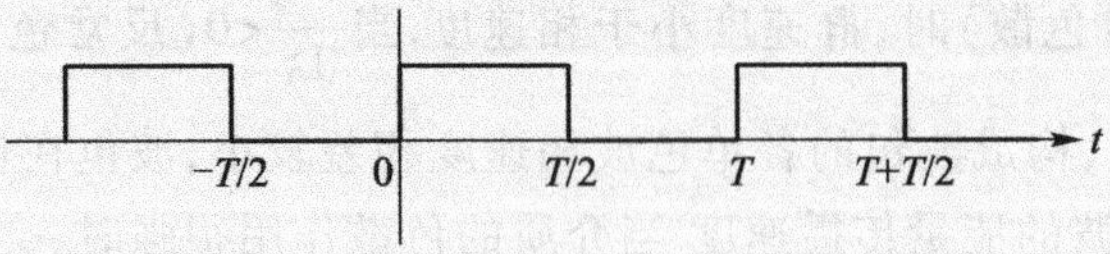

解 将(5.2.22)式中的 x 用 t,l 用 $T/2$ 替换,其函数的区间为$[-T/2,T/2]$,得傅里叶级数中的系数为

$$\begin{cases}a_n=\dfrac{2}{T}\displaystyle\int_0^{T/2}g(t)\cos\left(\dfrac{2n\pi}{T}t\right)\,\mathrm{d}t & (n=0,1,2,\cdots)\\ b_n=\dfrac{2}{T}\displaystyle\int_0^{T/2}g(t)\sin\left(\dfrac{2n\pi}{T}t\right)\,\mathrm{d}t & (n=1,2,3,\cdots)\end{cases}$$

最后得到

$$\begin{cases}a_n=\begin{cases}1 & (n=0)\\ 0 & (n\neq 0)\end{cases}\\ b_n=\begin{cases}\dfrac{2}{n\pi} & (n=1,3,5,\cdots)\\ 0 & (n=2,4,6,\cdots)\end{cases}\end{cases}$$

其中 $\omega=2\pi/T$,这样便得到 $g(t)$ 的傅里叶级数表示

$$g(t)=\frac{1}{2}+\frac{2}{\pi}\left[\sin(\omega t)+\frac{1}{3}\sin(3\omega t)+\frac{1}{5}\sin(5\omega t)+\cdots\right]$$

可见上式表示的是以频率为 ω 的奇数倍关系的平面波的叠加结果,是个收敛的无穷级数,所取的项越多,其和越接近矩形函数.这些频率是等间隔的、离散的,所以周期函数的频谱是分立的.这可以理解为一个具有周期性的函数可以分解为许多个不同频率、不同振幅的单色平面波的叠加.

非周期函数不能用傅里叶级数展开,但可以用傅里叶积分表示.若函数 $g(t)$ 在无穷区间$(-\infty,\infty)$内分段光滑(导数只有第一类间断点),并在无穷区间$(-\infty,\infty)$绝对可积,则它可用积分表示

$$\begin{cases}G(\omega)=\displaystyle\int_{-\infty}^{\infty}g(t)\mathrm{e}^{-\mathrm{i}\omega t}\mathrm{d}t\\ g(t)=\dfrac{1}{2\pi}\displaystyle\int_{-\infty}^{\infty}G(\omega)\mathrm{e}^{\mathrm{i}\omega t}\mathrm{d}\omega\end{cases}\tag{5.2.21}$$

称 $G(\omega)$ 是 $g(t)$ 的傅里叶变换,可记为 $G(\omega)=\mathbb{F}\{g(t)\}$.而 $g(t)$ 是 $G(\omega)$ 的逆傅里叶变换,记为 $g(t)=\mathbb{F}^{-1}\{G(\omega)\}$.傅里叶变换就是通过傅里叶积分将时间(空间)的函数变为频率(或空间频率)的函数,或相反的运算操作.常用的二维傅里叶变换表示为

$$g(x,y)=\iint_{\pm\infty}G(f_x,f_y)\,\mathrm{e}^{\mathrm{i}2\pi(f_x x+f_y y)}\,\mathrm{d}f_x\mathrm{d}f_y$$

$$G(f_x,f_y)=\iint_{\pm\infty}g(x,y)\,\mathrm{e}^{-\mathrm{i}2\pi(f_x x+f_y y)}\,\mathrm{d}x\mathrm{d}y\tag{5.2.22}$$

f_x, f_y 为空间频率的两个分量，$G(f_x, f_y)$ 是函数 $g(x,y)$ 的频谱函数.空间频率与波的空间周期性的物理量波长 λ 关系为 $(f_x^2+f_y^2+f_z^2)^{1/2}=|f|=\dfrac{1}{\lambda}$；空间频率与波的方向余弦的关系为 $\left(f_x=\dfrac{\cos\alpha}{\lambda}, f_y=\dfrac{\cos\beta}{\lambda}, f_z=\dfrac{\cos\gamma}{\lambda}\right)$.式(5.2.22)中的被积函数 $e^{i2\pi(f_x x+f_y y)}$ 恰好是空间频率为 f_x, f_y，传播方向为 $(\cos\alpha=f_x\lambda, \cos\beta=f_y\lambda)$ 的一个单频平面波.因此式(5.2.22)可以理解为一个具有任意波面形状的单频波可以分解为许多个不同传播方向(不同空间频率)、不同振幅的单频平面波的叠加.

例 5.2

一个频率为 ω_0，振幅为 A，持续时间为 τ 的单频率波列，其函数表示为

$$g(t)=\begin{cases}Ae^{i\omega_0 t} & (|t|\leqslant\tau/2)\\ 0 & (|t|>\tau/2)\end{cases}$$

求 $g(t)$ 的频谱分布.

解 $g(t)$ 所表示的一段波列，尽管是单色的，但它不是简谐波.它可以由许多不同频率、不同振幅的平面简谐波叠加而成.根据傅里叶积分式(5.2.21)中第一式，可以得到

$$G(\omega)=\int_{-\infty}^{\infty}g(t)e^{-i\omega t}dt=\int_{-\tau/2}^{\tau/2}Ae^{-i(\omega-\omega_0)t}dt$$

$$=A\tau\,\mathrm{sinc}\left(\frac{\delta\omega\tau}{2}\right)$$

其中 $\delta\omega=\omega-\omega_0$，$\mathrm{sinc}\,x=\dfrac{\sin x}{x}$.$G(\omega)$ 表示为 $g(t)$ 在时域的一段波列经傅立叶变换到频域的谱分布函数.$G_m(\omega)$ 为最大值，如图 5-2-4 所示.当 $\delta\omega=\omega-\omega_0=2\pi/\tau$ 时，对应的宽度用 $\Delta\omega$ 表示，称为频谱宽度.从图中可以看到，有限波列在频域的表现与波列的长度相关，波列愈短，$\Delta\omega=2\pi/\tau$ 频谱宽度愈宽；相反，波列愈长，频谱宽度愈窄，电磁场的单频性愈好.

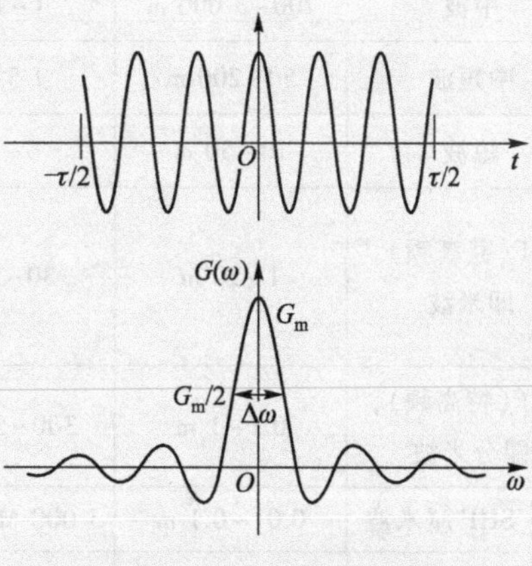

图 5-2-4　上图为有限时间的波列，下图是该波列的傅里叶变换

傅里叶定理可将任意时刻的电磁波场展开成一系列平面波的叠加，若每个平面波的传播是已知的，那么将这些平面波叠加起来，就可直接得出总电磁波在其后时刻的发展过程，同时也可知道电磁能是如何向各方向扩散的.在自由空间的电磁波可以用平面波展开，所以可以用来分类电磁波.

6　电磁波的频谱分布

在现代社会的日常生活中，人们是离不开电磁波的，电磁波的应用覆盖了众多领域.比较常用的电磁波是在 $10^4\sim3\times10^{11}$ Hz 之间，大于 10^{12} Hz 后则分别为红外线、可见光、紫外线、X 射线和 γ 射线，如图 5-2-5 和表 5-2-1 所示.

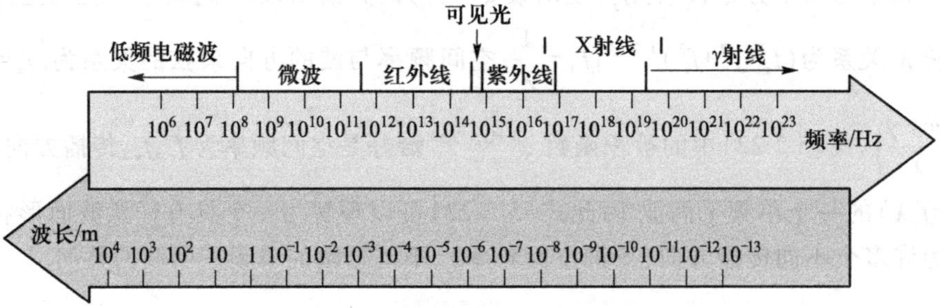

图 5-2-5 电磁波按频率和波长分布示意图

表 5-2-1 电磁波频率在 $10^4 \sim 10^{23}$ Hz 范围内的主要应用

波段		波长	频率	主要用途	附注
长波		3~30 km	10~100 kHz	电报通信	主要靠地波传播
中波		200~3 000 m	1~1.5 MHz	无线电广播,电报	主要靠地波传播
中短波		50~200 m	1.5~6 MHz	无线电广播,电报	主要靠天波传播
短波		10~50 m	6~30 MHz	无线电广播,电报	主要靠天波传播
VHF(甚高频),即米波		1~10 m	30~300 MHz	广播(含调频)、电视,雷达,导航,移动通信	以频率增高为序分为Ⅰ、Ⅱ、Ⅲ区. Ⅰ、Ⅲ区为电视频道;Ⅱ区为调频广播波段.
UHF(特高频),即分米波		0.1~1 m	300~3 000 MHz	广播,电视,雷达,导航,移动通信	UHF
微波	SHF 厘米波	0.01~0.1 m	3 000 MHz~30 GHz	雷达,导航	超高频
	EHF 毫米波	0.001~0.01 m	30~300 GHz	电视,雷达,导航及其他	极高频
红外波段	远红外	1 000~50 μm	6~0.3 THz	利用近红外光的光纤通信,红外线热成像仪,红外线天文卫星探测仪,红外加热器,红外遥感探测	一般说来,近红外光谱是由分子的倍频、合频产生的;中红外光谱属于分子的基频振动光谱;远红外光谱则属于分子的转动光谱和某些基团的振动光谱.
	中红外	50~3 μm	100~6.0 THz		
	近红外	3~0.78 μm	384~100 THz		
可见光	包括紫光、蓝绿光和红光	人眼感受到的波长范围是 380~780 nm	430~790 THz	光学成像,通信,图像传输,并在各个学科领域具有广泛的应用	主要是原子中的价电子在不同能态之间的跃迁所产生的,或分子的电子态之间的跃迁所产生. 光谱范围从紫外到近红外区间. 人眼睛感应最为灵敏的是在蓝绿光,中心波长约为 550 nm.

续表

波段		波长	频率	主要用途	附注
X射线	包括软 X 射线和硬 X 射线	0.01~10 nm	30 PHz~30 EHz	X射线成像诊断探测等	由高速电子束轰击金属靶产生,或原子内壳层电子跃迁所产生的.
γ射线		短于 0.02 nm	高于 15 EHz	原子核物理研究,天文学研究	γ射线是原子衰变裂解时放出的射线之一.由原子核内部由受激态到基态跃迁时的辐射.

§5.3 球面电磁波

1 球面电磁波

电磁波中的电场分量与磁场分量是通过麦克斯韦方程组耦合的,在利用波动方程讨论电磁波时,为简化描述可以只讨论电场分量 E,并可作为标量表示.整个波的能流密度则是$(|E|^2+|H|^2)c$,其中 H 表示磁场强度.

1.1 球面电磁波的能流

在一般情况下,一个点波源发射的是球面电磁波.球面电磁波的波阵面是球面,如图 5-3-1 所示.如将波函数 $f(r)\mathrm{e}^{\mathrm{i}(\omega t-k\cdot r)}$ 代入波动方程中,可得到的解是$f(r)=E/r$,E 是一个常量.因此球面波可以表示为 $E(r,t)=(E_k/r)\mathrm{e}^{\mathrm{i}(\omega t-k\cdot r)}$.当 r 趋近于零时,电场强度趋近于无穷,这表明在 $r=0$ 处有一个点波源.在半径为 r 的球面上电场总能流是 $4\pi cr^2E^2$(c 是光速).球面波的能量是由中心向外径向“扩散”传播.因此,其中任一条径线都是电磁波能量传播的方向,我们称之为波束线.球面波内每一时刻、每一点上都有电磁波.由于波的能量在传输过程中守恒,在以后不同时刻、不同球面上的总电磁能是固定的,不随 r 而变.因而可用单位半径长度的球面能流表示:$4\pi cE^2$,它也表示在 $r=0$ 处点波源向四周发射的总电磁能.球面波作点波源发射的电磁波,要求表达式中的 r 要远大于波源自身的尺度.

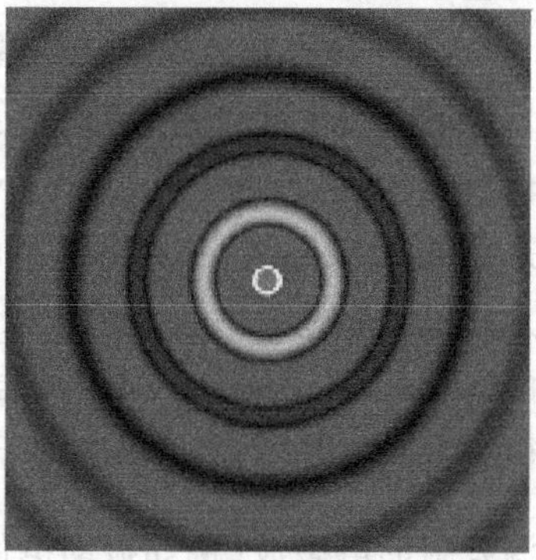

图 5-3-1 球面电磁波示意图

1.2 半球面波

以后,我们考虑经常应用的是“半球面波”.考虑在 $z=0$ 处有一不透光、双面全黑的黑屏.在黑屏中心存在小孔 A,其面积是 $2\pi a^2$.小孔的形状则因不同情况而异.半球点光源有两类,一类是在小孔上放置一个向 $z>0$ 方向(正向)辐射的点波源,向右辐射光波能流 $2\pi a^2E^2c$.则在 $z>0$ 半空间波动方程的稳态波解即为$(E/r)\mathrm{e}^{\mathrm{i}(\omega t-k\cdot r)}$,也就是整个球面波被黑屏截剩的一半,如图 5-3-2 所示.另一种产生半球面波的方式是从左侧 $z<0$ 入射电磁波，到达在小孔平面上的电场为 $Ee^{\mathrm{i}\omega t}$.若小孔不吸收光能，则向 $z>0$ 方向输出的电场总能流应为 $2\pi a^2E^2c$，能流方向着向 $z>0$.在屏右侧远离 A 孔 r 处，电磁波应为半球面波，在波前半球面上，总电磁能应等于小孔上的电磁能 $2\pi a^2E^2c$.电磁波可表示为

$$E(r,t)=(E_a/r)\mathrm{e}^{\mathrm{i}(\omega t-\boldsymbol{k}\cdot\boldsymbol{r})} \tag{5.3.1}$$

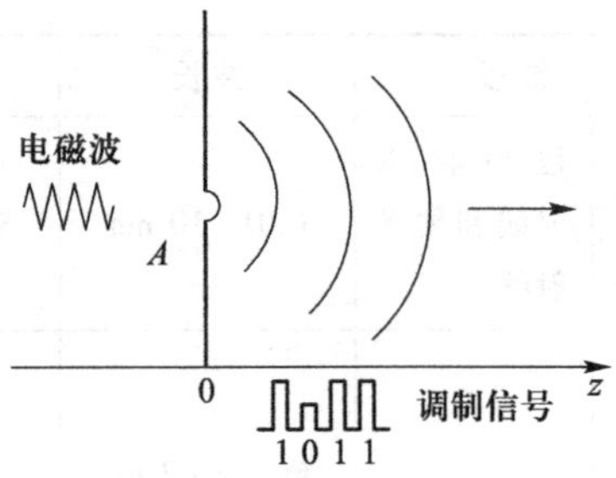

图 5-3-2　不透光屏上小孔传输电磁波示意图

此式可看成是点源（小孔）辐射的基本公式，也可看成在小孔 A 上持续的电磁波 $Ee^{\mathrm{i}\omega t}$源在 $z>0$ 的半空间中“激发”出半径为 r 的半球面电磁波.小孔出口处球面波源的相位应等同于小孔入口处电磁波的相位，半球面波波阵面即以小孔为中心的半球面，其上的总波能应等于小孔入口处的波能.当然，式(5.3.1)中小孔的尺度 a 是大于电磁波波长的，但它远小于光程 l，三者之间满足关系：$\lambda<a\ll l$.

以上有关半球面波的分析，引出一个对后面讨论光学干涉、衍射及光学图片处理都极其重要的基本结论：任何到达小孔的光波穿过小孔转变为以小孔为心的半球面波，保持频率、波长及相位不变.所谓任何能从左侧到达小孔的光波，是指波长、频率及电场强度（亦即波能流强度）确定的自相干平面波.在穿过小孔后都转化为半球面波.穿透后的半球面波具有与入射小孔前平面波相同的频率、波长及总波能流强度.如果认为穿过小孔的是假想中的平面波或平面波的一部分，它自左向右行进的过程，则在黑屏右侧出现半球面波是很难理解的或直观上似乎较难接受.稍后我们会在分析完整个半球面波族传输情况后，再在理论上解释这一过程，并以双孔衍射实验结果作为验证.

1.3　波动方程的球面波族解

电磁波可由各种类型的、位于原点的点波源产生，如振动的电偶极矩、电四极矩以及振动的磁偶极矩（小电流圈）等.若源的尺度大于电磁波波长，同时远小于传播空间的尺度，则波源可看成是点波源.实际上，一般光源都可看成是由发光分子作为点光源排列的阵列，每个原子或分子都是随机独立地发射自相干光束，频率一般在红外或可见光范围，相干长度一般远大于光学系统内的光程长度.不同分子发射的自相干光束之间彼此是不相干的.若电磁波是在微波波段，相干的微波源一般是所谓的“相控阵天线”，即数个有固定相位关系的微波天线构成.不同对称性的点波源发射的电磁波（例如振动电偶极矩发射的电磁波）也应该是波动方程 $\nabla^2\boldsymbol{E}-\dfrac{1}{c^2}\dfrac{\partial^2\boldsymbol{E}}{\partial t^2}=0$ 的解.

令 $E(r,t)=E(r)e^{\mathrm{i}\omega t}$，则波动方程变为

$$\nabla^2\boldsymbol{E}(r)+k^2\boldsymbol{E}(r)=0 \tag{5.3.2}$$

在球坐标系 (r,θ,φ) 中方程(5.3.2)可以写为

$$\frac{1}{r^2}\left[\frac{\partial}{\partial r}\left(r^2\frac{\partial}{\partial r}\right)+\frac{1}{\sin\theta}\frac{\partial}{\partial\theta}\left(\sin\theta\frac{\partial}{\partial\theta}\right)+\frac{1}{\sin^2\theta}\frac{\partial^2}{\partial\varphi^2}\right]E(r,\theta,\varphi)+k^2E(r,\theta,\varphi)=0 \tag{5.3.3}$$

利用分离变量法，引入 $E(r,\theta,\varphi)=R(r)Y(\theta,\varphi)=R(r)\Theta(\theta)\Phi(\varphi)$.将其代入式(5.3.3)之中，可以得到

$$\frac{1}{R(r)}\frac{\partial}{\partial r}\left[r^2\frac{\partial R(r)}{\partial r}\right]+k^2r^2=-\left\{\frac{1}{\Theta(\theta)}\frac{1}{\sin\theta}\frac{\partial}{\partial\theta}\left[\sin\theta\frac{\partial\Theta(\theta)}{\partial\theta}\right]+\frac{1}{\Phi(\varphi)}\frac{1}{\sin^2\theta}\frac{\partial^2\Phi(\varphi)}{\partial\varphi^2}\right\}$$

上面方程两边是不同变量之间的关系，引入一个参量 λ，使其两边等于同一个参量 λ，于是偏微分方程变成两个微分方程：

$$\frac{\mathrm{d}}{\mathrm{d}r}\left[r^2\frac{\mathrm{d}R(r)}{\mathrm{d}r}\right]+k^2r^2R(r)=R(r)\lambda \tag{5.3.4}$$

$$\frac{\sin\theta}{\Theta(\theta)}\frac{\mathrm{d}}{\mathrm{d}\theta}\left[\sin\theta\frac{\mathrm{d}\Theta(\theta)}{\mathrm{d}\theta}\right]+\lambda\sin^2\theta=-\frac{1}{\Phi(\varphi)}\frac{\mathrm{d}^2\Phi(\varphi)}{\mathrm{d}\varphi^2} \tag{5.3.5}$$

同样方程(5.3.5)等号两边也表示着不同变量之间的关系，再引入一个常量 m^2，使其两边都等于 m^2，于是又可得到两个方程

$$\frac{1}{\sin^2\theta}\frac{\mathrm{d}}{\mathrm{d}\theta}\left[\sin\theta\frac{\mathrm{d}\Theta(\theta)}{\mathrm{d}\theta}\right]+\left(\lambda-\frac{m^2}{\sin^2\theta}\right)\Theta(\theta)=0 \tag{5.3.6}$$

$$\frac{\mathrm{d}^2\Phi(\varphi)}{\mathrm{d}\varphi^2}+m^2\Phi(\varphi)=0 \tag{5.3.7}$$

方程(5.3.7)的解是 $\Phi(\varphi)=\mathrm{e}^{\mathrm{i}m\varphi}$，其中 m 可以取整数：$m=0,\pm1,\pm2,\pm3,\cdots$.在自由空间传播的电磁波，角频率 ω 和 k 是确定的，它们完全由波源所确定.根据常微分方程理论，对任意确定的 k，式(5.3.6)只在 $\lambda=0$ 时才有非零解，即：$\Theta(\theta)=$ 常量.

对于径向部分，令 $R(r)=x(r)/r,\rho=kr$，径向方程(5.3.4)可以改写为

$$\frac{\mathrm{d}^2x(\rho)}{\mathrm{d}\rho^2}+x(\rho)=0 \tag{5.3.8}$$

这样式(5.3.8)的径向解是 $x(\rho)=E_0\mathrm{e}^{-\mathrm{i}\rho}$，所以可以得到 $R(r)=(E_0/r)\mathrm{e}^{-\mathrm{i}k\cdot r}$.这样得到球面电磁波的通解为

$$E_m(r,t)=\frac{E_0}{r}\mathrm{e}^{\mathrm{i}(\omega t-k\cdot r)}\mathrm{e}^{\mathrm{i}m\varphi} \tag{5.3.9}$$

其中的 $m=0,\pm1,\pm2,\pm3,\cdots$，对于所有的 m，式(5.3.9)称之为球面波类.

前面分析的球面波只是球面波类中 $m=0$ 的特解.要注意的是，所有球面波类的波函数都与极向角 θ 无关，这表明，从波源出发的波束线，不论 m 是否为零，始终是直线.只是波束线的取向不同.当遇到阻碍物(如其他介质)时波束线才会转折，相位也会发生变化.根据傅里叶定律，在小孔所在 $z=0$ 的平面上，任何形状的光源都可以用 $\Phi(\varphi)=\mathrm{e}^{\mathrm{i}m\varphi}(m=0,\pm1,\pm2,\pm3,\cdots)$展开.由不同 m 构成的各个光束是相干光束，它们彼此之间也是相干的，可以相干叠加，因此不同 φ 方向对称的点波源(如电偶极矩、电四极矩、磁偶极矩)都可以直接发射相应对称性的半球面波.原子、分子独立发射的半球面波，相干长度就是发射的半球面波厚度 r_c.

需要进一步强调的是：在包括点波源在内的 $z>0$ 真空中，波动方程的稳态解只有半球面波类，当然也会有瞬态过程.但由于波动方程描述的不同空间点上电磁波的相互作用，瞬态过程最终趋向稳态解，这种过程的持续时间也只是光波的几个周期(大约是 $10^{-14}\sim10^{-13}$ s).在一般的实验中，人们利用宏观光学测量是不可能感知这个瞬态过程的.全空间被黑屏分开的两个半空间具有完全不同的结构.黑屏左侧空间，对于所有 $k_z>0$ 的平面波来说，都可看成是无穷均匀的空间，所有 $k_z>0$ 的平面波都是稳态解.对于包含点光源或小孔的黑屏右侧半空间，唯一的稳态解是半

球面波.因此“电磁波穿过小孔”的过程其实是两边稳态解的连接问题,连接的条件就是通过小孔的总波能流,以及通常光学过程中的一些“守恒量”,如频率、波长等.

以下在分析双孔衍射过程时,可以清晰地从实验上验证“小孔输出半球面波”的结论.

2 相干球面电磁波的信息传送

2.1 一维信息链的传输

人类利用电磁波的最主要功能是“远距离传送信息”.为此,我们先以光波为例综述传输信息的电磁波特性.本章所指“传输”是指光波的能量沿着局域能流矢量(或相速度方向)传向另一局域空间.如在 $z=0$ 平面上的点光源 S,向 $z>0$ 的半空间发射调幅的半球面波(e^{ikr}/r),并被置于 A 点的光波接收器所接收(如图 5-3-3 所示).

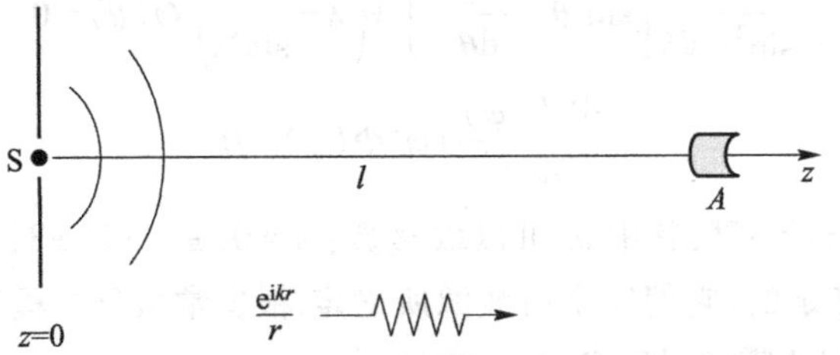

图 5-3-3　点源电磁波的传播与接收过程

作为点波源 S 的尺度(约为“毫米”量级)必须远远小于从 S 到 A 直线段的长度(称为光程) l.用电磁波传送信息,必须将电磁波源和空间传播一起考虑.我们知道,根据傅里叶定理,用平面波可以展开不包括光源在内“自由空间”的电磁波,而球面或半球面波包含了波源的信息,但由于存在极点(在原点 $r=0$ 处波函数发散),球面波是不能用平面波展开的.因此用半球面类波才是唯一可以简单解决“电磁波传输信息”的手段.

图 5-3-4 是一个完整传送一维数字序列信息系统示意图. z_0 处存在一个可调制的波源 S,按照所需传递信息的要求,编码发射出强度被(0,1)数字串调制的电磁波(低频调幅的电磁波).被调制的电磁波可在均匀介质中,或通过光纤、电缆传播到装在 z_1 平面上的电磁波接收器上.在接收端,可通过不同的手段(如用滤波等)将电磁波的高频部分滤除,并进而将所得的(0,1)低频信息链“解码”成被要求传送的信息.(0,1)数字信息链可以是由电视图像序列中的图像逐个编码成小段的数字列,也可以由声波编码而成.这就是当代数字电视或数字广播的基础.数字图像传输或数字声频传输不仅传输和保存的信息量大、速度快,而且长时间不会模糊.由于光波的频率远大于被传输信息的频率,两束以上、不同频率的电磁波可以叠加,实现多道信息传输.这也使当前用光波导实现国际互联网成为可能.

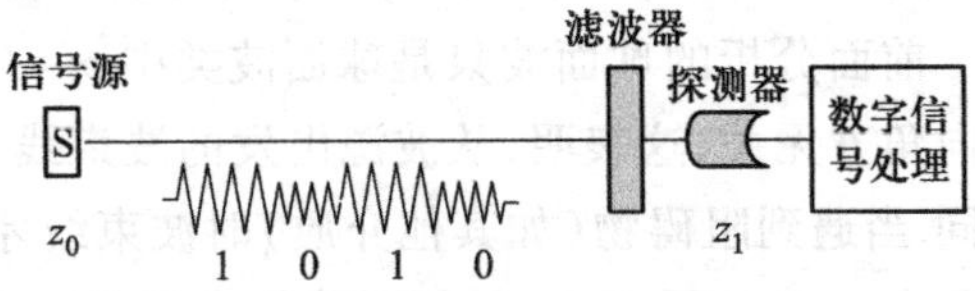

图 5-3-4　电磁波信号发射与处理过程

这类电磁波传送信息的方式传送的是“一维”的信息链,尽管目前应用非常广泛,特别是由于数字信息技术及电磁波技术的发展,传送信息的速度及精确度都也已达到很高的水平,但很多信息,如遥感、雷达等不能将远方信息源的信息直接转化成由信息链调制的电磁波.这种单通道被调制的电磁波传输系统就不能使用.

2.2 相干球面波穿过小孔的传输

这是基于球面波讨论电磁波传输信息的重要基本过程.我们先看一下双孔衍射实验及其解释(见图 5-3-5).

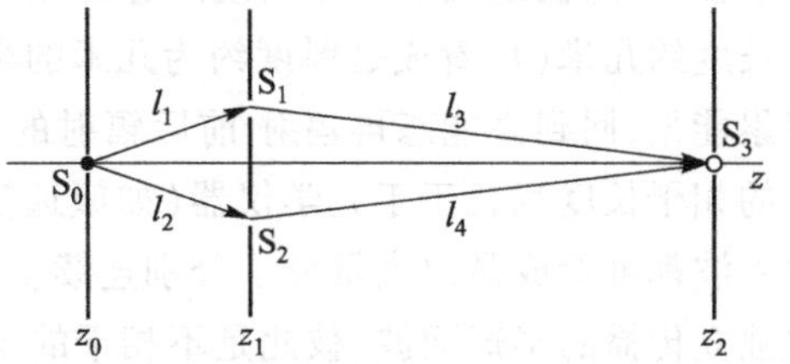

图 5-3-5 双孔衍射实验示意图

在黑屏面 z_0 中心有点波源 S_0,向 $z>0$ 空间发射半球面,电磁波的总能流简写为 S^2c(S 是与小孔面积和小空处的光强有关量).在黑屏 z_1 上有两个小孔 S_1 和 S_2.由于是半球面波,从 S_0 到 S_1(或由 S_0 到 S_2)的光程是直线 l_1(或 l_2).小孔 S_1 和 S_2 的面积均为 πa^2(a 为小孔的半径,两个小孔大小相等).从波源 S_0 向 z_0 右侧空间发射的半球面波到 S_1 的电场为 $(S/l_1)e^{ikl_1}$.若小孔边缘不吸收光能,则从 $z>z_1$ 空间回看小孔 S_1,小孔 S_1 能通过的总电磁波能流应是 $2\pi a^2c(S/l_1)^2$,应该看成是 S_1 上的点光源,它向 $z>z_1$ 空间发射半球面波.由于波源是由 S_1 上电磁场形成,点波源的前进相位应与电场相位一致.简言之,电磁波穿过理想的小孔,变为点波源,发射半球面波,既不改变波的相位,也不改变穿过的波能流.同样由源 S_0 发出的半球面波到达小孔 S_2 后,形成确定位相及强度的点波源,向接收器 S_3 方向也发射半球面波.两个波在 z_2 屏面接收器 S_3 处叠加,总电场:

$$E_t=E_1+E_2=S\left[(a/l_1l_3)e^{ik(l_1+l_3)}+(a/l_2l_4)e^{ik(l_2+l_4)}\right] \tag{5.3.10}$$

式(5.3.10)中因子 (a/l_1l_3) 和 (a/l_2l_4) 分别是由“双半球面波传播过程”:“l_1+l_3”及“l_2+l_4”所引入.如果两个小孔大小相同均为 a,当点接收器 S_3 在 z 轴上下垂直移动时,因子 (a/l_1l_3) 或 (a/l_2l_4) 相对于相位因子 $e^{ik(l_1+l_3)}$ 或 $e^{ik(l_2+l_4)}$ 变化缓慢很多,若近似写成一公共因子 A,就可得到在通常光学教程书上的不同相位电磁波相干叠加的公式:

$$E_3=E_1+E_2=SA\left[e^{ik(l_1+l_3)}+e^{ik(l_2+l_4)}\right] \tag{5.3.11}$$

人们上百年实验在一定精度下都证实了式(5.3.11)的正确性,如图 5-3-6 所示.

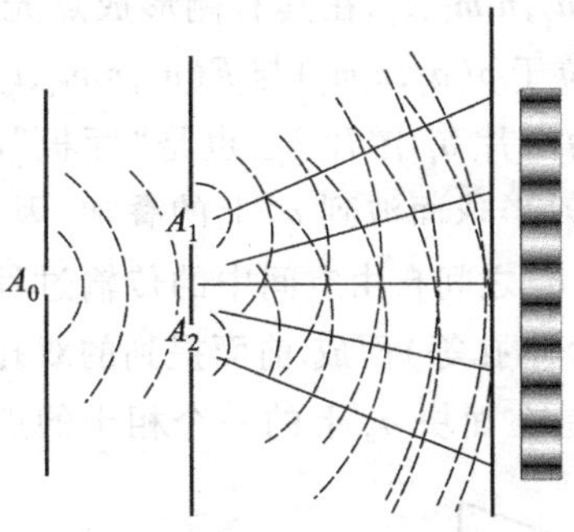

图 5-3-6 双孔干涉示意图

双孔干涉实验的重要性不仅在于开始了“光学干涉”的学科研究,而且还证实了小孔对电磁波传播及对其控制的重要意义.小孔将达到其上的部分半球面波转化成同相位,波能流基本不变的半球面波点波源.

2.3 电磁波的信息传送

电磁波传送信息,是世界一体化进程中的首要手段.即使在当前,使用最多的信息传送途径,还是用被一维信息链调制的电磁波直接远距离传送.但这就要求在信息源附近安装可调制的波源,如广播电台、电视台、数字网络、手机网络等.而雷达则是由观测者发射电磁波,再接收被观测物体反射的带有信息的反射波.很多情况下被调制的电磁波,要在大气或介质中传输很长的距离,因此多采用被大气涨落散射和吸收较弱的中波(几十千米)到微波波段(微米级)电磁波,波源多是“天线”等大型设备.

另一类过程是用电磁波(主要是红外或可见光波)传送图片,典型的一种过程是近年来飞快普及的数码相机.通常的发光物体都可看成是由大量点光源组合而成,物体的二维图片则是在一个平板上这些光点(包括光强、颜色等参量)按序排列.每个点光源发射的半球面波是不相干的.物体的每个点光源也是由上亿万个分子组成,该光源点发的光实际是这些分子在热运动推动下完全独立、随机地辐射半球面波的总合.分子每次由高能态向低能态跃迁,辐射一次光波,光波相干长度约几米(可看成是厚度约为几米的半球面波波列).处于低能态的分子,通过再吸收或碰撞积累能量,回到高能态再辐射.前后辐射的半球面波列当然也无相位联系.由于分子单次辐射光波的相干长度远长于于光学仪器(如望远镜调整光波传播)内的光程长度,因此每个点光源发出的光波都可看成是由大量分子分别连续发射的"相干光束"构成.这里的"相干光束"都是特定相位独立传播的半球面波,彼此是不相干的.发光物上每一个发光点发射的所有这些"相干光束"全体构成该点光源的光辐射.这些"相干光束"虽互不相干,但都带有该点光源的一些特性(如光波的频率或颜色、光波的强度或能流分配、点光源的空间位置等).所有这些固定在其位置上的发光点构成"物像图片",它们所发出的光是由大量强度不同、位置不同、频率可能不同的互不相干的半球面波在空间叠加而成.所有不同发光点中的所有分子发的"相干光束"(相干半球面波波列)都是独立传播,彼此不相干.但从发光点发射出的光波的总能流等于所有分子分别发射"相干光束"的能流之和.

3 电磁波图像传输

3.1 图像传送

在图5-3-7中的 z 轴上排列数个黑屏 z_0、z_1、z_2、z_3……每个黑屏 z_i 上有一正方形"面块" a_i,面块上正方排列 $n\times n$ 个小孔:$p(a_i,n_im_i)$.a_i 左方 a_{i-1} 各小孔分别发射的不相干半球面波,到达面块 a_i 小孔 $p(a_i,n_im_i)$ 上叠加合成小孔 $p(a_i,n_im_i)$ 上总电磁波 $E(a_i,n_im_i,t)$.在其右侧形成点光源.如前面2.2节中所述,电磁波穿过小孔 $p(a_i,n_im_i)$ 后可认为是位于 $p(a_i,n_im_i)$ 与 $E(a_i,n_im_i,t)$ 同相位的半球面波点波源.如果将排有点光源的"面板" a_i 定义为图片 b_i.图片 b_{i-1} 也是"面板" a_{i-1} 上排列的所有点光源的集合.图片 b_i 是图片 b_{i-1} 上各点光源发射半球面波到 a_i 上的叠加,因此,称之为将图片 b_{i-1} 变换成图片 b_i.图形变换可以是光波在 a_{i-1} 及 a_i 之间自由空间中的传输过程形成,也可能是在 a_{i-1} 及 a_i 之间插入光学器件(比如薄透镜或一个小孔等)而成.前面提到的双孔衍射实验的光学系统是一个简单的例子,如图5-3-5所示.光源是在面块 a_0 上的一个相干的点光

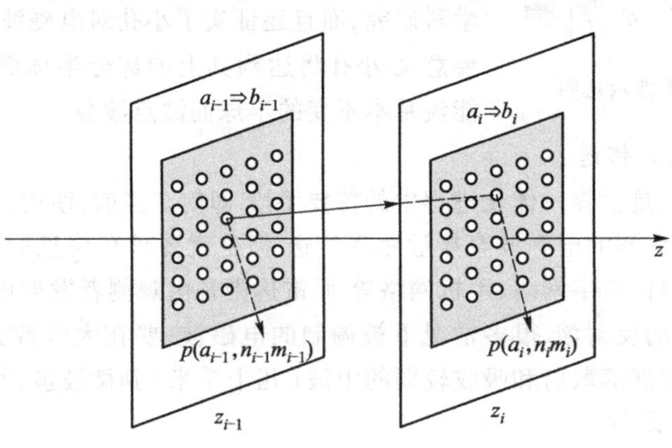

图5-3-7 图像传输基本过程

源 S,也就是源图片 b_0. S 发射半球面波到面片 a_1,穿过两个小孔形成有两个相干点光源 S_1,S_2 的图片 b_1. S_1,S_2 发射的两束相干半球面波在接收面上合成干涉图片.

当然,也可以从另一角度来理解上述处理图片的光学系统的结构.图片 b_0 是源图片,b_1 及 b_2 是系统内第一个光学器件(如透镜)的入射孔径及出射孔径上的图片,b_2 与 b_3 之间可能是某种介质,b_3 及 b_4 是另一光学器件入射及出射孔径上的图片等.最后 b_f 则是接收器或显示器上的图片,如图 5-3-8 所示.由 b_1 到 b_2,b_2 到 b_3……都是"图形变换".不同的转播过程,相应的图形变换也不相同.

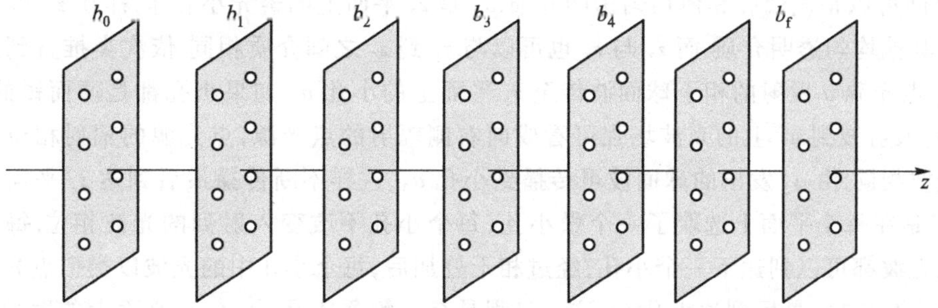

图 5-3-8　图片处理的示意图

前面对电磁波关于图片传输的讨论表明:

(1) 讨论电磁波图片传输必须将电磁波在空间的传播与波源联系起来,因而只能用球面波或半球面波作为标准工具.

(2) 球面波中心的极点就是球面波的点源,利用电磁波场总能流的守恒关系,可以将点波源的强度与电磁场强度联系起来.

(3) 电磁波传播的基本方式是与点波源相连的半球面波.传输的方向及波束的横向尺度与电磁波的本性无关,而是由所用光学器件接收或发射孔径所限制.

3.2　小孔对电磁波传输的限制

另一类可称之为"图形传输和处理过程",或可看成是多通道的电磁波传输和解调技术.望远镜就是一个最简单的例子.在这类过程中,远方信息源应该是由大量不相干的电磁波点源构成,每个点源发出的电磁波包含该点的一些基本信息,如电磁波的强度、电磁波的频率(颜色)、相位、位置等,每个点源发的电磁波是相干的,而不同点源发的电磁波彼此是不相干的.所有这些电磁波点源发出的不相干光束构成电磁波源的图片.点波源特性及它们之间的关系则是观测者所要知道的信息.每个点波源可以是主动发射的电磁波,也可以是被动地反射其他电磁波源发的电磁波.各波源所发射的电磁波在传播过程中在空间相互混杂,但独立传播.当电磁波到达接收器后,如何准确地将每点的信息分辨出来,是图形处理过程中最为核心的部分.显然,在整个图形传输过程中必须借助必要的光学仪器或图形和信号数字处理技术.点光源 S 是由大量独立、随机发光的原子或分子构成,每个原子或分子发出一段长度远大于传播光程的平面波或球面波.由于整段光的相位变化是确定的,称为"相干光束段".相干光束段持续的时间远短于人眼的可分辨时间间隔.根据前面对相干光的讨论,不同原子发出的相关光束段,彼此是不相干的,即使通过同一光程,也可看成是彼此独立传播.对于传输信息的电磁波在微波或短波段,这时波长与波源的尺度是可以相比的，但与传播距离相比也是很小的，这样的波源是可人为控制发射连续自相干的微波束.即使是多个分开的点源，也可人工调制使它们彼此相干，发射出多个彼此相干的光束.

3.3 光信息或图形的传输与处理过程

我们以可见光为例，以图 5-3-9 的示意图来描述图形传输和处理的基本过程.图中 z_0、z_1、z_2、z_3、z_n 表示的每个平面都是所谓的“墨屏”，除其中的个别小孔外，每个平面两侧都既不发光，也不能完全吸收入射光.发光物体可以是由多个点光源组成，我们取其中一个 S，位于平面 z_0 上的半径为 a 的点光源.a_1 是 z_1 上的透光小孔的半径.在 z_0 和 z_1 平面间是真空或其他均匀透明介质.在 z_1 到 z_2 之间可以是玻璃或其他均匀透明介质.a_2 是 z_2 平面上的透光小孔.同样在 z_2 和 z_3 平面间是真空或其他均匀透明介质.而 z_3 与 z_4 也可以与 z_1 到 z_2 之间介质相同.依次类推直到接收系统的平面 z_n.点光源 a 发射的相干球面波传至 z_1 平面上的小孔 a_1.如果小孔都是薄而锐的，不吸收光波能量，入射波到 a_1 上的光波场强可看成向右侧辐射的点光源，点光源的辐射相位与入射到小孔的光波相同.由 a_2 发出的球面波可传播到小孔 a_3，这样不断传播最后到达 z_n 平面后的探测器.我们只是在每个平面上选取了一个微小孔，每个小孔不改变入射到的光波相位.每个孔传播的一小束光波都可以到达下一个小孔，经过相干叠加后，每个小孔中的光波以类似点光源的形式向下一个小孔传播，最后到达小孔 z_n，这一过程具有一般意义.因为，在 z_0 平面上的发光物上所有的点光源都可以独立地发射一束相干光波束，经过一系列平面上的小孔可传播到 z_n 平面上并形成图像.综合各种光学图形处理过程，基本上都可以用 $z>0$ 部分中的光传播示意图 5-3-9 来概

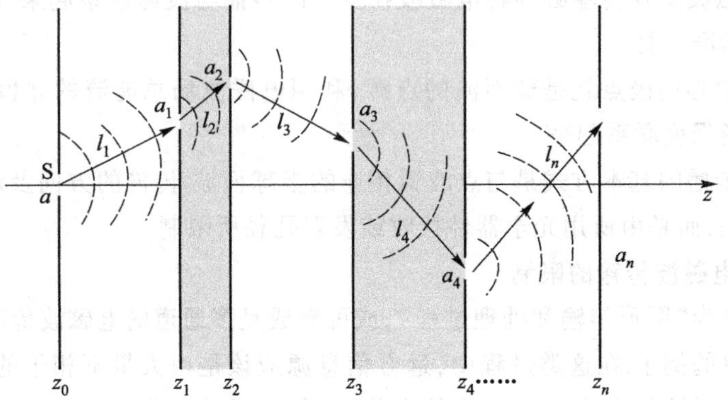

图 5-3-9 图形信息传输和处理的基本过程

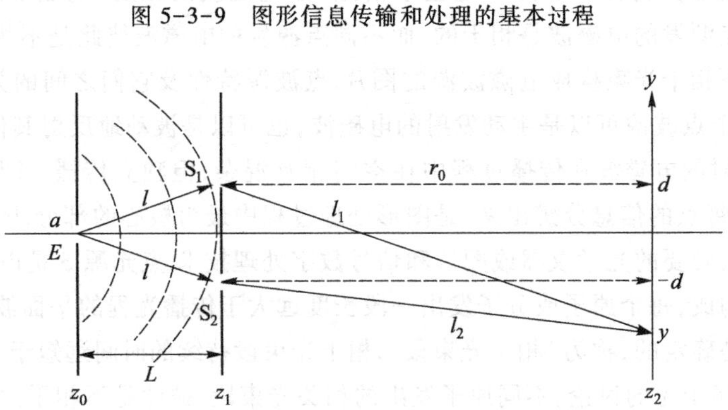

图 5-3-10 双孔干涉原理示意图

括.除了在 $z=z_0$ 平面上安置物体的所有的点光源,在 $z=z_n$ 平面上安置光点接收器外,其他所有平面都整体不透光,电磁波只能通过刻意分布在各平面上的小孔传至右侧空间.两相邻平面之间填充了不同的均匀介质.由此看见,光学信息的传播过程,最重要的基本元过程就是所谓的“过孔”过程.

以杨氏干涉为例,研究上述表述的光场传递过程.原理如图 5-3-10 所示.在 y 方向两个相干点光源 S_1,S_2 相距为 $2d$.则到达空间某一点探测器上的电场分别是

$$E_1=(E_{10}a/l_1)e^{i(\omega t-kl_1)},\quad E_2=(E_{20}a/l_2)e^{i(\omega t-kl_2)},\tag{5.3.12}$$

其中 a 是点光源的尺度,l_1、l_2 是两个半球面波由 S_1、S_2 到达探测器的光程.我们关注的问题是两个半球面波在探测器上叠加后的电场强度:

$$E=(E_{10}a/l_1)e^{i\phi_1}+(E_{20}a/l_2)e^{i\phi_2}\tag{5.3.13}$$

其中的相位因子为 $\phi_{1,2}=\omega t-kl_{1,2}$.由于因子$(a/l_1)$及$(a/l_2)$的差别影响电场幅度很小,可以忽略其差别,统一取成$(a/l)$.但在相位因子中的 l_1、l_2 差别是不可忽略的.探测的结果与 $|E|^2$ 成正比,这样利用上式可以得到:

$$\begin{aligned}|E|^2&=(a/l)^2\ |E_{10}e^{i\phi_1}+E_{20}e^{i\phi_2}|^2\\&=(a/l)^2[\ |E_{10}|^2+|E_{20}|^2+2E_{10}E_{20}\cos\Delta\phi]\end{aligned}\tag{5.3.14}$$

其中 $\Delta\phi=\phi_1-\phi_2$.第三项是两个相干辐射关联项,称为干涉项.将相位差展开:

$$\Delta\phi=k(l_1-l_2)=2\pi(l_1-l_2)/\lambda\tag{5.3.15}$$

这里的(l_1-l_2),称为波程差.这样的叠加结果称为电磁场的相干叠加.由图 5-3-10 所示,可以得到:

$$l_1^2=r_0^2+(d+y)^2,\quad l_2^2=r_0^2+(d-y)^2$$

这样可以得到:

$$(l_1-l_2)=4dy/(l_1+l_2)$$

通常情况下,由于 d 很小,l_1 和 l_2 近似等于 r_0,则(l_1-l_2)可近似近似简化为

$$(l_1-l_2)=2dy/r_0\tag{5.3.16}$$

将其代入式(5.3.14)及式(5.3.15),可以得到:

$$|E|^2=(a/r_0)^2\{|E_{10}|^2+|E_{20}|^2+2E_{10}E_{20}\cos[(4\pi d/r_0\lambda)y]\}\tag{5.3.17}$$

若改动探测器的位置,由式(5.3.17)就可以直接计算整个双孔干涉的条纹,并且已经被大量的实验定量验证.

很显然,当 $4\pi d/(r_0\lambda)=2n\pi(n=0,1,2,3,\cdots)$时,在 z_2 屏上对应亮点的位置.两个亮点之间相差了 2π 相位.并且亮点的强度是一个小孔传播到该点强度的 4 倍.而当 $4\pi d/(r_0\lambda)=n\pi(n=1,2,3,\cdots)$时,在 z_2 屏上对应着暗点的位置,其暗点的强度为零.显然光强的变化是由位相差所决定,而位相差与光程差成正比关系.

上述结果已为大量的实验所证实,因此可以认为,入射到小孔上的电磁波在穿过小孔后转化为相同相位的点波源,又以自相干半球形波的方式传向下一个平面上的小孔.我们看到,从光源发光传输到接收器,不论是直接传输,还是通过几个小孔曲折地传送到接收器上,各条光路的强度是不同的,但光路的相位变化都只由光路的总长度决定,与小孔的具体安排无关.这便是光路设计的最重要原则.上述结论成立的前提是:电磁波长 $\lambda\ll a\ll l$,即波长远小于孔的尺度,而小孔尺度又远小于光程尺度.在一般的光学问题中三者比例是在 $1:10^3:10^6$ 左右.

总结上面所述的主要物理思想是：电磁场能流在穿过小孔时，不吸收电磁能，也不改变电磁波的相位．但若小孔边缘不太尖锐，则可能影响电磁波束的边缘，但不会影响波束中主要部分的自相干性，只可能少量影响相干波束的强度．在实际应用中，我们对不同自相干电磁波束强度保持同比例的变化并不太关心，但相位变动是至关重要的．由于电磁波每通过一次小孔，波束强度至少降低 a/l，小孔边界的影响仅仅是使损失略为增加．我们常将强度多次变化，但仍保持自相干性的电磁波可看成是同一光束．进一步说，对于相同，或不同的两个传输通道，只要总光程相同，传播效果是相同的．上述杨氏双孔干涉结果充分说明了这一思想是正确的．

3.4　惠更斯原理的修正

电磁波单通道信息传输与电磁波图形传输是两类完全不同的信息传送过程．前者是传送单通道信息链，基本上是基于平面波过程，而后者是同时传送大量信息图形，是基于点波源与球面波概念．正是敏感地认识到上述“电磁波在不同小截面间传播”过程的重要性，惠更斯很早就提出了著名的假说，也称为惠更斯原理，其表述为：任何时刻，波面上的每一点都可以作为次波的波源，各自发出球面次波；在以后的任何时刻，所有这些次波波面的包络面形成整个波在该时刻新的波面，如图 5-3-11 所示．

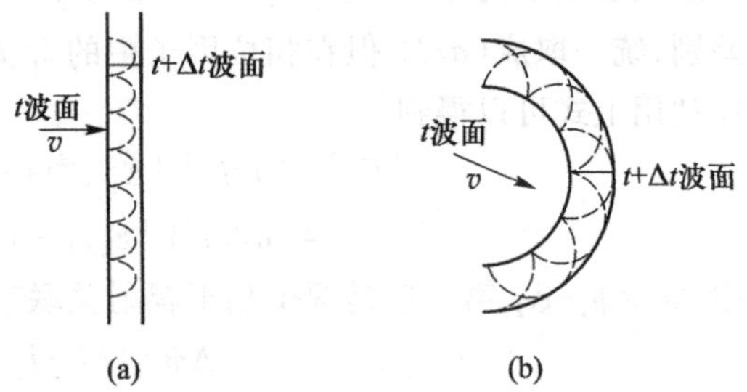

图 5-3-11　惠更斯原理对平面(a)和球面(b)电磁波波传播的形象表示

但是，限于由于当年电磁波理论和信息论水平，惠更斯及其一些后人只能将惠更斯原理看成是在对某些情况下（主要平面波情况）对电磁波波前的一些推测．利用这一原理是不可能（哪怕是近似地）定量得到电磁波在不同小截面间传输的解．对于这一点，在几乎所有的光学书中并没有给予阐述，只是将其看成是一个假设．即便是对平面波，图 5-2-11 在自由空间中的平面波只能按平面波续传播，惠更斯原理所描述的波阵面并不能构成波动方程的解．只有当出现非均介质时，才能重新构造波阵面．例如，只是遇到新小孔，自由行进的球面波或平面波才能转化为点波源，并继续以球面波的形式传播．我们将上述在小孔间传播图像的过程简称为“修正后的惠更斯原理”．**修正后的惠更斯原理的表述是：**

（1）向右侧传播的自相干电磁波束，穿过小孔应满足的条件是：电磁波长 $\lambda \ll$ 小孔尺度 $a \ll$ 光程尺度 l．

（2）小孔入射面上，总电磁波能流转化为同相位的点波源．

（3）点波源向出射面一侧发射与入射相等能量流的半球面波．不论光程如何曲折，自相干光束相位的变化只与总光程有关．

§5.4　电磁波的反射与折射

本节依据电磁场的边界条件研究了平面电磁波在不同介质界面上的反射和折射所遵循的规

律;讨论介质的折射率及其物理意义;描述了电磁波在金属界面上反射特性.

1 电磁波在介质界面上的反射与折射

在电磁波传播过程中,不可避免地要遇到物体,此时就会在两个界面间发生反射与折射.那么反射波与折射波的频率、传播方向、振幅遵循怎样的规律?电磁波在两种物质界面上遵循的规律应满足边界条件下的麦克斯韦方程,下面以平面电磁波为例讨论电磁波在不同界面上的反射和折射问题.

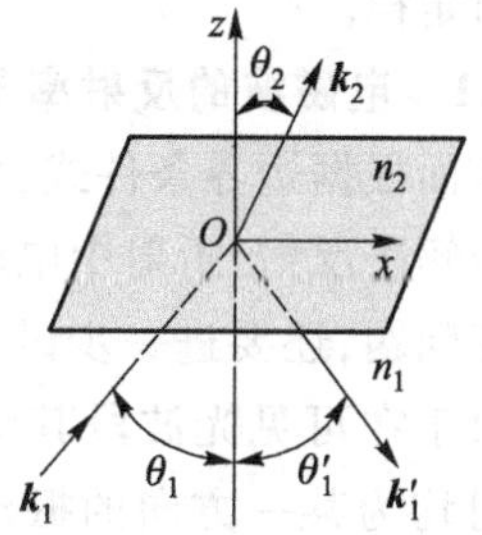

图 5-4-1 电磁波的入射、反射和折射波矢量之间的关系

如图 5-4-1 所示,假设两个均匀介质的折射率分别为 n_1 和 n_2,其分界面无穷大,界面法线为 z 轴,分界面是 $z=0$ 的平面,选取入射波是在 Oxz 平面上的平面波.大量的实验证明在色散较小的介质中,反射波和折射波与入射波是频率相同的平面波.设入射波、反射波和折射波电场强度分别为 $\boldsymbol{E}_1$、$\boldsymbol{E}_1'$ 和 $\boldsymbol{E}_2$,它们可表示为

$$\begin{cases}\boldsymbol{E}_1=\boldsymbol{E}_{10}\mathrm{e}^{\mathrm{i}(\omega t-\boldsymbol{k}_1\cdot\boldsymbol{r})}\\ \boldsymbol{E}_1'=\boldsymbol{E}_{10}'\mathrm{e}^{\mathrm{i}(\omega t-\boldsymbol{k}_1'\cdot\boldsymbol{r})}\\ \boldsymbol{E}_2=\boldsymbol{E}_{20}\mathrm{e}^{\mathrm{i}(\omega t-\boldsymbol{k}_2\cdot\boldsymbol{r})}\end{cases}\tag{5.4.1}$$

其中入射波、反射波和折射波的波矢量分别为 $\boldsymbol{k}_1$、$\boldsymbol{k}_1'$ 和 $\boldsymbol{k}_2$.利用前面学过的电磁场在介质界面的边界条件式(5.1.29)和式(5.1.32),

$$\begin{cases}\boldsymbol{e}_n\times(\boldsymbol{E}_2-\boldsymbol{E}_1)=0\\ \boldsymbol{e}_n\times(\boldsymbol{H}_2-\boldsymbol{H}_1)=\boldsymbol{\alpha}\end{cases}\tag{5.4.2}$$

在绝缘介质界面电流线密度 $\boldsymbol{\alpha}=0$.介质 1 表面处的总场强等于入射波和反射波场强的叠加,在介质 2 中只有折射波,因此由式(5.4.2)有:

$$\boldsymbol{e}_n\times\boldsymbol{E}_2=\boldsymbol{e}_n\times(\boldsymbol{E}_1+\boldsymbol{E}_1')$$

将式(5.4.1)代入后可以得到:

$$\boldsymbol{e}_n\times\boldsymbol{E}_{20}\mathrm{e}^{\mathrm{i}(\omega t-\boldsymbol{k}_2\cdot\boldsymbol{r})}=\boldsymbol{e}_n\times[\boldsymbol{E}_{10}\mathrm{e}^{\mathrm{i}(\omega t-\boldsymbol{k}_1\cdot\boldsymbol{r})}+\boldsymbol{E}_{10}'\mathrm{e}^{\mathrm{i}(\omega t-\boldsymbol{k}_1'\cdot\boldsymbol{r})}]\tag{5.4.3}$$

上式对整个($z=0$)界面上的任意 x,y 均成立.这样上式中的三个指数因子应该相等:$\boldsymbol{k}_2\cdot\boldsymbol{r}=\boldsymbol{k}_1\cdot\boldsymbol{r}=\boldsymbol{k}_1'\cdot\boldsymbol{r}$,即 $k_{1x}=k_{1x}'=k_{2x}$和 $k_{1y}=k_{1y}'=k_{2y}$.由于入射波矢在 Oxz 平面上,即 $k_{1y}=0$,因此反射和折射波矢都在入射面内.根据图 5-4-1 所示,有 $k_{1x}=k_1\sin\theta_1$,$k_{1x}'=k_1'\sin\theta_1'$,$k_{2x}=k_2\sin\theta_2$.设 u_1 和 u_2 分别是电磁波在两个介质中传播的相速度,则有 $k_1=k_1'=\dfrac{\omega}{u_1}$,$k_2=\dfrac{\omega}{u_2}$.这样利用 $k_{1x}=k_{1x}'=k_{2x}$可以得到$k_1\sin\theta_1=k_1'\sin\theta_1'$,因而可得 $\theta_1=\theta_1'$.这表明,在反射过程中,反射波矢与入射波矢在同一平面内且入射角等于反射角,频率相同,这就是反射定律.同样根据关系 $k_{1x}=k_{1x}'=k_{2x}$,又可以得到

$$\sin\theta_1=\frac{u_1}{u_2}\sin\theta_2=n_{21}\sin\theta_2\tag{5.4.4}$$

其中的 $n_{21}=\dfrac{u_1}{u_2}$ 是相对折射率.由 $u=1/\sqrt{\varepsilon\mu}$，可以得到 $n_{21}=\sqrt{\varepsilon_2\mu_2}/\sqrt{\varepsilon_1\mu_1}$，可见折射率与介质特性相关，对于不同频率的电磁波，介质的 ε、μ 不同，因而折射率不同.在折射过程中，折射波矢与入射波矢在同一平面内，入射角与折射角正弦之比等于 n_{21}，入射与折射波具有相同的频率，这便是折射定律.

1.1 电磁波的反射率与透射率

前面根据边界条件式(5.4.3)中各项的相位在界面上相等得出了反射定律和折射定律，为了进一步解决反射、折射中电磁波的能量分配、相位、偏振态（与电磁波的振动方向相关的物理量）的改变问题，还要进一步讨论它们的振幅关系.

由于在可见光波段其辐射大多来源于原子或分子中的电子跃迁辐射.每一个原子或分子的辐射均为某一方向的振动，但大量原子、分子的辐射则会是各个方向振动的集合，它们彼此相位无关、独立，不能够合成为一个方向的振动，这就是我们通常所讲的自然光.为了研究方便，通常选取两个互相垂直的方向，将每个原子或分子辐射的电场分解到这两个方向上，或者说自然光是由两个振动方向互相垂直、振幅相等的独立分量 $\boldsymbol{E}_s$ 和 $\boldsymbol{E}_p$ 所构成.图5-4-2 中 $\boldsymbol{E}_s$ 表示垂直于入射面的分量，$\boldsymbol{E}_p$ 表示平行于入射面的分量.

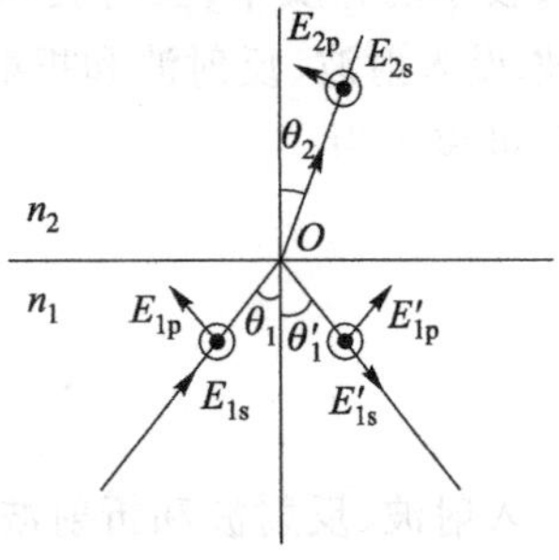

图 5-4-2 电磁波的入射、反射和折射偏振振幅之间的关系

考虑电磁波从介质 1 入射到介质 2 中，在界面上发生反射与折射，如图 5-4-2 所示.将入射、反射和折射电磁波分别用振幅 $\boldsymbol{E}_1$，$\boldsymbol{E}_1'$ 和 $\boldsymbol{E}_2$ 表示.利用式(5.4.1)和式(5.4.2)可以导出，在 $z=0$ 的界面两侧邻近点的入射、反射和折射电磁波的振幅比关系.其中反射波与入射波振幅间的关系满足：

$$\begin{cases} r_s=\dfrac{E_{s1}'}{E_{s1}}=-\dfrac{\sin(\theta_1-\theta_2)}{\sin(\theta_1+\theta_2)} \\ r_p=\dfrac{E_{p1}'}{E_{p1}'}=\dfrac{\tan(\theta_1-\theta_2)}{\tan(\theta_1+\theta_2)} \end{cases} \tag{5.4.5}$$

折射波和入射波振幅比的关系为

$$\begin{cases} t_s=\dfrac{E_{s2}}{E_{s1}}=\dfrac{2\sin\theta_2\cos\theta_1}{\sin(\theta_1+\theta_2)} \\ t_p=\dfrac{E_{p2}}{E_{p1}}=\dfrac{2\sin\theta_2\cos\theta_1}{\sin(\theta_1+\theta_2)\cos(\theta_1-\theta_2)} \end{cases} \tag{5.4.6}$$

其中 $r_{s,p}$ 为反射电磁波 s(p)分量与入射波的 s(p)分量振幅比，$t_{s,p}$ 为透射电磁波 s(p)分量与入射波的 s(p)分量振幅比.上两式就是著名的菲涅耳反射、折射（振幅）公式，式中的各分量是振幅.当已知入射电磁波在分界面处各分量的振幅时，利用这组公式就可以得出分界面处反射波、折射波各分量的振幅.

非涅耳公式表明，反射折射电磁波里的 p 分量只与入射电磁波里的 p 分量有关，s 分量只与 s 分量有关.就是说在反射和折射过程中，s、p 两个分量的振动是相互独立的.例如在两个介

质满足条件 $n_1=1, n_2=1.5(n_2>n_1)$ 时，反射率和透射率随入射角 θ_1 的变化曲线如图 5-4-3 所示.

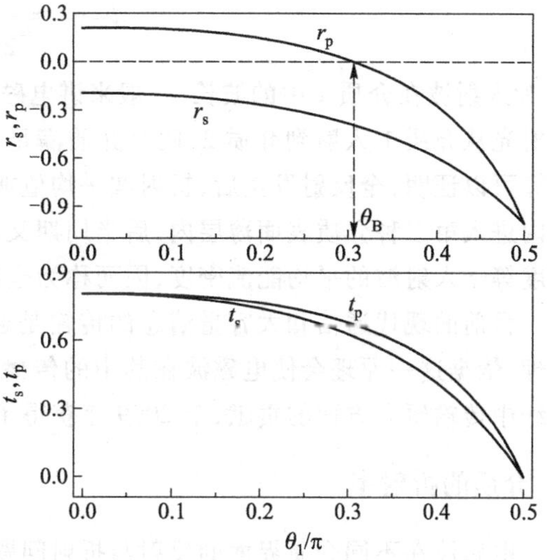

图 5-4-3　反射振幅比和振幅比随入射角 θ_1 的变化曲线，其中 $n_1=1; n_2=1.5$

可以看到 t_s 和 t_p 永远大于零，说明入射波和折射波之间相位没有变化.同时可以看到在入射角很小时和等于 $\pi/2$ 时，t_s 和 t_p 几乎相同.对于反射波和入射波，r_s 为负值，反映出在界面处反射波的 s 分量相对入射波的 s 分量有相位相差 π，反射波的 s 分量方向在界面处反向，这相当于反射波的光程有半个波长的变化，也称为半波损失.另外当入射角和折射角满足关系：$\theta_1+\theta_2=\pi/2$ 时，$r_p=0$，这时反射波的振幅 $E_p=0$，称此时的入射角为布儒斯特角，记为 θ_B，如图 5-4-3 中横坐标上的虚线箭头所示.这时的布儒斯特角 θ_B 满足关系 $\tan\theta_B=n_2/n_1$.另外当 $0<\theta_1<\theta_B$ 时，r_p 为正.当 $\theta_B<\theta_1<\pi/2$ 时，r_p 为负，说明这时相位也改变了 π.

1.2　电磁波的全反射

若光波由光密介质进入光疏介质，这时有 $\varepsilon_1>\varepsilon_2, n_1>n_2$ 和 $u_1<u_2$.根据折射定律 $\dfrac{\sin\theta_1}{\sin\theta_2}=\dfrac{u_1}{u_2}=n_{21}$，此时 $\theta_1<\theta_2$.当 $\theta_1=\theta_c$ 时，相应的折射角 $\theta_2=\pi/2, \sin\theta_c=n_{21}$.此时折射波沿界面传播，而入射角大于 θ_c 后会发生全反射，因此 θ_c 是发生全反射时的临界角，可以写为

$$\theta_c=\arcsin n_{21}\approx\arcsin\sqrt{\varepsilon_2/\varepsilon_1}\tag{5.4.7}$$

当入射角满足：$\theta_1>\theta_c$ 时，便有 $\sin\theta_1>n_{21}$ 和 $\sin\theta_2=\dfrac{\sin\theta_1}{n_{21}}>1$.显然这时的折射角不能够这样表示了.根据前面的讨论，在入射面内($k_y=0$)，折射波矢量的 z 分量可以写为 $k_{2z}=\sqrt{k_2^2-k_{2x}^2}$.假设在 $\sin\theta_1>n_{21}$ 时边值关系式(5.4.2)仍然成立.利用前面的结果有 $k_{2x}=k_{1x}=k_1\sin\theta_1$，则折射波矢量的 z 分量可改写为

$$k_{2z}=\sqrt{k_2^2-k_1^2\sin^2\theta_1}=k_1\sqrt{\left(\frac{u_1}{u_2}\right)^2-\sin^2\theta_1}=k_1\sqrt{n_{21}^2-\sin^2\theta_1}$$

由于 $\sin\theta_1>n_{21}$，所以全反射发生后，k_{2z} 由实数变为虚数，令实数 $\eta=k_1\sqrt{\sin^2\theta_1-n_{21}^2}$，则

$$k_{2z}=k_1\sqrt{n_{21}^2-\sin^2\theta_1}=\mathrm{i}\eta\tag{5.4.8}$$

这样折射波可以表示为

$$\boldsymbol{E}_2=\boldsymbol{E}_{20}\mathrm{e}^{-\eta z}\mathrm{e}^{-\mathrm{i}(k_{2x}x-\omega t)}$$

由于 η 大于零，$\boldsymbol{E}_2$ 在 z 方向按照指数衰减，因此这时候 $\boldsymbol{E}_2$ 只是在界面附近一个薄层内的表面波，当 $\boldsymbol{E}_2$ 衰减到 $\boldsymbol{E}_{20}$ 的 $\mathrm{e}^{-1}\approx0.37$ 时对应的 z 值称为透入深度 d，

$$d=\eta^{-1}=\frac{\lambda_1}{2\pi\sqrt{\sin^2\theta_1-n_{21}^2}} \tag{5.4.9}$$

λ_1 为入射波在介质 1 中的波长,一般来讲电磁波透入到介质 2 中的厚度与波长同量级.这就是当入射光从介质 1 入射到介质 2,两个介质满足关系 $\varepsilon_1>\varepsilon_2$ 或 $n_{21}<1$ 时发生全反射的原因.进一步计算可以证明,全反射发生后,折射波平均值能流密度的法向分量为零,也就是说能量在半个周期内进入第二种介质表面薄层内,后半周期又释放出来转变为反射波的能量,反射波的平均能流密度等于入射波的平均能流密度,因而称为全反射.

目前的现代通信和大容量信息的传输是通过光纤实现的.光纤传输信号就利用了全反射的原理,依据这一原理会使电磁波在其中的传播能量衰减最小.著名的华裔学者高锟,由于对光在光纤中传输研究方面的贡献,于 2009 年获得了诺贝尔物理学奖.

2 介质的折射率

电磁波在不同介质界面的反射与折射问题,其实质是电磁波与不同介质的相互作用过程,从而影响了电磁波的传播.介质的性质不同,会导致不同的反射和折射结果.在这里将电磁波与物质相互作用过程看成介质中的带电粒子(电荷量为 q_e)在电场作用下产生电偶极矩并在电场的作用下运动的过程.电偶极矩可以写为 $\boldsymbol{p}=-q_e\boldsymbol{x}(t)$(假设作用仅在 x 方向),当电磁场强度不很强时,电偶极矩在电场 $E(t)=E_0e^{i\omega t}$ 作用下的运动行为可以看成是作受迫振动,运动方程可以表示为

$$\ddot{x}+\eta\dot{x}+\omega_0^2x=-\frac{q_e}{m}E_0e^{i\omega t} \tag{5.4.10}$$

η 代表着带电粒子在运动中所受到的阻力系数,ω_0 是介质所具有的固有振动频率,ω 则是作用在介质中电场所携带的频率.假设式(5.4.10)的形式解为 $x(t)=xe^{i\omega t}$,带入其方程可以得到

$$x(t)=-\frac{q_eE_0}{m(\omega_0^2-\omega^2+i\omega\eta)}e^{i\omega t} \tag{5.4.11}$$

设单位体积中的偶极矩数为 N,根据极化强度的定义 $P=-q_eNx(t)=\varepsilon_0N\chi_eE(t)$,其中 $\chi_e=\frac{q_e^2}{\varepsilon_0m}\frac{1}{(\omega_0^2-\omega^2+i\eta\omega)}$ 为系统一阶极化率.这样系统总的极化率为

$$\chi_e=\frac{Nq_e^2}{\varepsilon_0m}\frac{1}{(\omega_0^2-\omega^2)+i\omega\eta} \tag{5.4.12}$$

这是一个复数.在各向均匀介质中,若 $\mu_r\approx1$,折射率与极化率的关系为

$$n^2\approx1+\chi_e=1+\frac{Nq_e^2}{\varepsilon_0m}\frac{1}{(\omega_0^2-\omega^2)+i\omega\eta} \tag{5.4.13}$$

式(5.4.13)表明 n 是频率的函数,并且是复数.因此其折射率可以是实数,也可以有虚数,可以大于 1,也可以小于 1.

关于折射率的几点讨论:

(1) 折射率随频率的变化现象称为色散,折射率表示为频率函数的公式称为色散方程.

(2) 当场的频率接近于介质的自身固有频率(ω_0)时，折射率会达到最大的值，$n^2=1-\mathrm{i}\frac{Nq_e^2}{\varepsilon_0 m}\frac{1}{\omega_0\eta}$.当场的频率远大于介质固有频率时，$\omega\gg\omega_0$，这时便可以忽略 ω_0，$n^2=1-\frac{Nq_e^2}{\varepsilon_0 m\omega}\frac{1}{\omega-\mathrm{i}\eta}\approx 1$，介质对作用场相当于透明.对于由紫外光照射到大气中的原子上而产生的自由电子来讲 $\omega_0=0$，就可得到同温层中介质的折射率表示.

(3) 谐振子的振动衰变过程是导致折射率为复数主要因素，将折射率写为

$$n=n'-\mathrm{i}n'' \tag{5.4.14}$$

其中的 n' 和 n'' 分别是折射率的实部和虚部，将其带入一般的平面电磁 $\boldsymbol{E}=\boldsymbol{E}_0\mathrm{e}^{-\mathrm{i}(kz-\omega t)}=\boldsymbol{E}_{10}\mathrm{e}^{\mathrm{i}\omega t}\mathrm{e}^{\mathrm{i}\frac{\omega}{c}nz}$ 中便可以看到 $\boldsymbol{E}=\boldsymbol{E}_{10}\mathrm{e}^{\mathrm{i}\omega t}\mathrm{e}^{-\mathrm{i}\frac{\omega}{c}(n'-\mathrm{i}n'')z}=\boldsymbol{E}_{10}\mathrm{e}^{-\frac{\omega}{c}n''z}\mathrm{e}^{\mathrm{i}\omega t}\mathrm{e}^{-\mathrm{i}\frac{\omega}{c}n'z}$.可见折射率的虚部反映的是场衰变过程或场与介质的能量交换过程，而折射率的实部反映的是相位的变化，它主导着介质对场的色散作用.

(4) 由于在金属中存在有大量的自由电子，这些自由电子的作用会掩盖掉束缚电子的作用.因此在金属中是以对自由电子的作用为主，这时不存在固有振动的形式，即可以忽略掉 ω_0，那么金属的折射率便可以表示为

$$n^2=1-\frac{Nq_e^2}{\varepsilon_0 m\omega}\frac{1}{\omega-\mathrm{i}\eta} \tag{5.4.15}$$

考虑到在金属中自由电子的运动会导致电流的产生，因此引入电导率 $\sigma=\frac{Nq_e^2}{m}\tau(\tau=1/\eta)$，得金属的折射率与电导率之间的关系

$$n^2=1+\frac{\sigma/\varepsilon_0}{\mathrm{i}\omega(1+\mathrm{i}\omega\tau)} \tag{5.4.16}$$

对于频率很低的电磁场来说，可以忽略分母中频率的二次项，折射率可以近似的表示为：$n^2\approx-\mathrm{i}\frac{\sigma}{\omega\varepsilon_0}$.利用关系 $\sqrt{-\mathrm{i}}=(1-\mathrm{i})/\sqrt{2}$，折射率可以简化为 $n\approx\sqrt{\sigma/2\omega\varepsilon_0}(1-\mathrm{i})$，其实部和虚部的大小相等.这样电磁波在金属中按指数衰减：$\exp\left[-\left(\frac{\omega\sigma}{2\varepsilon_0 c^2}\right)^{1/2}x\right]$，当衰减速率很大时，电磁波在金属的表面会很快衰减，因此会看到很强的全反射现象.这一点也可以从电磁波的反射和透射率振幅比式(5.4.5)和式(5.4.6)分析中得到.

对于低频电磁波从空气中传播到金属表面时，其中空气折射率为 $n_1=1$，仅有虚部的金属折射率为很大的虚部 $n_2=-\mathrm{i}n''$.在入射角很小时，折射定律 $n_1\sin\theta_1=n_2\sin\theta_2$ 近似为 $n_1\theta_1\approx n_2\theta_2$.这样由前面所述电磁波的反射与入射波振幅比式(5.4.5)和式(5.4.6)来说有

$$\begin{cases} r_s=\dfrac{E'_{s1}}{E_{s1}}=\dfrac{n_1-n_2}{n_1+n_2} \\ r_p=\dfrac{E'_{p1}}{E_{p1}}=\dfrac{n_2-n_1}{n_1+n_2} \end{cases} \tag{5.4.17}$$

对于空气 $n_1=1$，$n_2=-\mathrm{i}n''$ 仅有虚部，这样反射后的光强比为

$$\begin{cases}\dfrac{I'_{s1}}{I_{s1}}=\left|\dfrac{E'_{s1}}{E_{s1}}\right|^2=1\\ \dfrac{I'_{p1}}{I_{p1}}=\left|\dfrac{E'_{p1}}{E_{p1}}\right|^2=1\end{cases} \tag{5.4.18}$$

显然对于折射率为纯虚数的材料,反射系数等于1.一般的金属对许多可见光都有很好的反射,这是由于它们的折射率的虚部很大.巨大的虚部意味着在金属表面有很强的吸收而不能够透射.因此可以说,如果材料表面对任何频率都变成良好的吸收体则这种波便会在其表面产生强烈的反射而只有很少的部分进入到其内部.

正是由于金属对大多数电磁波的高反射性,因此人们可以利用雷达(发射电磁波)或雷达阵列形成定向辐射的电磁波来监控飞机的飞行状态.相反,人们也可以利用不同的材料涂到飞机的表面等方法以减少飞机对电磁波的反射,从而实现对电磁波探测的隐形效果.

对于高频电磁波来讲,$\tau\omega$ 比 1 大得多,式(5.4.16)可以近似的表示为

$$n^2=1-\frac{\sigma}{\tau\omega^2\varepsilon} \tag{5.4.19}$$

这时的折射率为实数,且小于1.这时将 $\sigma=\dfrac{Nq_e^2}{m}\tau$ 代入上式得 $n^2=1-\dfrac{Nq_e^2}{m\varepsilon_0\omega^2}$,同时令 $\omega_p^2=\dfrac{Nq_e^2}{m\varepsilon_0}$,称为等离子体振动频率.这样折射率便可以表示为

$$n^2=1-\left(\frac{\omega_p}{\omega}\right)^2 \tag{5.4.20}$$

ω_p 是个临界频率.当 $\omega<\omega_p$ 时,在式(5.4.16)表示中,金属的折射率有个虚部,因而电磁波被衰减.但若 $\omega\gg\omega_p$ 时,折射率仅有实部,且 $n^2\to1$,这时金属变得透明了,例如金属对于 X 射线就是透明的.

§5.5 不同频段电磁波的产生和传播

利用现代化的通信技术传递信息是人们日常工作与生活的重要内容,如此方便、快捷的通信手段离不开电磁波,电磁波存在于整个宇宙之中.本节主要讨论电磁波各个波段的频谱分布和产生机理.由于电磁波所覆盖的波段十分广阔,因此对于不同波段的电磁波由于频率或波长的不同,在其产生的方法上,以及各自的传输特性等方面会有很大的差异.在本节中以微波波段为例分析了高频电磁波的产生和传播特性,介绍了更高频的光波波段及其相关量子特性.

1 无线电波的几种传播方式

根据上一节中关于电磁波的频谱分布我们知道,电磁波的频率或波长覆盖了很大的范围,按照波长来分,分为长波、中波、短波、高频波、微波、红外辐射、可见光、紫外辐射、X 射线和 γ 射线等.从长波到微波是人们常用的通信波长,随着信息量的剧增,人们开始使用更短波长的微波,可

见光等频率的辐射用在信息通信方面.由于地球是大气层包裹着的一个球体,因此从几千米到一米的波长范围的电磁波传播分为三类,地波、天波和空间波.

地波方式:沿地球表面附近传播的电磁波叫地波,如图 5-5-1 中用符号 3 标记.地面上有高低不平的山坡和房屋等障碍物,根据波的衍射特性,当波长大于或相当于障碍物的尺寸时,波才能明显地绕到障碍物的后面.地面上大的障碍物,长波可以很好地绕过它们.中波和中短波也能较好地绕过,短波和微波由于波长过短,绕过障碍物的本领就很差了.地球是个良导体,地球表面会因地波的传播引起感应电流,因而地波在传播过程中有能量损失.频率越高,损失的能量越多.所以无论从衍射的角度看还是从能量损失的角度看,长波、中波和中短波沿地球表面可以传播较远的距离,而短波和微波则不能.地波的传播比较稳定,不受昼夜变化的影响,而且能够沿着弯曲的地球表面达到地平线以外的地方,所以长波、中波和中短波用来进行无线电广播.

天波方式:地球被厚厚的大气层包围着,在地面上空 50 千米到几百千米的范围内,大气中一部分气体分子由于受到太阳光的照射而丢失电子,即发生电离,产生带正电的离子和自由电子,这层大气就称为电离层.依靠电离层的反射来传播的无线电波称为天波.电离层对于不同波长的电磁波表现出不同的特性,如图 5-5-1 中用符号 1 标记.实验证明,波长短于 10 m 的微波能穿过电离层,波长超过 3 000 km 的长波,几乎会被电离层全部吸收.对于中波、中短波、短波,波长越短,电离层对它吸收得越少而反射得越多.因此,短波最适宜以天波的形式传播,它可以被电离层反射到几千千米以外.但是,电离层是不稳定的,白天受阳光照射时电离程度高,夜晚电离程度低.因此夜间它对中波和中短波的吸收减弱,这时中波和中短波也能以天波的形式传播.收音机在夜晚能够收听到许多远地的中波或中短波电台,就是这个缘故.

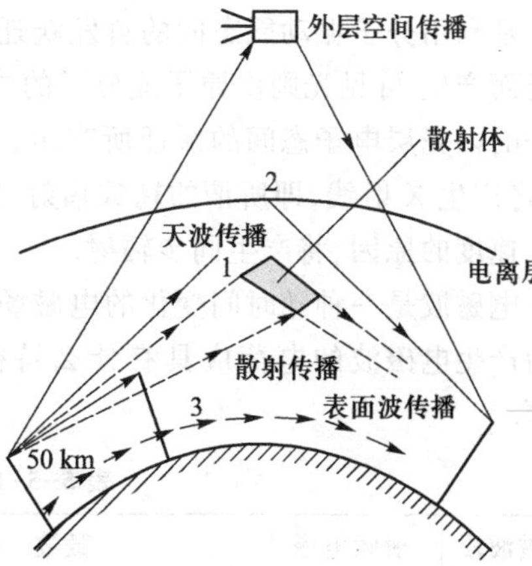

图 5-5-1　电磁波在空间传播示意图

空间波方式:沿直线传播的微波和超短波既不能以地波的形式传播,又不能依靠电离层的反射以天波的形式传播.它们跟可见光一样,是沿直线传播的.这种沿直线传播的电磁波叫空间波或视波,如图 5-5-1 中用符号 2 标记.地球表面是球形的,微波沿直线传播,为了增大传播距离,发射天线和接收天线都建得很高,但也只能达到几十千米.在进行远距离通信时,要设立中继站.由某地发射出去的微波,被中继站接收,进行放大,再传向下一站.这就像接力赛跑一样,一站传一站,把电信号传到远方.直线传播方式受大气的干扰小,能量损耗少,所以收到的信号较强而且比较稳定.另外,微波的频率高,相同的时间内比中波、短波传递的信息更多,所以,电视、雷达采用的都是微波.用同步通信卫星做中继站传送微波,可以使无线电信号跨越大陆和海洋.只要用三颗通信卫星就可以实现全球通信.

在无法建立微波接力的地区,如沙漠、海疆、岛屿之间的通信,可以利用散射波传递信息.电离层和比电离层低的对流层等,都能散射微波和超短波无线电波,并且可以把它们散射到很远的地方去,从而实现超视距通信.散射信号一般很弱,进行散射通信要求使用大功率发射机,高灵敏度接收机和方向性很强的天线.

波导、电缆、光纤方式:对于高频电磁波来讲,例如微波、可见光波等,由于在大气中的传输损耗很大,因此要用一种专用的传输系统传播高频电磁波,其中的波导就是传播更短波长电磁波的一种方式,它的特点是在波导中传播损耗较小.而电缆和光纤则是微波和光波的波导.这样的传输方法有利于长距离传输高频信号,是电视与通信目前主要使用传输方式,利用光缆已经实现了全球的有线通信.

2 电磁波的产生

从电磁波段按频率划分可以看到,人的眼睛可以看到的波段(可见光)只占很小一部分,不同频率的电磁波的传播特性和产生方式有着很大的差异,频率越高产生的难度越大.无线电波段电磁波的产生主要依靠电磁振荡实现.但对于微波及以上频率电磁波的产生和传播则会完全不同.在微波波段,可以产生微波的方法主要有:半导体器件、电真空器件、分子振荡器、亚毫米波激光器等.半导体器件和电真空器件是利用电子振荡产生微波辐射,而分子振荡器、亚毫米波激光器则是利用分子振动能态间的自发跃迁和受激辐射而产生.红外波段是由分子的振动能级间的跃迁而产生.可见光则由原子或分子的外壳层电子态间的跃迁而产生;对于X射线来讲,它是由原子的内壳层电子态间的跃迁所产生,或通过高速运动的电子轰击金属靶,电子受到碰撞减速时,将产生X射线,即所谓的韧致辐射.在电子感应加速器和同步加速器中,作圆周运动的电子由于加速度的原因,将产生同步辐射.

电磁波是一种随时间变化的电磁场,而电场和磁场归根到底是由电荷和电荷的运动所产生.作为产生电磁波的电荷应具有什么特征,在什么条件下才能产生电磁波,这是人们感兴趣的问题.

表5-5-1 各波段电磁波的产生方式

电磁波段	射频电磁波	微波	红外与可见光	X射线	γ射线
产生方式	LC振荡电路加辐射天线	半导体器件、电真空器件中的电子振荡、分子电子态的振动和转动能态间的跃迁	分子振动态之间和原子分子最外壳层电子态能级之间的跃迁	原子内壳层电子态间的跃迁以及韧致辐射	原子核内部能级之间的跃迁辐射等

产生电磁波的过程称为电磁辐射.由电荷产生电磁波的过程已包括在麦克斯韦方程组中.但是要从麦克斯韦方程组求得这一结果,须经过许多复杂的数学运算.我们在这里只采用简单的定性和半定量的方法进行分析,这种分析足以给出有关电荷产生电磁波的基本特征.

2.1 *LC* 振荡电路

在 *LC* 的充放电过程中,由于加速运动的电荷会在电容器和电感中产生变化的电场和磁场.当振荡频率满足关系 $\omega=1/\sqrt{LC}$ 时,电路中的阻抗最小或振荡最强.理论和实验表明,电磁波的辐射能力与 ω^4 成正比,而通常的 *LC* 电路因为它的振荡频率比较小,同时,能量主要集中在 *LC* 内部,因此不能够有效辐射电磁波.为了提高 *LC* 电路发射电磁波的能力,可以增加电容器极板间的距离,使电容减少;同时减少电感的匝数,增大线圈匝之间的距离,使电感减小,这样电路变化成开放电路,如图5-5-2(a)、(b)所示,从而加大振荡频率,提高电磁波辐射能力,同时增大了电磁场的辐射区域.

从开放电路看,电容器极板上有等量异号电荷,其特征犹如一偶极子,在电容器反复充放电的过程中,极板上的电荷量随时间变化,相当于随时间变化的振荡偶极子,如图 5-5-2(c)、(d)所示.历史上德国物理学家赫兹曾利用这种开放电路产生电磁波,从而验证了麦克斯韦方程的正确性.

2.2 偶极振子的辐射及其能量分布

最重要的电磁辐射模型是偶极振子,如图 5-5-3 所示.图中给出了偶极子振动过程中电磁波的产生过程.若组成偶极子的正负电荷在几乎重合时开始振荡,如图 5-5-3(a)所示.偶极振子可看作是一对作简谐振动的正、负电荷组成,也可看成是一段导线,两端所积累的电荷正负交替地变化着,其电偶极矩 $\boldsymbol{p}$ 为

$$\boldsymbol{p}=q\boldsymbol{x}=q\boldsymbol{x}_0\sin\omega t \tag{5.5.1}$$

这种偶极子称为偶极振子,$\boldsymbol{x}_0$ 表示振幅.偶极振子振动的加速度为 $a=\ddot{x}=-\omega^2x_0\sin\omega t$.显然偶极振子随时间作简谐振动,振动偶极振子产生的辐射场电矢量和磁矢量都是简谐波,它们的振动与偶极振子的振幅成正比,与偶极振子振动的频率平方成正比.偶极振子电场分布的情况如图 5-5-3 所示.

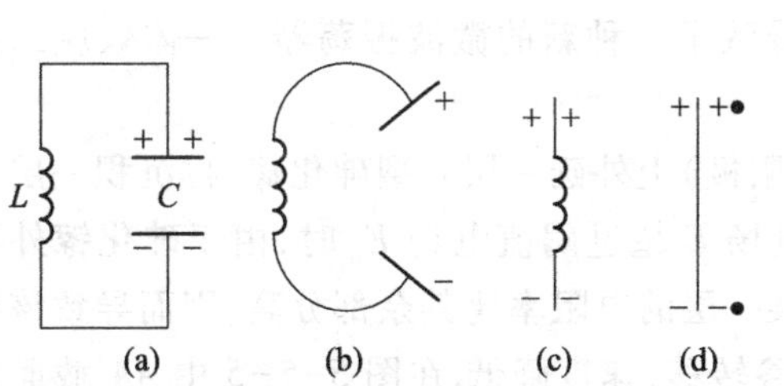

图 5-5-2 *LC* 振荡辐射示意图

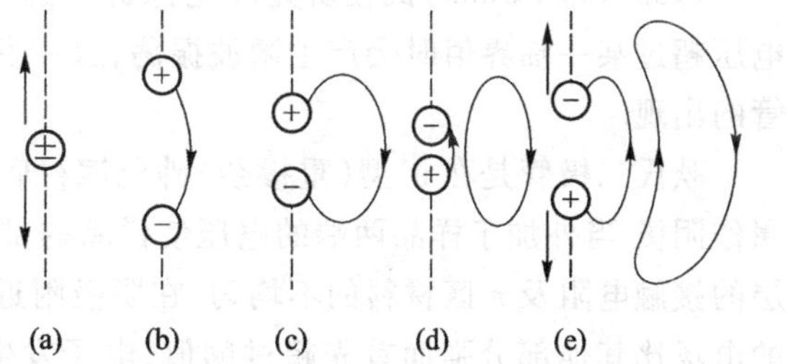

图 5-5-3 偶极子振荡产生的辐射场

在远离振源的地方($r\gg\lambda$)称为远场区.这里电场与磁场的分布情况比较简单,电场线都是闭合的,如图 5-5-4 所示.当距离 $\boldsymbol{r}$ 增大时,波面渐渐趋于球面.电场强度 $\boldsymbol{E}$ 趋于球面的切向方向.也就是说,在远场区内 $\boldsymbol{E}$ 垂直于径矢 $\boldsymbol{r}$.

上面只描述了电场线的分布及其变化过程,实际上整个过程都有磁场线参与.无论在上述哪个区域里,磁场线是平行于赤道面的一系列同心圆,故 $\boldsymbol{H}$ 同时与 $\boldsymbol{E}$ 和 $\boldsymbol{r}$ 垂直.计算表明,偶极振子周围电场强度 $\boldsymbol{E}$ 位于子午面内,磁场强度 $\boldsymbol{H}$ 位于与赤道面平行的平面内,二者相互垂直,如图 5-5-4 所示.

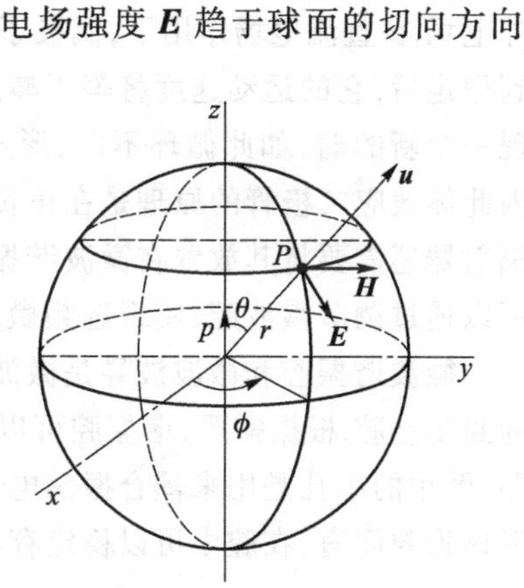

图 5-5-4 电磁波传播过程中 $\boldsymbol{E}$ 和 $\boldsymbol{H}$ 的相位关系及电磁波的横波特性

2.3 微波的产生及其特点

超高频电磁波(超短波)又叫微波,其波长和频率范围在 1 mm~1 m 和 $3\times10^8\sim3\times10^{11}$ Hz 区间.从 1939 年找到了产生不衰减的微波振荡方法到现在,对微波的研究已形成了一个专门的技术学科——微波技术.

从前面的表述中可知，低频电磁波的产生可采用 LC 回路产生振荡.在 LC 回路中集中分布于电容内部和电感线圈内部的电磁场交替激发，以一定频率振荡

$$\nu=\frac{1}{2\pi\sqrt{LC}} \tag{5.5.2}$$

式(5.5.2)表明，如果要提高谐频率，必须减小 L 或 C 的值.但是，当频率提高到一定限度后，具有很小的 C 和 L 值的电容和电感不能再使电场和磁场集中分布于它们内部，这时向外辐射的损耗随频率提高而增大；另一方面由于高频场会对导体产生趋肤效应，从而导致焦耳热损耗亦增大.因此，LC 回路不能有效地产生高频振荡.

微波的产生分为电真空器件和半导体器件，而电真空器件是利用电子在真空中运动来完成能量变换的器件，或称之为电子管.在电真空器件中能产生大功率微波能量的有磁控管、多腔速调管、微波三极管、四极管、行波管等.在目前微波加热领域特别是工业应用中使用的主要是磁控管及速调管.磁控管阴极发射的电子向阳极运动过程中，受磁控管内永磁铁产生轴向磁场的作用，这样电子在电场力和磁场力双重作用下作摆线运动，在谐振腔中振荡而产生 2 450 MHz 的微波.

下面介绍一种由半导体材料制备的体效应二极管产生微波的机理.

1963 年耿(Gunn)氏在研究砷化镓材料的薄层在强电场作用下的性质时发现：当样品上的电压超过某一临界值时会产生微波振荡，这一发现导致了一种新的微波振荡器——体效应二极管的出现.

耿氏二极管是在 n^+ 型(重掺杂)砷化镓衬底(为阳极)上外延一层 n 型砷化镓，再沉积一层金属作阴极.当外加于样品两端的电压使样品内部的电场 E 超过阈值电场 E_{th} 时，由于砷化镓外延层的接触电阻及 n 区材料的不均匀，在阴极附近的某一层的电阻率比其余部分高，因而导致该处的电场比其他部分强而首先超过阈值，电子发生能谷转移，速度降低.在图 5-5-5 中 AA' 截面的电子是迁移速度大的快电子，而它的上侧电子速度慢，这样在 AA' 截面出现正电荷的积累.对于 BB' 截面的电子迁移速率慢，它的上侧则迁移速率快，这样在 BB' 截面积累负电荷.最终形成偶极子畴，如图 5-5-5 所示.与此同时造成附加电场，其方向与外电场相同，使薄层内的电场大于层外电场.在直流电场作用下，偶极子畴一边形成长大，一边向阳极移动，当偶极子畴完全形成而达到稳定后，它的运动速度将等于畴外电子的平均速度，最后消失在阳极处.紧接着阴极附近又出现一个新的畴，如此循环不已，形成了高频振荡，产生微波辐射，同时在两电极间形成振荡电流.因此体效应二极管的原理是在正负电极之间产生偶极子畴振荡而产生微波辐射.为了做成微波辐射器还需要将其放置在微波谐振腔中，这样既可以通过腔内共振放大需要的微波频率信号，也可以通过调节微波腔，实现选频微波放大辐射.

微波谐振腔和微波波导是微波产生放大和传输的重要器件，而微波谐振腔是由良导体制成的封闭空腔.根据需要，谐振腔可以制成不同的形状，图 5-5-6 给出了矩形和圆柱形谐振腔的简图，图中的小孔是用来耦合振荡电磁场的.谐振频率取决于谐振腔的体积，对边长 L_1、L_2、L_3 的矩形谐振腔而言，在腔中可以稳定存在的驻波场的频率包括：

$$\omega_{mnp}=\frac{\pi}{\sqrt{\eta\varepsilon}}\sqrt{\left(\frac{m}{L_1}\right)^2+\left(\frac{n}{L_2}\right)^2+\left(\frac{p}{L_3}\right)^2} \tag{5.5.3}$$

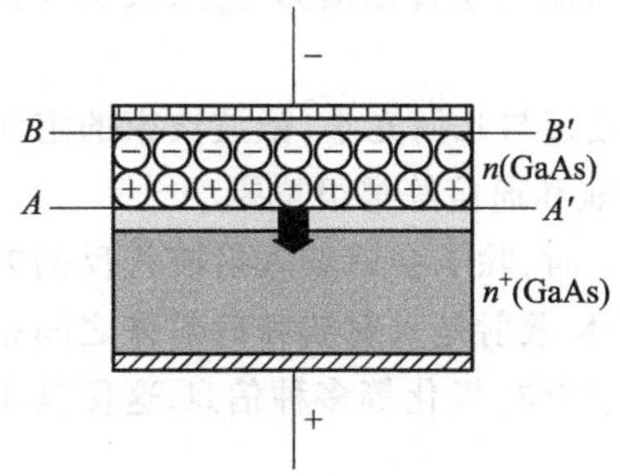

图 5-5-5 偶极子畴的形成与渡越

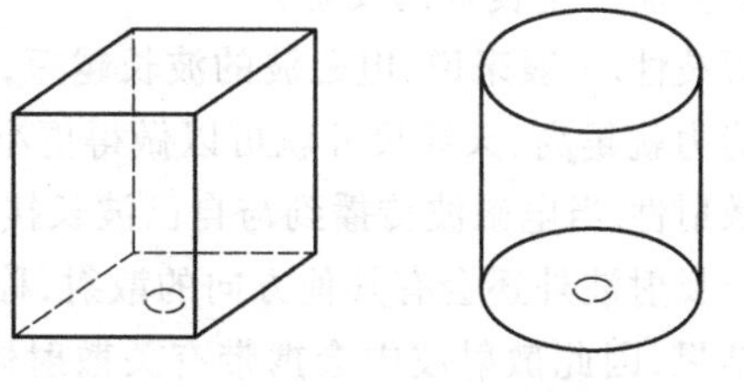

(a) 矩形谐振腔 (b) 圆柱形谐振腔

图 5-5-6 谐振腔示意图

其中 ω_{mnp} 称为谐振腔的本征频率. m,n,p 分别代表沿矩形三边所含的半波数目.对每一组 (m,n,p) 值,有两个独立偏振波形.若 m,n,p 中有两个为零,则场强 $E=0$.

若 $L_1 \gg L_2 \gg L_3$,当小于半个波长时则 $p=0$,因此最低频率的谐振波形为(1,1,0),其谐振频率为

$$\nu_{110}=\frac{1}{2\sqrt{\mu\varepsilon}}\sqrt{\frac{1}{L_1^2}+\frac{1}{L_2^2}} \tag{5.5.4}$$

相应的电磁波波长为

$$\lambda_{110}=\frac{2}{\sqrt{\frac{1}{L_1^2}+\frac{1}{L_2^2}}} \tag{5.5.5}$$

此波长与谐振腔的线度同一数量级.在微波技术中通常用谐振腔的最低波形来产生特定频率的电磁振荡.在更高频率情况下,也用到谐振腔的一些较高波形.

微波的传输是要求把微波信号由一点无损失传送到另一点,为实现这一要求,通常是用波导来传输微波,而最简单的导波结构是传输线.在低频微波系统中,常用双导线、同轴线和屏蔽带状线,如图 5-5-7 所示.

在波长低于 10 cm 时,需用波导管来代替同轴传输线.波导管是一根空心金属管,根据波导横截面的形状,可分为矩形、圆形波导和脊形波导管(如图 5-5-8 所示),这种情况类似在空心导管中传输声波的情景.如果波导一端开口做成平滑的喇叭形状,则可以作为微波发送和接收天线.

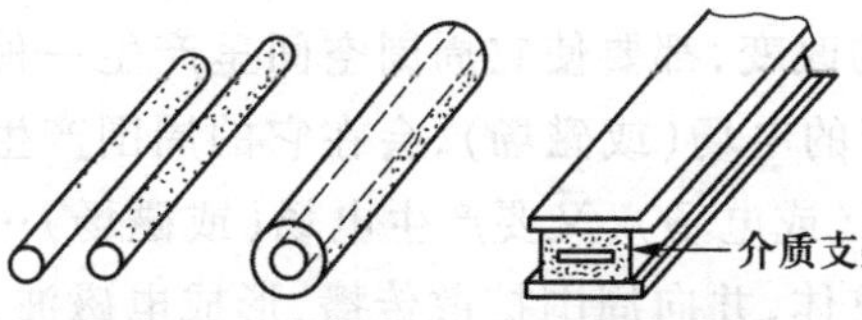

(a) 双导线 (b) 同轴线 (c) 屏蔽带状线

图 5-5-7 低频微波的传输线

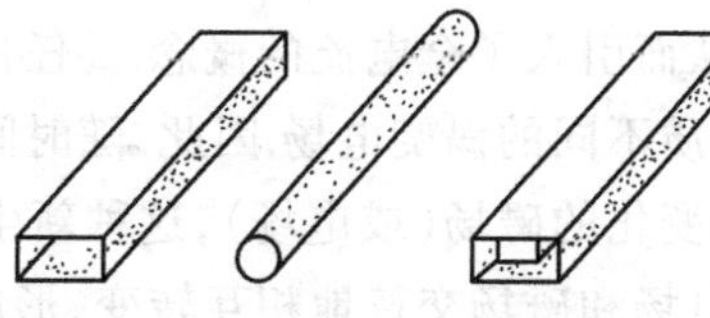

(a) 矩形 (b) 圆形 (c) 脊形

图 5-5-8 波导管结构

由于微波频率远高于射频波段,因此微波的特点完全不同于一般的电磁波,其特性包括:

高频性.可用频段很宽,信息容量大,因此微波具有巨大的信息传输潜力.高频段微波在各种障碍物上能产生良好的反射;

短波性.一般来说,电磁波的波长越短,其传播特性越接近与几何光学,微波波束的定向性和分辨能力就越高,天线尺寸就可以做得更小,这对雷达、导航和通信等都很重要.

散射性.当电磁波传播到与自己波长接近的大小颗粒上时,除了会沿着入射波相反的方向产生部分反射波外还会有其他方向的散射,称该物体为散射体.散射是入射波和散射体之间相互作用的结果,因此散射波中会携带有关散射体的频域、时域、相位、极化等多种信息.这便是实现微波遥感和雷达成像的基础.

穿透性.微波能够穿透高空电离层,这一特点为天文观测增加了一个"窗口",使得射电天文学研究成为可能,也使卫星通信、宇航通信成为可能.介质对微波的吸收与介质的介电常数成正比,水对微波的吸收最大.微波炉就是应用这一特点的微波产品.

量子性.根据量子理论,每个微观粒子的能量可以表示为$E=\hbar\omega$,可见,频率越高能量越大.基于这一特性可以利用微波来研究一些分子的振动和转动能级间的跃迁等问题.

2.4 高频电磁波的产生及其特点

对于频率高于微波波段的红外、可见以及紫外光,其产生则源自原子分子能级间的跃迁.当处于高能级的原子或分子跃迁到低能级时会将多余的能量以电磁波的形式辐射出来,其辐射频率取决于跃迁能级间的间隔大小.对于一般的分子振动或转动能级间的跃迁,由于能级间隔较小,可以辐射微波频段和红外波段的电磁波.而可见光和紫外波段电磁波的辐射则是由原子外壳层电子在不同能级之间的跃迁而产生,也可在分子电子态之间的跃迁产生.每个原子或分子辐射的电磁波均有一定的相位、波矢和振动方向,是独立的.人们看到或测量到的是大量的原子或分子的辐射,其总的辐射效果是由大量不具有任何相位关系辐射的总和,是非相干的.这个波段的电磁波具有和微波同样的特性.

对于更短波长或更高频率的电磁波,例如X射线的产生是源自原子内壳层电子在不同能级之间的跃迁所产生的;也可以通过高速电子束轰击物体而产生,这种辐射称为韧致辐射.由于更短或更高的频率,因此X射线的最为显著的特征是穿透性更强.关于原子跃迁和X射线的产生将会在原子物理部分进行详细地阐述.

3 电磁波的应用与发展

1864年,麦克斯韦在建立统一的电磁场理论时,提出了两个崭新的概念:①任何电场的改变,都要使它周围空间里产生磁场,并把这种变化的电场中电位移通量的时间变化率命名为位移电流,从而引入了全电流的概念.②任何磁场随时间的改变,都要使它周围空间里产生一种与静电场性质不同的涡旋电场.因此,随时间非均匀变化着的电场(或磁场),会在它的周围产生相应非均匀变化的磁场(或电场),这种新生的变化的磁场(或电场),又要产生电场(或磁场)……就这样,电场和磁场交替地相互转变,形成不可分割的整体,并向周围扩散传播,形成电磁波,它的传播速度在真空中为光速c.从此,应用电磁波的各种技术在信息传播、探测等方面(无线电通信、广播、电视、雷达、传真、遥测遥感等)的诞生,大大促进了人类文明的发展.这里对无线电传真和电视、遥感技术、气象卫星等作一简单介绍.

3.1　无线电传真和电视

无线电通信是把声音变成电流，附加在电磁波里传送到遥远的地方去，当然也应当能够把光变成电流，附加到电磁波里传送出去.把光变成电流就要用光电管（传真）或摄像管（电视）.光电管在光的照射下，激发出光电子，光电子流又形成电流.这个微弱的光电流的强度和射来光的强度成正比关系.这个变化着的光电流，经过放大，并调制在高频振荡电流里，就可发射出一种按光强变化调制的电磁波.

在接收器上，把接收到的随着光强变化的电流，重新转变成光点，并让这些光点依照原来的次序和位置射在感光纸上，形成传真.若把光转变成电子射线，射到显像管的荧光屏上，即形成由显像管（真空电子管）荧光屏显像的电视图像.在感光纸上或荧光屏上的亮点，是按一定次序依次出现的，在每一时刻，纸或屏上只有一个亮点.在发射台上光线扫过全图一次（技术上叫扫描），在接收机上亮点描绘全图一次所经过的时间很短，一般不超过 1/25 s.亮点与亮点交替的时间以及每一亮点停留的时间更小.我们眼睛的视印象保留的时间约等于 1/10 s.不但分辨不出亮点的交替，也分辨不出重复描绘，看起来就像一张完整不变的照片一样.而在电视机荧光屏上看到的则是活动的连续图像.

3.2　气象卫星

气象卫星有两类：一类为地球同步卫星或静止卫星，这种卫星在离地面 35 800 km 的高空，从地面看去卫星位置固定不变，可以连续观测地面的天气变化情况；一类为太阳同步卫星，这种卫星离地面高度为 900 km，每天绕地球 14 圈，卫星的轨道面与太阳光线的夹角保持恒定，从地球上观察卫星时，卫星每天固定时间通过同一地区，犹如太阳每天定时升起一样.

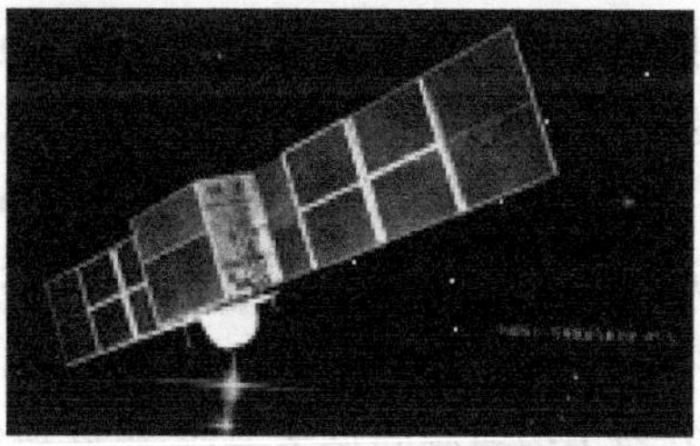

图 5-5-9　风云一号气象卫星

卫星上安装的主要仪器为扫描探测仪，它可以获取地面的可见光信号和红外辐射信号.可见光信号和红外信号经转换后成为无线电波传输到地面.地面云图接收站接收后成转换还原为可见光和红外云图，云图对应地面的辐宽可达 3 200 km，云图资料经过计算机处理后能得到大气温度、湿度、云顶高度、高空风、海洋温度、洋流等资料.气象卫星获取的云图信号可以直接发送，也可以记录在磁带上以后再发送.夏季在太平洋上空生成的台风，冬季西伯利亚的寒流，对我国的气候影响很大，卫星飞经这些区域上空时可将云图记录在磁带上，待卫星飞至国内云图接收站上空时再将信息发送回地面接收站.

3.3　遥感技术

用一定的技术设备、系统，在远离被测目标的位置上空对被测目标的特性进行测量与记录的技术，称为遥感技术.气象卫星中的探测技术就是遥感技术的一部分.

遥感这个名词正式采用是在 20 世纪 60 年代初，但它的历史可追溯到 1858 年.当时有人用气球携带相机拍摄巴黎“鸟瞰”照片，成为最早获得的遥感资料.此后一个多世纪内，特别是两次世界大战中，由于军事上的需要，使黑白航空摄影和彩色航空摄影有了显著的进步.不过这时使用的电磁波段基本上限于可见光，工作平台主要是飞机和气球. 20 世纪 60 年代以后，随着人造地球卫星、宇宙飞船和航天飞机等一系列新型运载工具的出现，同时遥感器工作波段也从可见光扩展到紫外、红外及微波波段,从而遥感技术有了飞速发展.

现代遥感技术,特别是卫星遥感技术,是一门综合性很强的高新技术.它的实现,需要空间技术、计算机技术、自动控制技术、无线电电子学、数学、物理、化学、地理、地质、管理科学等多种学科的发展、配合和协调.目前,遥感技术已成为一个国际性的研究课题,它已远远超出了军事上的需要,为人类提供了探测地球表面及其他星球的手段,使人类对整个世界的认识发生了很大变化.例如,探测月球的“阿波罗”飞船,探测金星和火星的“水手”、“海盗”号探测器,探测木星的“先驱者”号探测器等发回了大量资料;大量的气象卫星、陆地卫星、海洋卫星、测地卫星和地球资源卫星等,都以极高的速度发回丰富的资料和图像.

遥感技术主要包括四个方面:遥感器用来接收目标或背景的辐射和反射的电磁波信息,并将其转换成电信号及图像,加以记录,包括各种辐射计、扫描器、相机和其他各种探测器等;信息传输系统,将遥感得到的信息,经初步处理后,用电信方式发送出去,或直接回收胶片;目标特征收集,从明暗程度、色彩、信号强弱的差异及变化规律中找出各种目标信息的特征,以便为判别目标提供依据;信息处理与判读,将所收到的信息进行处理,包括消除噪声或虚假信息,校正误差,借助于光电设备与目标特征进行比较,从复杂的背景中找出所需要的目标信息.

装在卫星或其他航天器上的遥感器,其工作过程是:由目标反射的电磁波,大多数情况下是投射到地面上的太阳辐射,穿过大气后被遥感器接收.遥感器上的发射机将接收到的信息传至地面的控制中心,经一系列处理后,绘制成各种图像供使用.

图 5-5-10　卫星遥感照片

微波遥感采用的波段范围为 1 mm~100 cm,它可以穿透云层和大气降水,测定云下目标地物发射的辐射,对地表有一定穿透能力,具有全天候、全天时的工作能力.可分为主动遥感和被动遥感.微波遥感技术有许多优点:

(1) 对目标的鉴别能力强.由于物质内原子和分子自身的动力学过程,任何物体都会产生自然的无线电波辐射,不同物体辐射频谱不同.如钢、水和混凝土,在同温度下,红外比辐射率分别是 0.6~0.9,0.9 和 0.9,差别是不明显的,而相应的微波比辐射率则分别为 0.0,0.4 和 0.9,根据遥感的辐射强度,就能辨认出目标究竟是导弹发射架还是高楼大厦.

(2) 穿透云层能力强.可见光和红外线对云层(特别对雨云)是“望而生畏”的,而微波却在其中畅行无阻.因此,在高空中(如卫星上)拍摄地面景物,是红外遥感和可见遥感所无能为力的,而微波遥感却能大显身手.

(3) 对物体的穿透能力强.例如对于冰雪、土壤、混凝土、岩石和植物都有不同程度的穿透,最深可有 20~30 个波长.由于穿透深,就可以获得地面下的信息.

(4) 获得信息不同.例如,可见光和红外照片上土壤及植物的颜色,主要由它们的表面层分子谐振所决定,而微波遥感照片的颜色,则反映了土壤和植物的几何体及介质特性.将这两方面信息综合起来,就获得了目标的全面信息.因此,微波遥感、红外遥感和可见光遥感也是相互补充的.

§ 5.6 几何光学

几何光学研究的是光传播和成像规律的一个重要的实用性分支学科.几何光学是以光线为基础,把组成物体的物点看成是几何点,把它所发出的光束看成是无数几何光线的集合,光线的方向代表光能的传播方向.在此假设下,根据光线的传播规律,研究物体被透镜或其他光学元件成像的过程.

理论和实验都证明,电磁波是横波因此具有偏振现象,偏振是横波所具有的特性,且偏振光具有广泛的应用.这一节主要讨论几何光学和偏振.

1 几何光学近似的物理基础

由前面的电磁波分类我们知道,在可见光波段的电磁波,其特点是频率很大(频率数量级为10^{15} Hz),或者说是波长非常短(其数量级约为10^{-7} m).如果光场与物质作用时不考虑能量交换,而仅仅是关注光的传播问题时,可以得到光传播定律的良好一级近似.由于光在传输的过程中所遇到的界面尺寸都远远大于光的波长,因此可以认为光在不同介质中的传播仅仅是折射率不同,可以忽略波长,即相当于$\lambda \to 0$极限情况.根据这一思想,分析一个简单的例子以理解几何光学近似的基本原理.

图 5-6-1 是一个物点通过透镜成像的原理,图中的两个曲面的曲率中心分别为c和c'.由S点光源发出的半球面波到达透镜面后发生两次折射形成像点S'.由图可见,一个点光源可以看成是一个物,它发出一个球面波.当波面传输到一个透镜前面时,可以看到球面波只有一部分能够经过透镜,而大部分会从其他地方传输过去,换句话说,球面波的大部分对于成像是无贡献的.而传输到透镜上的球面波可以看成是由无数个很小的一束一束的光照到透镜表面.每一束光的波面相对于整个球面波的波面来讲是极小的.同时由于光的传输路程和接收面都远远大于波长,基于这两点,可以将每一小束光的波面近似看成是平面,如图中A和A',B和B'都可看成是球面波光场传输到镜面的前后表面上取一小块,每一块的尺寸都远大于波长.在这样小区域内,可将这部分的光场看成是一小束光,它的波面近似为平面,这样每一束光的传输方向都可用波矢量表示.由此我们可以将每一小束光的传输用一条有方向的线代替,称为光线.这便是光学成像的基础,也是光信息传输的基本思想.这时只有传播方向起主导作用,它在介质表面传输满足反射和

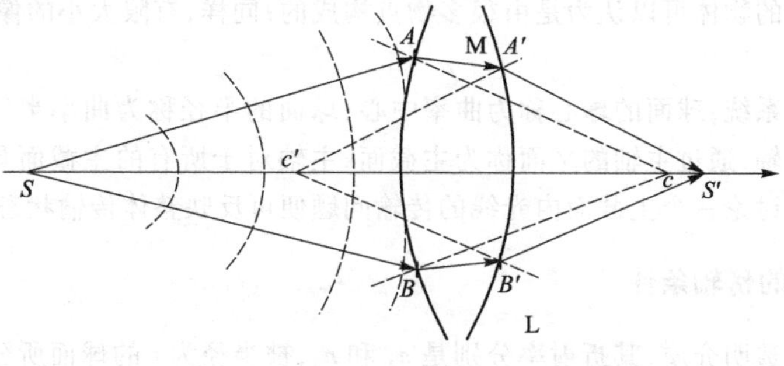

图 5-6-1　一个物点发出一个球面波经过透镜会聚成一个像点

折射定律(几何光学定理).在这种近似处理下,光学定律可以用几何学的语言来表述,因此通常称为几何光学.

光线的传播遵循三条基本定律:光线的直线传播定律,即光在均匀介质中沿直线方向传播;光的独立传播定律,即两束光在传播途中相遇时互不干扰,仍按各自的途径继续传播,而当两束光会聚于同一点时,在该点上的光能量是简单的相加;反射定律和折射定律,即光在传播途中遇到两种不同介质的光滑分界面时,一部分反射另一部分折射,反射光线和折射光线的传播方向分别由反射定律和折射定律决定.

几何光学中研究和讨论光学系统理想成像性质的分支称近轴光学.它通常只讨论对某一轴线(即主光轴)具有旋转对称性的光学系统.如果从物点发出的所有光线经光学系统以后都交于同一点,则称此点是物点的完善像.

2 几何光学中的基本概念

为了很好地了解光学系统成像问题,我们先建立几个简单的概念.相交于一点或它们的延长线交于一点的光线称为单心光束;当光线或其延长线不相交于一点的称为非单心光束.单心光束可分为发散的、会聚的和平行的三种,其中平行光线可以认为是交于无穷远处.

若入射单心光束经过光学系统后,出射光仍为单心光束,则该光学系统称为理想光学系统.入射单心光束的交点 P 称为物点,出射单心光束的交点 P' 称为像点.若入射光束为发散的单心光束,则物点为实物点;若入射光束为会聚的单心光束,则物点为虚物点.出射光束为会聚单心光束时称为实像点;出射光束为发散的单心光束时,像点为虚像点,如图 5-6-2 所示.

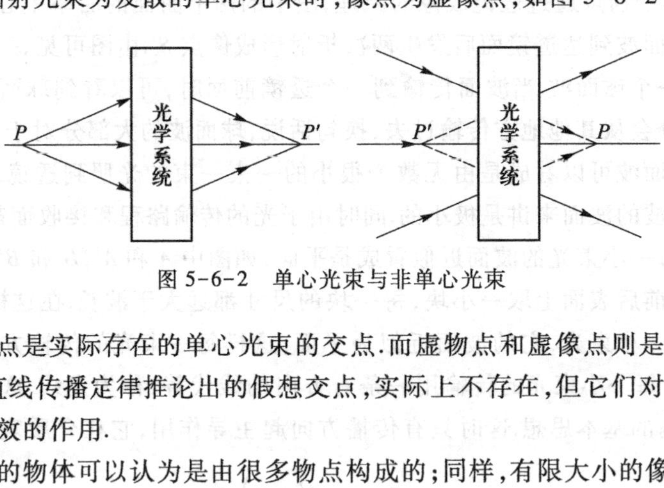

图 5-6-2 单心光束与非单心光束

实物点和实像点是实际存在的单心光束的交点.而虚物点和虚像点则是同心光束延长线的交点,它们是根据直线传播定律推论出的假想交点,实际上不存在,但它们对光学系统能起着与实物点和实像点等效的作用.

通常有限大小的物体可以认为是由很多物点构成的;同样,有限大小的像也是可以认为是由很多像点构成的.

对于球面成像系统,球面的球心称为曲率中心,球面的半径称为曲率半径,连接顶点和曲率中心的直线称为主轴,通过主轴的平面称为主截面,主轴对于所有的主截面具有对称性,因而通常情况下我们只需讨论一个主截面内光线的传输问题便可反映整体传输状态,它具有一般性.

3 球面介质成像的傍轴条件

设有两种均匀透明介质,其折射率分别是 n_1 和 n_2,被半径为 r 的球面所分开,如图 5-6-3 所示.连接物点 P 和球面的曲率中心 C 的直线称为主光轴,主光轴和球面的交点 O 点称为球面的顶点.

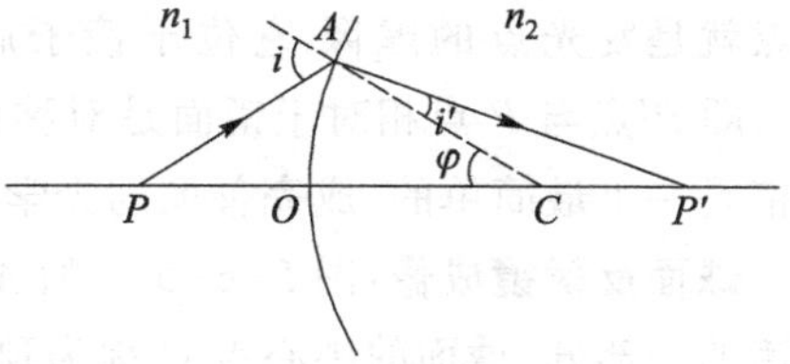

图 5-6-3　单球面的折射

物点 P 发出的单心光束,其中任意一条入射光线 PA 在球面上 A 点处的入射角为 i,φ 表示球面法线和主光轴的夹角.光经过球面折射,折射角为 i',折射光线和主光轴交于 P'点.下面讨论由 P 点发出的其他光线是否也交于 P'点?

由 ΔAPC,有

$$\frac{\overline{PC}}{\overline{PA}}=\frac{\sin(\pi-i)}{\sin\varphi}=\frac{\sin i}{\sin\varphi}$$

由 $\Delta ACP'$,有

$$\frac{\overline{AP'}}{\overline{CP'}}=\frac{\sin(\pi-\varphi)}{\sin i'}=\frac{\sin\varphi}{\sin i'}$$

上两式相乘,有

$$\frac{\overline{PC}}{\overline{PA}}\frac{\overline{AP'}}{\overline{CP'}}=\frac{\sin i}{\sin i'}=\frac{n_2}{n_1}$$

即有 $\overline{CP'}=\dfrac{\overline{PC}\,\overline{AP'}}{\overline{PA}}\dfrac{n_2}{n_1}$.可以看到,$P'$的位置与 A 点的位置有关,从 P 点发出的不同光线,与球面交于不同点,折射后与主光轴交于不同点,因此球面折射不能成理想的像.

如果只考虑与光轴成微小角度的傍轴光线,它们的入射角 i 和 i'都很小,满足近似条件:$\tan i\approx\sin i\approx i$,$\tan i'\approx\sin i'\approx i'$,则有 $\overline{PO}\approx\overline{PA}$,$\overline{OP'}\approx\overline{AP'}$.这样可以得到由物点 P 发出的傍轴光线经折射后都通过 P'点,即满足 $\overline{CP'}\approx\dfrac{\overline{PC}\,\overline{OP'}}{\overline{PO}}\dfrac{n_2}{n_1}$,可见这时 P 点与 P'点一一对应,可以成理想的像,这便是傍轴(近轴)条件.

在研究物体成像的之前,要先建立坐标体系,即建立起一种符号法则,这样可将所有成像关系统一起来.

(1) 轴向方向的长度量:由指定的原点量起,其方向与光的传播方向一致为正,反之为负.规定光线的传播方向为自左到右.

(2) 高度量:垂直光轴向上者为正,向下者为负.

(3) 角度量:以锐角量度.光线与主轴的夹角:由主光轴顺时针转到光线者为正,逆时针转成者为负;光线与法线的夹角:由法线顺时针转到光线者为正,逆时针转成者为负.

4　平面反射镜和球面反射镜成像

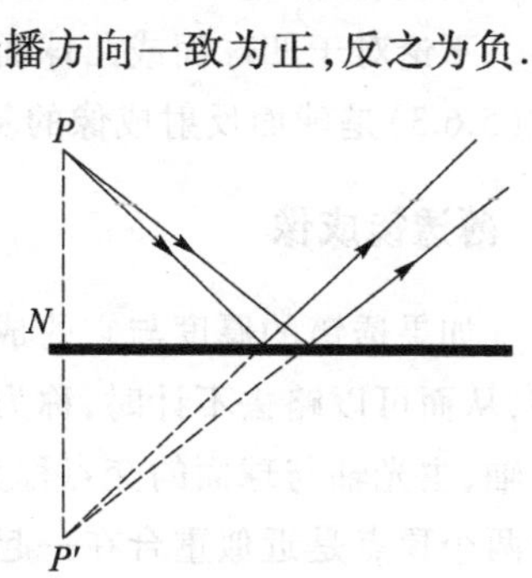

图 5-6-4　可见光在平面界面上的反射成像

平面反射镜成像:考虑到任意发光点 P 发出光束,经平面镜反射后,根据反射定律,其反射光线的反向延长线相交于 P'点,

P'点就是发光点的虚像.它位于镜子后面,且有$PN=NP'$.即P'点与P点相对于镜面是对称的.由此可见,平面镜是一个最简单的,成完善像的光学系统.

球面反射镜成像:图5-6-5中的AOB所示球面反射镜的一部分,球面的中心点O称为顶点,球面的球心C称为曲率中心,球面的半径称为曲率半径,连接顶点和曲率中心的直线CO称为主轴,根据余弦定理,可以得到:

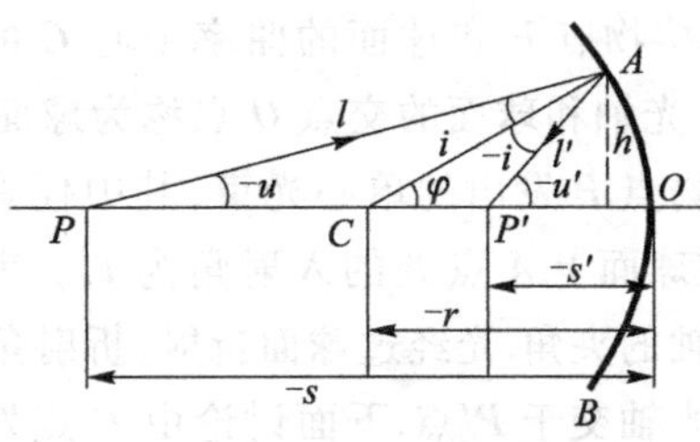

图5-6-5 球面反射镜的成像

$$l=[(-r)^2+(r-s)^2+2(-r)(r-s)\cos\varphi]^{\frac{1}{2}} \tag{5.6.1}$$

$$l'=[(-r)^2+(s'-r)^2-2(-r)(s'-r)\cos\varphi]^{\frac{1}{2}} \tag{5.6.2}$$

其中$l=\overline{PA}, l'=\overline{AP'}$,如图5-6-5所示.

在近轴条件下,φ值很小,在一级近似下,$\cos\varphi\approx1$,因此,式(5.6.1)和式(5.6.2)变成为$l\approx\sqrt{[(-r)+(r-s)]^2}=-s$;以及$l'\approx\sqrt{[(-r)+(r-s')]^2}=-s'$.

根据图5-6-5所示,有关系$\sin(-u)=h/l, \sin(-u')=h/l'$,因此有

$$\frac{h}{l}+\frac{h}{l'}=\sin(-u)+\sin(-u')$$

在近轴条件下,$\sin\varphi\approx\sin(-u)\approx\sin(-u)$,因此有$\frac{h}{l}+\frac{h}{l'}=2\sin(-u)=\frac{2h}{-r}$.将前面的$l$和$l'$的近似结果带入便可以得到反射镜成像公式

$$\frac{1}{s'}+\frac{1}{s}=\frac{1}{r/2}=\frac{1}{f'} \tag{5.6.3}$$

其中f'称为球面反射镜的焦距.它表示当$s=-\infty$时,$s'=r/2$,其意思是沿主轴方向的平行光束入射经球面反射后,成为会聚(或发散)的光束,其顶点在主轴上,称为反射球面的焦点,焦点到顶点间的距离,称为焦距,以$f'=\frac{r}{2}$表示.

式(5.6.3)表示一个近轴条件下球面反射镜可成一个理想的像点,称为高斯像点,s称为物距,s'称为像距.这个联系物距和像距的公式称为球面反射物像公式.

不论对于凹球面或凸球面,不论s, s', f'的数值大小和正负怎样,只要在近轴光线的限制下,式(5.6.3)是球面反射成像的基本公式.

5 薄透镜成像

如果透镜的厚度与它的成像性质相关的距离(例如曲率半径、焦距、物距、像距)相比小很多,从而可以略去不计时,称为薄透镜.否则称为厚透镜.两个球面曲率中心的连线称为透镜的主光轴,主光轴与球面的交点称为顶点,两个顶点间的距离称为透镜的厚度d.对于薄透镜,可以认为两个顶点是近似重合在一起的,称为薄透镜的光心.用两个球面逐次成像可以得到薄透镜的成像规律.

图5-6-6为一薄透镜,n_0为透镜材料的折射率,两个球面的半径分别为r_1和r_2,相应的曲率

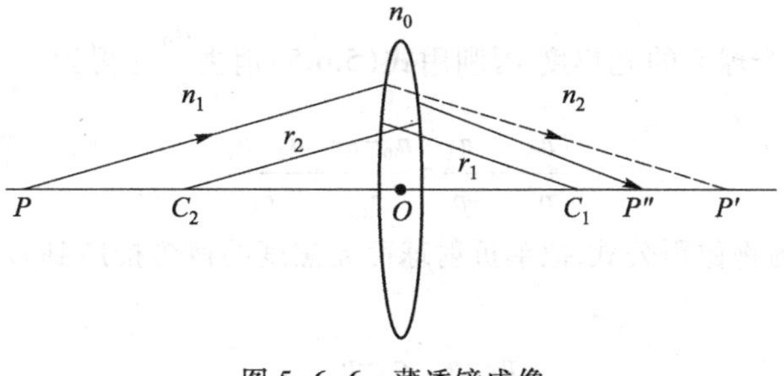

图 5-6-6 薄透镜成像

中心分别为 C_1 和 C_2，n_1 和 n_2 分别是透镜的物方和像方折射率.物点 P 置于透镜的左方主光轴上，它经过第一球面成像于 P' 点.再以 P' 点为物点经过第二个球面成像在 P'' 处.由于是薄透镜，可以近似的认为两个球面的顶点重合在一起(即图中的光心 O 点).我们可以将透镜的球面看成是由无数个小平面组成，而每个小平面的大小都远远大于可见光的波长.这样每束光照到球面上都是一个反射和折射过程.对于透镜来讲我们关心的只是通过折射成像的问题.

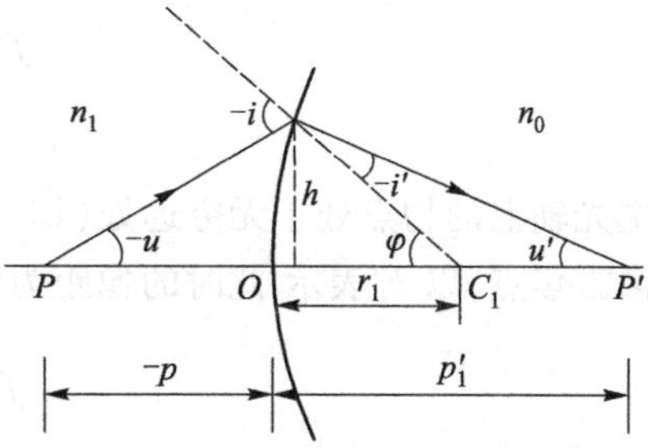

图 5-6-7 薄透镜左边球面成像

我们可以将一个薄透镜看成经过两个球面的成像问题而分别处理.首先考虑经过第一个球面时的成像过程，以光心 O 为原点，根据图 5-6-7 所示，p 和 p' 分别表示以球面顶点 O 为原点的物距和像距，r_1 表示第一个球面曲率半径.对傍轴光线满足的折射定律写成 $n_1(-i)=n_0(-i')$，即 $n_1(\varphi-u)=n_0(\varphi-u')$，因而有关系：

$$(n_1-n_0)\varphi=n_1u-n_0u' \tag{5.6.4}$$

而 $u'\approx\dfrac{h}{p_1'}$，$-u\approx\dfrac{h}{-p}$，$\varphi\approx\dfrac{h}{r_1}$，将其带入式(5.6.4)，并消去 h，可得

$$\frac{n_0}{p_1'}-\frac{n_1}{p}=\frac{n_0-n_1}{r_1} \tag{5.6.5}$$

这就是球面折射成像的物像关系.等式的右边 $\dfrac{n_0-n_1}{r_1}$ 表明，当两边的介质和曲率半径一定，这是一个定值，它与物和像无关，我们称之为光焦度(或屈光度).光焦度表征折射球面的聚光本领，表示为

$$\Phi_1=\frac{n_0-n_1}{r_1} \tag{5.6.6}$$

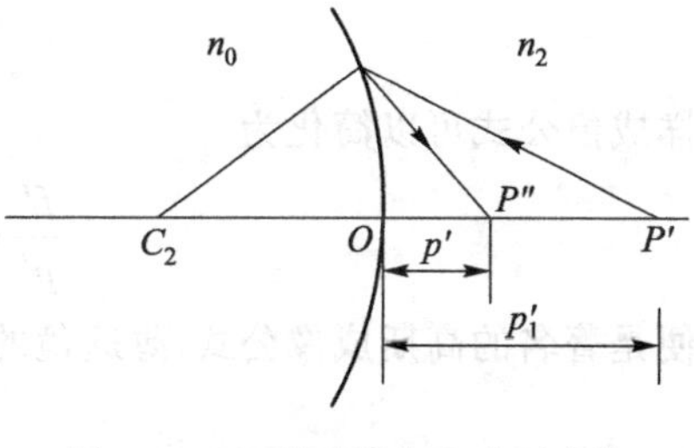

图 5-6-8 薄透镜右边球面成像

单位为 m^{-1}.

对于第二个球面来讲，P' 点又是第二球面的物点，物距 p_1'，它成像于 P''，像距 p'，根据得到式(5.6.5)同样方法有

$$\frac{n_2}{p'}-\frac{n_0}{p_1'}=\frac{n_2-n_0}{r_2}$$

$\Phi_2=\dfrac{n_2-n_0}{r_2}$是第二个球面的光焦度.再利用式(5.6.5)消去$\dfrac{n_0}{p_1'}$可得到,

$$\frac{n_2}{p'}-\frac{n_1}{p}=\frac{n_0-n_1}{r_1}+\frac{n_2-n_0}{r_2} \tag{5.6.7}$$

上式就是薄透镜成像的物像距公式.把单折射球面光焦度的概念推广到多个球面,那么薄透镜的光焦度为

$$\Phi_L=\frac{n_0-n_1}{r_1}+\frac{n_2-n_0}{r_2}=\Phi_1+\Phi_2 \tag{5.6.8}$$

即薄透镜的光焦度等于两个折射面的光焦度之和.

与主光轴上无穷远处的像点(即$p'\to\infty$,或出射光线与主光轴平行的光)对应的物点称为物方焦点,用F表示.此时的物距为物方焦距,一般以f表示.把$p'\to\infty$带入式(5.6.7)可得

$$f=\frac{n_1}{\dfrac{n_0-n_1}{r_1}+\dfrac{n_2-n_0}{r_2}}=-\frac{n_1}{\Phi_L} \tag{5.6.9}$$

当主光轴上的物点处于无穷远处(即$-p_1=\infty$,即入射光线与主光轴平行的平行光)对应的像点称为像方焦点,以F'表示.此时的像距为像方焦距,一般以f'表示.以$-p=\infty$带入式(5.6.7)可得

$$f'=\frac{n_2}{\dfrac{n_0-n_1}{r_1}+\dfrac{n_2-n_0}{r_2}}=\frac{n_2}{\Phi_L} \tag{5.6.10}$$

光焦度又可以表示为

$$\Phi_L=\frac{n_2}{f'}=-\frac{n_1}{f} \tag{5.6.11}$$

当$\Phi_L>0(f'>0)$时,F和F'是实焦点,此透镜称为会聚透镜或正透镜;当$\Phi_L<0(f'<0)$时,F和F'是虚焦点,为发散透镜或负透镜.放在空气中的玻璃透镜,凸透镜为会聚透镜,凹透镜为发散透镜.

当薄透镜置于空气中时,有$n_1=n_2=1$,于是透镜的光焦度为

$$\Phi_L=(n_0-1)\left(\frac{1}{r_1}-\frac{1}{r_2}\right) \tag{5.6.12}$$

这样成像公式可以简化为

$$\frac{f'}{p'}+\frac{f}{p}=1 \quad 或 \quad \frac{1}{p'}-\frac{1}{p}=\frac{1}{f'} \tag{5.6.13}$$

这便是著名的高斯成像公式.薄透镜的横向放大率定义为

$$\beta=\frac{p'}{p} \tag{5.6.14}$$

高斯光学的理论是进行光学系统的整体分析和计算有关光学系统参量的必要基础.

6 光学成像中的像差与色差

利用光学系统的近轴区可以获得完善成像,但没有什么实用价值.因为近轴区只有很小的孔径(即成像光束的孔径角)和很小的视场(即成像范围),而光学系统的功能,包括对物体细节的

分辨能力、对光能量的传递能力以及传递光学信息的多少等，正好是被这两个因素所决定.要使光学系统有良好的功能，其孔径和视场要远比近轴区所限定的大.

当光学系统的孔径和视场超出近轴区时，成像质量会逐渐下降.这是因为物点发出的光束中，远离近轴区的那些光线在系统中的传播光路偏离理想途径，而不再相交于高斯像点（即理想像点）之故.这时，一点的像不再是一个点，而是一个模糊的弥散斑；物平面的像不再是一个平面，而是一个曲面，而且像相对于物还失去了相似性.所有这些成像缺陷，称为像差.

用单色光成像时，有五种不同性质的像差，即球差、彗差、像散、场曲和畸变.前三种像差破坏了点点对应.其中，球差使物点的像成为圆形弥散斑，彗差造成彗星状弥散斑，而像散则导致椭圆形弥散斑.场曲使物平面的像面弯曲，畸变使物体的像变形.

此外，当用较宽波段的复色光成像时，由于光学介质的折射率随波长而异，各色光经透镜系统逐面折射时，必会因色散而有不同的传播途径，产生被称为色差的成像缺陷.色差分两种：位置色差和倍率色差.前者导致不同的色光有不同的成像位置，后者导致不同颜色的光有不同的成像倍率.两者都会严重影响成像质量，即使在近轴区也不能幸免.

为使光学系统在具有大的孔径和视场时能良好成像，必须对像差作精细校正和平衡，这不是用简单的系统所能实现的.所以，高性能的实际光学系统需要有较复杂的结构.

一个光学系统须满足一系列要求，包括：放大率、物像共轭距、转像和光轴转折等高斯光学要求；孔径和视场等性能要求，以及校正像差和成像质量等方面的要求.这些要求都需要在设计时予以考虑和满足.因此，光学系统设计工作应包括：对光学系统进行整体安排，并计算和确定系统或系统的各个组成部分的有关高斯光学参量和性能参量；选取或确定系统或系统各组成部分的结构形式并计算其初始结构参量；校正和平衡像差；评价像质.

像差与光学系统结构参量（如透镜厚度、透镜表面曲率半径等）之间的关系极其复杂，不可能以具体的函数式表达出来，因而无法采用解方程之类的办法直接由像差要求计算出系统的精确结构参量.现在能做到的是求得满足初级像差要求的解.

初级像差是实际像差的近似表示，仅在孔径和视场较小时能反映实际的像差情况，因此，按初级像差要求求得的解只是初始的结构参量，需对其进行修改才能达到像差的进一步校正和平衡，在这一过程中，传统的做法是根据追迹光线得到的像差数据及其在系统各面上的分布情况，进行分析、判断，找出对像差影响大的参量，加以修改，然后再追迹光线求出新的像差数据加以评价.如此反复修改，直到把应该考虑的各种像差都校正和平衡到符合要求为止.这是一个极其繁复和费时的过程.

电子计算机的问世和应用，给光学设计工作以很大的促进.光学自动设计能根据系统各个结构参量对像差的影响，同时修改对像差有校正作用的所有参量，使各种像差同时减小，因此能充分发挥各个结构参量对像差的校正作用，不仅加快了设计速度，也提高了设计质量.

在光学自动设计中，需构造一个既便于计算机作判断又能反映所设计系统像质优劣的评价函数，以引导计算机对结构参量的修改.通常，用加权像差的二次方之和构成评价函数，它是系统结构参量的函数.每修改一次结构参量（称为一次迭代）都会引起评价函数值的变化，如果有所降低，就表示像差有所减小，像质有所提高.

结构参量的改变要有一定的约束，以保证有关边界条件得到满足.所以，所谓光学自动设计，就是在满足边界条件的前提下，经过若干次迭代，由计算机自动找出一组结构参量，使其评价函数为极小值.现在用于光学自动设计的数学方法很多,较为有效、已为大家所采用的有阻尼最小二乘法、标准正交化法和适应法等.

7 人眼结构与成像原理

7.1 人眼结构及其功能

人眼相当于一个能够精密成像的光学仪器,它是人们观察客观世界的重要器官.人的眼睛近似球形,位于眼眶内.正常成年人其前后径平均为 25 mm,垂直径平均 23 mm.最前端突出于眶外 12~15 mm,受眼睑保护.最外层为一白色坚韧的膜称为巩膜.巩膜在眼球前部凸出部分称为角膜,其曲率半径约为 8 mm,外来光束首先通过角膜进入眼内.巩膜内面为一不透光的黑色膜称为脉络膜,其作用是使眼内成为一暗房.脉络膜的前方是一带颜色的彩帘,称为虹膜,眼球前的颜色就是由它显现出来的.虹膜中心有一圆孔,称为瞳孔,瞳孔的作用是调节进入人眼内的光通量.外来光束弱时,瞳孔的直径可以扩张到 8 mm.虹膜后面是晶状体,它由折射率约为 1.42 的胶状透明物质组成,成一双凸透镜.它前后两面的曲率半径分别是 10 mm 和 6 mm.它的边缘固结于睫状肌上,由于睫状肌的松弛和紧缩,晶状体的表面曲率可以改变.晶状体将眼内分为互不相同的两个空间.在晶状体和角膜之间的空间称为前房.另一空间在晶状体的后面,称为后房.前房和后房的物质称为玻璃体,它的折射率为 1.33,与水的折射率相同.视神经在眼内脉络膜上分布成一极薄的膜称为视网膜.当外面的物体发光进入眼内在视网膜成像时,视网膜的感光细胞将光信号转换为生物电信号,经过视网膜神经元网络处理、编码,在神经细胞形成动作电位;视觉动作电位由神经细胞轴突出的视神经传到大脑形成视觉.视神经进入眼球的地方不引起视觉,称为盲点.在眼球光轴上方附近有一直径约为 2 mm 的黄色区域称为黄斑.黄斑中心有一直径为 0.25 mm 的区域视觉最为灵敏,称为中央窝.

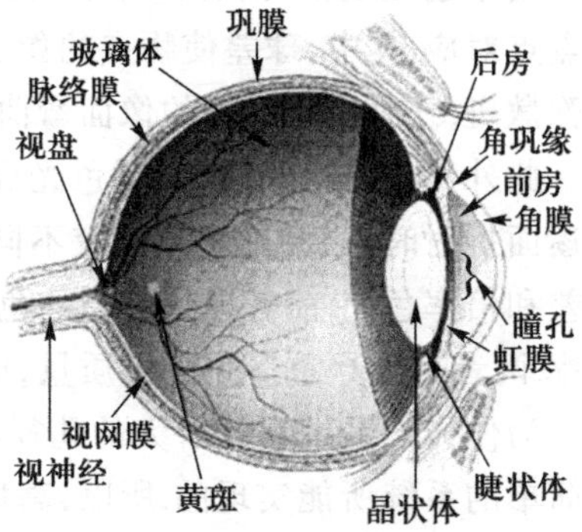

图 5-6-9 人眼的结构示意图

当人眼观察物体时,眼球通常会转动到一定位置,使所成的像恰好在黄斑内中央窝处,这时人所看到的像最为清楚.

7.2 眼成像系统的简化

人眼是一共轴光具组,这一光具组能在视网膜上形成清晰的像.由于这一共轴光具组结构很复杂,因此在许多情况下,往往将人眼简化为只有一个折射球面的简化眼.

简化眼结构的光学常量为 $n'=4/3$,折射叠加的面曲率半径 $R=5.7$ mm,网膜曲率半径为 $R'=9.8$ mm.眼睛物、像方介质折射率不相等,因而它的两个焦距是不等的,物方焦距(第一焦距)$f=17.1$ mm,像方焦距(第二焦距)$f'=22.9$ mm.

7.3 人眼的调节功能

人眼的光心是指简化眼的曲率中心.眼对物体的大小感觉是以物体在视网膜上所形成的像对光心的张角大小来衡量的.为了使不同距离的物体都能在网膜上形成清晰像,必须改变眼睛的焦距,人眼的调节主要在眼睛改变晶状体的曲率来调节焦距.

远点:人眼在松弛状态下能看清楚的最远点.

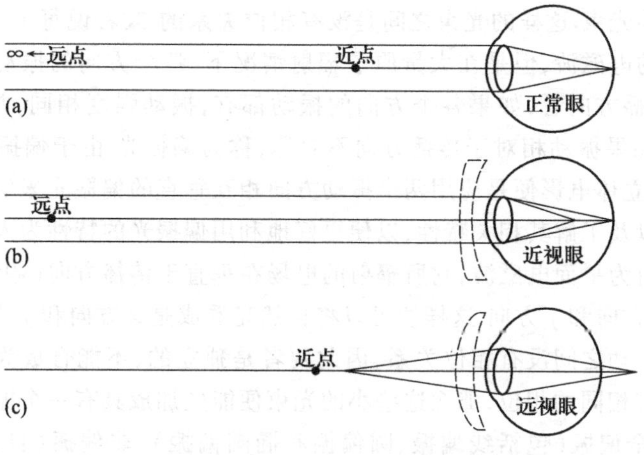

图 5-6-10　正常眼睛、近视眼、远视眼的示意图

近点：人眼在紧张状态下能看清楚的最近点，儿童的这个极限距离在 10 cm.

明视距离：适当的照明下，通常的眼观察眼前 25 cm 处的物体不费力，而且能看清楚物体的细节.

近视眼：远点在有限距离（远点移近）.

远视眼：近点变远.

7.4　视角分辨率

眼睛能分辨开两个邻近物点的能力，称为眼睛的分辨率，物体对人眼的张角称为视角.将人眼能分的两物点之间的最小视角称为视角分率.能够分辨的最近两点对眼睛所张的视角.称为最小分辨角.在白昼的照明条件下，最小分辨角 $\theta_{\min}$ 接近 1′. $\tan\theta_{\min}=\dfrac{y'_{\text{mim}}}{l'}$，$l'$ 为像方节点到视网膜的距离.

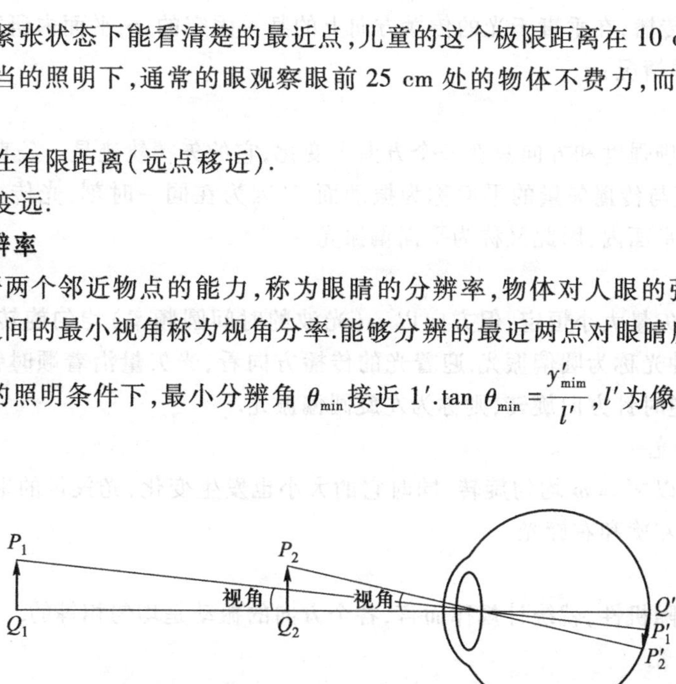

图 5-6-11　眼睛分辨本领

一般眼睛能分的最短距离 $y'=0.006$ mm，根据 $\tan\theta_{\min}=\dfrac{y'_{\text{mim}}}{l'}$，所以有 $\theta_{\min}\approx 60''$.

8　光的偏振

8.1　光的偏振特性

一般的电磁波是通过一个确定的天线而产生，其辐射的电磁波有着相同的振动方向.而对于可见光频波段的电磁波，则是由大量的原子或分子辐射而产生的，每个原子或分子的辐射产生一个很小同时又很短的光束.这样的光束之间是没有相位关系的.或者说每个原子的辐射都是一个有着具体振动方向的电磁波,但是在大量原子辐射情况下,各个方向的振动都同时存在.对于横波而言,迎着光的传播方向看,如果各个方向的振动都有,振动强度相同,并且关于传播方向对称,则称为**自然光**;如果振动相对于传播方向不对称,称为偏振光.由于偏振光具有广泛的应用,例如,人们所看到的立体电影便是应用两个振动方向相互垂直的偏振光来实现的.因此有必要研究如何获得偏振光以及了解其相关特性,以便更好地利用偏振光的特性为人类服务.

假设原子的辐射为平面电磁波,它所辐射的电场在垂直于传播方向(假设为 z 方向)的 xy 平面内,可以分解为 x 方向和 y 方向.这样便可以将自然光看成是 x 方向和 y 方向振动的组成.由于这两个相互垂直的振动之间没有相位关系,因此两者是独立的,不能合成为一个方向的光.若这些很小的光束之间有相同的相位,那么这些小的光束便能叠加成具有一个振动方向光,称为偏振光.光的偏振态有完全偏振(包括线偏振、圆偏振和椭圆偏振),非偏振(自然光)和部分偏振光三类.

设光沿着 z 轴传播,在垂直于光的传播方向上的某一固定的 xy 平面内研究光矢量的变化规律,会出现以下几种情况:

(1) 线偏振光

线偏振光的电场强度和方向只在一个方向上变化,它的矢端轨迹是一条直线,这种光称为线偏振光.包含光矢量与传播矢量的平面称为振动面.又因为在同一时刻,光传播方向上各点的光矢量都分布在同一平面内,因此又称为平面偏振光.

(2) 圆偏振光

如果光波的光矢量大小恒定,但方向以 ω(光波的时间圆频率)均匀旋转,这时光矢量末端的轨迹为一圆,这种光称为圆偏振光.迎着光的传播方向看,光矢量沿着顺时针方向旋转的称为右旋圆偏振光;若逆时针方向旋转,则称为左旋圆偏振光.

(3) 椭圆偏振光

光矢量一方面以频率 ω 均匀旋转,同时它的大小也发生变化,光矢量的末端轨迹为一椭圆,椭圆偏振光也分为左旋和右旋光.

(4) 自然光

特点是振动的随机性,就统计规律而言,各个方向的振动是均匀相等的.

(5) 部分偏振光

这种光的振动尽管也是各个方向都有,但是不同方向的振动大小不同,我们可以将这种偏振光看成是一个自然光和一个平面偏振光的混合.

通常用偏振度 p 来衡量偏振程度的大小.

$$p=\frac{I_{\max}-I_{\min}}{I_{\max}+I_{\min}} \tag{5.6.15}$$

其中 $I_{\max}$ 和 $I_{\min}$ 分别表示光的最大和最小强度.对于自然光来讲,由于 $I_{\max}=I_{\min}$,因此偏振度为零.而对于线偏振光,由于 $I_{\min}=0$,因此偏振度为最大值 1.对于部分偏振光,它的偏振度满足关系 $0<p<1$.

8.2 双折射现象

一束自然光经过各向同性介质时,折射光线只有一束,并且遵守折射定律.但是一束自然光经过各向异性晶体(例如石英晶体)时,会产生两束振动方向不同的折射光,且都为线偏振光,这种现象称为双折射.其中一束遵守折射定律,称为寻常光(ordinary ray),简称 o 光.另一束不遵守折射定律,折射光线一般不在入射面内,并且 $\sin i_1/\sin i_2 \neq$ 常数,这束光称为非常光(extraordinary ray),简称为 e 光.值得注意的是,o 光和 e 光只有在双折射晶体中才有意义,在晶体外的各向同性介质中是无意义的.

人们正是利用各向异性材料的这一特点,研究出产生平面偏振光的各种器件.为了深入地了解各向异性材料的特点,这里先给出一些概念和定义,以便描述这些材料所具有的一些特性.

光轴、主截面和主平面

在各向异性晶体中存在着一个特殊的方向,当光在晶体中沿着这个方向传播时,o 光和 e 光的传播速度相同,这个特殊的方向称为晶体的**光轴**.

晶体有两类:如方解石、石英、红宝石等只有一个光轴,称为单轴晶体.而云母、蓝宝石、橄榄石、硫黄等晶体有两个光轴方向,称为双轴晶体.

包含晶体光轴与晶体解理面(晶面)法线的平面称为晶体的主截面.主截面由晶体本身结构所决定.晶体中某条光线与晶体光轴所购成的平面,称为该光线的主平面.o 光光矢量的振动方向总和自己的主平面垂直;e 光光矢量在自己的主平面之内.在一般情况下,o 光和 e 光的两个主平面有一个很小的夹角,因而两个光的振动方向并不完全相互垂直.但是,若光线的入射面与主截面重合,则主平面都与入射面重合,两光的振动方向相互垂直.在实际应用中都有意选取这种情况.

单轴晶体中点光源的波面

在各向同性介质中的一个点光源(它可以是一个真正的点光源,也可以是惠更斯原理中的一个子波中心)发出的波沿着各个方向传播的速度都相同,经过某段时间 t 后形成的波面是一个半径为 vt 的球面.

但在单轴或双轴晶体这种各向异性介质中,光的传播速度与方向有关.即便是在同一方向传播,由于光的振动方向不同光速也会不同.所以经过某段时间 t 后,点光源发出的光波波面由两层封闭曲面组成.单轴晶体中的 o 光沿着各个方向传播的速度 v_o 都相同,所以波面是球面.而 e 光沿着各个方向传播的速度不同,沿着光轴方向的传播速度与 o 光相同.在垂直于光轴方向的传播速度是 v_e,经过 t 时间后 e 光的波面是以光轴为旋转轴的旋转椭球面.o 光和 e 光两波面在光轴方向上相切.

单轴晶体分为正单轴晶体,它满足 $v_o>v_e$,如石英晶体.另一种为负单轴晶体,它满足 $v_e>v_o$,如方解石.它们的波面如图 5-6-12 所示.

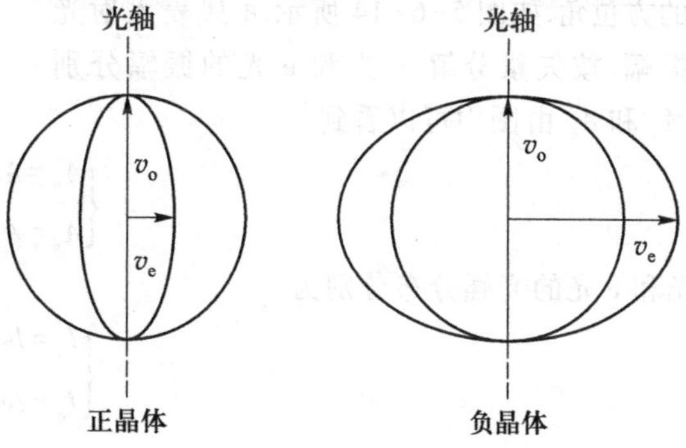

图 5-6-12 单轴晶体中 o 光和 e 光的波面

真空中的光速 c 与介质中的光速 v 之比等于该介质的折射率 n,$n=c/v$.对于 o 光,晶体中的折射率为 $n_o=c/v_o$.但是对于 e 光来讲,由于它不满足折射定律,我们不能简单地用一个折射率来描述它的折射规律,通常仍然把真空中的光速 c 与 e 光沿着垂直于光轴传播时的速度 v_e 之比称为它的折射率，即 $n_e=c/v_e$.它虽然不具有普通折射率的含义，但它与 n_o 一样是晶体中重要的光学参量.n_o 和 n_e 合称为晶体的主折射率.对于正晶体有 $n_o<n_e$，对负晶体有 $n_o>n_e$.

利用双折射晶体中 o 光和 e 光的波面特点以及惠更斯原理，通过作图法可以求出晶体中 o 光和 e 光的传播方向.例如假设入射波是自然光，且晶体是方解石（负晶体 $v_e>v_o$），光轴垂直于入射面，在这种特殊情况下，o 光和 e 光都遵守折射定律.

（1）平面波正入射到光轴**垂直于界面**，如图 5-6-13(a) 所示的情况下，由于传播方向与光轴同向，因此 o 光和 e 光的传播方向相同，传播速度一致，这时无双折射现象.

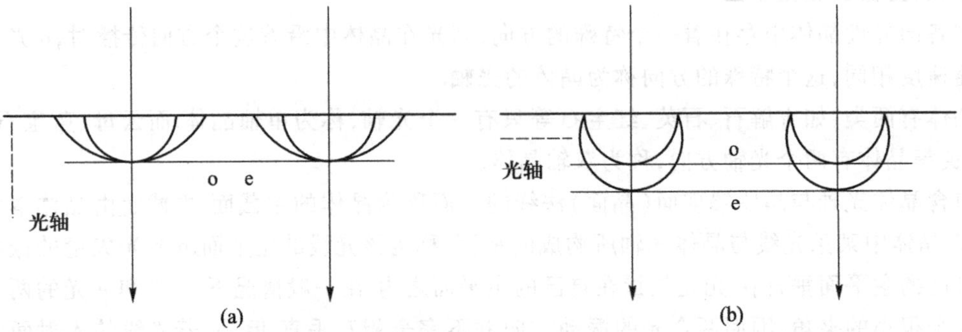

图 5-6-13　平面波在方解石晶体中的传播

（2）平面波正入射到光轴平行于入射界面时，两光束的传播方向一致，但传播速度不同，因此有双折射.

马吕斯(Malus)定律

如果入射到单轴晶体中的是自然光，由晶体产生的 o 光和 e 光的光强相等.若以线偏振光入射，o 光和 e 光的相对强度将随入射的振动面与 o 光和 e 光在晶体内的主平面间的夹角而变化.设有一线偏振光垂直入射到晶体的表面上，其振动面与主平面 xz 平面（o 光和 e 光的主平面重合）的夹角为 θ，θ 常称为线偏振光的方位角.如图 5-6-14 所示.A 代表入射光的振幅，按矢量分解，o 光和 e 光的振幅分别为 A_o 和 A_e.由图中可以看到

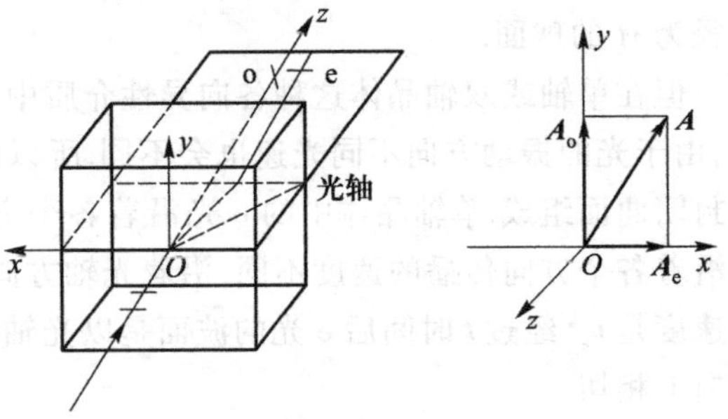

图 5-6-14　马吕斯定律

$$\begin{cases}A_o=A\sin\theta\\A_e=A\cos\theta\end{cases}\tag{5.6.16}$$

o 光和 e 光的光强分布分别为

$$\begin{cases}I_o=I\sin^2\theta\\I_e=I\cos^2\theta\end{cases}\tag{5.6.17}$$

这就马吕斯定律.式中 $I=A^2$ 是入射线偏振光的光强.显然 o 光和 e 光的光强之比为 $\frac{I_o}{I_e}=\tan^2\theta$.

8.3 偏振光的产生

8.3.1 二向色性材料制备的偏振片

在大多数各向异性晶体中,晶体对 o 光和 e 光的吸收是大致相同的,但在一些特殊的各向异性晶体中则不同.例如,电气石对 o 光有强烈的吸收作用,而对 e 光则吸收较少,这种吸收与光的偏振相关的性质称为二向色性.利用二向色性材料制成的人造偏振片在液晶显示器,偏振眼镜以及许多偏光仪器中有广泛的应用.典型的有 H 偏振片和 K 偏振片.例如,一束自然光入射到在电气石晶片上,在晶体内部 o 光和 e 光受到不同的吸收.1 mm 厚的晶体能够吸收掉全部的 o 光,而仅有 e 光输出,这样便获得了线偏振光.

H 偏振片的制作方法是:将聚乙烯醇薄膜加热后,沿着一个方向拉伸 3~4 倍,再放入碘溶液中浸泡而成.光矢量平行于拉伸方向的光被吸收掉,而偏振方向垂直于其拉伸方向的光可以透过.允许透过的偏振光的光矢量方向称为透振方向或透振轴.

K 偏振片的制作方法是:将聚乙烯醇薄膜放在高温炉中通以氯化氢作催化剂,除去聚乙烯醇中的若干水分,形成聚合乙烯的细长分子链,再单向拉伸而成.K 偏振片的光化学性能稳定,能耐潮耐热,高温时不分解,这是它优于 H 偏振片之处.但价格也贵于 H 偏振片.上述办法获得的偏振光质量不是很好,即偏振度不高,同时它带有滤光作用.

8.3.2 格兰棱镜

格兰棱镜是应用最为广泛的偏振片之一,结构如图 5-6-15 所示.它是用方解石制成,特点是两个直角棱镜的光轴相互平行且与棱镜表面平行.并都与光线传播方向垂直.两个棱镜之间用胶粘合,胶是各向同性介质,它的折射率满足关系 $n_e<n<n_o$.当自然光正入射在第一棱镜之中,o 光和 e 光传输方向一致但速度不同,它们在两个棱镜的胶合面上的入射角就是棱镜斜面与直角面的夹角 θ.而在介质 I 中,o 光相对于胶合介质是从光密到光疏介质,适当的选择 θ 角,可以使 o 光在胶合面处发生全反射.因此只要入射角大于全反射临界角,o 光便会发生全反射而从侧面射出;对于 e 光来说,由于折射小于胶合介质折射率,因此不会有全反射发生,能够从介质 Ⅱ 中透射出一束偏振光.

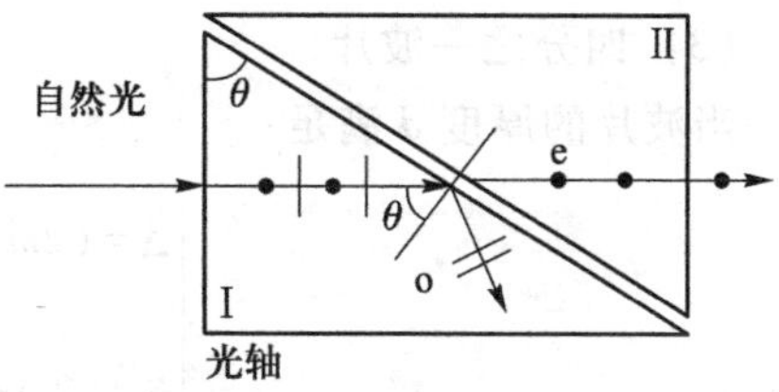

图 5-6-15 格兰棱镜

8.3.3 波片

如何使偏振光的偏振方向或偏振性质发生改变,如何实现对偏振光的偏振特性的控制,在实际应用中是十分重要的问题.而实现这一目标可以通过利用单轴晶体所做成的波片来完成,这种波片就是一个光轴平行于入射表面的晶体.设波片的厚度为 d,主折射率为 n_o 和 n_e,则 o 光和 e 光在射出晶片时的光程差为

$$\Delta=(n_o-n_e)d \tag{5.6.18}$$

相应的,这两束光从晶体出射后具有的相位差为

$$\delta=\frac{2\pi}{\lambda}(n_o-n_e)d \qquad (5.6.19)$$

当 $n_o>n_e$(即 $v_e>v_o$)时,表示 e 光相位超前于 o 光;当 $n_o<n_e$(即 $v_e<v_o$)时,表示 o 光相位超前于 e 光.适当的选择晶片厚度 d,可以使得两光束之间产生任意数值的相对相位延迟 δ.

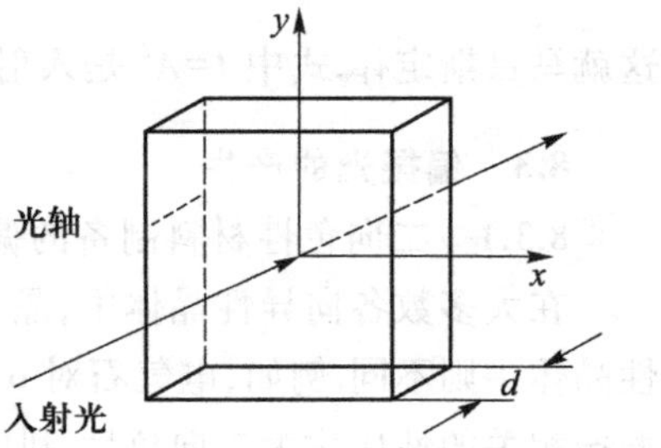

图 5-6-16 波片

(1) 全波片

选择波晶片的厚度 d,使得 o 光和 e 光的光程差和相位差分别为

$$\begin{cases}\Delta=(n_o-n_e)d=m\lambda \\ \delta=2m\pi\end{cases} \quad (m=\pm1,\pm2,\cdots) \qquad (5.6.20)$$

这样的波片称为全波片,由于两光的相对相位延迟 2π,e 光和 o 光又恢复到同相位,所以偏振光经过了全波片后,偏振态不会发生改变.

(2) 半波片($\lambda/2$)

当波片的厚度 d 满足:

$$\begin{cases}\Delta=(2m+1)\dfrac{\lambda}{2} \\ \delta=(2m+1)\pi\end{cases} \quad (m=0,\pm1,\pm2,\cdots) \qquad (5.6.21)$$

这样的波片称为半波片.线偏振光经过了半波片后向对于原来的振动面转动了 2θ 角.半波片也改变了椭圆偏振光的椭圆取向.此外,它还把右旋的圆偏振光变成了左旋偏振光.

(3) 四分之一波片

当波片的厚度 d 满足:

$$\begin{cases}\Delta=(2m+1)\dfrac{\lambda}{4} \\ \delta=(2m+1)\dfrac{\pi}{2}\end{cases} \quad (m=0,\pm1,\pm2,\cdots) \qquad (5.6.22)$$

这样的波片称为四分之一波片.当线偏振光的振动面与晶片的光轴方向夹角为 0 度或 $\pi/2$ 时,出射光仍然为线偏振光.当夹角为 $\pi/4$ 时,出射光为圆偏振光.而在以其他角度入射时会得到椭圆偏振光.不同的波片是与相应的波长对应,值得注意的是波片不能将自然光变成偏振光,而只能改变偏振光的特性.

8.4 偏振光的检验

检验光的偏振特性或偏振态,主要依据以下两点:①只有当线偏振光通过检偏器时,将检偏器绕光传播方向旋转一周,才会出现两个完全消光的位置;②四分之一波片($\lambda/4$)只能将圆偏振光和椭圆偏振光转换为线偏振光,而不能改变自然光和部分偏振光的振动状态.例如一个线偏振光经过一个格兰棱镜后的光强变化情况,如图 5-6-17 所

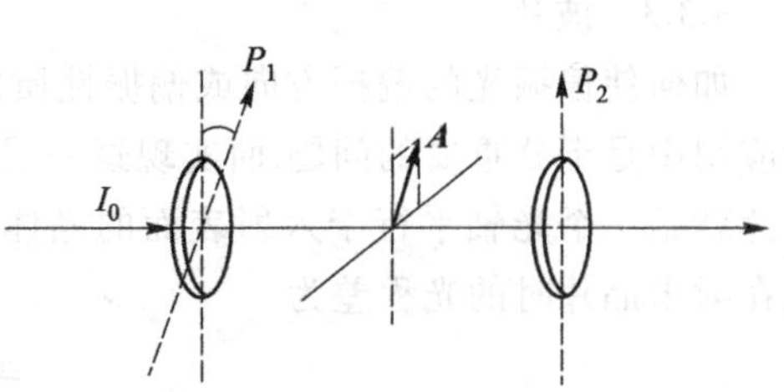

图 5-6-17 自然光经过两个格兰棱镜后的光强变化

示.一束自然光经过第一个格兰棱镜后变成一个线偏振光,其偏振方向为图中所示的光场振幅 A 所示,满足关系 $I_1=I_0/2=|A|^2$.在经过第二个格兰棱镜后的光强为 $I_2=I_1\cos^2\theta=\frac{I_0}{2}\text{cso}^2\theta$.可见经过第二个格兰棱镜后的光强与两个格兰棱镜光轴间的夹角相关.如果绕着光的传播方向转动第二个棱镜,光强 I_2 会出现两次最大值 $I_2=\frac{I_0}{2}$,对应的角度为 $\theta=0,\pi$;出现两次最小值 $I_2=0$ 所对应的角度为 $\theta=\pi/2,3\pi/2$,即上面所说的两个消光位置.利用这种方法便可以检验出是否是线偏振光.

由于圆偏振光是由线偏振光经过 $\lambda/4$ 波片,且满足偏振光的振动方向与波片光轴的角为 $\pi/4$ 时所产生.因此对圆偏振光的检验便是利用一个 $\lambda/4$ 将其变为一个线偏振光后再利用检偏器来检验便可实现对圆偏振光的检验;一个正椭圆偏振光也可经过一个 $\lambda/4$ 波片后变为一个线偏振光,再经过检偏器可以检验.但是一般的椭圆偏振光用 $\lambda/4$ 波片是不能检验的.

§5.7 半球面波的相干叠加 图形传播与处理

前面已经多次指出,由于波动方程是线性的,多列自相干电磁波(如多个相干点光源产生的半球面波 $\{E_i\}$)在空间是彼此独立传播的.由于所讨论的是定态过程,每个点光源都稳定发射确定功率流的半球面波,波前与波阵面是重叠的,每个半球面波都充满前向半空间,或所有不同相位的 $\{E_i\}$ 在任何点都重叠.只有当观测者在空间某一点进行测量时,才能得到在该点上多束波叠加的总光强,即总场强模的平方:

$$\left|\sum_i E_i\right|^2=\sum_i |E_i|^2+\sum_{i>j}(E_i\cdot E_j^*+E_i^*\cdot E_j)$$

其中 E_j^* 和 E_i^* 分别是E_j 和E_i 的复共轭.如果波束比较多,自相干光束相位在$(0,2\pi)$中分布较均匀,则 $\sum\limits_{i>j}(E_i\cdot E_j^*+E_i^*\cdot E_j)$ 平均值为零,我们有 $\left|\sum\limits_i E_i\right|^2=\sum\limits_i |E_i|^2$.通常称之为"非相干叠加",$\{E_i\}$ 是非相干光束族.我们看到,尽管在 $\{E_i\}$ 中任意单独两束半球面波可以是相干的,即 $(E_iE_j^*+E_i^*E_j)$ 不等于零,可以展示相干条纹,但大量的叠加成为非相干光束族,既会满足关系 $\left|\sum\limits_{i>j}(E_i\cdot E_j^*+E_i^*\cdot E_j)\right|=0$.由于每束自相干半球面波是独立传播,因此它与是否存在其他光波束和传播无关,只在测量场强时才显示与其他光束的相干性,而测量即表明这束光的传输过程被终止,所以在光学过程中所有非相干的自相干波都是独立传播的,只在最终测量中显示出总光能流是各部分不相干光束光能流之和:$\left|\sum\limits_i E_i\right|^2=\sum\limits_i |E_i|^2$.

一类具体的相干或非相干光束实例是我们在双孔衍射实验所描述的情况.由一个相干光源发出的自相干半球面波,在穿过两个大小差不多的小孔后的相干波叠加传播.在接收平面上显示器点阵上显示出干涉和衍射条纹.这是人们制备两个或数个相干的自相干点光源的最方便途径.但如果通过的是大量的小孔平面阵列,由于每个小孔后产生的自相干点球面波相位彼此略有不同,在接收器点阵上叠加后,显示不出干涉或衍射条纹.我们可以认为,这些大量的,双双相干的,自相干半球面波在整个半空间中都重叠但独立传播,在达到并穿过下一小孔后,在小孔背面各自独立形成点光源，发射相应相位的半球面波.这也是在光学系统中从一群像素到另一群像素之间的典型的半球面波传播过程.

1 光学系统中的光源及半球面波

根据前面对球面波和“图像”传输的讨论，我们就很容易理解，通常光学教科书上的“干涉”和“衍射”实际上就是从波动光学（不是从几何光学）角度出发，分析图形在光学系统（即“图片”序列）中的产生、传输和显示过程.只不过目前本书中只列举了非常简单的几类图形，如较大的小孔（衍射现象）、平行的条纹（干涉）等，但即便如此，也已有了很多实际的应用.为此，我们必须确切了解通常“光源”的结构及发射光束的特性，了解光束传播和调制过程以及到达接收器的显示过程.虽然，在前面各节中也分别有所介绍，但这里作一综合叙述还是必要的.这里的讨论只限于在“光波”范围（实际主要包括红外、可见光、紫外）内，即频率在 $10^{13}\sim10^{17}$ Hz，或波长在 $10^{-5}\sim10^{-9}$ m 之间的电磁波.

对于一个光学系统，可简化为图 5-7-1 所示的模型.由于麦克斯韦方程组中对电场、磁场或对光源电荷密度、电流密度的考虑都是线性的，因此任何电磁波源都可看成是点波源的叠加，即图 5-7-1 源图片 h_0 中若干像素 $\{p_0(s_i)\}$ 上的点光源，向正向（$z>0$）发射半球面波.光源是稳定的，因此每个点光源发射的半球面波都充斥在整个空间层 h_0h_1 中，都与整个图片 h_1 中的背面接触.但每个点光源都至少由 10^{12} 以上个分子组成，每个分子随机地被激发，然后自发辐射相同总波能但频率（颜色）不一定相同的自相干半球面波.不同分子发射的半球面波是不相干的，即每个点光源实际上是发射大量不相干的自相干的半球面波光束.若需要两个或数个相干的自相干点光源，可在图片 h_0 前面的 h_{-1} 上置一自然发光的点光源 $p_{-1}(l_{-1})_0$，发射的半球面波穿过 h_0 上面的小孔而得到系列点光源 $\{p_0(1_0),p_0(2_0),p_0(3_0),\cdots\}$，如图 5-7-1 所示.当然，对发射厘米或毫米电磁波，点波源组也可以是由相干的偶极和四极天线组成，各自发射自相干的半球面波.

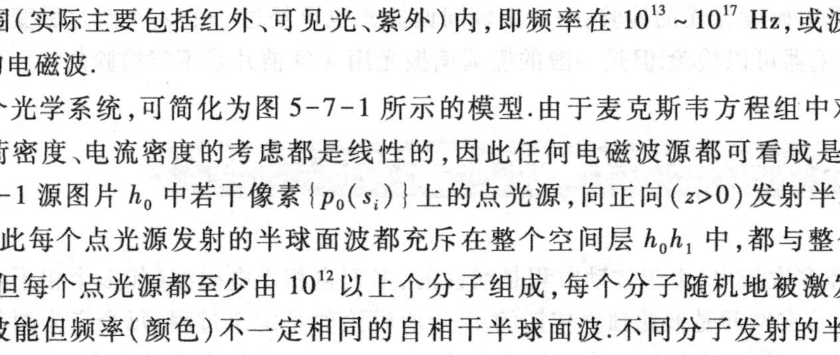

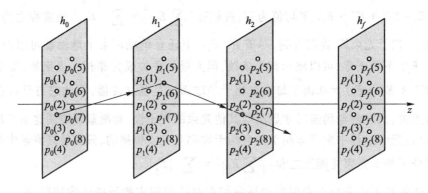

图 5-7-1 光学系统图像传输示意图

光波在光学系统中的传播有两类基本过程.一是光波在真空或均匀介质中以半球面波形式传播，二是半球面波从图片 h_i 上点光源 $p_i(s_i)$ 到达并穿过下一图片 h_{i+1} 上小孔 $p_{i+1}(s_{i+1})$ 后形成与入射光波同相位新的点光源，产生自相于半球面波正向传播（如图 5-7-1 所示）.可以认为，半球面波穿过小孔，振幅有突变，但相位连续变化.自 $(h_{i+1},p_{i+1}(s_{i+1}))$ 发射的自相干半球面波，传播到达$(h_{i+2}, p_{i+2}(s_{i+2}))$，自相干穿过小孔形成点光源，发射半球面波……最后到达接收器$(h_f, p_f(s_f))$.这个过程在光学系统中构成一自相干光波串，是我们通常光学概念中的"光束"，但并非真是设想中的"光串"，而是由一串半球面波串集合而成.从 h_0 上点光源 $p_0(s_0)$ 发出的自相干半球面波，依序经过 h_1 上各点$\{p_1(s_1)\}$，经过 h_2 上各点$\{p_2(s_2)\}$，到达 h_f 上各点$\{p_f(s_f)\}$，形成大量的"光束串".任意两光束叠加都是相干的，但大量光束串叠加到一点 $p_f(s_f)$，进行总强度测量，则显示不出相干性.在源图片 h_0 上不同像素 $p_0(s_0)$ 上不相干点光源到大量光束串集中到像图片 h_f 上的每个像素 $p_f(s_f)$ 上形成上不相干的点光源，构成光学系统处理过的"像".

在以下单色波相干性的讨论中，一个点光源往往发射多束非相干的自相干半球面波，但我们在处理波的传输过程时，是可以将这些非相干波束看成一束总光强流(E^2c)相同的自相干半球面波，或将该点光源看成只发射单束自相干光源，有如一偶极波源.为了简化行文，在以下有关干涉、衍涉的讨论中都用标量电场.

2 多个相干点光源的干涉

2.1 两个点光源辐射的相干叠加

在 y 方向两个相干点光源 S_1，S_2 相距为 $2d$.到达空间某一点探测器上的电场分别是

$$E_1=(E_{10}a/l_1)e^{i(\omega t-kl_1)},\quad E_2=(E_{20}a/l_2)e^{i(\omega t-kl_2)} \tag{5.7.1}$$

其中 a 是点光源的尺度，l_1 和 l_2 是两个半球面波由 S_1，S_2 到达探测器的光程.

我们关注的问题是两个半球面波在探测器上叠加后的电场强度：

$$E=(E_{10}a/l_1)e^{i\varphi_1}+(E_{20}a/l_2)e^{i\varphi_2} \tag{5.7.2}$$

其中的相位因子为 $\varphi_i=\omega t-kl_i(i=1,2)$.由于因子$(a/l_1)$和$(a/l_2)$的差别对电场幅度影响很小，可以忽略其差别，统一取成(a/l).但在相位因子中，l_1 和 l_2 差别是不可忽略的.探测的结果与$|E|^2$成正比，这样利用上式可以得到：

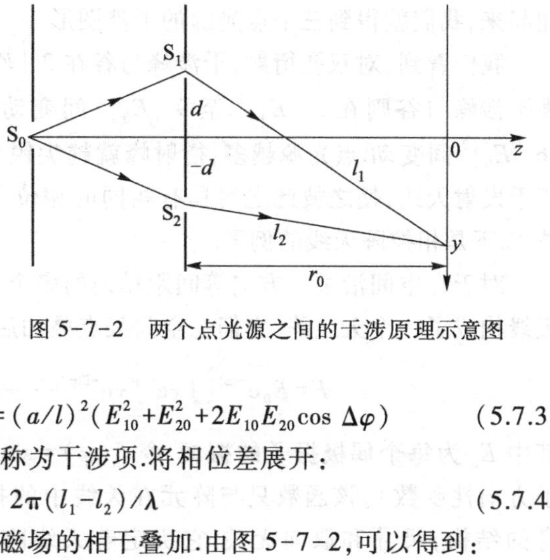

图 5-7-2 两个点光源之间的干涉原理示意图

$$|E|^2=(a/l)^2\,|E_{10}e^{-i\varphi_1}+E_{20}e^{-i\varphi_2}|^2=(a/l)^2(E_{10}^2+E_{20}^2+2E_{10}E_{20}\cos\Delta\varphi) \tag{5.7.3}$$

其中 $\Delta\varphi=\varphi_1-\varphi_2$.第三项是两个偶极辐射关联项，称为干涉项.将相位差展开：

$$\Delta\varphi=k(l_1-l_2)=2\pi(l_1-l_2)/\lambda \tag{5.7.4}$$

其中(l_1-l_2)称为波程差，这样的叠加结果称为电磁场的相干叠加.由图 5-7-2，可以得到：

$$l_1^2=r_0^2+(d+y)^2,\quad l_2^2=r_0^2+(y-d)^2$$

或：

$$l_1-l_2=4dy/(l_1+l_2) \tag{5.7.5}$$

通常情况下有 $r_0\gg d$，因此可以近似的认为 $l_1\approx l_2\approx r_0$，因此有$(l_1+l_2)\approx 2r_0$.这样上式可简化为

$$l_1-l_2=2dy/r \tag{5.7.6}$$

代入式(5.7.3)及式(5.7.4)，得到：

$$|E|^2=(a/r_0)^2[\,|E_{10}|^2+|E_{20}|^2+2E_{10}E_{20}\cos[(4\pi d/\lambda r_0)y]\,] \tag{5.7.7}$$

若改动探测器的位置,由式(5.7.7)就可以直接计算上整个双孔衍射的条纹.式(5.7.7)可以被实验定量验证.

另一种双孔衍射实验的安排是,固定探测器及两个小孔的位置而在方向上移动原始的自然点光源,则在探则器上可以顺序显示整个衍射图形.

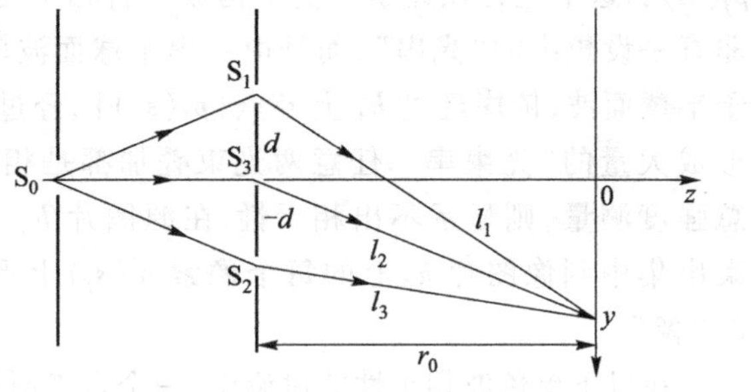

图 5-7-3　三个点光源之间的干涉原理示意图

2.2　多个相干点光源的干涉

我们很容易将上述两个相干点光源的结果,推广到多个相干点光源的情况,以三个点光源为例,如图 5-7-3 所示.三个光源到达探测器上总的电场强度:

$$E=(E_{10}a/l_1)\mathrm{e}^{-\mathrm{i}\varphi_1}+(E_{20}a/l_2)\mathrm{e}^{-\mathrm{i}\varphi_2}+(E_{30}a/l_3)\mathrm{e}^{-\mathrm{i}\varphi_3} \tag{5.7.8}$$

总光强可表示为

$$\begin{aligned}|E|^2=(a/l)^2(&|E_{10}|^2+|E_{20}|^2+|E_{30}|^2+|2E_{10}E_{20}\cos\Delta\varphi_{12}|+|2E_{10}E_{30}\cos\Delta\varphi_{13}|\\&+|2E_{20}E_{30}\cos\Delta\varphi_{23}|)\end{aligned} \tag{5.7.9}$$

其中 $\Delta\varphi_{12}=k(l_1-l_2)=2\pi(l_1-l_2)/\lambda$,同样有 $\Delta\varphi_{13}=k(l_1-l_3)=2\pi(l_1-l_3)/\lambda$,$\Delta\varphi_{23}=k(l_2-l_3)=2\pi(l_2-l_3)/\lambda$.利用前面双孔衍射的计算方法,在 y 方向移动探测器,我们得到四部分的光强度表示:$|E_{10}|^2+|E_{20}|^2+|E_{30}|^2$;$|2E_{10}E_{20}\cos\Delta\varphi_{12}|$;$|2E_{10}E_{30}\cos\Delta\varphi_{13}|$;$|2E_{20}E_{30}\cos\Delta\varphi_{23}|$.将这部分叠加起来,我们就得到三个点光源的干涉图形.

我们看到,对双孔衍射,干涉峰与谷在 $2|E_0|^2$ 到 $4|E_0|^2$ 间变动;而对 3 个点光源衍射,光强干涉峰与谷则在 $3|E_0|^2$ 至 $9|E_0|^2$ 间变动;对于四孔衍射,光强干涉峰与谷在 $4|E_0|^2$ 至 $16|E_0|^2$ 间变动.点光源越多,衍射峰就越尖锐化.雷达的相控阵天线便是经过适当的安排多个相干发射天线,使之彼此之间具有相同的相位关系,这样会产生发射光束为锐聚在一起的电磁波.以下是相控阵天线的例子.

对于在空间沿某一方向等间距排列的多个具有相同频率、相同振幅和振动方向的偶极辐射天线构成了一个天线阵,它们在空间某点叠加后的总辐射场可以近似表示为

$$E=E_0\mathrm{e}^{-\mathrm{i}\omega t}[1+\mathrm{e}^{-\mathrm{i}\varphi}+\mathrm{e}^{-\mathrm{i}2\varphi}+\cdots+\mathrm{e}^{-\mathrm{i}(n-1)\varphi}]=E_0\sin\left(\frac{n\varphi}{2}\right)/\sin\left(\frac{\varphi}{2}\right) \tag{5.7.10}$$

其中 E_0 为每个偶极振子的振幅.令 $f_n(\varphi)=\sin(n\varphi/2)/\sin(\varphi/2)$,称为天线阵的阵函数(阵因子方向性函数),该函数只与阵元在天线中的排列、激励电流的振幅、相位有关,而与阵元本身的结构,尺寸和取向无关.它决定着天线阵的最大辐射方向.因此控制天线阵的方向函数中的相位因子就控制住了天线阵的辐射取向.式(5.7.10)便是典型的相共振天线阵列叠加的结果.

从图 5-7-4 可以看出,4 个偶极辐射时的最大峰值和锐度比 10 个偶极辐射时值小得多.其中最大的峰值称为主最大,两相邻最大值间有次最大和极小值,它的大小与 φ 取值有关.辐射强度分布特征为

(a) 主最大:当 $\varphi=\pm2j\pi$ 时($j=\pm0,\pm1,\pm2,\cdots,j$ 为干涉级数),对应着主最大的位置,辐射强度为 $I_{\max}=n^2E_0^2$.

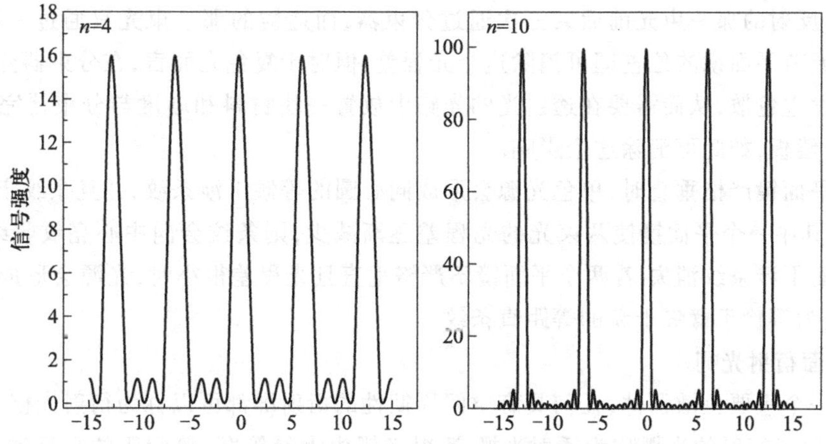

图 5-7-4　4 和 10 个偶极子辐射的干涉强度分布图

(b) 最小值(有 $n-1$ 个最小值):当式(5.7.10)分子为零时对应着辐射强度的最小值 $I_{\min}=0$,这时 $\varphi=2j\dfrac{\pi}{n}\dfrac{n\varphi}{2}$,其中的干涉级数满足关系($j=\pm1,\pm2,\pm3,\cdots,j\neq\pm n$).

很明显,叠加强度与参与干涉的偶极辐射振子的多少成正比,且条纹要比两个振子的情况锐利得多.这样会使得干涉效果更好,条纹更容易分辨.

2.3　迈克耳孙干涉仪

迈克耳孙干涉仪是通过将一束入射光分为两束后,两束相干光各自被对应的平面镜反射回来从而发生振幅分割干涉.两束干涉光的光程差可以通过调节干涉臂长度以及改变介质的折射率来实现,从而能够形成不同的干涉图样.迈克耳孙干涉仪的著名应用是美国物理学家迈克耳孙和爱德华·莫雷使用它在 1887 年进行了著名的迈克耳孙-莫雷实验,得到了以太风测量的零结果.除此之外,迈克耳孙还用它首次系统研究了光谱线的精细结构.

图 5-7-5 是迈克耳孙干涉仪的基本构造.从光源到光检测器之间存在有两条光路:一束光被分束器(例如一面半透半反镜)反射后入射到上方的平面镜后反射回分束器,之后透射过分束器被光检测器接收;另一束光透射过分束器后入射到右侧的平面镜,之后反射回分束器后再次被反射到光检测器上.通过调节平面镜的前后位置,可以对两束光的光程差进行调节.值得注意的

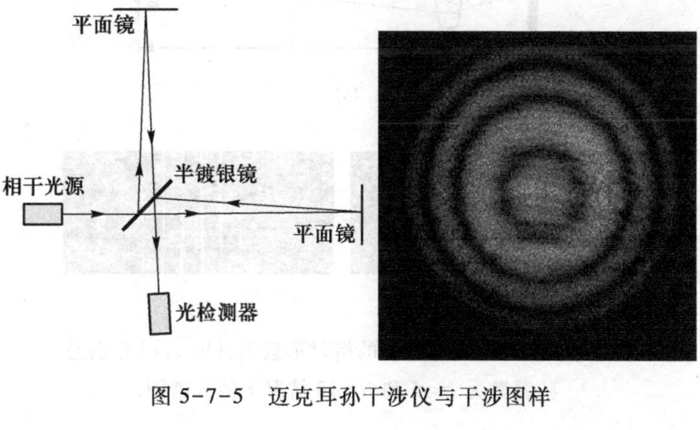

图 5-7-5　迈克耳孙干涉仪与干涉图样

是，被分束器反射的那一束光前后共三次通过分束器，而透射的那一束光只通过一次.对于单色光而言只需调节平面镜的位置即可消除这个光程差；但对于复色光而言，在分束器介质内不同波长的色光会发生色散，从而需要在透射光的光路中放置一块材料和厚度与分束器完全相同的玻璃板，称为补偿板，如此可消除这个影响.

当两面平面镜严格垂直时，单色光源会形成同心圆的等倾干涉条纹，并且条纹定域在无穷远处.如果调节其中一个平面镜使两束光的光程差逐渐减少，则条纹会向中心亮纹收缩，直到两者光程差为零而干涉条纹消失.若两个平面镜不严格垂直且光程差很小时，光源会形成定域的等厚干涉条纹，其为等价于劈尖干涉的等距直条纹.

2.4 平面衍射光栅

光栅是一个重要色散器件，任何具有空间周期性的衍射屏都可以称为衍射光栅，如图 5-7-6 所示.用于透射光衍射的光栅称为透射光栅.透射光栅由大量等宽、等间距的平行透光部分组成.入射光经过这部分后，向各个方向散射.而不透光部分的大小与缝相当.用于反射光衍射的光栅称为反射光栅，例如，在光洁度很高的金属平面上刻出一系列的等间距平行刻痕.光入射在这样的光栅，反射光的叠加结果与透射光栅类似.

光栅和棱镜一样，是一种色散装置，即将光按波长分开，形成光谱，如图 5-7-6(b)、(c)所示.它们分别是狭缝数为 $N=5$ 和 $N=10$ 的光谱.光谱中不同的亮条纹对应不同的波长.根据前面的讨论，光栅的衍射问题，可以看成是许多个单缝衍射结果对观测点的贡献之和.考虑将平行单色光垂直入射到光栅上，衍射光束通过透镜 L 汇聚于屏上任意一点 Q，并在屏上产生明暗相间的衍射条纹，如图 5-7-6(a)所示.

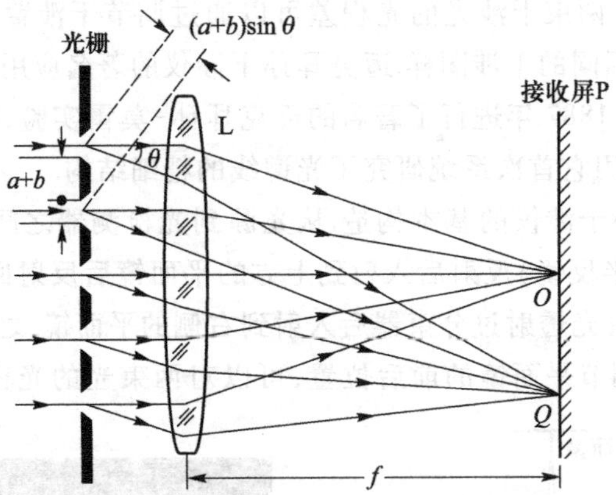

(a)

(b) (c)

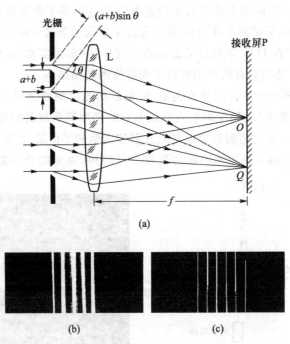

图 5-7-6 (a)透射光栅的衍射示意图，(b)、(c)分别是狭缝数为 $N=5$ 和 $N=10$ 情况下的光谱图.

设光栅各缝的宽度都等于 b，相邻两缝间不透明部分的宽度都等于 a，$a+b=d$ 称为光栅常量.根据惠更斯-菲涅耳原理，在透镜后焦面上某点 Q 的振动是所有的透光部分对 Q 点贡献之和.多个缝的衍射 Q 点振动振幅可写为

$$E_Q \propto \frac{A_0}{b}\left[\int_0^b e^{i\frac{2\pi}{\lambda}x\sin\theta}dx + \int_d^{d+b} e^{i\frac{2\pi}{\lambda}x\sin\theta}dx + \int_{2d}^{2d+b} e^{i\frac{2\pi}{\lambda}x\sin\theta}dx + \cdots + \int_{(N-1)d}^{(N-1)d+b} e^{i\frac{2\pi}{\lambda}x\sin\theta}dx\right] \tag{5.7.11}$$

A_0 是单个缝上光的振幅大小.积分上式便可得到 Q 点处的光强

$$I_Q = |E_Q|^2 = \left| A_0 \frac{\sin\dfrac{\pi b\sin\theta}{\lambda}}{\dfrac{\pi b\sin\theta}{\lambda}} \cdot \frac{\sin N\left(\dfrac{\pi d\sin\theta}{\lambda}\right)}{\sin\dfrac{\pi d\sin\theta}{\lambda}} \right|^2 = A_0^2\operatorname{sinc}^2 u \cdot \frac{\sin^2(Nv)}{\sin^2 v} \tag{5.7.12}$$

式中 $u=\dfrac{\pi b\sin\theta}{\lambda}$，$v=\dfrac{\pi d\sin\theta}{\lambda}$. $b\sin\theta$ 表示的是单缝衍射的最大光程差，$d\sin\theta$ 为相邻缝间的光程差.

式(5.7.12)的表示说明，光栅衍射结果实际上是多个狭缝产生的多光束干涉与单缝衍射相乘的结果，或者说单缝衍射因子对干涉起调制作用.

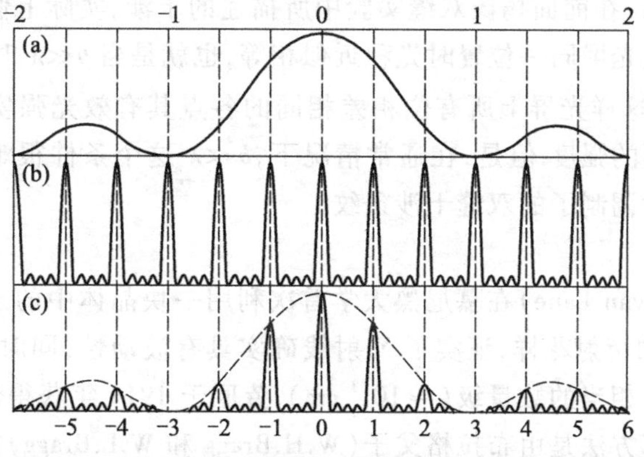

图 5-7-7　(a)单缝衍射光强分布图(b)多光束干涉光强分布图(c)光栅衍射的光强分布图.

多缝干涉则决定着干涉的最大值位置，其条件是

$$d\sin\theta = j\lambda \tag{5.7.13}$$

称为光栅方程.它是光栅的基本公式，决定了光栅衍射主极大的位置，主极大的位置与狭缝数 N 无关，主极大的光强为单缝衍射在该方向的光强的 N^2 倍，即 $I=N^2I_0$.

当多缝干涉因子的某级主最大与单缝衍射因子的某最小值相遇时，其合成光强为零，这些级数的谱线将消失.这种现象称为谱线的缺级，如图 5-7-7(c)所示在 $j=3,6$ 处缺级.根据光栅方程式(5.7.13)和单缝衍射极小值的条件 $\sin(\theta_k)=k\dfrac{\lambda}{b}$，当两者相等时便是出现光栅衍射缺级的条

件，即满足关系 $j\dfrac{\lambda}{d}=k\dfrac{\lambda}{b}$，由此可得 $\dfrac{j}{k}=\dfrac{d}{b}$.当 $\dfrac{d}{b}=m$，有 $j=km$，即级数为 j 的谱线消失产生缺级.由此可知，光栅方程只是光强为最大值的必要条件，而非充分条件.

由光栅方程 $d\sin\theta=j\lambda$ 可知，当光栅常量 d 一定时，λ 对衍射条纹有影响.λ 增大，各级条纹距中央零级变远.若用复色光作光源时，除中央零级仍为白光外，不同波长的主极大在空间彼此错开，各种波长的同级谱线集合起来构成一套光谱，称为光栅光谱.

同一级光谱中，两个不同波长谱线间的距离，随着光谱级数的增大而增大，设谱线宽度为 $\Delta\lambda=\lambda'-\lambda$，根据光栅方程则有：

$$\Delta\theta=j\frac{\Delta\lambda}{d\cos\theta} \tag{5.7.14}$$

因此，级数小的谱线光强较强但分开距离小，级数大的谱线分的较开，但光强较弱；谱线级数过大，还会发生越级重叠.这便是透射光栅的不足之处，利用反射光栅可以克服这一缺点.

总之光栅衍射是一个干涉和衍射共存的综合结果，两者之间的作用可从简单的双缝例子中看得更为清楚.利用光栅衍射表示式(5.7.13)，可得到双缝衍射光强表示

$$I_{\mathrm{p}}=4A_0^2\frac{\sin^2\left(\dfrac{\pi b}{\lambda}\sin\theta\right)}{\left(\dfrac{\pi b}{\lambda}\sin\theta\right)^2}\cos^2\frac{\varphi}{2} \tag{5.7.15}$$

其中 $\varphi/2=(\pi d\sin\theta)/\lambda$，在前面杨氏双缝实验中所描述的干涉，实际上假定了两缝是任意窄的，即同一缝中的各点到达光屏同一位置时光程近似相等，也就是当 $b\ll\lambda$ 时，式(5.7.15)过渡为 $I_{\mathrm{p}}=|E_{\mathrm{p}}|^2=4A_0^2\cos^2(\varphi/2)$.这样光屏上所有位相差相同的各点其有效光强实际上几乎相等，干涉时每个亮纹差不多有相同的强度.但是，在通常情况下，$b\ll\lambda$ 这个条件很难满足，因此杨氏双缝干涉实际上是被单缝衍射调制了的双缝干涉条纹.

2.5 X 射线衍射

1912 年劳厄(Max van Laue)在慕尼黑大学首次利用一块晶体中的点阵作为光栅，直接在屏上观察到伦琴 X 射线的衍射花样，证实了 X 射线确实具有波动性，同时证明了伦琴射线的波长和晶体点阵的距离具有相当的数量级($\approx10^{-8}$ cm).劳厄于 1914 年获得诺贝尔物理学奖.X 射线衍射花样最大值的计算方法是由布拉格父子(W.H.Bragg 和 W.L.Bragg)提出的，这种方法的要点是将 X 衍射花样的每一个亮点看成是晶体每一点阵平面簇对 X 射线的反射所导致的结果.构成晶体的粒子可看成为一系列平行与晶体天然晶面的平面簇，在图 5-7-8 中的这些平面簇与图面的截线以直线 11′、22′、33′等表示.这些平面上以同一方式密集排列的粒子，它们相互间的距离都等于 d，相当于立方晶胞的边长.波长为 λ 的平行射线束 $O_1,O_2,O_3,\cdots$ 投射到晶体上.令 α_0 为入射方向和平面 11′之间的夹角.把粒子(也可用粒子间严格有规律的对应点)看成是相干次波的中心.对于晶体平面组中的每一个平面，衍射最大值出现在反射角等于入射角的方向上.如果由单一平面反射，则这一结论对于任何波长都适用.但应当注意，反射并不限于在同一平面上发生，而是从一组平行的平面上发生.不难看出由 11′面反射和 22′面反射的两束光 O_1'、O_2'、O_3' 与 O_1''、O_2''、O_3'' 之间有光程差

$$\delta=(AC+CB)-AD=2d\sin\alpha_0 \tag{5.7.16}$$

由于其他任何相邻的两个平面反射光束之间都有与此相同的光程差,因此反射光最大值只有在这样的方向上发生,即掠入射角 α_0 必须满足下列条件:

$$2d\sin\alpha_0=j\lambda\quad(j=1,2,3,\cdots)\tag{5.7.17}$$

上式称为布拉格方程.由于叠加射线束的数目很多,所以花样很细锐.以上仅研究了平行于晶体天然表面的一组平面上粒子的反射.同样可以研究任何一组以不同方式通过晶体点阵而又彼此间距离相等的平面上所发生反射.一束入射的射线束对于这种不同的平面组的掠入射角 α_0 可以各有不同.各不同平面组的间隔 d 也各不相同.但反射出来的 X 射线只有在一定的 α_0 和 d 条件下,才可以相互加强形成斑点.入射的 X 射线虽然含有各种波长,但能同时适合这一条件的并不多,所以在照相底片上只有符合条件的才能产生清晰的斑点,可以证明劳厄照相底片上的每一个斑点,也就是从某一确定的点阵平面组反射叠加的结果.

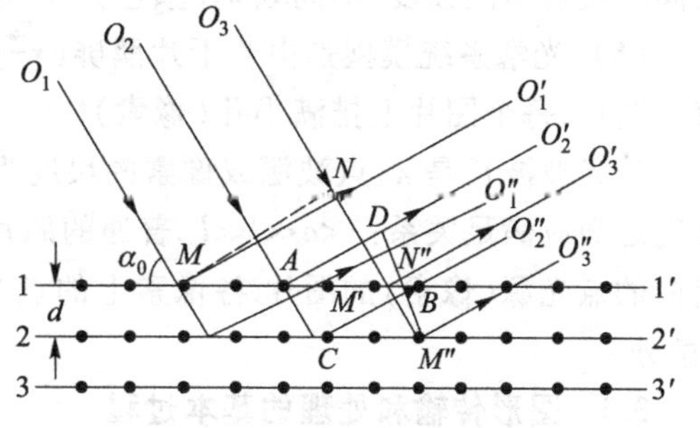

图 5-7-8 晶体的布拉格衍射

3 图像传输及光学系统

3.1 图像及光学系统模型

在现代信息技术中,用电磁波(主要是红外或可见光波)传送和处理图片是最重要的过程,是构造光学系统的基础.如图 5-7-9 所示.通常的照片、图画等等都统称为图片.为了表述上的方便,我们将图片用如下几个概念来表述.

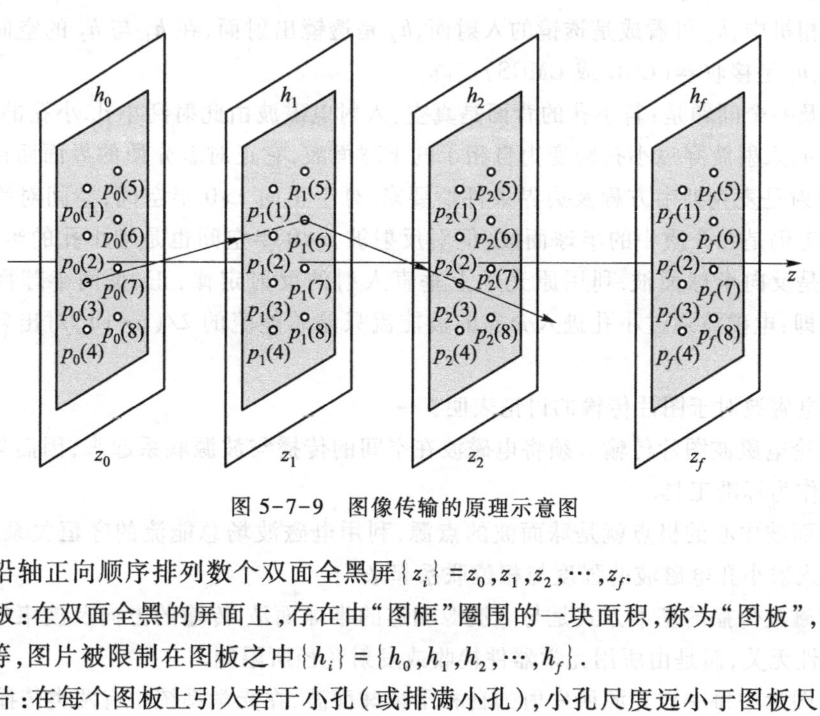

图 5-7-9 图像传输的原理示意图

(1) 在沿轴正向顺序排列数个双面全黑屏 $\{z_i\}=z_0,z_1,z_2,\cdots,z_f$.

(2) 图板:在双面全黑的屏面上,存在由"图框"圈围的一块面积,称为"图板",通常是长方形或正方形等,图片被限制在图板之中 $\{h_i\}=\{h_0,h_1,h_2,\cdots,h_f\}$.

(3) 底片:在每个图板上引入若干小孔(或排满小孔),小孔尺度远小于图板尺度或相邻图板间距.带有小孔的图板我们称为“底片”:$\{h_i\}$.底片的每个小孔(像素)$p_i(k)$是由黑屏背面($z<0$)传过来电磁波形成的同位相的、面向屏正面半空间($z>0$)的半球面波点光源,或者是自然存在的点光源组成.底片上各像素填上点光源,称之为图片:$\{h_i\}$.

(4) 图片 h_i 是底片上所有像素“点光源”集合$\{p_i(k)\}_k$.底片上的每个小孔(像素)$p_i(k)$,可以同时发射不同强度、不同频率(颜色)、不相干的自相干半球面光波.

(5) 光学系统模型是由若干片黑屏($x-y$ 平面),顺 z 轴排列而成$\{z_i\}_{i=0,1,2,\cdots,f}$,每个黑屏上,有一图片,每个图片上排满小孔(像素).

若光波波长是 λ、点波源或像素的尺度为 a、光学系统的光程为 l、光的相干长度为 l_c,则几个尺度之间应满足关系:$\lambda<a\ll l\ll l_c$.普通的照片可看成是在长方形的底片上紧密布满由许多小孔组成的点光源(像素)的图片.各像素上的点光源都是不相干地独立发光,可以看成是“图片”的“微分”.

3.2 图形传输和处理的基本过程

为了更清楚地说明上面关于像素的传输机理,我们以图 5-7-9 的示意图来描述图形传输和处理的基本过程.图中 z 轴方向排列着“底片”系列 $h_0,h_1,h_2,h_3,\cdots,h_f$.$h_0$ 是源图片,其上每个像素都是一个半球面波点波源,独立发射不相干的半球面波.其他每个底片 h_i 背面上都有一个由 N 个小孔组成的点阵$\{p_i(n)\}_{i=0,1,2,\cdots,f}$.从图片 h_i 左方入射的电磁波到达小孔$\{p_i(n)\}_{i=0,1,2,\cdots,f}$背面的电场为$\{E_i(n)\}_i$,穿过小孔成为同相位的点光源.发射半球面波到达底片 h_{i+1}上所有小孔背面,小孔$\{p_i(n)\}_{i=0,1,\cdots,f}$背面电场强度为 $E_{i+1}(m)=E_i(n)[a_i(n)/l_{i+1}(n,m)]\mathrm{e}^{\mathrm{i}[k\cdot l_{i+1}(n,m)]}$.这时 $E_{i+1}(n)$再穿过小孔 $p_{i+1}(m)$形成由 $p_i(n)$来到小孔 $a_{i+1}(n)$的点光源 $p_{i+1}(m)$.其中的面积简写为 $2\pi[a_i(n)]^2$,$l_{i+1}(n,m)$是小孔 $a_i(n)$到小孔 $a_{i+1}(m)$的光程.小孔的尺度 a 必须满足条件 $a^2/l\ll\lambda$,而底片可以略有弯曲,而且不一定排在在轴上.

在数码相机中,h_1 可看成是透镜的入射面,h_2 是透镜出射面,在 h_1 与 h_2 的空间中可以填充着光学玻璃,h_f 是接收器(CCD 或 CMOS)点阵.

这里涉及一个问题是:若小孔的背面是真空,入射电磁波由此射到小孔.小孔的正向是介质,折射系数为 n,入射波穿过小孔转变为自相干的半球面波,它正对着介质的界面而产生折射及反射.折射及反射是麦克斯韦方程及边界条件所要求.对于正向 $z>0$ 半空间,空间对称性要求透射的电磁波稳态仍是在介质中的半球面波;但对反射波,$z<0$ 半空间也是带小孔的半空间,反射波的稳态也应是反向半球面波.利用原光学上垂直入射的反射定律,正、反两半球面波之比应为 $2/(n+1)$.亦即:电磁波通过小孔进入介质的波能流只是总能流的 $2/(n+1)$,对出射波的相干性没影响.

前面对电磁波对于图片传输的讨论表明:

(1) 讨论电磁波图片传输必须将电磁波在空间的传播与波源联系起来,因而只能用球面波或半球面波作为标准工具.

(2) 球面波中心的极点就是球面波的点源,利用电磁波场总能流的守恒关系,可以将点波源的强度与入射小孔电磁波的强度与相位联系起来.

(3) 电磁波传播的基本方式是与点波源相连的半球面波.传输的方向及波束的横向尺度与电磁波的本性无关,而是由所用光学器件接收或发射孔径所限制.

(4) 源图片中每一点光源所发射的自相干半球面波,在光学系统中有两类传播过程.一是通过半球面波保持相位但强度逐渐扩散的过程；另一类通过小孔保持相位但总能量有突变的过程.任一自相干光束都传播到整个半空.可以证明，不相干的自相干光中是独立传播的，只在测量器上才显示出相干程度.

3.3 小孔对电磁波传输的限制

"图形传输和处理过程"也可看成是多通道的电磁波传输和解调技术.望远镜就是一个最简单的例子.在这类过程中，远方信息源应该是由大量不相干的电磁波点源构成，每个点源发出的电磁波包含该点的一些基本信息，如电磁波的强度、电磁波的频率(颜色)、相位、位置等，每个点源发的电磁波是相干的，而不同点源发的电磁波彼此是不相干的.所有这些电磁波点源发出的不相干光束构成电磁波源的图片.点波源特性及它们之间的关系则是观测者所要知道的信息.每个点波源可以是主动发射的电磁波，也可以是被动地反射其他电磁波源发的电磁波.各波源所发射的电磁波在传播过程中在空间相互混杂，但独立传播.当电磁波到达接收器后，如何准确地将每点的信息分辨出来，是图形处理过程中最为核心的部分.显然，在整个图形传输过程中必须借助必要的光学仪器，或图形和信号数字处理技术.点光源 S 是由大量独立、随机发光的原子或分子构成，每个原子或分子发出一段长度远大于传播光程的平面波或球面波.由于整段光的相位变化是确定的，称为"相干光束段".相干光束段持续的时间远短于人的可分辨时间间隔.根据前面对相干光的讨论，不同原子发出的相关光束段，彼此是不相干的，即使通过同一光程，也可看成是彼此独立传播.对于传输信息的电磁波在微波或短波段，这时波长与波源的尺度是可以相比的，但与传播距离相比也是很小的，这样的波源是可人为控制发射连续自相干的微波束.即使是多个分开的点源，也可人工调制使它们彼此相干，发射出多个彼此相干的光束.

3.4 光的单束光传输过程

若图 5-7-10 中每个墨屏 z_i上图片 h_i 中都只开一个小孔 $p_i(i)$，在多个屏中形成"小孔串"：$\{p_i(i)\}_i$.源墨屏 z_0 上小孔 $p_0(0)$ 安置点半球面波源，半径为 a.$p_1(1)$ 是 z_1 上的透光小孔，半径为 a_1.在 z_0 和 z_1 平面间是真空或其他均匀透明介质.在 z_1 到 z_2 之间可以是玻璃或其他均匀透明介质.$p_2(2)$ 是 z_2 平面上的透光小孔.同样在 z_2 和 z_3 平面间是真空或其他均匀透明介质.而 z_3 与 z_4 也可以与 z_1 到 z_2 之间介质相同.依次类推直到接收系统的平面 z_f，接收器 $p_f(f)$.点光源 $p_0(0)$ 发射的自相干半球面波传至 z_1 平面上的小孔 $p_1(1)$.如果小孔都是薄而锐的，不吸收光波能量，入射波到 $p_1(1)$ 上的光波场强可转换成向右侧辐射的点光源，点光源 $p_0(0)$ 辐射相位与入射到小孔 $p_1(1)$ 的光波相位相同.同样由 $p_1(1)$ 发出的自相干半球面波可传播到小孔 $p_2(2)$，这样不断传播最后到达 z_f 平面后的探测器.由于每个点光源 $p_i(i)$ 发射的都是半球面波，都布满介于 z_i 与 z_{i+1} 之间的无穷空间，不论 $p_{i+1}(i+1)$ 在 h_{i+1}上的具体位置，由 $p_i(i)$ 发出的半球面波都可到达 $p_{i+1}(i+1)$.因此，不论光波由 $p_0(0)$ 至 $p_f(f)$ 的通道如何曲折，且每个小孔正向发射的都是扩展至无穷空间的半球面波，由源 $p_0(0)$ 发射的光波都可以自相干地传输到 $p_f(f)$.从 $p_0(0)$ 至 $p_f(f)$ 的小孔串 $\{p_f(f)\}$ 可看成系统中光波自相干传播通道，对比几何光学的基本图像，小孔串可称为微光波束.确切地讲，微光波束是多个半球面波由小孔串接而成，微光波束的物理图像具有更为一般的意义，可以更替以往几何光学中，"光线"的含混概念.

3.5 图片的光学传输和变换

通常完全的图片是指在底片上顺序排满小孔，如图 5-7-9 中的所有小孔是彼此紧密相靠(标准的现代数码照片).小孔面积是图片面积的微分，每个为一点光源，或其上安置一点光源.每

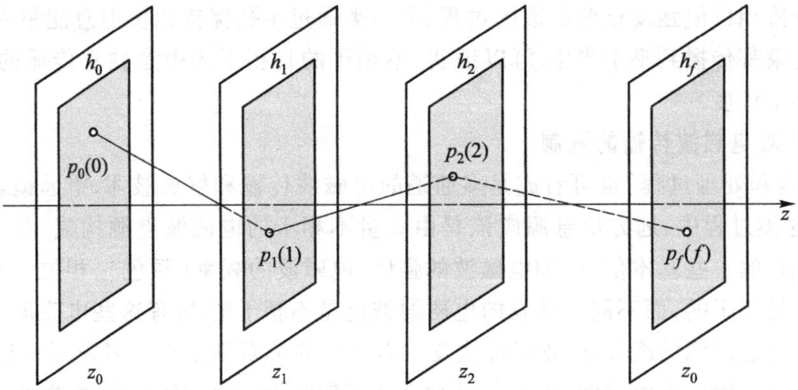

图 5-7-10 单光束传输过程

个点光源包括不同频率、不同强度且互不相干的自相干子点光源,各自发射自相干的半球面波.在普通数码相机中,图片的像素数在百万以上,但在衍射实验中,像素数可以只有个位数.光学系统则是由若干个图片沿向排列而成.第一片是源图片,其上小孔(像素)上点源是由输入待处理图片所给出.其他图片各像素上的点光源则由前一图片上各点光源发射自相干半球面波穿孔而形成.最终像图片则给出系统处理源图片的结果.例如前面讨论的双孔衍射实验:如图 5-7-2 所示的由源图片是 h_0 上的一个点光源,处理的结果则是 h_2 接收屏上的衍射条带.

图 5-7-9 可以比较简明地模拟传输或处理图片的光学系统的基本过程.图中数个黑屏:z_0,z_1,z_2,$\cdots$,z_f 正向排列,每个黑屏上都有一个确定面积的底片:h_0,h_1,h_2,$\cdots$,h_f,每个底片上密集排满面积为 $2\pi a^2$ 的小孔(像素),共有 N 个 $a_s(i_s)$ $(i_s=1,2,3,\cdots,N)$.小孔正面形成的点光源记为 $p_s(i_s)$,s 是底片序号.图板 h_{s-1} 与 h_s 之间介质的介电常量决定波矢是 k_s.小孔 $a_{s-1}(i_{s-1})$ 与小孔 $a_s(j_s)$ 的间距为 $l_s(i_s,j_s)$.小孔 $a_{s-1}(i_{s-1})$ 与小孔 $a_s(j_s)$ 的间距为 $l_s(i_s,j_s)$.

先讨论光波在正向传播(图 5-7-9 中的 z 轴正向)过程中,图片 h_1 传到图片 h_2 上的物理过程.考虑图片 h_1 上的任一像素(小孔),其半径标记为 $a_1(i)$ $(i=1,2,3,\cdots)$,下角标 1 表示图片 h_1 上的像素(小孔),i 表示图片 h_1 上的像素编号.小孔 $a_1(i)$ 的半球面面积为$2\pi\left[a_1(i)\right]^2$.小孔 $a_1(i)$ 背面电场为 $E_1(i)$.$E_1(i)$穿过小孔 $a_1(i)$后在其正面形成的点光源记成$p_i(i)$,相应的总能流为 $2\pi c\left[a_1(i)E_1(i)\right]^2$.点光源发射的自相干半球面波充斥着图片 h_1 到 h_2 之间的空间,到达图片 h_2 上的所有小孔 $a_2(j)$ 上($j=1,2,3,\cdots$).从小孔 $a_1(i)$ 到小孔 $a_2(j)$ 的直线光程为 $l_{1,2}(i,j)$.小孔 $a_2(j)$ 的背面电场应为

$$E_2^j=E_1^i\left[a_1(i)/l_{1,2}(i,j)\right]e^{ikl_{1,2}(i,j)} \tag{5.7.18}$$

穿过小孔 $a_2(j)$,形成正向具有总能流 $2\pi c\left[a_2(i)E_2(j)\right]^2$ 的半球面波点光源,记成 $p_2(j)$.图片 h_1 中所有像素上的点光源都分别发射彼此不相干的自相干半球面波,而每个半球面波(由于光程不同相位会不同)但都可以达到 h_2 上所有的小孔背面.因此,到达图片 h_2 中任一小孔背面的电场都是由大量非相干的自相干光场叠加结果.它们穿过小孔,分别形成与非相干光束对应的自相干的半球面波点光源.在 h_2 上所有小孔及每个小孔上叠加的大量非相干的自相干的点光源总合构成的图片就是图片 h_1 传输到的图片 h_2 的像.和很多传统的误解不同,光波实质是半球面波而不是简单的直线传播,从光源到接收器传输的途径主要是受光学器件的小孔的分布及其孔径所

决定.如果各图片上像素总数相同,更直接地可将图片看成是一个二维矢量,各像素上点光源的强度则是图片矢量的分量,图片的传输更应该理解成图片矢量间的变换(矩阵).

根据前面单孔系列光波传输的讨论,若源图片 z_0 上某像素 $p_0(i)$ 为自相干点光源向 $a_1(i_1)$ 发射半球面波,总能流 $2\pi a^2 cE$.半球面波可以达到 h_1 上所有小孔 $a_1(i_1)$,任取其中一个小孔 $a_1(i_1)$.小孔 $a_1(i_1)$ 背面的电场强度为 $[a/l_1(i_0,i_1)]E_0(i_0)\mathrm{e}^{\mathrm{i}[k_1l_1(i_0,i_1)]}$.源图片 h_0 上所有点光源 $p_0(i_0)$ 所发射的自相干半球面波都可到达 $a_1(i_1)$,因而在 $a_1(i_1)$ 背面总电场是

$$E_1(i_1)=\sum_{i_0}[a/l_1(i_0,i_1)]E_0(i_0)\mathrm{e}^{\mathrm{i}[k_1l_1(i_0,i_1)]} \tag{5.7.19}$$

如果小孔都不吸收光波能量,小孔 $a_1(i_1)$ 上的光波场强 $E_1(i_1)$ 可转换成向正向辐射的点光源 $p_1(i_1)$,点光源的辐射相位与入射到小孔的光波相同.由 $p_1(i_1)$ 发出的球面波可传播到小孔 $a_2(i_2)$ 背面,电场强度为

$$E_2(i_2)=\sum_{i_1}[a/l_2(i_1,i_2)]E_1(i_1)\mathrm{e}^{\mathrm{i}[k_2l_2(i_1,i_2)]} \tag{5.7.20}$$

电磁波 $E_2(i_2)$ 穿过小孔 $a_2(i_2)$ 转变为正面点光源 $p_2(i_2)$,并发射半球面波到小孔 $a_3(i_3)$ 上……这样不断传播最后到达 z_f 平面小孔 $a_f(i_f)$ 的探测器上.我们要注意到,每张图片 h_k 就是 N 个点光源的集合 $\{p_k(i_k)\}_i$.每个点光源可能包含很多自相干的子点光源,彼此互不相干.考虑一个自相干的子点光源,传送到下一图片 h_{k+1}.对于一般光学系统,N 都充分大(约在 10^6 以上),到达 h_{k+1} 上不同小孔的光程差又都略有差别,所以尽管源自 h_k 同一自相干点光源,但分别通过 h_{k+1} 上不同小孔的总光程是不相干的.我们已经清楚,由自相干点光源 $p_0(i_0)$ 发射的半球面波,分别经过各个底片上一个小孔 $\{a_0(i_0),a_1(i_1),a_2(i_2),\cdots,a_f(i_f)\}$,到达接收器 $a_f(i_f)$,构成所谓"微自相干束".微自相干束是自相干的,但不同的微自相干束(哪怕只有一个小孔不同)都是不相干的.因而,一个图片在光学系统中是通过 N^{f+1} 个互不相干的"微自相干束"来传送和变换的,如图 5-7-9 所示.

换一个角度看光学过程.光学系统可看成是由 $f+1$ 个底片排列构成.每个底片上有 N 个小孔.底片上的所有小孔正向都安置了点光源即构成图片 h_i.

利用点光源、半球面波及小孔等概念,我们将一个光学图片近似表述为 N 个像素的序列.N 的大小,或像素的小孔大小,决定了"分辨率".电磁场在空间是可以线性叠加的,图片可看成是像素序列,也就是像素矢量.图片在空间传播或调制都可看成是图片的线性变换(图片矢量空间中的矩阵).图 5-7-9 中整个像素点阵 $M\{f+1,N\}$ 代表光学系统,每层面上的像素全体 $\{p_k(i_k)\}$ 构成图片 h_k.图片 h_{k-1} 及 h_k 上所有的任何一对像素间球面波传播及小孔的穿过就构成图片 h_{k-1} 到图片 h_k 的传输变换,亦即传输矩阵 $M_{k-1,k}$.整个光学变换过程便可写成

$$\begin{cases} h_1=M_{1,0}h_0 \\ h_2=M_{2,1}h_1 \\ h_3=M_{3,2}h_2 \\ \cdots\cdots\quad\cdots\cdots \\ h_f=M_{f,f-1}h_{f-1} \end{cases} \tag{5.7.21}$$

或

$$h_f=M_{f,0}h_0 \tag{5.7.22}$$

其中 $M_{f,0}=M_{f,f-1}M_{f-1,f-2}\cdots M_{3,2}M_{2,1}M_{1,0}$.

20世纪后半叶信息科学及微电子学等的发展，带动和支持了微光电技术的发展.使得光图片传输、处理、显示都发生了根本性的变化.变化的基础主要集中在下列三方面：(1) CCD或CMOS器件可将图片上一个像素参量转换成数字组.以往实际上是用这些器件对一个图片的像素按序逐个转换，使图片转化成一维数据组链，或称为数字图片.近年来集成电路技术已经能低价格地在数平方厘米面积内集成数亿，甚至上十亿光电元件，使得能够将上亿像素的图片几乎同时数字化.(2)高速专用微处理芯片极大地普及.(3)上千万像素的数字显示屏已很成熟.因此当前已经能很方便地将数千万像素的光学图形转换成数字图形，或者将数字图片显示在屏幕上.这种情况，除了极大促进图片的数字传送如数字电视、大容量记录影像、影像通信及交流等外，更重要的是，还可以利用数字方法实时地对图片进行加工、实现以往无法用光学方法实现的处理图形的要求.这一技术被广泛地应用到摄像、遥感、图像传输等各领域，极大地拓宽了光学技术领域.例如，当代的数码相机，在光学成像后，转化成数字图片，直接按照要求在相机内进行图片处理再输出.我们可以直接得到“不同风格的照片”、“美容后的照片”、“由几张图片合成的超广角照片”等，甚至可以直接送入手机或计算机中，实现“异地同时欣赏”.仅十余年时间，数码相机使得摄影业进入了一个全新的时代.利用数码图片处理技术也可使得由远红外、红外波等其他各种波段所摄制的图片，在可见光范围得到清晰的图像输出.

思考题

5.1 请阐述变化的电场和变化的磁场之间联系的物理机理.

5.2 位移电流与哪些因素有关，它与实际电流的差异如何？

5.3 请分析涡旋电场与电池电动势之间的区别.

5.4 电磁波具有哪些横波的特点？

5.5 坡印廷矢量有何物理意义？

5.6 普通的 *LC* 振荡电路为什么不能用来有效地发射电磁波？

5.7 要有效地把电磁能量辐射出去，振荡电路必须具备哪些条件？

5.8 电磁波谱中各波段电磁波有哪些特性？

5.9 微波有哪些特性？

5.10 平面电磁波有哪些特点？

5.11 简单阐述电磁波相速度表示的物理意义.

5.12 简单分析电磁波的群速度表示的物理意义.

5.13 简要分析电磁波在金属介质表面发生全反射的条件.

5.14 简要说明几何光学的物理基础.

5.15 简单阐述波片的物理作用.

5.16 有下列几个未标明的光学元件：(1)两个线偏振器；(2)一个1/4波片；(3)一个半波片；(4)一个圆偏振器.除了一个光源和一个光屏不借助其他光学仪器，如何鉴别上述各个元件.

5.17 请阐述电磁波的叠加原理的主要内容.

5.18 请简述半球面波传输的物理模型特点.

5.19 请简述光栅衍射的特点.

5.20 请简述布拉格衍射的物理思想.

5.21 分析迈克耳孙干涉仪的原理和条纹特点.

习题

5.1 由半径为 a 的两个圆形导体平板构成一个平行板电容器,间距为 d,两板间充满介电常量为 ε、电导率为 σ 的介质,如图所示.设两板之间外加缓变电压 $u=U_m\cos\omega t$,略去边缘效应,试求:(1)电容器内的瞬时坡印廷矢量和平均坡印廷矢量;(2)进入电容器的平均功率;(3)电容器内损耗的瞬时功率和平均功率.

5.2 考虑两列振幅相同,偏振方向相同,频率分别为 $\omega+d\omega$ 和 $\omega-d\omega$ 的线偏振平面波.它们都沿着 z 轴方向传播.求:(1)合成波及其振幅表示;(2)合成波的相速度和振幅传播速度.

5.3 一平面电磁波以 $\theta=45°$ 从真空入射到 $\varepsilon_r=2$ 的介质表面,电场强度垂直于入射面,求反射系数和折射系数.

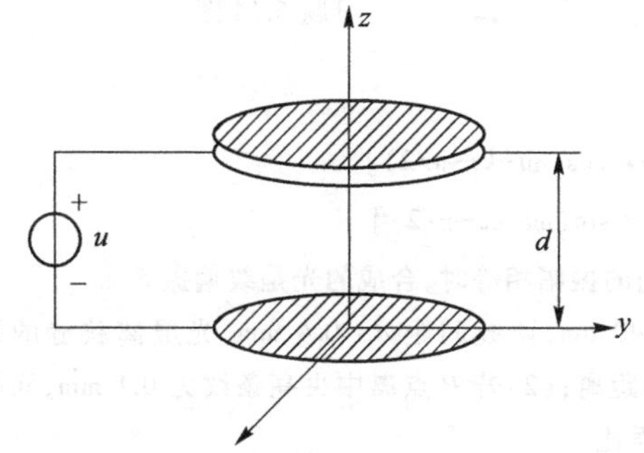

习题 5.1 图

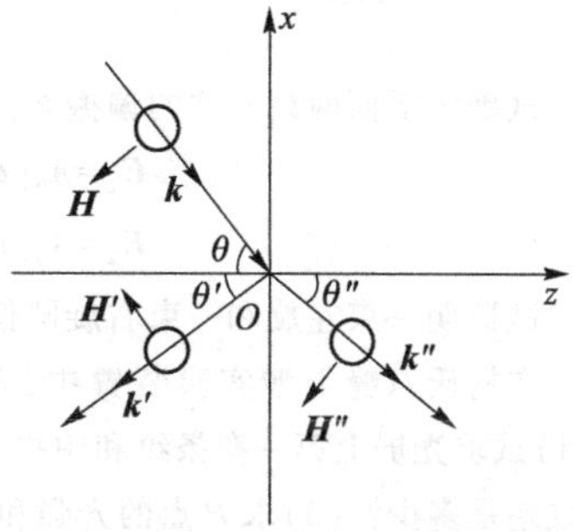

习题 5.3 图

5.4 有一可见平面光波由水中入射到空气中,入射角为 60°,证明这时会发生全反射,并求出折射波沿表面传播的相速度和透入空气中的深度.设该波在空气中的波长为 $\lambda=632.8$ nm,水的折射率为 $n=1.33$.

5.5 平面电磁波由真空斜入射到导体电介质表面上,入射角为 θ.求导体电介质中电磁波的相速度和衰减长度.如导电介质为金属,结果会如何?

5.6 设电场强度和磁感应强度矢量分别为 $\boldsymbol{E}(\boldsymbol{r},t)=\boldsymbol{E}_0\cos(\omega t-\boldsymbol{k}\cdot\boldsymbol{r})$,$\boldsymbol{B}(\boldsymbol{r},t)=\dfrac{\boldsymbol{k}\times\boldsymbol{E}_0}{\omega}\cos(\omega t-\boldsymbol{k}\cdot\boldsymbol{r})$,这里 $\boldsymbol{k}\perp\boldsymbol{E}_0$.证明它们满足 $\nabla\times\boldsymbol{E}=-\partial\boldsymbol{B}/\partial t$.

5.7 在自由空间无源区域中 $\boldsymbol{E}=\boldsymbol{E}_0e^{i(\omega t-kz)}$,证明其满足波动方程 $\nabla^2\boldsymbol{E}+k^2\boldsymbol{E}=0$.

5.8 凸面镜的曲率半径为 0.400 m,物体位于凸面镜左边 0.500 m 处.用作图法求解像的位置,并求像的放大率.

5.9 一双凸透镜由火石玻璃制成,其折射率为 $n=1.61$,曲率半径分别为 $r_1=-0.332$ m 和 $r_2=0.417$ m.求透镜在空气中的焦距.

5.10 用放大镜观察微小物体,透镜的焦距为 $f=0.084\ 9$ m,物体距透镜 0.076 0 m 处.求像的位置和放大率.

5.11 一个折射率为 n_2 的薄透镜放在两种透明介质中间,设物方空间介质折射率为 n,像方折射率为 n'.证明这时透镜的像方焦距 f' 和物方焦距 f 大小不等,且满足关系

$$f':f=-n':n$$

5.12 曲率半径为 R,折射率为 1.50 的玻璃球,有半个球面镀铝.若平行光从透明表面入射,问会聚点在何处?

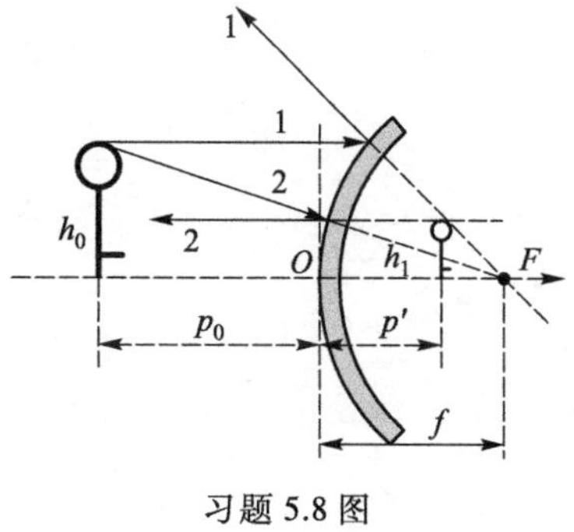

习题 5.8 图

5.13 计算如图所示的四个薄透镜的像方焦距 f'.（$n=1.50$.）

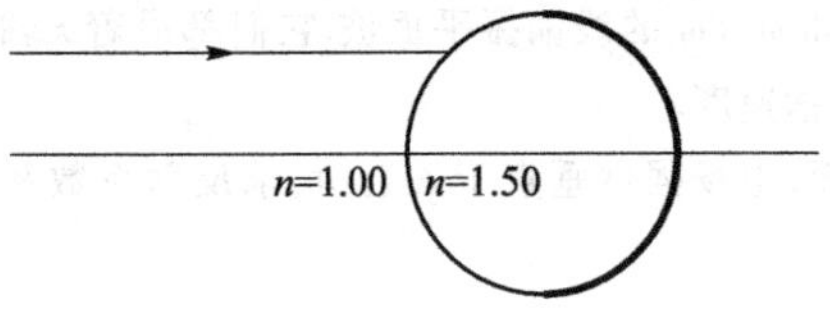

习题 5.13 图

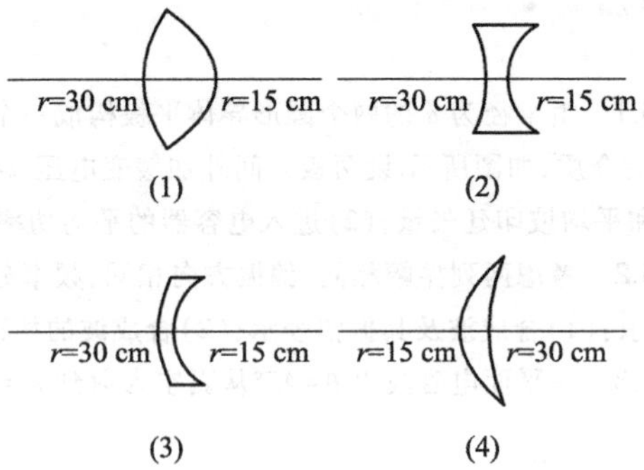

习题 5.14 图

5.14 试确定下面两列光波的偏振态

$$\boldsymbol{E}_1=A_0[\boldsymbol{e}_x\cos(\omega t-kz)+\boldsymbol{e}_y\cos(\omega t-kz-\pi/2)]$$

$$\boldsymbol{E}_2=A_0[\boldsymbol{e}_x\sin(\omega t-kz)+\boldsymbol{e}_y\sin(\omega t-kz-\pi/2)]$$

5.15 试证明一束左旋和一束右旋圆偏振光，当它们的振幅相等时，合成的光是线偏振光.

5.16 在杨氏双缝干涉实验装置中，光源波长为 640 nm，两缝间距 $d=0.4$ mm，光屏离狭缝的距离 $r_0=500$ mm.（1）试求光屏上第一亮条纹和中央亮条纹之间的距离；（2）若 P 点离中央亮条纹为 0.1 mm，问两束光在 P 点的相位差是多少？（3）求 P 点的光强和中央点的光强比.

5.17 若将折射率 $n=1.5$ 的薄膜插入杨氏双缝干涉实验的一束光路之中，光屏上原来第 5 级亮条纹所在的位置变为中央亮条纹，请问插入的薄膜的厚度为多少？已知实验中光的波长为 600 nm.

5.18 迈克耳孙干涉仪平面镜的面积为 $4\times4\ \text{cm}^2$，观察到该镜上有 20 个条纹.当入射光的波长为 589 nm 时，两镜面之间的夹角为多大？

5.19 一束平行光垂直入射到每毫米 50 条的光栅上，问第一级光谱的末端和第二级光谱的始端的衍射角 θ 之差为多少？（可见光范围 400~760 nm.）

5.20 白光垂直照射到一个每毫米 250 条刻痕的平面透射光栅上，试问在衍射角为 30°处会出现哪些波长的光？其颜色如何？

5.21 用波长为 624 nm 的单色光照射一光栅，已知该光栅的缝宽 $b=0.012$ mm，不透明部分的宽度 $a=0.029$ mm，缝数 $N=10^3$ 条.求：（1）单缝衍射图样的中央角宽度；（2）单缝衍射图样的中央宽度内能看到多少级光谱？（3）谱线的半角宽度为多少？

第 6 章 狭义相对论

本章将建立高速运动物体的相对论时空观及其所带来的新的物理规律，建立相互等速运动参考系之间的洛伦兹变换关系，认识时空的相对性所带来的物理效应，理解由此所产生的质能关系和原子能.

§6.1 洛伦兹变换

本节建立相对论时空观的理论基础:相互等速运动参考系的洛伦兹变换关系,认识由此产生的各种物理效应.

1 相对论的产生

19 世纪末期,以牛顿力学和麦克斯韦方程为代表的经典物理在各个领域都取得巨大成功,人们根据经典理论所提供的原理发展出很多先进的技术,制造出许多新的工具和产品,极大地改善了人类的生存环境.然而人们对时间和空间这样的基本概念的理解依然存在一定的争议.在质点动力学部分我们已经知道,要考察物体的运动状态,我们当然可以同时建立两个不同的参考系,而这两个参考系中所观测的不同结果满足伽利略变换关系.然而后来人们发现伽利略变换关系并不符合某些物质的运动规律,例如麦克斯韦方程组在不同坐标系就不再满足伽利略变换关系,其必须满足 Lorentz(洛伦兹)变换关系.后来在一些高速运动的物体上人们也发现伽利略变换不正确,必须用洛伦兹变换才能正确描述物体的运动规律.可见伽利略变换只是在一定范围内近似成立的变换关系,其在描述高速运动的物体时会产生了明显的矛盾,而这个矛盾首先表现在对电磁场的描述上.

1.1 麦克斯韦方程建立引起的问题

在电磁学中我们通过麦克斯韦方程自然得到电磁波在真空中传播的波动方程,从而得到光在真空中的传播速度为

$$c=1/\sqrt{\varepsilon_0\mu_0}=2.997\ 924\ 58\times10^8\ \text{m/s} \tag{6.1.1}$$

上式表明光在真空中的传播速度是由真空的电磁性质所决定的一个常量,这个结论非常简洁完美.首先式(6.1.1)表明真空不是绝对什么都没有的绝对空间,而是有一定电磁性质的介质,其介电常数和磁导率并不等于零,不是抽象的“真空”,是物质存在的一种形态.历史上人们为了解释电磁波在真空中的传播曾经引入以太这种“物质形态”,让它作为电磁波传播的介质(相当于声波的空气介质)并充满整个宇宙空间,用来实现电磁波的传播.为了理论的自洽,以太必须是绝对静止的东西.其次式(6.1.1)又告诉我们,真空中(或以太物质中)光以一个恒定不变的速度 c 传播.

但进一步考虑这样一个问题:如果以太真的存在,那么必然可以在以太上建立一个参考系,接着可以相对于以太参考系找到另一个相对速度为 u 的参考系,那么在这两个参考系中麦克斯韦方程的形式是否相同?如果光沿两个参考系相对运动方向传播,根据牛顿时空观下的伽利略变换,两个参考系中的光速应该有以下的关系:

$$c'=c\pm u \tag{6.1.2}$$

其中正号表示相对远离,负号表示相对靠近.显然在伽利略变换下光速不再是一个常量,它和时空参考系的状态(u)有关,也就是说只有在“以太”参考系中光速才等于 c.显然描写真空电磁性质的麦克斯韦方程在不同的参考系必有不同的形式,这就预示着电磁学规律依赖于参考系的选择,不同的参考系中的人会得到的不同的结果.爱因斯坦为此曾经思索过一种极端的情

形:“如果我以光速沿一条光线运动”会怎样.根据伽利略变换,此时我们看到的光波只能是振动而不是波动(光静止),但真空中麦克斯韦方程显然没有振动解,对快速运动的观察者而言麦克斯韦方程是不正确的,但在任何环境下麦克斯韦方程都被证明却是正确的规律,并且形式也完全相同.

所以伽利略变换和麦克斯韦方程产生了矛盾,谁对谁错还需要实验的验证.如果假设伽利略变换正确,那么光在不同参考系中就有不同的传播速度,这样我们就可以通过测量不同参考系中的光速找到满足式(6.1.1)的特殊参考系,即找出这个绝对的“以太”参考系.如果“以太”参考系真实存在,那么在相对于以太移动的实验装置中应该可以观测到不同的光速传播速度.我们知道,地球以 30 km/s 的速度运动,那么沿地球运动方向和反方向的光应该能测出不同的速度差别.反过来,如果以太参考系不存在,那么光速在不同运动状态的参考系中都将无法区分,即光速就是一个不依赖于参考系的各向同性的物理常量.基于这样的考虑,人们希望通过实验找到以太参考系存在与否的证据,在很多精巧的实验中以迈克耳孙-莫雷实验最具有代表性.

1.2 迈克耳孙-莫雷实验(Michelson-Morley experiment)

如果假设以太参考系存在(注意只有在以太参考系中光速为 c).那么在地球上可建立如图 6-1-1 所示的实验光路图,由于这个放置在地球上的装置和地球一起以相对于以太参考系以 u 的速度向右运动.在地球参照系中,静止的以太将按照图中所示的方向运动.那么如图 6-1-1 所示的从同一光源在分束器上分出的两条光路(M 与 M_1 之间的光路 1 和 M 与 M_2 之间的光路 2)将会变得不同.这两条光路的光程差可以分别计算如下.

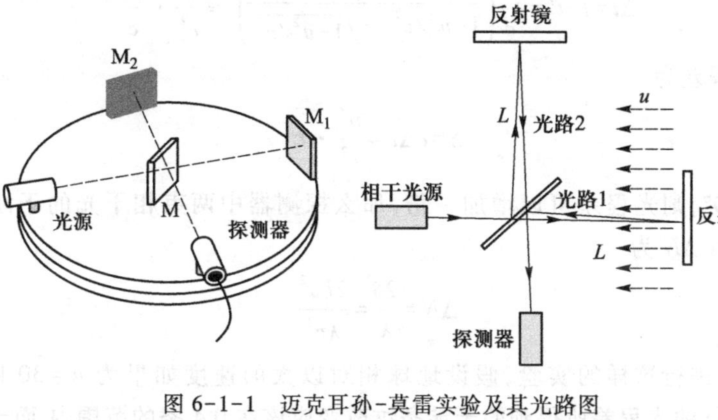

图 6-1-1 迈克耳孙-莫雷实验及其光路图

1.2.1 光路 1

光子向右运动时与以太参考系运动方向相反,传播速度将减慢.注意在以太参考系中光速才是 c,根据伽利略变换,传播速度应为 $c-u$,故所需要的时间为

$$t_1=\frac{L}{c-u}$$

光子向左返回时运动的方向与以太运动方向相同,以太介质会加速光的传播速度,光的传播速度为 $c+u$,所需要的时间为

$$t_2=\frac{L}{c+u}$$

则光子往返需要的总时间为

$$t=t_1+t_2=\frac{2Lc}{c^2-u^2}=\frac{2L}{c(1-u^2/c^2)}$$

1.2.2 光路 2

对于光路 2,光行进的方向与以太运动方向垂直,其传播速度不受以太介质的影响,设光到达反射镜所需要的时间为 t_3,在这段时间里镜子向右移动了 ut_3,所以光子走过的路程是一个直角三角形的斜边(如图 6-1-2 所示),故有

$$t_3=\frac{\sqrt{(ut_3)^2+L^2}}{c}$$

即

$$t_3=\frac{L}{\sqrt{c^2-u^2}}$$

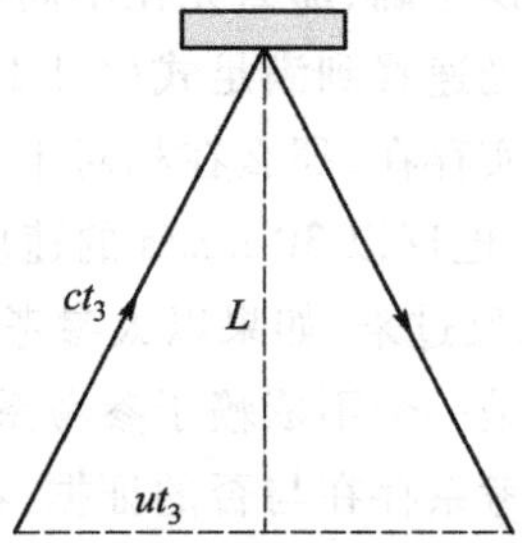

图 6-1-2 光路 2 图

则光子经光路 2 往返所用的时间为

$$t'=2t_3=\frac{2L}{c\sqrt{1-u^2/c^2}}$$

根据上式的计算,两条光路最终到达探测器的时间差为($u\ll c$)

$$\Delta t=t-t'=\frac{2L}{c}\left(\frac{1}{1-u^2/c^2}-\frac{1}{\sqrt{1-u^2/c^2}}\right)\approx\frac{u^2}{c^2}\cdot\frac{L}{c}$$

因此,两束光的光程差为

$$\delta=c\Delta t\approx\frac{u^2}{c^2}\cdot L$$

如果让仪器旋转 90°,则光程差可以增加一倍,那么探测器中两束相干光的干涉条纹会发生移动,条纹移动的数目 ΔN 为

$$\Delta N=\frac{2\delta}{\lambda}=\frac{2Lu^2}{\lambda c^2} \qquad (6.1.3)$$

如果在地球上进行这样的实验,假设地球相对以太的速度如果为 $u=30\ \text{km/s}$,采用臂长 $L=1\ \text{m}$ 的光路,这样的光程差所得到的干涉条纹改变应该在 0.4 条的范围内.而干涉仪的灵敏度可观察到 0.01 个条纹的改变.但出人意料的是实验上几乎没有观察到条纹的移动.人们后来不断改进实验,在不同时间和地点采用了不同的实验装置进行了反复的实验,但所有的实验结果都没有发现条纹的移动.这样的实验结果只能得到一个结论:地球的运动不影响光的传播速度,不论地球运动的方向同光的传播方向一致或相反,光速都是相同的.或者说地球与假想的"以太"之间没有任何可以观察得到的相对运动,以太这种绝对参考系其实并不存在.

迈克耳孙-莫雷实验的零结果当时带来了很多理论上的解释,1904 年,荷兰物理学家洛伦兹在以太参考系下提出了著名的洛伦兹变换,用于解释迈克耳孙-莫雷实验的结果.1905 年,爱因斯坦彻底抛弃以太概念,用光速不变和狭义相对性两个简单的原理为基本假设自然推导出了洛伦兹变换.

2 洛伦兹变换关系

2.1 洛伦兹时空坐标变换关系

假定在时空参考系中发生了一个事件 P.我们可以选择在不同的参考系 S 和 S′中分别来观测这同一事件 P,为了方便参考系 S 和 S′有如下的事先约定:首先两个参考系之间沿 x 轴方向有一个固定的相对速度 u,如图 6-1-3 所示(在以后的章节中,参考系 S 和 S′均是指这样的两个参考系).其次,为了有效比较这两个参考系中对同一事件 P 的测量结果,我们必须对初始时刻也有一个共同的约定,即当两个坐标系的原点重合(同一地点)时对准两个放置在参考系原点的时钟,定义此时为两个参考系共同的初始时刻.如图 6-1-3(a)所示,初始时刻两个参考系应完全重合,但为了区别两个参考系,图示上有所差异.那么在这以后不同参考系中的时钟各自标示自己的任意时刻[如图 6-1-3(b)所示].在这两个观测系中测量到**同一个事件** P 的时空坐标应是四维的,分别为(x,y,z,t) 和(x',y',z',t').那么这两个参考系的时空坐标间之间存在如下的对应关系:

$$\begin{cases} x'=\gamma(x-ut) \\ y'=y \\ z'=z \\ t'=\gamma\left(t-\beta\dfrac{x}{c}\right) \end{cases} \tag{6.1.4a}$$

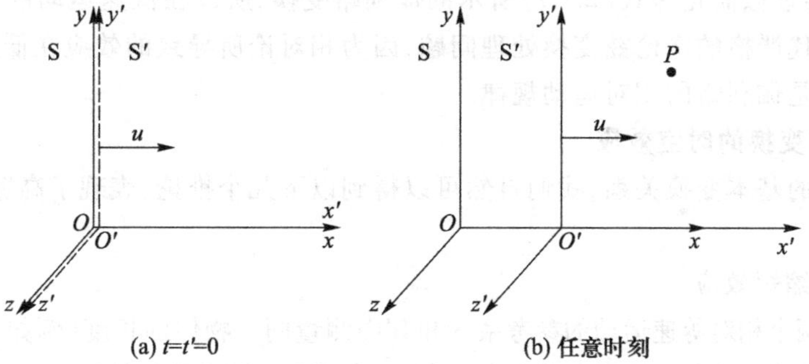

图 6-1-3 洛伦兹变换中两个相对等速运动的坐标系约定

反过来,其逆变换为

$$\begin{cases} x=\gamma(x'+ut') \\ y=y' \\ z=z' \\ t=\gamma\left(t'+\beta\dfrac{x'}{c}\right) \end{cases} \tag{6.1.4b}$$

以上两式中的 u 为两个参考系的相对速度,它对两个参考系而言大小是相同的.参量 $\gamma=\dfrac{1}{\sqrt{1-\beta^2}}$,它的值满足 $\gamma\geqslant 1(0\leqslant u<c)$,所以可称为相对论膨胀系数,而 $\beta=u/c$ 称为速度比,c 为真空中光速.可见上式的最大特点是时间和空间彼此不再独立而相互关联,且两个参考系测量同一事件发生的时间是不同的.只有当 $u\ll c$,$t\approx t'$,式(6.1.4)过渡为经典伽利略变换.

式(6.1.4)即为著名的洛伦兹四维时空变换公式,最早是洛伦兹在研究相对于绝对静止以太参考系以匀速 u 运动的参照系中的电磁现象时提出的.洛伦兹发现在定义了新的电位移矢量和磁场强度矢量和时间后,麦克斯韦方程组对于以上的变换可以保持不变.显然对洛伦兹而言它只是一个数学上的变换而已,洛伦兹当时并没有意识到其中的关于时空观念的物理含义.1905 年,爱因斯坦用引入的两个基本假设重新得到了著名的洛伦兹变换.

2.2 爱因斯坦基本假设

洛伦兹变换关系给出了在相对等速运动的不同参考系中观测同一事件的时空联系,但这一数学关系开始却让人无法从物理上得到根本理解,后来爱因斯坦提出两个直观的物理假设,简单解释了洛伦兹关系存在的物理内涵,这两个基本假设是:

(1) 在任何相对等速运动的参考系中物理规律都具有相同的形式.

(2) 在任何相对等速运动的参考系中光速始终是一个常量 c.

爱因斯坦的第一个基本假设明确了物理规律的相对性原理,即物理规律本身是和相互等速运动的参考系无关,在任意两个相对等速运动的参考系中物理规律必须相同,并且具有相同的描述形式.而第二个假设肯定了光速 c 不变是一个物理规律,这一点从迈克耳孙-莫雷零实验结果可以看到,光速不依赖于参考系的运动状态.基于以上两个非常直观的物理假设,爱因斯坦经过简单推导就自然得到了洛伦兹变换.洛伦兹变换公式第一次给出了时间和空间是相互联系不可割裂的结论,表明了洛伦兹变换是在一个全新的角度认识自然规律和时空关系的变换,在 $u \ll c$ 时,洛伦兹变换会近似简化为式(2.1.7)所示的伽利略变换,所以在低速运动的体系中,可以用伽利略变换近似取代严格的洛伦兹变换处理问题,因为相对论所导致的效应在低速时非常微弱,我们能感觉到的就是伽利略的相对运动规律.

2.3 洛伦兹变换的时空效应

根据洛伦兹的基本变换关系,我们自然可以得到以下几个推论,表现了高速运动所带来的时空效应.

2.3.1 动尺缩短效应

下面我们在两个相对等速运动的参考系 S 和 S′中测量同一物体的长度(例如一把尺子).假定这个物体在 S 系中沿着 x 轴方向的两个端点为 x_1 和 x_2,在 S 系中测量物体长度为 $L=x_2-x_1$;在 S′系中测量时这段长度变为 $L'=x'_2-x'_1$,则根据洛伦兹变换给出的 x'_1 和 x_1,x'_2 和 x_2 的对应关系,自然得到:

$$L'=\gamma L=\frac{L}{\sqrt{1-\frac{u^2}{c^2}}} \tag{6.1.5}$$

为了对上式有一个直观的物理理解,我们假定就是测量同一把尺子的长度,把尺子固定在 S′系上,那么在 S′系中观察,尺子是静止的,长度 L' 可设为 L_0,习惯上称为尺子的静止长度或**本征长度**,$L_0=x'_2-x'_1$.那么转到 S 系中测量这个尺子,在 S 系看来,该尺子则是沿 x 方向以 u 匀速运动(因为尺子固定在 S′上),S 中测量的长度为 $L=x_2-x_1$(注意在 S 系中要同时测量到尺子两端的坐标 x_1,x_2);那么,根据洛伦兹变换给出的 x'_1 和 x_1,x'_2 和 x_2 的关系,自然得到:

$$L_0=\gamma L=\frac{L}{\sqrt{1-\frac{u^2}{c^2}}}$$

或者写为

$$L=\sqrt{1-\frac{u^2}{c^2}}L_0$$

上式的结果说明：一把静止的尺子如果让它运动起来后其长度会缩短，这就是相对论中我们所经常说的动尺缩短效应.以上动尺缩短的现象源于用S系中静止的尺去度量S′系中静止的尺，两个尺子的运动状态不同，则两个尺子的长度标准也不同，所以动尺缩短是源于长度标准的改变，而不是真正的尺度缩短.在地球上宏观物体所能达到的最大速度约千米每秒，$\frac{u^2}{c^2}\sim10^{-10}$，因而$L\approx L_0$，所以在低速情况下各个参考系中测量的长度可以近似认为相等.

2.3.2　动钟减慢效应

把两个时钟分别放在两个坐标系S和S′的坐标原点，我们用不同坐标系的钟测量同一物理过程（例如某物体的温度升高过程）.初始时刻两个参考系在原点重合处校对好各自时钟的初始时刻，即这个步骤满足$t=t'=0,x=x'=0$.那么由洛伦兹变换关系，从0时刻开始，经过一段时间后，固定在S系的钟测量到的这一物理过程的时钟读数为t，固定在S′系中的时钟读数为t'，则由洛伦兹变换它们有如下关系

$$t=\gamma\left(t'+\beta\frac{x'}{c}\right)$$

由于在S′系中测得的时钟位置$x'=0$，则有

$$t=\gamma t'=\frac{t'}{\sqrt{1-u^2/c^2}} \tag{6.1.6}$$

上式表明从$t=t'=0$开始经过一段时间，S系里的时钟读数t要大于在S′系中的时钟读数t'，两个参考系的时间不同，这种不同也是由于两个参考系有一个相对速度的差别引起.从另一个角度讲，如果把一个钟固定在S′系中，在S′系中看到的钟是静止的，它测量到的事件的时间间隔可设为$t'=t_0$，常被称为事件的**固有时间**；而在S系中看S′系的钟则是以速度u运动起来的，那么用S系中的钟去测量这段时间却是t，它和t_0比较会发现时间增加了，这就是所谓的动钟延缓效应.同样反过来，站在S′系中观察S系原点处的时钟，也会有同样的结果

$$t'=\gamma\left(t-\beta\frac{x}{c}\right)=\gamma t$$

即用S′系中的时钟度量S系的时钟时，S系的时钟也同样变慢.可见这只是一个相对的测量结果，到底S系的钟是慢了还是快了，这由观测者所处的参考系决定，是一个相对结果，没有绝对的快慢概念.两个参考系的时钟运动状态不同，则时间标准不同，导致两个测量的时间不同，而不是真正发生了时间延缓.所以所谓的双生子悖论只是个采用的时间标准不同造成的差异问题，而不是发生了一个和参考系无关的客观现象.

2.3.3　时空间隔和因果关系

由以上的讨论可知，两个相对等速运动的参考系给出了两套不同的时空标准，而这两套本来没有关联的不同标准，却可以通过共同的不依赖于参考系的一个量光速c联系起来，所以就有了所谓的两套时空坐标间的对应关系，即洛伦兹变换.以上的对应关系其实和这样的数学问题相联系：即两套时空坐标中存在的那个共同的量是两个时空参考系在洛伦兹变换下的不

变量.其实这个问题在闵可夫斯基的四维时空表述中表现为一个旋转变换,该旋转变换能保持四维时空矢量的大小不变,而时空间隔就是这个四维时空矢量的大小(不变量).对某一时空参考系中任意两个时空点(x_1,y_1,z_1,t_1)和(x_2,y_2,z_2,t_2)(时空点可称为事件),其**时空间隔**定义为

$$(\Delta S)^2=(x_1-x_2)^2+(y_1-y_2)^2+(z_1-z_2)^2-(ct_1-ct_2)^2 \tag{6.1.7}$$

两个事件间隔在洛伦兹变换下保持不变,也就是说在任何相互等速运动的参考系中测量两个事件间隔都是相同的,与参考系无关.那么根据时空间隔$(\Delta s)^2$的大小,我们可将时空间隔进行如下分类.

(1) 若$(\Delta s)^2>0$,我们称两个时空点(事件)之间是类空间隔.

(2) 若$(\Delta s)^2=0$,称为类光间隔.

(3) 若$(\Delta s)^2<0$,称为类时间隔.

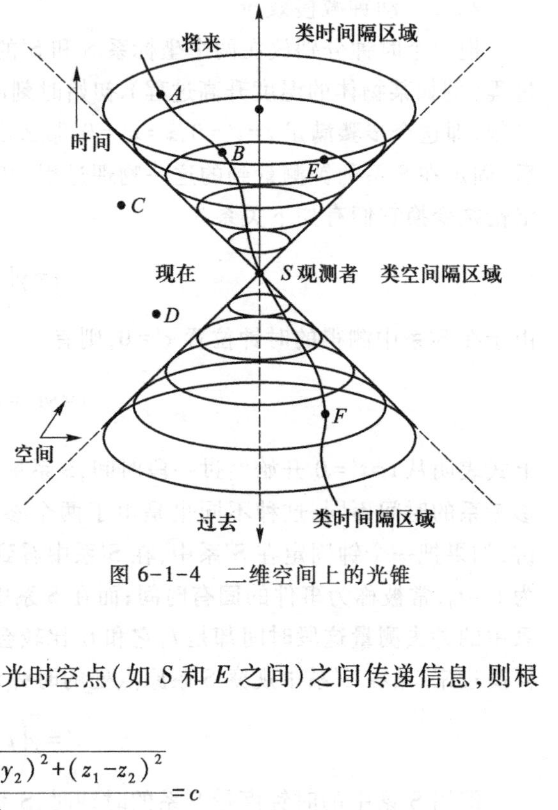

图 6-1-4　二维空间上的光锥

为了便于理解我们可以引入直观的光锥概念,如图 6-1-4 所示的锥体是二维空间上$(\Delta s)^2=0$决定的曲面,称为光锥[取二维空间平面的目的是可以用锥面直观表示时空间隔,实际的曲面应是式(6.1.7)所决定的 3+1 维的超曲面].注意如图 6-1-4 所示的光锥是以S为事件的观测点或事件的出发点(S的时空都取零),事件以光速向前发展(在二维空间平面上就是以光速向外扩展的圆环,如图 6-1-4 中所示),在时间轴上就形成向前的光锥,称为S的将来事件光锥,向后的下半部分光锥为S的过去事件光锥.如图,落在光锥内的两个时空点A和B,它们与S之间的间隔满足$(\Delta s)^2<0$,即为类时间隔,而落在S的光锥外的点C和D,它们与S的时空间隔则为类空间隔.如果光锥上的两个类光时空点(如S和E之间)之间传递信息,则根据式(6.1.7),其所需要的速率为

$$v=\frac{\sqrt{(x_1-x_2)^2+(y_1-y_2)^2+(z_1-z_2)^2}}{t_1-t_2}=c$$

可见在光锥上两个类光间隔的时空点(事件)之间是以光速进行信息传递的.那么如果两个事件点P_1和P_2之间为类空间隔(即站在一个事件P_1点看另一个事件点P_2,如果P_2落在P_1的光锥之外,则P_1和P_2之间就为类空间隔),事件之间的信号传递必然超过光速,这是相对论所不允许的.所以类空间隔的两个时空事件是没有相互联系的,即类空间隔的事件之间没有因果关系.只有类时间隔(信息传递小于光速)和类光间隔的两个事件之间才可能互相联系,产生所谓的因果关系.所以对于真实事件发展所形成的事件(时空点)发展曲线(称为世界线)必然落在光锥之内,如图 6-1-4 所示的光锥内的曲线即为一条实际事件发展可能的世界线,而光锥之外的事件彼此之间将不存在任何关联(即没有任何可以测量得到的因果联系).

2.4 洛伦兹速度变换关系

根据洛伦兹变换关系可以自然得到不同参考系中观测到的同一质点速度的对应关系.设在S系中观察质点速度为(v_x,v_y,v_z),而在S′系中速度为(v_x',v_y',v_z'),那么由洛伦兹变换关系,对式(6.1.4a)的左边对t'求导数:

$$\frac{\mathrm{d}x'}{\mathrm{d}t'}=\frac{\mathrm{d}x'}{\mathrm{d}t}\frac{\mathrm{d}t}{\mathrm{d}t'}=\frac{\frac{\mathrm{d}x}{\mathrm{d}t}-u}{1-\frac{u}{c^2}\frac{\mathrm{d}x}{\mathrm{d}t}}$$

所以x方向速度分量变换关系为

$$v_x'=\frac{v_x-u}{1-\frac{u}{c^2}v_x} \tag{6.1.8a}$$

同理,对另外两个分量有

$$v_y'=\frac{v_y}{1-\frac{u}{c^2}v_x}\sqrt{1-\frac{u^2}{c^2}} \tag{6.1.8b}$$

$$v_z'=\frac{v_z}{1-\frac{u}{c^2}v_x}\sqrt{1-\frac{u^2}{c^2}} \tag{6.1.8c}$$

根据相对性原理,逆变换形式应与式(6.1.8)相同,但在S′系中观察S系相对速度为$-u$,所以将式(6.1.8)中的u变为$-u$即可得到逆变换:

$$v_x=\frac{v_x'+u}{1+\frac{u}{c^2}v_x'},\quad v_y=\frac{v_y'}{1+\frac{u}{c^2}v_x'}\sqrt{1-\frac{u^2}{c^2}},\quad v_z=\frac{v_z'}{1+\frac{u}{c^2}v_x'}\sqrt{1-\frac{u^2}{c^2}}$$

根据上面的速度变换公式我们可以发现,无论坐标系间的相对速度u是多大($u<c$),在任何相对等速运动的参考系中测量到的速度大小都不可能超过光速.

例 6.1

两个飞船1和2,如图6-1-5所示,它们分别相对于地面参考系以$-0.9c$和$0.9c$的速度沿相反方向飞行,那么站在一艘飞船上测量另一艘飞船的速度为多少?

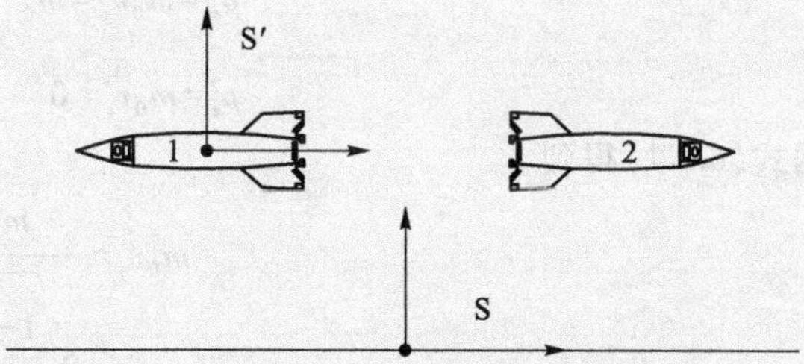

图 6-1-5 相对运行的火箭

解 根据经典伽利略速度变换,我们很容易得出站在一艘飞船看另一艘飞船的分离速度为$1.8c$.然而这个结果在相对论中是不可能的,因为相对论速度变换关系的直接结果是:在任何参考系中测量得到的速度不可能大于光速.下面我们来计算这个速度.如图6-1-5所示,取地面参考系为S系,飞船1为S′系,这两个参考系之间的相对速度在S系中测量为$u=-0.9c$(S′系沿S系的x轴反方向运动).在这两个参考系中分别观察同一飞船2

的运动，S 系中飞船 2 的速度为 $v_x=0.9c$，$v_y=v_z=0$，设 S′系中飞船 2 的速度为 v'_x，v'_y，v'_z，根据 S 系和 S′系之间的速度变换公式式(6.1.8)有：

$$v'_x=\frac{v_x-u}{1-\frac{u}{c^2}v_x}=\frac{0.9c-(-0.9c)}{1-\frac{-0.9c}{c^2}0.9c}=0.994c,\quad v'_y=v'_z=0$$

计算的结果发现，在其中一个飞船上观察另一个飞船的速度 $v'_x<c$，它们之间彼此分离的速度并没有超过光速.洛伦兹速度变换表明，质点在任何参考系中的运动速度都不会超过光速，只能不断地接近光速.

§6.2 相对论的质能公式

1 相对论动量和能量

1.1 相对论动量

质点的静止质量 m_0 是质点本身固有的属性，它不依赖于参考系的选择，但是质点的动量却依赖于参考系的选择.我们依然选择两个通常的参考系：S 系和 S′系，S′系沿着 S 系的 x 轴以速度 u 运动.如图 6-2-1 所示，假定质点 P 在 S 系中只沿 y 轴运动，速度为 v_y，其他的分量 $v_x=v_z=0$，所以在 S 系中质点 P 的动量为

$$p_x=p_z=0,\quad p_y=m_0v_y.$$

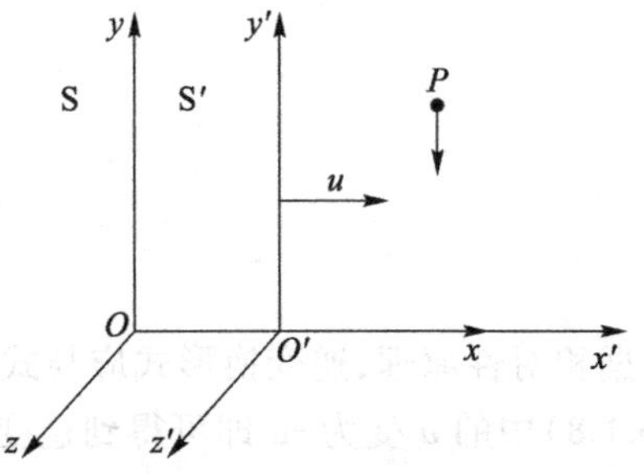

图 6-2-1 相对论质量公式

在 S′系中测量 P，情况发生了改变，根据洛伦兹速度变换公式，测量到的动量的各个分量变为

$$p'_x=m_0v'_x=m_0\frac{v_x-u}{1-\frac{u}{c^2}v_x}=-m_0u$$

$$p'_y=m_0v'_y=m_0\sqrt{1-\frac{u^2}{c^2}}v_y \tag{6.2.1}$$

$$p'_z=m_0v'_z=0$$

根据式(6.2.1)得到

$$m_0v_y=\frac{m_0}{\sqrt{1-\frac{u^2}{c^2}}}v'_y$$

上式的左面 v_y 为质点在 S 系中的速度的 y 分量，m_0v_y 则是 S 系中的 y 方向动量分量.相应的右边的 v'_y 为质点在 S′系中速度的 y 分量，那么 S′系中 y 方向动量分量自然可以对应为

$$p'_y=\frac{m_0}{\sqrt{1-\frac{u^2}{c^2}}}v'_y=mv'_y$$

其中上式引入的对应系数 m 可以定义为在 S′系中质点的**等效质量**(也称**运动质量**),即

$$m=\frac{m_0}{\sqrt{1-\frac{u^2}{c^2}}} \tag{6.2.2}$$

式(6.2.2)给出了质点的等效质量与静止质量的关系,即**相对论的质量公式**.注意该等效质量是由于参考系的运动所产生的运动质量,其依赖于参考系的相对速度 u.

根据以上的等效质量可以发现等效质量和参考系的速度有关,我们可以推断:当质点在某个参考系中观测是静止时($u=0$),其等效质量应该为 $m=m_0$,此时的等效质量称为质点的**静止质量**.若此质点运动起来,速度达到 u 时,则此时质点的等效质量会变为 $m=m_0/\sqrt{1-\frac{u^2}{c^2}}$,质量会增加,这种质量的增加是相对论中速度不能超越光速这一极限速度的反映.由于质点的速度不能超过光速,当一个质点速度越高,增加其速度就会越困难,所以,当有一个有源力去加速一个质点时,因为质点速度不能超过光速,所以质点的速度只能越来越接近光速,越接近光速质点的速度增加越慢,这就表现为质点的加速度会越来越小,但由于力场场源没有变化,所以作用力没有改变,这样等效的结果便是:质点的质量增加了,所以相对论质量关系是光速不可超越的一个等效结果.

由此相对论的动量可以表示为

$$\boldsymbol{p}=m\boldsymbol{v}=\frac{m_0}{\sqrt{1-\frac{u^2}{c^2}}}\boldsymbol{v}$$

从而相对论中的力可以相应定义为

$$\boldsymbol{F}=\frac{\mathrm{d}\boldsymbol{p}}{\mathrm{d}t}=\frac{\mathrm{d}}{\mathrm{d}t}(m\boldsymbol{v})$$

此时 m 是与速度有关的一个等效质量,不是一个常量,这与牛顿第二定理中的 m 不同,上式不等同于 $\boldsymbol{F}=m\boldsymbol{a}$.质量的等效增加效应是相对论光速不变规律的体现,可以通过对粒子加速的实验进行检验:速度越高的粒子增加其速度就越困难.1901 年 W.Kaufmann(考夫曼)用加速的电子在磁场中的偏转测定电子的质量,验证了动质量增加效应,其满足的规律和式(6.2.2)的规律极为吻合,这一点我们将在相对论能量那一节详细介绍.

1.2 相对论动能

相对论中功能关系与牛顿力学中的相似,力 $\boldsymbol{F}$ 作用于质点上,使其产生一个位移 $\mathrm{d}\boldsymbol{r}$,则力所做的元功全部转化为质点的动能:

$$\mathrm{d}E_\mathrm{k}=\boldsymbol{F}\cdot\mathrm{d}\boldsymbol{r}=\frac{\mathrm{d}(m\boldsymbol{v})}{\mathrm{d}t}\cdot\mathrm{d}\boldsymbol{r}$$

计算上式有:

$$dE_k = d(m\boldsymbol{v}) \cdot \frac{d\boldsymbol{r}}{dt} = \boldsymbol{v} \cdot d(m\boldsymbol{v})$$

$$dE_k = \boldsymbol{v} \cdot (m d\boldsymbol{v} + \boldsymbol{v} dm) = \frac{1}{2m}(m^2 d\boldsymbol{v}^2 + \boldsymbol{v}^2 dm^2) = \frac{1}{2m} d(m^2 \boldsymbol{v}^2)$$

又由 $m_0 = m\sqrt{1-\frac{v^2}{c^2}}$，可得

$$m_0^2 c^2 = m^2 c^2 - m^2 v^2 \tag{6.2.3}$$

上式两边微分得到

$$d(m^2 v^2) = 2mc^2 dm$$

将上式带入 dE_k，最后得到

$$dE_k = c^2 dm$$

两边求积分：

$$E_k = \int_{m_0}^{m} c^2 dm = (m - m_0)c^2 = \Delta m \cdot c^2 \tag{6.2.4}$$

上式即为相对论的动能公式.当运动的速度 v 非常小，即 $\beta \ll 1$ 时

$$E_k = \left(\frac{m_0}{\sqrt{1-v^2/c^2}} - m_0\right)c^2 \approx \left(1 + \frac{1}{2}\frac{v^2}{c^2} + \cdots - 1\right)m_0 c^2 = \frac{1}{2}m_0 v^2$$

上式又回到了牛顿力学中的动能公式.

2 相对论质能公式

2.1 质能关系

质点在力的作用下相对一个参考系从静止加速到一定的速度，根据式(6.2.4)，质点的动能为

$$E_k = \int_{m_0}^{m} c^2 dm = (m - m_0)c^2 = mc^2 - m_0 c^2$$

其中 m 是末态时质点的质量，m_0 为初始的静止质量.上式表明质点的动能的大小取决于两个量 mc^2 和 m_0c^2 的差值，显然这两个量应该具有能量的量纲，是一种由质量决定的能量.其中由于 m_0 为质点的静止质量，所以把 m_0c^2 称为质点静止时总的能量，而 mc^2 相应地称为质点处于任意运动状态时的总能量，即有

$$E = mc^2 \tag{6.2.5}$$

此即为著名的爱因斯坦**质能关系**式，它给出一个质点在任意运动状态下的总能量由其相对论质量乘以 c^2 决定.该公式把质量和能量联系起来，确定了质量和能量的等价关系.

2.2 动量和能量关系

由质点相对论质能关系和相对论动量，我们可以找到动量和能量的关系.根据式(6.2.3)的相对论质量关系得

$$E^2 = p^2 c^2 + m_0^2 c^4$$

即

$$E^2 = [p^2 + (m_0 c)^2]c^2$$

或者

$$\frac{E}{c}=\sqrt{p^2+p_0^2}$$

上式即为相对论的总能量和总动量之间的关系式，和牛顿力学中的能量和动量关系显然不同.下面我们利用高速电子实验来测量电子的**动能和动量**关系，用以验证相对论中质量增加的效应.对于经典低速粒子动能和动量的关系

$$E_k=\frac{1}{2m_0}p^2=\frac{1}{2m_0c^2}(pc)^2$$

而对于相对论关系

$$E_k=E-E_0=\sqrt{(pc)^2+m_0^2c^4}-m_0c^2$$

如果采用能量单位 $m_0c^2=1$，则经典和相对论的规律满足不同的曲线，经典的是二次曲线 $E_k=\frac{1}{2}(pc)^2$（见图 6-2-2 经典曲线），相对论的是 $E_k=\sqrt{(pc)^2+1}-1$（图 6-2-2 中相对论曲线）.在真空环境下，对电子的动能和动量分别进行测量，就可得到图中加号所示的实验图曲线（即实验数据的拟合曲线），从图 6-2-2 中可以非常直观地看到与真实实验更接近的是相对论的结果，很好表明了高速运动电子的相对论效应.

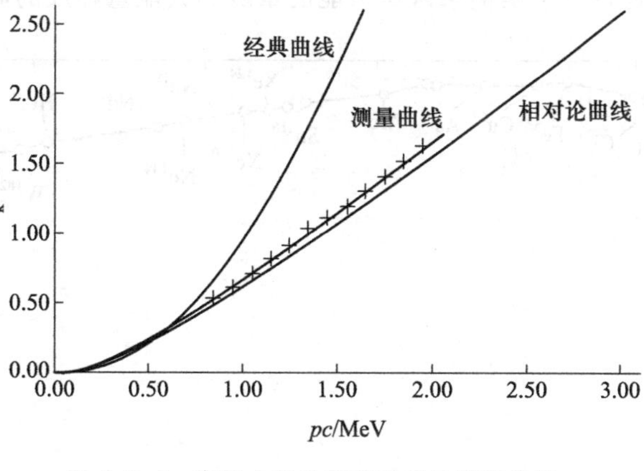

图 6-2-2　高能电子动能和动量的测量曲线

2.3　质量亏损和原子能

根据式(6.2.4) $E_k=mc^2-m_0c^2$，质点的总能量为质点动能和质点静止能量之和，即

$$E=mc^2=E_k+m_0c^2$$

在某个反应过程中，如果反应前的总能量（反应前的动能与反应前的静止能量之和）为

$$E=mc^2=E_k+m_0c^2$$

而反应后的总能量（反应后的动能与反应后的静止能量之和）为

$$E'=m'c^2=E_k'+m_0'c^2$$

则根据能量守恒关系有 $E=E'$，即

$$E_k+m_0c^2=E_k'+m_0'c^2$$

则反应中所释放出的动能为

$$\Delta E\equiv E_k'-E_k=m_0c^2-m_0'c^2=(m_0-m_0')c^2 \tag{6.2.6}$$

显然上式表明了质点在一个反应过程中动能的增加等于反应前后静止质量的变化乘以 c^2.如果反应释放动能 $\Delta E>0$,则质量的改变量 $\Delta m=m_0'-m_0<0$,Δm 为总的静止质量的减小值,称为**质量亏损**.由上式可知反应所释放的能量由质量亏损乘以因子 c^2,而这个能量由于 c^2 这个因子使得很小的质量亏损会带来巨大的能量释放,而能产生质量亏损的反应往往只有在原子核反应中才会发生.爱因斯坦的这个关系,奠定了原子核反应能量变化的机理,揭示了核能的巨大意义,开辟了人类的核能时代.

根据原子核的构成,各种元素的原子核都是由一定数目的中子和质子结合而成的,根据自由质子和中子的质量以及中子和质子结合为原子核的质量,人们可以得到各种元素原子核的质量亏损.这个质量亏损乘以 c^2 即为该元素原子核的结合能,此即为自由状态的核子结合成原子核时释放的核能量.图 6-2-3 列出了各种元素的结合能,图中表现出单位核子的结合能有一个峰值,轻核和重核的结合能都比较小,其核子的能量都较中等核的能量高,这样我们就可以通过两种方式来获取核能,即利用轻核结合成中等核释放能量(**核聚变反应**)和利用重核分裂为中等核释放能量(**核裂变反应**)这两种核反应方式.当然要实现核反应是有条件的,重核由于不稳定会自发的衰变,而其完成能量连续释放的过程则需要一定的临界条件;而轻核的聚变则要求核子能够克服足够的核子势垒,反应条件需要非常高的温度和压力,所以聚变核能的利用一直以来是一个极具挑战的问题.下面我们通过一个实例来认识核能的量级和其能量释放的高效性.

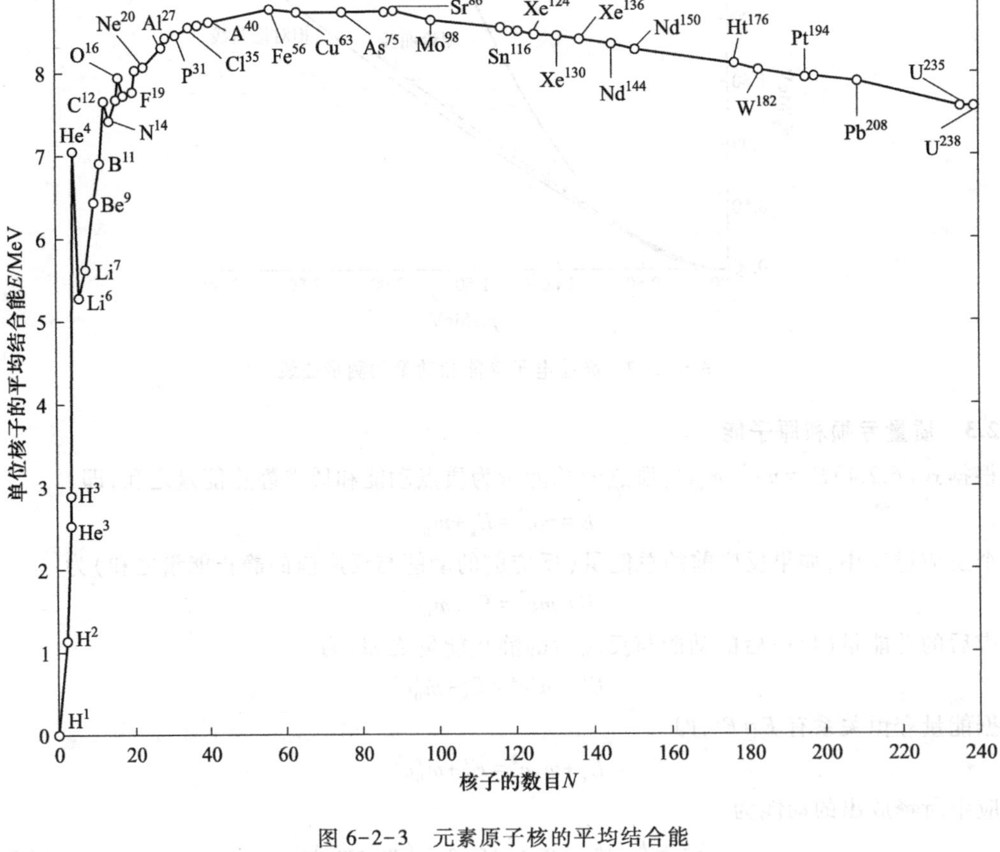

图 6-2-3　元素原子核的平均结合能

例 6.2

关于太阳能的简单计算.

太阳是我们地球上大部分能量的来源,太阳所释放的能量来自于太阳内部不断发生的核聚变反应.在这样的核聚变反应中,一个氚核(^3_1H)和一个氘核(^2_1H)可聚变成一个氦核(^4_2He),并产生一个中子(^1_0n),下面我们试计算一下这一反应中所释放的能量.

参与聚变的各种粒子的静止质量分别为:氚核(^3_1H)$3.343\ 7\times10^{-27}$ kg,氘核(^2_1H)$5.004\ 9\times10^{-27}$ kg,氦核(^4_2He)$6.642\ 5\times10^{-27}$ kg,中子(^1_0n)$1.675\ 0\times10^{-27}$ kg.

解 根据核反应方程式:

$$^2_1H+^3_1H\rightarrow^4_2He+^1_0n$$

反应前氚核(^3_1H)和氘核(^2_1H)总的静止质量为

$$m_{反应前}=(3.343\ 7\times10^{-27}+5.004\ 9\times10^{-27})\ kg=8.348\ 6\times10^{-27}\ kg$$

反应后氦核(^4_2He)和中子(^1_0n)总的静止质量为

$$m_{反应后}=(6.642\ 5\times10^{-27}+1.675\ 0\times10^{-27})\ kg=8.317\ 5\times10^{-27}\ kg$$

则质量亏损为

$$\Delta m=m_{反应前}-m_{反应后}=0.031\ 1\times10^{-27}\ kg$$

根据质能关系式(6.2.6),该反应放出的能量为

$$\Delta E=\Delta m\cdot c^2=(0.031\ 1\times10^{-27})\times(9\times10^{16})\ J=2.799\times10^{-12}\ J$$

由此可见一个氚核(^3_1H)和一个氘核(^2_1H)聚变就能放出 2.799×10^{-12} J 的能量.试想单位质量的包含氚核和氘核的物质能释放多少能量?显然单位质量核聚变物质所放出的能量为

$$\frac{\Delta E}{m_{反应前}}=\frac{2.799\times10^{-12}\ J}{8.348\ 6\times10^{-27}\ kg}=3.35\times10^{14}\ J/kg$$

这个数值相当于 1 kg 优质煤燃烧所放热量的 1 千多万倍,可见核反应是极为高效的物质反应形式!太阳正是依靠不断消耗其质量而释放出核能来提供地球所需的大部分能量,核反应的质量亏损会导致太阳质量不断下降,由此也会导致太阳自身和太阳系的缓慢扩张,当然这个过程由于核能的高效性而显得非常缓慢,当然我们还是可以通过上面的质能关系估算出这一过程所持续的时间.

思考题

6.1 迈克耳孙-莫雷实验的实验背景是什么?其结果说明什么问题?

6.2 洛伦兹时空变换蕴涵的时空观是什么?和经典力学时空观有何不同?

6.3 爱因斯坦的基本假设是什么?光速不变性对物理学发展的意义是什么?

6.4 在动参考系中的人的身高和基本参考系中的观察者测量他的身高是否一致?动参考系和基本参考系中的观察者看到的胖瘦是否相同?

6.5 在动参考系中看到两个事件同时发生,是不是基本参考系中的观察者也观察到了这两个事件是同时发生的?

6.6 相对论中质量速率公式为 $m=\dfrac{m_0}{\sqrt{1-\beta^2}}$,是否违背质量守恒?

6.7 $E=E_k+m_0c^2$ 的物理意义是什么?相对论中质量和能量之间的关系是什么?如何理解相对论中的质量

增加效应？

6.8 质量亏损对原子能利用的意义是什么？

习题

6.1 一飞船相对于地面作匀速直线运动的速度为 v_1，飞船上一个人从船舱一侧发射一子弹，子弹相对于飞船的速度为 v_2，求：(1)子弹击中舱对面墙上距发射点固有长度为 L 靶子的时间间隔；(2)地面上的观察者测量得到的时间间隔.

6.2 若要将探测器发射到离地球 3 l.y.的星球去，发射速度多大时，探测器运行 1 l.y.可到达目的地？

6.3 静止质量分别为 m_1 和 m_2 的两个质点，要二者的质量相等，二者运动速度间满足的关系？

6.4 在参照系 S 中，有两个静止质量均为 m_0 的粒子 A 和 B，以速度 v 相向运动，求碰撞后生成一个粒子的速度和静止质量 m_0'.

6.5 一电子以 $0.84c$ 的速率运动(电子的静止质量为 9.11×10^{-31} kg)，则电子的总能量是多少？

6.6 若粒子的动能等于其静止能量的 3 倍，其动质量为静止质量的多少倍？

习题答案

第 2 章　经典力学

2.1　$-0.5\ \mathrm{m/s}$；$-6\ \mathrm{m/s}$；$2.25\ \mathrm{m}$

2.2　$A\cos\omega t$

2.3　$x=(v_0^2t^2-2v_0l_0t+x_0^2)^{1/2}$；$\boldsymbol{v}=-\dfrac{\sqrt{x^2+h^2}}{x}v_0\boldsymbol{i}$；$\boldsymbol{a}=-\dfrac{h^2v_0^2}{x^3}\boldsymbol{i}$

2.4　约 26.83 N，与 x 轴夹角为 26.57°

2.5　$x=\dfrac{mv_0}{\mu}(1-\mathrm{e}^{-\frac{\mu}{m}t})$，$y=\dfrac{mg}{\mu}t-\dfrac{m^2g}{\mu^2}(1-\mathrm{e}^{-\frac{\mu}{m}t})$

2.6　$x=\dfrac{v_0}{k}\cos\beta\sin kt+b\cos kt$，$y=\dfrac{v_0}{k}\sin\beta\sin kt$

2.7　拉力 $F_{\mathrm{T}}=m\left(g+\dfrac{l^2v_0^2}{x^3}\right)\dfrac{\sqrt{l^2+x^2}}{l}$

2.8　$h=\dfrac{gm_1^2\mu^2(\Delta t)^2}{2m_2^2}$

2.9　$l=\dfrac{\mu mg}{k}\left(\sqrt{1+\dfrac{kv_0^2}{\mu^2mg^2}}-1\right)$

2.10　4.28 m/s

2.11　(1) 3 m/s；(2) 1.5 N

2.12　(1) $9.2\cos\left(10t-\dfrac{\pi}{4}\right)$ (cm)；(2) $9.2\cos\left(10t+\dfrac{\pi}{4}\right)$ (cm)

2.13　(1) 5 N/m；(2) 10^{-3} J；(3) 10^{-3} J

2.14　800 N

2.15　0.8 m/s；0.003 J

2.16　约 1.3 m/s；约 0.33 m/s

2.17　(1) 3.88×10^{22} N；(2) 9.76×10^{3} m/s

2.18　2.38×10^{3} m/s

2.19　$v_1=v_2=\sqrt{2}v_0\cos\theta$

2.20　$\sqrt{\dfrac{m_1m_2}{k(m_1+m_2)}}\ v$

2.21　$v=\dfrac{2m_2}{m_1}\sqrt{5gl}$

2.22　(1) $v_B=4.69\times10^{7}\ \mathrm{m\cdot s^{-1}}$，54°6′；(2) 22°20′

2.23　(1) $13.1\ \mathrm{rad\cdot s^{-2}}$，(2) 390 圈.

2.24　(1) $0.5\ \mathrm{rad\cdot s^{-1}}$，$1\ \mathrm{m\cdot s^{-2}}$，$1.01\ \mathrm{m\cdot s^{-2}}$，(2) 5.33 rad，

2.25　$v_C=\dfrac{R}{R-r}v$，$a_C=\dfrac{R}{R-r}\dfrac{\mathrm{d}v}{\mathrm{d}t}$

2.26　10.8 s

2.27　314 N

2.28　$5.82\ \mathrm{m\cdot s^{-2}}$；791 N；836 N

2.29　$0.16\ \mathrm{m\cdot s^{-1}}$

2.30 $\dfrac{I_1\omega_0 r_2^2}{I_1 r_2^2+I_2 r_1^2},\dfrac{I_1\omega_0 r_1 r_2}{I_1 r_2^2+I_2 r_1^2}$

2.31 (1) 20.0 $\mathrm{kg\cdot m^2}$;(2) -1.32×10^4 J

2.32 $a=\dfrac{3[F-\mu(m_1+m_2)g]}{3m_1+m_2}$;$\boldsymbol{F}$ 的方向为正方向

2.33 略

2.34 $a_1=\dfrac{4m_2g}{3m_1+8m_2}$;$a_2=\dfrac{8m_2g}{3m_1+8m_2}$;$F_{\mathrm{T}}=\dfrac{3m_1m_2g}{3m_1+8m_2}$

2.35 (1) $p_A=1.917\ 9\times10^5\ \mathrm{N/m^2}$;(2) $v_B=15.6$ m/s

2.36 $Q=\dfrac{\pi d_1^2d_2^2}{4}\sqrt{\dfrac{2gh}{d_1^4-d_2^4}}$

2.37 (1) 0.55 m;(2) π

2.38 (1) 8.33×10^{-3} s,0.25 m;(2) $\xi=4.0\times10^{-3}\cos(240\pi t-8\pi x)$(SI 单位)

2.39 (1) $\xi_1=A\cos(100\pi t-15.5\pi)$,$\varphi_{10}=-15.5\pi$,$\xi_2=A\cos(100\pi t-5.5\pi)$,$\varphi_{20}=-5.5\pi$;(2) π

2.40 (1) $1.6\times10^5\ \mathrm{W/m^2}$;(2) 3.8×10^3 J

2.41 (1) 0.01 m,37.5 $\mathrm{m\cdot s^{-1}}$;(2) 0.157 m;(3) $-8.08\ \mathrm{m\cdot s^{-1}}$

2.42 15.7 m/s(或 56.8 km/h)

第 3 章 热学

3.1 $U=\dfrac{1}{2}k\alpha T^4\cdot N$

3.2 $\alpha=3.920\times10^{-3}(℃)^{-1}$;$\beta=-5.919\times10^{-7}(℃)^{-2}$

3.3 略

3.4 $W=RT\ln\dfrac{V_{2,\mathrm{m}}-b}{V_{1,\mathrm{m}}-b}+\dfrac{a}{V_{2,\mathrm{m}}}-\dfrac{a}{V_{1,\mathrm{m}}}$;$Q=c\Delta T$

3.5 $Q=800$ J;$W=p_b(V_c-V_b)-p_d(V_d-V_a)$

3.6 $Q_V=12RT_0$;$Q_p=45RT_0$;$Q=-47.7RT_0$;$\eta=16.3\%$

3.7 $Q=W+\Delta U$;$\Delta U=n\cdot\dfrac{i}{2}R\cdot(T_d-T_a)$;$W=P_a(V_b-V_a)+P_cV_c\ln\dfrac{p_c}{P_d}$

3.8 $S(N,V,T)=Nk\ln\dfrac{V}{N}+\dfrac{3}{2}Nk\ln T+$常量

3.9 $C_{V,\mathrm{m}}=\dfrac{3}{2}RT_0$;$C_{p,\mathrm{m}}=C_{V,\mathrm{m}}+R$

3.10 7.4%;2.10×10^3 kJ;$6.0\times10^3\ \mathrm{kJ\cdot K^{-1}}$

3.11 310 K;400 K;1 300 K;10 km

第 4 章 电磁学

4.1 $q=\dfrac{Q}{2}$

4.2 $v_r=\left[\dfrac{e^2}{4\pi\varepsilon_0 m}\cdot\left(\dfrac{1}{r_0}-\dfrac{1}{r}\right)\right]$

4.3 (1) $\rho_e=4.4\times10^{-13}\ \mathrm{C/m^3}$;(2) $\sigma_e=-8.9\times10^{-10}\ \mathrm{C/m^2}$

4.4 $\dfrac{\sigma}{2\varepsilon_0}\dfrac{x}{\sqrt{x^2+r^2}}$

4.5 略

4.6 略

4.7 $\varphi_{内}=-\dfrac{\rho r^2}{4\varepsilon_0},\varphi_{外}=\dfrac{\rho R^2}{4\varepsilon_0}\left(2\ln\dfrac{R}{r}-1\right)$

4.8 （1）$\varphi_1=\dfrac{1}{4\pi\varepsilon_0}\left(\dfrac{q}{R_1}-\dfrac{q}{R_2}+\dfrac{Q+q}{R_3}\right),\varphi_2=\dfrac{1}{4\pi\varepsilon_0}\dfrac{Q+q}{R_3}$；

（2）$\Delta\varphi=\dfrac{1}{4\pi\varepsilon_0}\left(\dfrac{q}{R_1}-\dfrac{q}{R_2}\right)$；

（3）$\varphi_1=\varphi_2=\dfrac{1}{4\pi\varepsilon_0}\dfrac{Q+q}{R_3},\Delta\varphi=0$；

（4）$\varphi_2=0,\varphi_1=\Delta\varphi=\dfrac{1}{4\pi\varepsilon_0}\left(\dfrac{q}{R_1}-\dfrac{q}{R_2}\right)$；

（5）$\varphi_1=0,\varphi_2=\dfrac{1}{4\pi\varepsilon_0}\dfrac{(R_2-R_1)Q}{R_1R_2+R_2R_3-R_3R_1},\Delta\varphi=\dfrac{1}{4\pi\varepsilon_0}\dfrac{(R_2-R_1)Q}{R_1R_2+R_2R_3-R_3R_1}$

4.9 （1）$\Delta\varphi=\dfrac{\lambda}{2\pi\varepsilon_0\varepsilon_r}\ln\dfrac{R_2}{R_1}$；（2）$D=\dfrac{\lambda}{2\pi r},E=\dfrac{\lambda}{2\pi\varepsilon_0\varepsilon_r r},P=\dfrac{(\varepsilon_r-1)\lambda}{2\pi\varepsilon_r r}$，方向都沿着径向向外；

（3）$\sigma'_{e1}=-\dfrac{(\varepsilon_r-1)\lambda}{2\pi\varepsilon_r R_1},\sigma'_{e2}=\dfrac{(\varepsilon_r-1)\lambda}{2\pi\varepsilon_r R_2}$；（4）$C=\dfrac{2\pi\varepsilon_0\varepsilon_r l}{\ln(R_2/R_1)}=\varepsilon_r C_0$

4.10 $\dfrac{\varepsilon_0 S}{2d}\left(\dfrac{\varepsilon_{r1}}{2}+\dfrac{\varepsilon_{r2}\varepsilon_{r3}}{\varepsilon_{r2}+\varepsilon_{r3}}\right)$

4.11 （1）$\dfrac{E_{内}}{E_{外}}=\dfrac{1}{\varepsilon_r},\dfrac{E_{内}}{E_0}=\dfrac{2}{1+\varepsilon_r},\dfrac{E_{外}}{E_0}=\dfrac{2\varepsilon_r}{1+\varepsilon_r}$；（2）$\dfrac{E_{内}}{E_{外}}=\dfrac{1}{\varepsilon_r},\dfrac{E_{内}}{E_0}=\dfrac{1}{\varepsilon_r},\dfrac{E_{外}}{E_0}=1$；

（3）$\dfrac{E_{内}}{E_{外}}=1,\dfrac{E_{内}}{E_0}=1,\dfrac{E_{外}}{E_0}=1$；（4）$\dfrac{E_{内}}{E_{外}}=1,\dfrac{E_{内}}{E_0}=\dfrac{2}{1+\varepsilon_r},\dfrac{E_{外}}{E_0}=\dfrac{2}{1+\varepsilon_r}$；

（5）（a）$\dfrac{C}{C_0}=\dfrac{2\varepsilon_r}{1+\varepsilon_r}$，（b）$\dfrac{C}{C_0}=\dfrac{1+\varepsilon_r}{2}$

4.12 （1）$F=\dfrac{2(\varepsilon_r-1)Q^2d}{(\varepsilon_r+1)^2\varepsilon_0 a^3}$，方向沿介质板插入方向

（2）$\Delta W_e=\dfrac{(\varepsilon_r-1)\varepsilon_0 a^2U^2}{2d},\dfrac{(1-\varepsilon_r)\varepsilon_0 a^2U^2}{d},\dfrac{(\varepsilon_r-1)\varepsilon_0 a^2U^2}{2d}$

4.13 （1）$-\dfrac{(\varepsilon_r-1)Q}{4\pi\varepsilon_r R^2}$；（2）$\dfrac{Q^2}{8\pi\varepsilon_0\varepsilon_r R}$；（3）$2R$

4.14 $\varphi_r=\varphi_0-\dfrac{I}{2\pi\gamma t}\ln\dfrac{r}{r_0}$

4.15 $\dfrac{l}{\pi ab\gamma}$

4.16 略

4.17 （1）7V，26 V；（2）−124 μC，256 μC，−132 μC

4.18 （a）$R_{AB}=\dfrac{(1+\sqrt{5})}{2}R$；（b）$R_{AB}=\dfrac{3}{2}R$

4.19 （1）$I_x=4.0$ A，方向是由 B 经元件 X 流向 A；

（2）元件 X 为电源，正极在 A 那边

4.20 （1）1 V；（2）$\frac{2}{13}A$，方向由 a 到 b；

4.21 $\frac{\mu_0 I\theta}{4\pi}\left(\frac{1}{R_2}-\frac{1}{R_1}\right)$，方向垂直于载流导线所在平面向纸面内

4.22 $\frac{\mu_0 I}{4\pi}R$，$\frac{\mu_0 IR}{4\pi}(1+2\ln 2)$

4.23 （1）$B=\frac{\mu_0 I}{2\pi a}\arctan\frac{a}{x}$，$P$ 点磁感应强度 B 的方向在平行于导体薄板的平面内且与电流方向垂直；

（2）$B=\mu_0\alpha/2$

4.24 $B=\frac{\mu_0\sigma_e\omega}{2}\left(\frac{R^2+2x^2}{\sqrt{R^2+x^2}}-2x\right)$，方向沿轴线，$\sigma_e>0$ 时，与角速度方向一致

4.25 （1）$B=0, r<a$；（2）$B=\frac{\mu_0 I}{2\pi r}\frac{r^2-a^2}{b^2-a^2}, a<r<b$；（3）$B=\frac{\mu_0 I}{2\pi r}, r>b$

4.26 $F=IB|AB|$，方向垂直于 AB 连线斜向左上方

4.27 略

4.28 （1）$I=0.20$ A；（2）$I>\frac{mg}{lB}$

4.29 （1）$H=\begin{cases}\frac{Ir}{2\pi R_1^2}, r<R_1\\ \frac{I}{2\pi r}, R_1<r<R_2,\\ \frac{I}{2\pi r}, r>R_2\end{cases}$ $B=\begin{cases}\frac{\mu_0 Ir}{2\pi R_1^2}, r<R_1\\ \frac{\mu_0\mu_r I}{2\pi r}, R_1<r<R_2\\ \frac{\mu_0 I}{2\pi r}, r>R_2\end{cases}$

（2）$i'_{内}=\frac{(\mu_r-1)I}{2\pi R_2}$，$i'_{外}=-\frac{(\mu_r-1)I}{2\pi R_2}$

4.30 0.40 A

4.31 $\frac{1}{2}\omega B(L\sin\theta)^2$

4.32 $\mathscr{E}=2klvt$，方向为逆时针方向

4.33 5.18×10^{-8} V，方向为逆时针方向

4.34 $\mathscr{E}_{ab}=\frac{L}{2}k\sqrt{R^2-\frac{L^2}{4}}$，方向由 a 指向 b

4.35 （1）6.3×10^{-6} H；（2）3.2×10^{-4} V

4.36 对于图（a）情形，2.8×10^{-6} H；对于图（b）情形，互感 $M=0$

4.37 （1）$U_R=80$ V，$U_{LC}=60$ V；（2）电流超前总电压相位 37°

4.38 $R=1\ \Omega$，$\varphi=-\frac{\pi}{3}$

第 5 章　电磁波及信息传输

5.1 （1）$S=k\frac{aU_m^2}{2d^2}\left(\sigma\cos^2\omega t-\frac{\varepsilon\omega}{2}\sin 2\omega t\right)$，$\langle S\rangle=-\frac{a\sigma U_m^2}{4d^2}$；

(2) $P=\frac{\sigma\pi}{d}[aU_m\cos(\omega t)]^2$；平均损耗功率 $P_{av}=\frac{\sigma\pi a^2U_m^2}{2d}$；

(3) $P=\sigma\left(\frac{U_m}{d}\right)^2\cos^2(\omega t)\pi a^2 d, P_{av}=\frac{\sigma\pi a^2 U_m^2}{2d}$

5.2 (1) $E=2E_0\cos(dkz-d\omega t)e^{-i(kz-\omega t)}$；(2) $u_p=\omega/k$； $u_d=\frac{d\omega}{dk}$

5.3 $R=0.072, T=0.928$(不考虑损耗)

5.4 透入深度为 $\delta=1.7\times10^{-5}$ cm，相速度 $u_p=\frac{2\sqrt{3}}{3n}c$

5.5 $u_p\approx\sqrt{\frac{2\omega}{\mu\sigma}}, \delta=\sqrt{\frac{2}{\omega\mu\sigma}}$；若导电介质为金属，即 $\sigma/(\omega\varepsilon)\ll1$，有 $\beta_x\approx\alpha_z\approx\sqrt{\frac{\omega\mu\sigma}{2}}$

5.6 略

5.7 略

5.8 $V=0.286$

5.9 $f'=-f=0.287$ m

5.10 $p'=-0.725$ m；横向放大率 $V=9.54$

5.11 略

5.12 $s_3'=\frac{5}{2}R$

5.13 (1) $f'=20$ cm；(2) $f'=-20$ cm；(3) $f'=-60$ cm；(4) $f'=60$ cm

5.14 略

5.15 略

5.16 (1) 8.0×10^2 cm；(2) $\pi/4$；(3) 0.853 6

5.17 6 mm

5.18 $\theta\approx30.37'$

5.19 2×10^{-3} rad

5.20 667 nm(红色)；500 nm(绿色)；400 nm(紫色)

5.21 (1) 10.4×10^{-2} rad；(2) 3；(3) 1.52×10^{-5} rad

第6章 狭义相对论

6.1 (1) $\frac{L}{v_2}$；(2) $\sqrt{1-\frac{v_1^2}{c^2}}\frac{L}{v_2}$

6.2 $2\sqrt{2}c/3$

6.3 $m_2^2v_1^2-m_1^2v_2^2=(m_2^2-m_1^2)c^2$

6.4 $\frac{m_1-m_2}{m_1+m_2}v, \sqrt{1-\left(\frac{m_1-m_2}{m_1+m_2}\right)^2\frac{v^2}{c^2}}\frac{m_1+m_2}{\sqrt{1-\frac{v^2}{c^2}}}$

6.5 $2.277\ 5\times10^{-30}c$

6.6 4倍